KB115150

One-piece

프로에게 자 사용법으로 쉽게 배우는

Collarless Shift Dress.. Shift Dress with Shirt Collar.. Dress with Round Neck-line and High Waist..

Shift Dress with Round Neck-line and Cap Sleeve.. Long Torso Silhouette One-Piece Dress..

Camisole Dress.. Front-open Dress with Open Collar.. Flared Skirt Dress with High Neck-line..

원피스 제도법

정혜민 · 임병렬 · 이광훈 공저

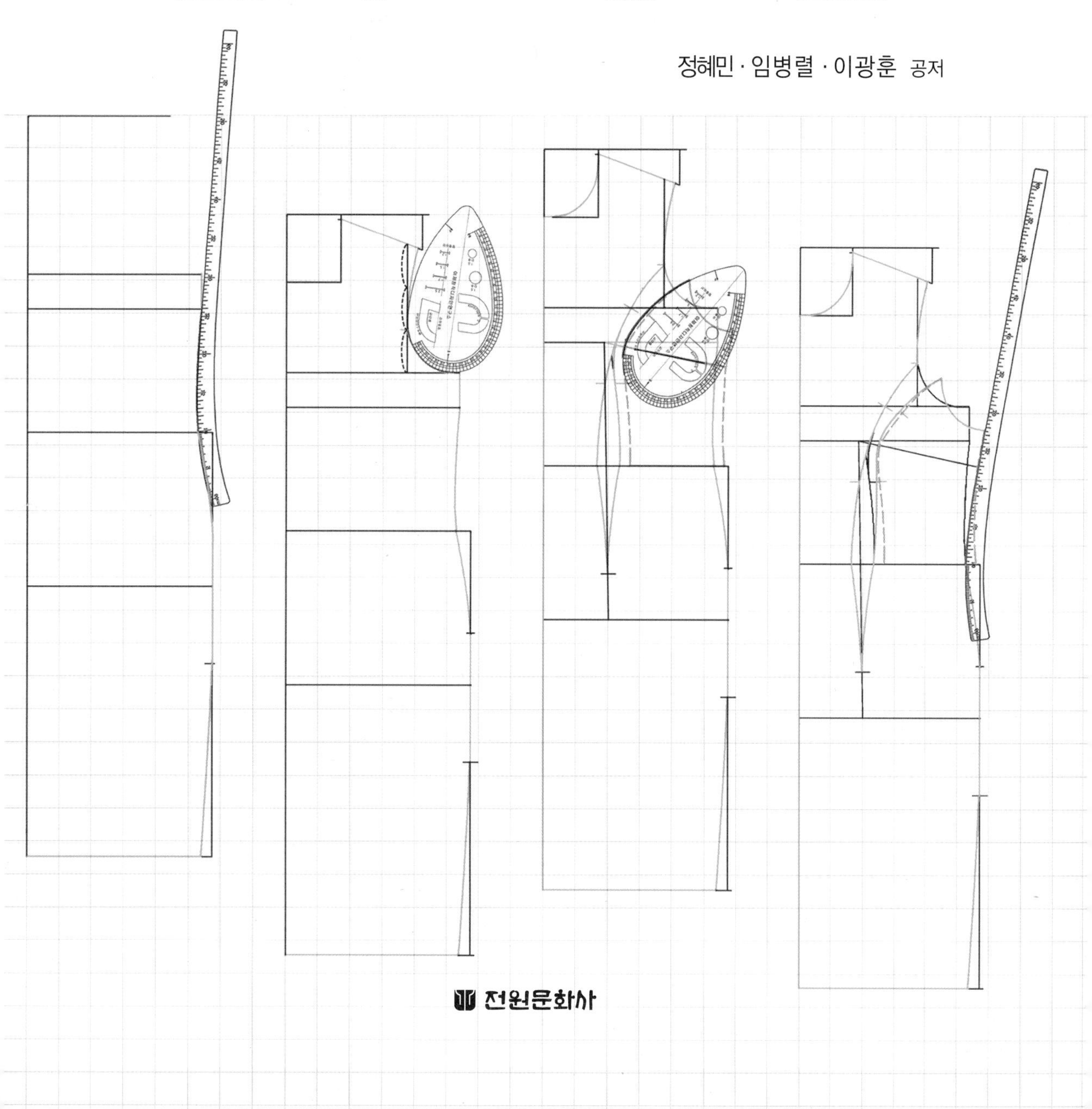

전원문화사

프로에게 자 사용법으로 쉽게 배우는

원피스 제도법

정혜민 임병렬 이광훈 공저

2016년 11월 10일 2판 1쇄 발행

발행처 * 전원문화사
발행인 * 남병덕

등록 * 1999년 11월 16일
제1999-053호

서울시 강서구 화곡로 43가길 30. 2층
T.02)6735-2100 F.6735-2103

E-mail * jwonbook@naver.com

*잘못된 책은 바꾸어 드립니다.

*책값은 표지에 있습니다.

* 특허출원 10-2003-51985 *

● 머리말 ●

오늘날 패션 산업은 인간의 생활 전체를 대상으로 커다란 변화를 가져오게 되었다. 특히 의류에 관한 직업에 종사하는 직업인이나 학습을 하고 있는 학생들에게 있어서, 의복 제작에 관한 전문적인 지식과 기술을 습득하는 것은 매우 중요한 일이다.

본서는 '이제창작디자인연구소' 가 졸업 후 산업현장에서 바로 적응할 수 있도록 패턴 제작과 봉제에 관한 교재 개발을 목적으로, 패션업계에서 50여 년간 종사해 오시면서 많은 제자들을 육성해 내신 임병렬 선생님과 함께 실제 패션 산업현장에서 이루어지고 있는 제도와 봉제 방법에 있어서 패턴에 대한 교육을 전혀 받아 본 적도, 전혀 옷을 만들어 본 경험이 없는 초보자라도 단계별로 색을 넣어 실제 자를 얹어 놓은 그림 및 컬러 사진을 보아 가면서 쉽게 따라할 수 있도록 구성한 10권의 책자(스커트 제도법, 팬츠 제도법, 블라우스 제도법, 원피스 제도법, 재킷 제도법과 스커트 만들기, 팬츠 만들기, 블라우스 만들기, 원피스 만들기, 재킷 만들기) 중 원피스 제도법 부분을 소개한 것이다.

강의실에서 학생들에게 패턴을 제도하는 방법과 봉제 방법을 가르치면서 경험한 바에 의하면 설명을 들은 방법대로 학생들이 완성한 패턴이 각자 다르고, 가봉 후 수정할 부분이 많이 생기게 된다는 것이었다. 이 문제점을 해결할 방법은 없을까? 오랜 기간 고민하면서 체형별 차이를 비교하고 검토한 결과 자를 어떻게 사용하는가에 따라 패턴의 완성도에 많은 차이가 생기게 된다는 것을 알게 되었다. 그래서 자를 대는 위치를 정한 다음 체형별로 여러 패턴을 제도해 보고 교육해 본 체험을 통해서 본서를 저술하게 되었다.

단계별로 색을 넣어 실제 자를 얹어 가면서 그림으로 설명하고 있어 초보자도 쉽게 이해할 수 있도록 구성하였으며, 또한 본서의 내용은 www.jaebong.com 또는 www.jaebong.co.kr에서 제도하는 과정을 동영상과 포토샵 그림으로 볼 수 있도록 되어 있다.

제도에서 봉제까지 옷이 만들어지는 과정에 있어서 기본적인 지식이나 기술을 습득하고, 자기 능력 계발에 도움이 되었으면 하는 바람에서 미흡한 면이 많은 줄 알지만 시간을 거듭하면서 수정 보완해 나가기로 하고 감히 출간에 착수하였다. 보다 알찬 내용의 책이 될 수 있도록 많은 관심과 지도 편달을 경청하고자 한다.

끝으로 동영상 제작에 도움을 주신 영남대학교 한성수 교수님을 비롯하여 섬유의류정보센터의 권오현, 배한조 연구원님과 함께 밤을 새워 가면서 동영상 편집을 해 주신 이재은 씨, 출판에 협조해 주신 전원문화사의 김철영 사장님을 비롯하여 편집에 너무 고생하신 김미경 실장님, 최윤정 씨에게 깊은 감사의 뜻을 표합니다.

2004년 8월 이광훈 · 정혜민

One-piece

제도를 시작하기 전에..

■ 제도시 계측한 치수와 제도하기 위해 산출해 놓는 치수를 패턴지에 기입해 놓고 제도하기 시작한다.

■ 여기서 사용한 치수는 참고 치수가 아닌 실제 착용자의 주문 치수를 사용하고 있다.

■ 여기서는 각 축소의 눈금이 들어 있는 제도 각자와 이제창작디자인연구소의 AH자 및 hip곡자를 사용하여 설명하고 있으므로, 일반 자를 사용할 경우에는 제도 치수 구하기 표의 오른쪽 제도 치수를 참고로 한다.

■ 제도 도중에 모양의 기호는 hip곡자의 방향 표시를 나타낸 것이다.

■ 설명을 읽지 않고도 빨간색 선만 따라가다 보면 원피스의 패턴이 완성된다.

■ 또한 반드시 책에 있는 순서대로 제도해야 하는 것은 아니고, 바로 전에 그린 선과 가까운 곳의 선부터 그려도 상관없다. 기본적인 것을 암기 방식이 아닌 어느 정도의 곡선으로 그려지는 것인가를 감각적으로 느끼고 이해하는 것이 중요하며, 몇 가지 제도를 하다 보면 디자인이 다른 패턴도 쉽게 응용하여 제도할 수 있게 될 것이다.

■ 여기서 사용하고 있는 AH자와 hip곡자는 www.jaebong.com 또는 www.jaebong.co.kr로 접속하여 주문할 수 있다.

larless Shift Dress.. Shift Dress with Shirt Collar.. Dress with Round Neck-line and High Waist.. Shift Dress with Round Neck-line and Cap Sleeve..

C.O.N.T.E.N.T.S.

Long Torso Silhouette One-Piece Dress.. Camisole Dress.. Front-open Dress with Open Collar.. Flared Skirt Dress with High Neck-line..

One-

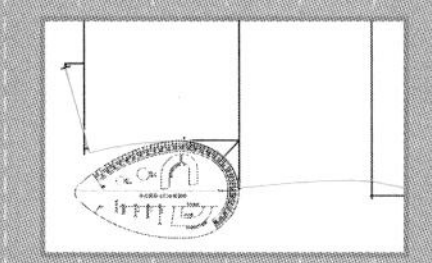

Collarless Shift Dress..

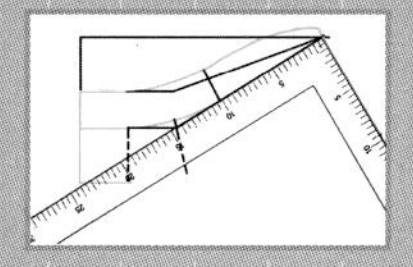

Shift Dress with Shirt Collar..

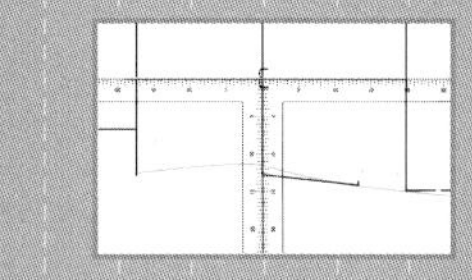

Dress with Round Neck-line and High Waist..

Piece

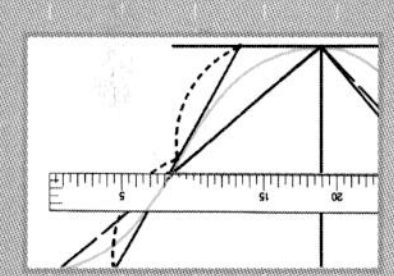

Shift Dress with Round Neck-line and Cap Sleeve..

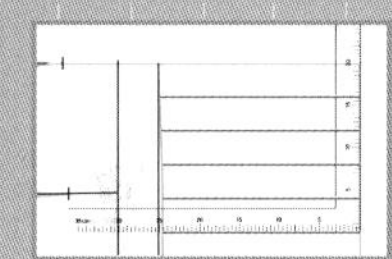

Long Torso Silhouette One-Piece Dress..

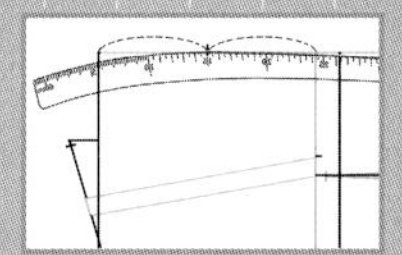

Camisole Dress..

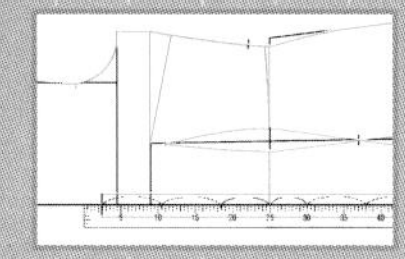

Front-open Dress with Open Collar..

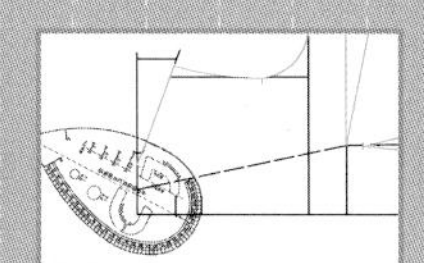

Flared Skirt Dress with High Neck-line..

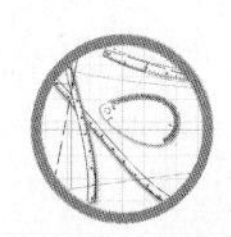

원피스 드레스의 실루엣과 디자인(절개)선

원피스 드레스란 몸판(동체=胴體)과 스커트가 하나로 연결된 여성복을 말한다. 흔히 원피스라고 생략해서 부르는 경우가 많다. 형태는 그림1에서 보는 바와 같이 절개선이 없는 것과 그림2와 그림3에서 보는 바와 같이 절개선이 들어가 있는 것이 있다. 절개선이나 다트의 활용에 의해 창작적인 실루엣으로 전개가 가능하다. 또한 착장에 있어서 원피스 드레스만을 착용하는 경우도 있지만 재킷이나 베스트, 케이프 등과 조합시켜 착장에 변화를 줄 수가 있다. 원피스 드레스를 착용하였을 때의 일상동작에 있어서는 특히 팔을 올렸을 때 겨드랑이 밑이 당겨지면서 허리선에서 밑단선까지도 딸려 올라가게 된다(그림4). 원피스 드레스를 제도하는데 있어서 이러한 동작에 방해가 되지 않는 최소한의 여유분을 넣어 제도하여야 하며, 또 밑단폭은 보행에 지장이 없도록 벤츠나 슬릿, 플레어 등을 넣어 보폭에 무리가 없도록 고려하여야 한다.

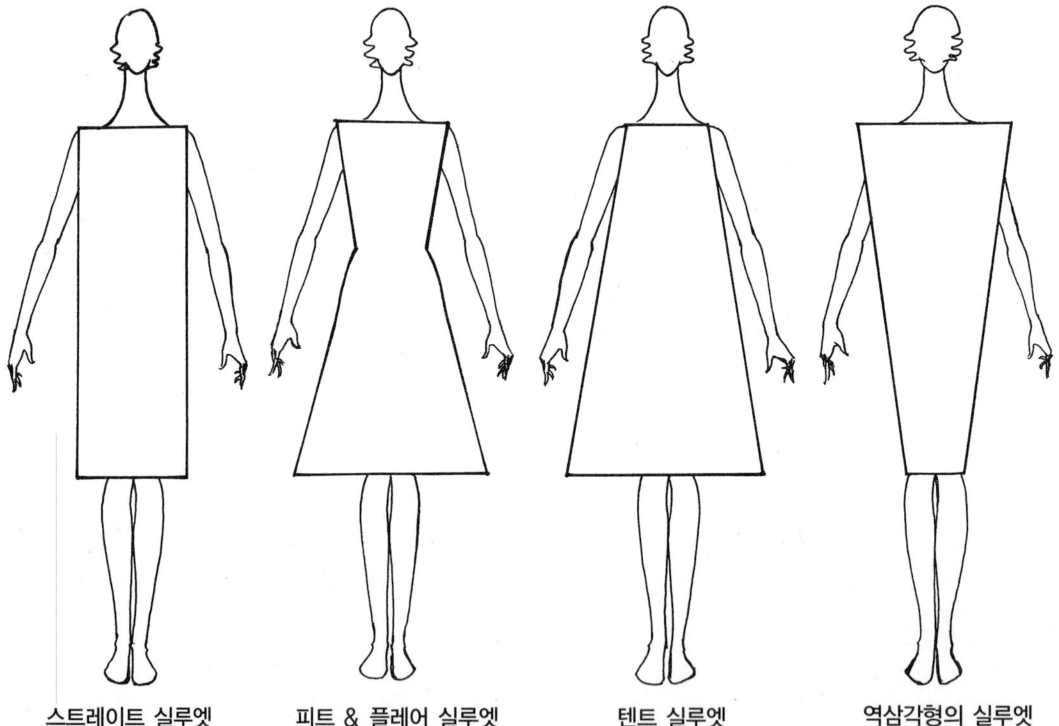

스트레이트 실루엣
(Straight Silhouette)
적당한 여유분을 넣어 인체의 선을 강조하지 않고 밑단선도 넓히지 않는 직선적인 실루엣으로 흔히 박스 실루엣이라고도 한다.

피트 & 플레어 실루엣
(Fit & Flare Silhouette)
상반신은 인체의 선에 맞추고, 허리선에서 밑단선 쪽으로 퍼져가는 실루엣으로 가장 기본적인 스타일이다.

텐트 실루엣
(Tent Silhouette)
어깨폭이 좁고 바스트에서 밑단쪽을 향해 넉넉한 플레어로 퍼지게 한 삼각의 텐트와 같은 모양을 한 실루엣.

역삼각형의 실루엣
상반신은 어깨를 넓게 하고, 밑단쪽을 향해 좁아져 가는 역삼각형의 실루엣.

주 시프트 드레스=허리선에 절개선이 없고 인체의 곡선을 따르고는 있지만 다트나 다른 라인 등을 활용하여 약간 피트시킨 정도의 것.

그림 ❶ 실루엣

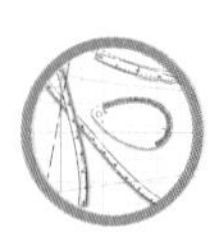

노멀 웨이스트
(Normal Waist)
허리선의 가장 가는 위치에서 절개한 원피스로는 가장 기본적인 스타일.
스커트 길이나 실루엣을 달리하여 여러 디자인으로 전개가 가능하다.

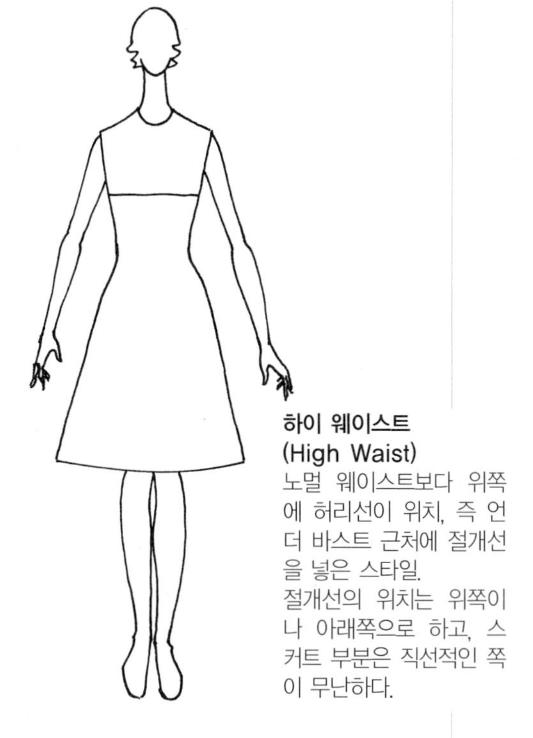

하이 웨이스트
(High Waist)
노멀 웨이스트보다 위쪽에 허리선이 위치, 즉 언더 바스트 근처에 절개선을 넣은 스타일.
절개선의 위치는 위쪽이나 아래쪽으로 하고, 스커트 부분은 직선적인 쪽이 무난하다.

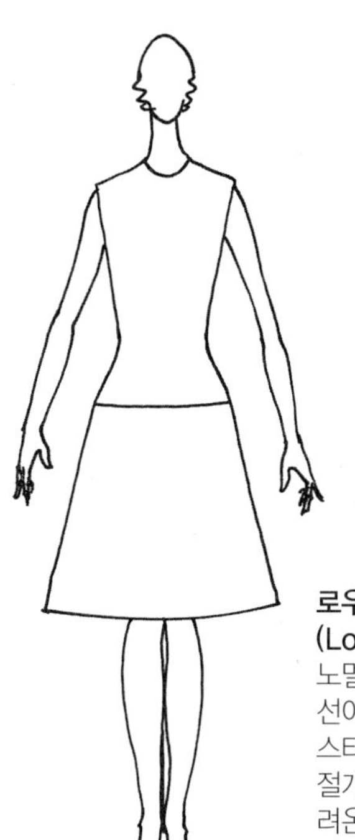

로우 웨이스트
(Low Waist)
노멀 웨이스트보다 절개선이 내려온 위치에 있는 스타일.
절개선이 히프선까지 내려온 경우는 롱 토르소 실루엣이라고 한다.

요크(York)
바스트 라인보다 절개선이 위쪽으로 올라간 스타일.

그림 ❷ 가로 방향의 절개선(디자인선)

센터 라인(Center Line)
앞중심과 옆에만 솔기선이 들어가므로 허리선을 조금 피트시키면서 스트레이트에 가까운 실루엣이 된다. 가슴 다트를 옆, AH, 어깨선 등으로 이동하여 디자인의 변화를 줄 수 있다.

프린세스 라인(Princess Line)
적당한 여유분을 넣어 인체의 어깨선에서 유두점을 지나 밑단쪽을 향해 세로로 내려오는 절개선(디자인선). 바스트, 웨이스트를 강조하면서, 밑단쪽에서 넓어지는 엘레강트한 실루엣이다.

패널 라인(Panel Line)
AH에서 유두점 근처를 지나 허리선에서 밑단쪽을 향해 내려오는 절개선=디자인선으로 실루엣 표현은 프린세스 라인과 같다.

그림 ❸ 세로 방향의 절개선(디자인선)

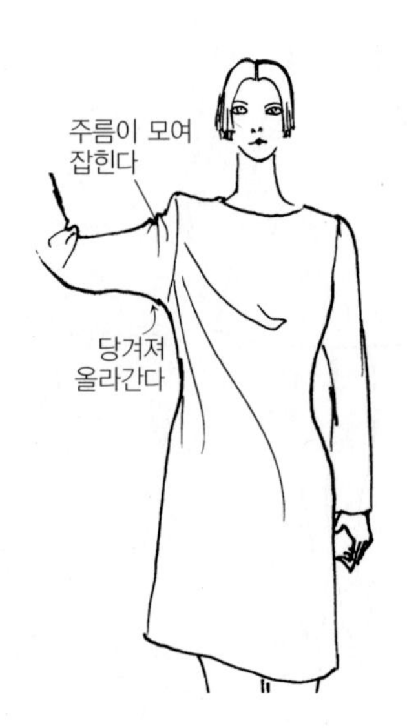

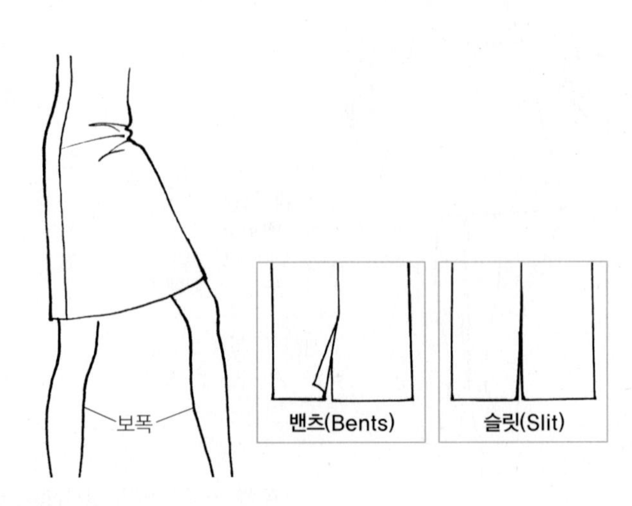

그림 ❹ 동작에 의한 형태의 변화

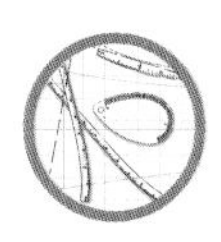

성인 여성 의류 참고 치수표

단위 : cm

부위	호칭 / 참고 회사	54	65	66	67	67
가슴둘레(B)	A사	88	92	96	101	
	B사	86	90	94	98	
	C사	87	91	95	99	
허리둘레(W)	A사	72	76	81	87	
	B사	71	75	79	83	
	C사	71	75	79	83	
히프둘레(H)	A사	96.5	100.5	104.5	109.5	
	B사	93	97	101	105	
	C사	93	97	101	105	
등길이	A사	38	38.6	39.2	39.9	
	B사	37.5	38.1	38.7	39.3	
	C사	38	38.6	39.2	39.8	
앞길이	A사	40.5	41.1	41.7	42.4	
	B사	40	40.6	41.2	41.8	
	C사	40.5	41.1	41.7	42.3	
어깨너비	A사	38.5	39.1	39.7	40.5	
	B사	38	39	40	41	
	C사	38	39	40	41	
소매 길이	A사	59.5	60.1	60.7	61.4	
	B사	60.5	61.1	61.7	62.3	
	C사	60.5	61.1	61.7	62.3	
소매단 폭	A사	26.5	27.5	28.5	29.5	
	B사	25.5	26.5	27.5	28.5	
	C사	25.5	26.5	27.5	28.5	
소매통	A사	31.5	32.9	34.3	35.9	디자인에 따라 변화
	B사	30	31.4	32.8	34.2	
	C사	31	32.8	33.2	34.6	
소매단	A사		+0.6	+0.6	+0.7	
	B사		+0.6	+0.6	+0.7	
	C사		+0.6	+0.6	+0.7	
스커트 길이	A사	60	62	63	63.5	디자인에 따라 변화
	B사	62	63	64	66	
	C사					
진동 깊이	A사		+0.6	+0.6	+0.7	
	B사		+0.6	+0.6	+0.7	
	C사		+0.6	+0.6	+0.7	

여기서는 계측 치수가 아닌 3개 회사의 제품 치수를 참고 치수로 기입해 두고 있으므로, 각자의 계측 치수와 비교해 보고 참고로만 한다.

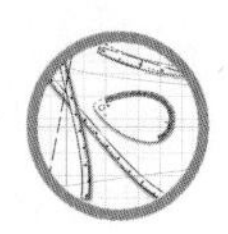

올바른 계측

피계측자는 계측시 속옷을 착용하고, 허리에 가는 벨트를 묶는다.
계측자는 피계측자의 정면 옆이나 측면에 서서 줄자가 정확하게 인체 표면에 닿으면서 수평을 유지하는지 확인하면서 계측한다.

계측 부위와 계측법

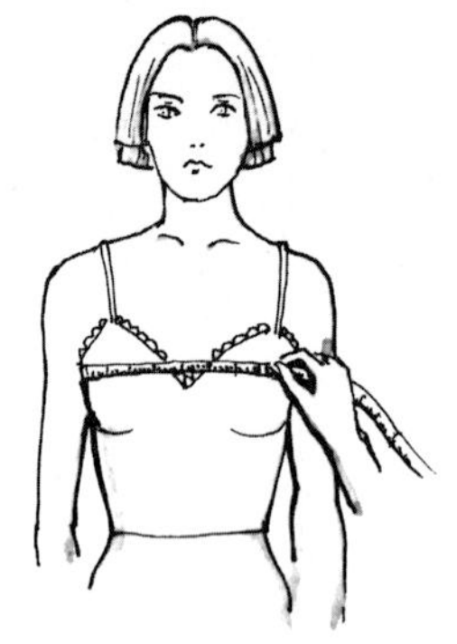

- **가슴둘레(Bust)**
  유두점을 지나 줄자를 수평으로 돌려 가슴둘레 치수를 잰다.

- **허리둘레(Waist)**
  벨트를 조였을 때 가장 자연스런 위치의 허리둘레 치수를 잰다.

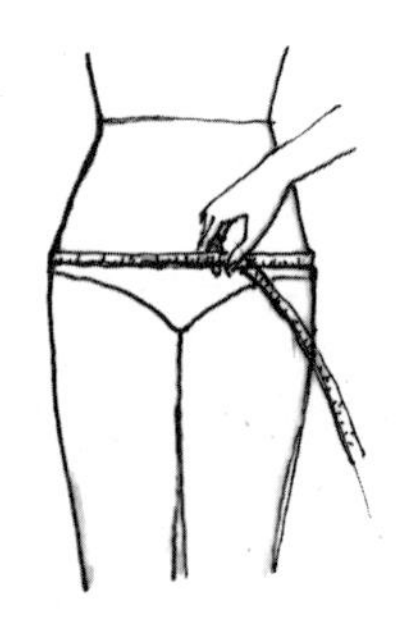

- **엉덩이둘레(Full Hip)**
  너무 조이지 않도록 주의하여 엉덩이의 가장 굵은 부분을 수평으로 돌려 엉덩이둘레 치수를 잰다. 단, 대퇴부가 튀어나와 있거나 배가 나와 있는 체형은 셀로판지나 종이를 대고 엉덩이둘레 치수를 잰다.

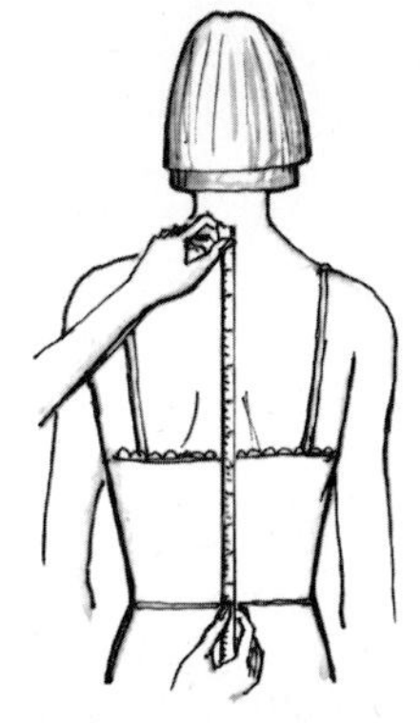

- **등길이 (Back Waist Length)**
  허리에 가는 벨트를 묶고 나서 뒤 목점에서(제7 경추) 허리선까지의 길이를 잰다.

- **앞길이(From Side Neck Point to Waist)**
  옆 목점에서 유두점을 지나 허리선까지의 길이를 잰다.

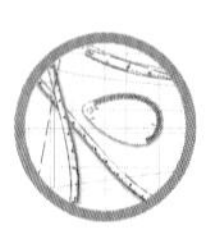

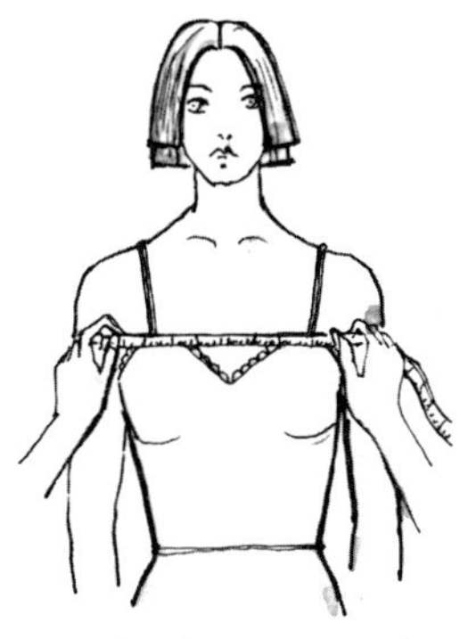

- **앞품(Chest Width)**
  바스트 위의 좌우 앞 겨드랑이 점 사이의 너비를 잰다.

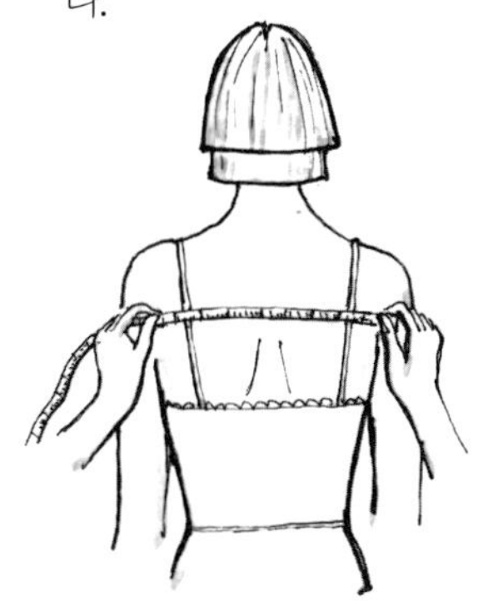

- **뒤품(Back Width)**
  견갑골 부근의 좌우 뒤 겨드랑이 점 사이의 너비를 잰다.

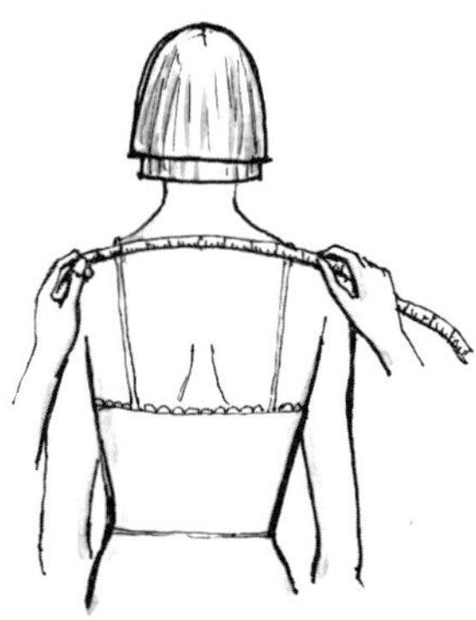

- **어깨너비**
  (Between Shoulders)
  뒤 목점(제7 경추)을 지나 좌우 어깨 끝점 사이의 너비를 잰다.

- **진동둘레**
  (Armpit Circumference)
  어깨점과 앞뒤 겨드랑이 점을 지나 겨드랑이 밑으로 돌려 진동둘레 치수를 잰다.

- **목둘레**
  (Neck Circumference)
  앞목점, 옆목점, 뒷목점(제7 경추)을 지나는 목둘레 치수를 잰다.

- **위팔둘레**
  (High arm Circumference)
  위팔의 가장 굵은 곳의 위팔둘레 치수를 잰다.

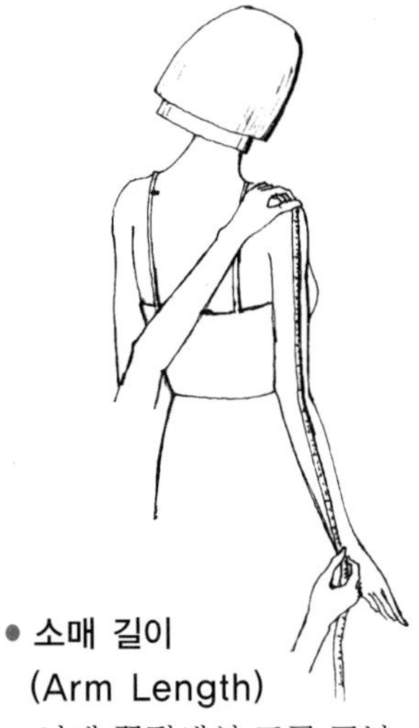

- **소매 길이**
  (Arm Length)
  어깨 끝점에서 조금 구부린 팔꿈치의 관절을 지나서 손목의 관절까지의 길이를 잰다.

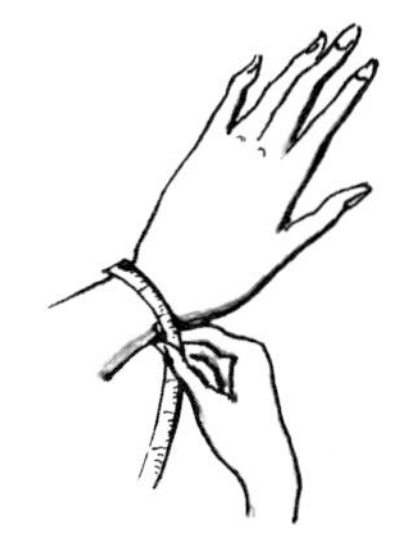

- **손목둘레**
  (Wrist Circumference)
  손목의 관절을 지나도록 돌려 손목둘레 치수를 잰다.

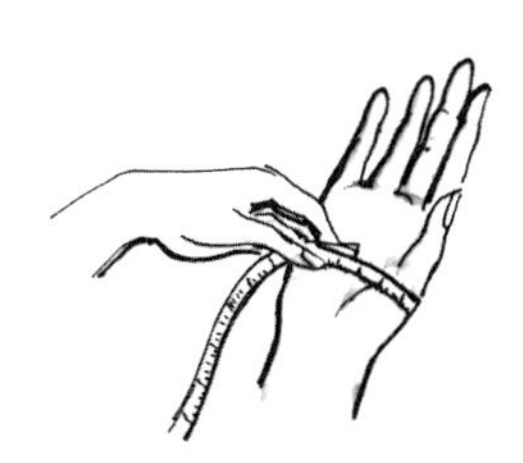

- **손바닥둘레**
  (Palm Circumference)
  엄지손가락을 가볍게 손바닥 쪽으로 오그려서 손바닥둘레 치수를 잰다.

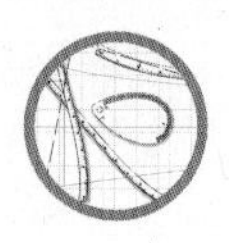

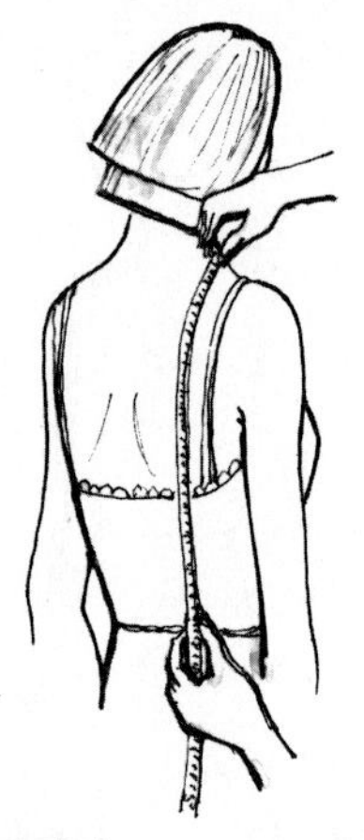

• **뒤길이**
(From Side Neck Point to Waist)
옆 목점에서 견갑골을 지나 허리선까지의 길이를 잰다.

주 등이 굽은 체형의 경우와 편물지(니트)의 패턴 제도 시에만 계측한다.

• **유두 길이**
(From Side Neck Point to Bust Point)
옆 목점에서 유두점까지의 길이를 잰다.

• **유두 간격**
(Between Bust Point)
좌우 유두점 사이의 직선 거리를 잰다.

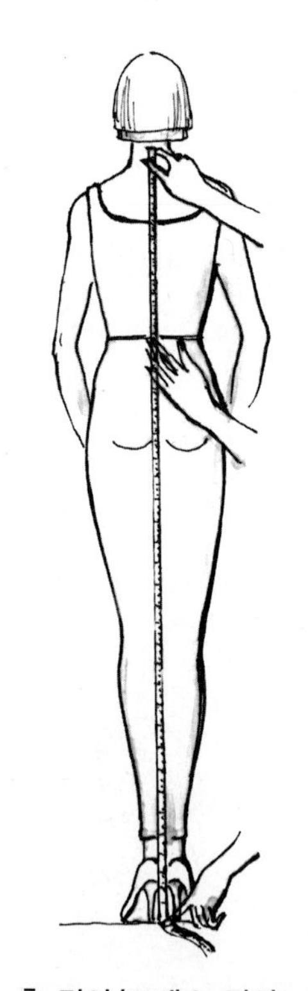

• **총 길이/드레스 길이**
(Full Length / Dress Length)
뒷목점(제7 경추)에서 수직으로 줄자를 대고 허리 위치에서 가볍게 누르고 나서 원하는 길이를 정한다.

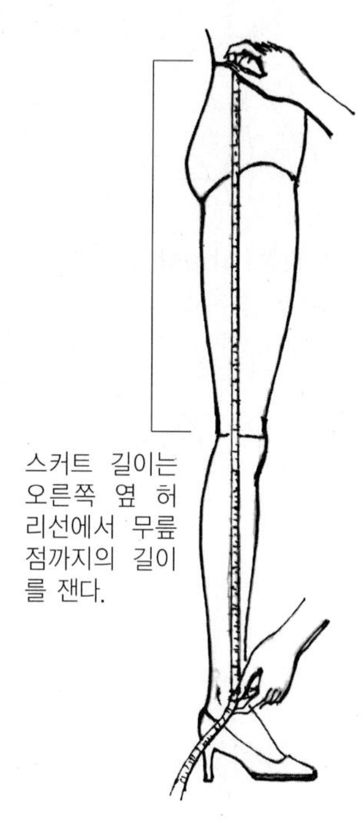

스커트 길이는 오른쪽 옆 허리선에서 무릎점까지의 길이를 잰다.

• **바지 / 스커트 길이**
(Pants and Skirt Length)
바지 길이는 오른쪽 옆 허리선에서 복사뼈 점까지의 길이를 잰다.
이 치수를 기준으로 하고, 디자인에 맞추어 증감한다.

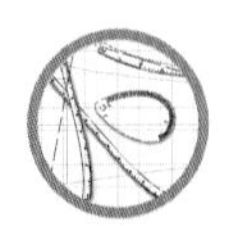

제도 기호

● **완성선**

굵은 선. 이 위치가 완성 실루엣이 된다.

● **안내선**

짧은 선. 원형의 선을 가리킴. 완성선을 그리기 위한 안내선. 점선은 같은 위치를 연결하는 선.

● **안단선**

안단의 폭이 앞 여밈단으로부터 선의 위치까지라는 것을 가리킨다.

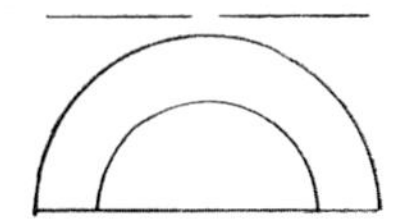

● **골선**

조금 긴 파선. 천을 접어 그 접은 곳에 패턴을 맞추어서 배치하라는 표시.

● **꺾임선, 주름산 선**

짧은 중간 굵기의 파선. 칼라의 꺾임선, 팬츠의 주름산 선.

● **식서 방향(천의 세로 방향)**

천을 재단할 때 이 화살표 방향에 천의 세로 방향이 통하게 한다.

● **플리츠, 턱의 표시**

플리츠나 턱으로 되는 것의 접히는 부분을 가리키는 것으로, 사선이 위를 향하고 있는 쪽이 위로 오게 접는다.

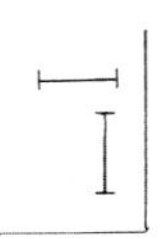

● **단춧구멍 표시**

단춧구멍을 뚫는 위치를 가리킨다.

● **오그림 표시**

봉제할 때 이 위치를 오그리라는 표시.

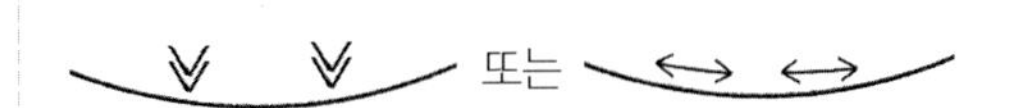

● **늘림 표시**

봉제할 때 이 위치를 늘리라는 표시.

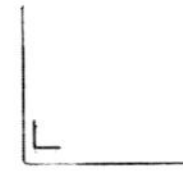

● **직각의 표시**

자를 대어 정확히 그린다.

● **접어서 절개**

패턴의 실선 부분을 자르고, 파선 부분을 접어 그 반전된 것을 벌린다.

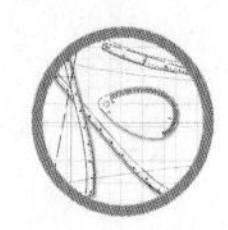

3절개

● **절개**

패턴을 절개하여 숫자의 분량 만큼 잘라서 벌린다.

8절개

● **절개**

화살표 끝의 위치를 고정시키고 숫자의 분량 만큼 잘라서 벌린다.

● **등분선**

등분한 위치의 표시.

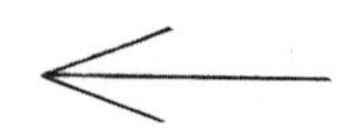

● **털의 방향**

코르덴이나 모피 등 털이 있는 것을 재단할 때 화살표 방향에 털 방향을 맞춘다.

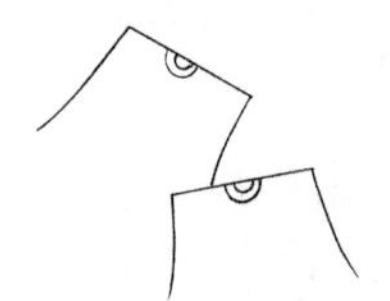

● **서로 마주 대는 표시**

따로 제도한 패턴을 서로 마주대어 한 장의 패턴으로 하라는 표시. 위치에 따라 골선으로 사용하는 경우도 있다.

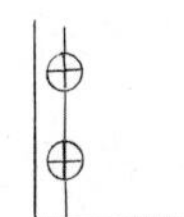

● **단추 표시**

단추 다는 위치를 가리킨다.

● **늘림 표시**

봉제할 때 이 위치를 늘려 주라는 표시.

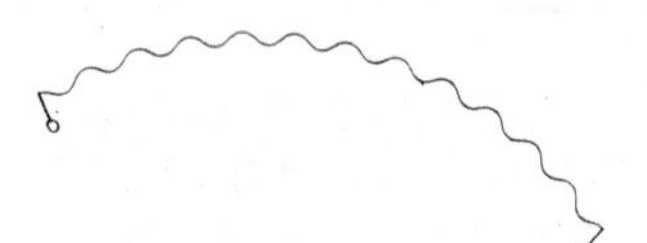

● **개더 표시**

개더 잡을 위치의 표시.

● **다트 표시**

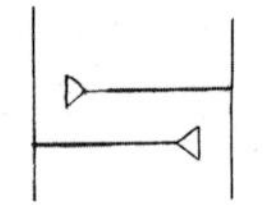

● **지퍼 끝 표시**

지퍼 달림이 끝나는 위치.

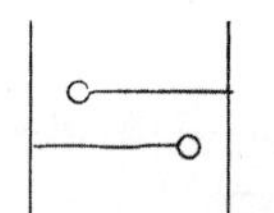

● **봉제 끝 위치**

박기를 끝내는 위치.

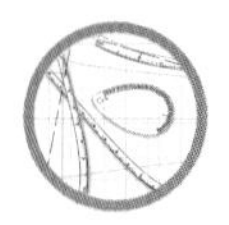

칼라가 없는 시프트 드레스 Collarless Shift Dress

■ ■ ■ ONE-PIECE 01

실루엣 ● ● ● 허리선에 절개선이 없는 스트레이트 실루엣으로 패널 라인을 넣어 몸에 피트시킨 칼라가 없는 라운드 넥라인의 가장 기본적인 원피스 드레스이다. 검정이나 진남색을 선택하면, 장례식과 같은 장소에 어울리고, 코사주나 밝은색의 스카프를 겸하면 결혼식과 같은 장소에서도 잘 어울리는 착용 범위가 넓은 스타일이다.

소 재 ● ● ● 광택이 있으면서 촘촘하게 짜여진 얇은 울 소재나 폴리에스테르 소재의 촘촘하게 짜여진 중간 두께의 소재가 적합하다.

포인트 ● ● ● 허리선에 절개선이 없으면서 몸에 피트시키는 방법과 라운드 넥라인, 셋인 한 장 소매 그리는 법과 전개 방법을 배운다.

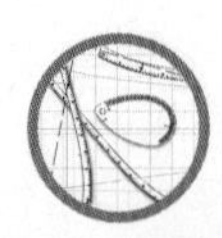

Collarless Shift Dress

칼라가 없는 시프트 드레스의 제도 순서

제도 치수 구하기

계측 치수	계측 치수의 예	자신의 계측 치수	제도 각자 사용 시의 제도 치수	일반 자 사용 시의 제도 치수	자신의 제도 치수
가슴둘레(B)	86cm		$B^{\circ}/2$	B/4	
허리둘레(W)	66cm		$W^{\circ}/2$	W/4	
엉덩이둘레(H)	94cm		$H^{\circ}/2$	H/4	
등길이	38cm		치수 38cm		
앞길이	41cm		41cm		
뒤품	34cm		뒤품/2=17		
앞품	32cm		앞품/2=17		
유두 길이	25cm		25cm		
유두 간격	18cm		유두 간격/2=9cm		
어깨너비	37cm		어깨너비/2=18.5cm		
원피스 길이	93cm	조정 가능	등길이+스커트 길이		
소매 길이	52cm	조정 가능	계측한 소매 길이		
손목둘레	16cm		계측한 손목둘레		
진동 깊이	최소치=19, 최대치=23		$(B^{\circ}/2)$−1cm	(B/4)−1cm	
앞/뒤 위가슴둘레선			$(B^{\circ}/2)$+1.5cm	(B/4)+1.5cm	
히프선 뒤	산출치		$(H^{\circ}/2)$+0.6cm	(H/4)+0.6cm=24.1cm	
소매산 높이			(진동깊이/2)+4.5cm		

주 진동 깊이=(B/4)−1의 산출치가 19~23cm 범위 안에 있으면 이상적인 진동 깊이의 길이라 할 수 있다. 따라서 최소치=19cm, 최대치=23cm까지이다(이는 예를 들면 가슴둘레 치수가 너무 큰 경우에는 진동 깊이가 너무 길어 겨드랑밑 위치에서 너무 내려가게 되고, 가슴둘레 치수가 너무 적은 경우에는 진동 깊이가 너무 짧아 겨드랑밑 위치에서 너무 올라가게 되어 이상적인 겨드랑밑 위치가 될 수 없다. 따라서 (B/4)−1cm의 산출치가 19cm 미만이면 뒷목점(BNP)에서 19cm 나간 위치를 진동 깊이로 정하고, (B/4)−1cm의 산출치가 23cm 이상이면 뒷목점(BNP)에서 23cm 나간 위치를 진동 깊이로 정한다).

01

자신의 각 계측 부위를 계측하여 빈칸에 넣어두고 제도 치수를 구하여 둔다.

뒤판 제도하기

1. 기초선을 그린다.

01 긴 직선자를 대고 수평으로 길게 뒤중심 안내선(등길이+원하는 스커트 길이)을 그린다.

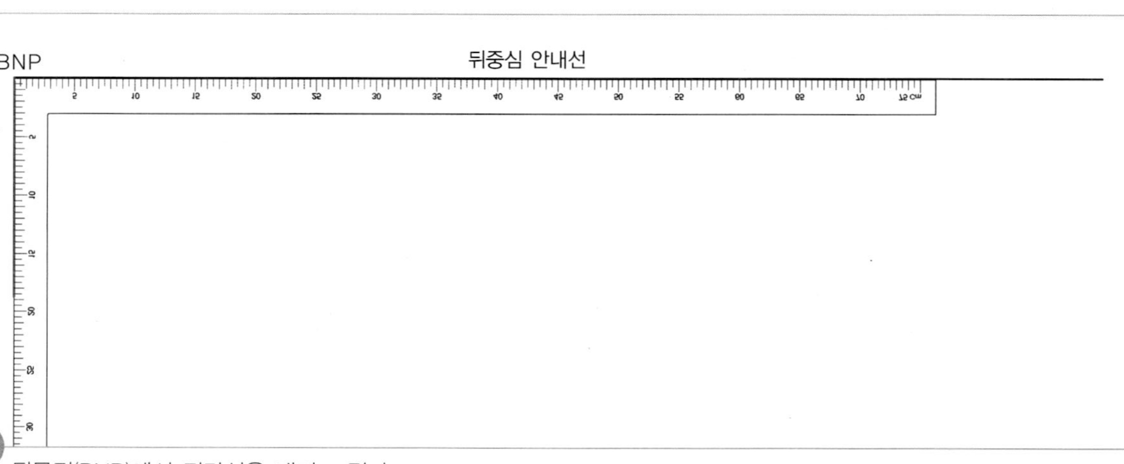

02 뒷목점(BNP)에서 직각선을 내려 그린다.

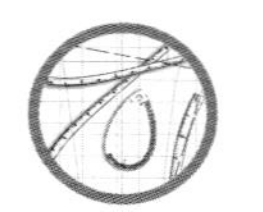

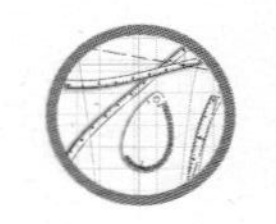

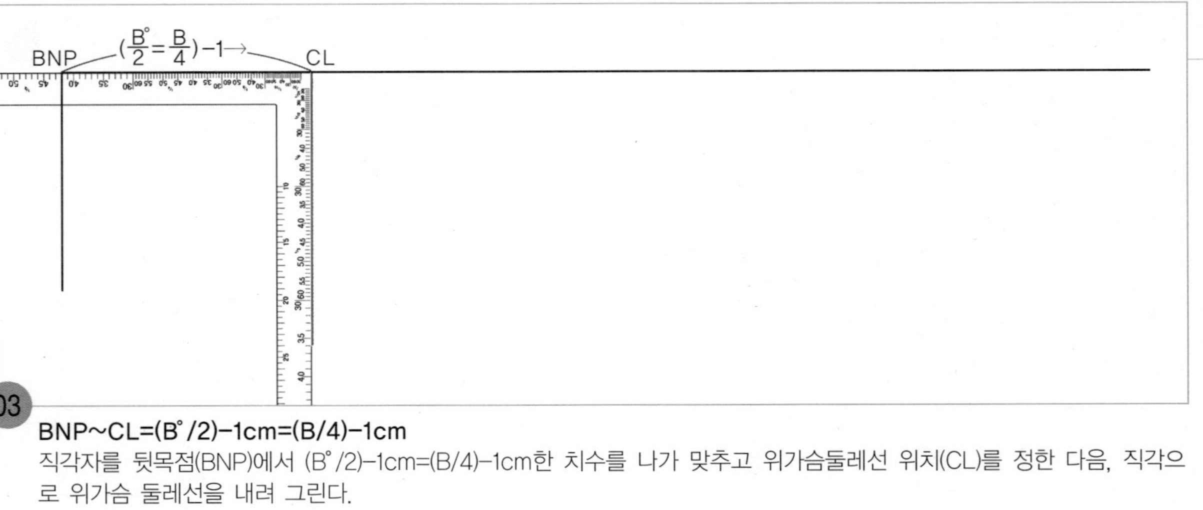

03

BNP~CL=(B°/2)−1cm=(B/4)−1cm

직각자를 뒷목점(BNP)에서 (B°/2)−1cm=(B/4)−1cm한 치수를 나가 맞추고 위가슴둘레선 위치(CL)를 정한 다음, 직각으로 위가슴 둘레선을 내려 그린다.

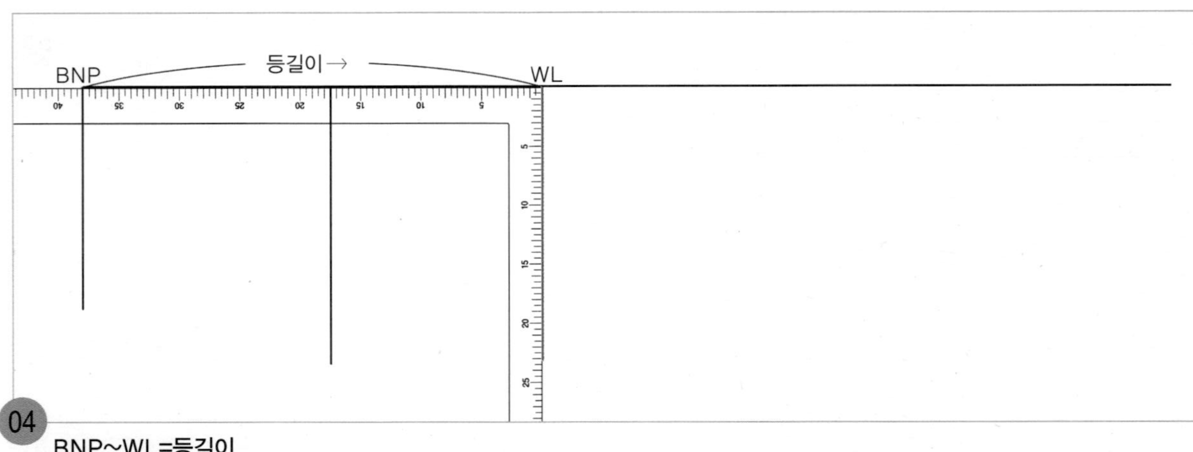

04

BNP~WL=등길이

직각자를 뒷목점(BNP)에서 등길이 치수를 나가 맞추고 허리선 위치(WL)를 정한 다음, 직각으로 허리선을 내려 그린다.

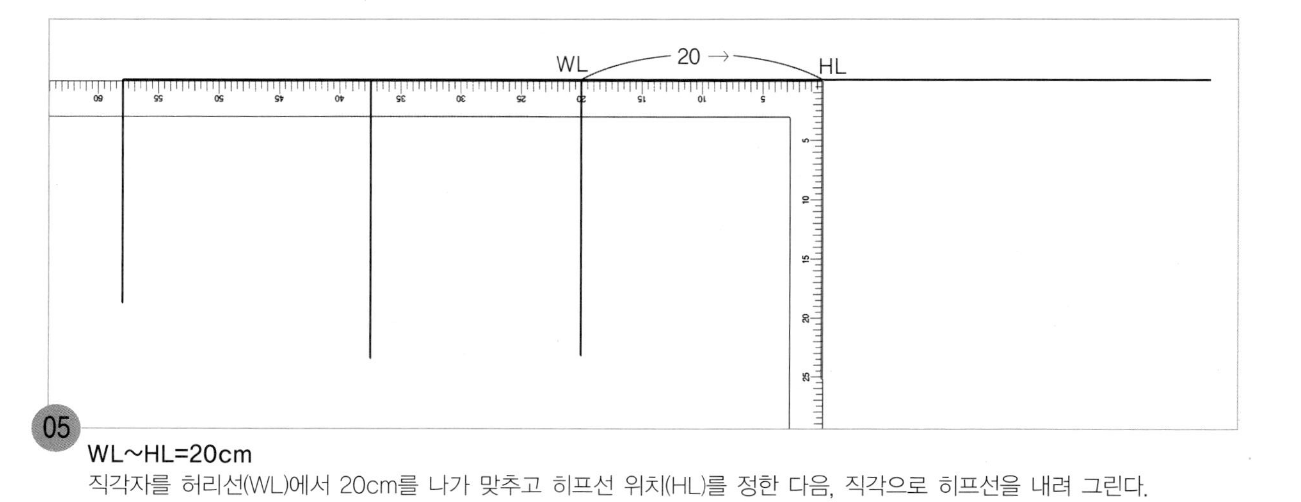

05

WL~HL=20cm

직각자를 허리선(WL)에서 20cm를 나가 맞추고 히프선 위치(HL)를 정한 다음, 직각으로 히프선을 내려 그린다.

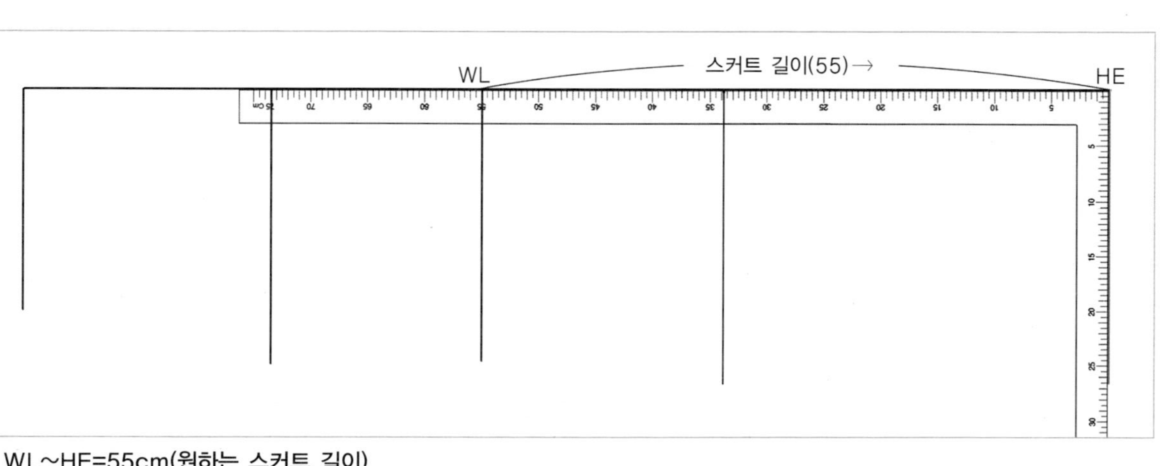

06

WL~HE=55cm(원하는 스커트 길이)

직각자를 허리선(WL)에서 스커트 길이(55cm) 만큼 나가 맞추고 밑단선 위치를 정한 다음, 직각으로 밑단선을 내려 그린다.

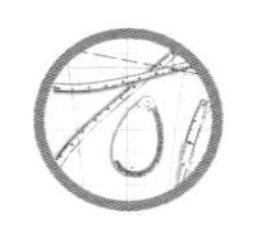

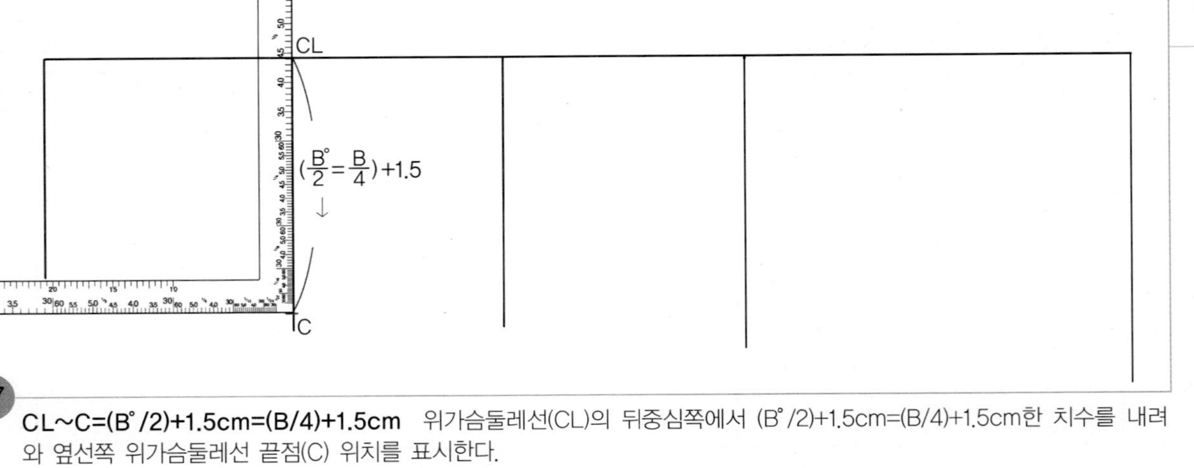

07 **CL~C=(B°/2)+1.5cm=(B/4)+1.5cm** 위가슴둘레선(CL)의 뒤중심쪽에서 (B°/2)+1.5cm=(B/4)+1.5cm한 치수를 내려와 옆선쪽 위가슴둘레선 끝점(C) 위치를 표시한다.

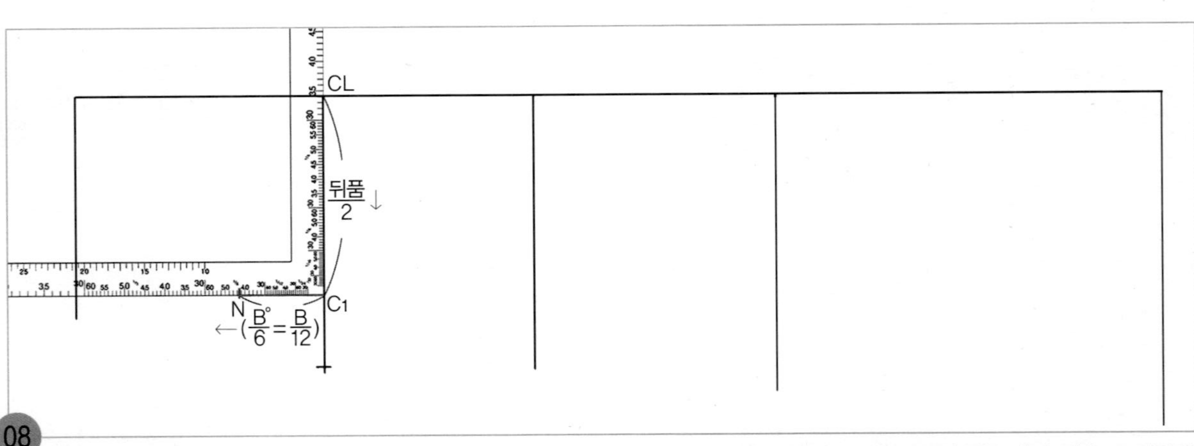

08 **CL~C_1=뒤품/2, C_1~N=B°/6=B/12** 직각자를 위가슴둘레선(CL)의 뒤중심쪽에서 뒤품/2 치수를 내려 맞추고 뒤품점(C_1) 위치를 정한 다음, 왼쪽을 향해 직각으로 B°/6=B/12 뒤품선을 그린다음 진동둘레선을 그릴 안내점(N) 위치를 표시해 둔다.

2. 뒤중심 완성선을 그린다.

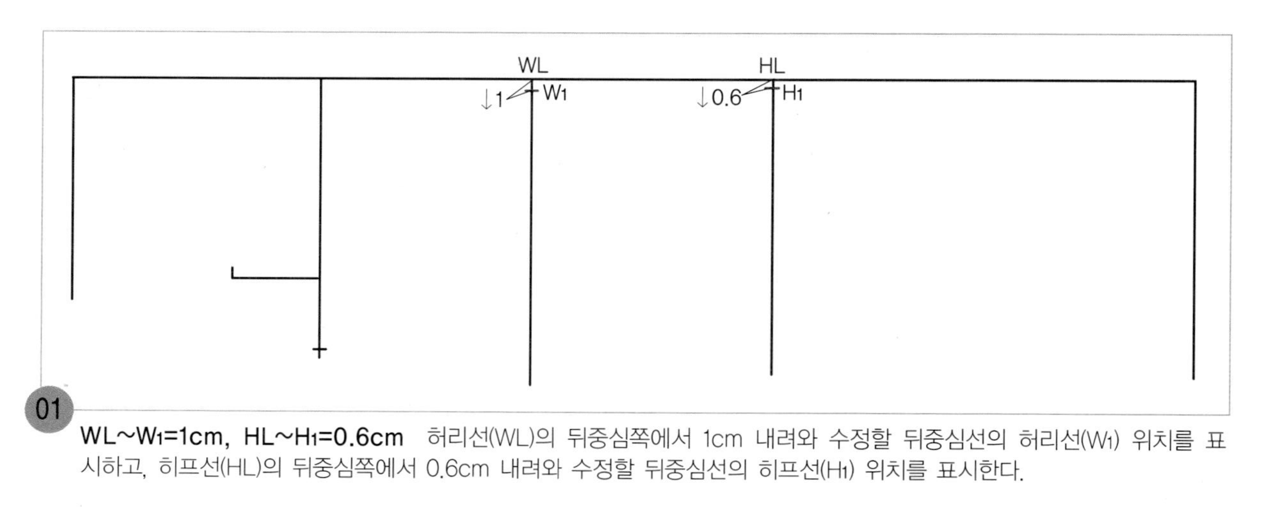

01 **WL~W1=1cm, HL~H1=0.6cm** 허리선(WL)의 뒤중심쪽에서 1cm 내려와 수정할 뒤중심선의 허리선(W1) 위치를 표시하고, 히프선(HL)의 뒤중심쪽에서 0.6cm 내려와 수정할 뒤중심선의 히프선(H1) 위치를 표시한다.

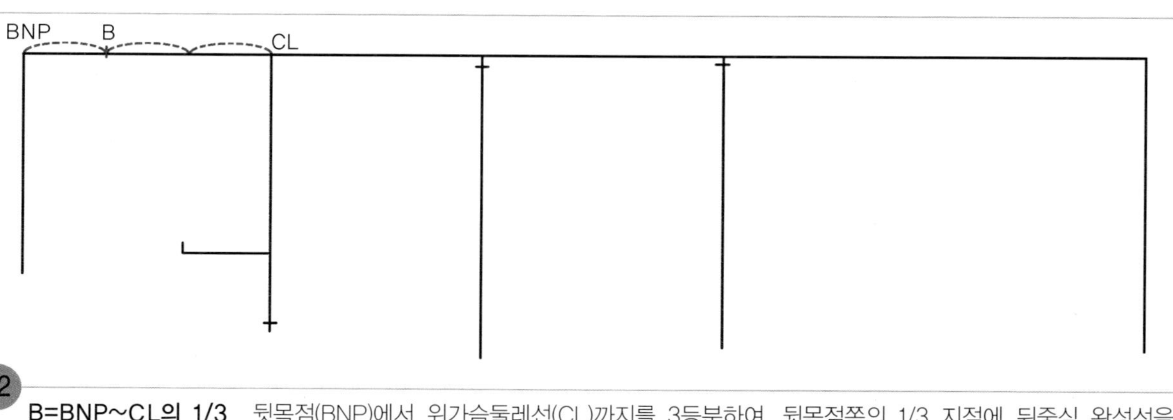

02 **B=BNP~CL의 1/3** 뒷목점(BNP)에서 위가슴둘레선(CL)까지를 3등분하여, 뒷목점쪽의 1/3 지점에 뒤중심 완성선을 그릴 연결점(B) 위치를 표시한다.

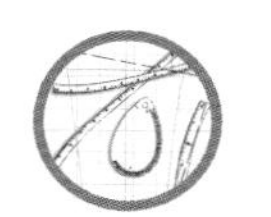

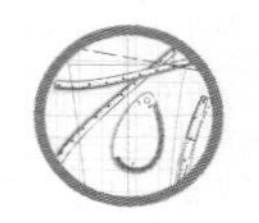

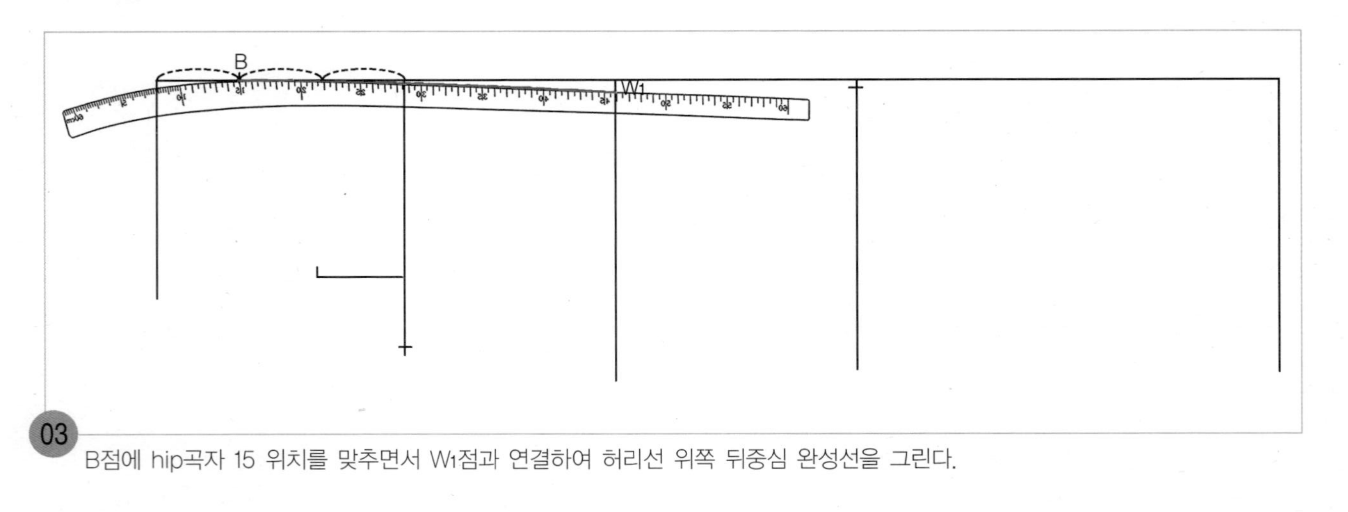

03 B점에 hip곡자 15 위치를 맞추면서 W_1점과 연결하여 허리선 위쪽 뒤중심 완성선을 그린다.

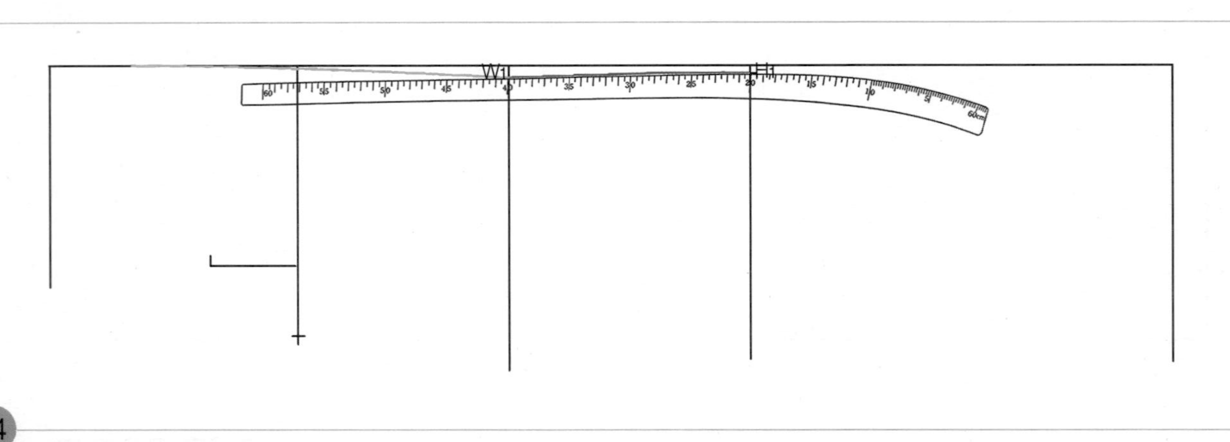

04 H_1점에 hip곡자 20 위치를 맞추면서 W_1점과 연결하여 허리선 아래쪽 뒤중심 완성선을 그린다.

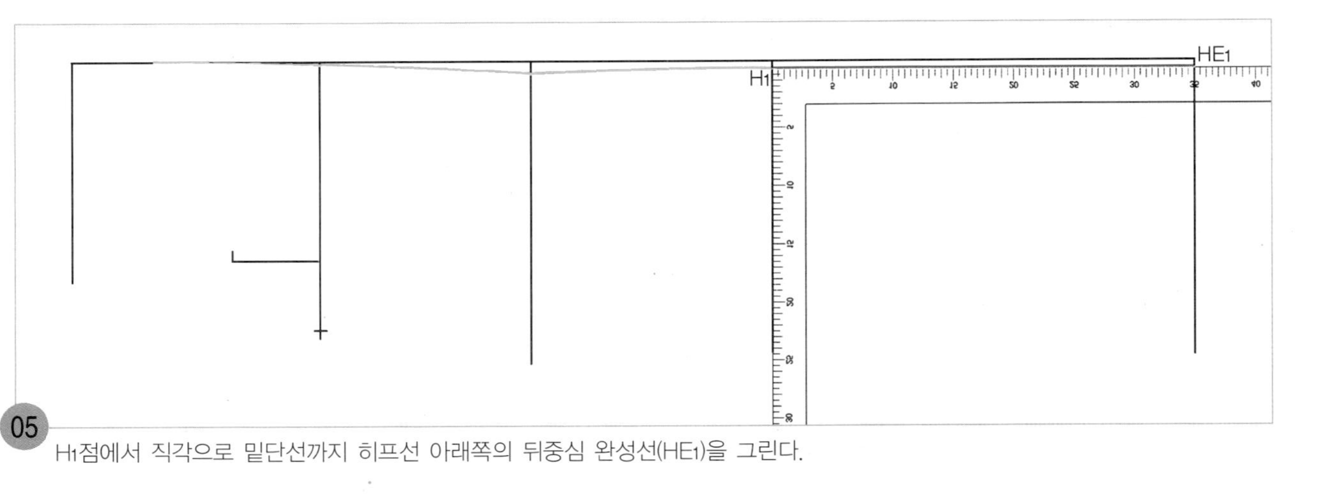

05 H_1점에서 직각으로 밑단선까지 히프선 아래쪽의 뒤중심 완성선(HE_1)을 그린다.

3. 옆선의 완성선을 그린다.

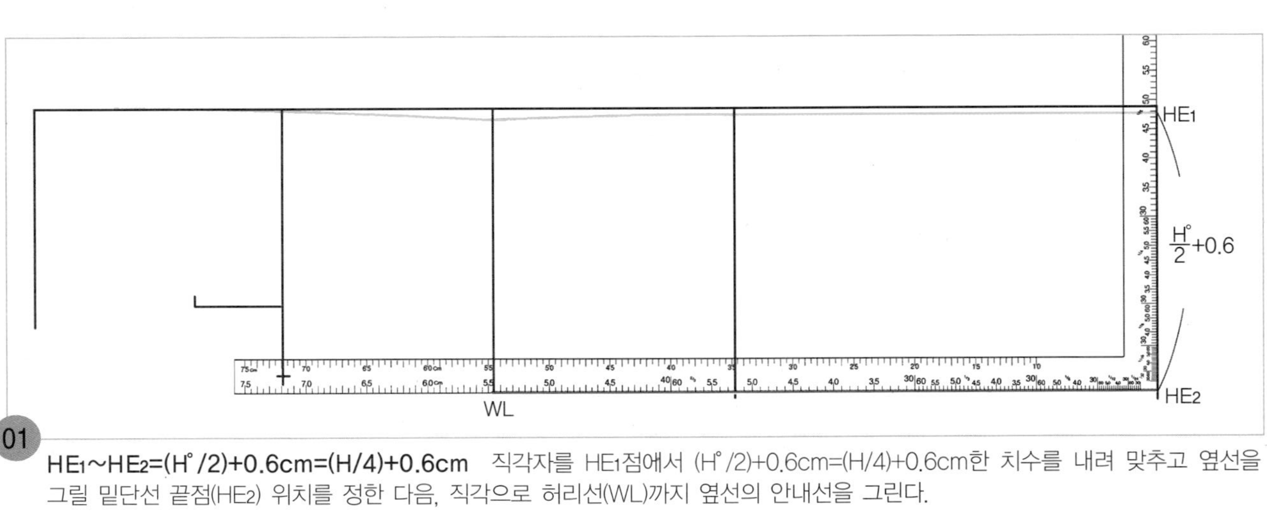

01 **HE_1~HE_2=(H°/2)+0.6cm=(H/4)+0.6cm** 직각자를 HE_1점에서 (H°/2)+0.6cm=(H/4)+0.6cm한 치수를 내려 맞추고 옆선을 그릴 밑단선 끝점(HE_2) 위치를 정한 다음, 직각으로 허리선(WL)까지 옆선의 안내선을 그린다.

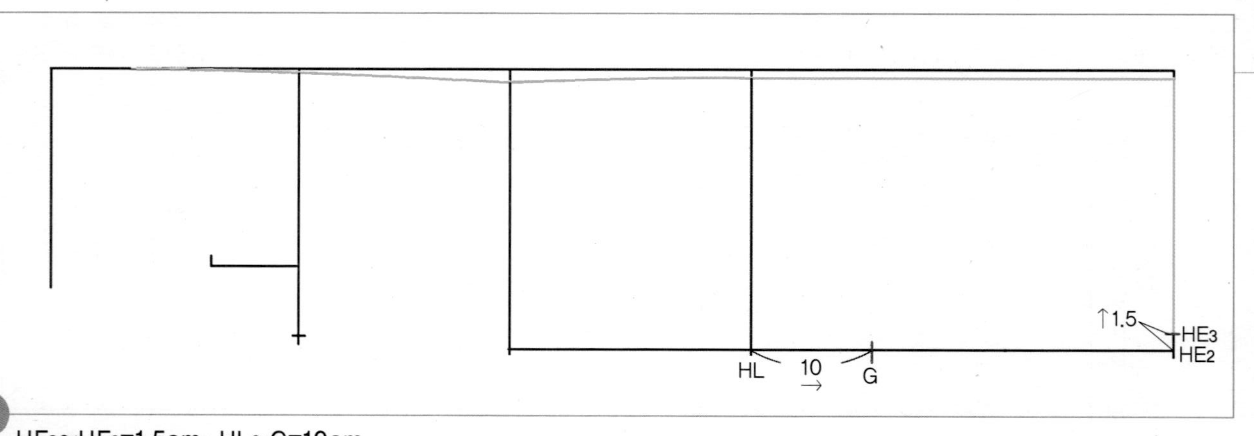

02

HE_2~HE_3=1.5cm, HL~G=10cm

HE_2점에서 1.5cm 올라가 옆선을 그릴 밑단선 끝점(HE_3) 위치를 표시하고, 옆선과 히프선과의 교점(HL)에서 밑단선 쪽으로 10cm 나가 히프선 아래쪽 옆선의 완성선을 그릴 안내점(G) 위치를 표시한다.

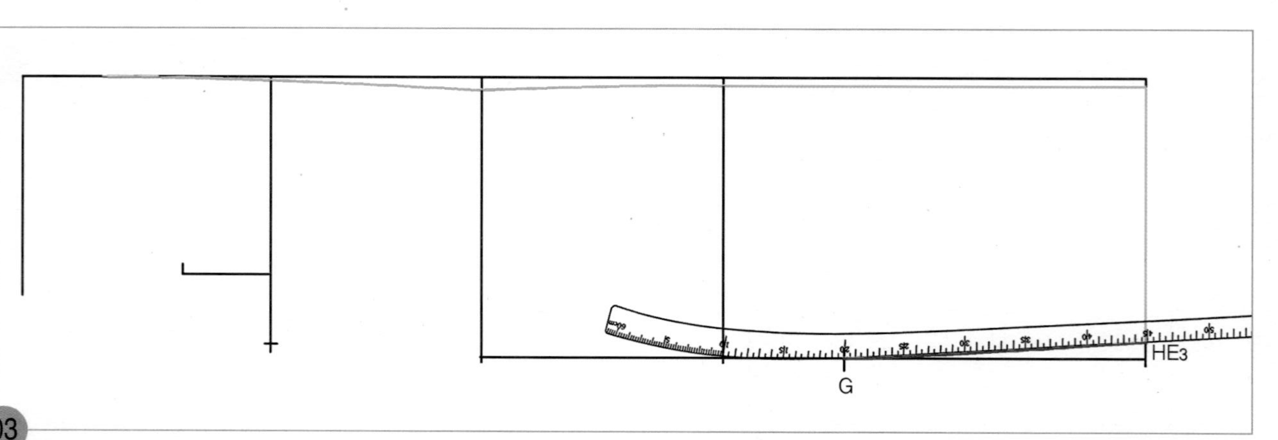

03

G점에 hip곡자 20 위치를 맞추면서 HE_3점과 연결하여 히프선 아래쪽 옆선의 완성선을 그린다.

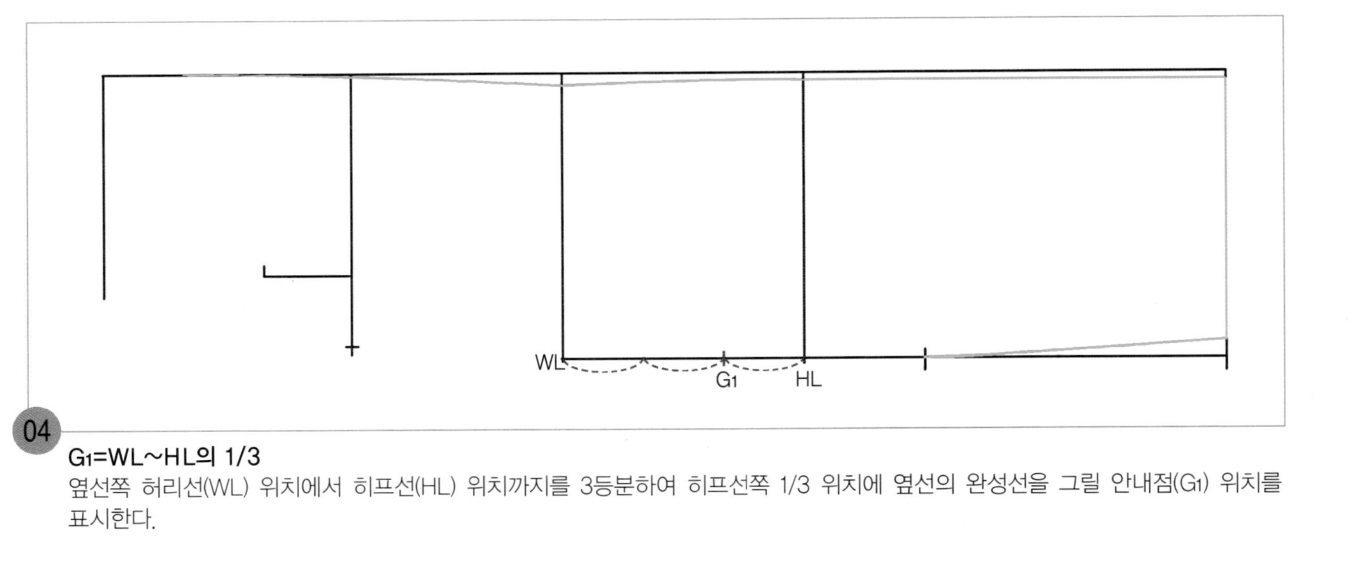

04

G_1=WL~HL의 1/3

옆선쪽 허리선(WL) 위치에서 히프선(HL) 위치까지를 3등분하여 히프선쪽 1/3 위치에 옆선의 완성선을 그릴 안내점(G_1) 위치를 표시한다.

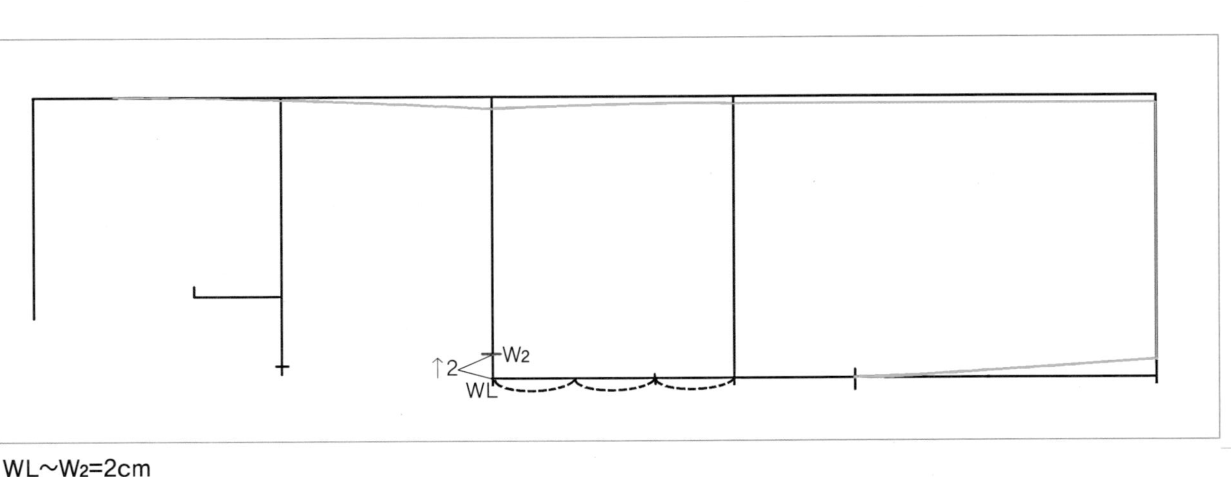

05

WL~W_2=2cm

옆선쪽 허리선 끝점(WL)에서 2cm 올라가 수정할 옆선쪽 허리선 위치(W_2)를 표시한다.

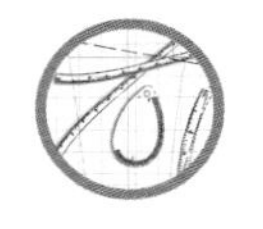

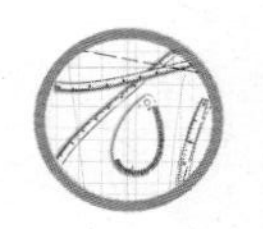

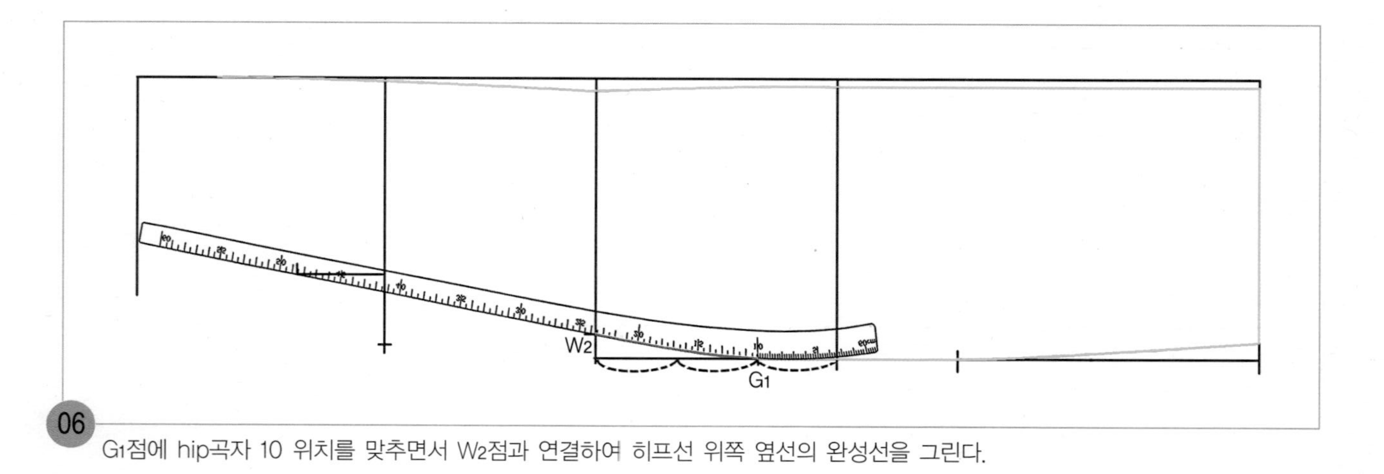

06 G_1점에 hip곡자 10 위치를 맞추면서 W_2점과 연결하여 히프선 위쪽 옆선의 완성선을 그린다.

07 W_2점에 hip곡자 10 위치를 맞추면서 옆선쪽 위가슴둘레선 끝점(C)과 연결하여 허리선 위쪽 옆선의 완성선을 그린다.

4. 뒤어깨선을 그리고 뒷목둘레선과 진동둘레선을 그린다.

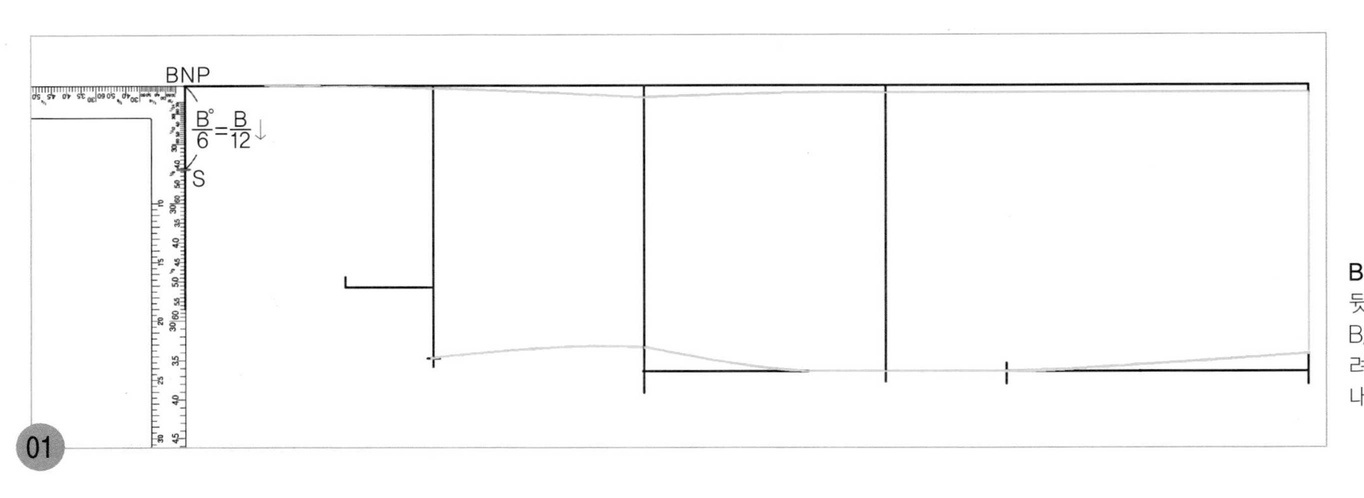

BNP~S=B°/6=B/12
뒷목점(BNP)에서 B/6=B°/12 치수를 내려와 뒷목둘레 폭 안내선점(S)을 표시한다.

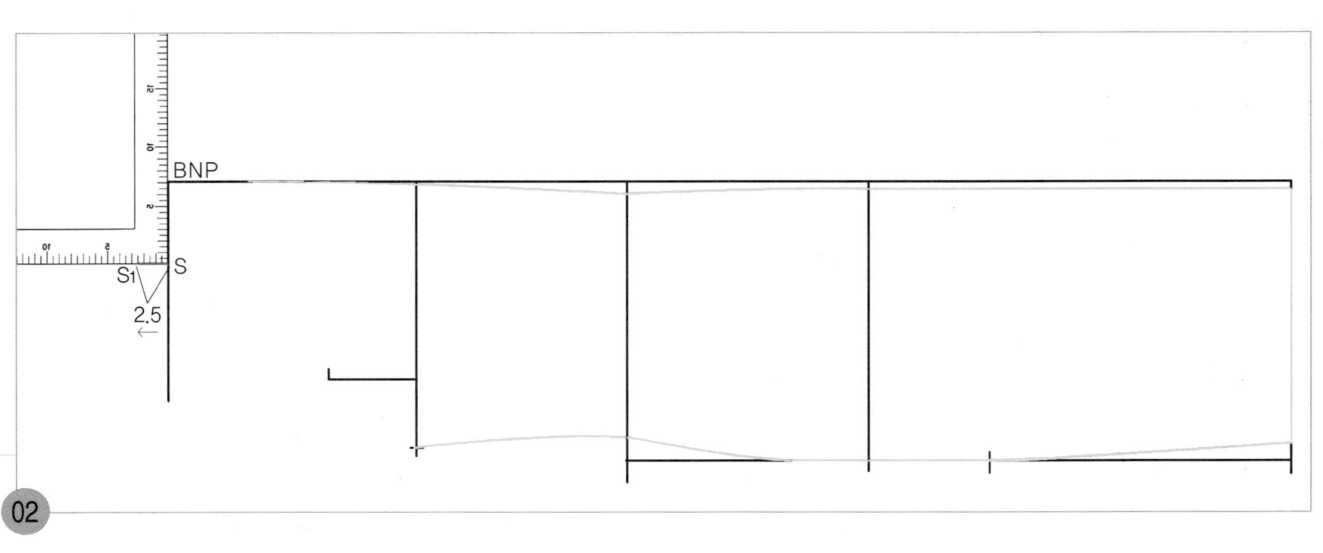

S~S_1=2.5cm
S점에서 왼쪽을 향해 직각으로 2.5cm 뒷목둘레 안내선(S_1)을 그린다.

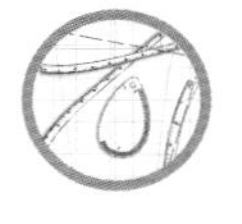

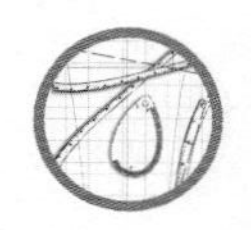

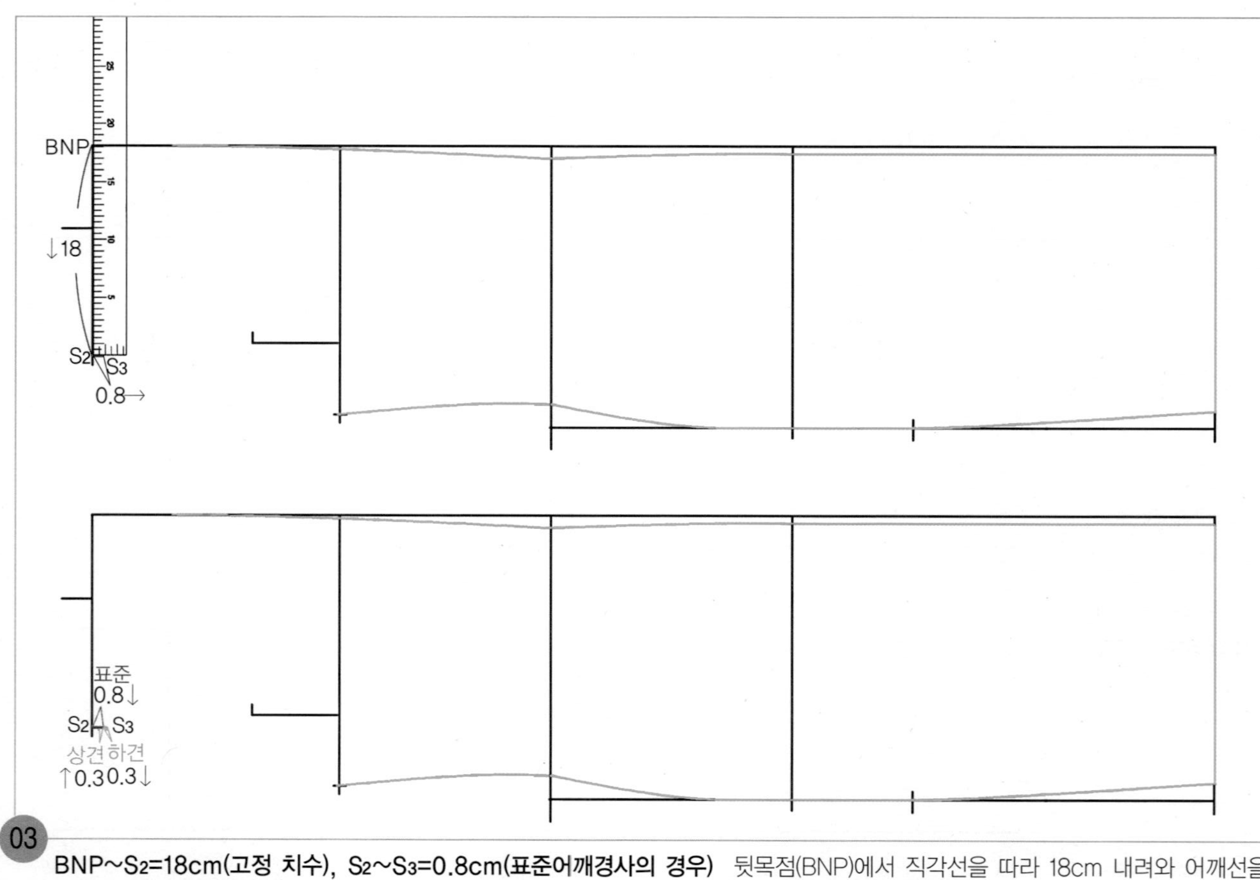

03

BNP~S_2=18cm(고정 치수), S_2~S_3=0.8cm(표준어깨경사의 경우) 뒷목점(BNP)에서 직각선을 따라 18cm 내려와 어깨선을 그릴 안내점 위치(S_2)를 표시하고, S_2점에서 직각으로 0.8cm 어깨선을 그릴 통과선(S_3)을 그린다.

주 상견이나 하견일 경우에는 표준어깨경사의 통과선에서 0.3cm씩 증감한다.

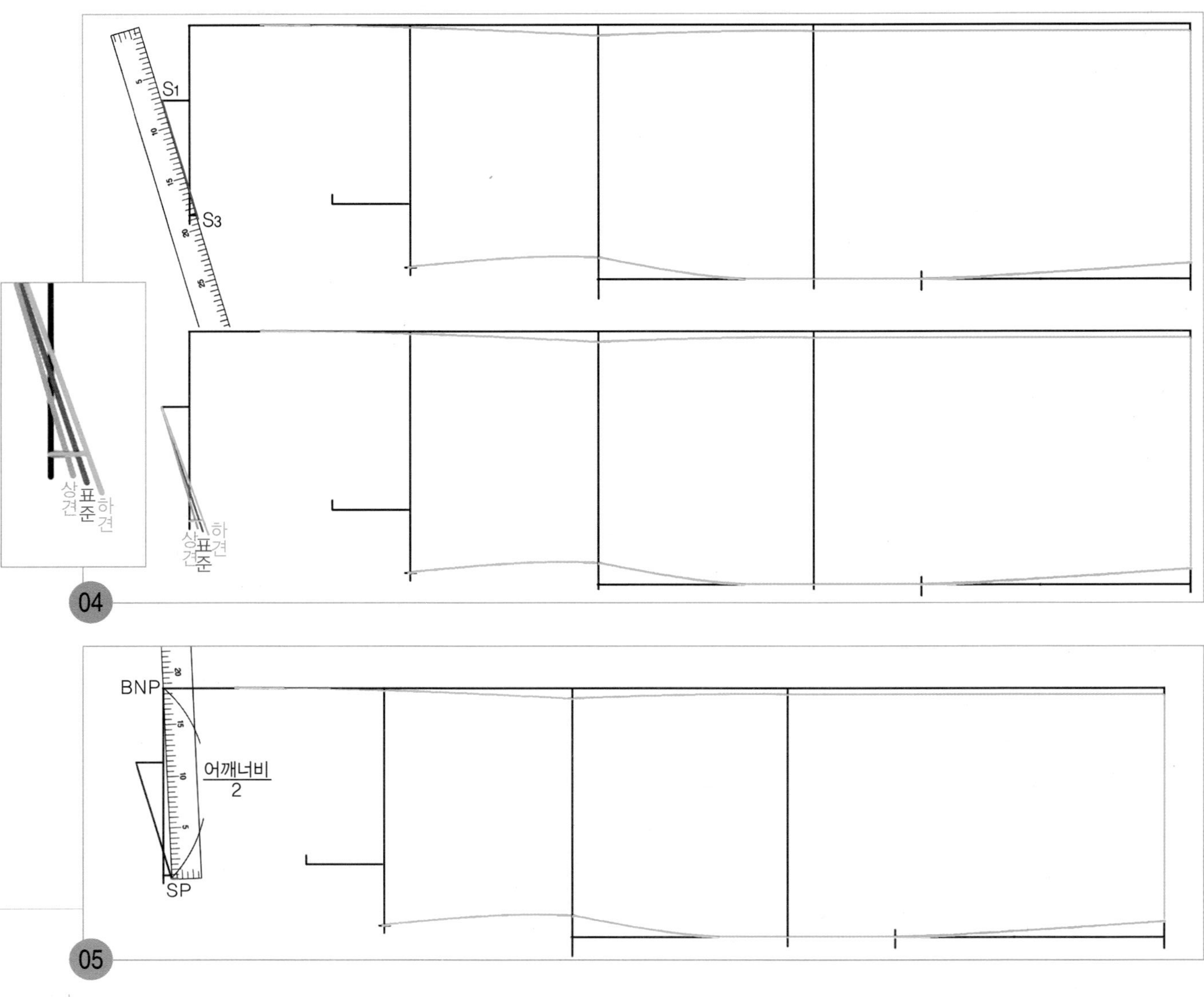

S_1~S_3=어깨선

S_1점과 S_3점 두 점을 직선자로 연결하여 어깨선을 그린다.

주 상견이나 하견일 경우에는 아래쪽 그림과 같이 어깨경사가 각각 달라진다.

BNP~SP=어깨너비/2

뒷목점(BNP)에서 어깨너비/2 치수가 04〉에서 그린 어깨선과 마주 닿는 위치를 어깨끝점(SP)으로 정해 표시한다.

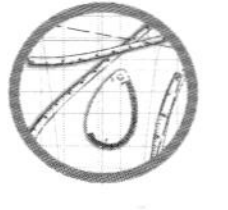

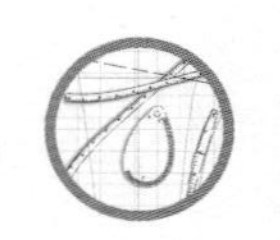

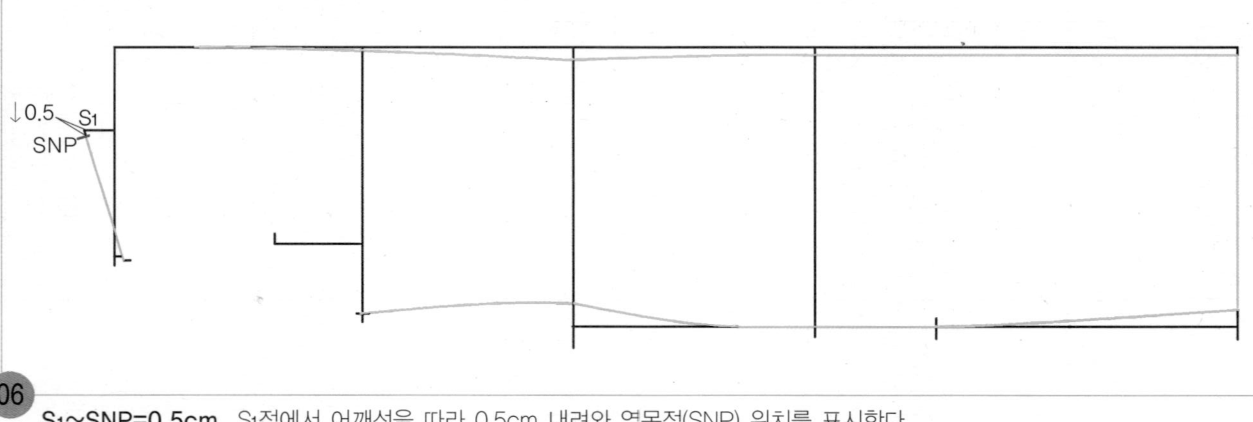

06 **S_1~SNP=0.5cm** S_1점에서 어깨선을 따라 0.5cm 내려와 옆목점(SNP) 위치를 표시한다.

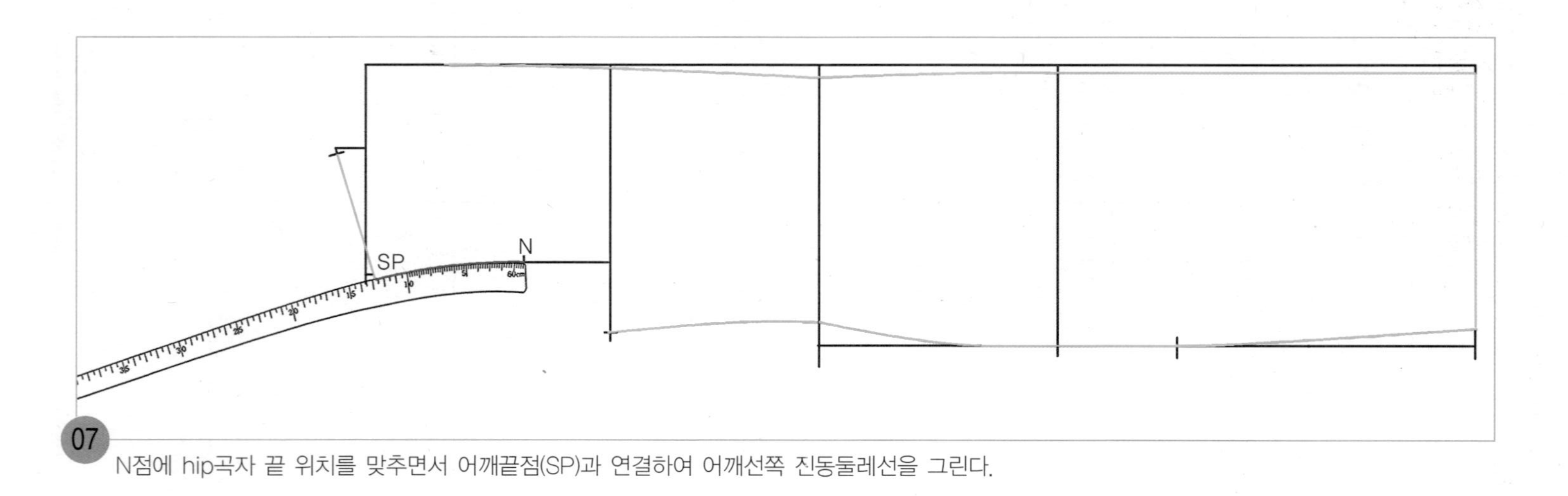

07 N점에 hip곡자 끝 위치를 맞추면서 어깨끝점(SP)과 연결하여 어깨선쪽 진동둘레선을 그린다.

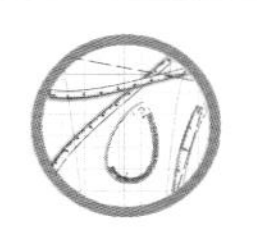

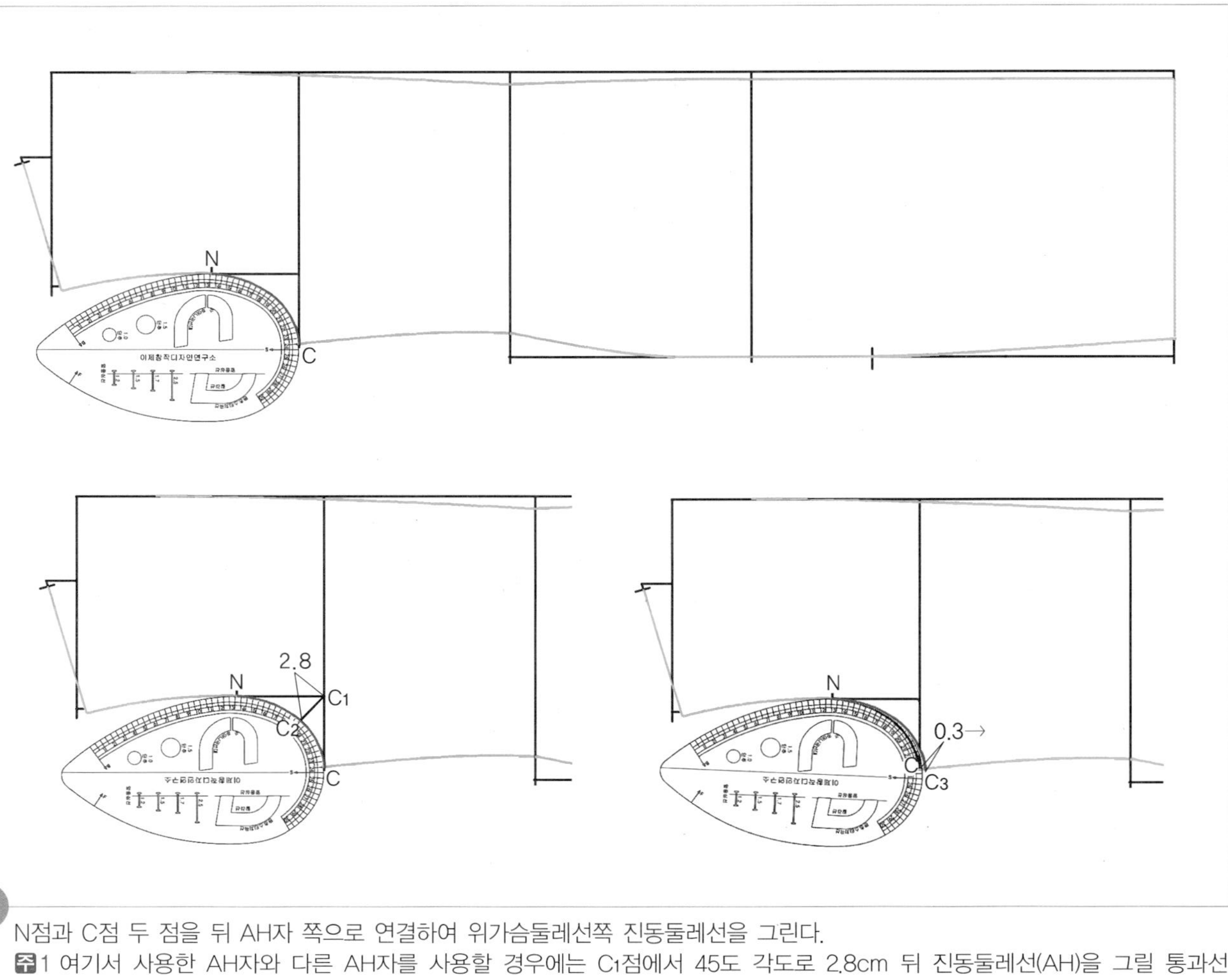

08

N점과 C점 두 점을 뒤 AH자 쪽으로 연결하여 위가슴둘레선쪽 진동둘레선을 그린다.

주1 여기서 사용한 AH자와 다른 AH자를 사용할 경우에는 C_1점에서 45도 각도로 2.8cm 뒤 진동둘레선(AH)을 그릴 통과선(C_2)을 그리고, C_2점을 통과하면서 N점과 C점이 연결되도록 맞추어 대고 진동둘레선을 그린다.

주2 상견일 경우에는 표준어깨와 동일하나, 하견일 경우에는 C점에서 0.3cm 옆선의 완성선을 따라나가 옆선(C_3) 위치를 이동하고 N점과 C_3점을 뒤 AH자 쪽으로 연결하여 진동둘레선을 그린다.

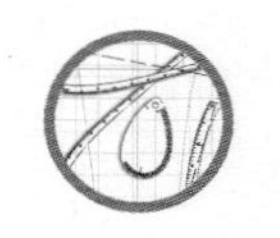

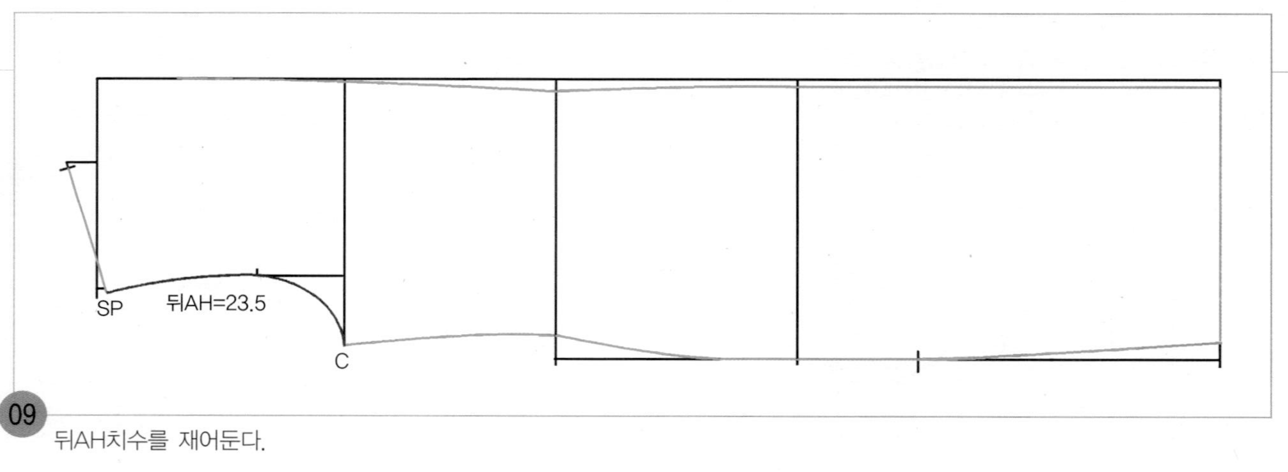

09 뒤AH치수를 재어둔다.

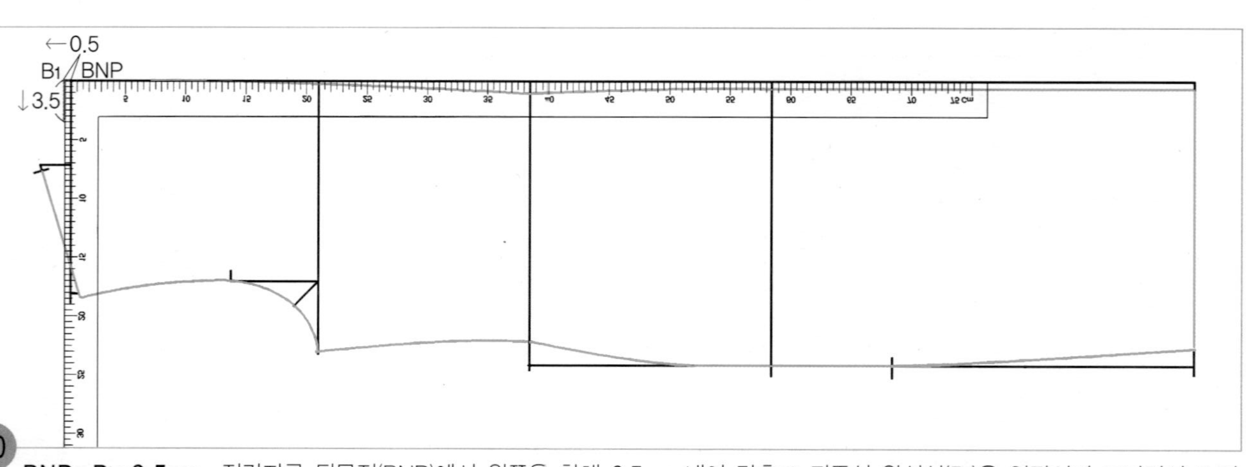

10 **BNP~B_1=0.5cm** 직각자를 뒷목점(BNP)에서 왼쪽을 향해 0.5cm 내어 맞추고 뒤중심 완성선(B_1)을 연장시켜 그리면서 B_1점에서 직각으로 3.5cm 뒷목둘레 완성선을 내려 그린다.

주 0.5cm를 추가하는 것은 칼라가 없는 경우이다.

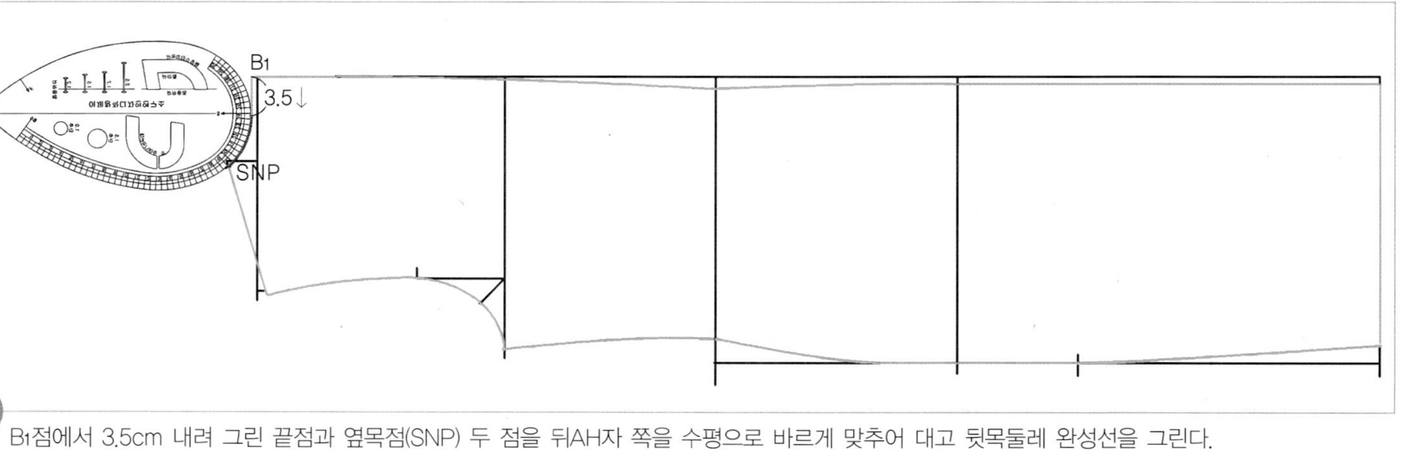

11 B_1점에서 3.5cm 내려 그린 끝점과 옆목점(SNP) 두 점을 뒤AH자 쪽을 수평으로 바르게 맞추어 대고 뒷목둘레 완성선을 그린다.

5. 뒤 패널 라인을 그린다.

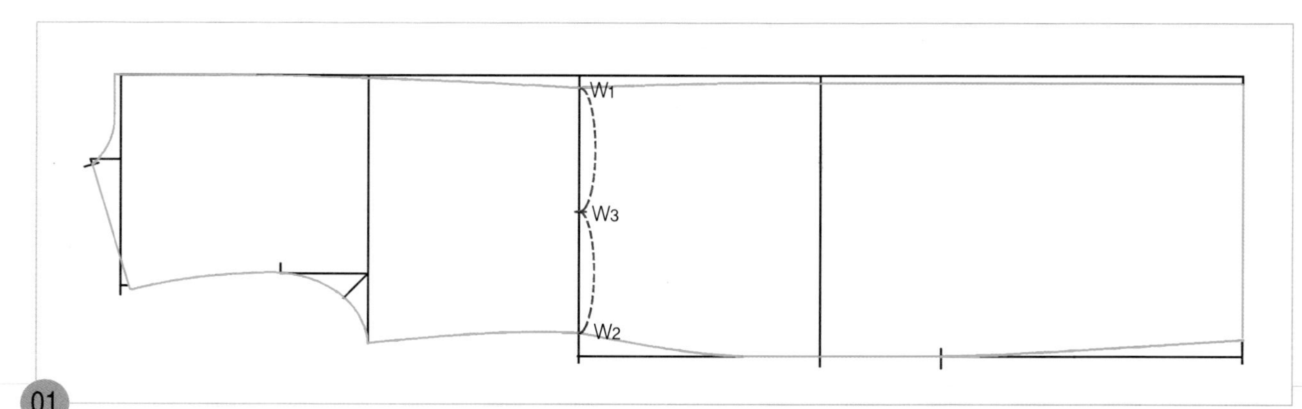

01 **W_3=W_1~W_2의 1/2** W_1점에서 W_2점까지를 2등분하여 1/2 위치에 패널 라인 중심선을 그릴 허리선(W_3) 위치를 표시한다.

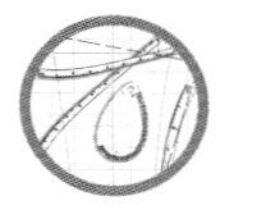

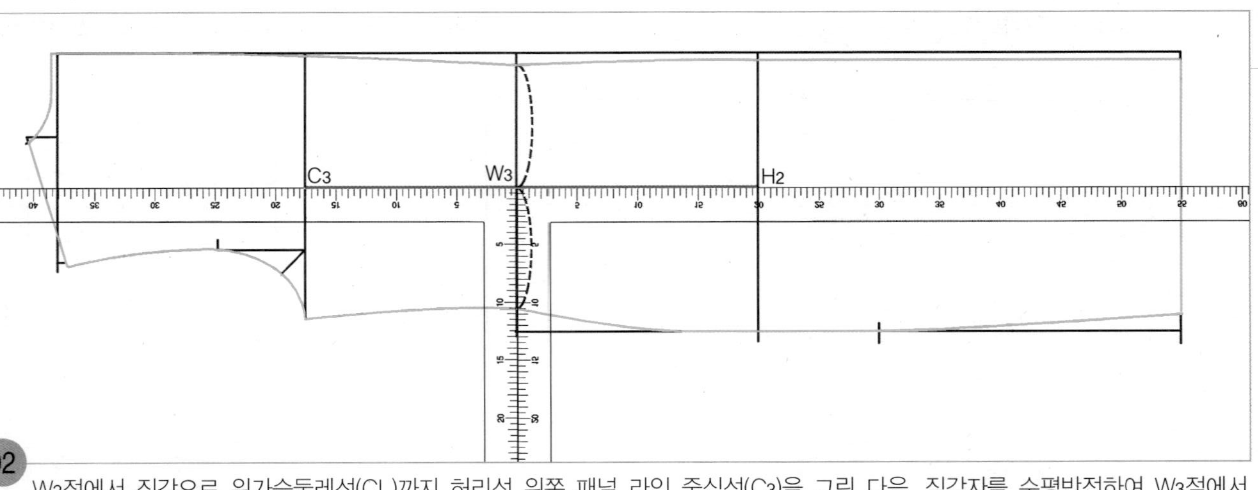

02 W_3점에서 직각으로 위가슴둘레선(CL)까지 허리선 위쪽 패널 라인 중심선(C_3)을 그린 다음, 직각자를 수평반전하여 W_3점에서 직각으로 히프선(HL)까지 허리선 아래쪽 패널 라인 중심선(H_2)을 그린다.

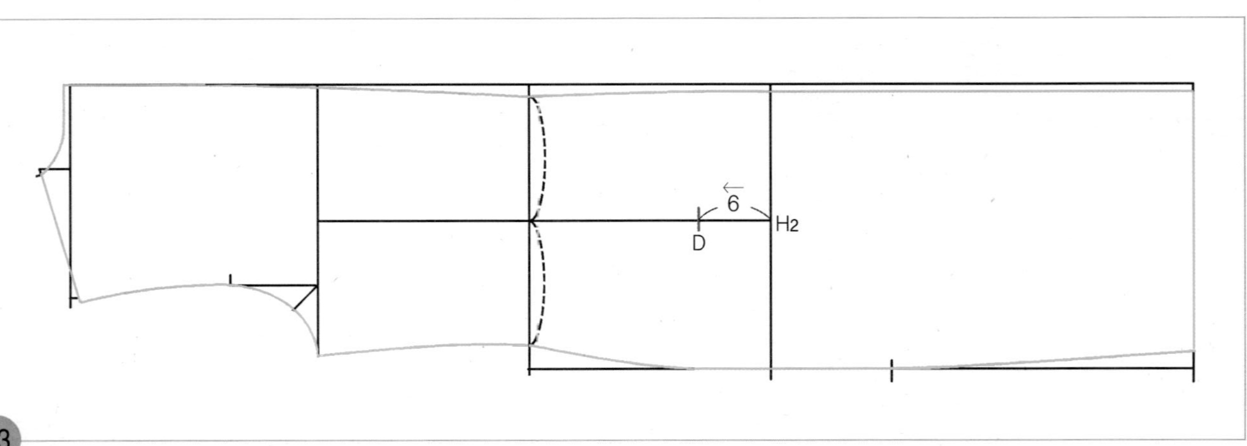

03 **H_2~D=6cm** H_2점에서 6cm 패널 라인 중심선을 따라 들어가 허리선 아래쪽 패널 라인 끝점(D) 위치를 표시한다.

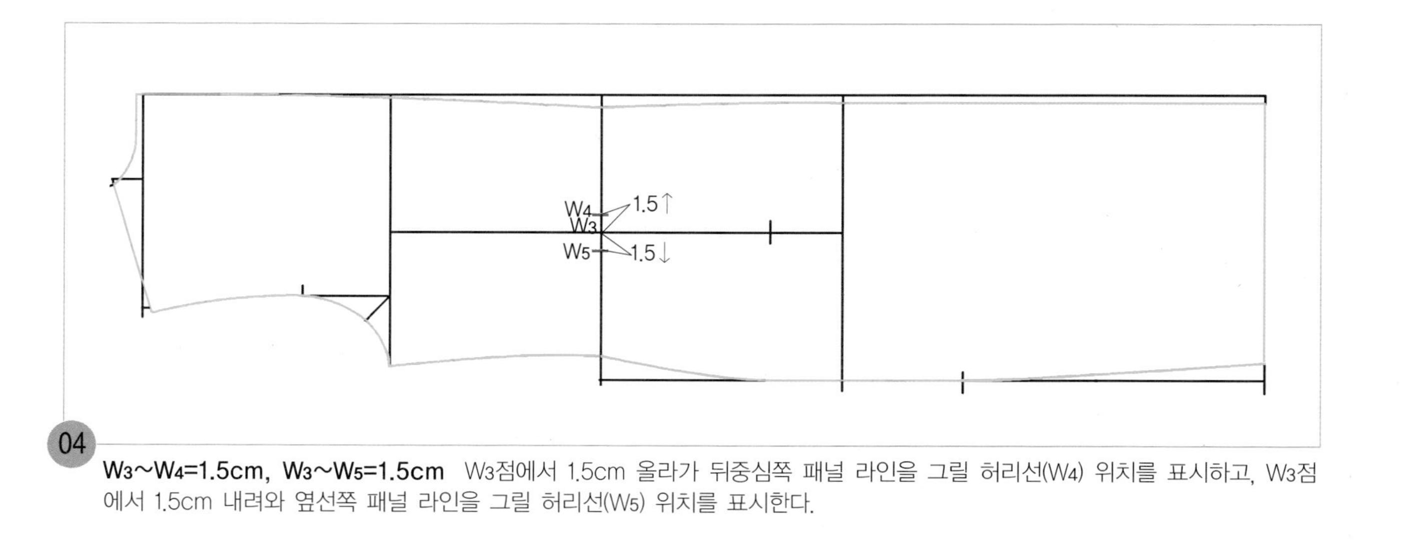

04 **W_3~W_4=1.5cm, W_3~W_5=1.5cm** W_3점에서 1.5cm 올라가 뒤중심쪽 패널 라인을 그릴 허리선(W_4) 위치를 표시하고, W_3점에서 1.5cm 내려와 옆선쪽 패널 라인을 그릴 허리선(W_5) 위치를 표시한다.

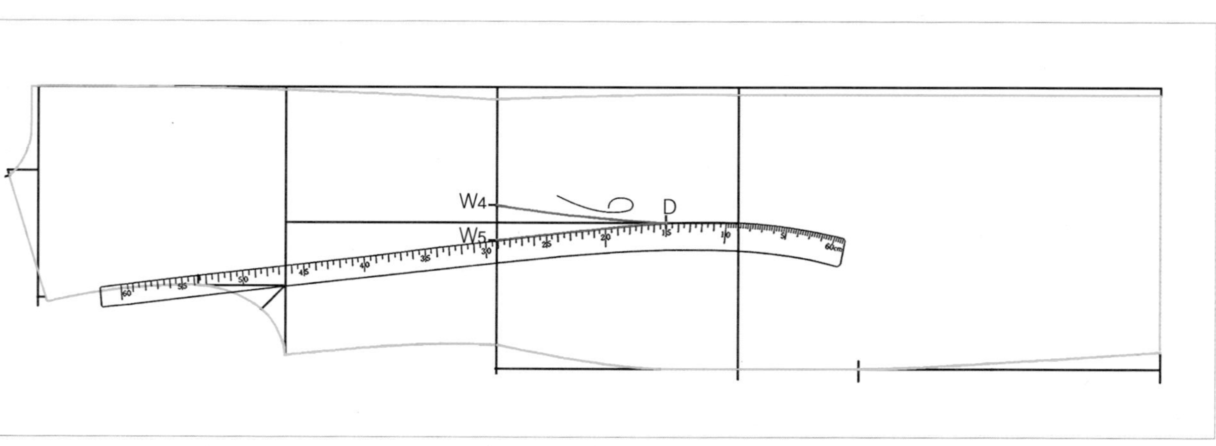

05 D점에 hip곡자 15 위치를 맞추면서 W_4점과 연결하여 뒤중심쪽의 허리선 아래쪽 패널 라인을 그린 다음, hip곡자를 수직반전하여 D점에 hip곡자 15 위치를 맞추면서 W_5점과 연결하여 옆선쪽의 허리선 아래쪽 패널 라인을 그린다.

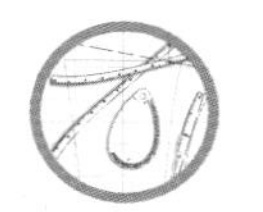

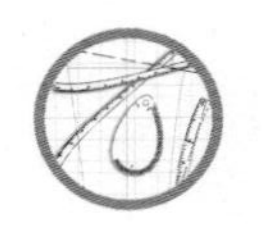

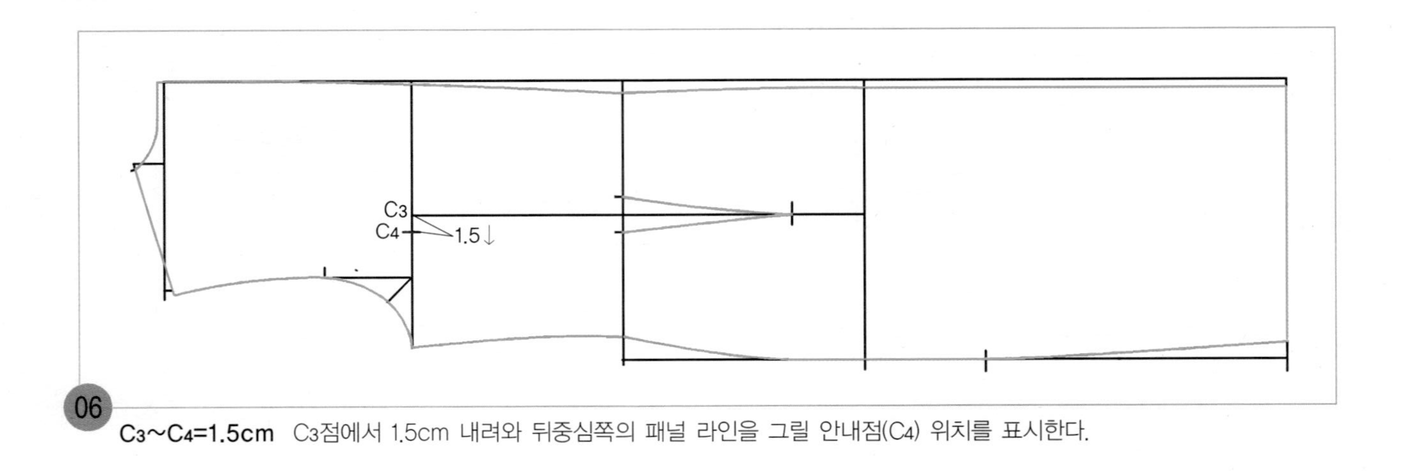

06 **C_3~C_4=1.5cm** C_3점에서 1.5cm 내려와 뒤중심쪽의 패널 라인을 그릴 안내점(C_4) 위치를 표시한다.

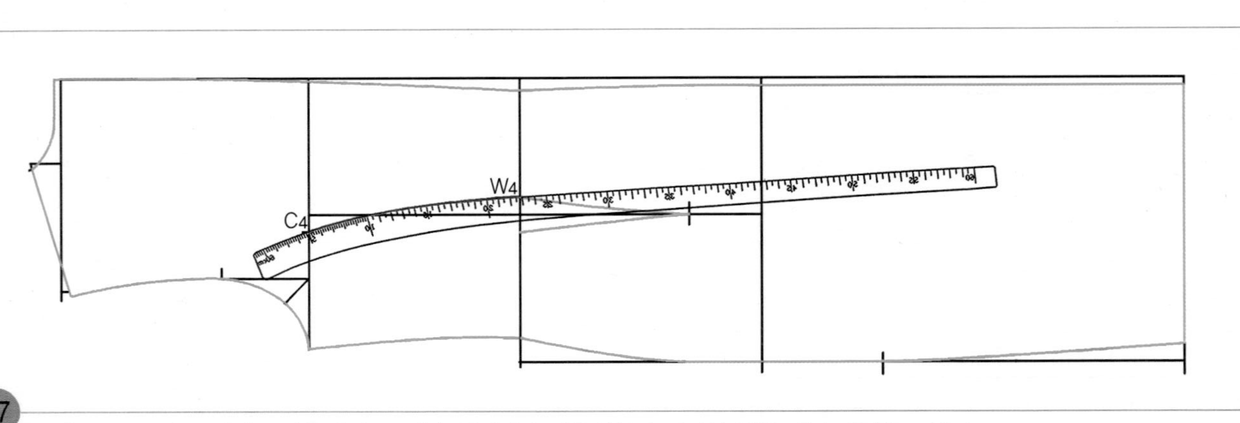

07 C_4점에 hip곡자 5 위치를 맞추면서 W_4점과 연결하여 뒤중심쪽의 허리선 위쪽 패널 라인을 그린다.

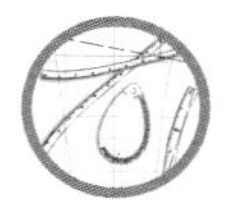

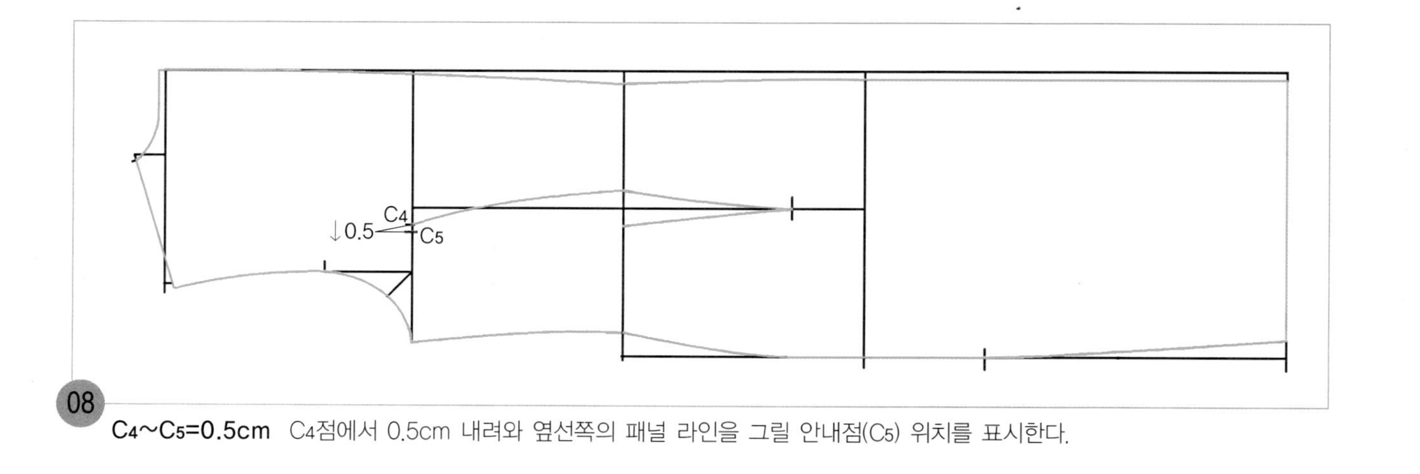

08

C_4~C_5=0.5cm C_4점에서 0.5cm 내려와 옆선쪽의 패널 라인을 그릴 안내점(C_5) 위치를 표시한다.

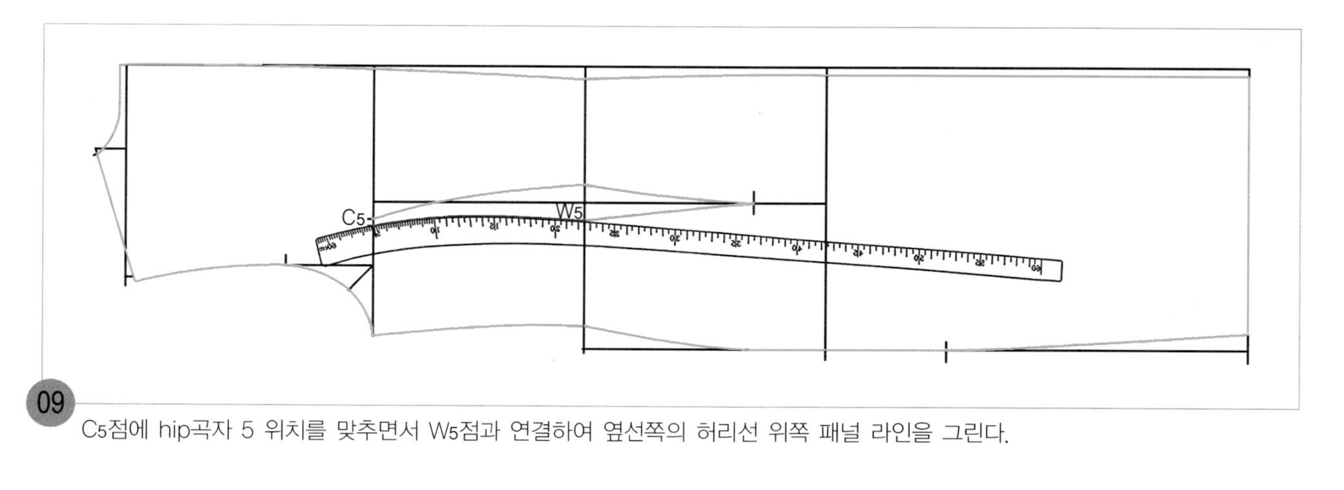

09

C_5점에 hip곡자 5 위치를 맞추면서 W_5점과 연결하여 옆선쪽의 허리선 위쪽 패널 라인을 그린다.

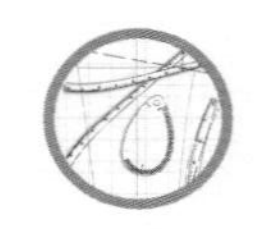

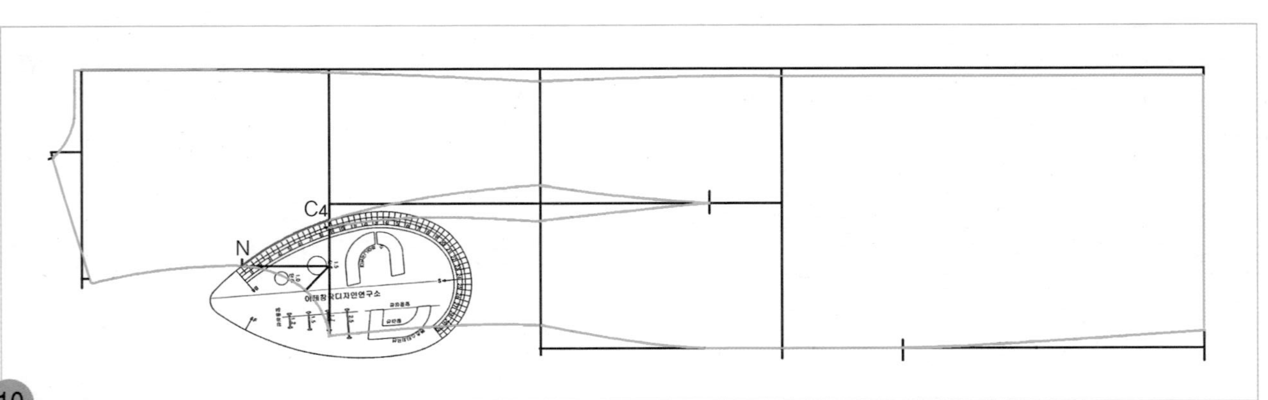

10 C_4점과 N점 두 점을 07에서 그린 패널 라인과 자연스럽게 연결되도록 뒤AH자쪽으로 맞추어 대고 뒤중심쪽의 위가슴둘레선 위쪽 패널 라인을 그린다.

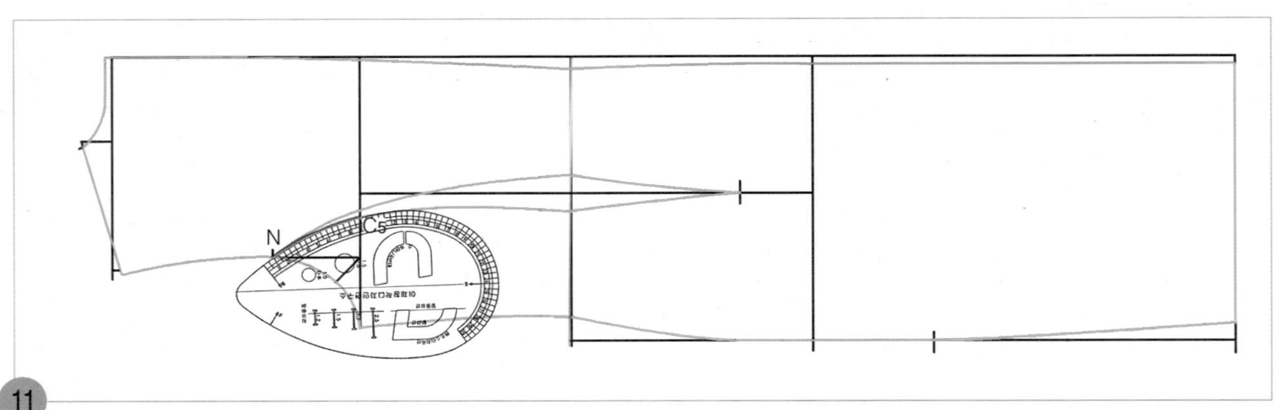

11 C_5점과 N점 두 점을 09에서 그린 패널 라인과 자연스럽게 연결되도록 뒤AH자쪽으로 맞추어 대고 옆선쪽의 위가슴둘레선 위쪽 패널 라인을 그린다.

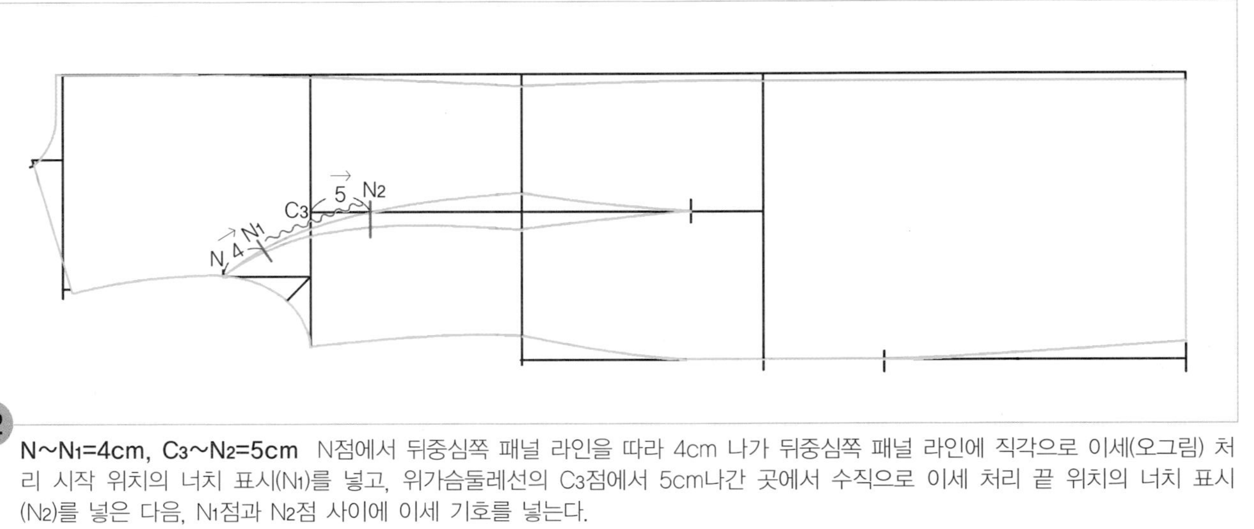

12

N~N1=4cm, C3~N2=5cm N점에서 뒤중심쪽 패널 라인을 따라 4cm 나가 뒤중심쪽 패널 라인에 직각으로 이세(오그림) 처리 시작 위치의 너치 표시(N1)를 넣고, 위가슴둘레선의 C3점에서 5cm나간 곳에서 수직으로 이세 처리 끝 위치의 너치 표시(N2)를 넣은 다음, N1점과 N2점 사이에 이세 기호를 넣는다.

13

적색으로 표시된 허리선 위쪽 옆몸판의 완성선을 새 패턴지에 옮겨 그린 다음 새 패턴지에 옮겨 그린 완성선을 따라 오려내고 원래의 몸판 위에 얹어 패턴에 차이가 없는지 확인한다.

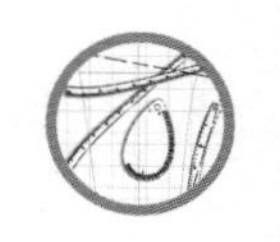

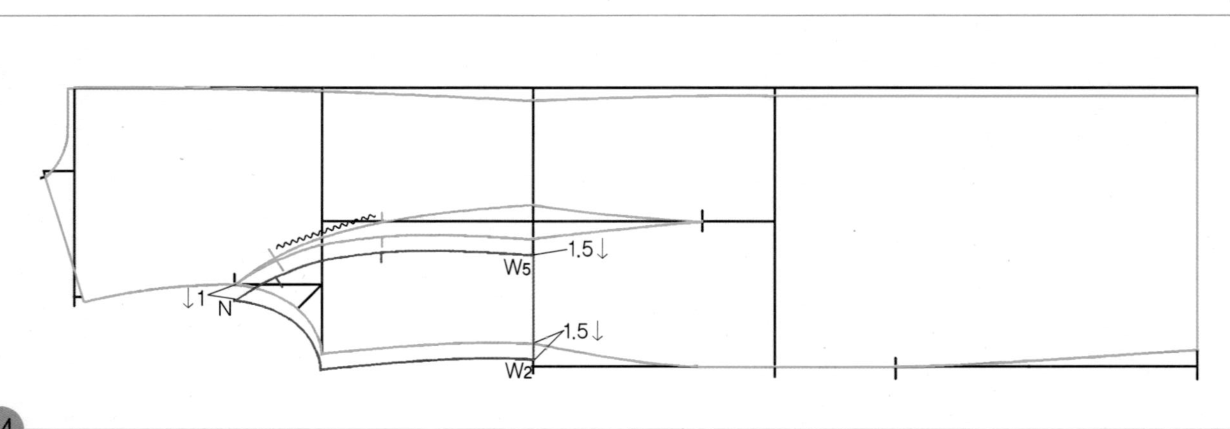

14 13에서 새 패턴지에 옮겨 그리고 오려낸 완성선의 패턴을 원래의 몸판 완성선 패턴 위에 얹은 상태에서 W_5점과 W_2점의 허리선 위치를 1.5cm 옆선쪽으로 내리면서 N점에서 1cm 내려 이동하고 고정시킨다.

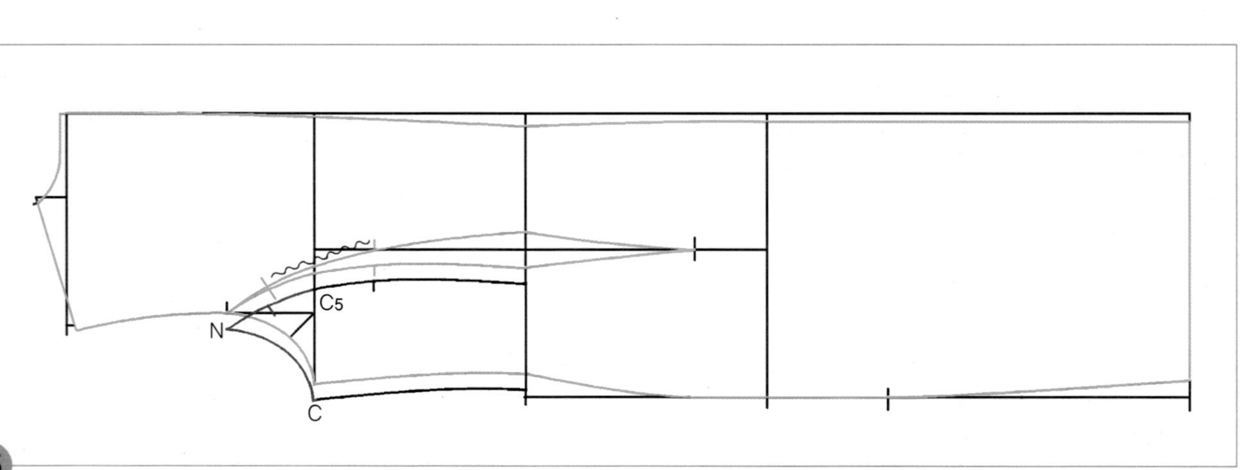

15 적색으로 표시된 것과 같이 위가슴둘레선 위쪽의 이동한 완성선을 원래의 패턴 위에 옮겨 그린다.

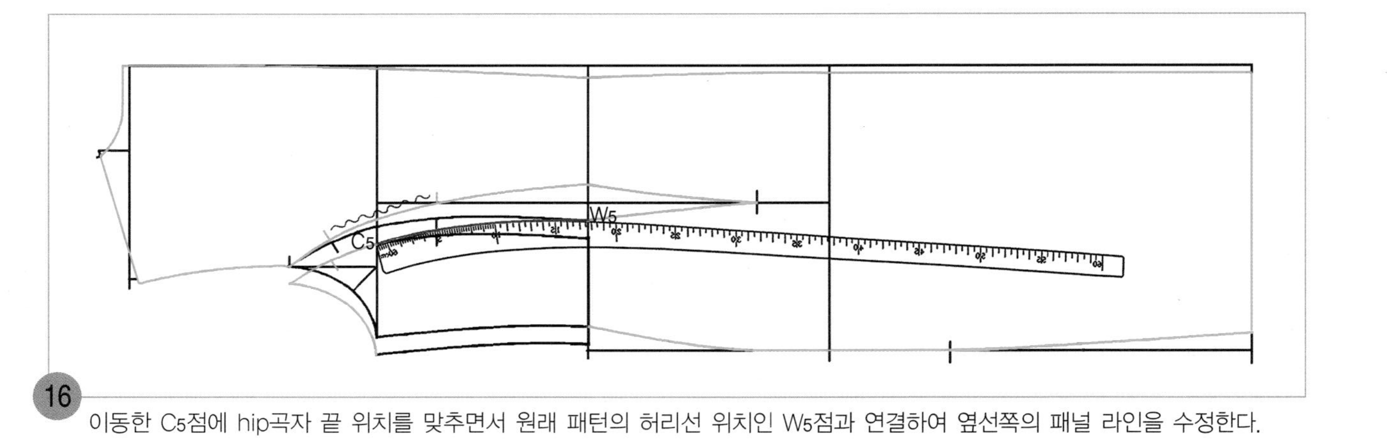

16 이동한 C_5점에 hip곡자 끝 위치를 맞추면서 원래 패턴의 허리선 위치인 W_5점과 연결하여 옆선쪽의 패널 라인을 수정한다.

17 원래 패턴의 허리선 위치인 W_2점에 hip곡자 10 위치를 맞추면서 이동한 C점과 연결하여 허리선 위쪽 옆선의 완성선을 수정한다.

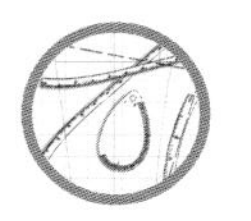

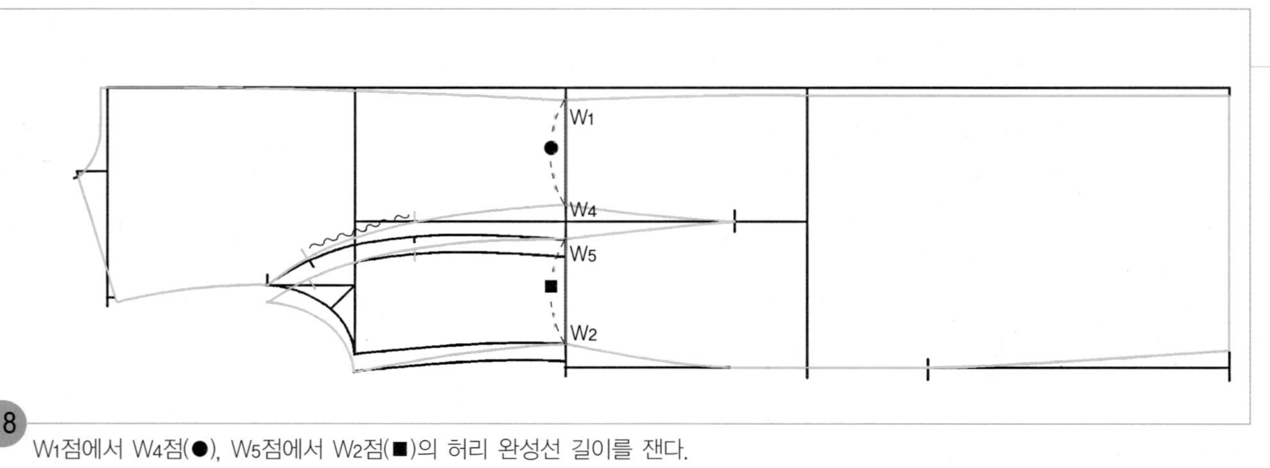

18 W1점에서 W4점(●), W5점에서 W2점(■)의 허리 완성선 길이를 잰다.

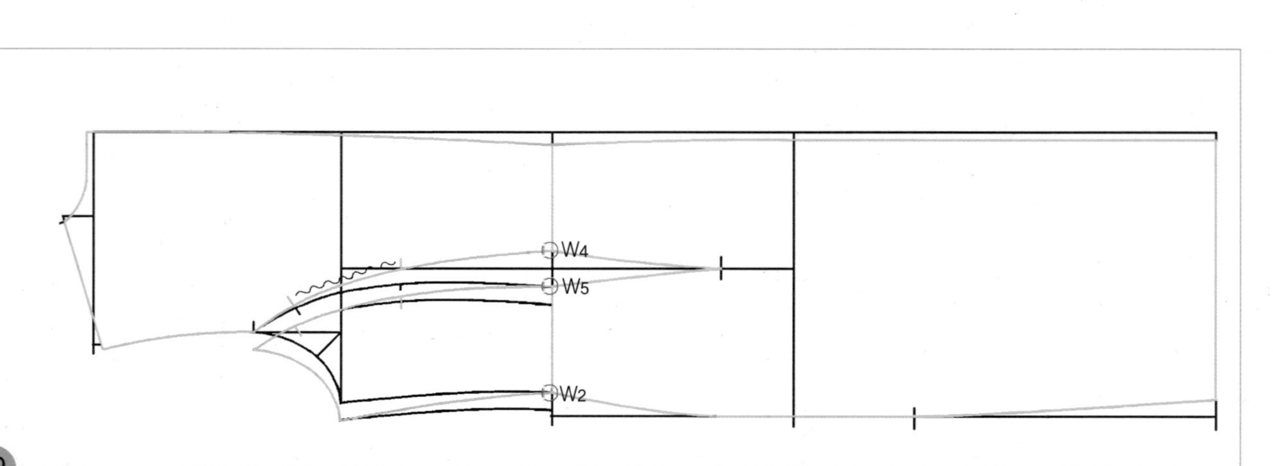

19 18에서 잰 허리 완성선 길이가 만약 W+2.5~3cm한 치수보다 남거나 부족한 분량이 생기면 그 분량을 3등분하여 W4, W5, W2점에서 각각 3등분한 1/3 분량씩을 증감하여 표시하고, 16과 17과 같은 방법으로 패널 라인과 옆선을 각각 수정한다.

6. 지퍼 트임 끝 위치와 뒤 슬릿 트임 끝 위치를 표시한다.

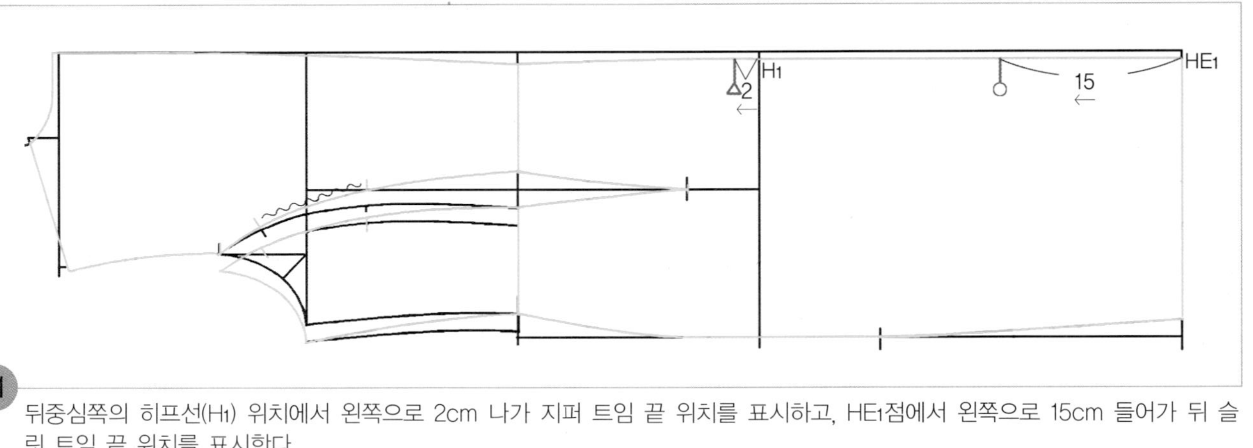

01 뒤중심쪽의 히프선(H1) 위치에서 왼쪽으로 2cm 나가 지퍼 트임 끝 위치를 표시하고, HE1점에서 왼쪽으로 15cm 들어가 뒤 슬릿 트임 끝 위치를 표시한다.

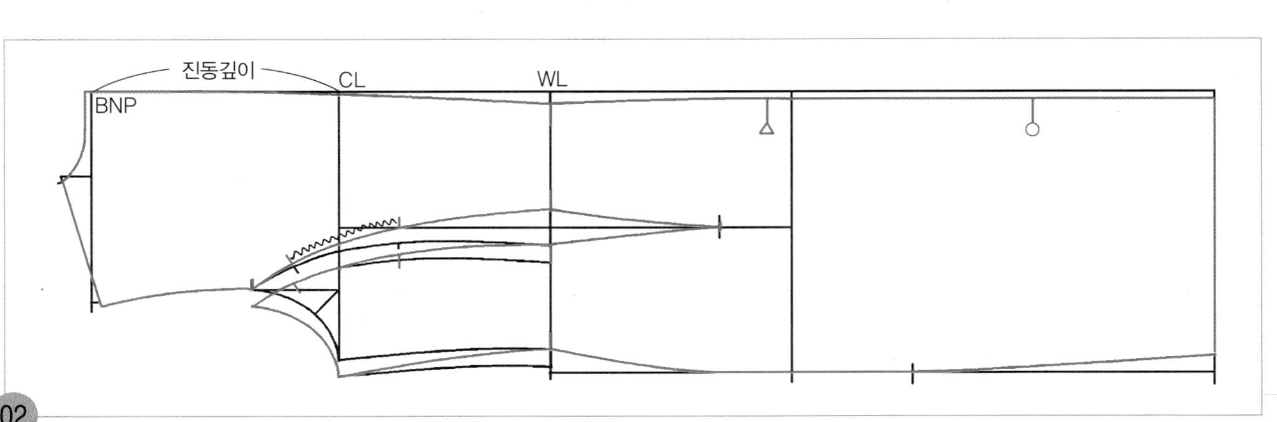

02 적색선이 뒤판의 완성선이다. 소매를 제도하기 위해 BNP에서 CL까지의 진동 깊이 길이를 재어둔다.

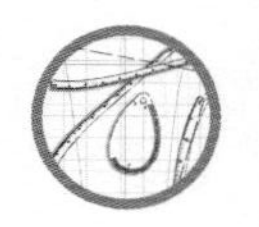

앞판 제도하기

1. 기초선을 그린다.

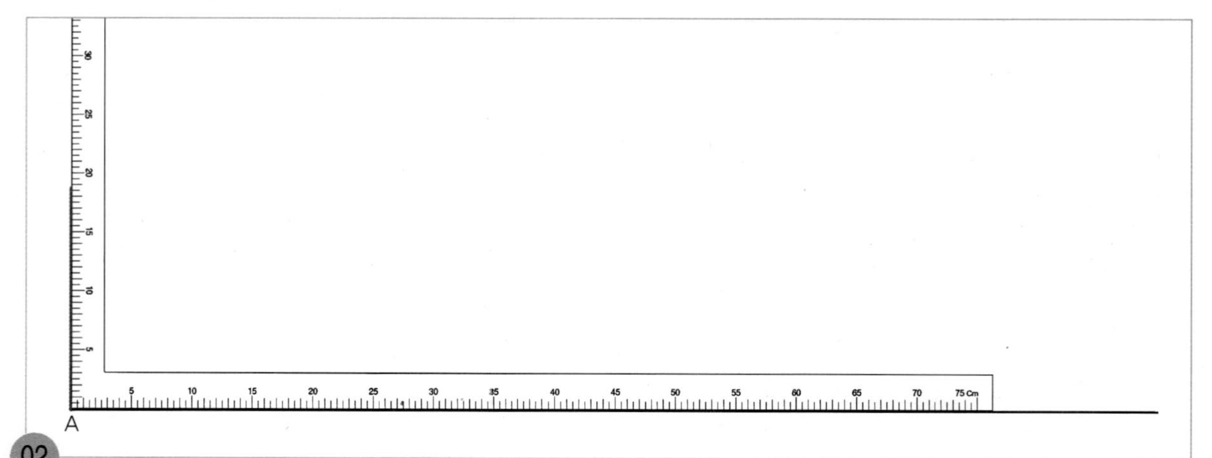

01 긴 직선자를 대고 수평으로 길게 앞중심선(앞길이+원하는 스커트 길이)을 그린다.

02 A점에서 직각선을 올려 그려둔다.

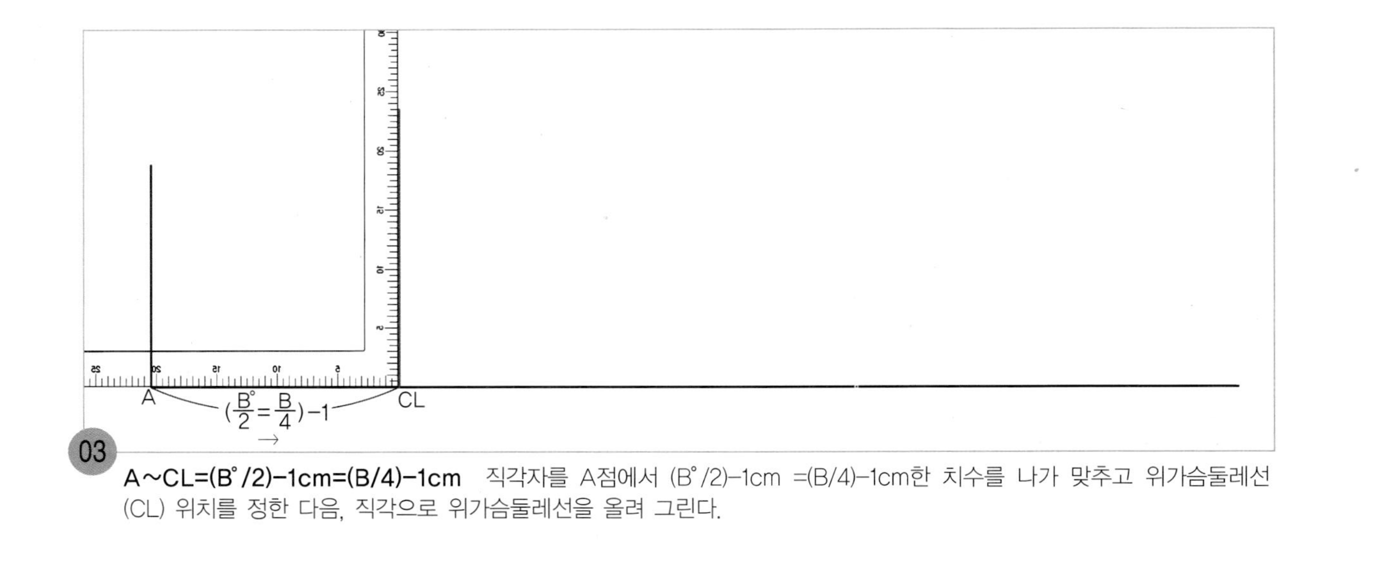

03

A~CL=(B°/2)−1cm=(B/4)−1cm 직각자를 A점에서 (B°/2)−1cm =(B/4)−1cm한 치수를 나가 맞추고 위가슴둘레선(CL) 위치를 정한 다음, 직각으로 위가슴둘레선을 올려 그린다.

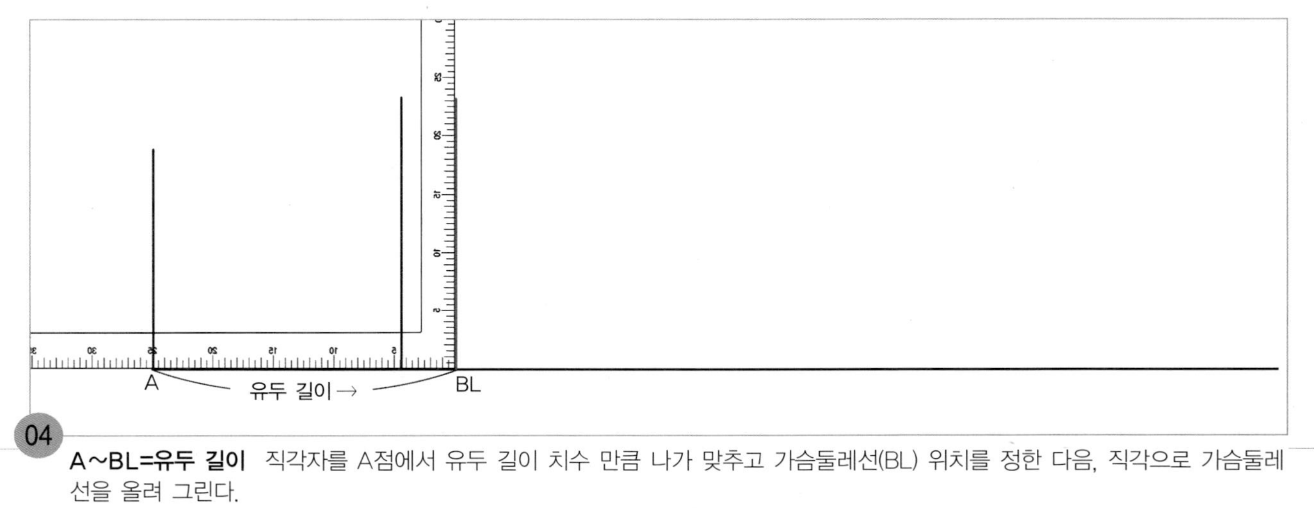

04

A~BL=유두 길이 직각자를 A점에서 유두 길이 치수 만큼 나가 맞추고 가슴둘레선(BL) 위치를 정한 다음, 직각으로 가슴둘레선을 올려 그린다.

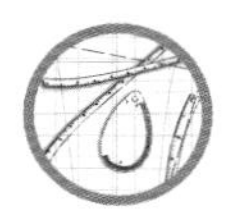

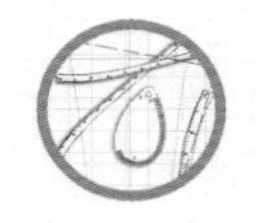

A
앞길이 →
WL

05

A~WL=앞길이

직각자를 A점에서 앞길이 치수 만큼 나가 맞추고 허리선(WL) 위치를 정한 다음, 직각으로 허리선을 올려 그린다.

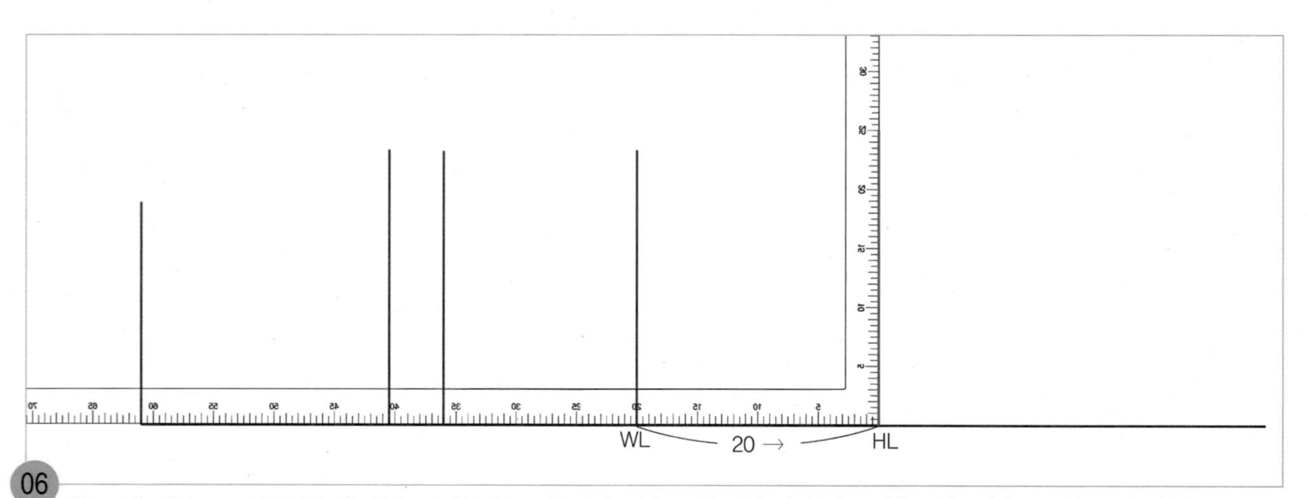

06

WL~HL=20cm 직각자를 허리선(WL)에서 20cm를 나가 맞추고 히프선(HL) 위치를 정한 다음, 직각으로 히프선을 올려 그린다.

밑단선
WL
스커트 길이(55) →
HE

07 **WL~HE=스커트 길이(55cm)**
직각자를 허리선(WL)에서 스커트 길이 만큼 나가 맞추고 밑단선(HE) 위치를 정한 다음, 직각으로 밑단선을 올려 그린다.

2. 앞옆선의 완성선을 그린다.

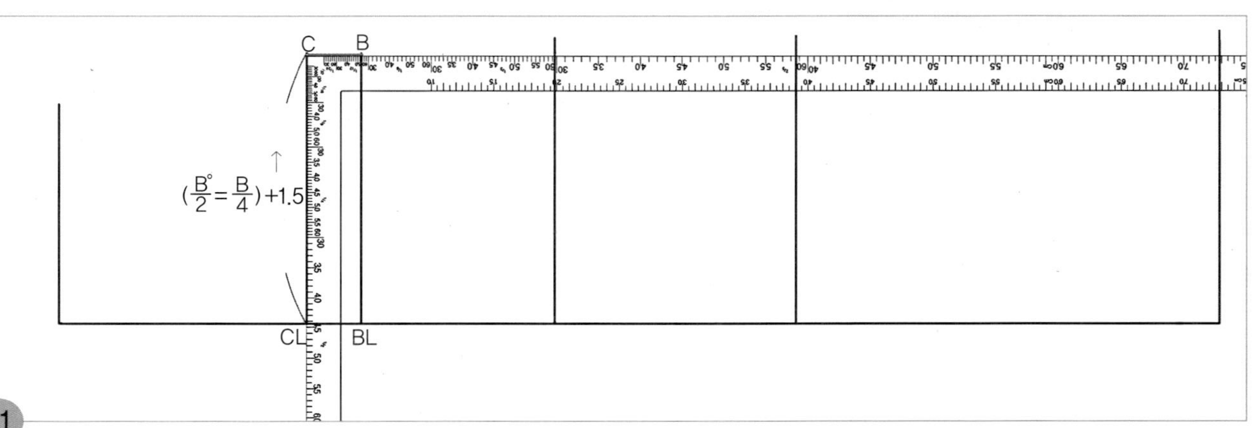

01 **CL~C=(B°/2)+1.5cm=(B/4)+1.5cm** 직각자를 CL점에서 (B°/2)+1.5cm=(B/4)+1.5cm한 치수를 올려 맞추고 옆선쪽 위가슴둘레선 끝점(C) 위치를 정한 다음, 직각으로 옆선쪽 가슴둘레선(BL)까지 옆선의 완성선(B)을 그려둔다.

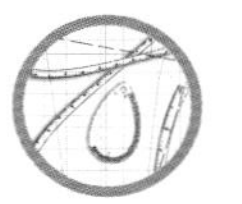

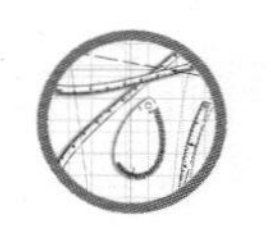

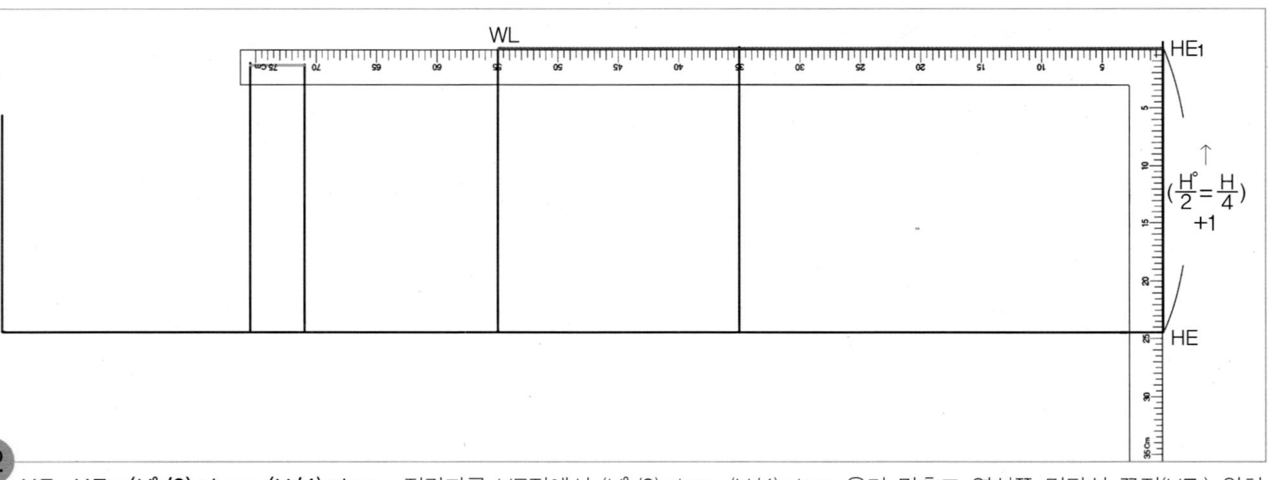

02

HE~HE1=(H°/2)+1cm=(H/4)+1cm 직각자를 HE점에서 (H°/2)+1cm=(H/4)+1cm 올려 맞추고 옆선쪽 밑단선 끝점(HE1) 위치를 정한 다음, 직각으로 허리선(WL)까지 옆선의 안내선을 그린다.

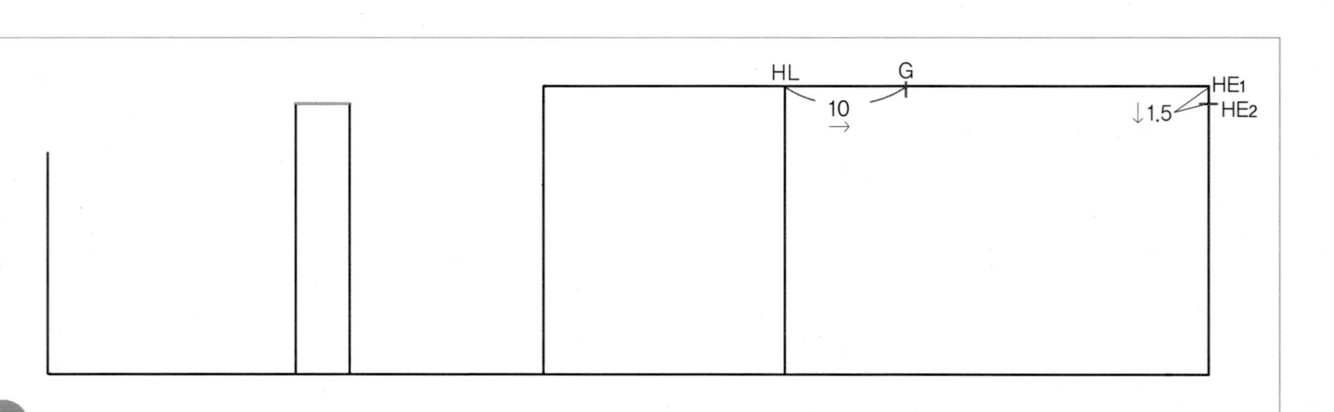

03

HE1~HE2=1.5cm, HL~G=10cm HE1점에서 1.5cm 내려와 옆선을 그릴 밑단선 끝점(HE2) 위치를 표시하고, 옆선과 히프선과의 교점(HL)에서 밑단선 쪽으로 10cm 나가 히프선 아래쪽 옆선의 완성선을 그릴 안내점(G) 위치를 표시한다.

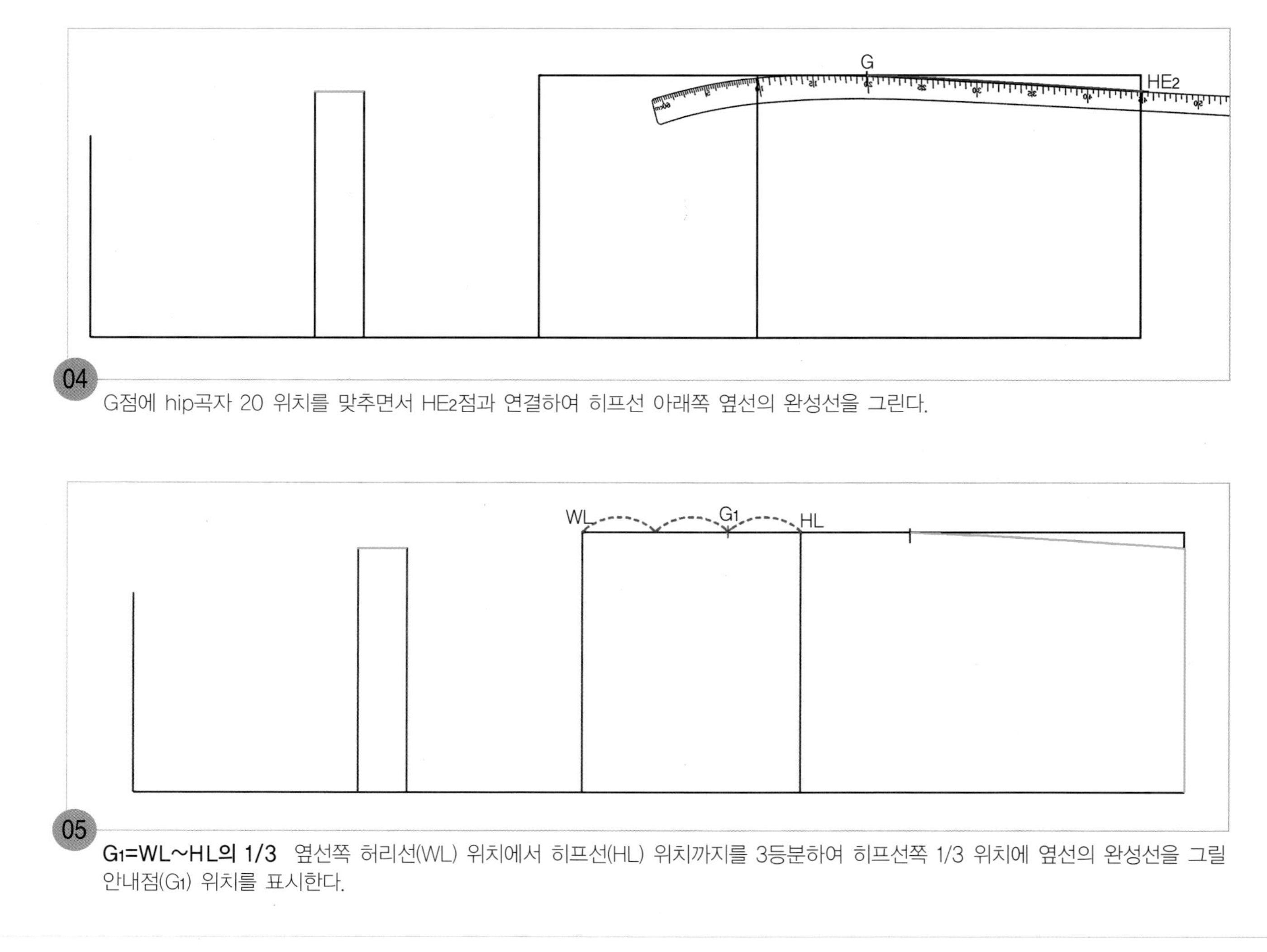

04 G점에 hip곡자 20 위치를 맞추면서 HE2점과 연결하여 히프선 아래쪽 옆선의 완성선을 그린다.

05 **G_1=WL~HL의 1/3** 옆선쪽 허리선(WL) 위치에서 히프선(HL) 위치까지를 3등분하여 히프선쪽 1/3 위치에 옆선의 완성선을 그릴 안내점(G_1) 위치를 표시한다.

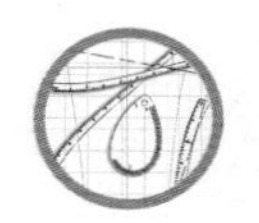

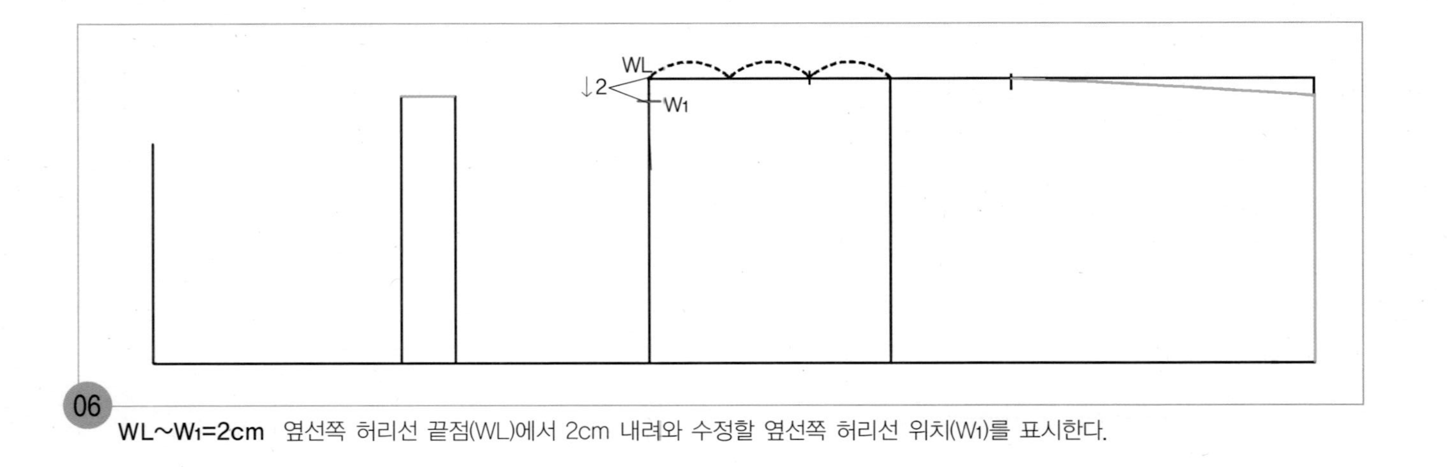

06

WL~W_1=2cm 옆선쪽 허리선 끝점(WL)에서 2cm 내려와 수정할 옆선쪽 허리선 위치(W_1)를 표시한다.

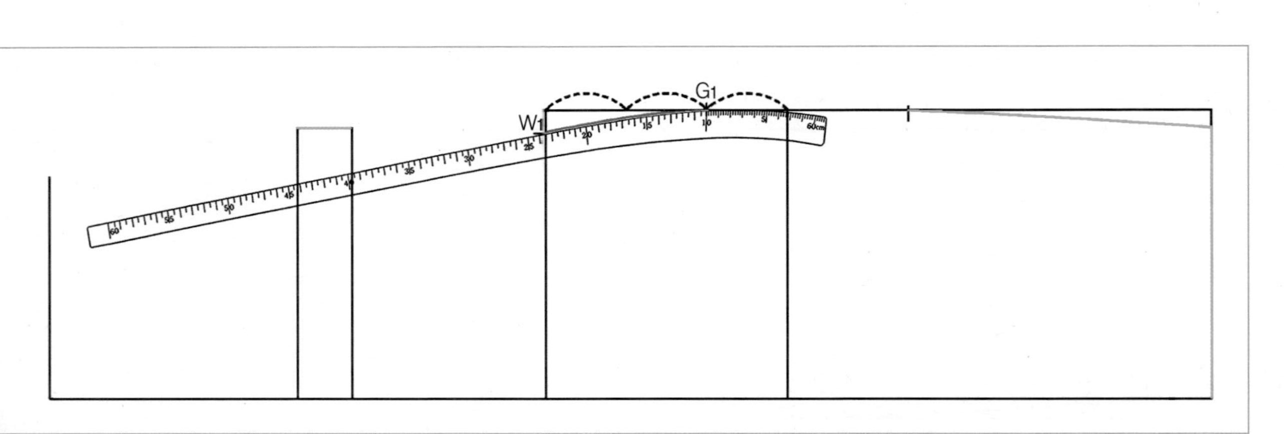

07

G_1점에 hip곡자 10 위치를 맞추면서 W_1점과 연결하여 히프선 위쪽 옆선의 완성선을 그린다.

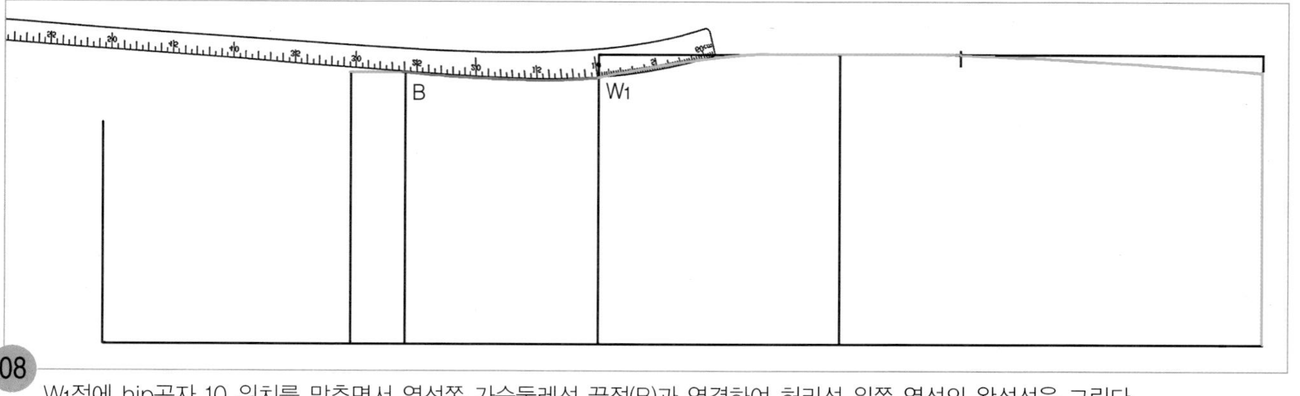

08 W_1점에 hip곡자 10 위치를 맞추면서 옆선쪽 가슴둘레선 끝점(B)과 연결하여 허리선 위쪽 옆선의 완성선을 그린다.

3. 어깨선을 그리고 진동둘레선과 앞목둘레선을 그린다.

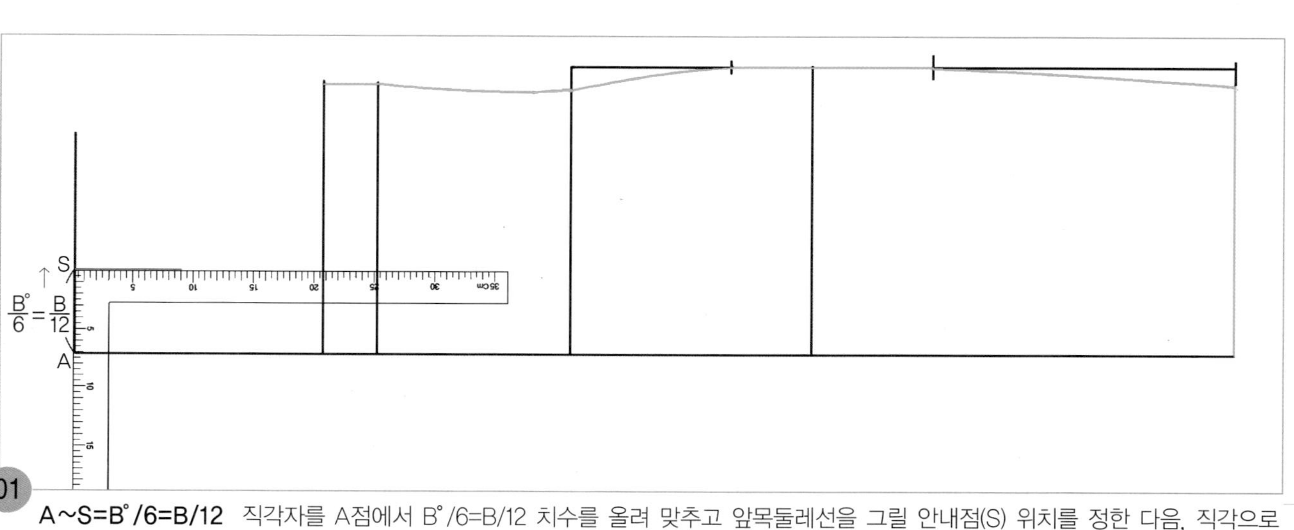

01 **A~S=B°/6=B/12** 직각자를 A점에서 B°/6=B/12 치수를 올려 맞추고 앞목둘레선을 그릴 안내점(S) 위치를 정한 다음, 직각으로 앞목둘레선을 그릴 안내선을 그린다.

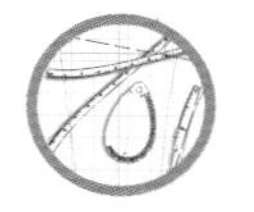

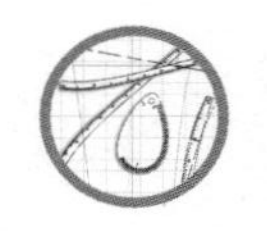

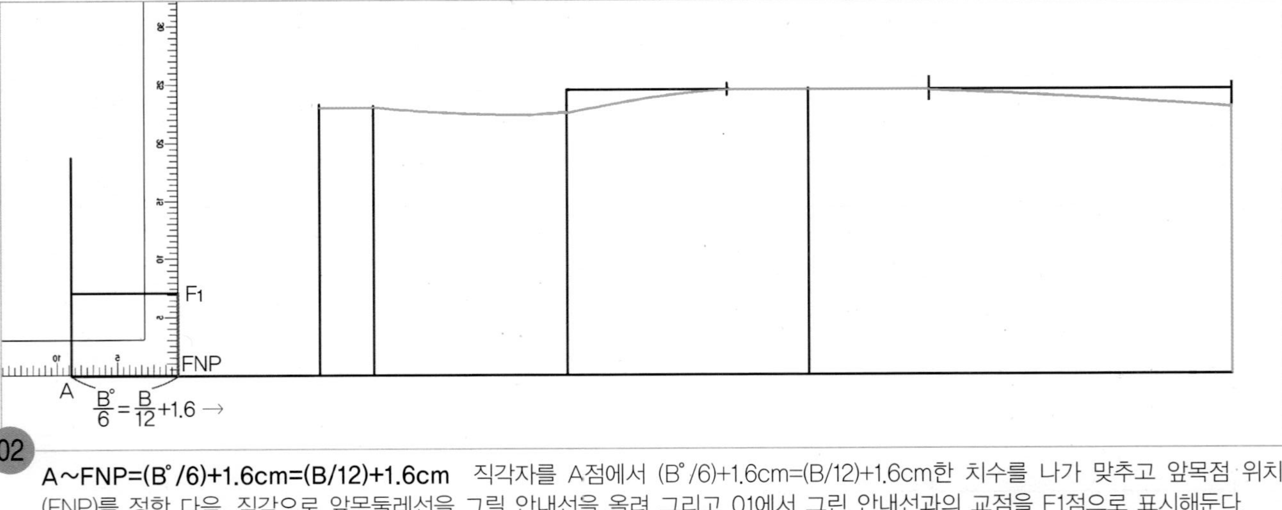

02 **A~FNP=(B°/6)+1.6cm=(B/12)+1.6cm** 직각자를 A점에서 (B°/6)+1.6cm=(B/12)+1.6cm한 치수를 나가 맞추고 앞목점 위치(FNP)를 정한 다음, 직각으로 앞목둘레선을 그릴 안내선을 올려 그리고 01에서 그린 안내선과의 교점을 F1점으로 표시해둔다.

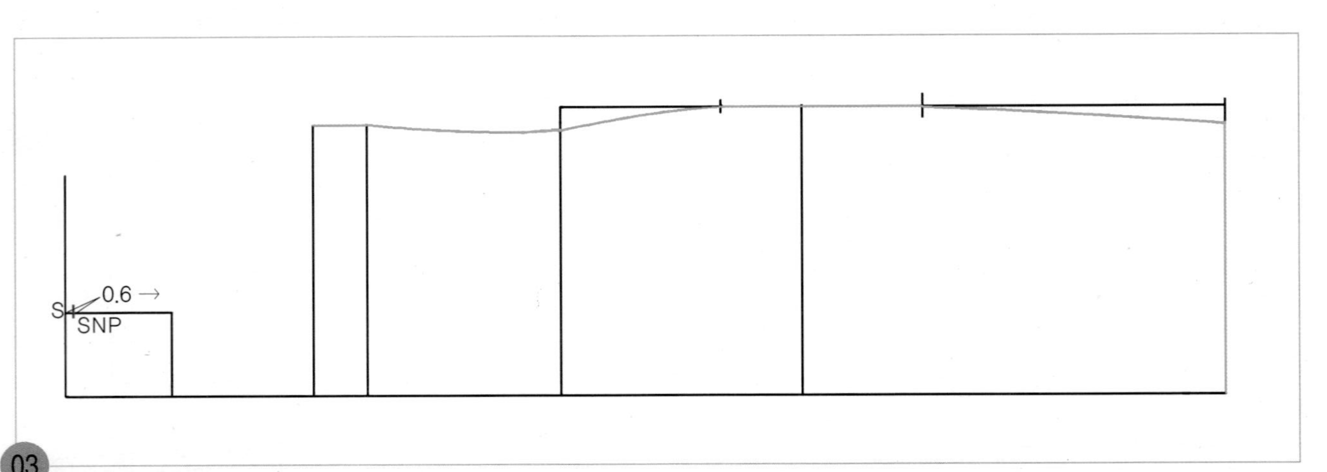

03 **S~SNP=0.6cm(옆목점)** S점에서 직각으로 그려둔 안내선을 따라 0.6cm 나가 옆목점(SNP) 위치를 표시한다.

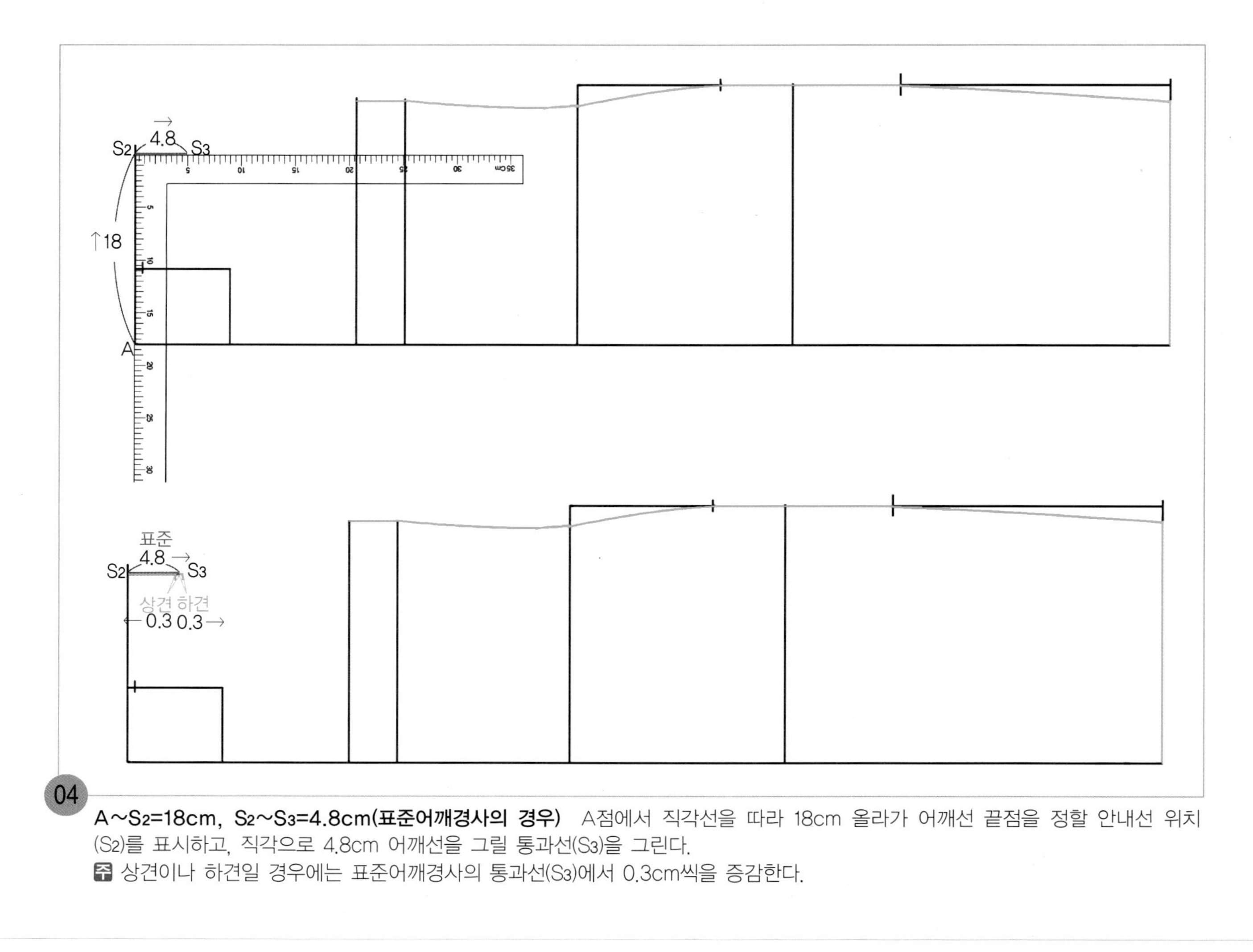

04 **A~S_2=18cm, S_2~S_3=4.8cm(표준어깨경사의 경우)** A점에서 직각선을 따라 18cm 올라가 어깨선 끝점을 정할 안내선 위치(S_2)를 표시하고, 직각으로 4.8cm 어깨선을 그릴 통과선(S_3)을 그린다.

주 상견이나 하견일 경우에는 표준어깨경사의 통과선(S_3)에서 0.3cm씩을 증감한다.

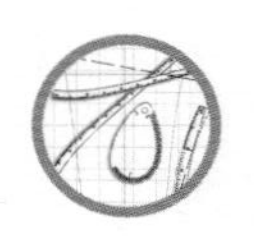

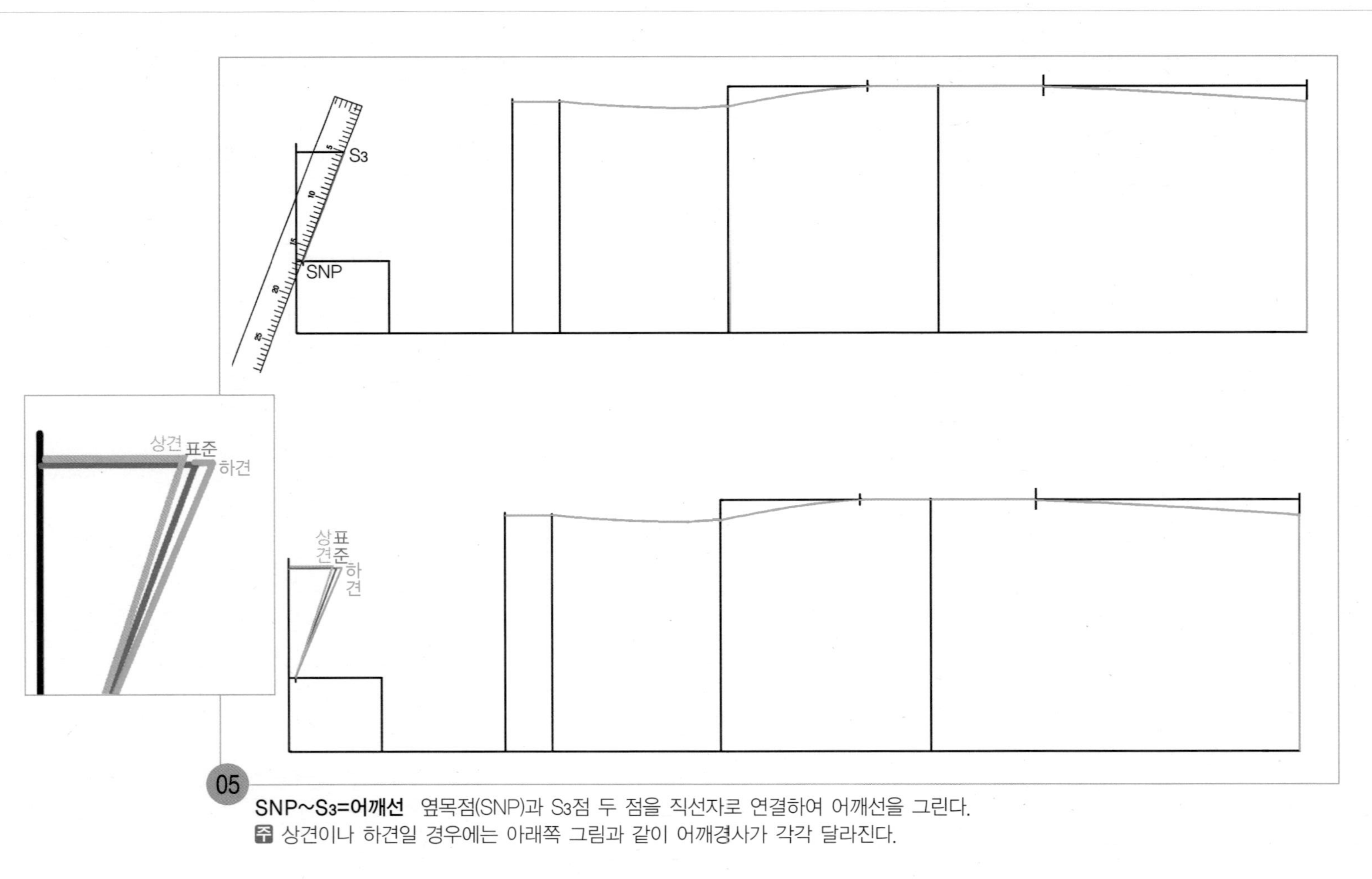

05 **SNP~S3=어깨선** 옆목점(SNP)과 S3점 두 점을 직선자로 연결하여 어깨선을 그린다.

주 상견이나 하견일 경우에는 아래쪽 그림과 같이 어깨경사가 각각 달라진다.

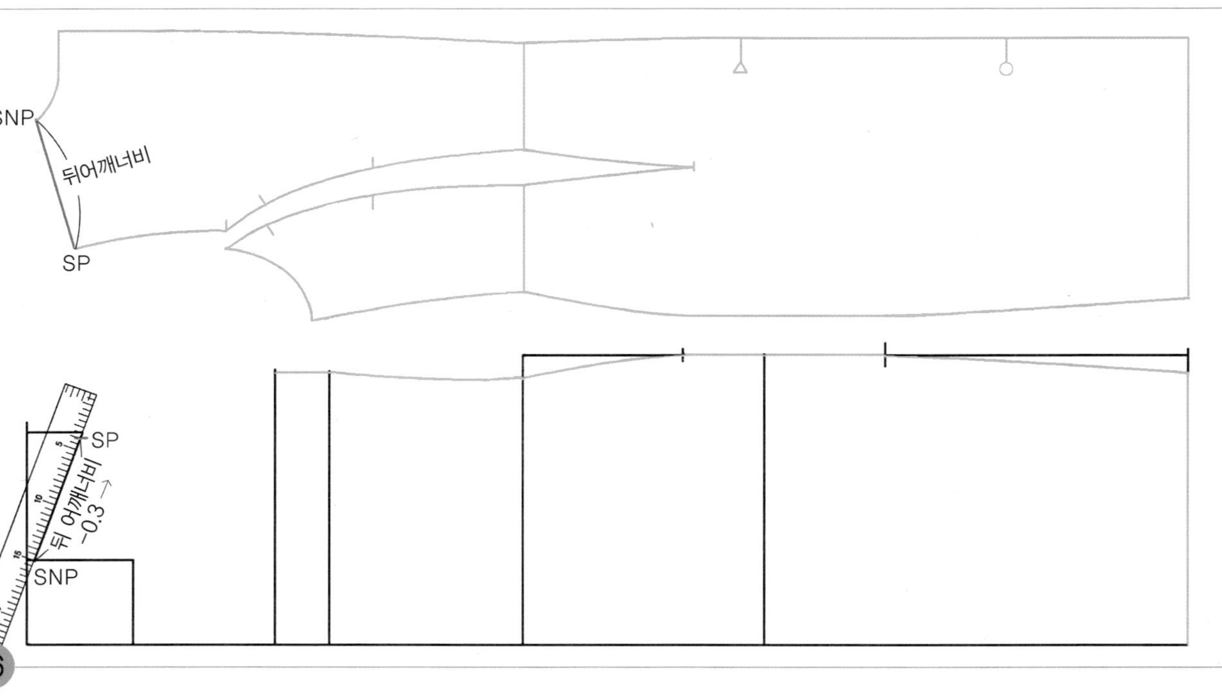

SNP~SP=뒤어깨너비−0.3cm 옆목점(SNP)에서 05)에서 그린 어깨선을 따라 뒤어깨너비−0.3cm 한 치수를 올라가 어깨끝점 위치(SP)를 표시한다.

CL~C_1=앞품/2 직각자를 위가슴둘레선(CL)의 앞중심쪽에서 앞품/2 치수를 올려 맞추고 앞품선 위치(C_1)를 정한 다음, 직각으로 어깨선까지 앞품선을 그린다.

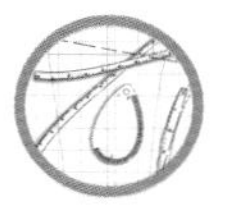

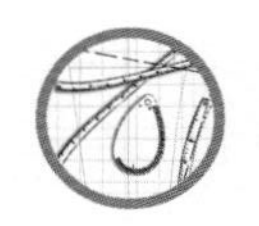

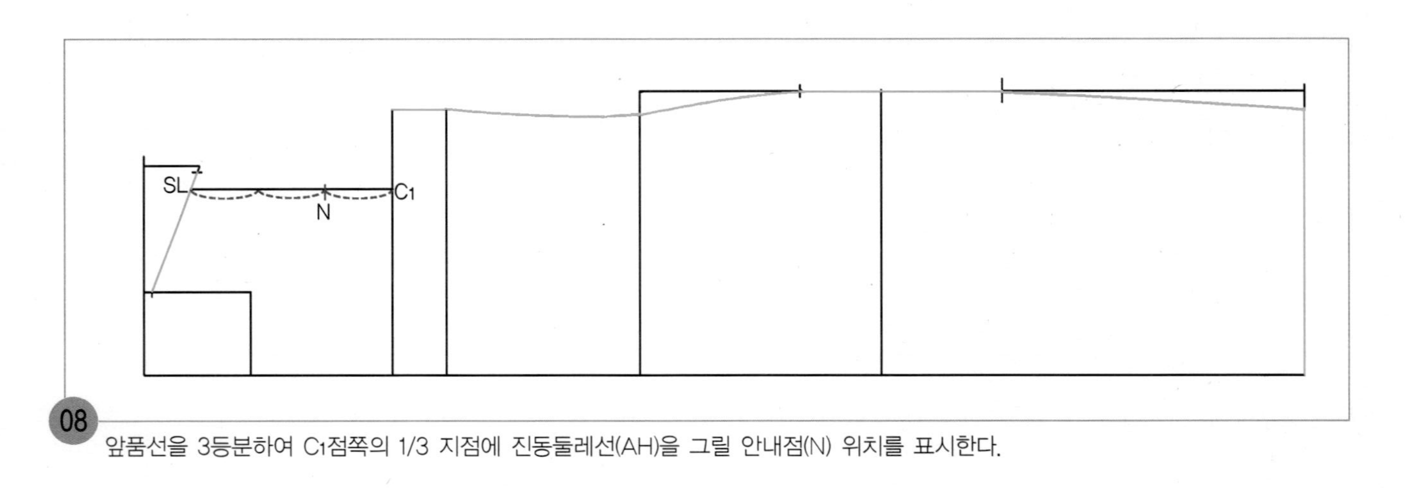

08 앞품선을 3등분하여 C_1점쪽의 1/3 지점에 진동둘레선(AH)을 그릴 안내점(N) 위치를 표시한다.

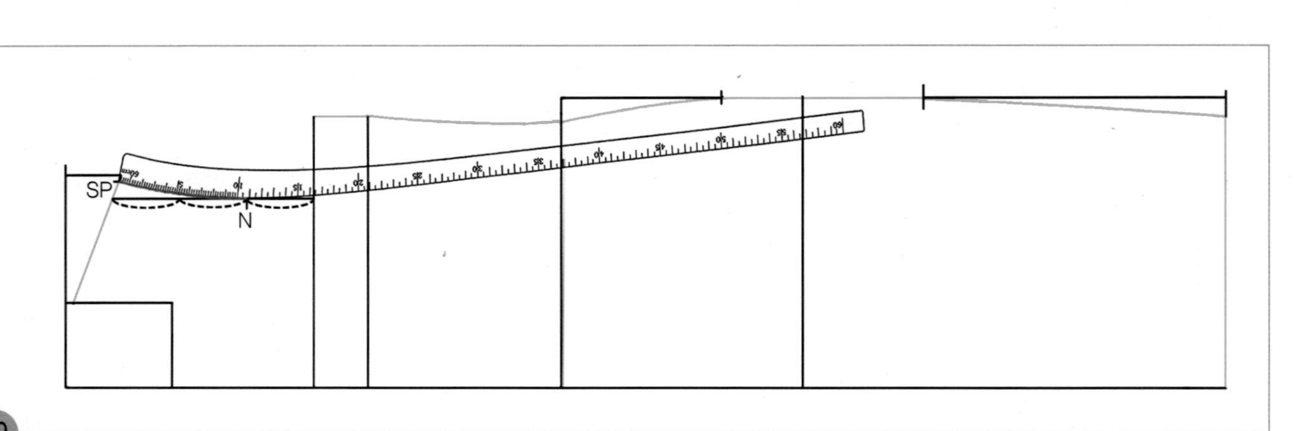

09 어깨끝점(SP)에 hip곡자 끝 위치를 맞추면서 N점과 연결하여 어깨선쪽 진동둘레선을 그린다.

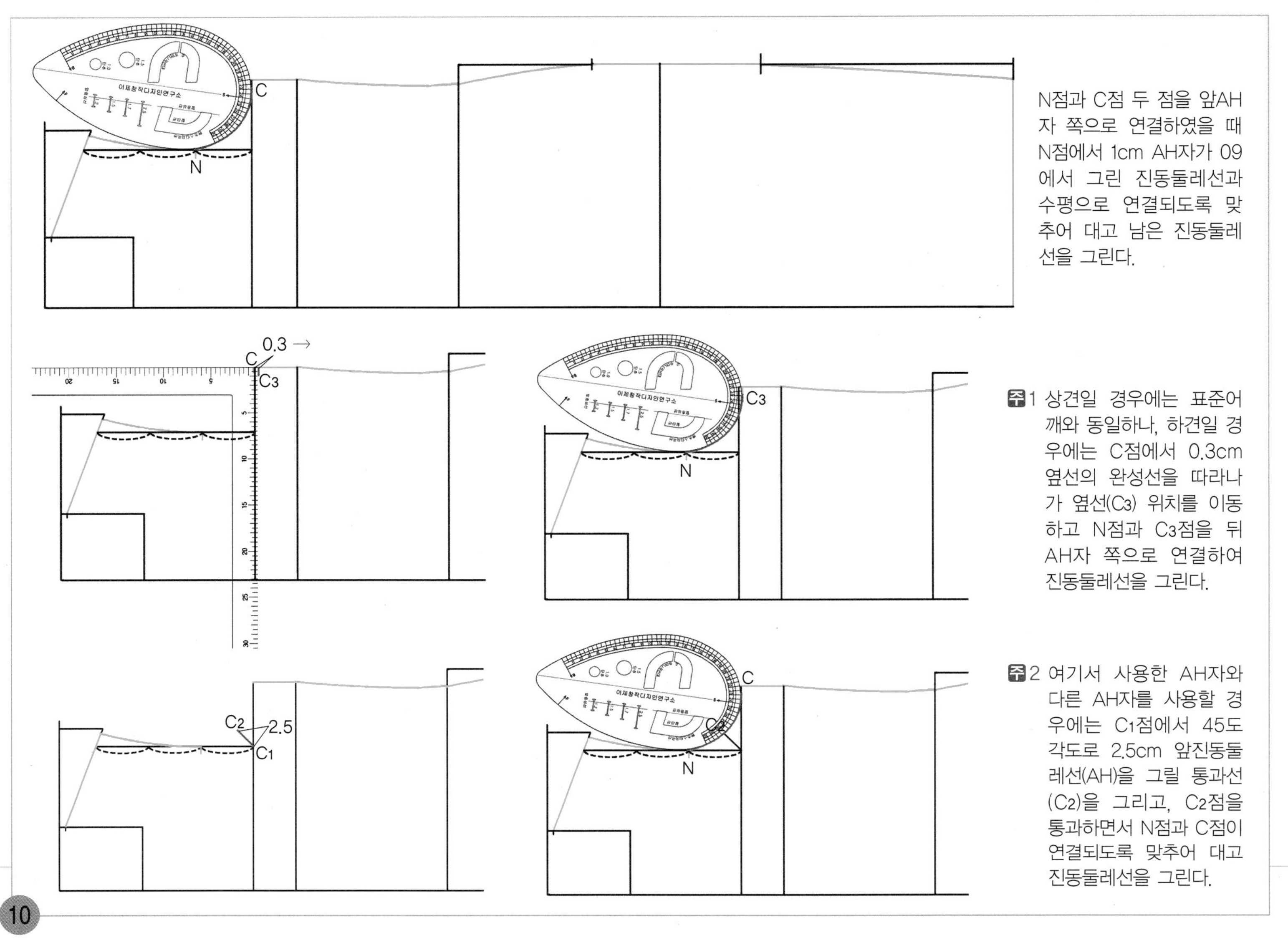

N점과 C점 두 점을 앞AH자 쪽으로 연결하였을 때 N점에서 1cm AH자가 09에서 그린 진동둘레선과 수평으로 연결되도록 맞추어 대고 남은 진동둘레선을 그린다.

주1 상견일 경우에는 표준어깨와 동일하나, 하견일 경우에는 C점에서 0.3cm 옆선의 완성선을 따라나가 옆선(C_3) 위치를 이동하고 N점과 C_3점을 뒤AH자 쪽으로 연결하여 진동둘레선을 그린다.

주2 여기서 사용한 AH자와 다른 AH자를 사용할 경우에는 C_1점에서 45도 각도로 2.5cm 앞진동둘레선(AH)을 그릴 통과선(C_2)을 그리고, C_2점을 통과하면서 N점과 C점이 연결되도록 맞추어 대고 진동둘레선을 그린다.

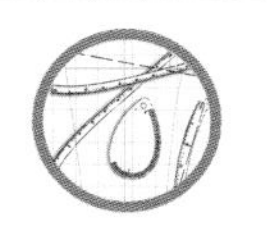

10

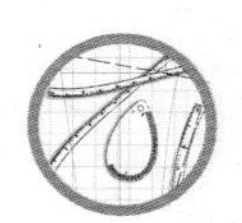

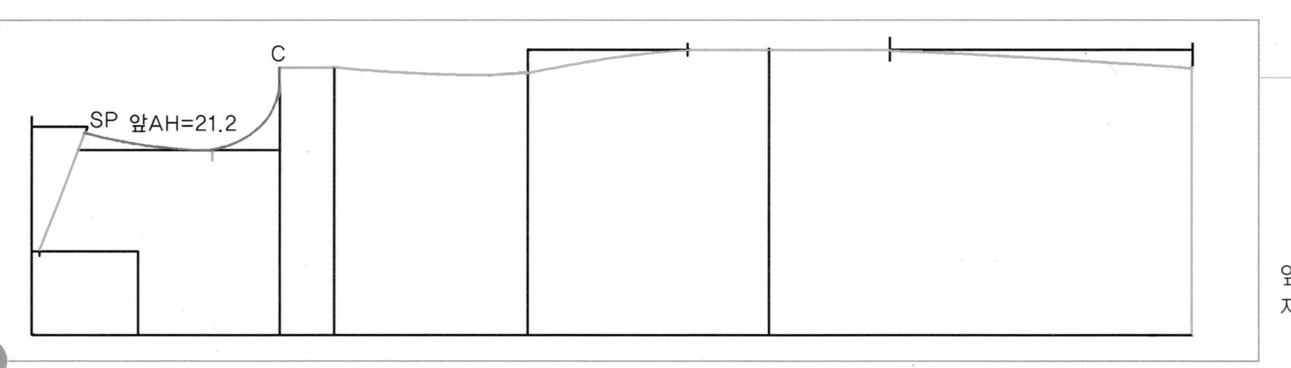

앞AH치수를 재어둔다.

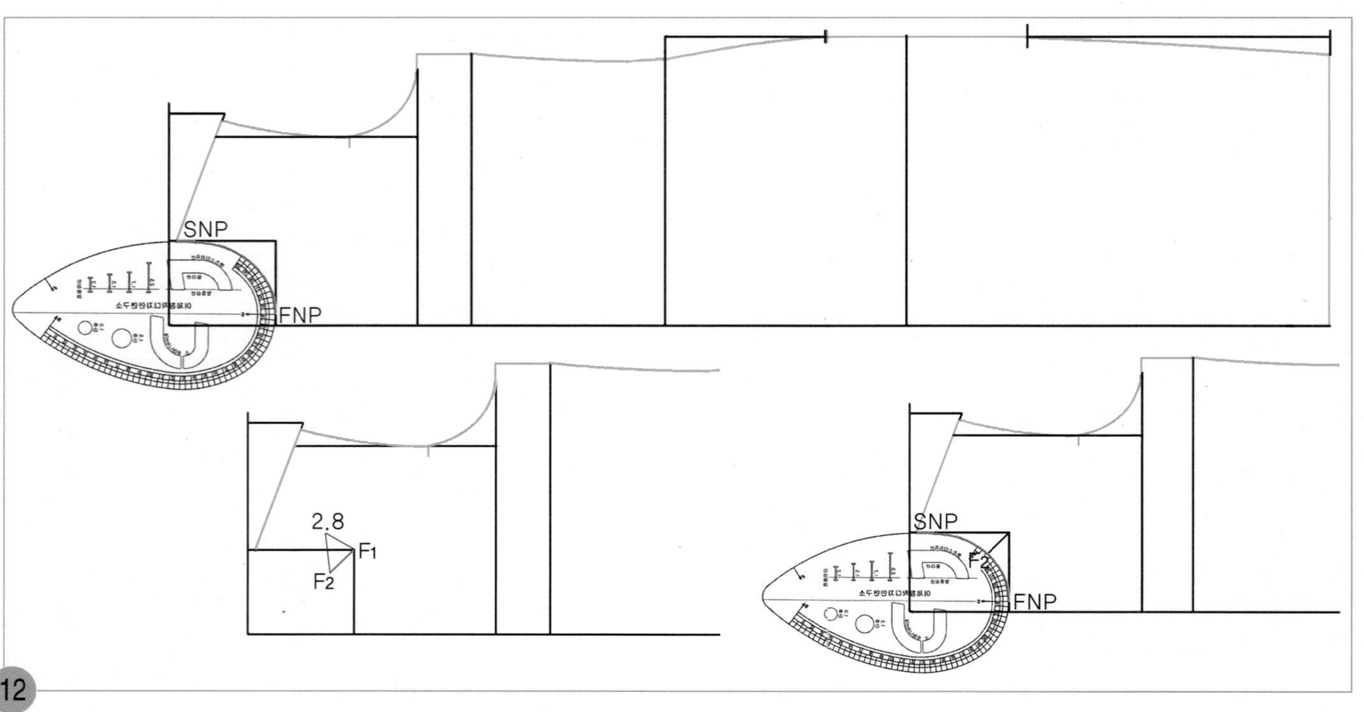

앞목점(FNP)과 옆목점(SNP)을 앞AH자 쪽을 수평으로 바르게 맞추어 대고 앞목둘레선을 그린다.

주 여기서 사용한 AH자와 다른 AH자를 사용할 경우에는 F_1점에서 45도 각도로 2.8cm 앞목둘레선을 그릴 통과선(F_2)을 그리고, F_2점을 통과하면서 FNP와 SNP가 연결되도록 맞추어 대고 앞목둘레선을 그린다.

4. 앞 패널 라인과 가슴 다트선을 그린다.

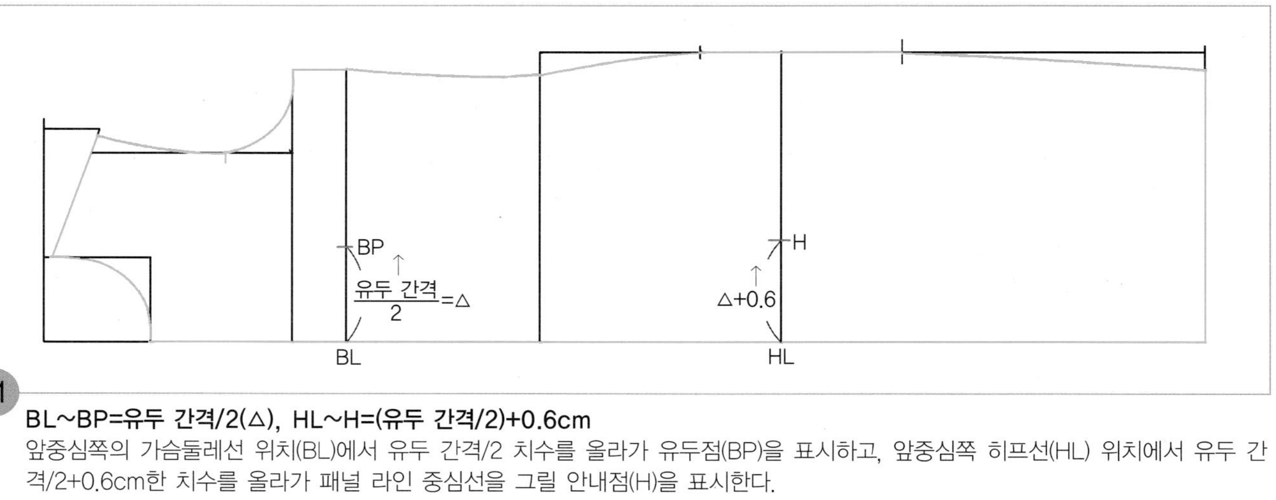

01 **BL~BP=유두 간격/2(△), HL~H=(유두 간격/2)+0.6cm**

앞중심쪽의 가슴둘레선 위치(BL)에서 유두 간격/2 치수를 올라가 유두점(BP)을 표시하고, 앞중심쪽 히프선(HL) 위치에서 유두 간격/2+0.6cm한 치수를 올라가 패널 라인 중심선을 그릴 안내점(H)을 표시한다.

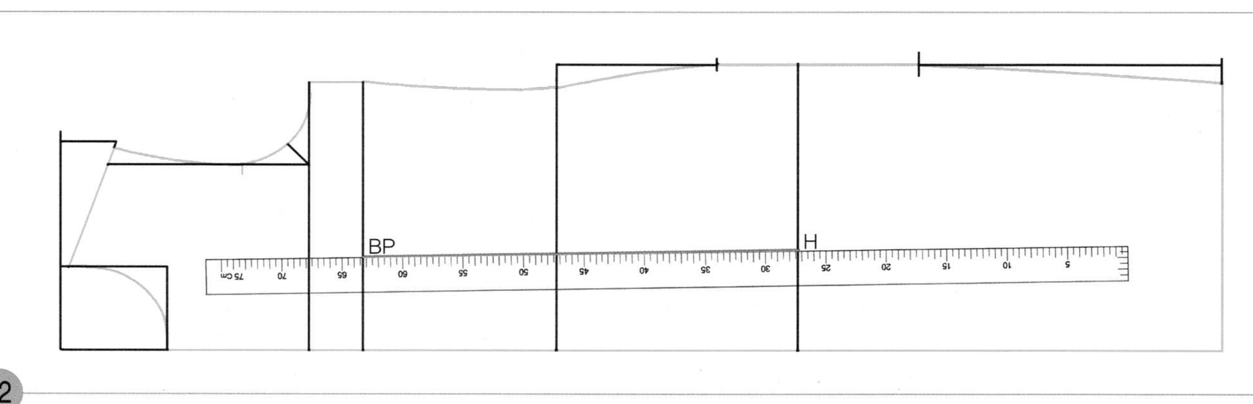

02 BP와 H점 두 점을 직선자로 연결하여 패널 라인 중심선을 그린다.

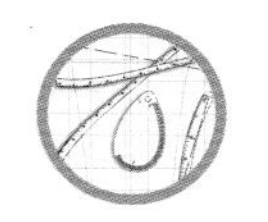

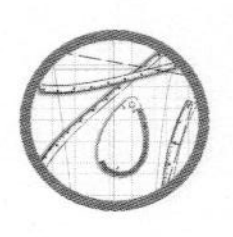

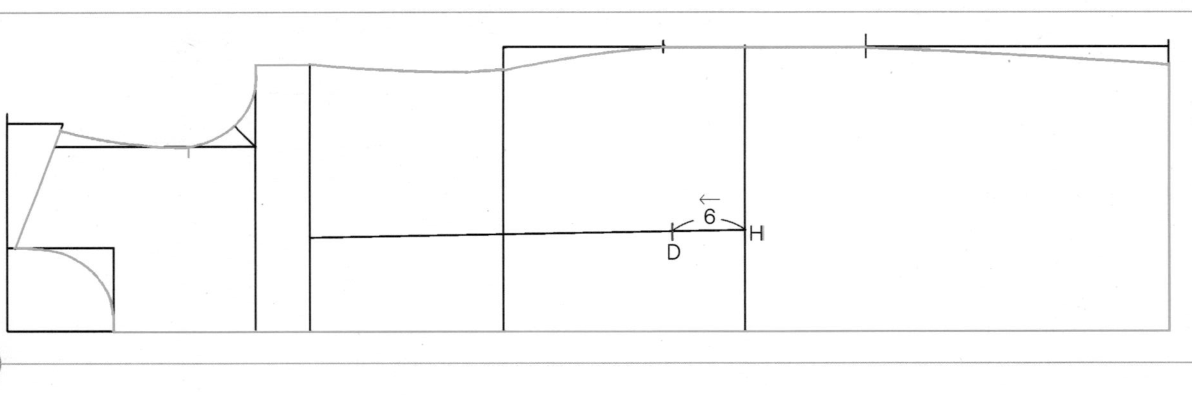

H~D=6cm

H점에서 6cm 패널 라인 중심선을 따라 들어가 허리선 아래쪽 패널 라인 끝점(D) 위치를 표시한다.

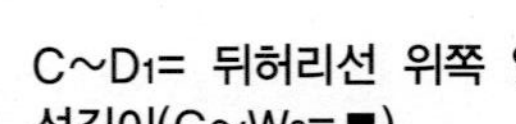

C~D1= 뒤허리선 위쪽 옆선길이(C~W2=■)

뒤판의 위가슴둘레선 옆선쪽 끝점(C)에서 W2점까지의 뒤허리선 위쪽 옆선길이(■)를 재어, 같은 길이(■)를 앞판의 위가슴둘레선 옆선쪽 끝점(C)에서 앞판의 허리선 위쪽 옆선의 완성선을 따라나가 가슴 다트량을 구할 위치(D1)를 표시한다.

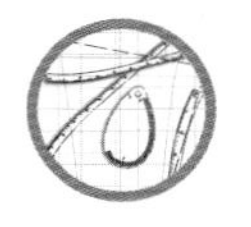

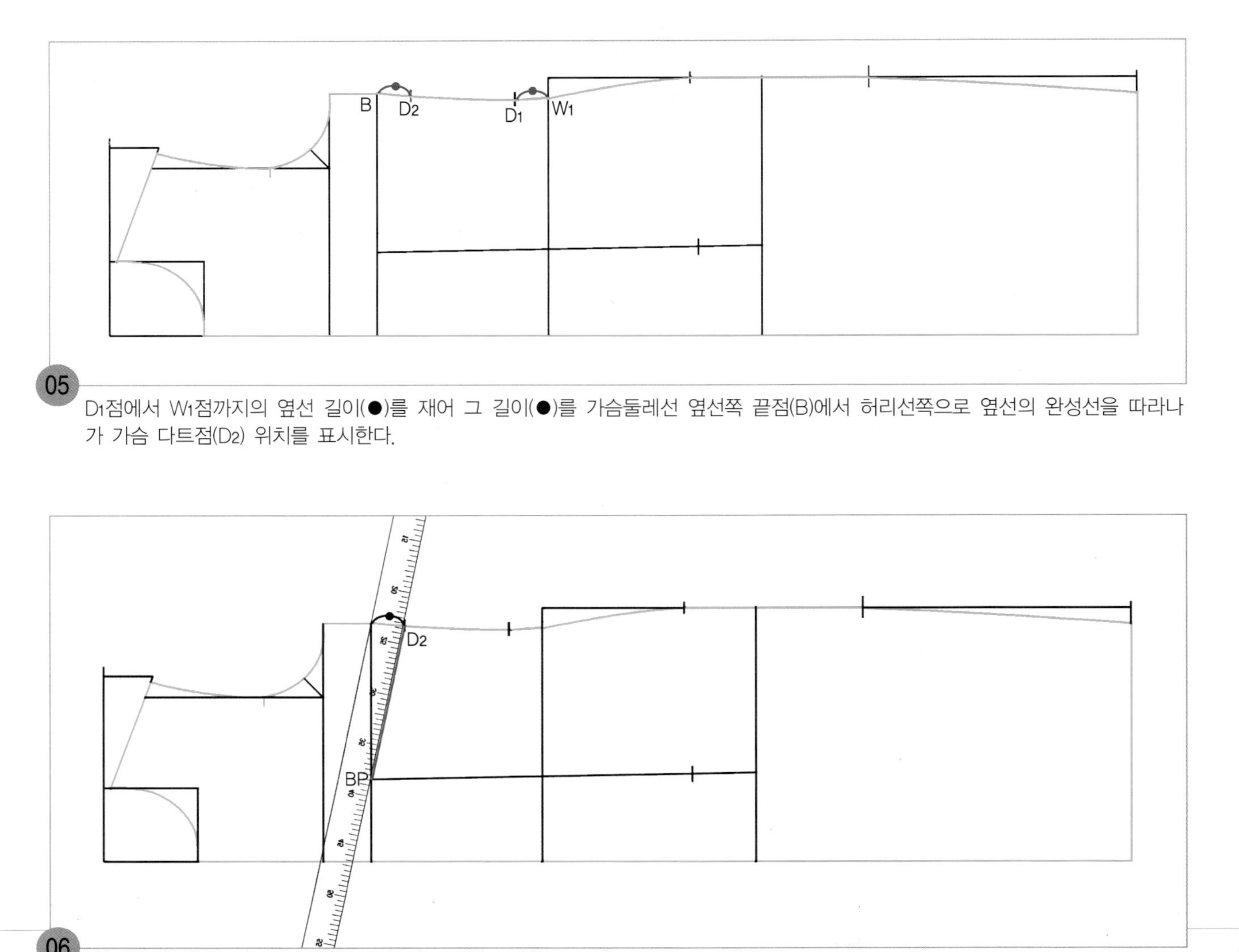

05 D_1점에서 W_1점까지의 옆선 길이(●)를 재어 그 길이(●)를 가슴둘레선 옆선쪽 끝점(B)에서 허리선쪽으로 옆선의 완성선을 따라나가 가슴 다트점(D_2) 위치를 표시한다.

06 유두점(BP)과 D_2점 두 점을 직선자로 연결하여 가슴 다트선을 그린다.

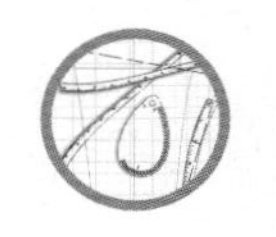

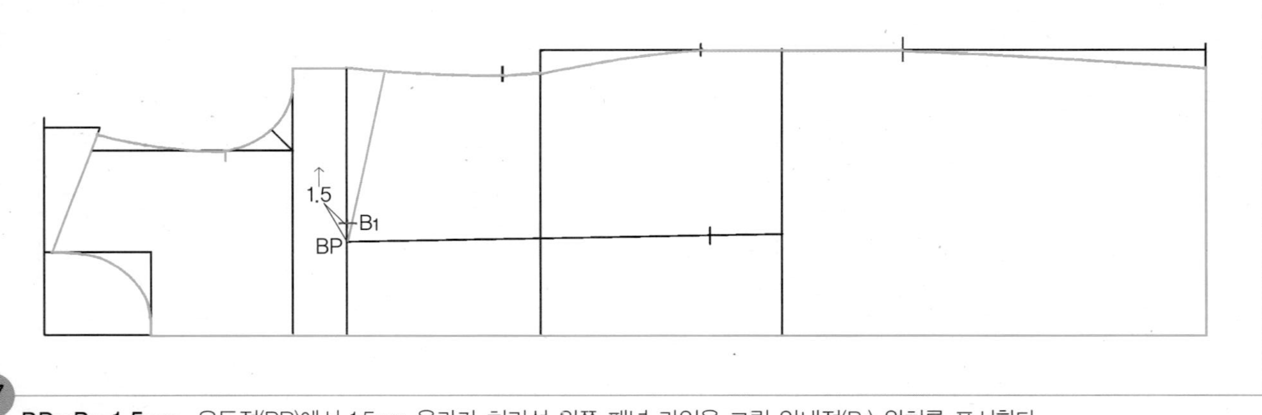

07 **BP~B_1=1.5cm** 유두점(BP)에서 1.5cm 올라가 허리선 위쪽 패널 라인을 그릴 안내점(B_1) 위치를 표시한다.

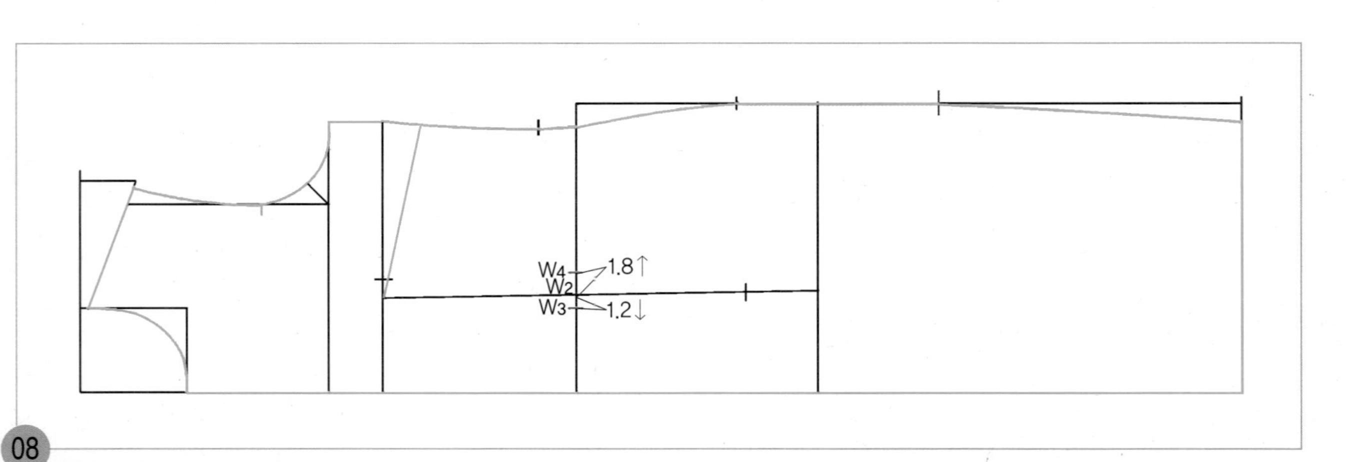

08 **W_2~W_3=1.2cm, W_2~W_4=1.8cm**

허리선과 패널 라인 중심선과의 교점을 W_2점으로 하여, W_2점에서 앞중심쪽으로 1.2cm 내려와 앞중심쪽의 패널 라인을 그릴 허리선(W_3) 위치를 표시하고, W_2점에서 1.8cm 올라가 옆선쪽의 패널 라인을 그릴 허리선(W_4) 위치를 표시한다.

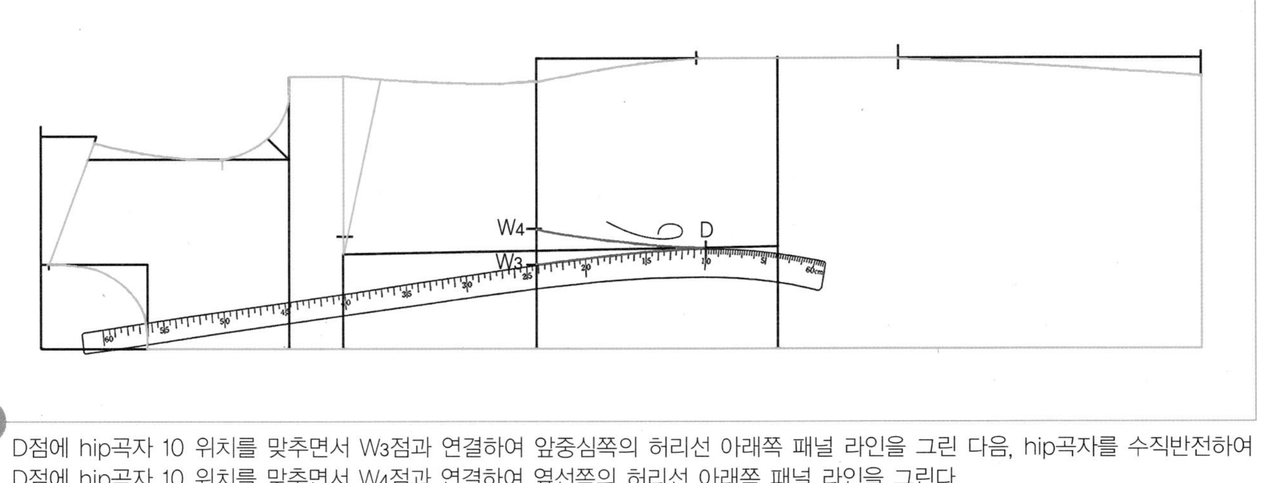

09 D점에 hip곡자 10 위치를 맞추면서 W_3점과 연결하여 앞중심쪽의 허리선 아래쪽 패널 라인을 그린 다음, hip곡자를 수직반전하여 D점에 hip곡자 10 위치를 맞추면서 W_4점과 연결하여 옆선쪽의 허리선 아래쪽 패널 라인을 그린다.

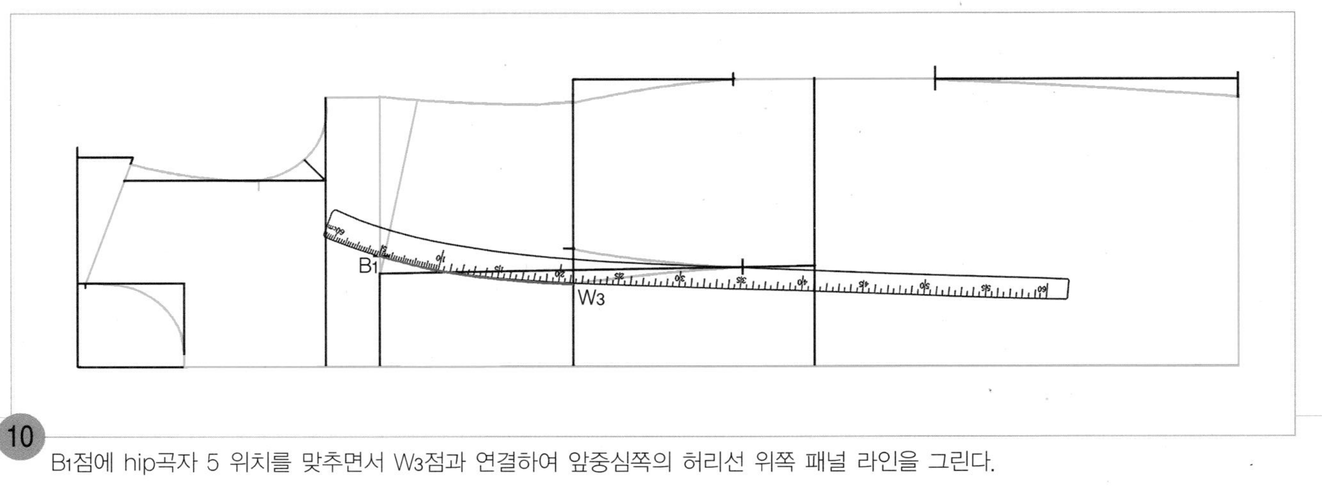

10 B_1점에 hip곡자 5 위치를 맞추면서 W_3점과 연결하여 앞중심쪽의 허리선 위쪽 패널 라인을 그린다.

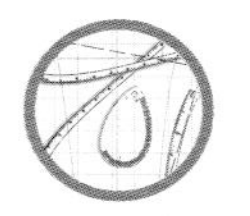

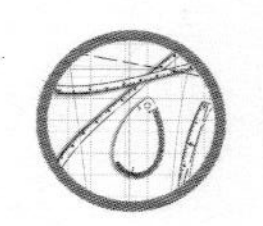

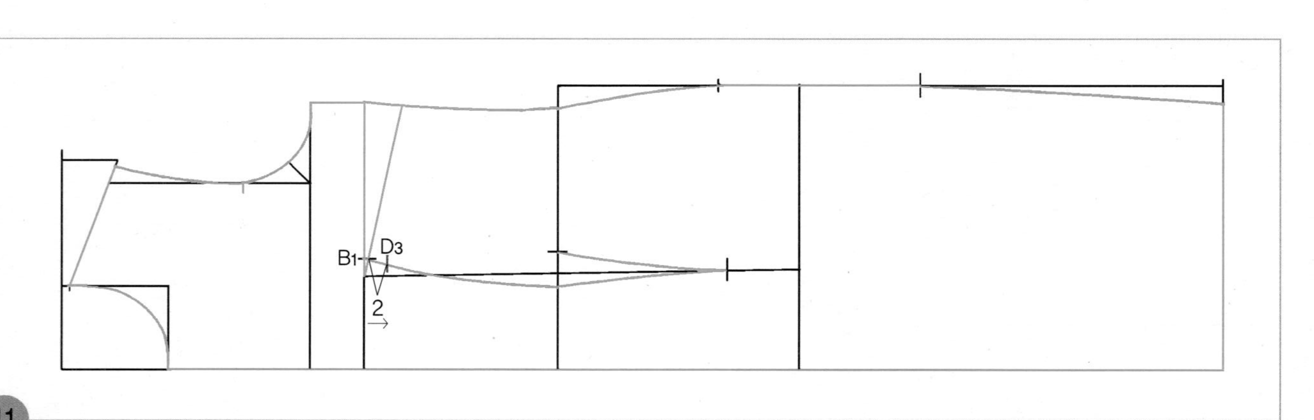

11 **B_1~D_3=2cm** B_1점에서 앞중심쪽의 패널 라인을 따라 2cm 나가 옆선쪽의 허리선 위쪽 패널 라인을 그릴 안내점(D_3) 위치를 표시한다.

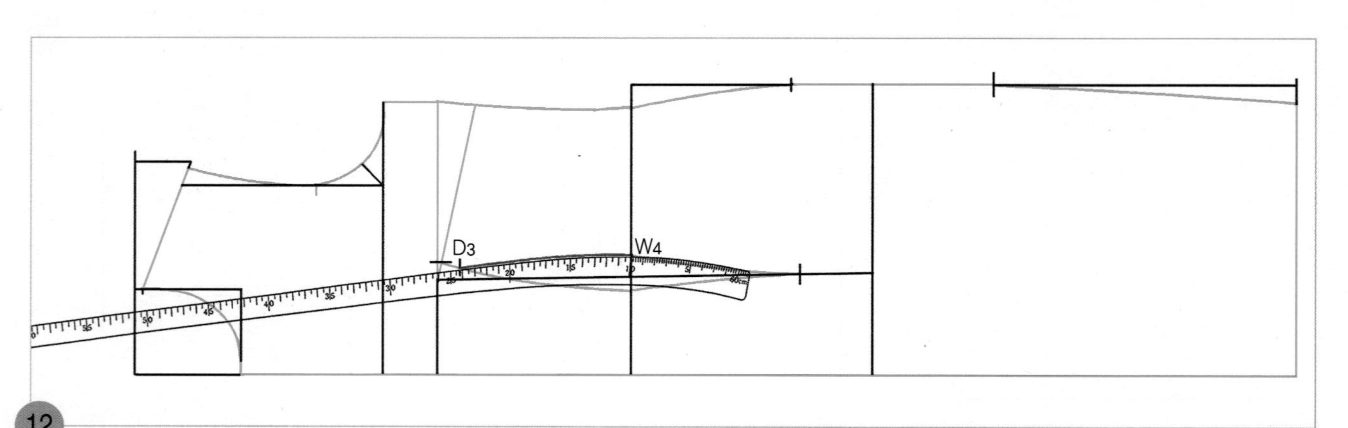

12 W_4점에 hip곡자 10 위치를 맞추면서 D_3점과 연결하여 옆선쪽의 허리선 위쪽 패널 라인을 그린다.

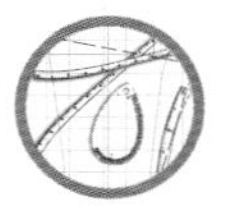

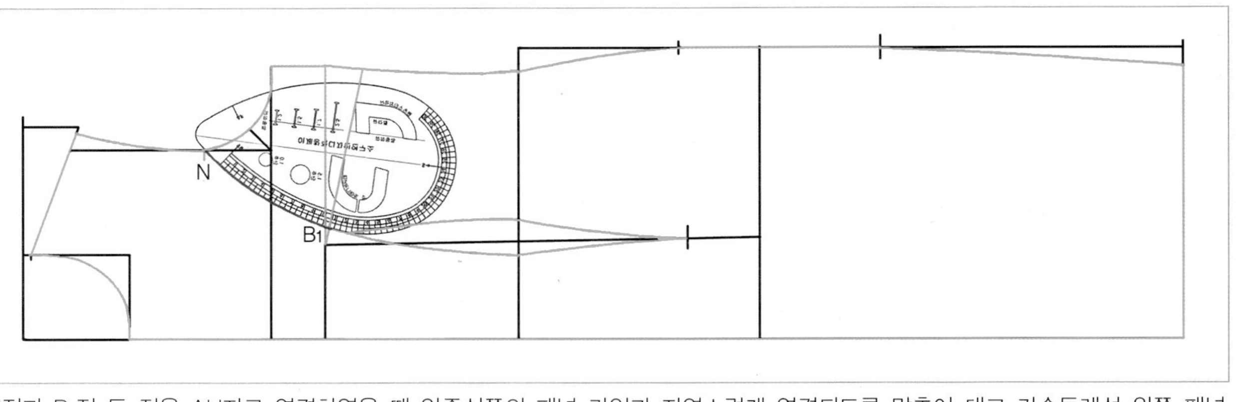

13 N점과 B_1점 두 점을 AH자로 연결하였을 때 앞중심쪽의 패널 라인과 자연스럽게 연결되도록 맞추어 대고 가슴둘레선 위쪽 패널 라인을 그린다.

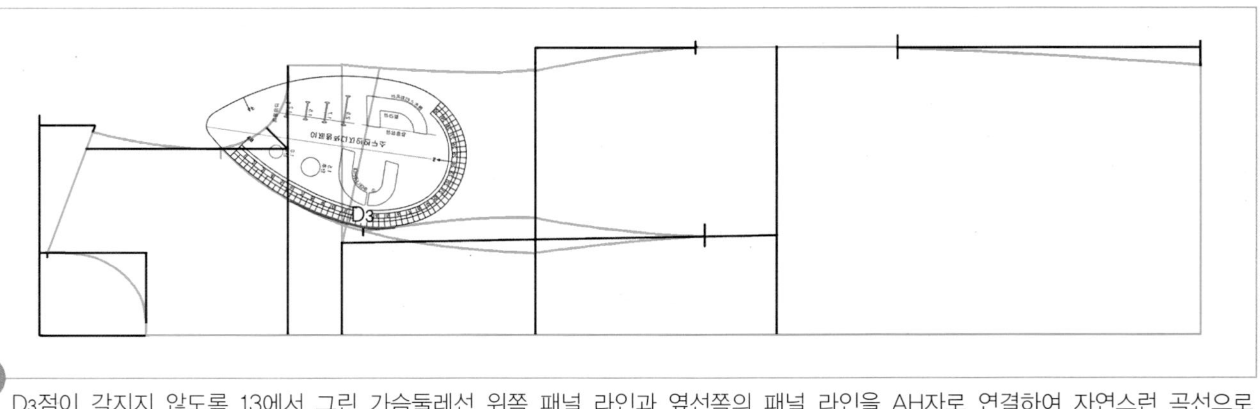

14 D_3점이 각지지 않도록 13에서 그린 가슴둘레선 위쪽 패널 라인과 옆선쪽의 패널 라인을 AH자로 연결하여 자연스런 곡선으로 수정한다.

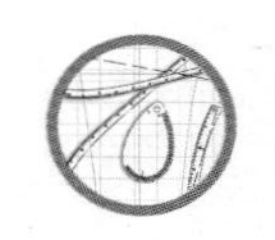

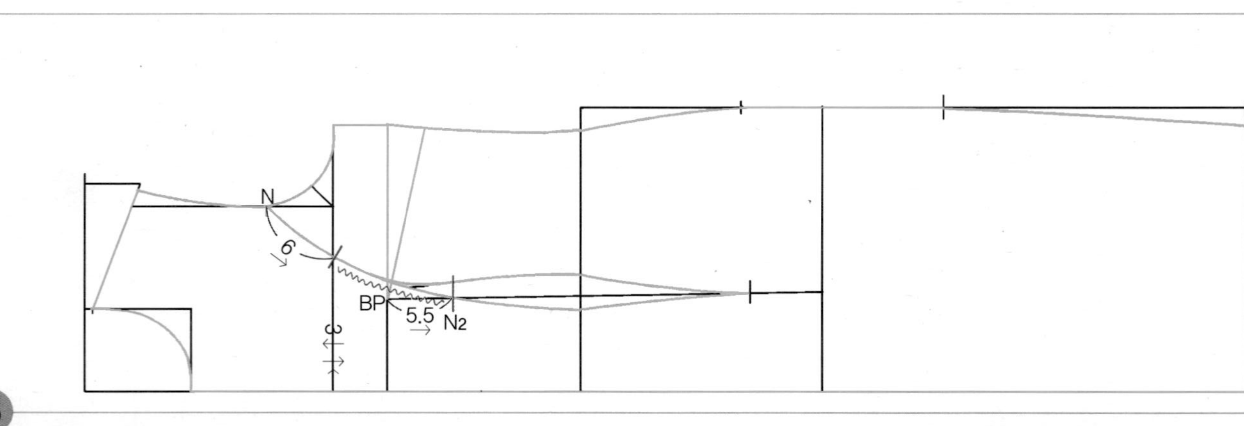

15 **N~N3=6cm, BP~N2=5.5cm** N점에서 패널 라인을 따라 6cm 나가 패널 라인에 직각으로 이세(오그림) 처리 시작 위치의 너치 표시(N1)를 넣고, BP에서 5.5cm 나간 곳에서 수직으로 이세 처리 끝 위치를 너치 표시(N2)를 넣은 다음, N1점과 N2점 사이에 이세 기호를 넣는다.

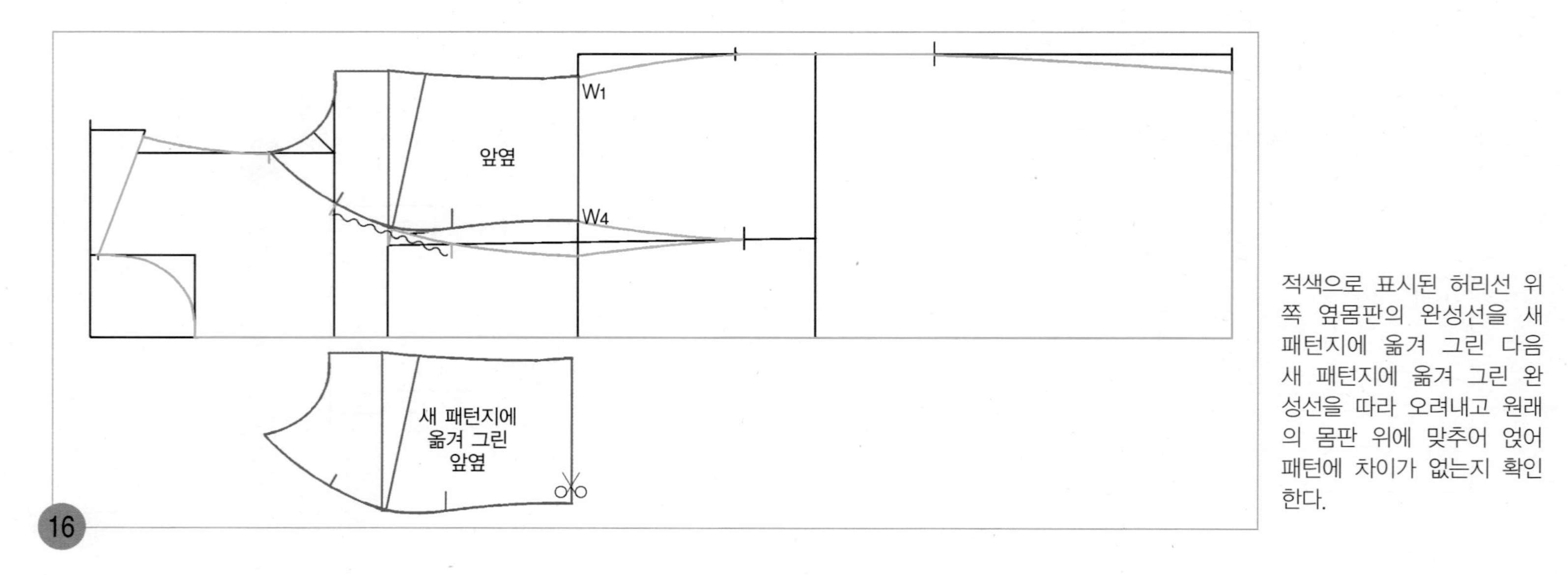

16 적색으로 표시된 허리선 위쪽 옆몸판의 완성선을 새 패턴지에 옮겨 그린 다음 새 패턴지에 옮겨 그린 완성선을 따라 오려내고 원래의 몸판 위에 맞추어 얹어 패턴에 차이가 없는지 확인한다.

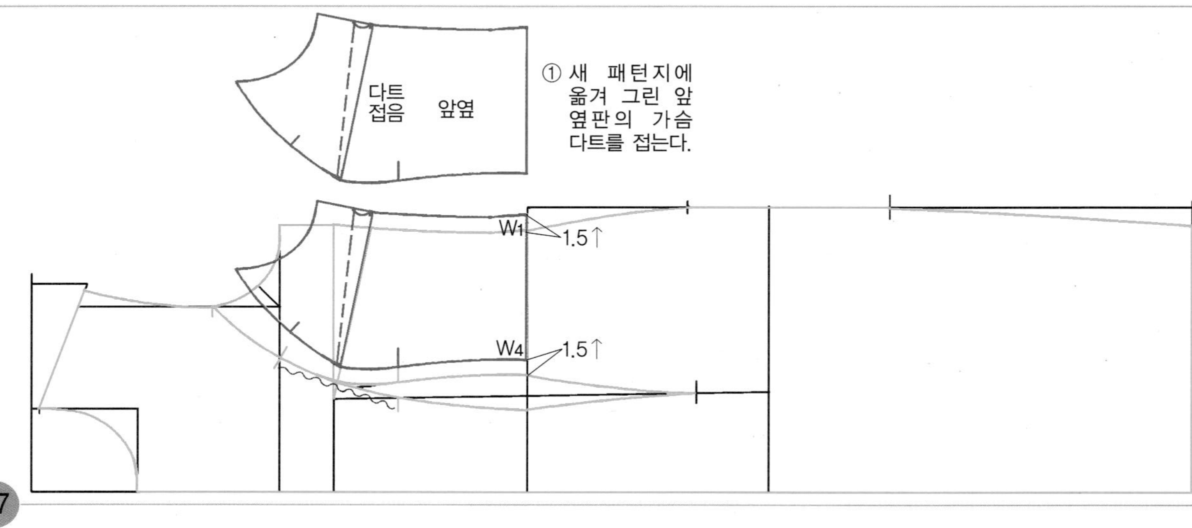

17

17에서 새 패턴지에 옮겨 그리고 오려낸 허리선 위쪽 앞옆판 완성선의 패턴을 원래의 몸판 완성선 패턴 위에 얹은 상태에서 W4점과 W1점의 허리선 위치를 1.5cm씩 옆선쪽으로 올려 맞추고 가슴 다트를 접은 다음, 완성선을 원래의 패턴지 위에 옮겨 그린다.

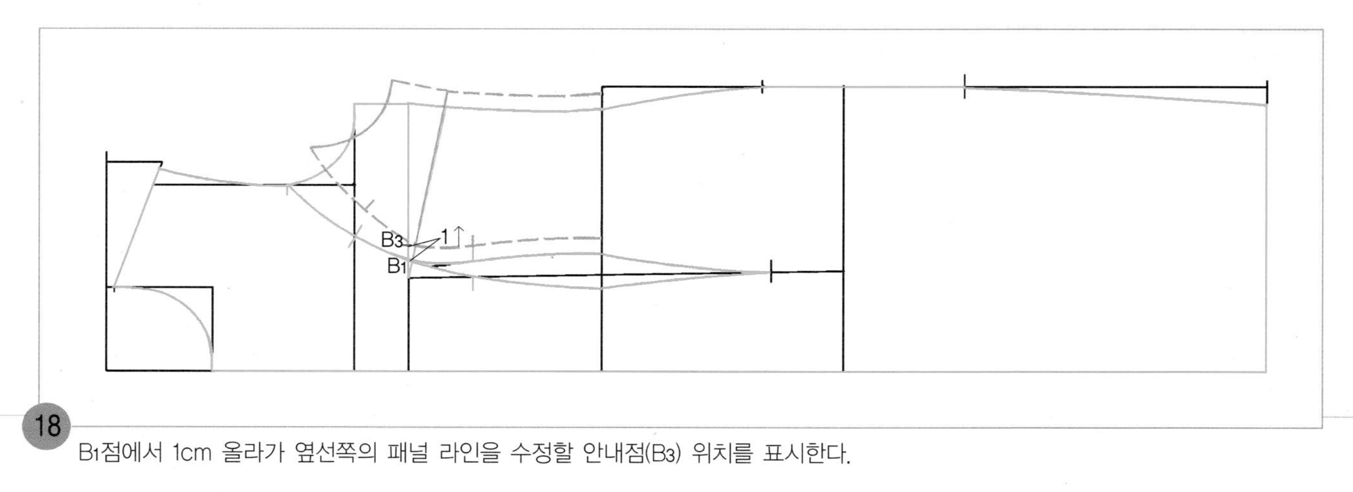

18

B_1점에서 1cm 올라가 옆선쪽의 패널 라인을 수정할 안내점(B_3) 위치를 표시한다.

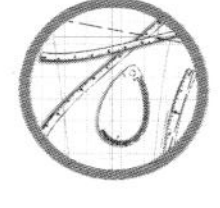

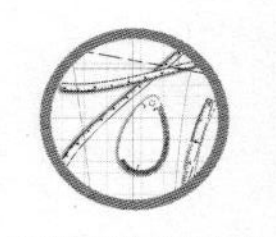

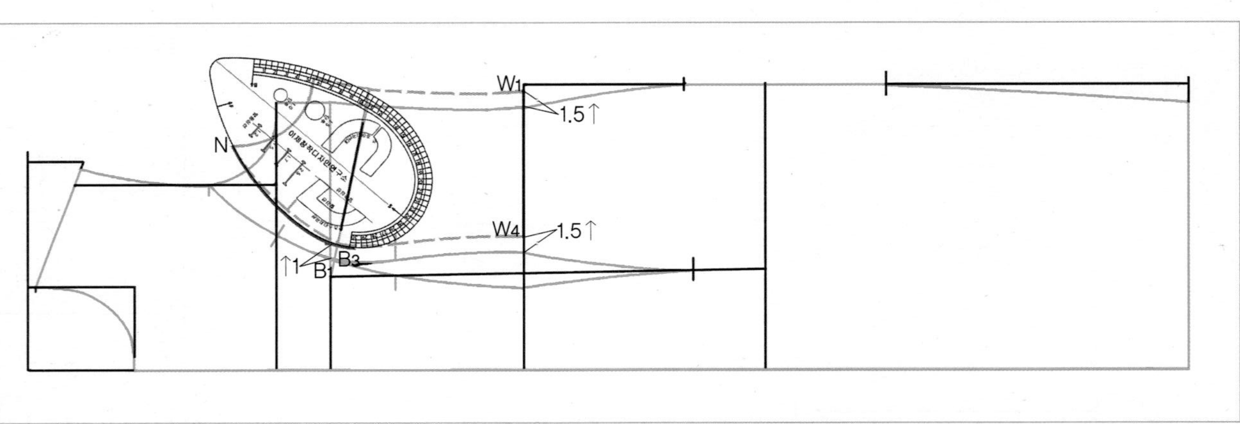

19 B_3점을 통과하면서 이동한 N점과 이동한 허리선 위쪽의 앞중심쪽 패널 라인과 자연스럽게 연결되도록 앞AH자 쪽으로 맞추어 대고 옆선쪽의 가슴둘레선 위쪽 패널 라인을 수정한다.

주 B_3점에서 허리선 쪽으로 조금 더 나간 곳까지 그려둔다.

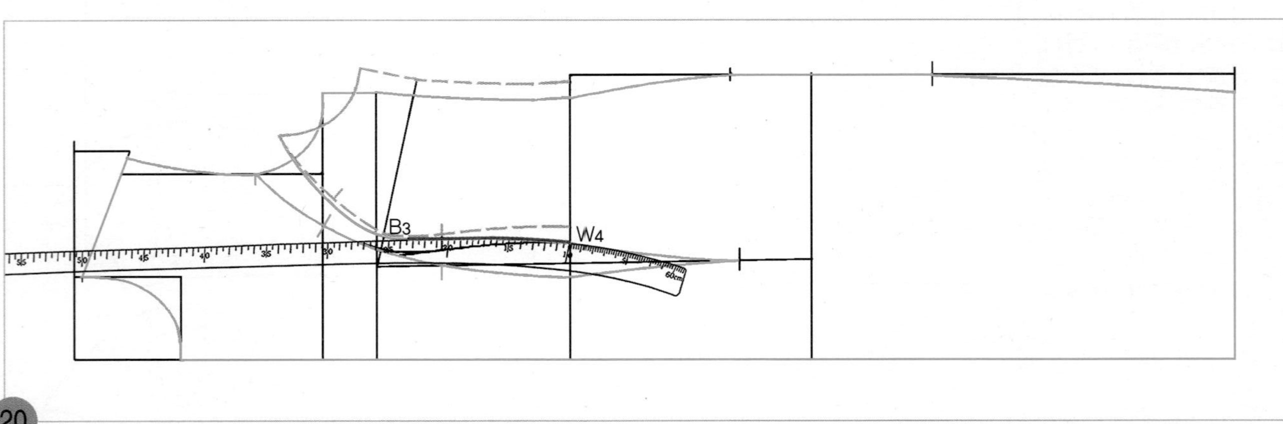

20 원래의 패널 라인 허리선 위치인 W_4점에 hip곡자 10 위치를 맞추면서 19에서 수정한 가슴둘레선쪽 패널 라인 끝점과 연결하여 앞중심쪽의 허리선 위쪽 패널 라인을 수정한다.

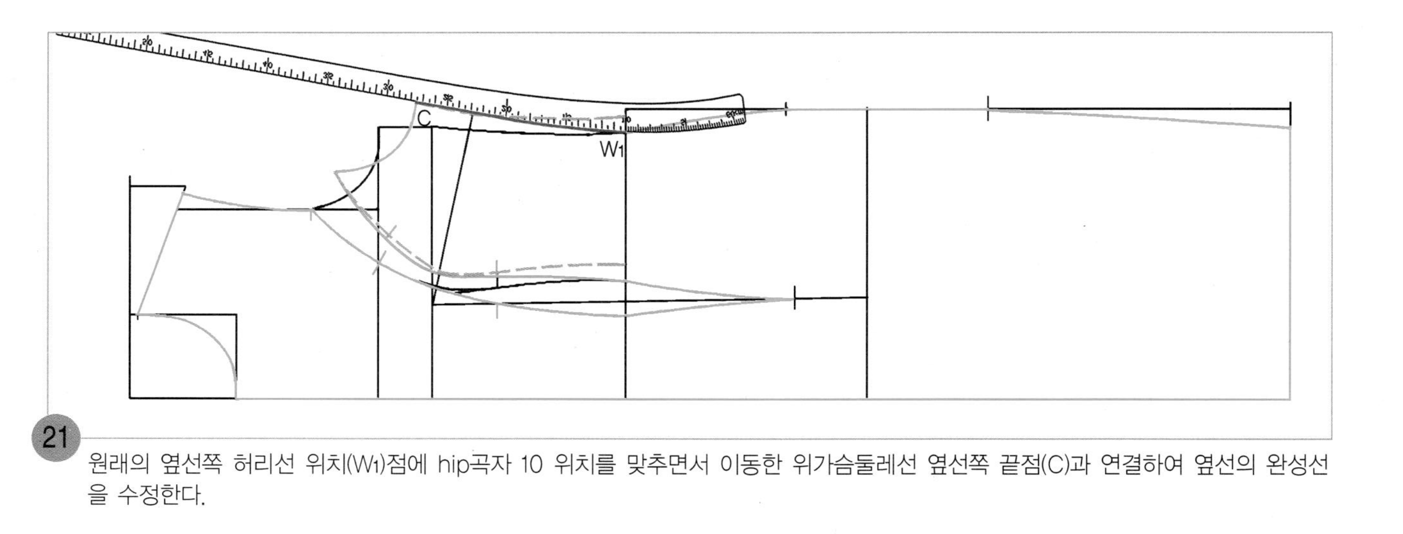

21 원래의 옆선쪽 허리선 위치(W1)점에 hip곡자 10 위치를 맞추면서 이동한 위가슴둘레선 옆선쪽 끝점(C)과 연결하여 옆선의 완성선을 수정한다.

22 적색선이 수정된 허리선 위쪽 몸판의 완성선이다.

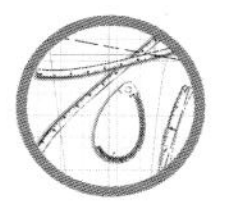

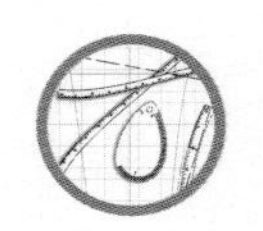

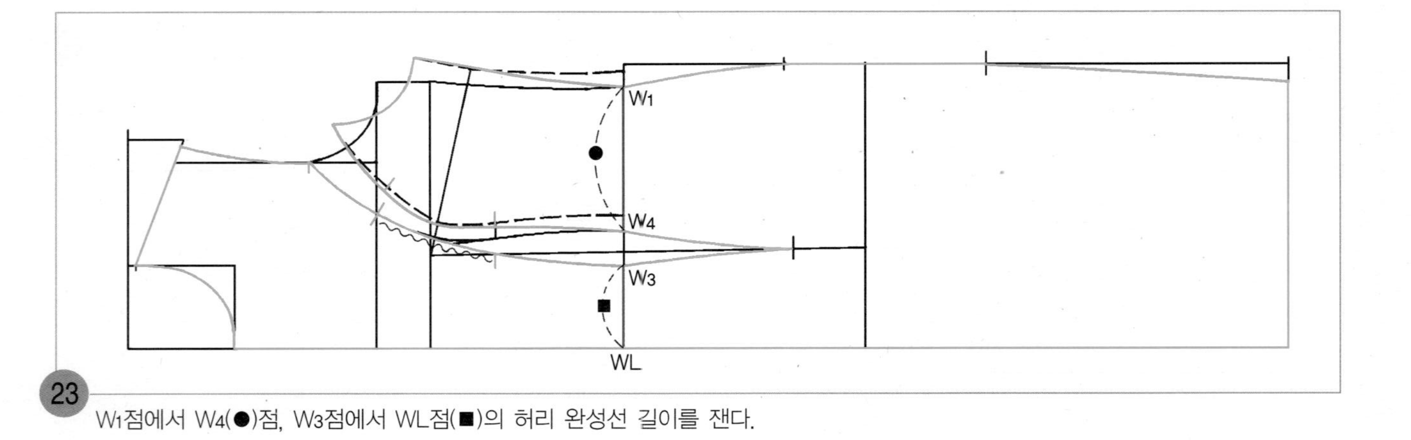

23 W₁점에서 W₄(●)점, W₃점에서 WL점(■)의 허리 완성선 길이를 잰다.

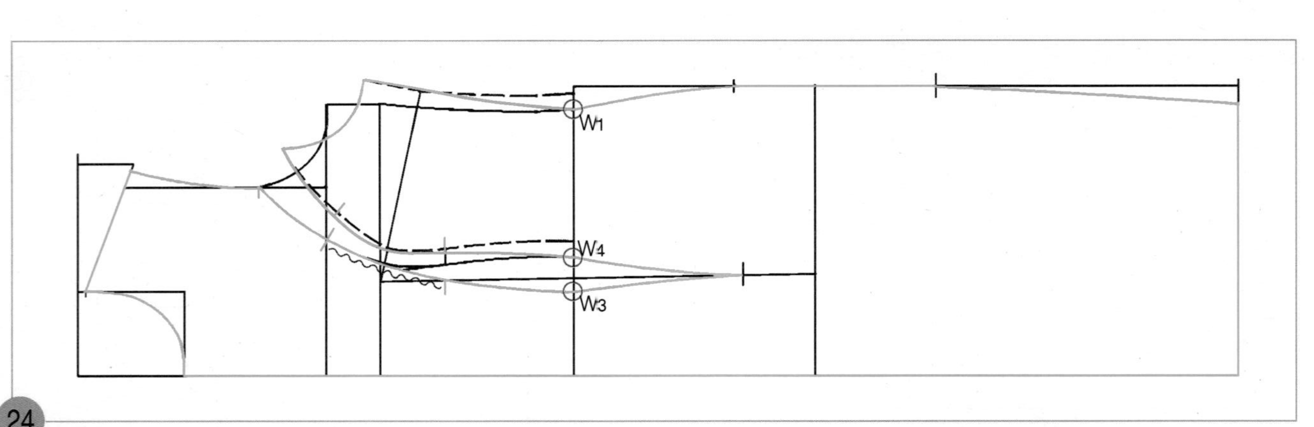

24 23에서 잰 허리 완성선 길이가 만약 W+2.5~3cm한 치수보다 남거나 부족한 분량이 생기면 그 분량을 3등분하여 W₁, W₄, W₃점에서 각각 3 등분한 1/3 분량씩을 증감하여 표시하고, 20, 21과 같은 방법으로 패널라인과 옆선을 각각 수정한다.

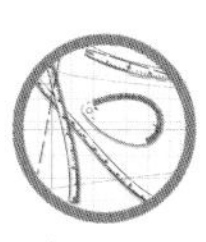

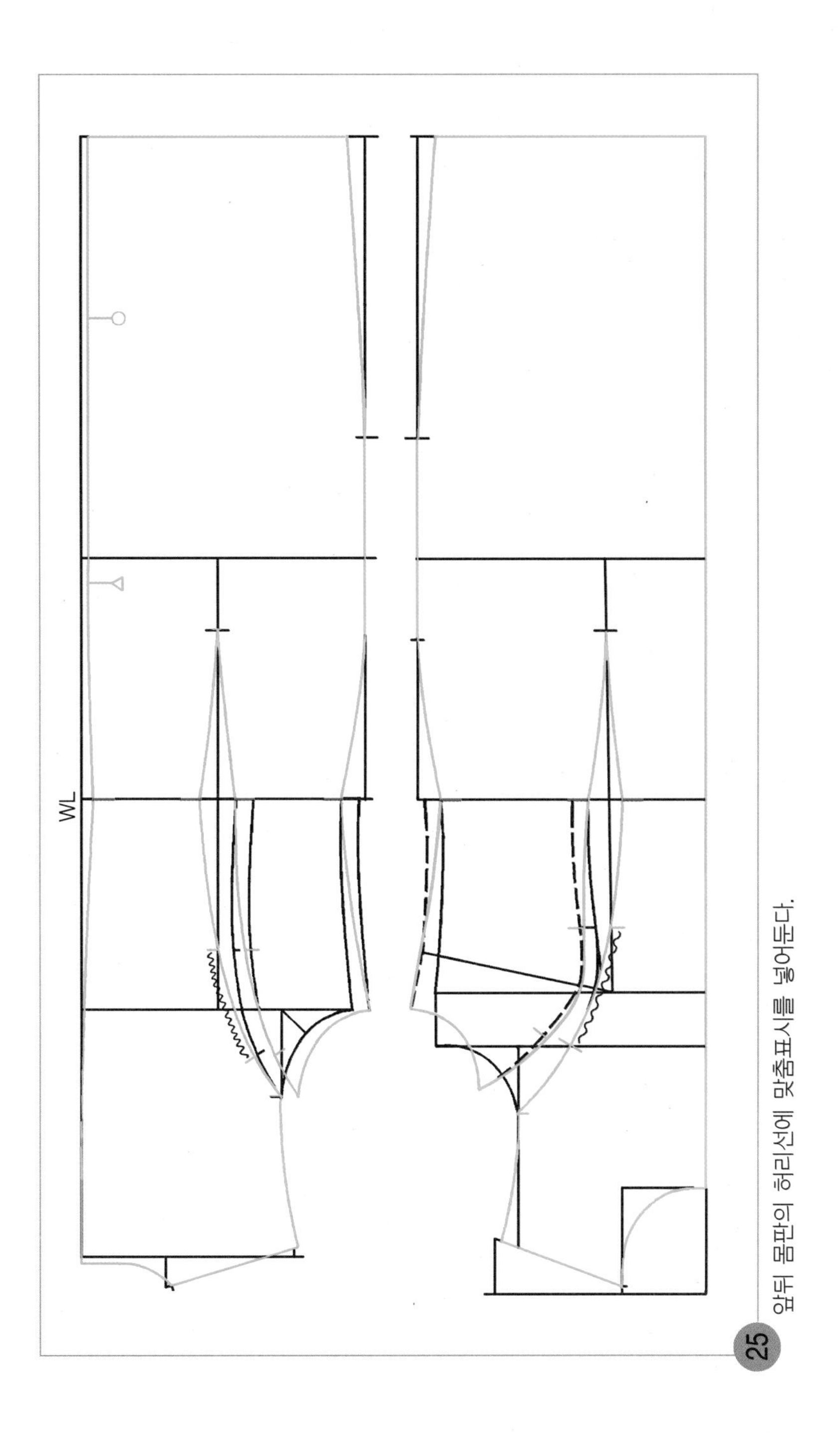

25 앞뒤 몸판의 허리선에 맞춤표시를 넣어둔다.

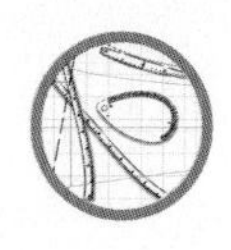

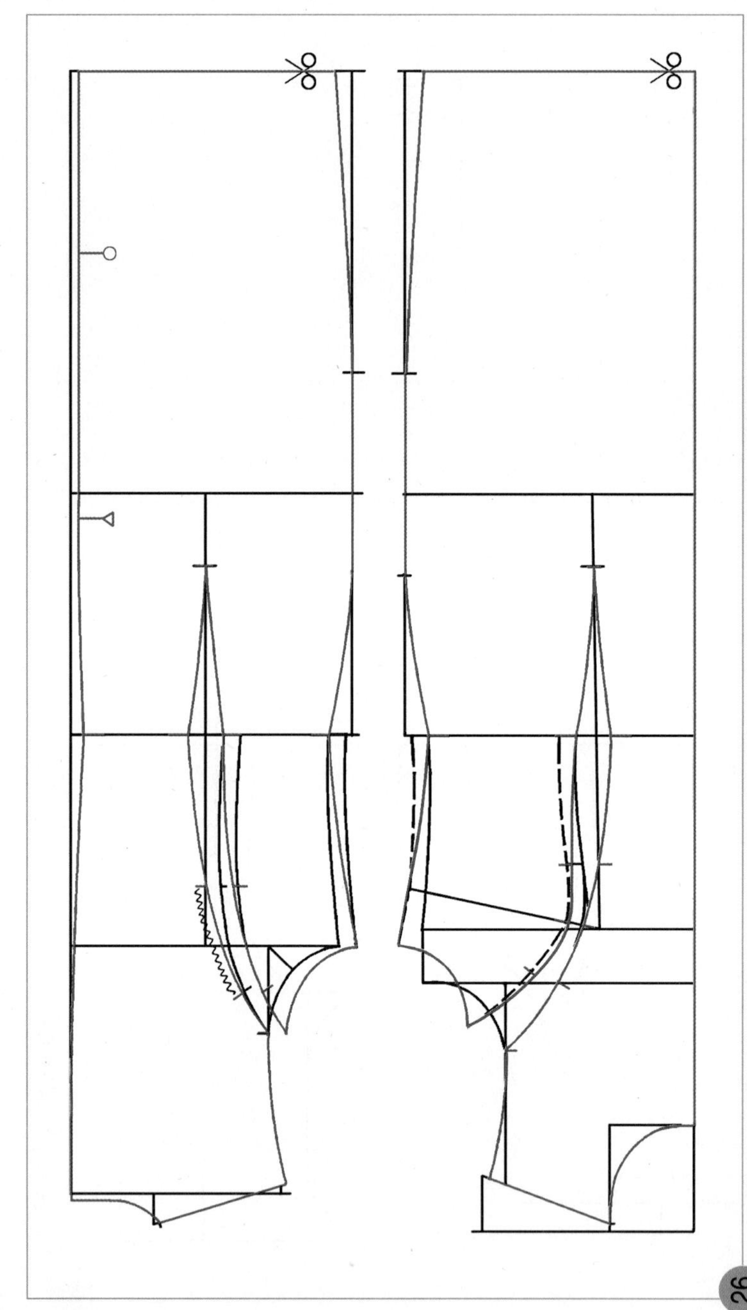

26 적색선이 앞뒤 몸판의 완성선이다. 앞뒤 몸판의 외곽 완성선을 따라 오려내어 패턴을 분리한다.

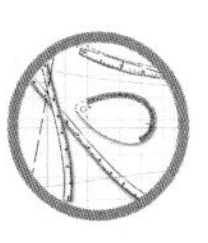

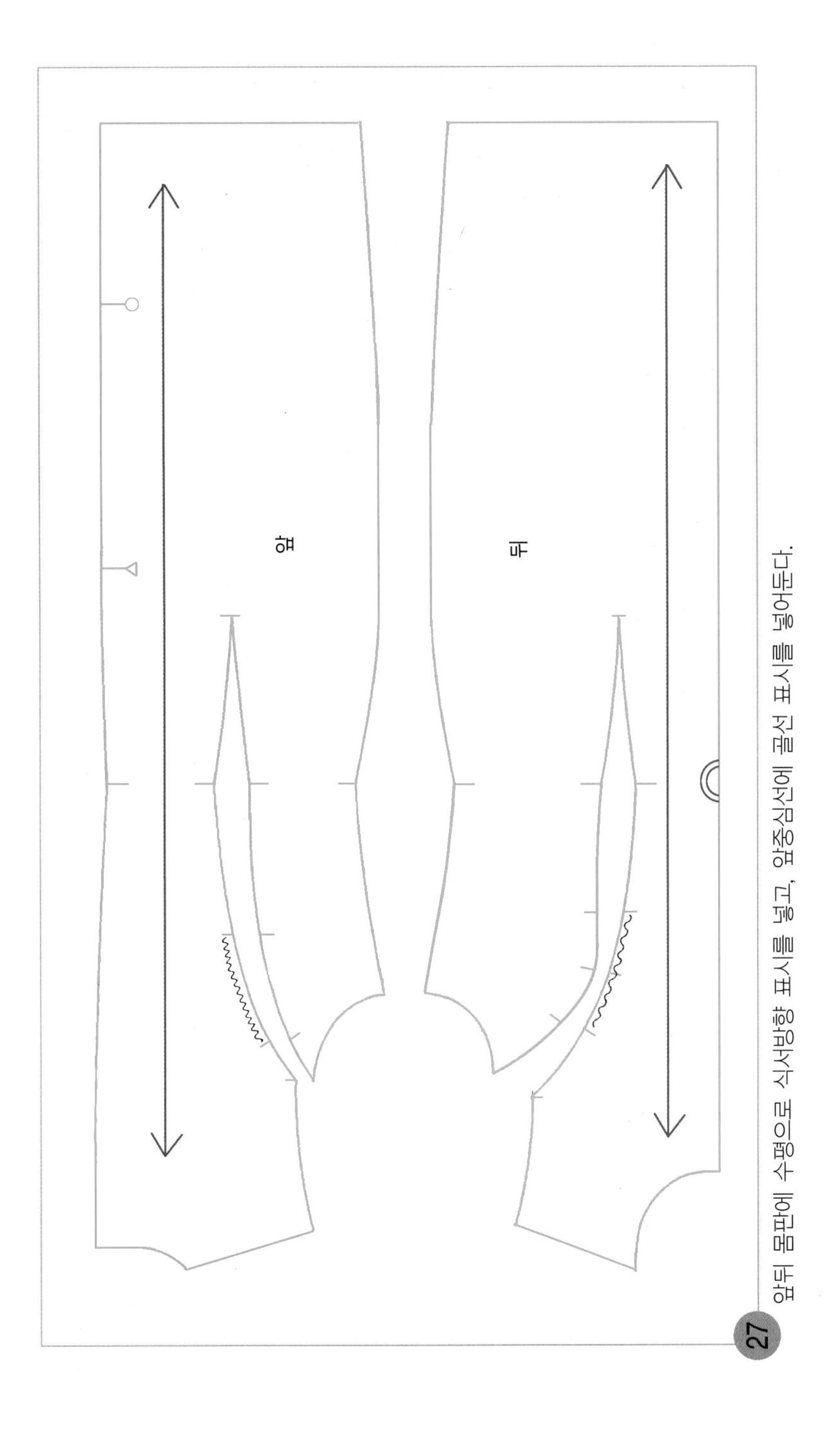

27 앞뒤 몸판에 수평으로 식서방향 표시를 넣고, 앞중심선에 골선 표시를 넣어둔다.

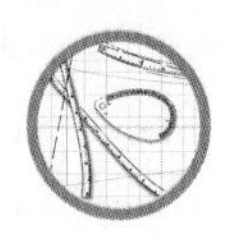

소매 제도하기

1. 기초선을 그린다.

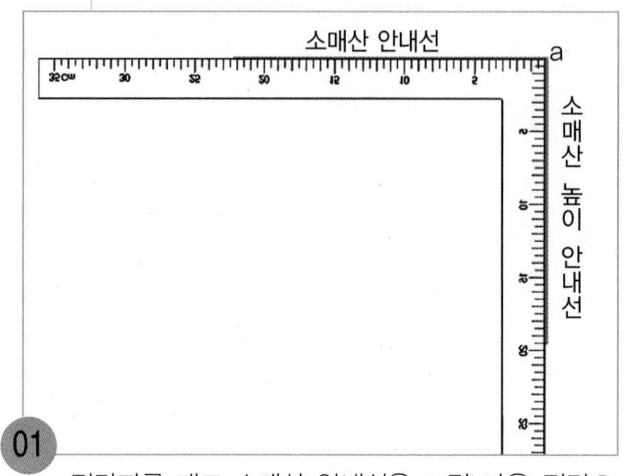

01

직각자를 대고 소매산 안내선을 그린 다음 직각으로 소매산 높이 안내선을 내려 그린다. 여기서는 직각점을 a로 표시해 둔다.

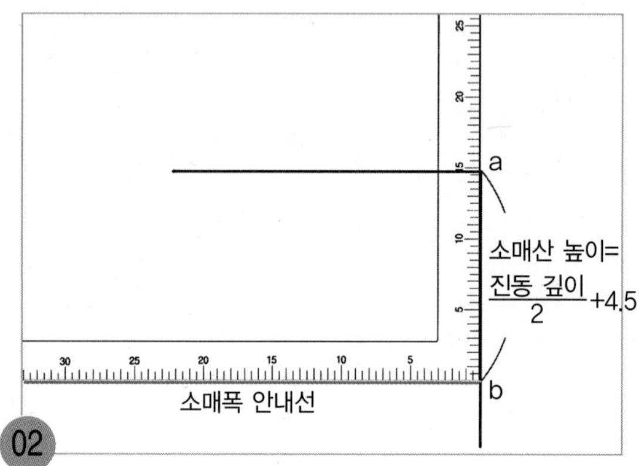

02

a~b= 소매산 높이 : (진동 깊이/2)+4.5cm,
진동 깊이=BNP~CL

진동 깊이는 뒤1-3의 BNP에서 위가슴둘레선(CL)까지의 길이이다. a점에서 소매산 높이 즉(진동 깊이/2)+4.5cm를 내려와 앞소매폭점(b)을 표시하고 직각으로 소매폭 안내선을 그린다.

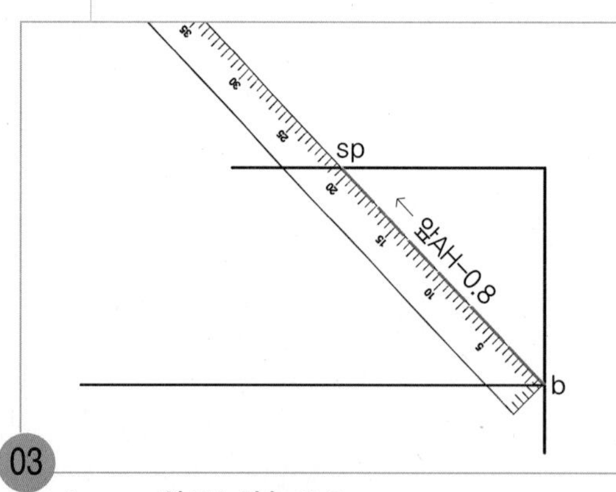

03

b~sp=앞AH 치수-0.8cm

앞소매폭점(b)에서 직선자로 소매산 안내선을 향해 p.60 앞3-11에서 재어둔 앞AH치수-0.8cm한 치수가 마주 닿는 위치에 소매산점(sp)을 표시하고 점선으로 안내선을 그린다

참고 점선으로 그리지 않고 소매산점(sp) 위치만 표시하여도 된다.

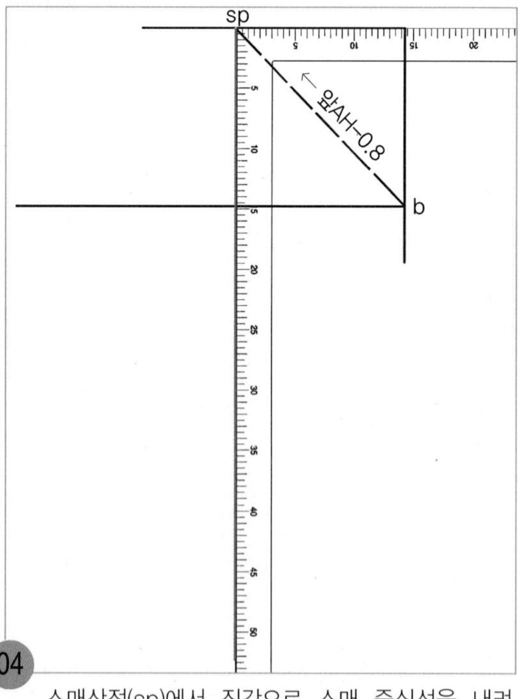

04

소매산점(sp)에서 직각으로 소매 중심선을 내려 그린다.

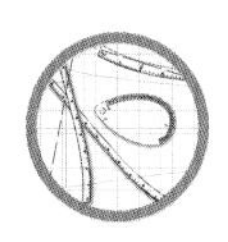

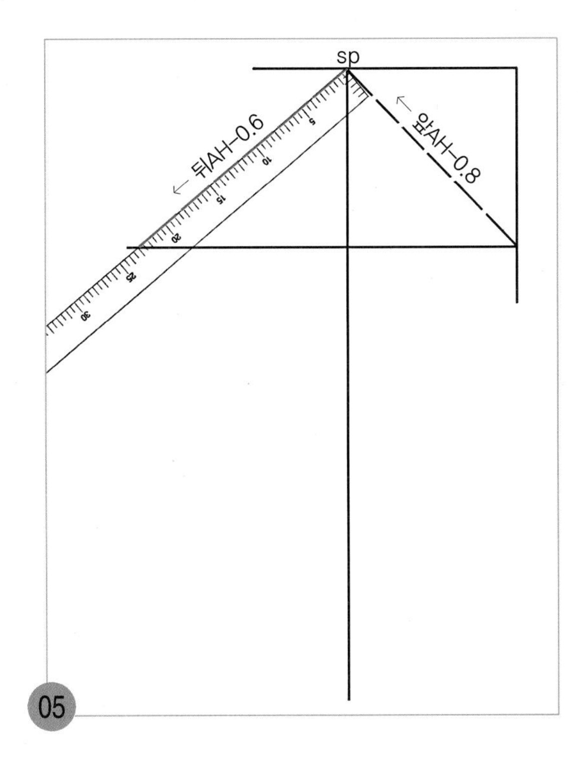

sp~c=뒤AH치수−0.6cm

소매산점(sp)에서 직선자로 소매폭 안내선을 향해 p.34 뒤4−06에서 재어둔 뒤AH 치수−0.6cm 한 치수가 마주 닿는 위치에 뒤소매폭점(c)을 표시하고 점선으로 안내선을 그린다.

참고 점선으로 그리지 않고 뒤소매폭점(c) 위치만 표시하여도 된다.

2. 소매산 곡선을 그릴 안내선을 그린다.

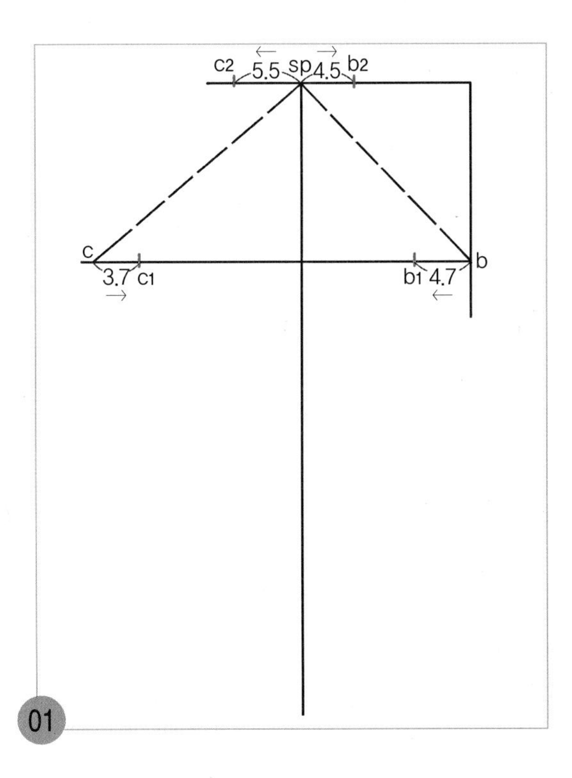

b~b1=4.7cm, c~c1=3.7cm, sp~b2=4.5cm, sp~c2=5.5cm

앞소매폭 끝점(b)에서 4.7cm 소매폭선을 따라 들어가 앞소매산 곡선을 그릴 안내선 점(b1)을 표시하고, 뒤소매폭 끝점(c)에서 3.7cm 소매폭선을 따라 들어가 뒤소매산 곡선을 그릴 안내선 점(c1)을 표시한 다음, 소매산점(sp)에서 앞소매쪽으로 4.5cm, 뒤소매쪽으로 5.5cm 나가 앞뒤 소매산 곡선을 그릴 안내선점(b2, c2)을 각각 표시한다.

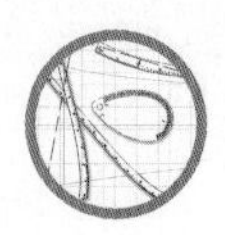

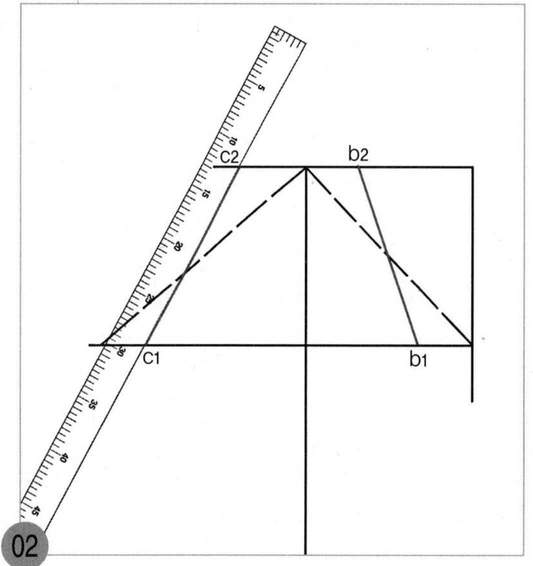

b_1~b_2=앞소매산 곡선 안내선,
c_1~c_2=뒤소매산 곡선 안내선

b_1~b_2, c_1~c_2 두 점을 각각 직선자로 연결하여 소매산 곡선을 그릴 안내선을 그린다.

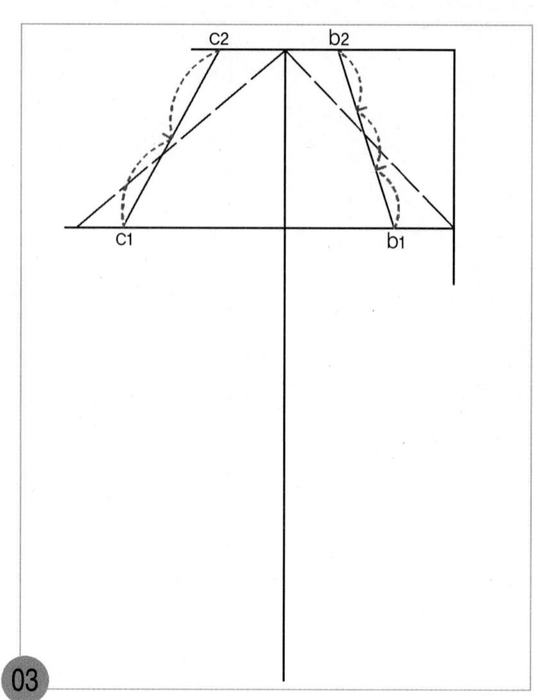

b_1~b_2=3등분, c_1~c_2 = 2등분

앞소매산 곡선 안내선(b_1~b_2)은 3등분, 뒤소매산 곡선 안내선(c_1~c_2)은 2등분한다.

3. 소매산 곡선을 그린다.

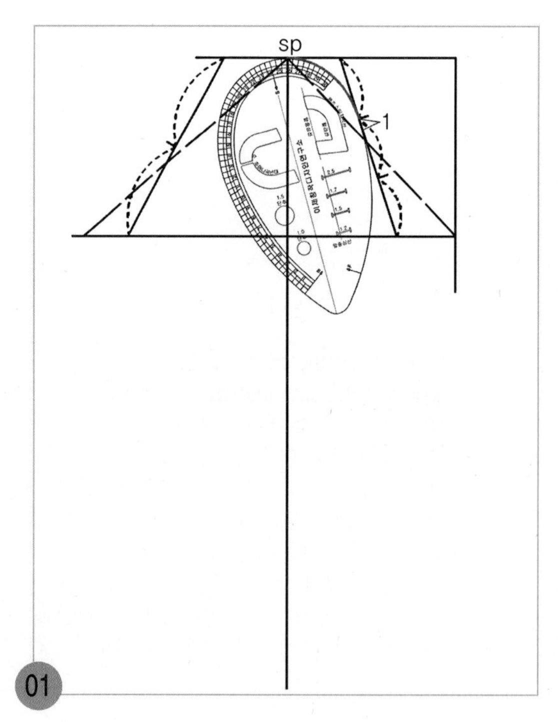

앞소매산 곡선 안내선의 1/3 위치와 소매산점(sp)을 앞AH자로 연결하였을 때 1/3 위치에서 소매산 곡선 안내선을 따라 1cm가 자연스럽게 앞소매산 곡선 안내선과 이어지는 곡선으로 맞추어 앞소매산 곡선을 그린다.

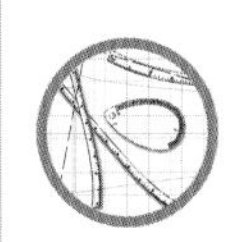

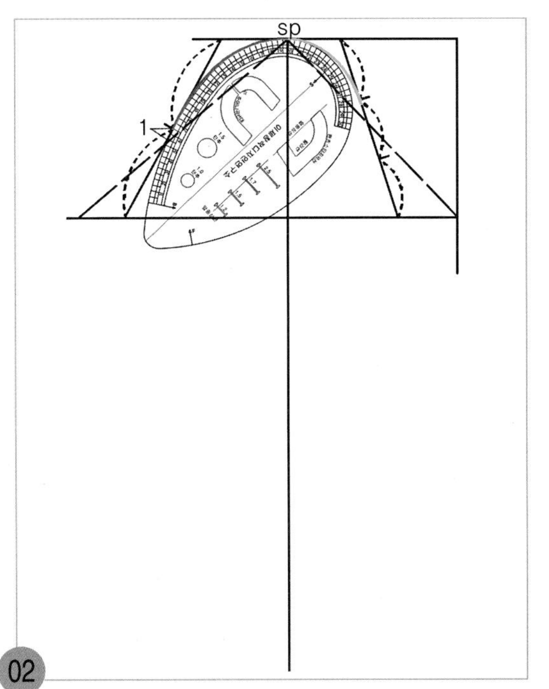

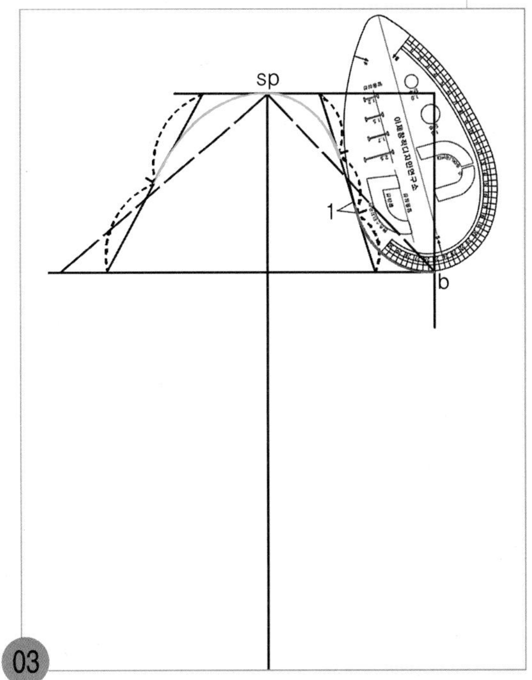

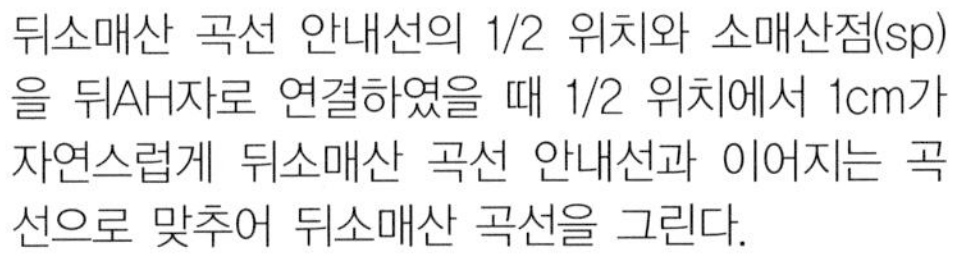

02

뒤소매산 곡선 안내선의 1/2 위치와 소매산점(sp)을 뒤AH자로 연결하였을 때 1/2 위치에서 1cm가 자연스럽게 뒤소매산 곡선 안내선과 이어지는 곡선으로 맞추어 뒤소매산 곡선을 그린다.

03

앞소매폭점(b)과 앞소매산 곡선 안내선의 1/3 위치를 앞AH자로 연결하였을 때 1/3 위치에서 앞소매산 곡선 안내선을 따라 1cm가 자연스럽게 이어지는 곡선으로 맞추어 남은 앞소매산 곡선을 그린다.

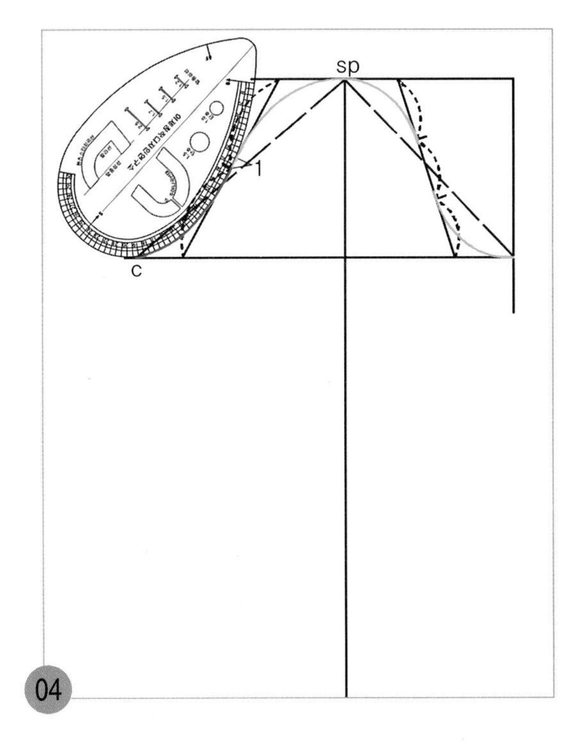

04

뒤소매폭점(c)과 뒤소매산 곡선 안내선의 1/2 위치를 뒤AH자로 연결하였을 때 뒤AH자가 뒤소매산 곡선 안내선과 마주 닿으면서 1cm가 자연스럽게 이어지는 곡선으로 맞추어 남은 뒤소매산 곡선을 그린다.

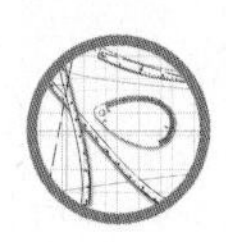

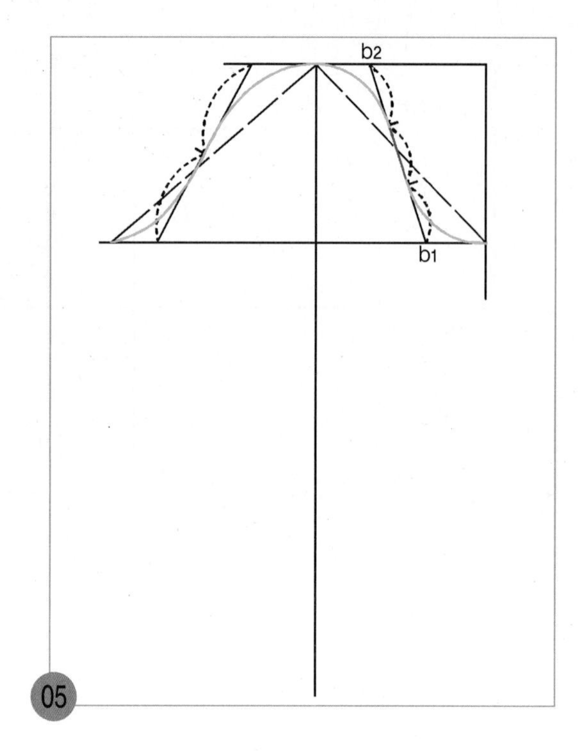

적색으로 표시된 앞소매산 곡선 안내선의 중앙에 있는 1/3 분량은 소매산 곡선 안내선을 소매산 곡선으로 사용한다.

4. 소매 밑선을 그린다.

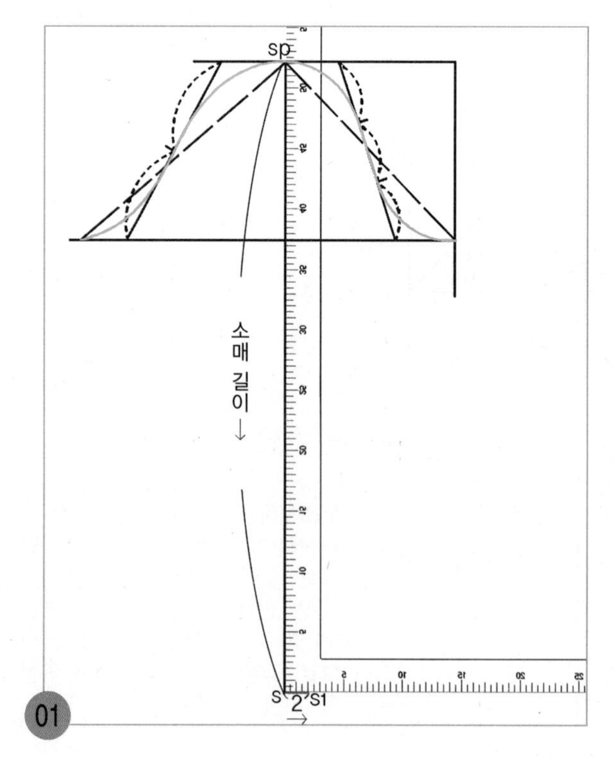

sp~s=소매 길이, s~s_1=2cm

소매산점(sp)에서 소매 기본 중심선을 따라 소매 길이 만큼 내려와 소매단 위치(s)를 표시하고 소매 기본 중심선에 직각으로 앞소매쪽을 향해 2cm 이동할 소매 중심선을 그릴 안내선(s_1)을 그린다.

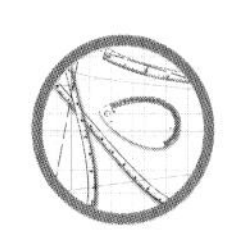

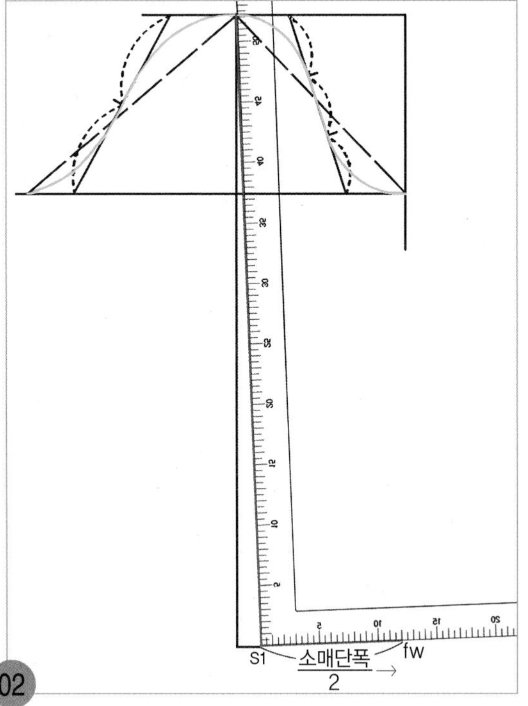

sp~s1=소매 중심선, 소매단폭=(손목둘레+8cm)
직각자의 직각점을 s1점에 맞추면서 소매산점(sp)과 연결하여 소매 중심선을 그린 다음, 직각으로 소매단폭/2 치수의 앞소매단선(fw)을 그린다.

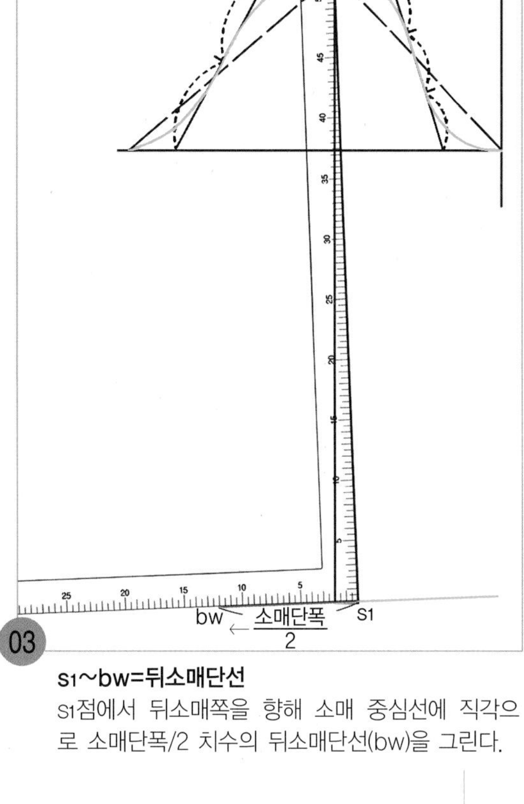

s1~bw=뒤소매단선
s1점에서 뒤소매쪽을 향해 소매 중심선에 직각으로 소매단폭/2 치수의 뒤소매단선(bw)을 그린다.

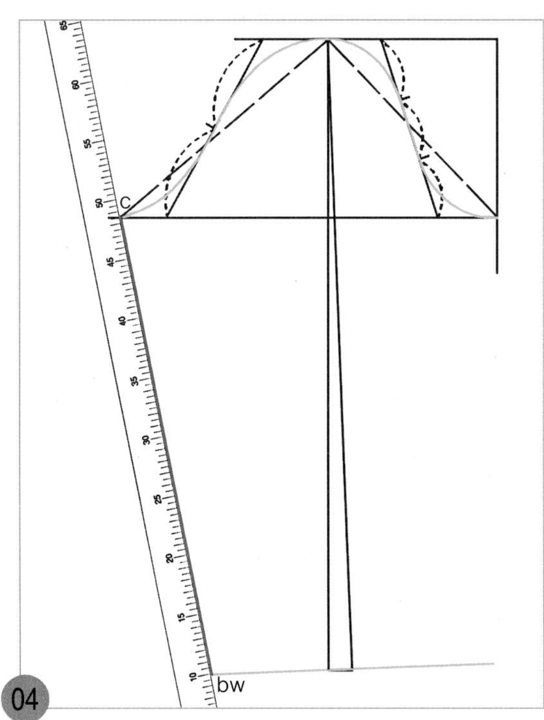

c~bw=뒤소매 밑안내선
뒤 소매폭점(c)과 bw점 두 점을 직선자로 연결하여 뒤소매 밑안내선을 그린다.

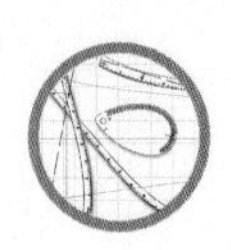

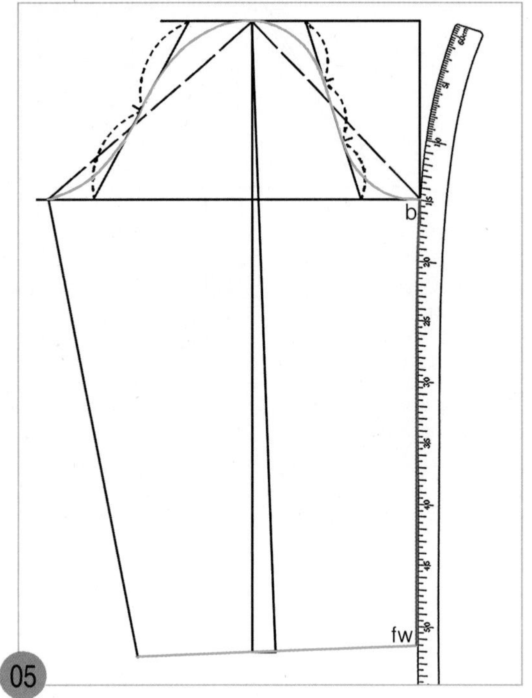

b~fw=앞소매 밑선

앞소매폭점(b)에 hip곡자 15 위치를 맞추면서 fw 점과 연결하여 앞소매 밑선을 그린다.

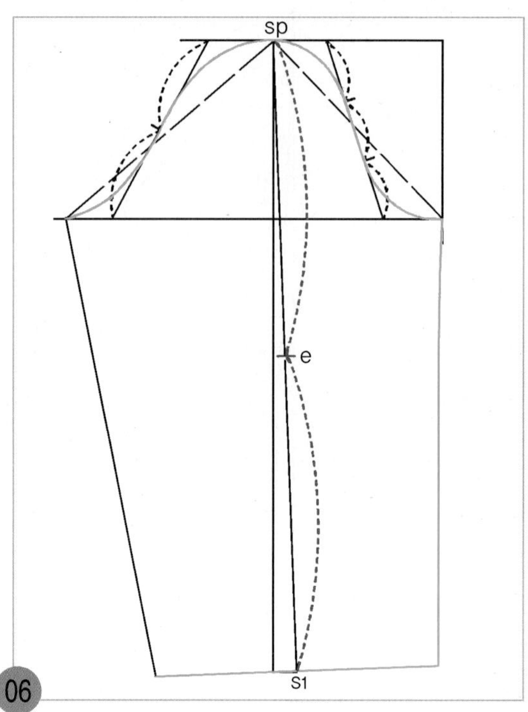

e=sp~s1의 1/2

소매산점(sp)에서 s1점까지의 소매 중심선을 2등분하여 1/2 위치를 e점으로 정해둔다.

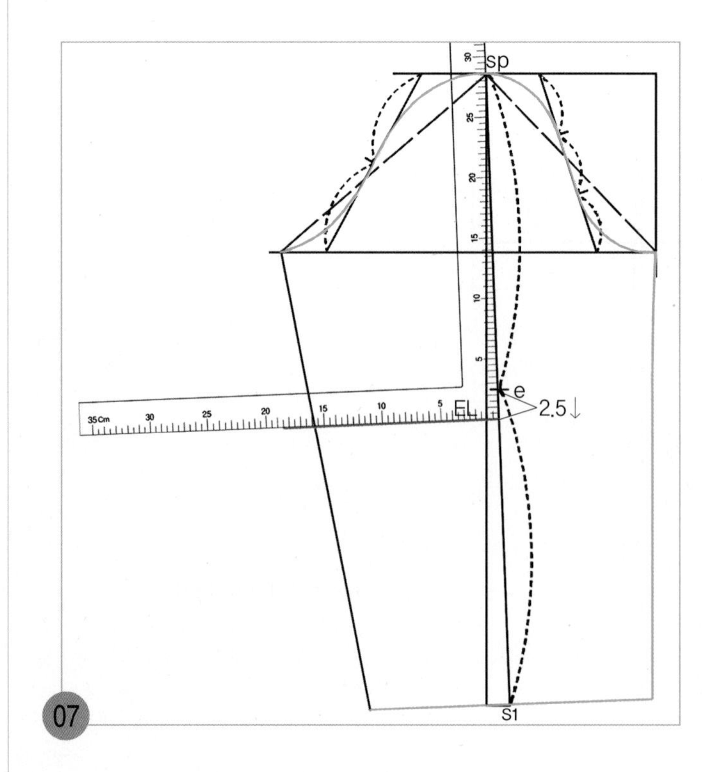

e점에서 2.5cm 내려와 뒤소매 쪽을 향해 소매 중심선에 직각으로 팔꿈치선(EL)을 그린다.

주 뒤소매 밑선에서 조금 더 길게 팔꿈치선을 그려둔다.

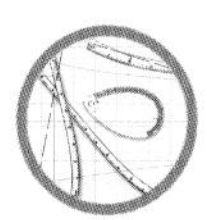

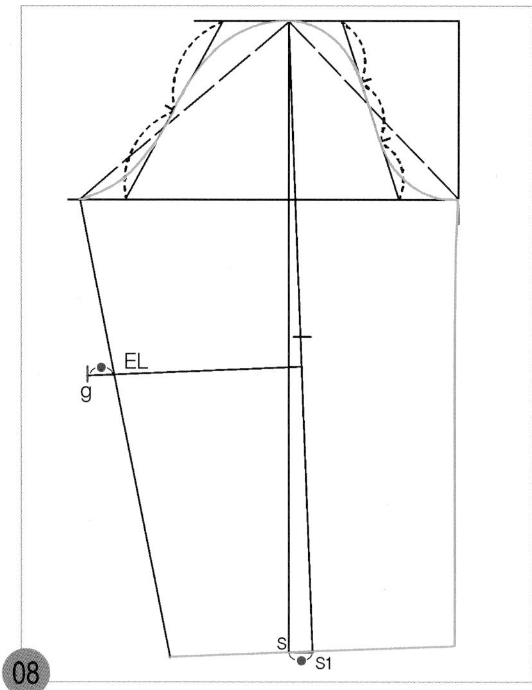

EL~g=s~s1(●)=2cm

뒤소매 밑안내선과 팔꿈치 선과의 교점에서 s~s1(●=2cm)점의 치수 만큼 팔꿈치선을 따라나가 뒤소매 밑선을 그릴 안내선 점(g)을 표시한다.

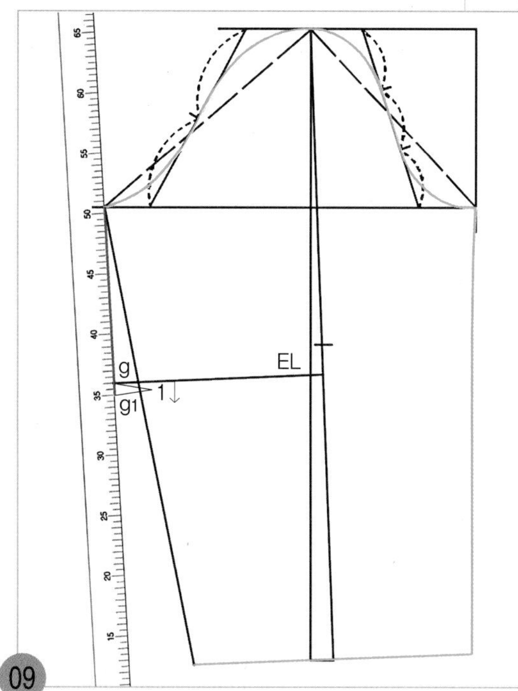

c점과 g점 두 점을 직선자로 연결하여 팔꿈치선(EL) 위쪽 뒤소매 밑선을 g점에서 1cm(s~s1의 1/2 분량) 더 길게 내려 그리고 그 끝점을 g1로 정해둔다.

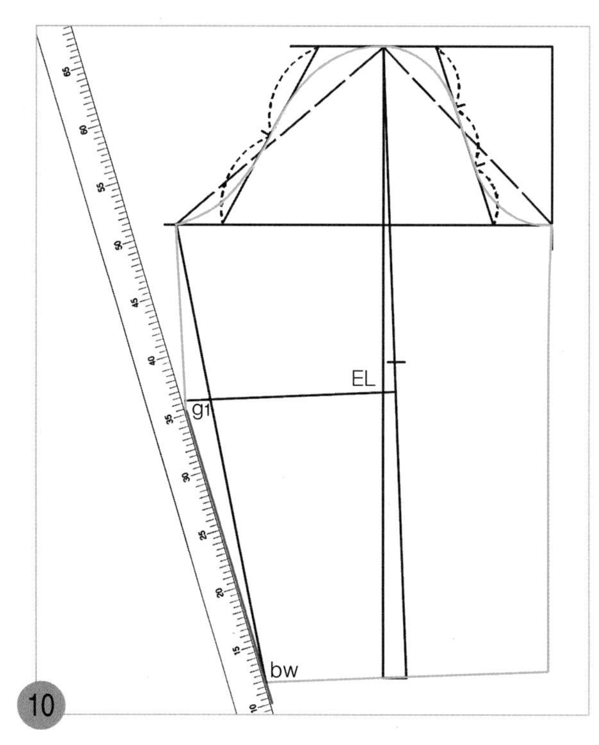

g1점과 bw점 두 점을 직선자로 연결하여 팔꿈치선 아래쪽 뒤소매 밑선을 그린다. 이때 bw점에서 약간 길게 내려 그려둔다.

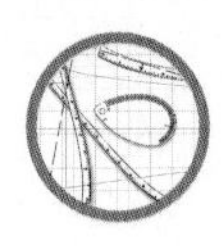

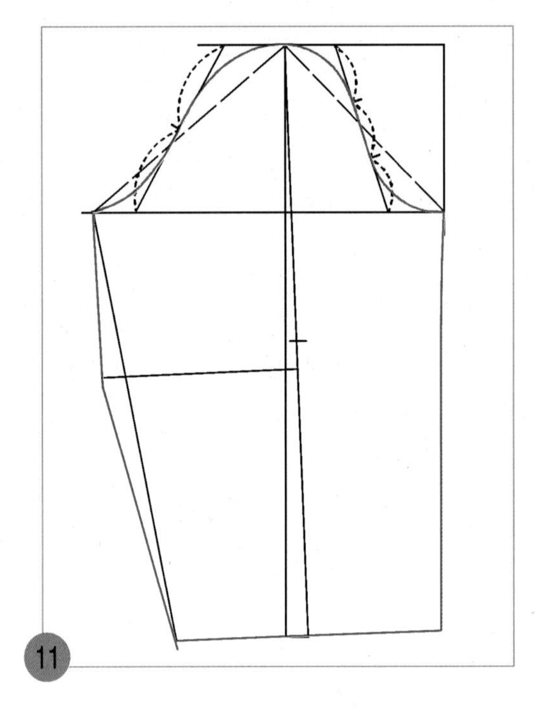

적색선이 일차적인
소매 완성선이다.

5. 소매단 선과 뒤소매폭 선을 수정하여 소매를 완성한다.

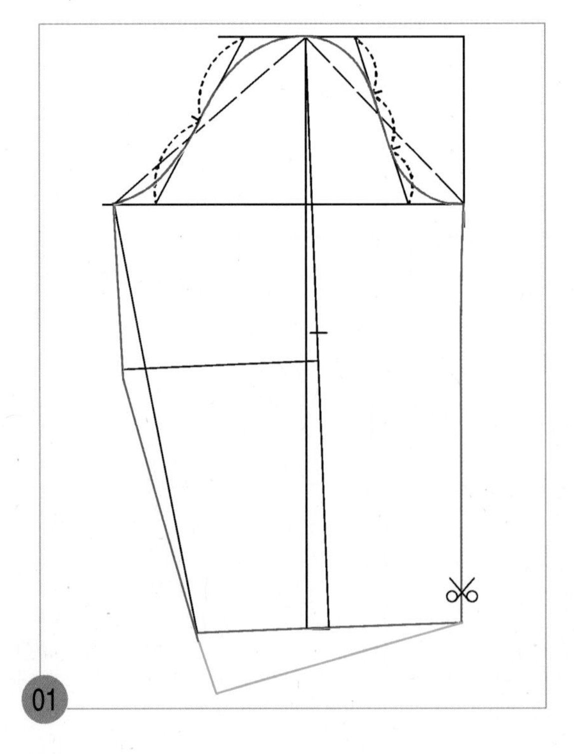

가위로 소매 완성선을 오려내고
소매단 쪽은 수정을 하기 위해 청
색처럼 여유 있게 오려둔다.

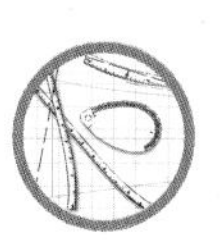

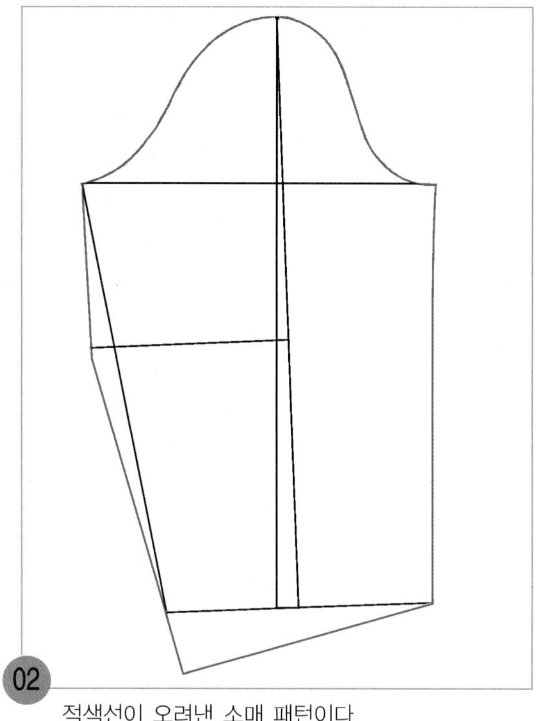

02

적색선이 오려낸 소매 패턴이다.

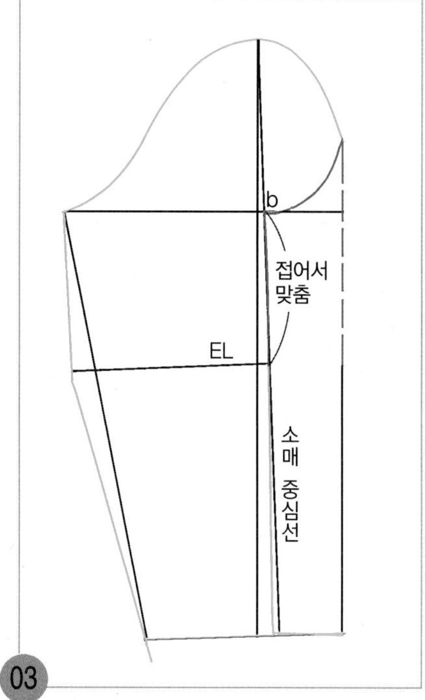

03

앞소매 밑선을 팔꿈치선까지 소매 중심선에 맞추어 반으로 접는다.

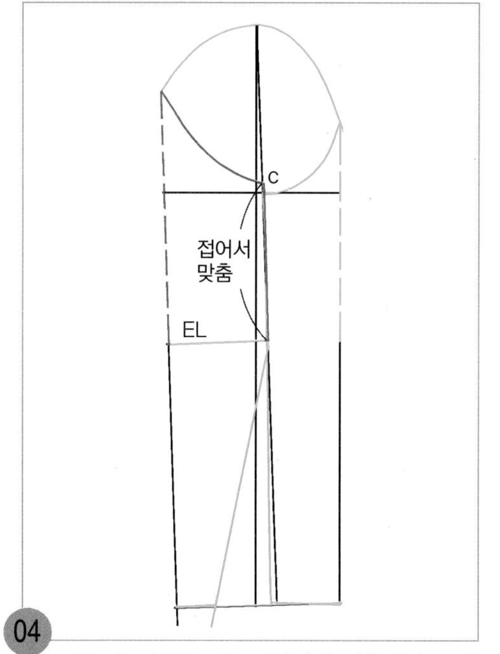

04

뒤소매 밑선을 팔꿈치선끼리 맞추면서 소매 중심선에 맞추어 반으로 접는다.

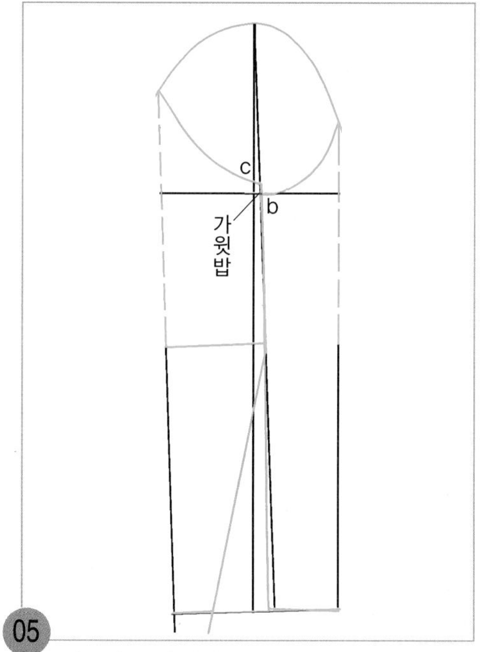

05

앞소매폭 점(b)과 뒤소매폭 점(c)이 소매 중심선과 소매폭 선의 교점에서 차이지게 된다. 앞소매폭 점(b)에 맞추어 뒤소매쪽에 가윗밥을 넣어 뒤소매폭 선에 수정할 위치를 표시해 둔다.

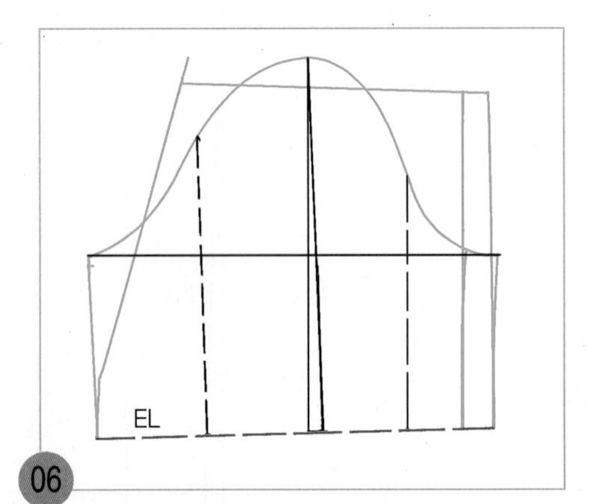

06

반으로 접었던 소매를 펴서 팔꿈치 선(EL)에서 접는다.

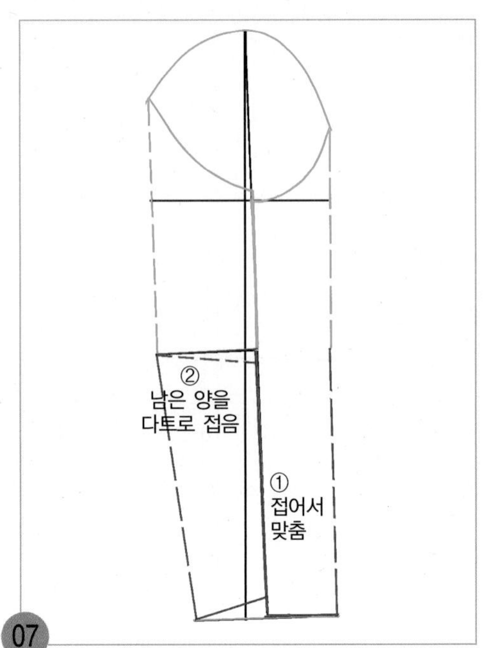

07

팔꿈치선(EL) 아래쪽 ① 앞소매 밑선을 소매중심선에 맞추어 반으로 접고, 뒤소매 밑선을 소매중심선에 맞추어 반으로 접으면 팔꿈치선(EL)에서 뜨는 분량이 다트분량이다. ② 팔꿈치선(EL)의 다트분량을 접는다.

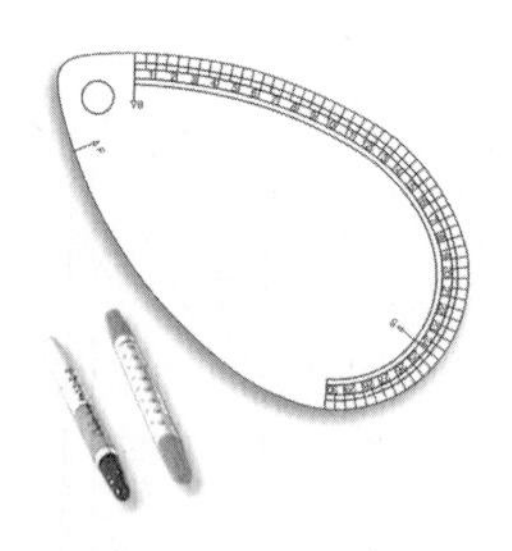

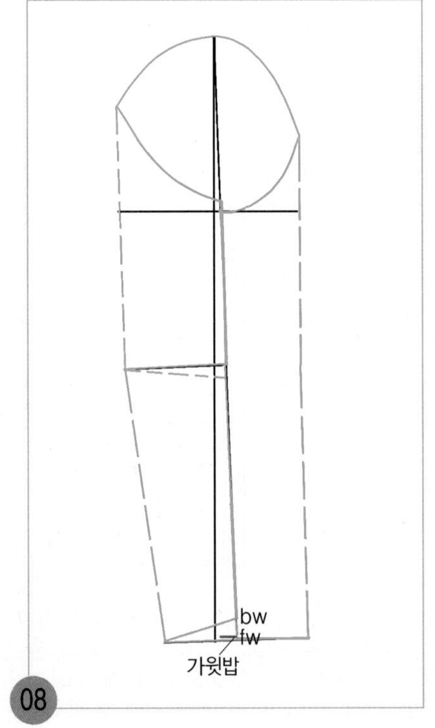

08

소매단쪽의 fw점과 bw점이 차이지게 될 것이다. 이 차이지는 분량만큼 뒤 팔꿈치 아래쪽 소매 밑선을 늘려 주어야 하므로 앞소매단폭 점(fw)에 맞추어 가윗밥을 넣어 표시해 둔다.

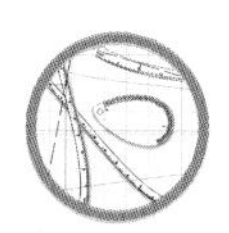

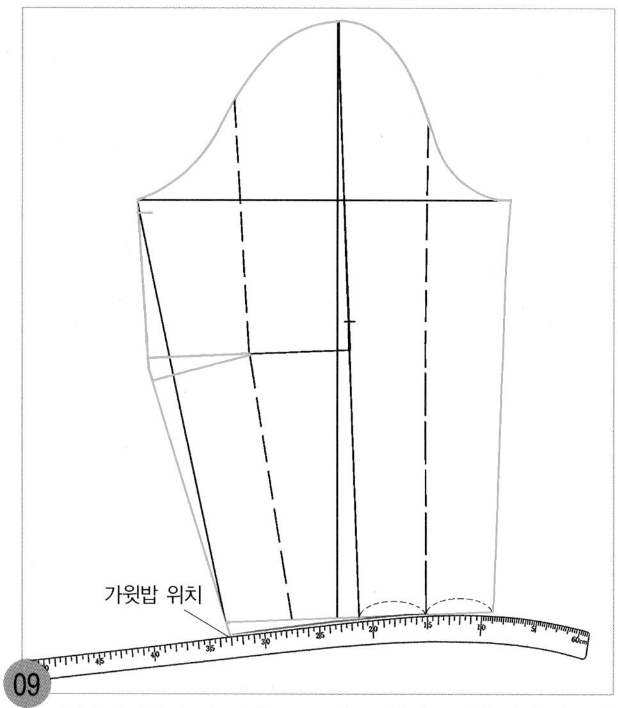

앞소매단폭의 1/2점에 hip곡자 15위치를 맞추면서 뒤소매단쪽에 가윗밥을 넣어 표시해둔 점과 연결하여 소매단선을 그린다.

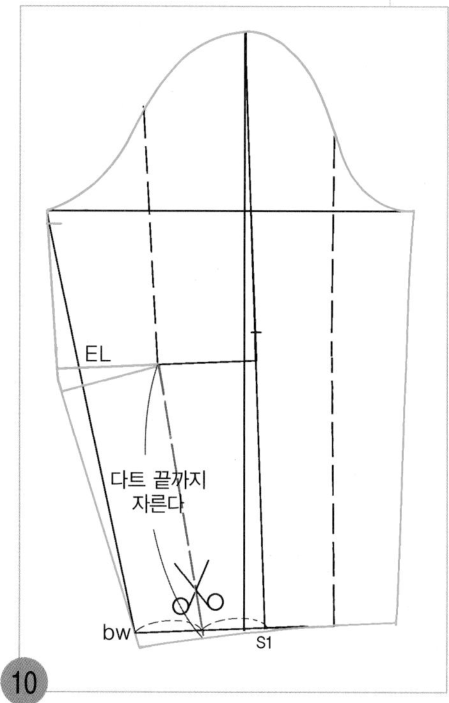

뒤소매를 반으로 접었을 때 생긴 주름자욱을 따라 뒤소매단의 1/2 점에서 팔꿈치선의 다트 끝점까지 가위로 자른다.

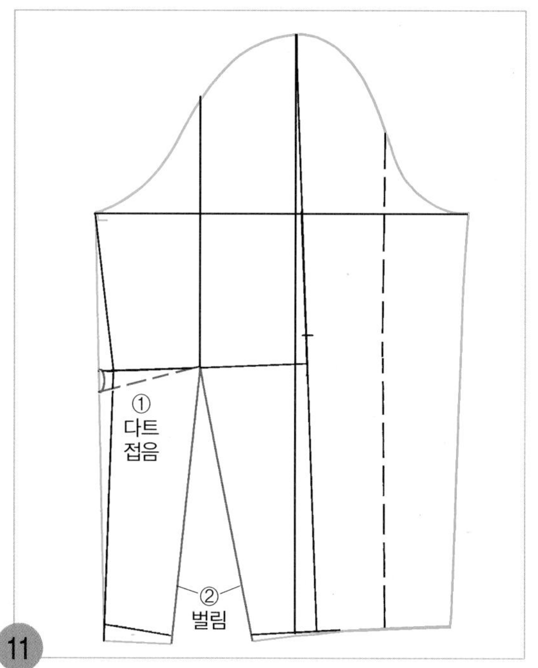

팔꿈치선의 다트 분량을 접어 10에서 자른선을 벌어지는 양 만큼 벌린다.

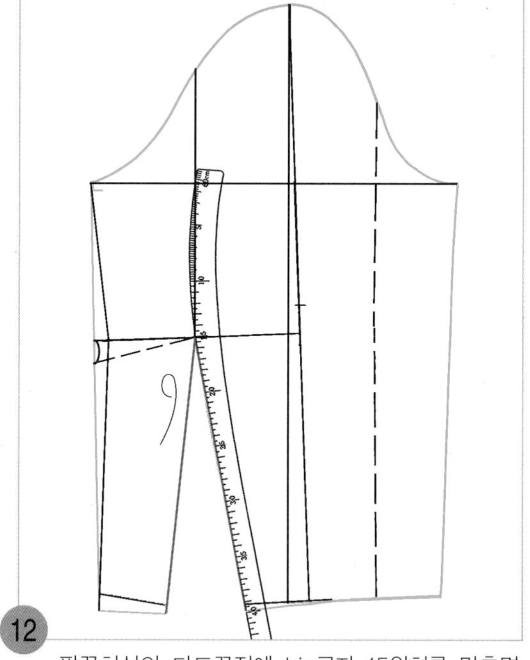

팔꿈치선의 다트끝점에 hip곡자 15위치를 맞추면서 소매단선과 연결하여 절개선을 수정한다.

주 다트를 접어 벌어진 곳의 패턴 밑에 남는 패턴지를 오려 붙이고 수정할 것.

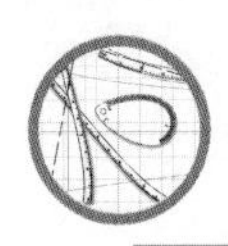

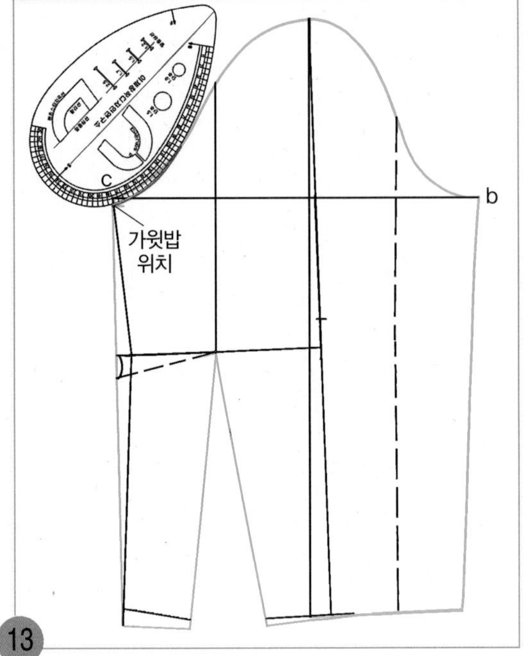

b점과 맞추어 c점에서 내려온 위치에 가윗밥을 넣어 표시해둔 위치와 뒤소매산 곡선을 뒤AH자로 연결하여 뒤소매산 곡선을 수정한다.

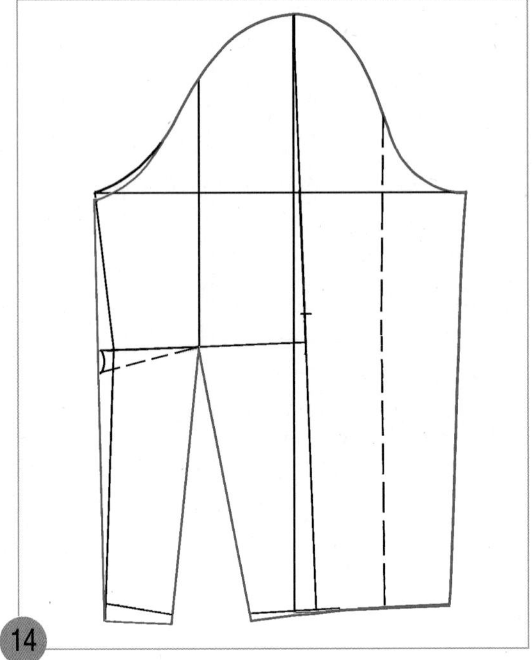

적색선이 한 장 소매의 완성선이다.

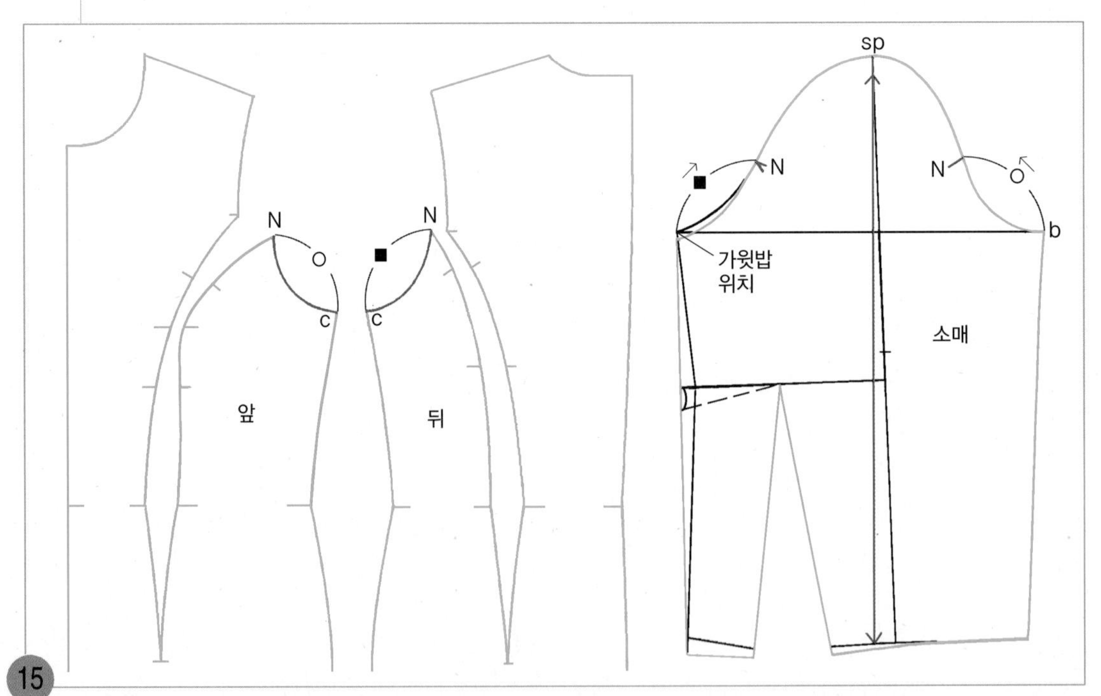

앞뒤 진동 둘레선의 N점에서 C점까지의 길이를 각각 재어 앞 뒤소매폭 점(b, 가윗밥 위치)에서 각각 소매산 곡선을 따라 올라가 소매산 곡선에 소매 맞춤 표시(N)를 넣고, 소매 기본 중심선을 식서 방향으로 표시한다.

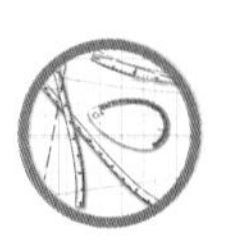

패턴의 완성

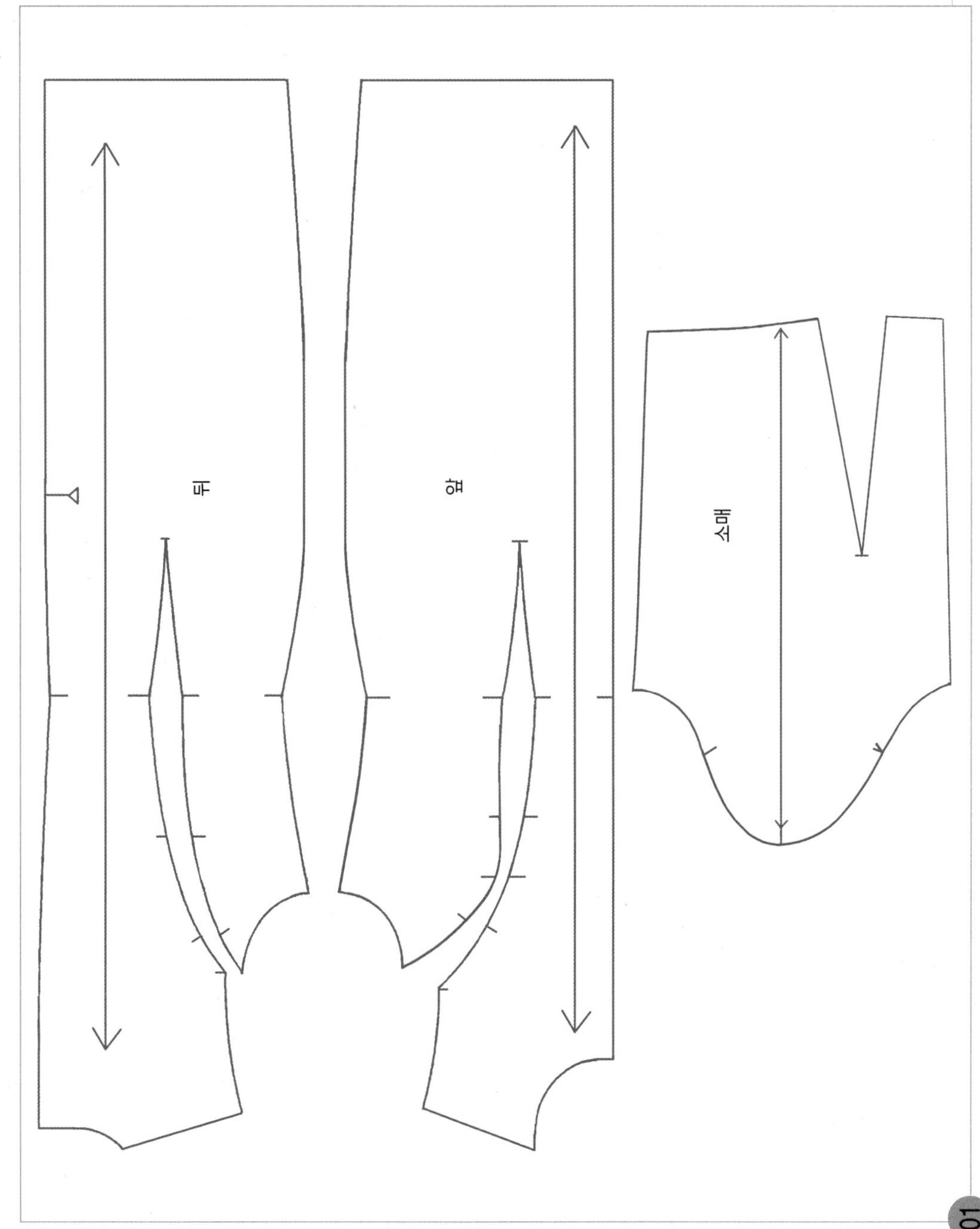

01 칼라가 없는 시프트 드레스의 앞뒤 몸판과 한 장 소매 패턴의 완성.

셔츠 칼라의 시프트 드레스 Shift Dress with Shirt Collar

■ ■ ■ ONE-PIECE 02

실루엣 ● ● ● 허리선에 절개선이 없는 스트레이트 실루엣으로 패널 라인을 넣어 몸에 피트시킨 셔츠 칼라와 셋인 한 장 소매의 원피스이다. 앞 오픈 지퍼 여밈과 양 옆에 지퍼 주머니가 특징인 디자인으로 스포티한 느낌을 주면서도 세련된 느낌을 주기도 한다.

소 재 ● ● ● 광택이 있으면서 촘촘하게 짜여진 얇은 울 소재나 폴리에스테르 소재의 촘촘하게 짜여진 중간 두께의 소재 및 신축성이 있는 편물지 등도 적합하며, 무지보다는 스트라이프 무늬가 들어가 있는 것이 고급스러워 보이며, 특히 가로줄 무늬가 세로줄 무늬보다 세련된 느낌을 더해준다.

포인트 ● ● ● 칼라가 없는 시프트 드레스 패턴을 응용하여 칼라가 없는 경우와 칼라가 달리는 경우의 차이점과 셔츠 칼라 그리는 법, 오픈 지퍼 여밈 그리는 법을 배운다.

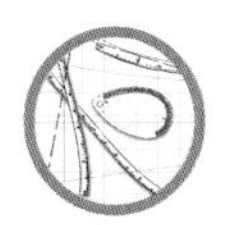

Shift Dress with Shirt Collar

셔츠 칼라의 시프트 드레스 제도 순서

제도 치수 구하기

계측 치수	계측 치수의 예	자신의 계측 치수	제도 각자 사용 시의 제도 치수	일반 자 사용 시의 제도 치수	자신의 제도 치수
가슴둘레(B)	86cm		B°/2	B/4	
허리둘레(W)	66cm		W°/2	W/4	
엉덩이둘레(H)	94cm		H°/2	H/4	
등길이	38cm		치수 38cm		
앞길이	41cm		41cm		
뒤품	34cm		뒤품/2=17		
앞품	32cm		앞품/2=17		
유두 길이	25cm		25cm		
유두 간격	18cm		유두 간격/2=9cm		
어깨너비	37cm		어깨너비/2=18.5cm		
원피스 길이	93cm	조정 가능	등길이+스커트 길이		
소매 길이	52cm	조정 가능	계측한 소매 길이		
손목둘레	16cm		계측한 손목둘레		
진동 깊이	최소치=19, 최대치=23		(B°/2)−1cm	(B/4)−1cm	
앞/뒤 위 가슴둘레선			(B°/2)+1.5cm	(B/4)+1.5cm	
히프선 뒤	산출치		(H°/2)+0.6cm	(H/4)+0.6cm=24.1cm	
소매산 높이			(진동 깊이/2)+4.5cm		

주 진동 깊이=(B/4)−1의 산출치가 19~23cm 범위 안에 있으면 이상적인 진동 깊이의 길이라 할 수 있다. 따라서 최소치=19cm, 최대치=23cm까지이다(이는 예를 들면 가슴둘레 치수가 너무 큰 경우에는 진동 깊이가 너무 길어 겨드랑밑 위치에서 너무 내려가게 되고, 가슴둘레 치수가 너무 적은 경우에는 진동깊이가 너무 짧아 겨드랑밑 위치에서 너무 올라가게 되어 이상적인 겨드랑밑 위치가 될 수 없다. 따라서 (B/4)−1cm의 산출치가 19cm 미만이면 뒷목점(BNP)에서 19cm 나간 위치를 진동 깊이로 정하고, (B/4)−1cm의 산출치가 23cm 이상이면 뒷목점(BNP)에서 23cm 나간 위치를 진동 깊이로 정한다).

01 자신의 각 계측 부위를 계측하여 빈칸에 넣어두고 제도치수를 구하여 둔다.

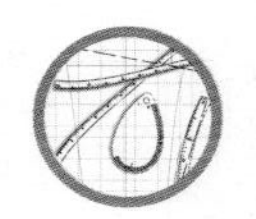

1. 뒷목둘레 완성선을 수정한다.

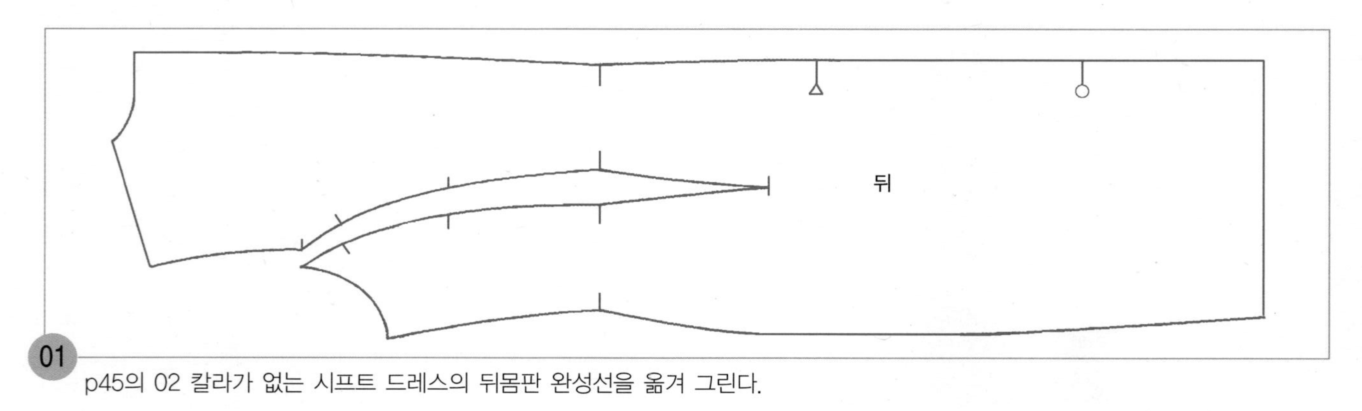

01 p45의 02 칼라가 없는 시프트 드레스의 뒤몸판 완성선을 옮겨 그린다.

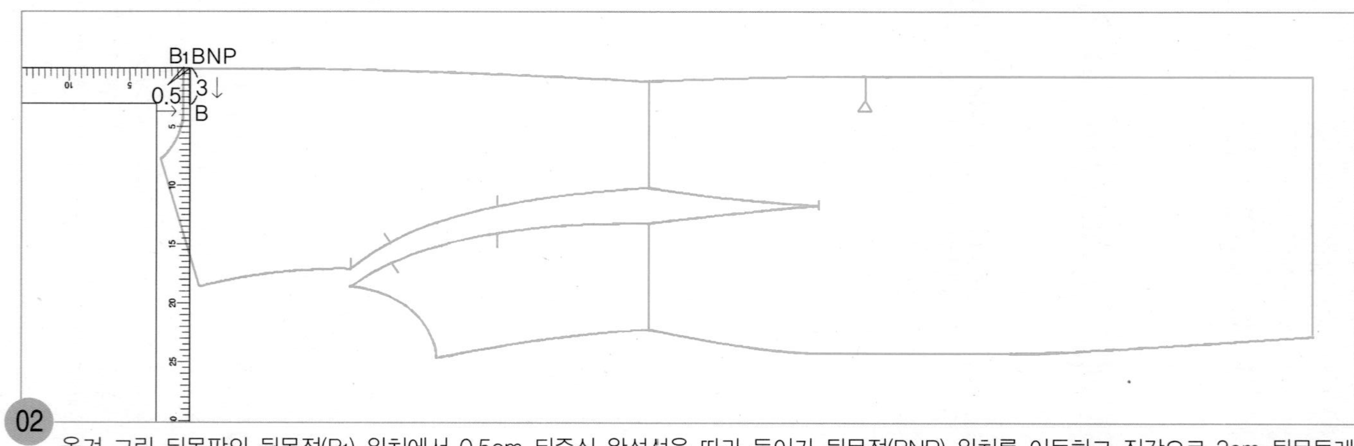

02 옮겨 그린 뒤몸판의 뒷목점(B1) 위치에서 0.5cm 뒤중심 완성선을 따라 들어가 뒷목점(BNP) 위치를 이동하고 직각으로 3cm 뒷목둘레선(B)을 내려 그린다.

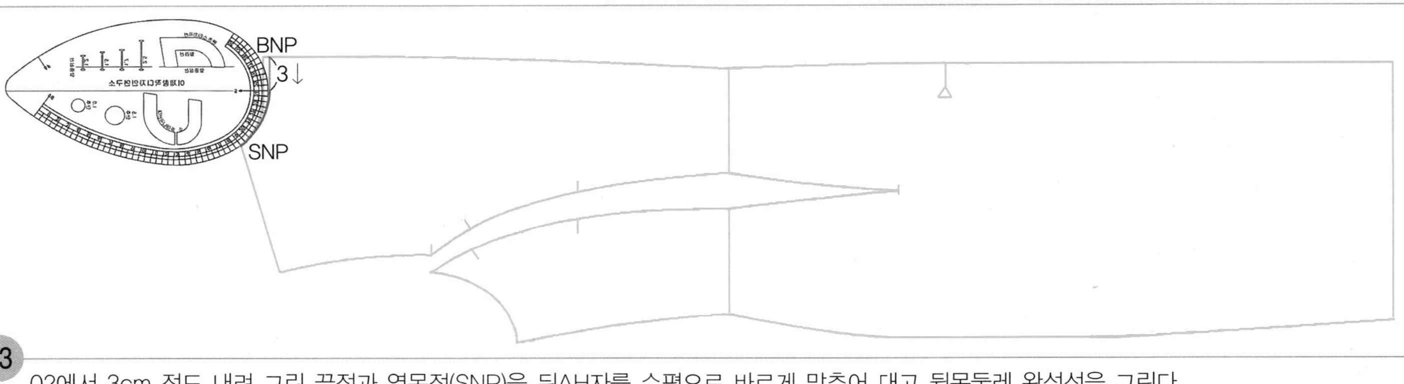

03 02에서 3cm 정도 내려 그린 끝점과 옆목점(SNP)을 뒤AH자를 수평으로 바르게 맞추어 대고 뒷목둘레 완성선을 그린다.

2. 뒤 벤츠를 그린다.

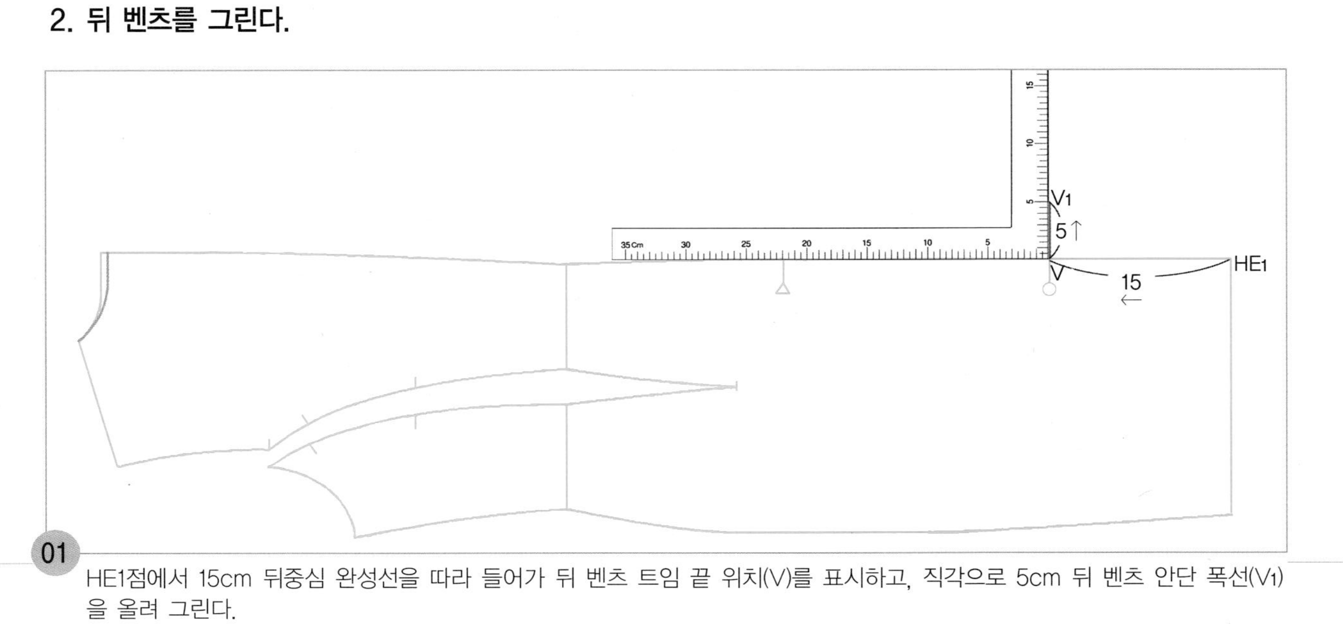

01 HE1점에서 15cm 뒤중심 완성선을 따라 들어가 뒤 벤츠 트임 끝 위치(V)를 표시하고, 직각으로 5cm 뒤 벤츠 안단 폭선(V1)을 올려 그린다.

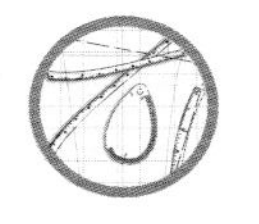

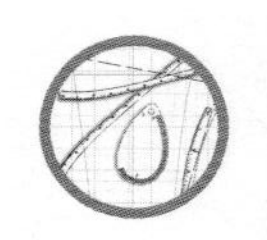

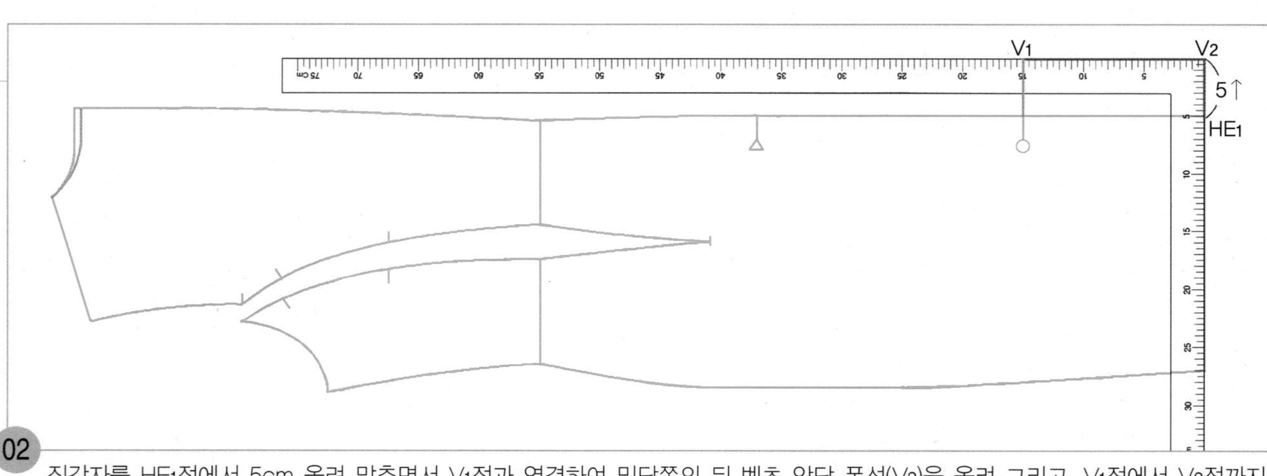

02 직각자를 HE_1점에서 5cm 올려 맞추면서 V_1점과 연결하여 밑단쪽의 뒤 벤츠 안단 폭선(V_2)을 올려 그리고, V_1점에서 V_2점까지 뒤 벤츠 안단 분선을 그린다.

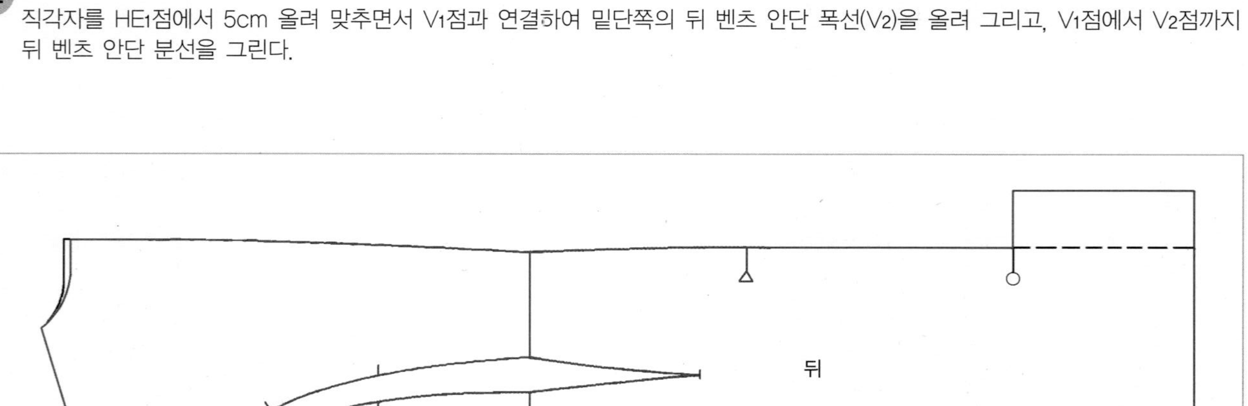

03 적색선이 수정된 뒤판의 완성선이다.

앞판 제도하기

1. 앞목둘레 완성선을 그린다.

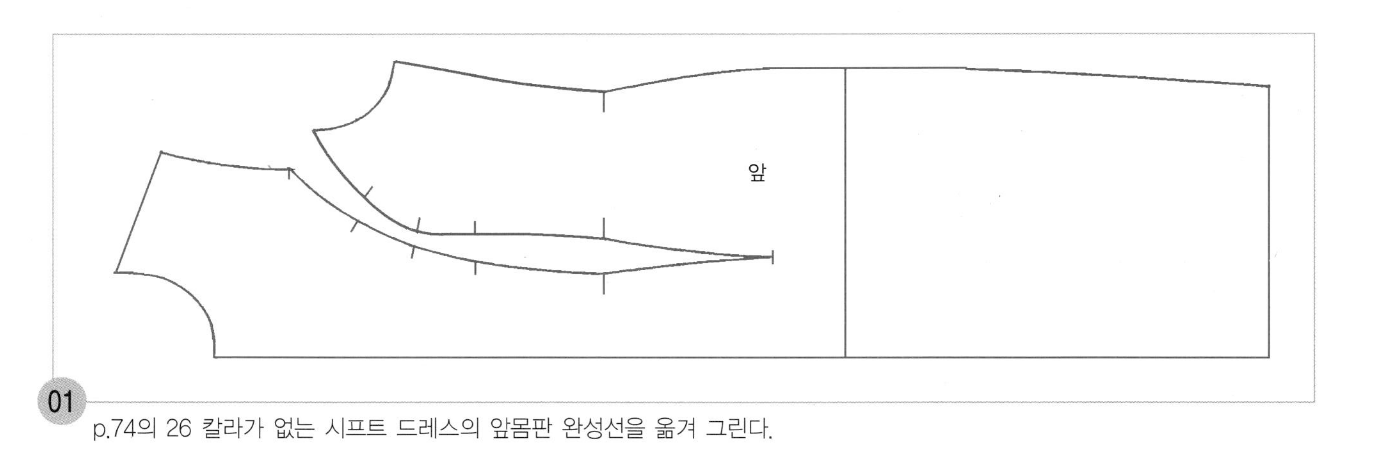

01 p.74의 26 칼라가 없는 시프트 드레스의 앞몸판 완성선을 옮겨 그린다.

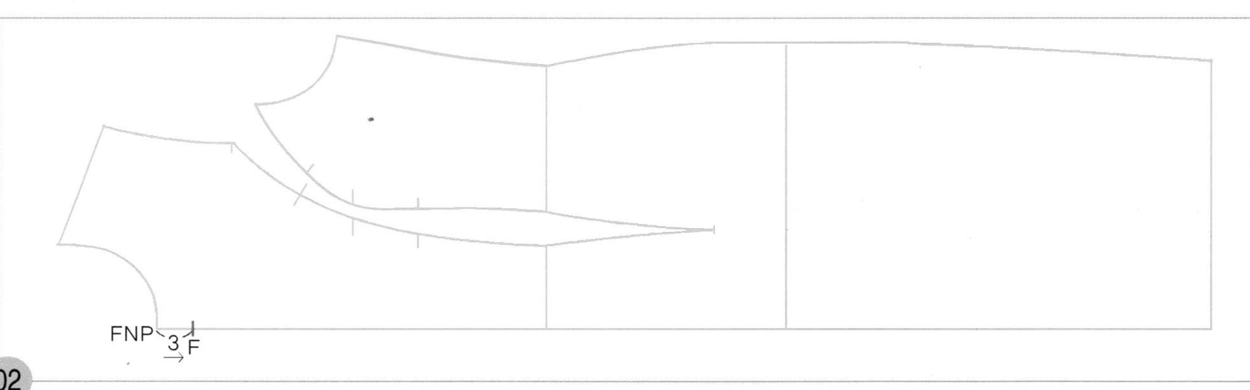

02 옮겨 그린 앞몸판의 앞목점(FNP) 위치에서 3cm 앞중심 완성선을 따라 들어가 수정할 앞목점(F) 위치를 표시한다.

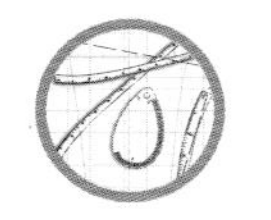

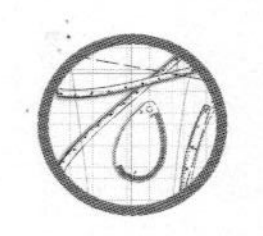

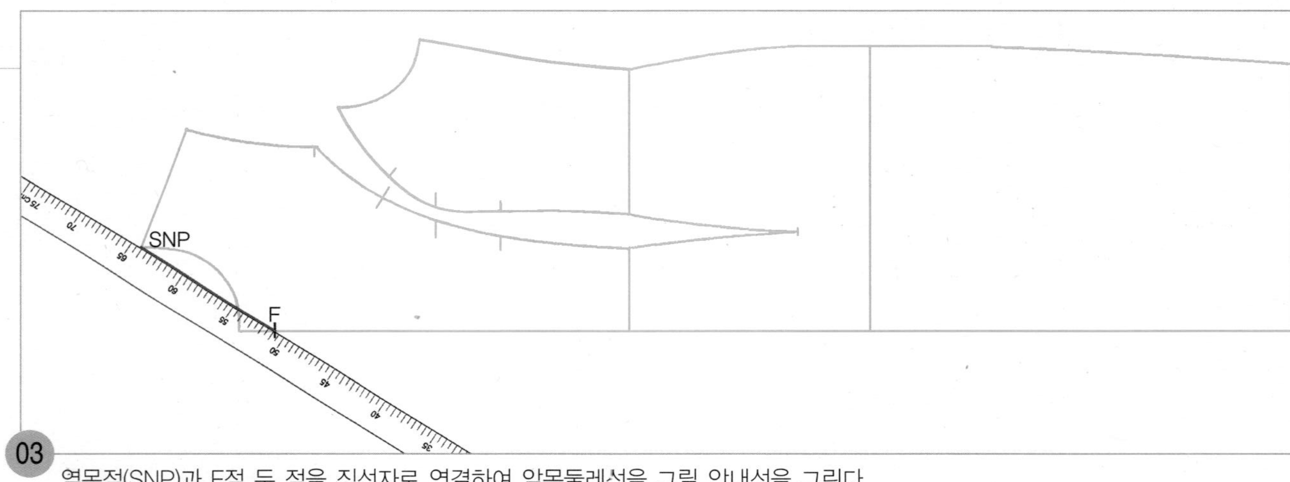

03 옆목점(SNP)과 F점 두 점을 직선자로 연결하여 앞목둘레선을 그릴 안내선을 그린다.

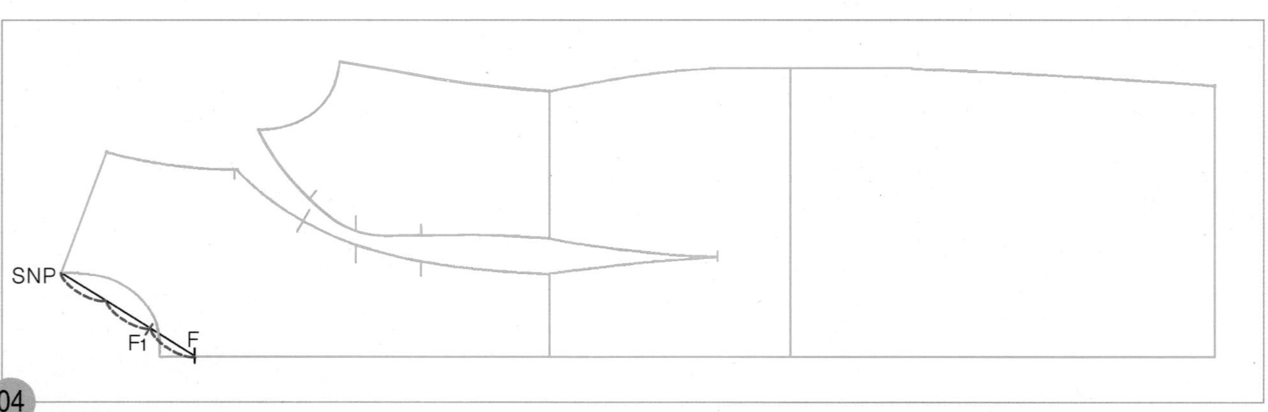

04 SNP에서 F점까지를 3등분하여 F점쪽 1/3 위치에 앞목둘레선을 그릴 안내점(F_1)을 표시한다.

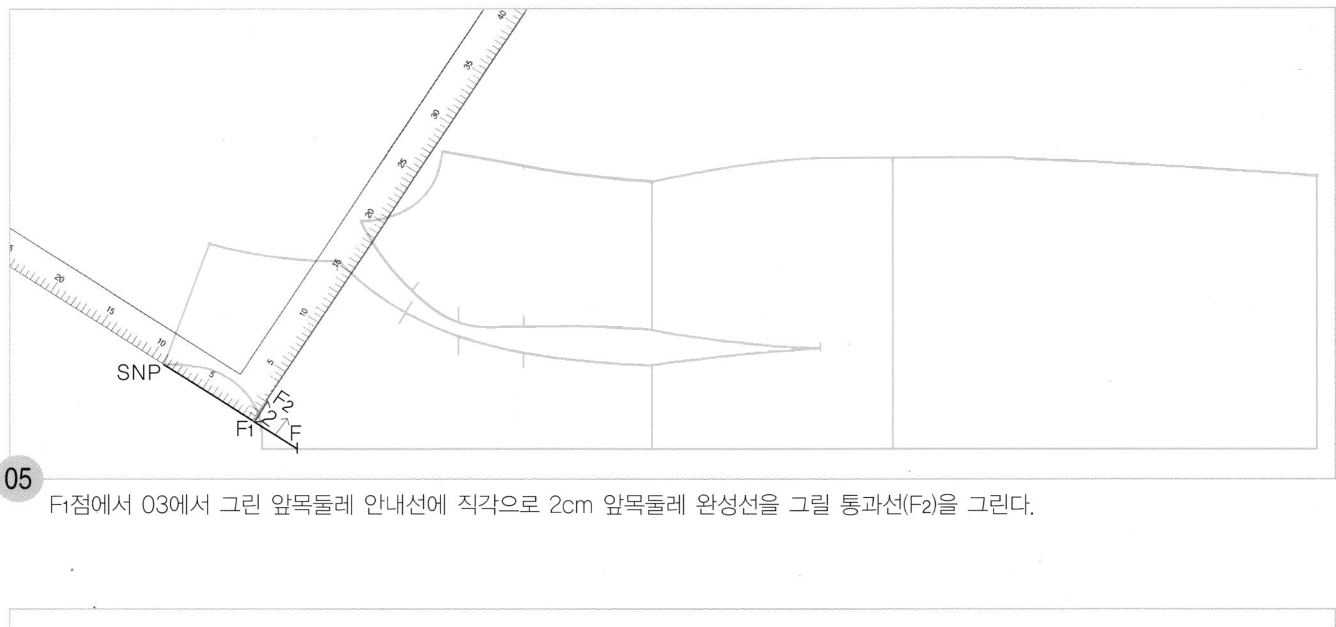

05 F_1점에서 03에서 그린 앞목둘레 안내선에 직각으로 2cm 앞목둘레 완성선을 그릴 통과선(F_2)을 그린다.

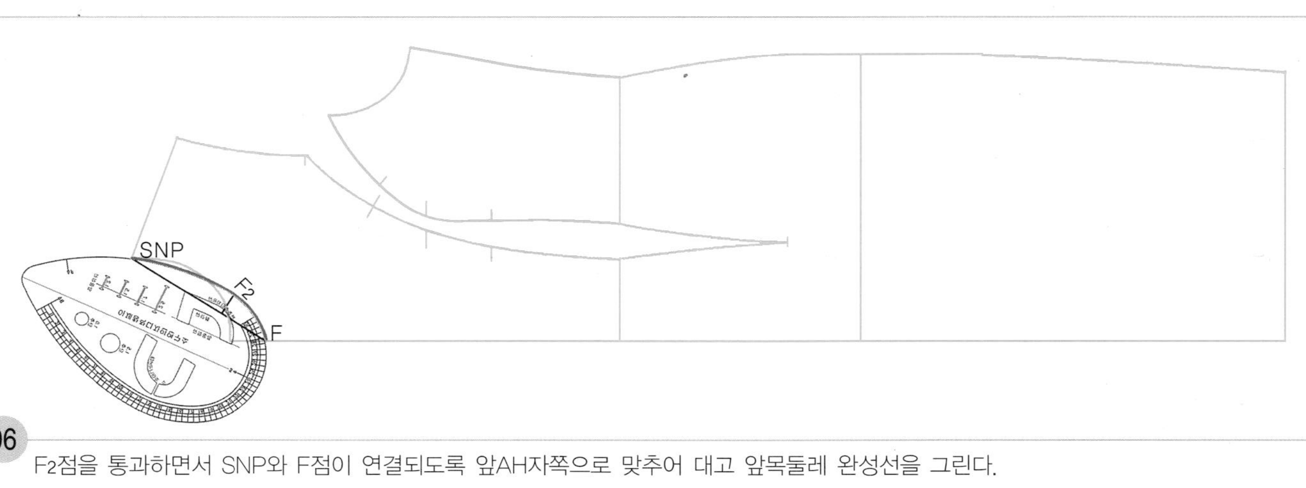

06 F_2점을 통과하면서 SNP와 F점이 연결되도록 앞AH자쪽으로 맞추어 대고 앞목둘레 완성선을 그린다.

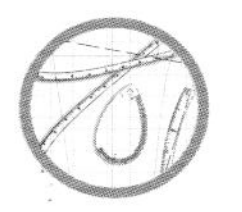

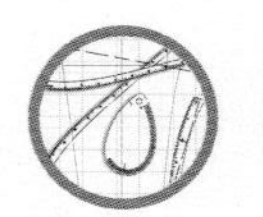

2. 앞 오픈 지퍼 여밈선과 주머니선을 그린다.

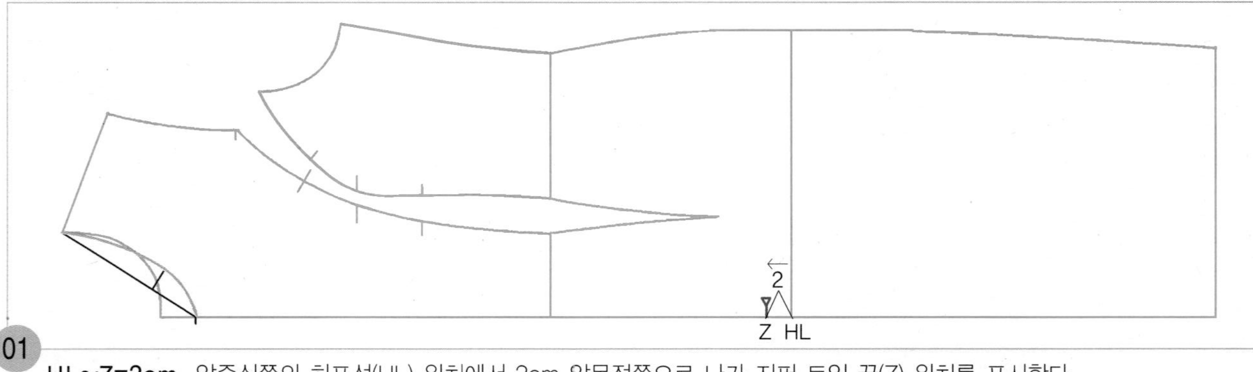

01 **HL~Z=2cm** 앞중심쪽의 히프선(HL) 위치에서 2cm 앞목점쪽으로 나가 지퍼 트임 끝(Z) 위치를 표시한다.

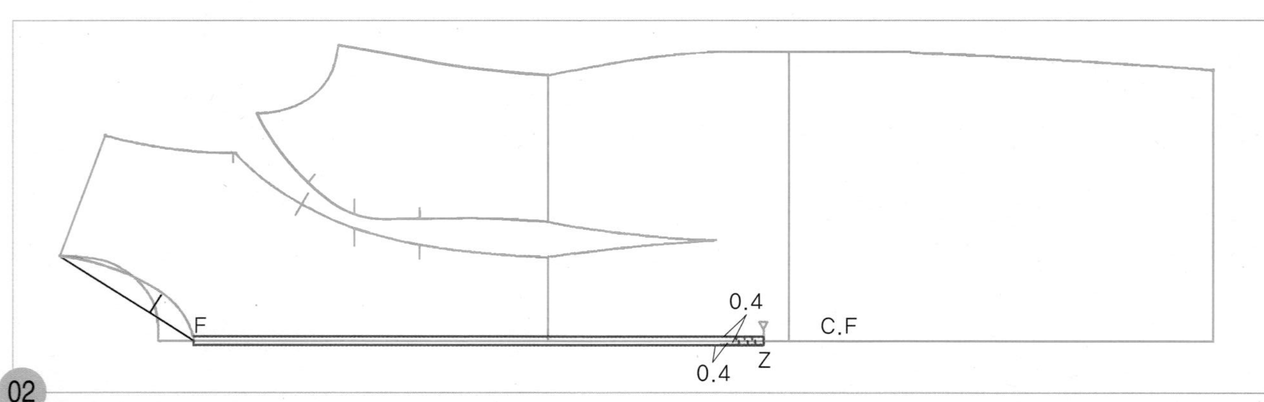

02 F점에서 Z점까지 앞중심선에서 위 아래로 0.4cm 폭의 앞 오픈 지퍼의 여밈선을 그린다.

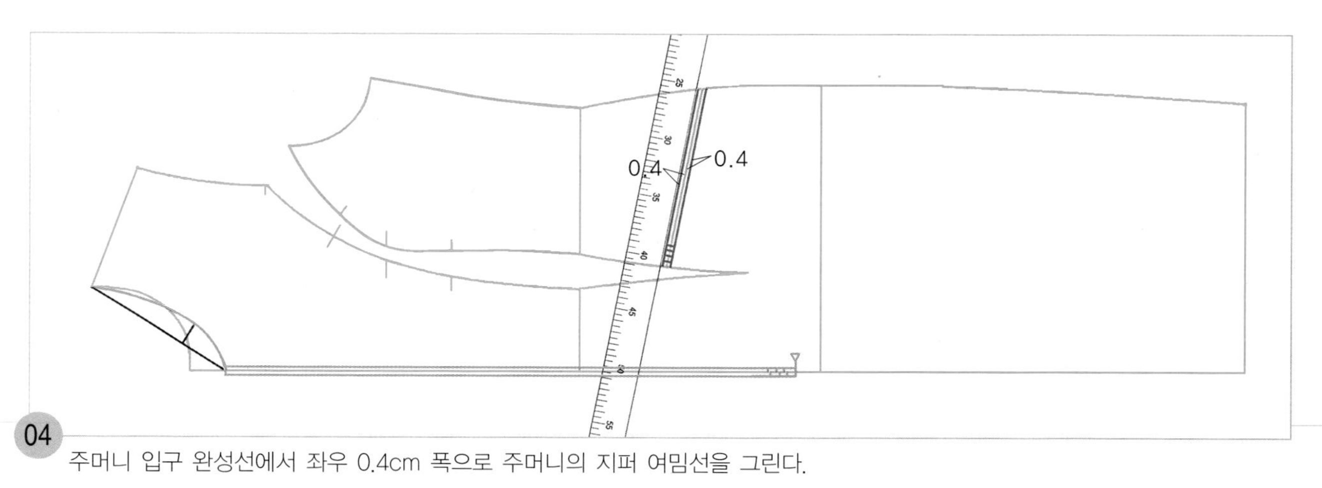

03

W_4~Z_1=7cm, W_1~Z_2=10cm W_4점에서 옆선쪽의 패널 라인선을 따라 7cm 나가 주머니 입구(Z_1) 위치를 표시하고, W_1점에서 옆선의 완성선을 따라 10cm 나가 옆선쪽의 주머니 입구(Z_2) 위치를 표시한 다음, Z_1점과 Z_2점 두 점을 직선자로 연결하여 주머니 입구 완성선을 그린다.

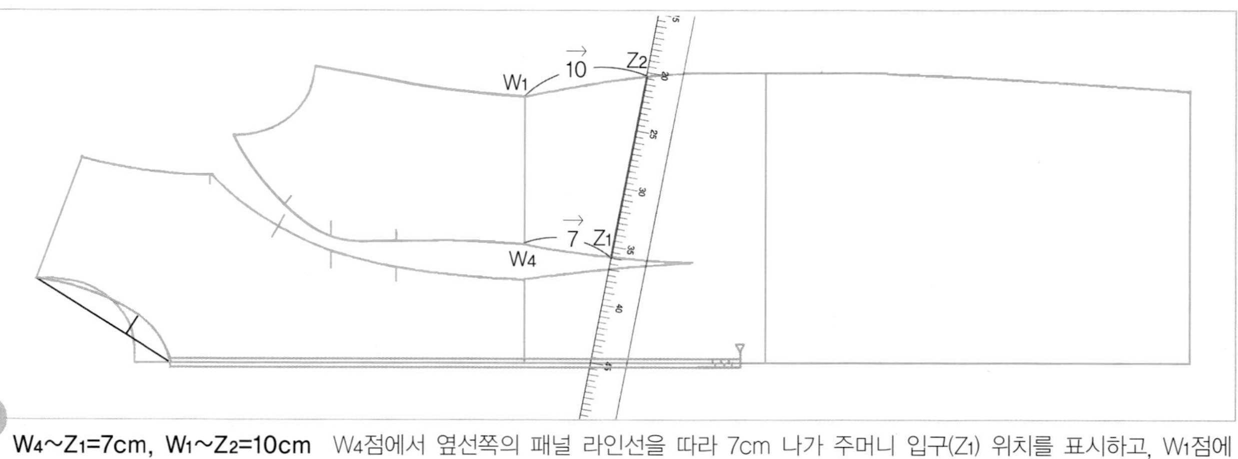

04

주머니 입구 완성선에서 좌우 0.4cm 폭으로 주머니의 지퍼 여밈선을 그린다.

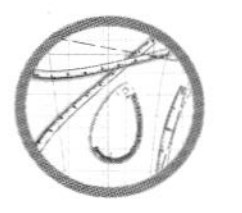

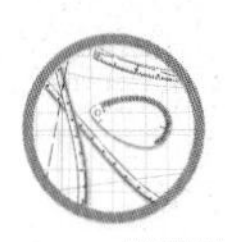

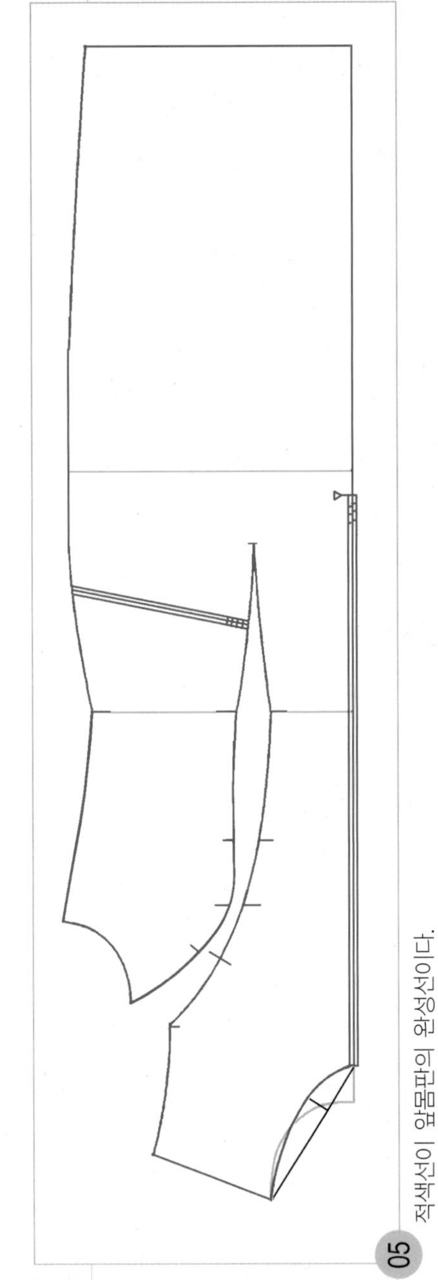

05 적색선이 앞몸판의 완성선이다.

칼라 제도하기

1. 칼라 기초선을 그린다.

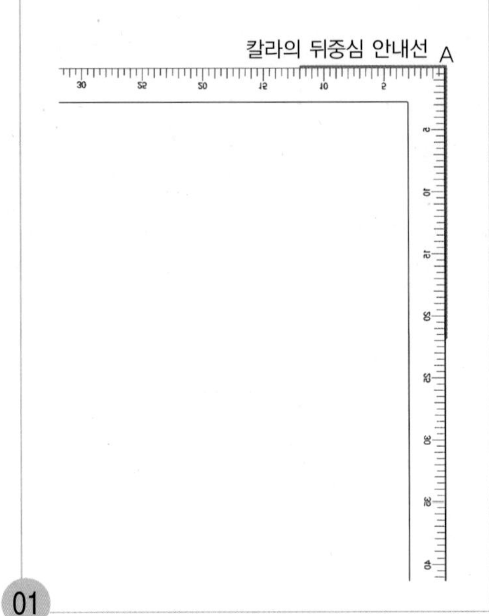

01 직각자를 대고 칼라의 뒤중심 안내선(A)을 그린 다음 직각으로 앞목점을 정할 안내선을 내려 그린다.

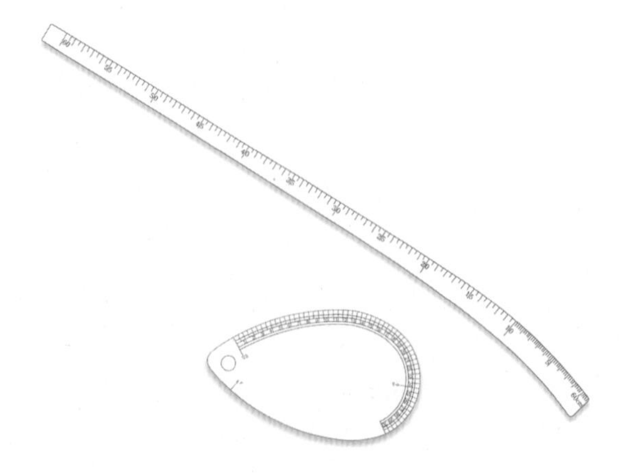

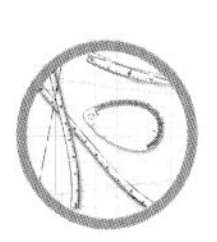

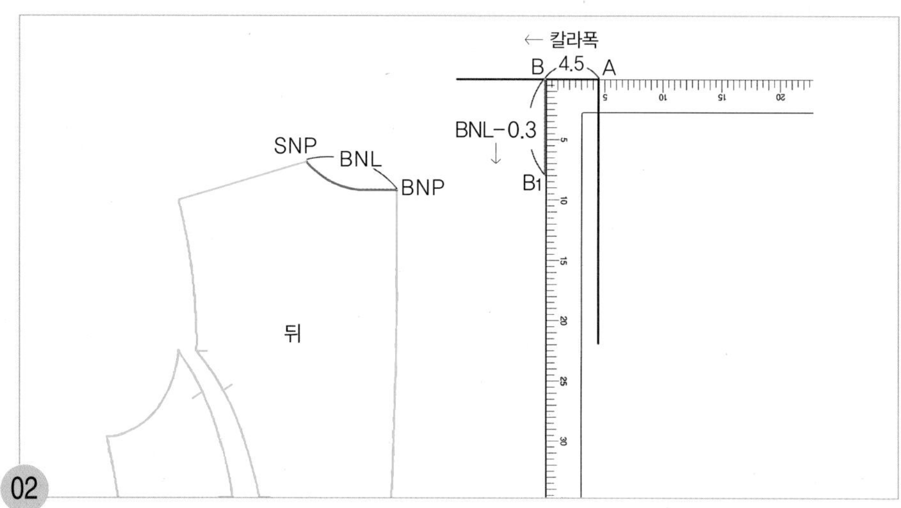

02

A~B=칼라 폭(4.5cm), B~B1=BNL−0.3cm

A점에서 왼쪽으로 칼라 폭 4.5cm를 나가 칼라의 뒷목점(B) 위치를 표시하고 직각으로 뒷목둘레(BNL) 치수-0.3cm한 치수 만큼 뒤 칼라 솔기선(B1)을 내려 그린다.

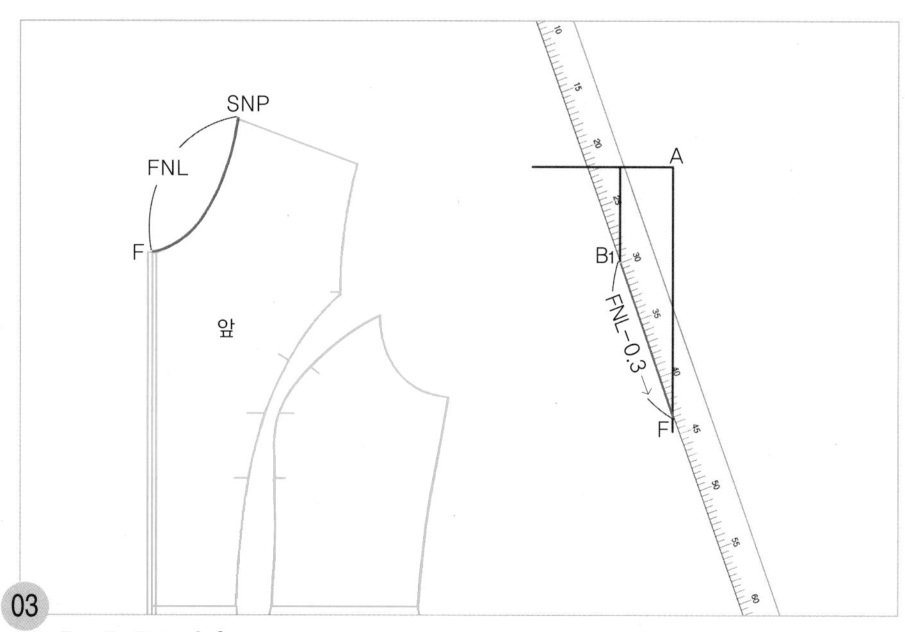

03

B1~F=FNL−0.3cm

B1점에서 앞목둘레(FNL) 치수-0.3cm한 치수가 01에서 직각으로 내려 그린 안내선과 마주 닿는 곳을 찾아 앞목둘레 점(F)으로 정하고, 앞칼라 솔기 안내선을 그린다.

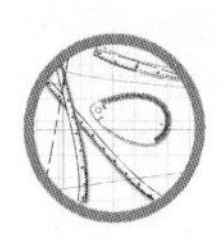

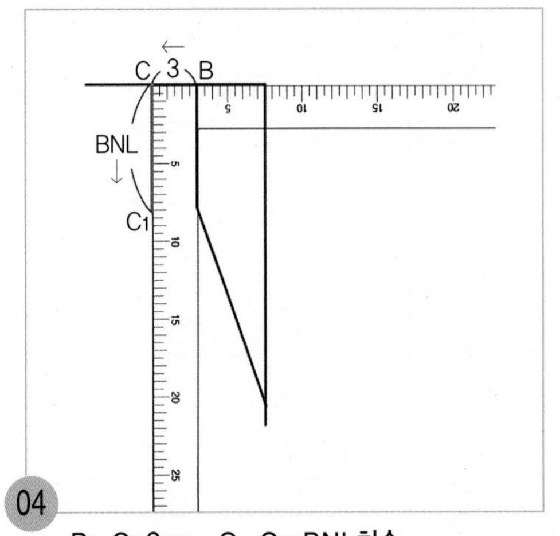

04

B~C=3cm, C~C_1=BNL치수

B점에서 왼쪽으로 3cm 나가 칼라 꺾임선(C) 위치를 표시하고, 직각으로 뒷목둘레(BNL) 치수만큼 뒤칼라 꺾임선(C_1)을 내려 그린다.

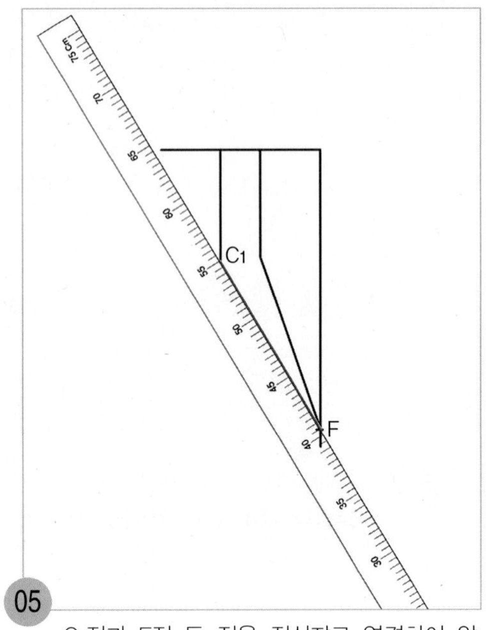

05

C_1점과 F점 두 점을 직선자로 연결하여 앞칼라 꺾임선을 그린다.

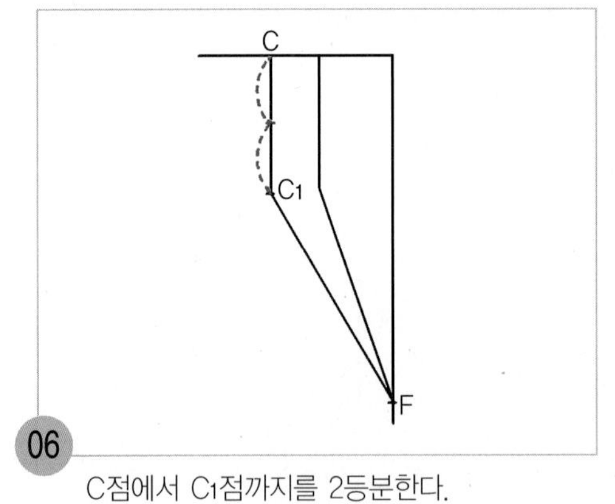

06

C점에서 C_1점까지를 2등분한다.

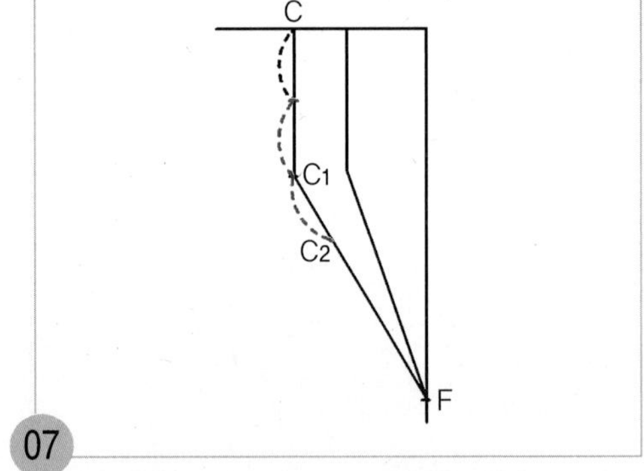

07

C점에서 C_1점까지 1/2 치수를 재어 그 길이를 C_1점에서 앞칼라 꺾임선을 따라 내려와 수정할 칼라 꺾임점(C_2) 위치를 표시한다.

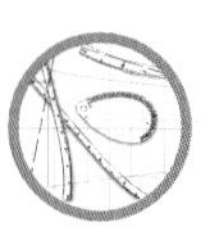

2. 셔츠 칼라의 완성선을 그린다.

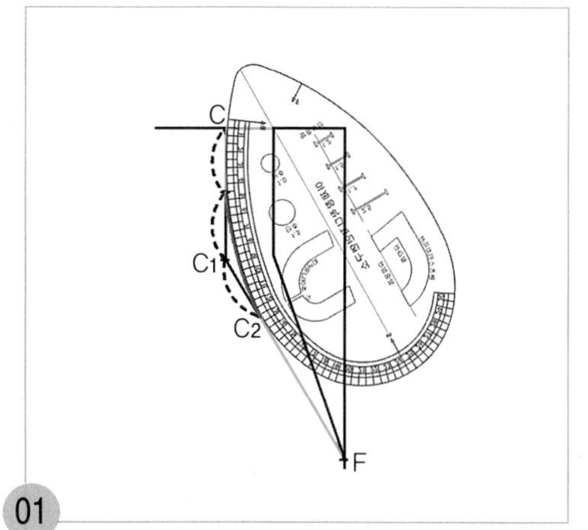

01

C점에서 C_1점까지의 1/2점과 C_2점 두 점을 뒤AH자쪽으로 연결하였을 때 먼저 그려 두었던 칼라 꺾임선과 1cm 정도가 자연스럽게 연결되는 위치로 맞추어 대고 칼라 꺾임선을 수정한다.

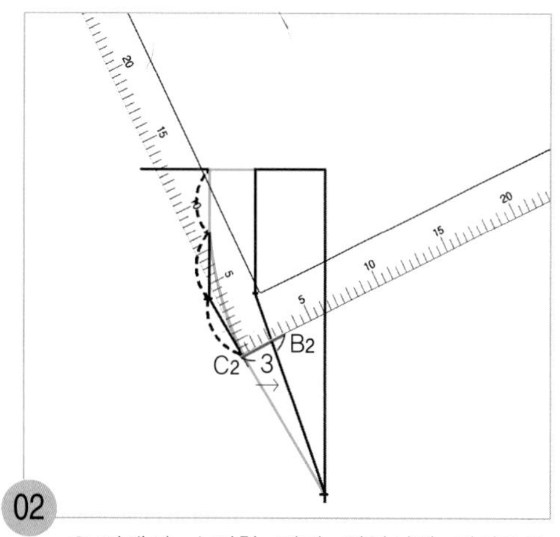

02

C_2점에서 수정한 칼라 꺾임선에 직각으로 3cm 칼라 솔기선을 수정할 통과선(B_2)을 그린다.

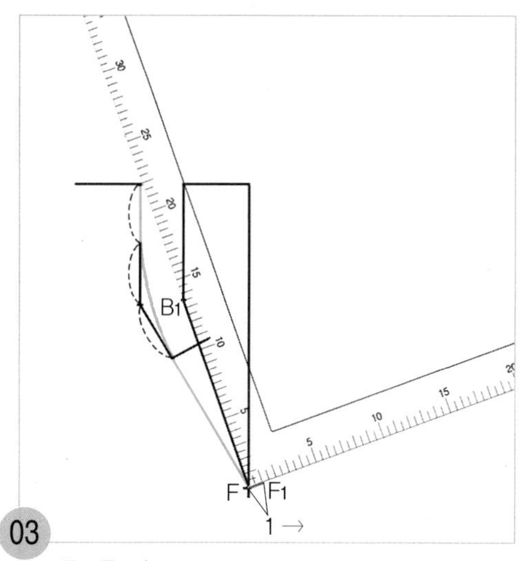

03

$F \sim F_1$=1cm

F점에서 앞칼라 솔기 안내선에 직각으로 1cm 앞목점쪽의 칼라 끝선(F_1)을 그린다.

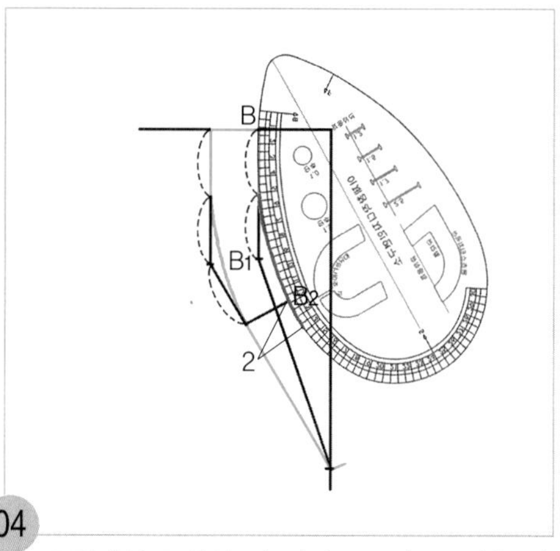

04

B점에서 B_1점의 1/2점과 B_2점 두 점을 뒤AH자쪽으로 맞추어 연결하였을 때 B점에서 직각으로 내려 그린 칼라 솔기선과 자연스럽게 마주 닿는 위치로 맞추어 대고 칼라 솔기 완성선을 B_2점에서 2cm 정도 길게 그려둔다.

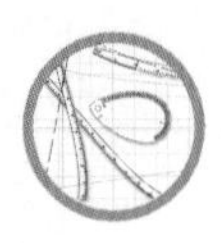

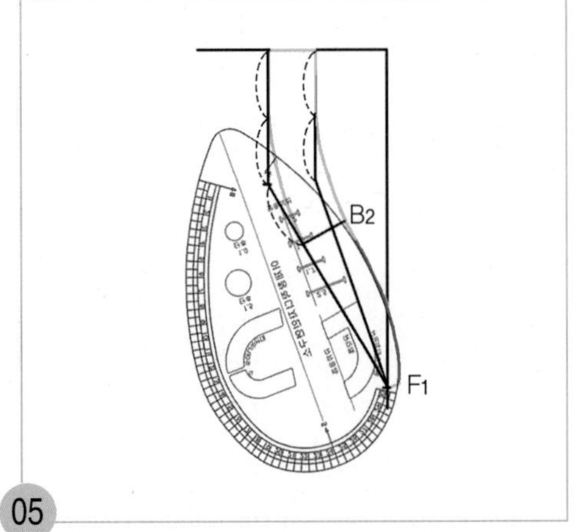

05

B2점에서 2cm 정도 길게 그려둔 끝점과 F1 점 두 점을 앞AH자쪽으로 연결하여 앞칼라 솔기 완성선을 그린다.

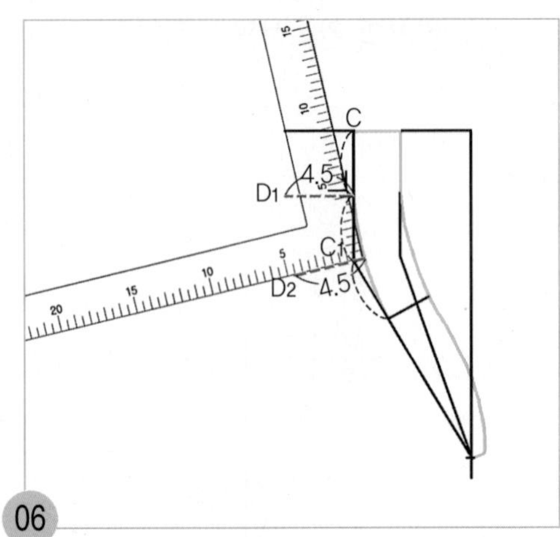

06

C점에서 C1점까지의 1/2점과 C1점쪽의 칼라 솔기 완성선 위치에서 각각 직각으로 4.5cm씩 바깥쪽 칼라 완성선을 그릴 통과선(D1, D2)을 점선으로 그려둔다.

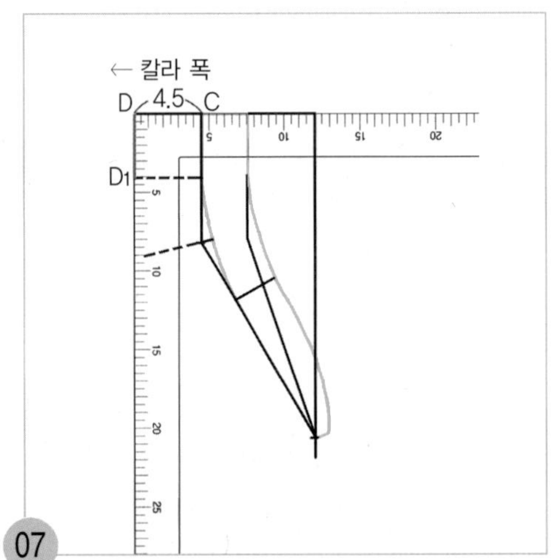

07

C점에서 왼쪽으로 칼라 폭 4.5cm를 나가 뒤 중심쪽의 칼라 폭 끝점(D)을 표시하고, 직각으로 D1점까지 뒤중심쪽 칼라 완성선을 내려 그린다.

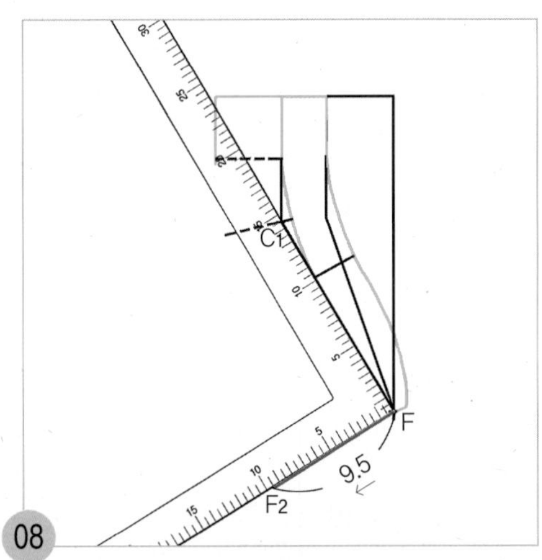

08

F~F2=9.5cm(앞칼라 폭:조정 가능 치수)

F점에서 칼라 꺾임선에 직각으로 9.5cm 앞칼라 폭 안내선(F2)을 그린다.

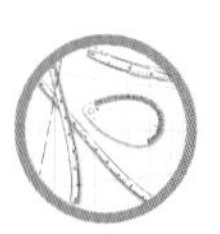

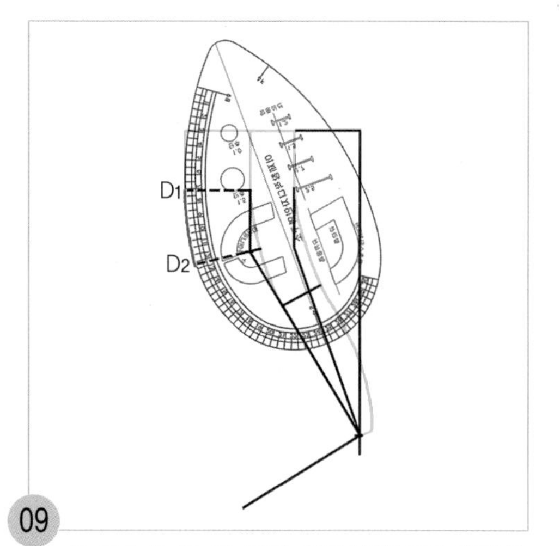

09

D1점과 D2점 두 점을 뒤AH자쪽으로 연결하여 뒤중심쪽의 칼라 완성선을 그린다.

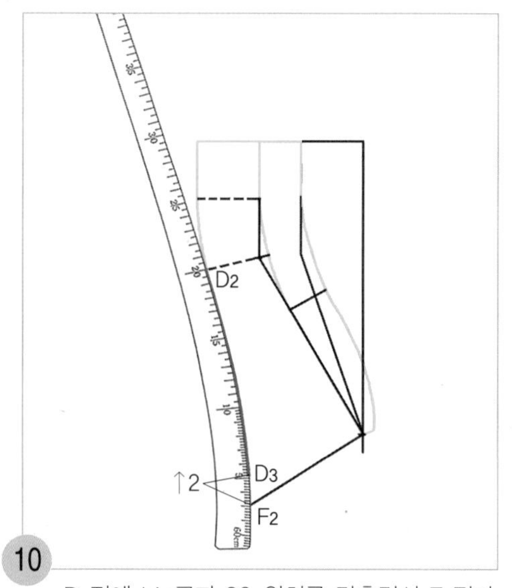

10

D2점에 hip곡자 20 위치를 맞추면서 F2점과 연결하여 F2점의 2cm 전까지 앞칼라 완성선(D3)을 그린다.

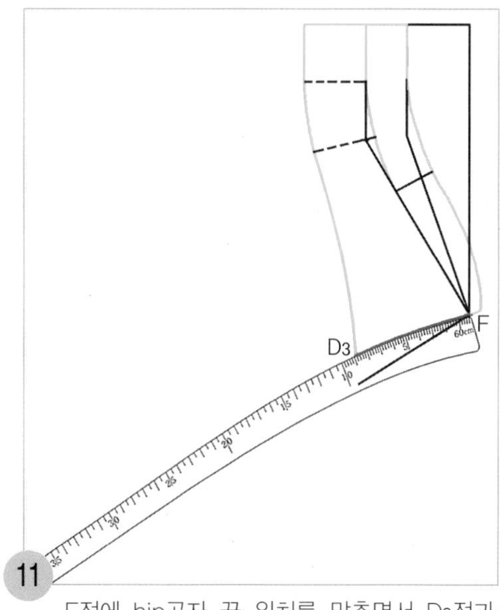

11

F점에 hip곡자 끝 위치를 맞추면서 D3점과 연결하여 앞칼라폭 완성선을 그린다.

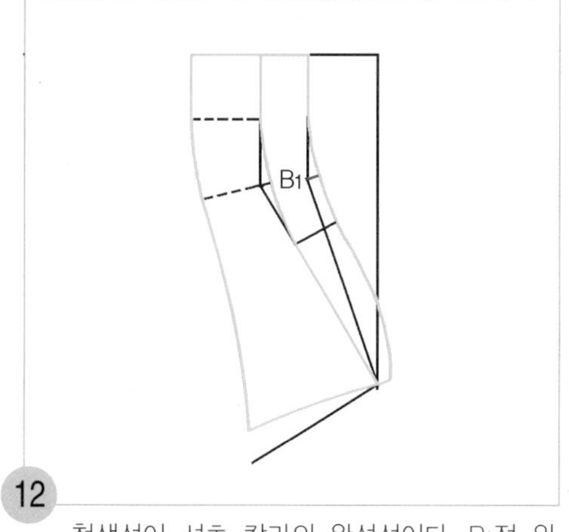

12

청색선이 셔츠 칼라의 완성선이다. B1점 위치에서 칼라 솔기 완성선에 직각으로 칼라의 옆목점(SNP) 위치를 표시한다.

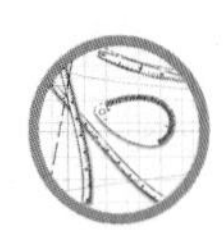

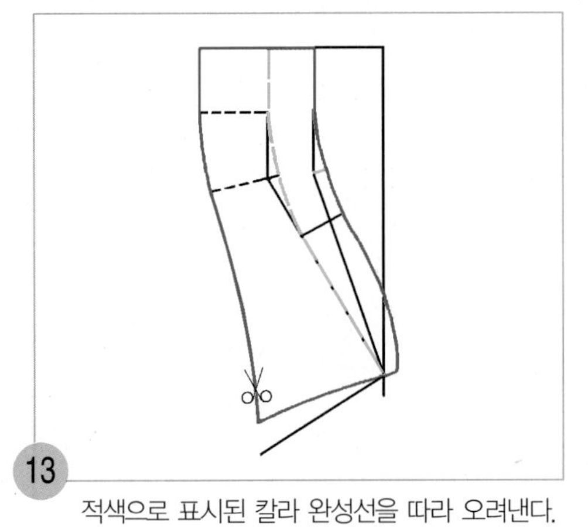

13 적색으로 표시된 칼라 완성선을 따라 오려낸다.

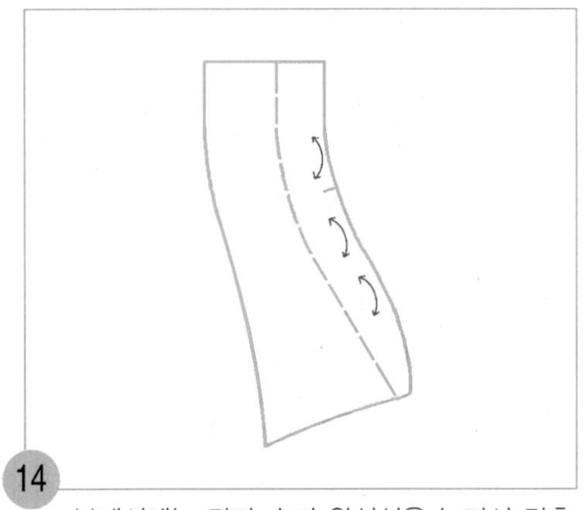

14 봉제시에는 칼라 솔기 완성선을 늘려서 맞추어 봉제해야 하므로 늘림 기호를 넣어둔다.

패턴 분리하기

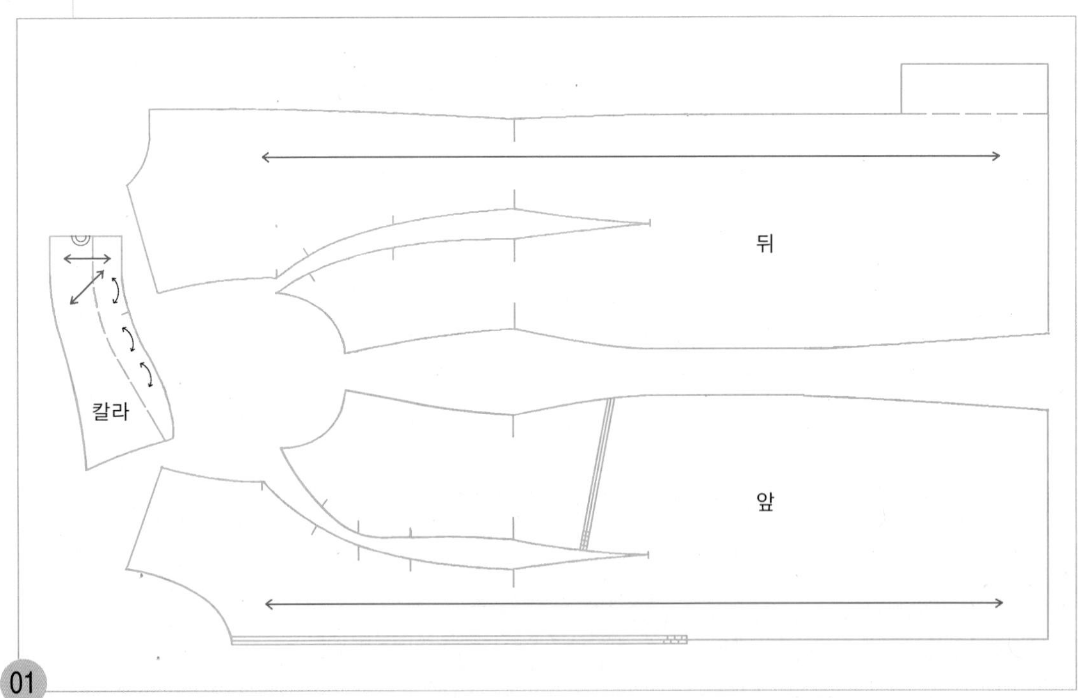

01 앞뒤 몸판의 완성선을 따라 오려내어 각 패턴을 분리한 다음 수평으로 각각 식서방향 표시를 넣고, 칼라의 뒤중심선에 골선 표시를 넣은 다음, 뒤중심선과 평행과 바이어스 방향으로 식서방향 표시를 넣는다.

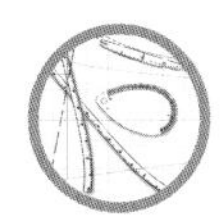

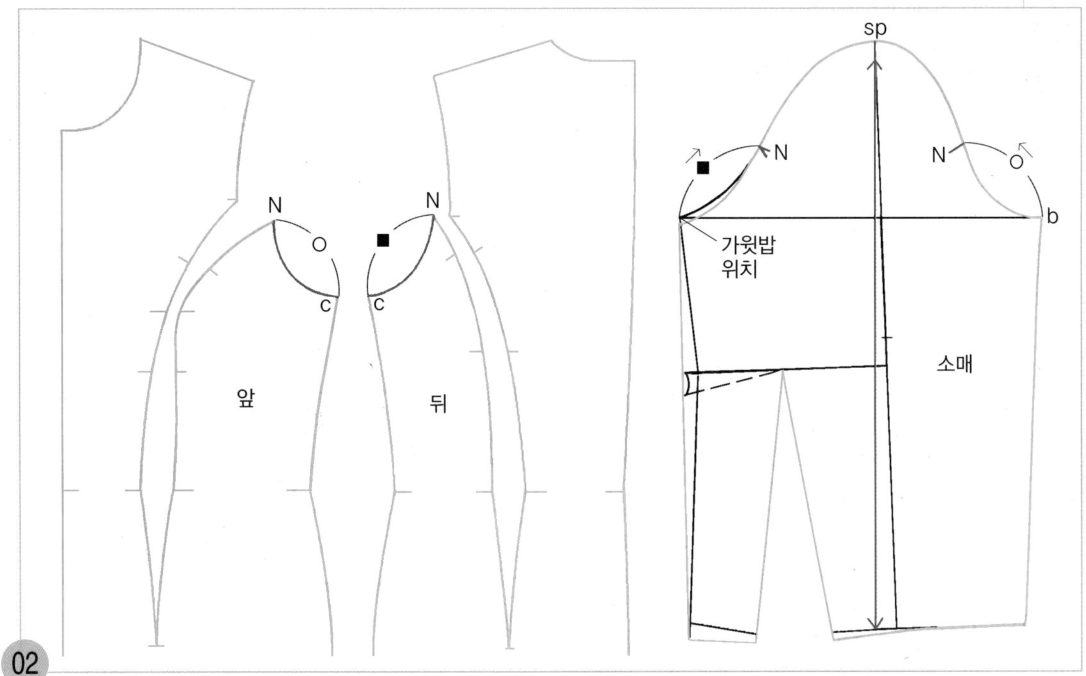

02

소매는 p.76~p.88 까지와 같은 방법으로 제도하거나 진동둘레선 길이에 변화가 없으므로 P.88의 13 칼라가 없는 시프트 드레스의 소매 완성선을 그대로 사용한다.

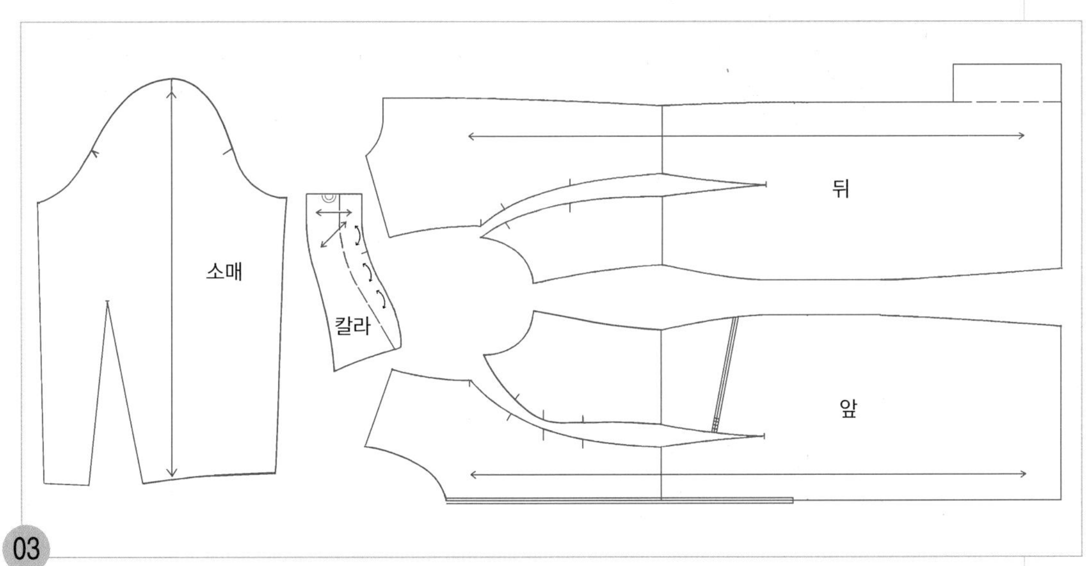

03

적색선이 앞뒤 몸판과 소매, 칼라 패턴의 완성선이다.

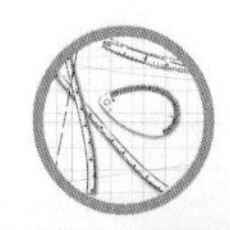

라운드 넥의 하이 웨이스트 원피스 Dress with Round Neck-line and High Waist

■ ■ ■ ONE-PIECE 03

실루엣 ● ● ● 디자인의 기법상 허리선의 위치가 통상적인 것보다 높은 위치에 설정되어 있는 라운드 넥라인의 원피스 드레스이다.

소 재 ● ● ● 광택이 있으면서 촘촘하게 짜여진 얇은 울 소재나 폴리에스테르 소재의 촘촘하게 짜여진 중간 두께의 소재가 적합하다.

포인트 ● ● ● 허리 다트와 가슴 다트를 이용하여 허리선을 통상적인 위치보다 높은 위치로 설정하면서 몸에 피트시키는 전개방법을 이해함으로서 디자인 기법에 따른 응용방법을 습득한다.

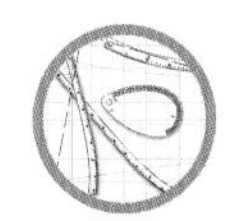

Dress with Round Neck-line and High Waist

라운드 넥의 하이 웨이스트 원피스 제도 순서

제도 치수 구하기

계측 치수	계측 치수의 예	자신의 계측 치수	제도 각자 사용 시의 제도 치수	일반 자 사용 시의 제도 치수	자신의 제도 치수
가슴둘레(B)	86cm		B°/2	B/4	
허리둘레(W)	66cm		W°/2	W/4	
엉덩이둘레(H)	94cm		H°/2	H/4	
등길이	38cm		38cm		
앞길이	41cm		41cm		
뒤품	34cm		뒤품/2=17		
앞품	32cm		앞품/2=17		
유두 길이	25cm		25cm		
유두 간격	18cm		유두 간격/2=9cm		
어깨너비	37cm		어깨너비/2=18.5cm		
원피스 길이	93cm	조정 가능	계측한 등길이+스커트 길이		
소매 길이	52cm	조정 가능	계측한 소매 길이		
진동 깊이			(B°/2)−1cm	(B/4)−1cm	
앞/뒤 위가슴둘레선	최소치=19, 최대치=23		(B°/2)+1.5cm	(B/4)+1.5cm	
히프선 뒤	산출치		(H°/2)+0.6cm	(H/4)+0.6cm=24.1cm	
소매산 높이			(진동 깊이/2)+4.5cm		

주 진동 깊이=(B/4)−1의 산출치가 19~23cm 범위 안에 있으면 이상적인 진동 깊이의 길이라 할 수 있다. 따라서 최소치=19cm, 최대치=23cm까지이다(이는 예를 들면 가슴둘레 치수가 너무 큰 경우에는 진동 깊이가 너무 길어 겨드랑밑 위치에서 너무 내려가게 되고, 가슴둘레 치수가 너무 적은 경우에는 진동 깊이가 너무 짧아 겨드랑밑 위치에서 너무 올라가게 되어 이상적인 겨드랑밑 위치가 될 수 없다. 따라서 (B/4)−1cm의 산출치가 19cm 미만이면 뒷목점(BNP)에서 19cm 나간 위치를 진동 깊이로 정하고, (B/4)−1cm의 산출치가 23cm 이상이면 뒷목점(BNP)에서 23cm 나간 위치를 진동 깊이로 정한다.

01 자신의 각 계측 부위를 계측하여 빈칸에 넣어두고 제도 치수를 구하여 둔다.

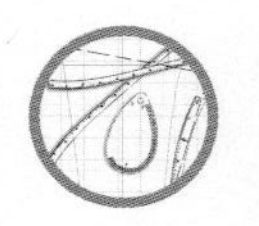

뒤판 제도하기

1. 기초선을 그린다.

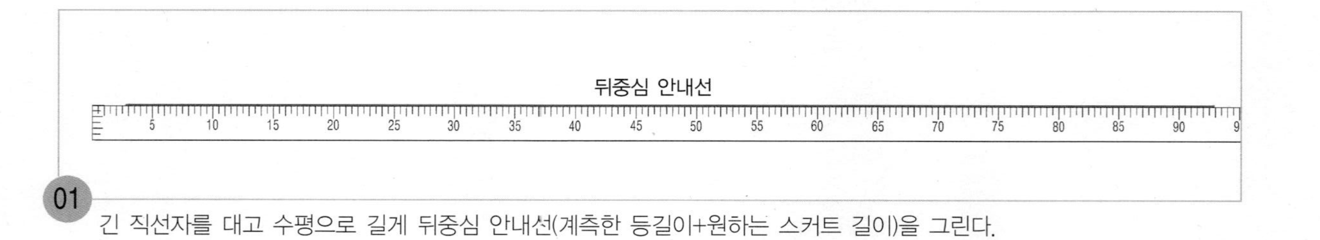

01 긴 직선자를 대고 수평으로 길게 뒤중심 안내선(계측한 등길이+원하는 스커트 길이)을 그린다.

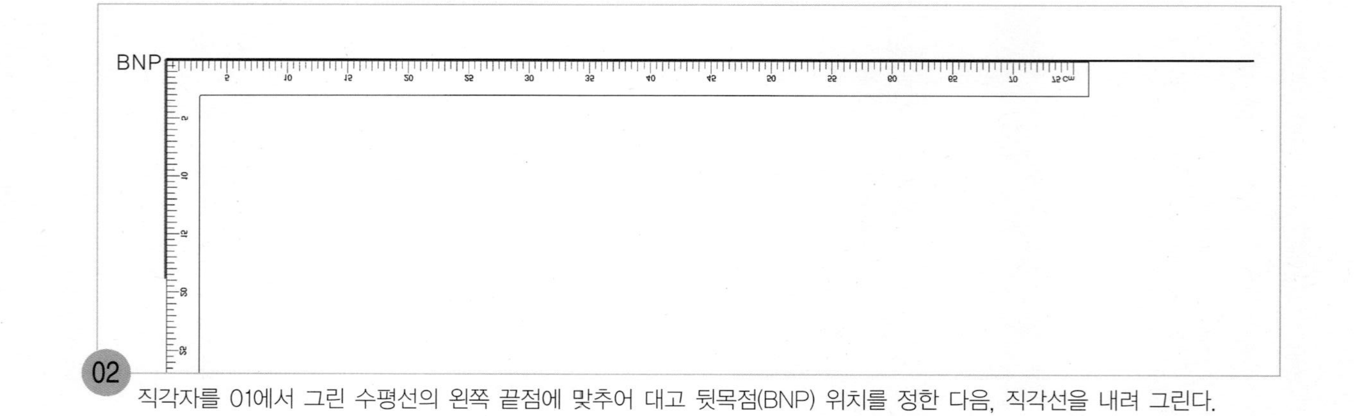

02 직각자를 01에서 그린 수평선의 왼쪽 끝점에 맞추어 대고 뒷목점(BNP) 위치를 정한 다음, 직각선을 내려 그린다.

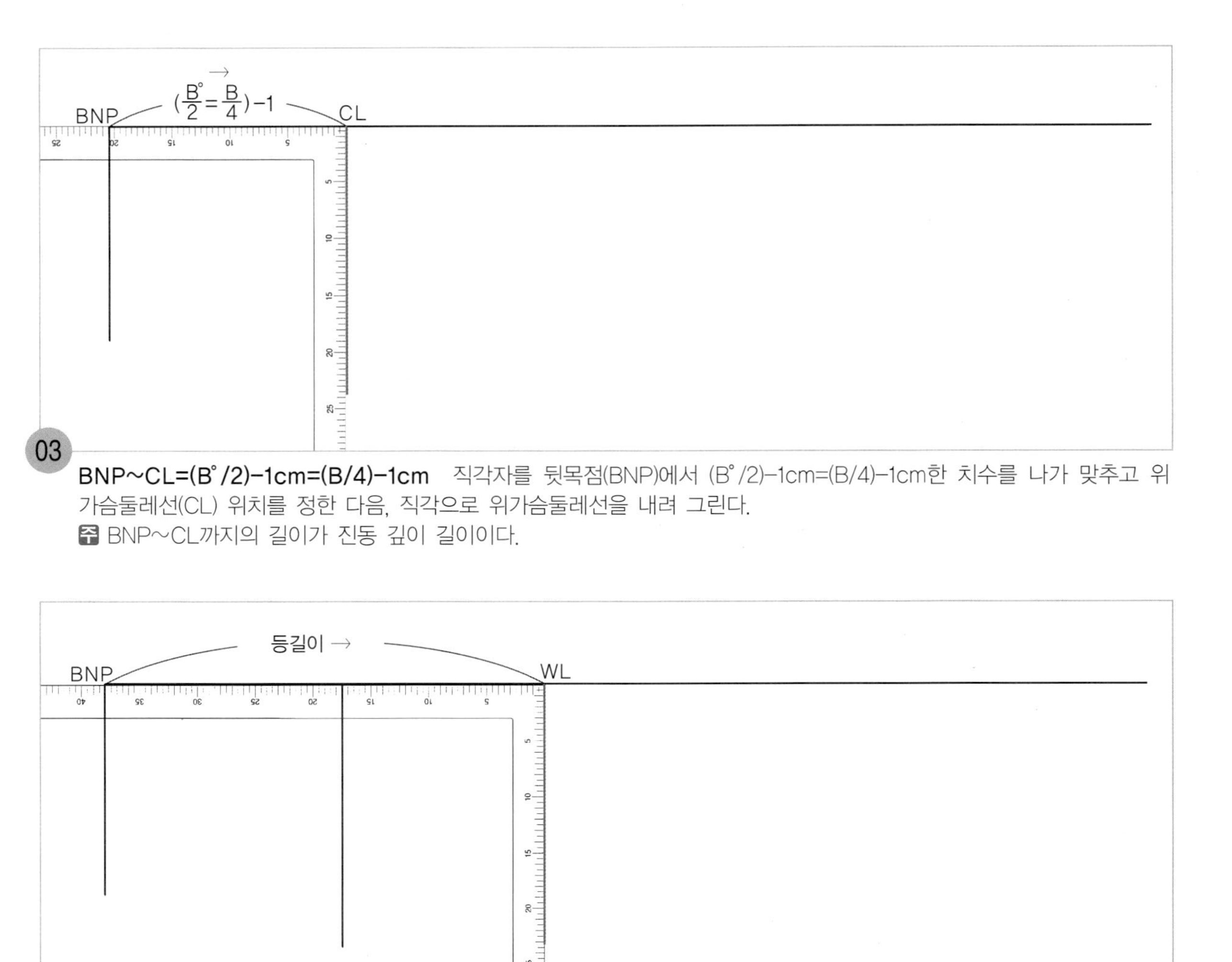

03

BNP~CL=(B°/2)-1cm=(B/4)-1cm 직각자를 뒷목점(BNP)에서 (B°/2)-1cm=(B/4)-1cm한 치수를 나가 맞추고 위가슴둘레선(CL) 위치를 정한 다음, 직각으로 위가슴둘레선을 내려 그린다.

주 BNP~CL까지의 길이가 진동 깊이 길이이다.

04

BNP~WL=등길이 직각자를 뒷목점(BNP)에서 등길이 치수 만큼 나가 맞추고 허리선(WL) 위치를 정한 다음, 직각으로 허리선을 내려 그린다.

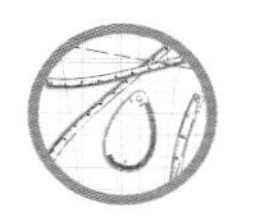

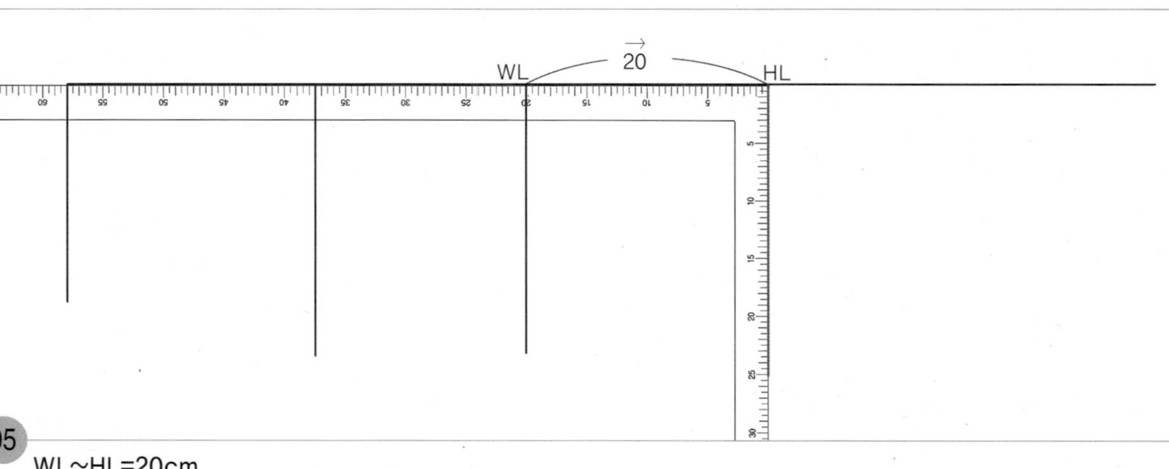

05

WL~HL=20cm

직각자를 허리선(WL)에서 20cm를 나가 맞추고 히프선(HL) 위치를 정한 다음, 직각으로 히프선을 내려 그린다.

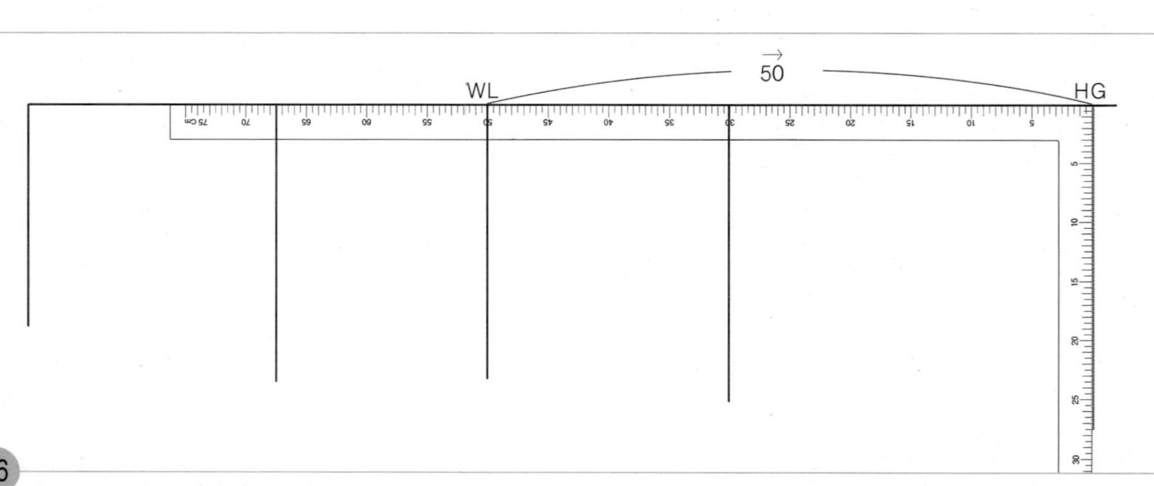

06

WL~HG=50cm(기준) 직각자를 허리선(WL)에서 50cm 나가 맞추고 옆선 폭을 정할 안내선(HG) 위치를 정한 다음 직각으로 안내선을 내려 그린다.

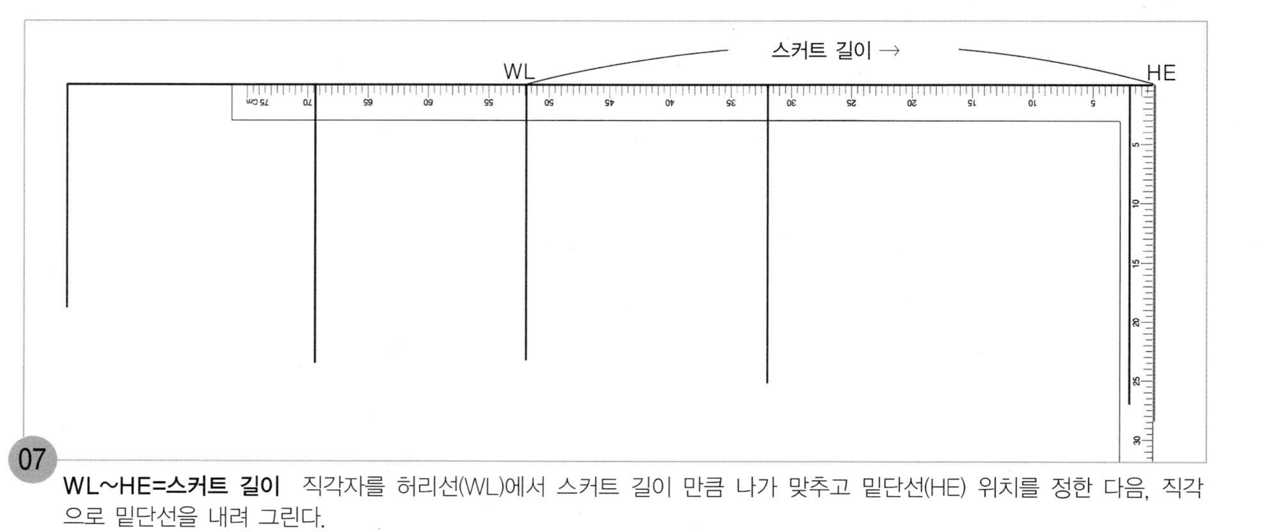

07 **WL~HE=스커트 길이** 직각자를 허리선(WL)에서 스커트 길이 만큼 나가 맞추고 밑단선(HE) 위치를 정한 다음, 직각으로 밑단선을 내려 그린다.

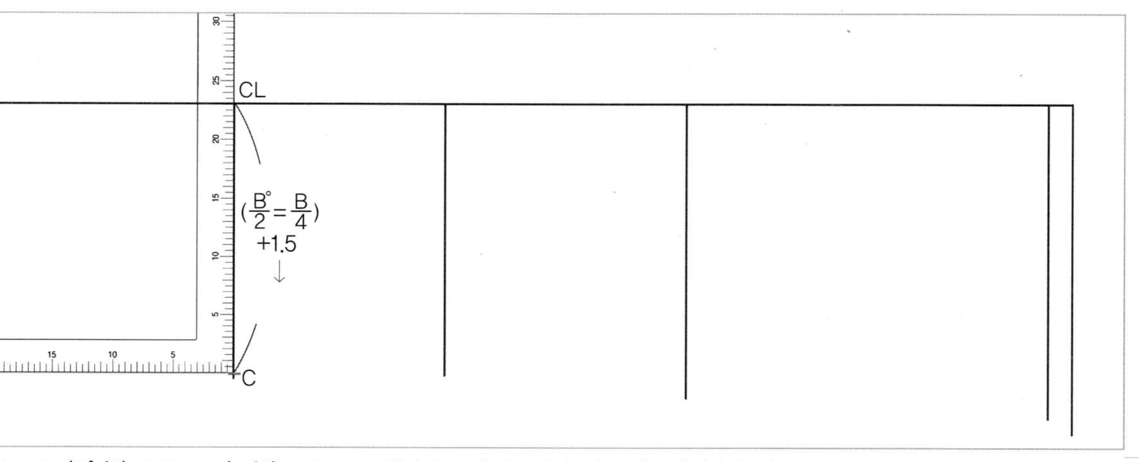

08 **CL~C=(B°/2)+1.5cm=(B/4)+1.5cm** 위가슴둘레선(CL)의 뒤중심쪽에서 (B°/2)+1.5cm =(B/4)+1.5cm한 치수 만큼 내려와 옆선쪽 위가슴둘레선 끝점(C) 위치를 표시한다.

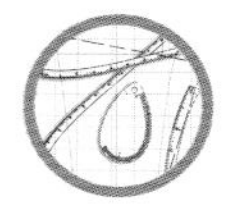

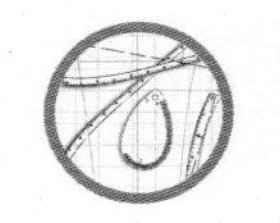

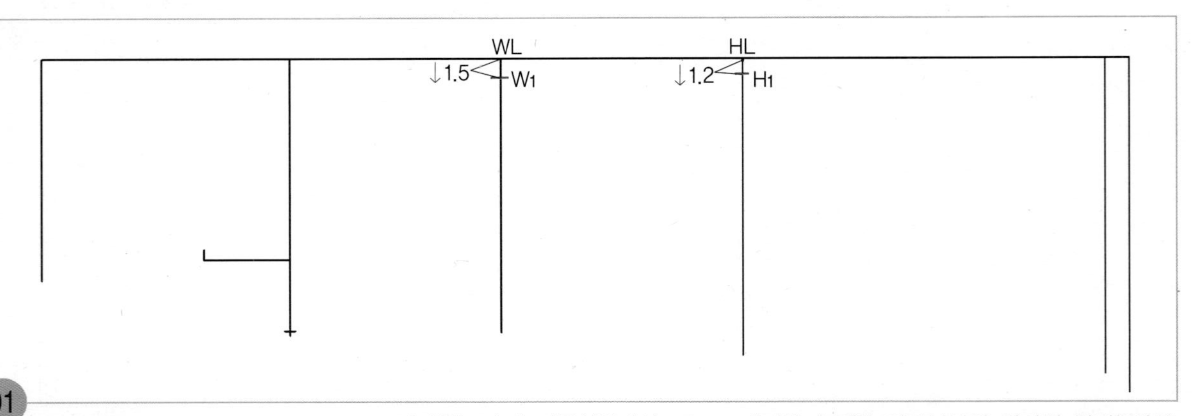

09

CL~C1=뒤품/2, C1~N=B°/6=B/12 직각자를 위가슴둘레선(CL)의 뒤중심쪽에서 뒤품/2 치수 만큼 내려 맞추고 뒤품점(C) 위치를 정한 다음, 왼쪽을 향해 직각으로 B°/6=B/12 뒤품선(N)을 그린다.

2. 뒤중심 완성선을 그린다.

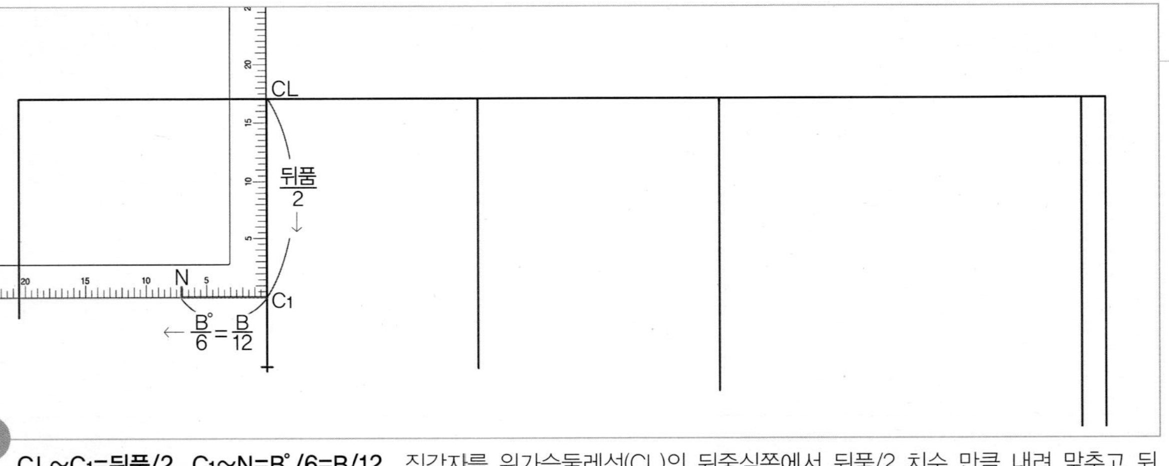

01

WL~W1=1.5cm, HL~H1=1.2cm 허리선(WL)의 뒤중심쪽에서 1.5cm 내려와 수정할 뒤중심선의 허리선 위치(W1)를 표시하고, 히프선(HL)의 뒤중심쪽에서 1.2cm 내려와 수정할 뒤중심선의 히프선 위치(H1)를 표시한다.

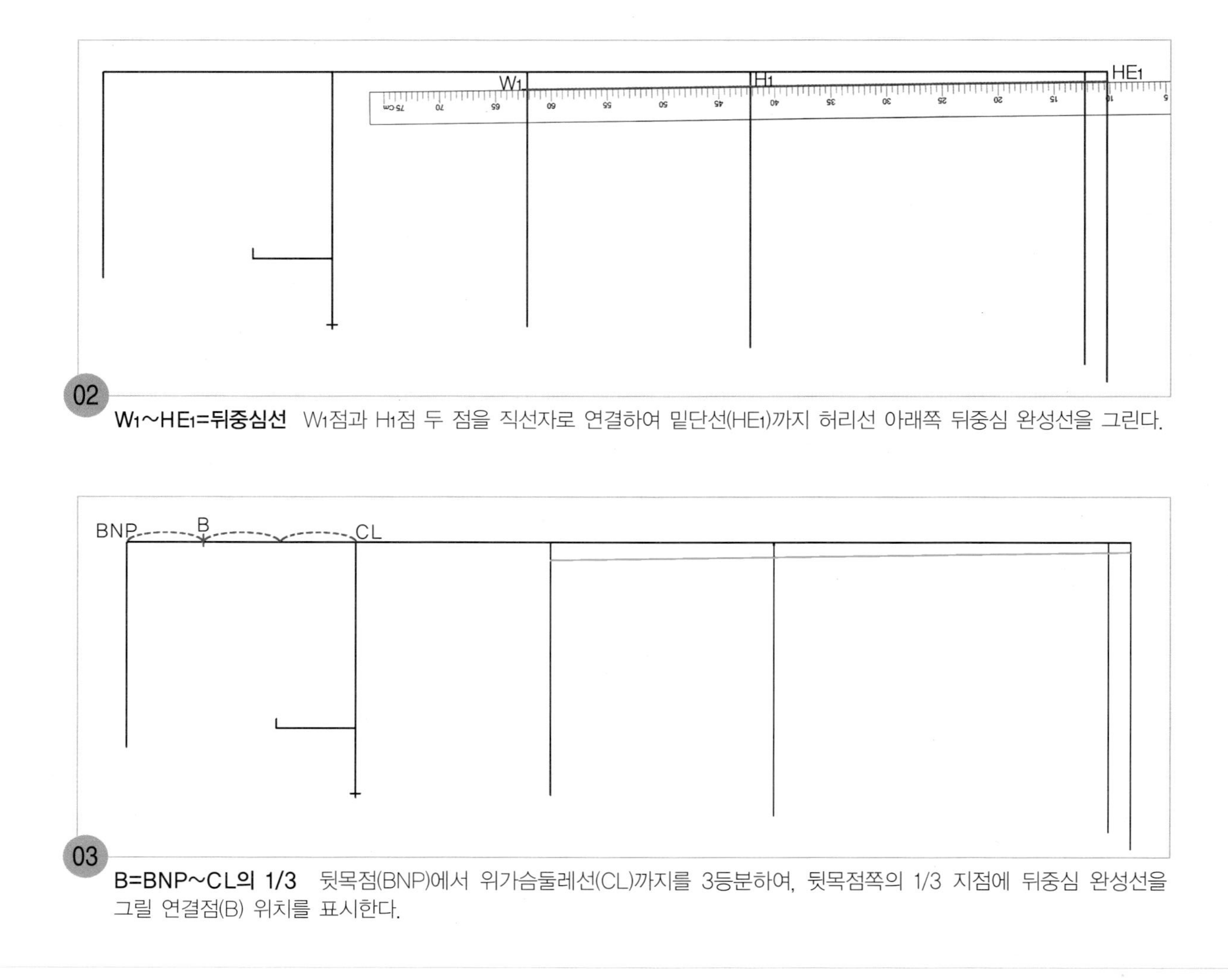

02 **W_1~HE_1=뒤중심선** W_1점과 H_1점 두 점을 직선자로 연결하여 밑단선(HE_1)까지 허리선 아래쪽 뒤중심 완성선을 그린다.

03 **B=BNP~CL의 1/3** 뒷목점(BNP)에서 위가슴둘레선(CL)까지를 3등분하여, 뒷목점쪽의 1/3 지점에 뒤중심 완성선을 그릴 연결점(B) 위치를 표시한다.

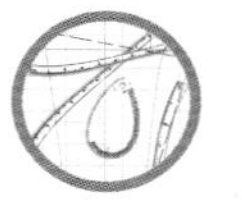

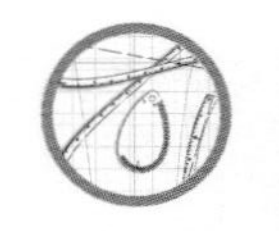

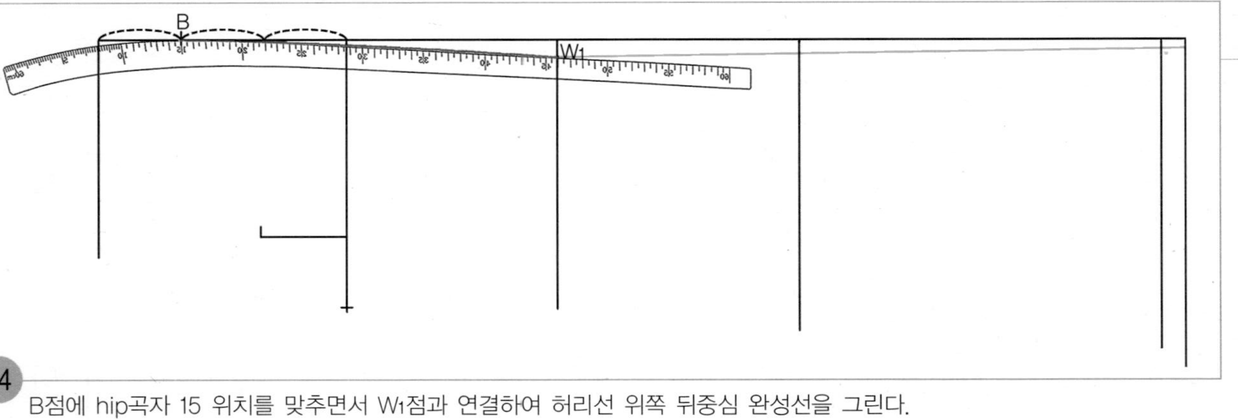

04
B점에 hip곡자 15 위치를 맞추면서 W_1점과 연결하여 허리선 위쪽 뒤중심 완성선을 그린다.

3. 뒤옆선과 밑단의 완성선을 그린다.

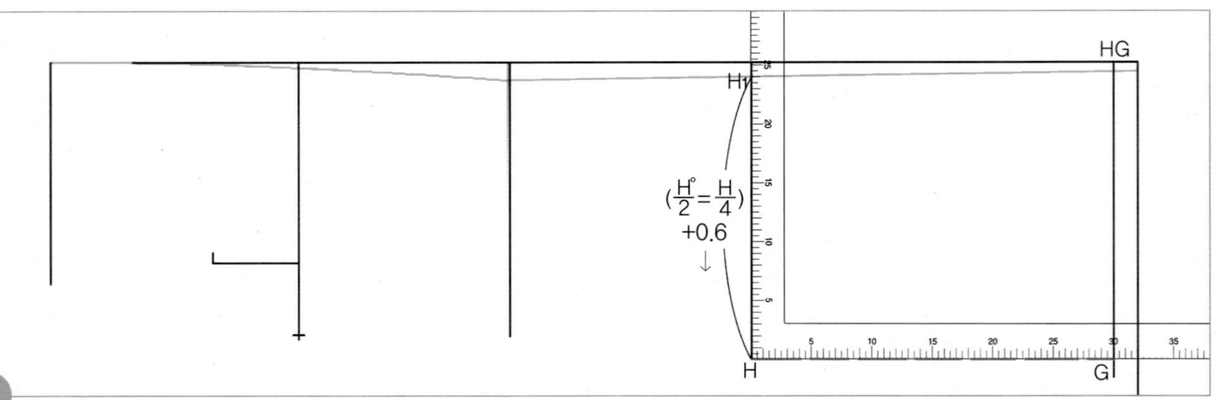

01
H_1~H=(H°/2)+0.6cm=(H/4)+0.6cm(여유분) 직각자를 H_1점에서 (H°/2)+0.6cm=(H/4)+0.6cm한 치수 만큼 내려 맞추고 옆선쪽의 히프선 끝점(H) 위치를 정한 다음, 직각으로 옆선 폭을 정할 안내선(HG)까지 옆선을 그릴 안내선을 점선으로 그린다. 여기서는 HG선과의 교점을 G로 표기해 두도록 한다.

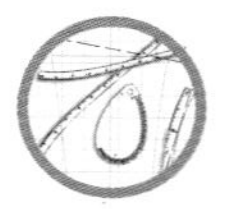

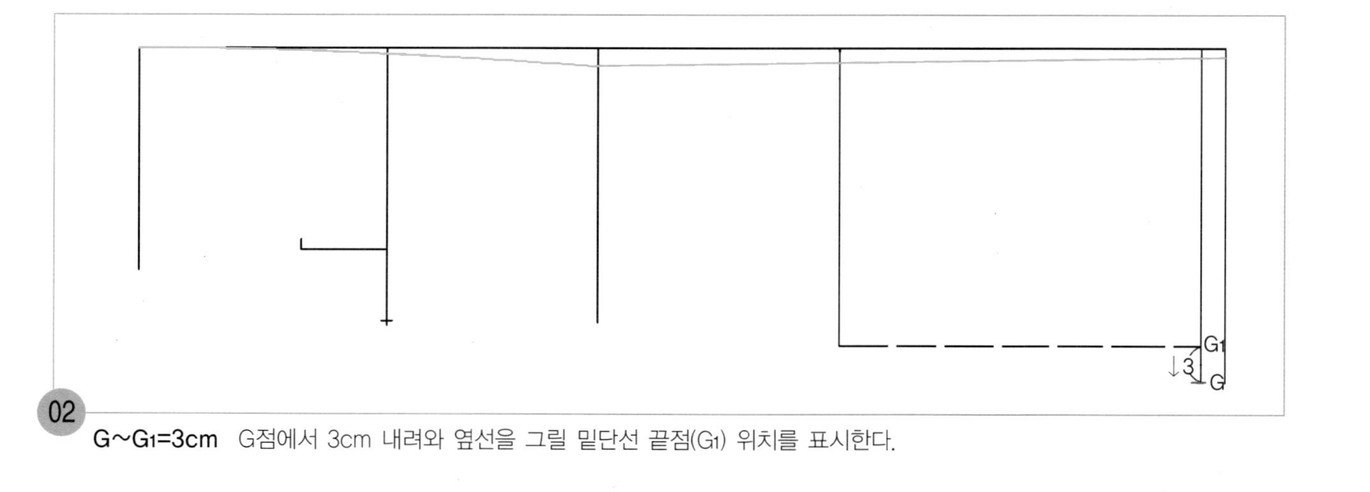

02

$G \sim G_1$=3cm G점에서 3cm 내려와 옆선을 그릴 밑단선 끝점(G_1) 위치를 표시한다.

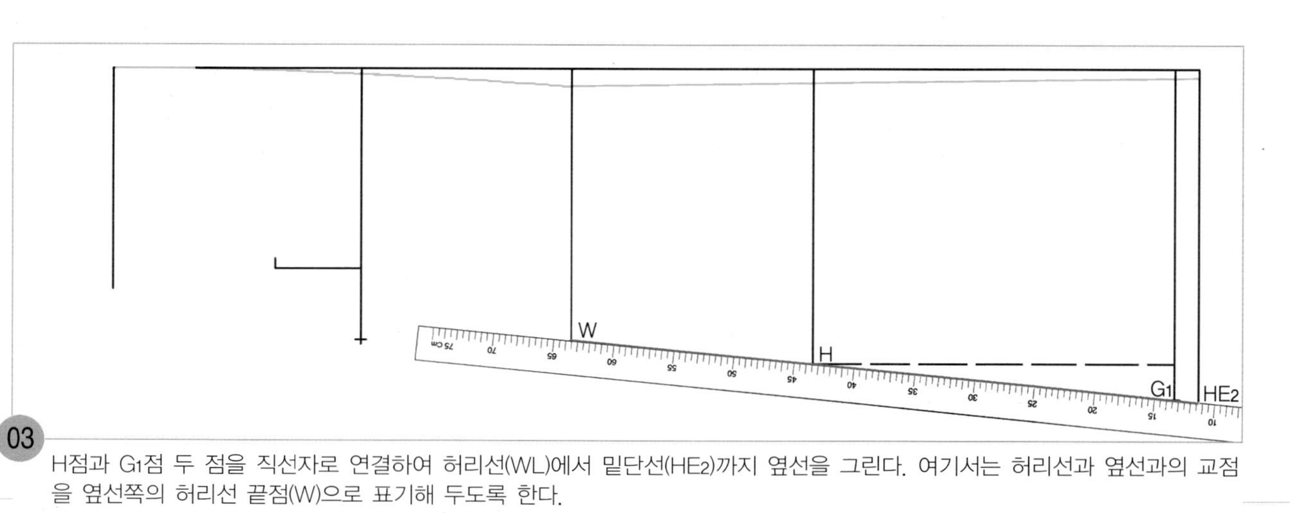

03

H점과 G_1점 두 점을 직선자로 연결하여 허리선(WL)에서 밑단선(HE_2)까지 옆선을 그린다. 여기서는 허리선과 옆선과의 교점을 옆선쪽의 허리선 끝점(W)으로 표기해 두도록 한다.

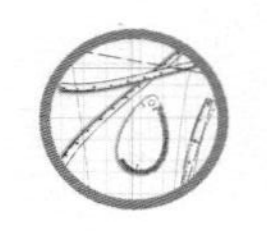

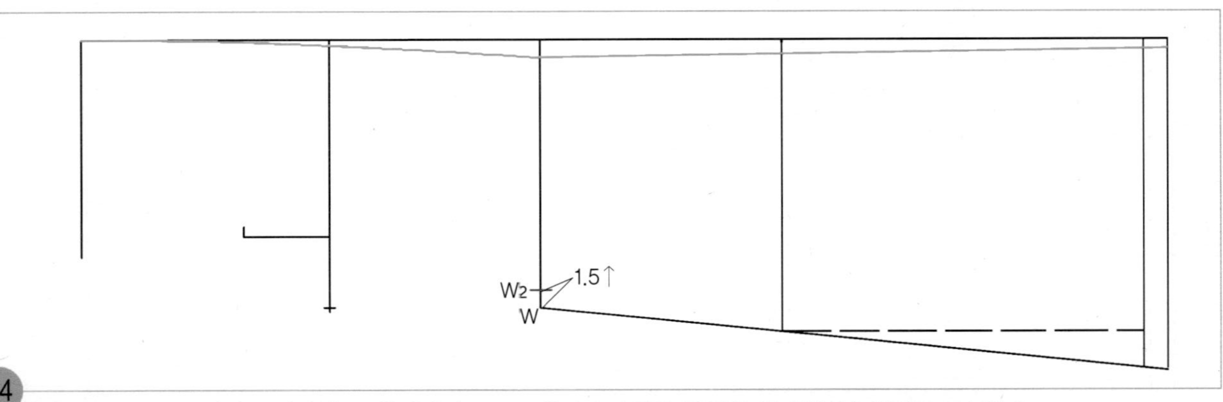

04 **$W \sim W_2$=1.5cm** 옆선쪽 허리선 끝점(W)에서 1.5cm 올라가 수정할 옆선쪽 허리선(W_2) 위치를 표시한다.

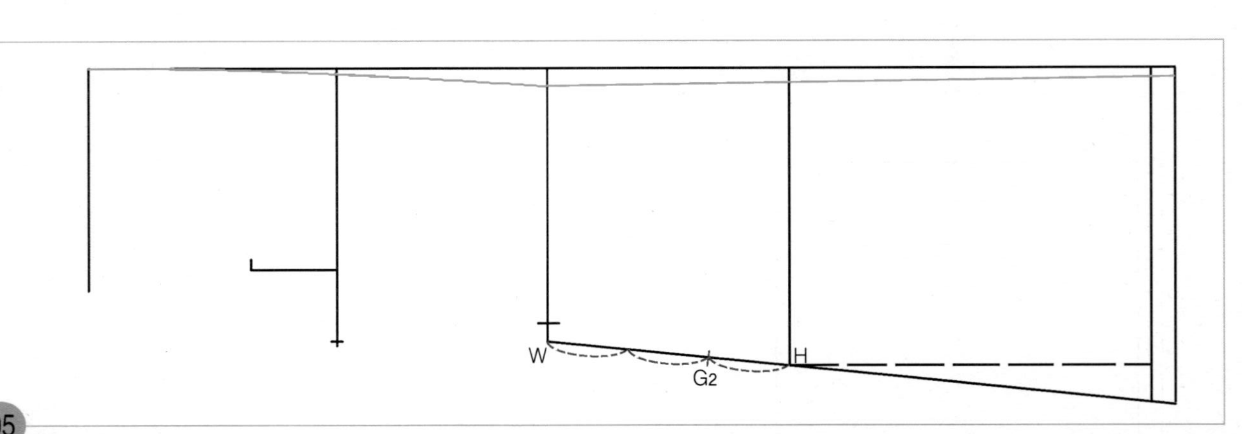

05 **G_2=W~H의 1/3** 옆선쪽 허리선(W)위치에서 히프선(H)위치까지를 3등분하여 히프선쪽 1/3 위치에 옆선의 완성선을 그릴 연결점(G_2) 위치를 표시한다.

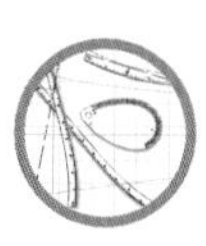

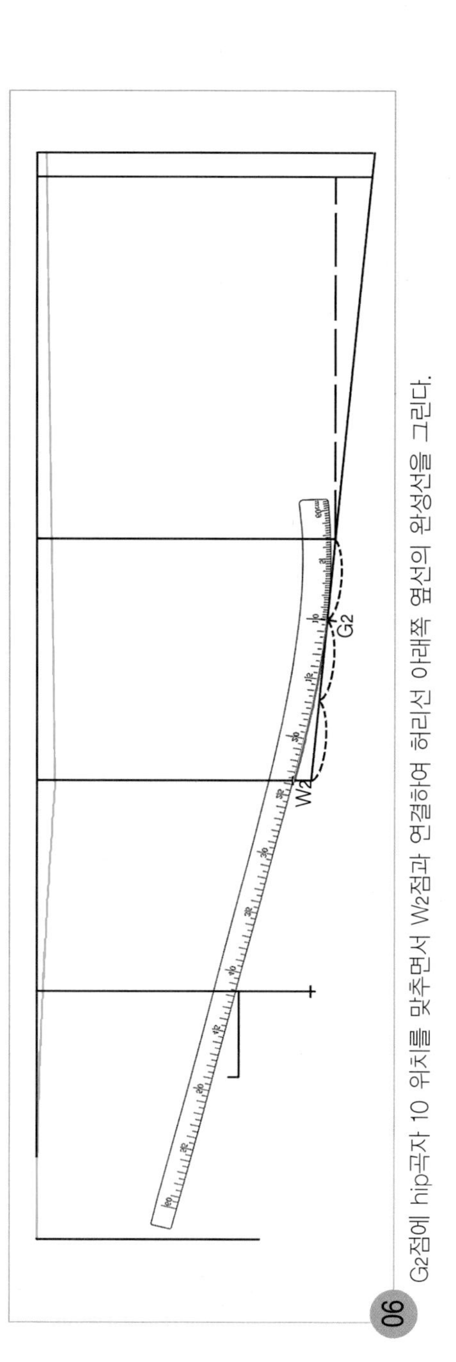

06 G_2점에 hip곡자 10 위치를 맞추면서 W_2점과 연결하여 허리선 아래쪽 옆선의 완성선을 그린다.

07 W_2점에 hip곡자 10 위치를 맞추면서 위가슴둘레선(CL)의 옆선쪽 끝점(C)과 연결하여 허리선 위쪽 옆선의 완성선을 그린다.

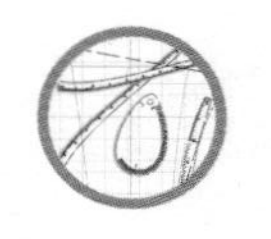

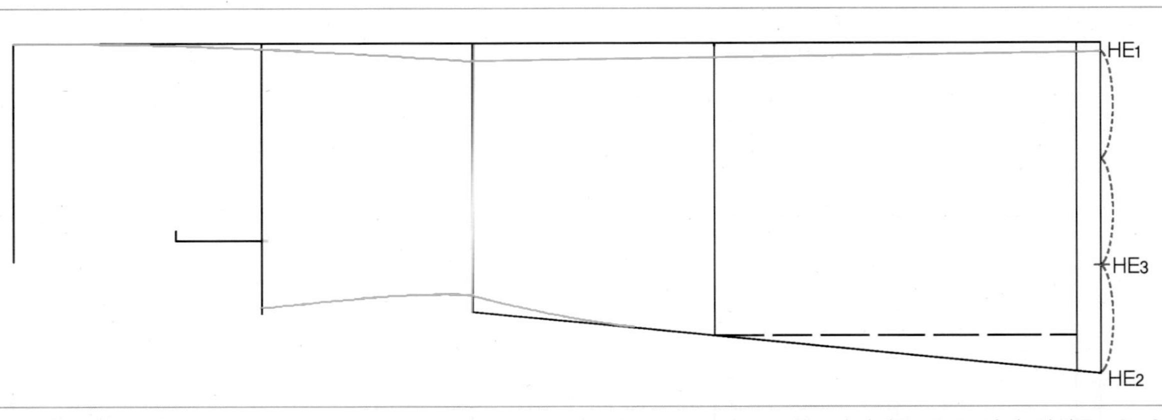

08 **$HE_3=HE_1\sim HE_2$의 1/3** 밑단선쪽 뒤중심 완성선 끝점(HE_1)에서 옆선쪽 밑단선 끝점(HE_2)까지를 3등분하여 옆선쪽 1/3 위치에 밑단의 완성선을 수정할 안내점(HE_3) 위치를 표시한다.

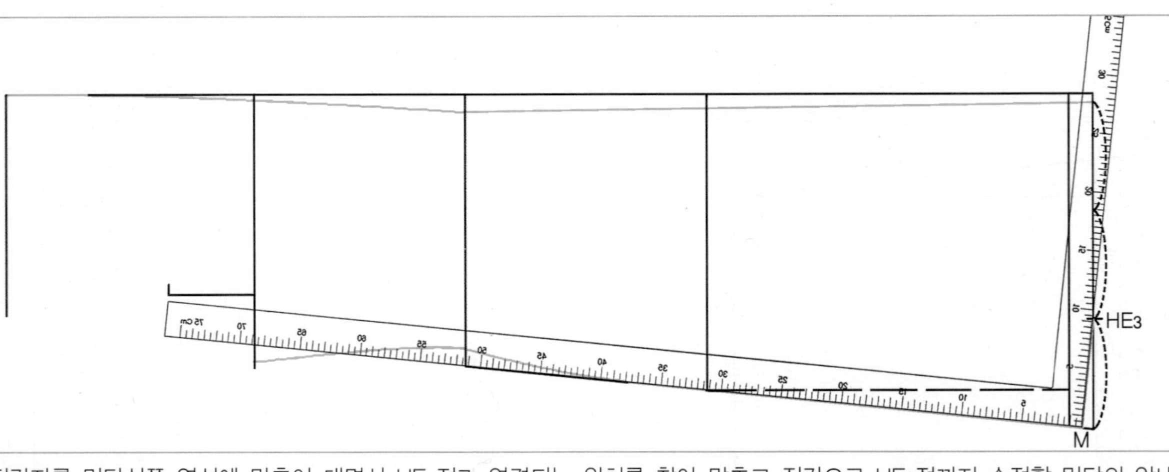

09 직각자를 밑단선쪽 옆선에 맞추어 대면서 HE_3점과 연결되는 위치를 찾아 맞추고 직각으로 HE_3점까지 수정할 밑단의 안내선을 그린다.

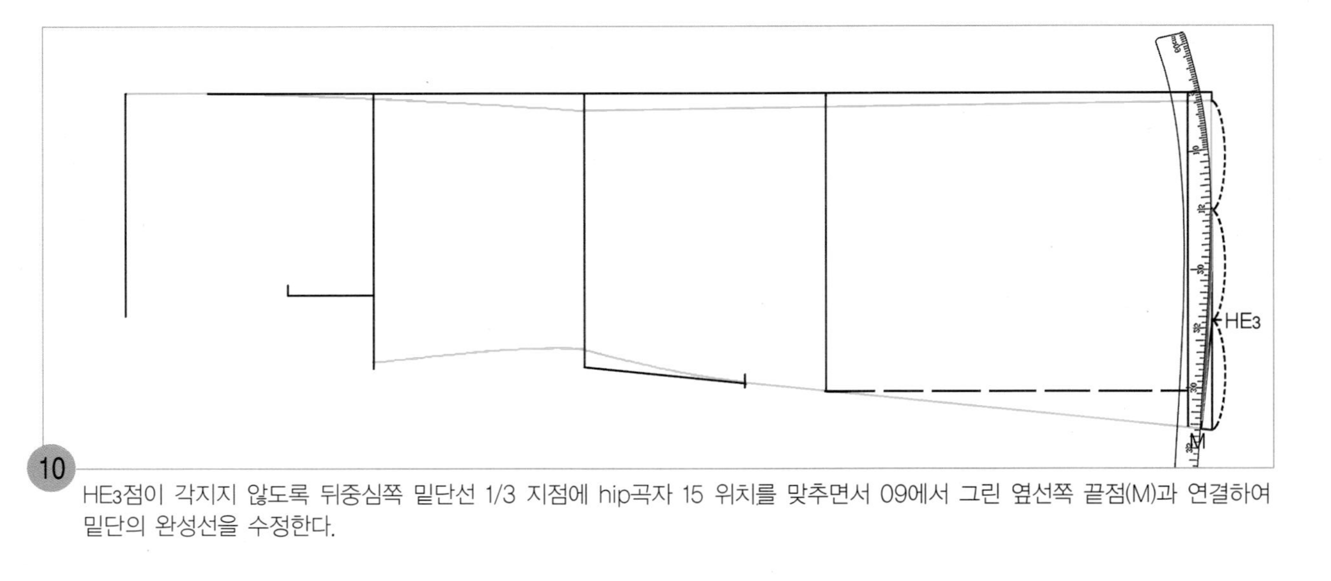

10 HE_3점이 각지지 않도록 뒤중심쪽 밑단선 1/3 지점에 hip곡자 15 위치를 맞추면서 09에서 그린 옆선쪽 끝점(M)과 연결하여 밑단의 완성선을 수정한다.

4. 뒤허리 다트선을 그린다.

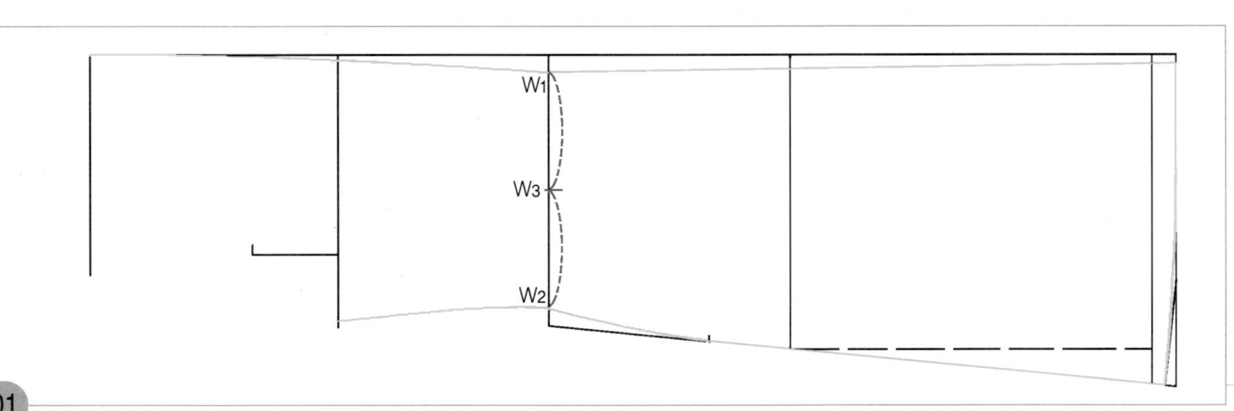

01 **W_3=W_1～W_2의 1/2** W_1점에서 W_2점까지를 2등분하여 옆선쪽의 허리 다트선을 그릴 안내점(W_3) 위치를 표시한다.

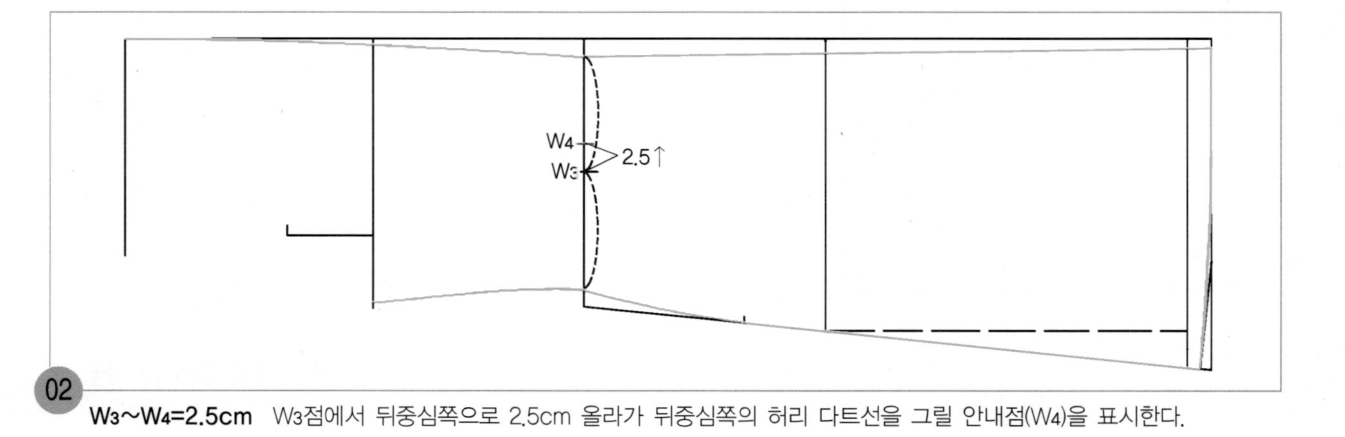

02 **W_3~W_4=2.5cm** W_3점에서 뒤중심쪽으로 2.5cm 올라가 뒤중심쪽의 허리 다트선을 그릴 안내점(W_4)을 표시한다.

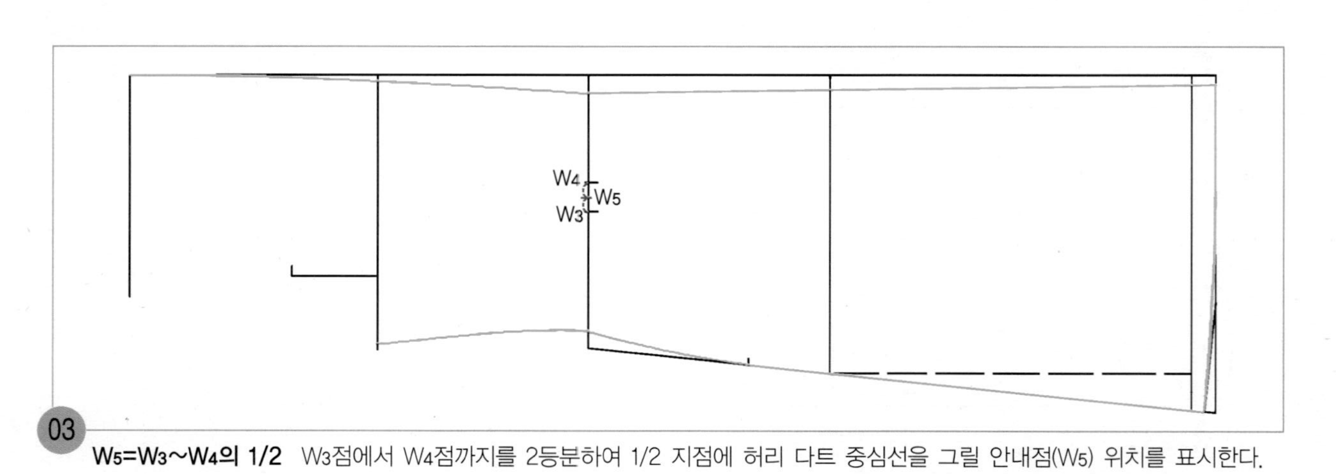

03 **W_5=W_3~W_4의 1/2** W_3점에서 W_4점까지를 2등분하여 1/2 지점에 허리 다트 중심선을 그릴 안내점(W_5) 위치를 표시한다.

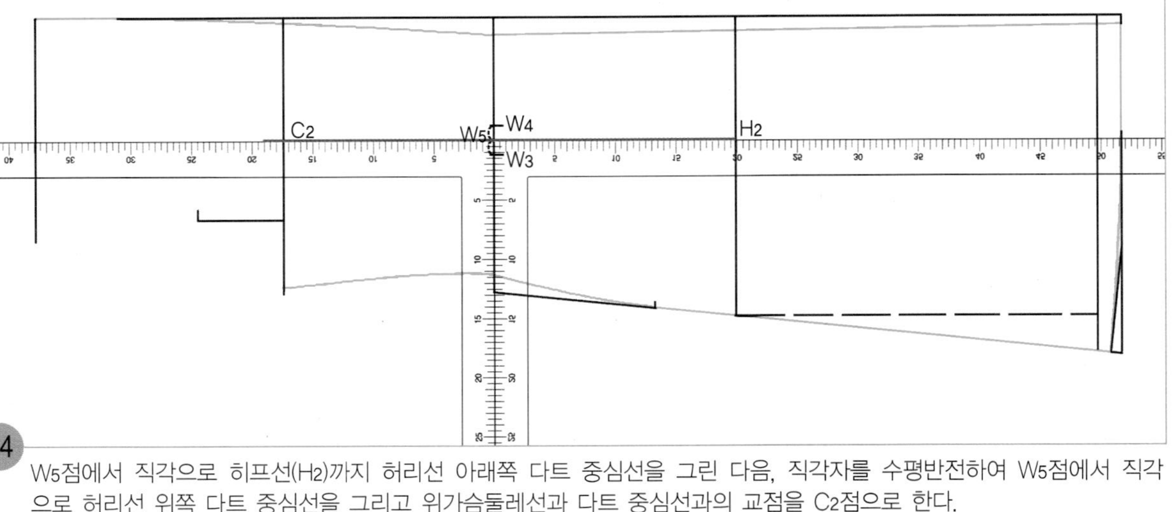

04 W5점에서 직각으로 히프선(H2)까지 허리선 아래쪽 다트 중심선을 그린 다음, 직각자를 수평반전하여 W5점에서 직각으로 허리선 위쪽 다트 중심선을 그리고 위가슴둘레선과 다트 중심선과의 교점을 C2점으로 한다.

05 **H_2~D=6cm, C_2~D_1=1cm** 다트 중심선의 히프선 위치(H_2)에서 6cm 다트 중심선을 따라 들어가 허리선 아래쪽 다트 끝점(D)을 표시하고, 다트 중심선과 위가슴둘레선과의 교점(C_2)에서 1cm 왼쪽으로 나가 허리선 위쪽 다트 끝점(D_1) 위치를 표시한다.

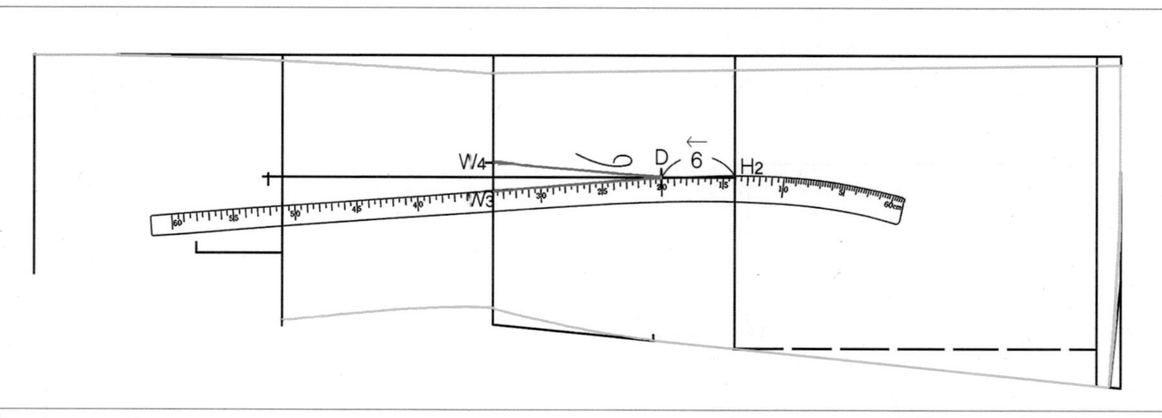

06 D점에 hip곡자 20 위치를 맞추면서 W_4점과 연결하여 뒤중심쪽의 허리선 아래쪽 다트 완성선을 그린 다음, hip곡자를 수직 반전하여 D점에 hip곡자 20 위치를 맞추면서 W_3점과 연결하여 옆선쪽의 허리선 아래쪽 다트 완성선을 그린다.

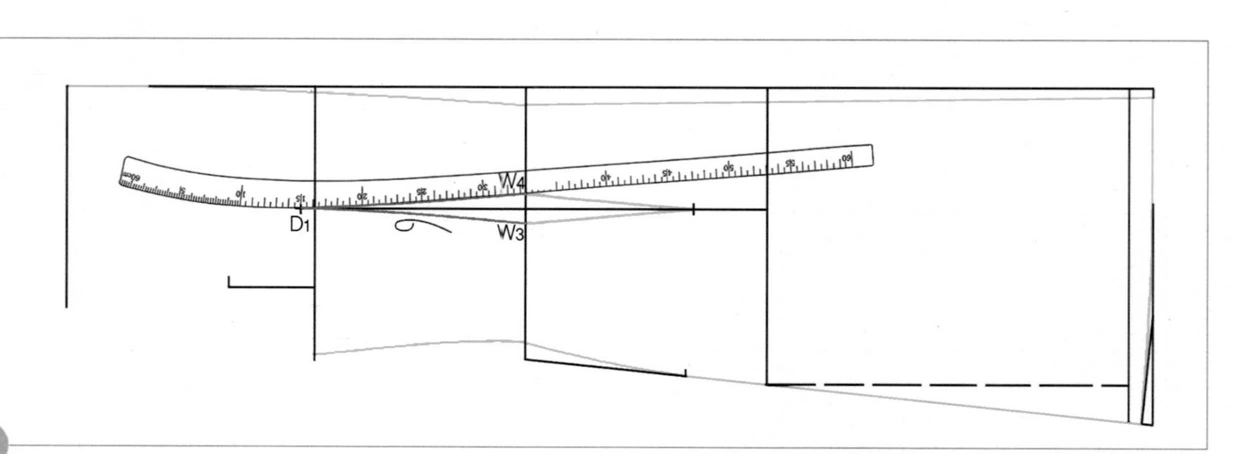

07 D_1점에 hip곡자 15 위치를 맞추면서 W_4점과 연결하여 뒤중심쪽의 허리선 위쪽 다트 완성선을 그린 다음, hip곡자를 수직반전하여 D_1점에 hip곡자 15 위치를 맞추면서 W_3점과 연결하여 옆선쪽의 허리선 위쪽 다트 완성선을 그린다.

5. 뒤어깨선을 그리고 뒷목둘레선과 진동둘레선을 그린다.

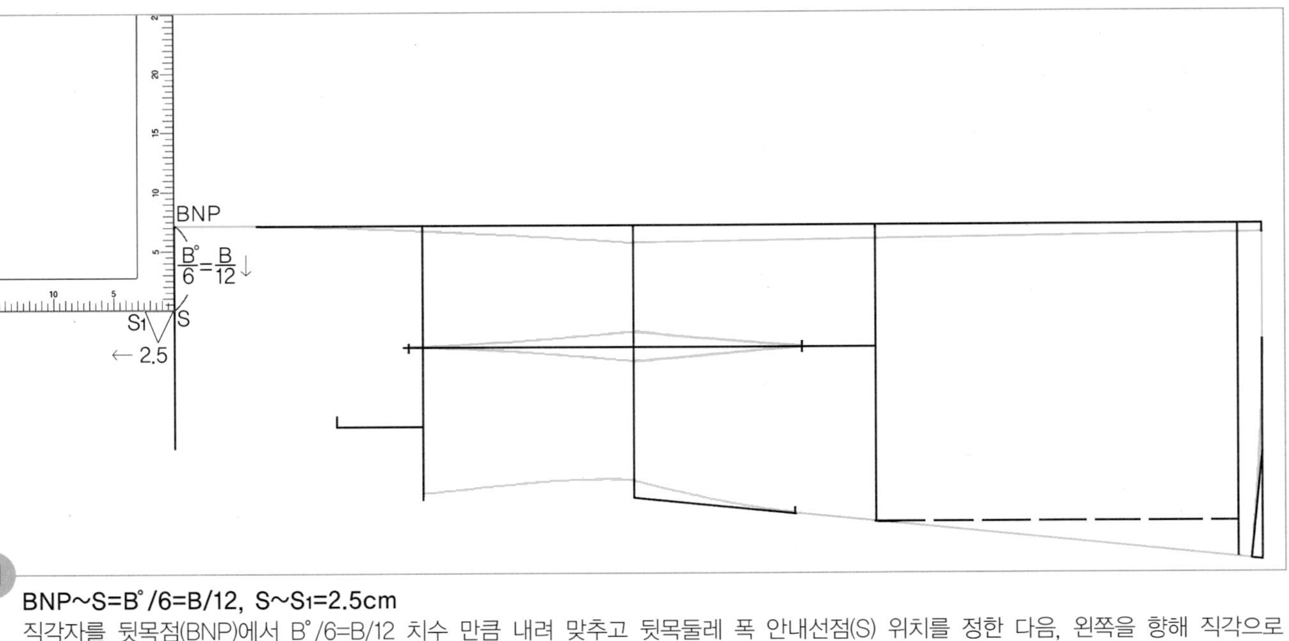

01

BNP~S=B°/6=B/12, S~S_1=2.5cm

직각자를 뒷목점(BNP)에서 B°/6=B/12 치수 만큼 내려 맞추고 뒷목둘레 폭 안내선점(S) 위치를 정한 다음, 왼쪽을 향해 직각으로 2.5cm 뒷목둘레 안내선(S_1)을 그린다.

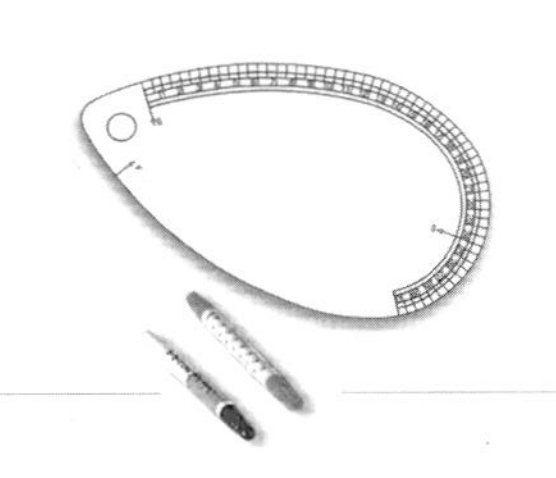

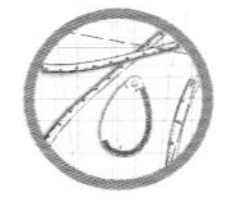

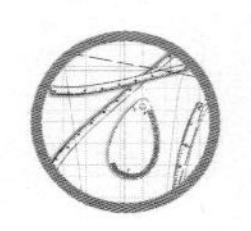

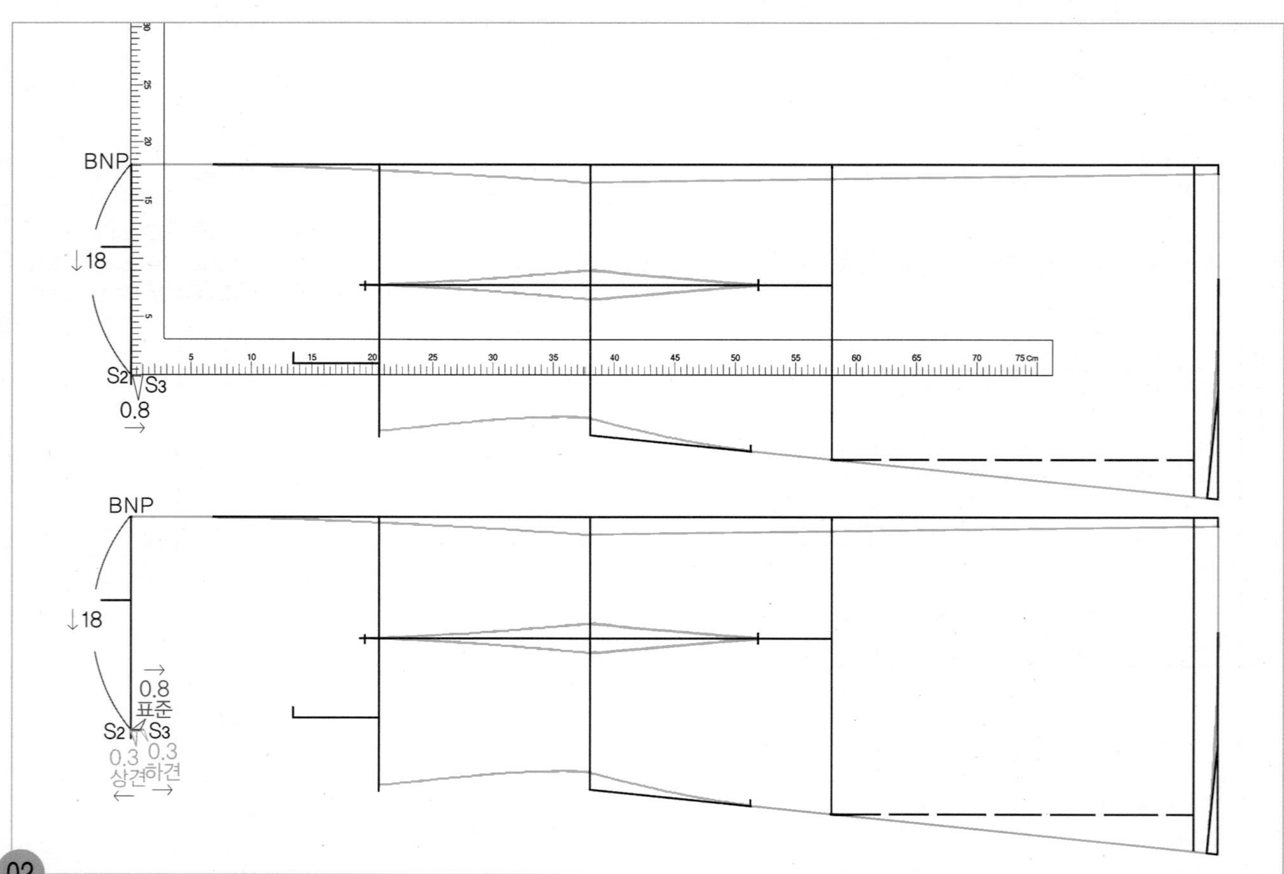

02

BNP~S_2=18cm(고정 치수), S_2~S_3=0.8cm(표준어깨경사의 경우) 직각자를 뒷목점(BNP)에서 직각선을 따라 18cm 내려 맞추고 어깨선을 그릴 안내점(S_2) 위치를 정한 다음, S_2점에서 직각으로 0.8cm 어깨선을 그릴 통과선(S_3)을 그린다.

주 상견이나 하견일 경우에는 표준어깨경사의 통과선인 S_3점에서 0.3cm씩 증감한다.

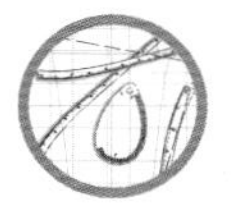

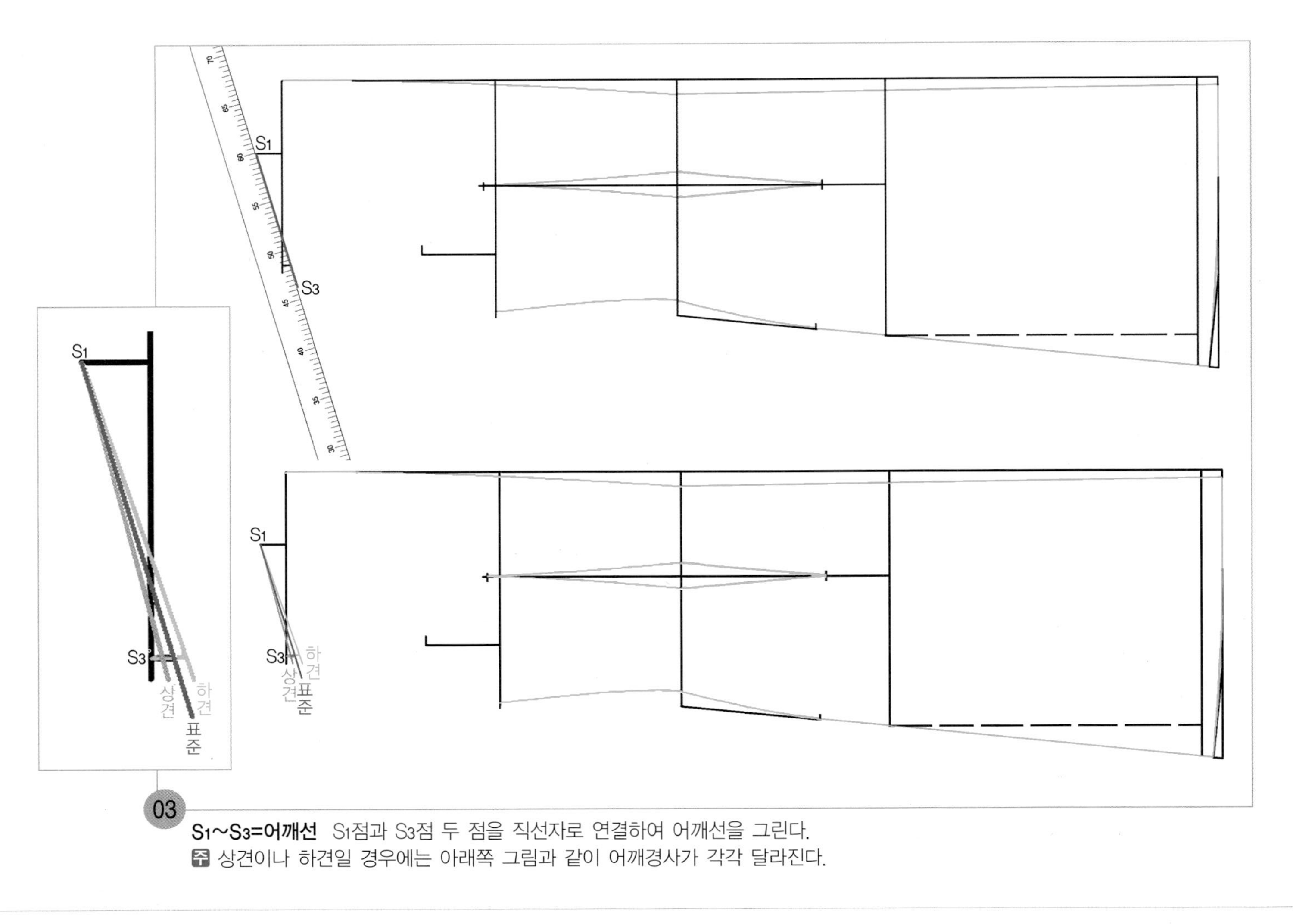

03

S_1~S_3=어깨선 S_1점과 S_3점 두 점을 직선자로 연결하여 어깨선을 그린다.

주 상견이나 하견일 경우에는 아래쪽 그림과 같이 어깨경사가 각각 달라진다.

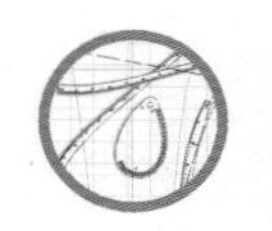

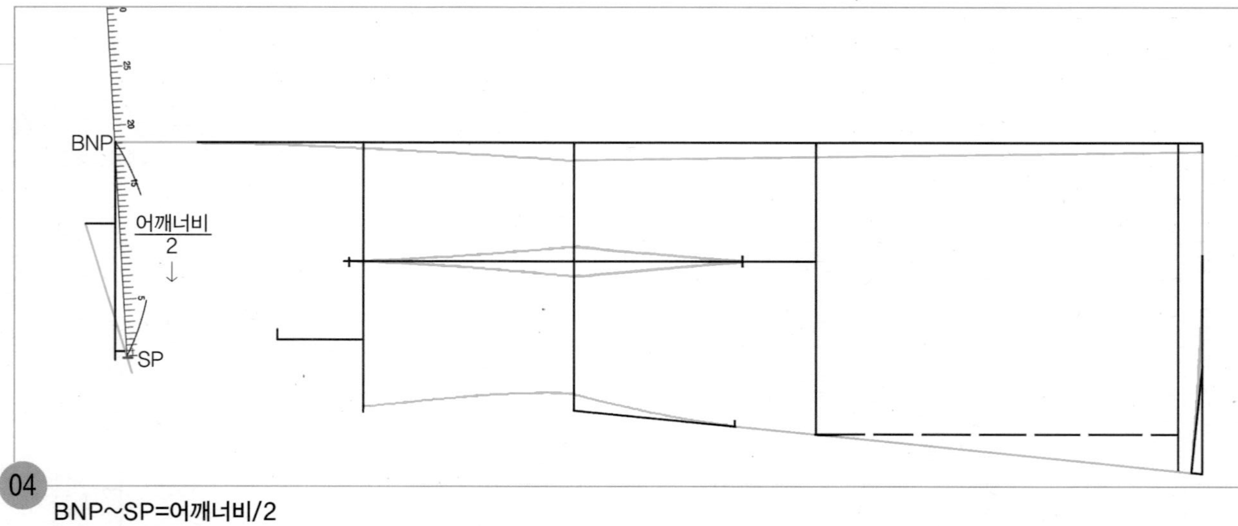

04

BNP~SP=어깨너비/2

뒷목점(BNP)에서 어깨너비/2 치수가 03〉에서 그린 어깨선과 마주 닿는 위치를 어깨끝점(SP)으로 정해 표시한다.

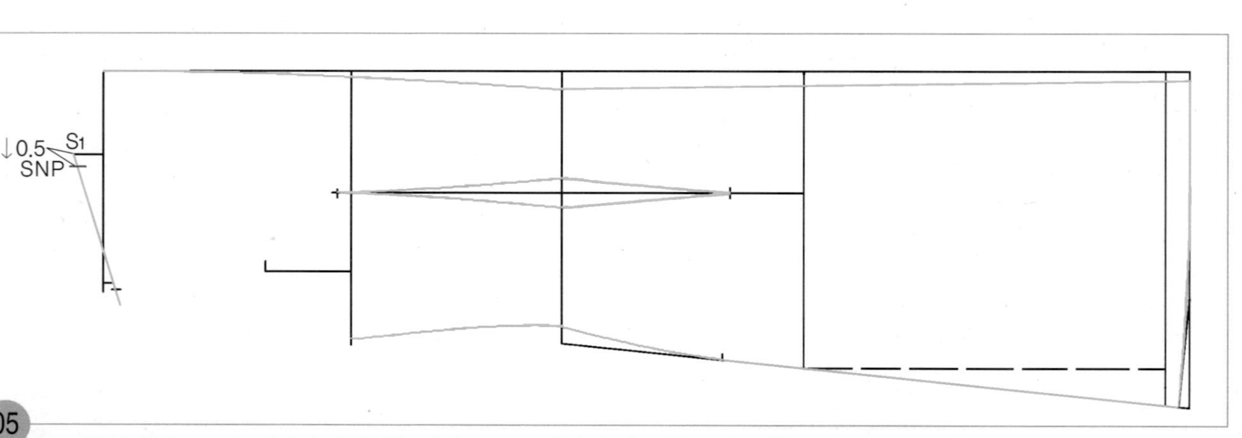

05

S_1~SNP=0.5cm S_1점에서 어깨선을 따라 0.5cm 내려와 옆목점(SNP) 위치를 표시한다.

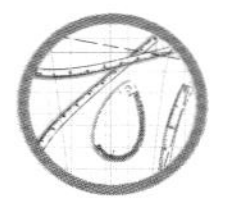

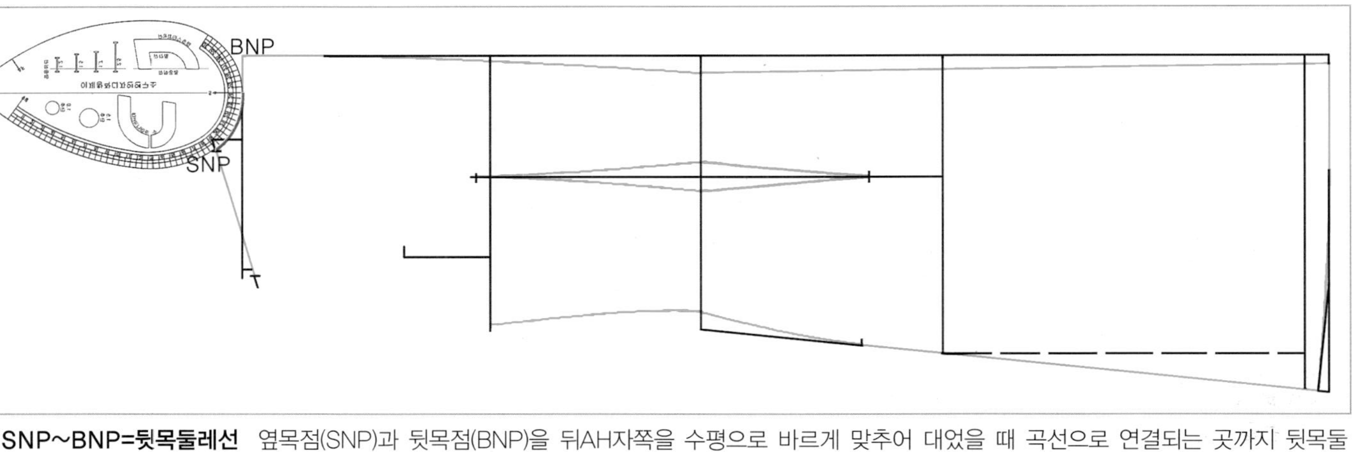

06 **SNP~BNP=뒷목둘레선** 옆목점(SNP)과 뒷목점(BNP)을 뒤AH자쪽을 수평으로 바르게 맞추어 대었을 때 곡선으로 연결되는 곳까지 뒷목둘레 완성선을 그리고 남은 뒷목점까지는 기존의 직각선을 뒷목둘레선으로 한다.

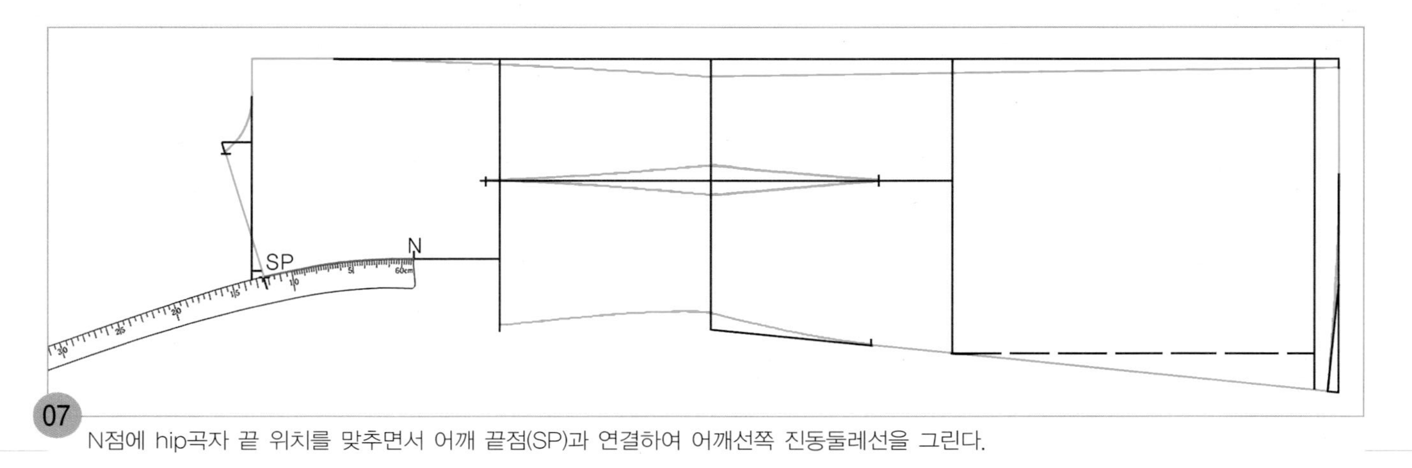

07 N점에 hip곡자 끝 위치를 맞추면서 어깨 끝점(SP)과 연결하여 어깨선쪽 진동둘레선을 그린다.

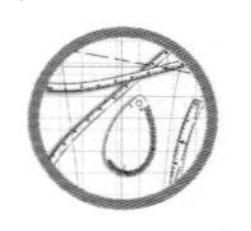

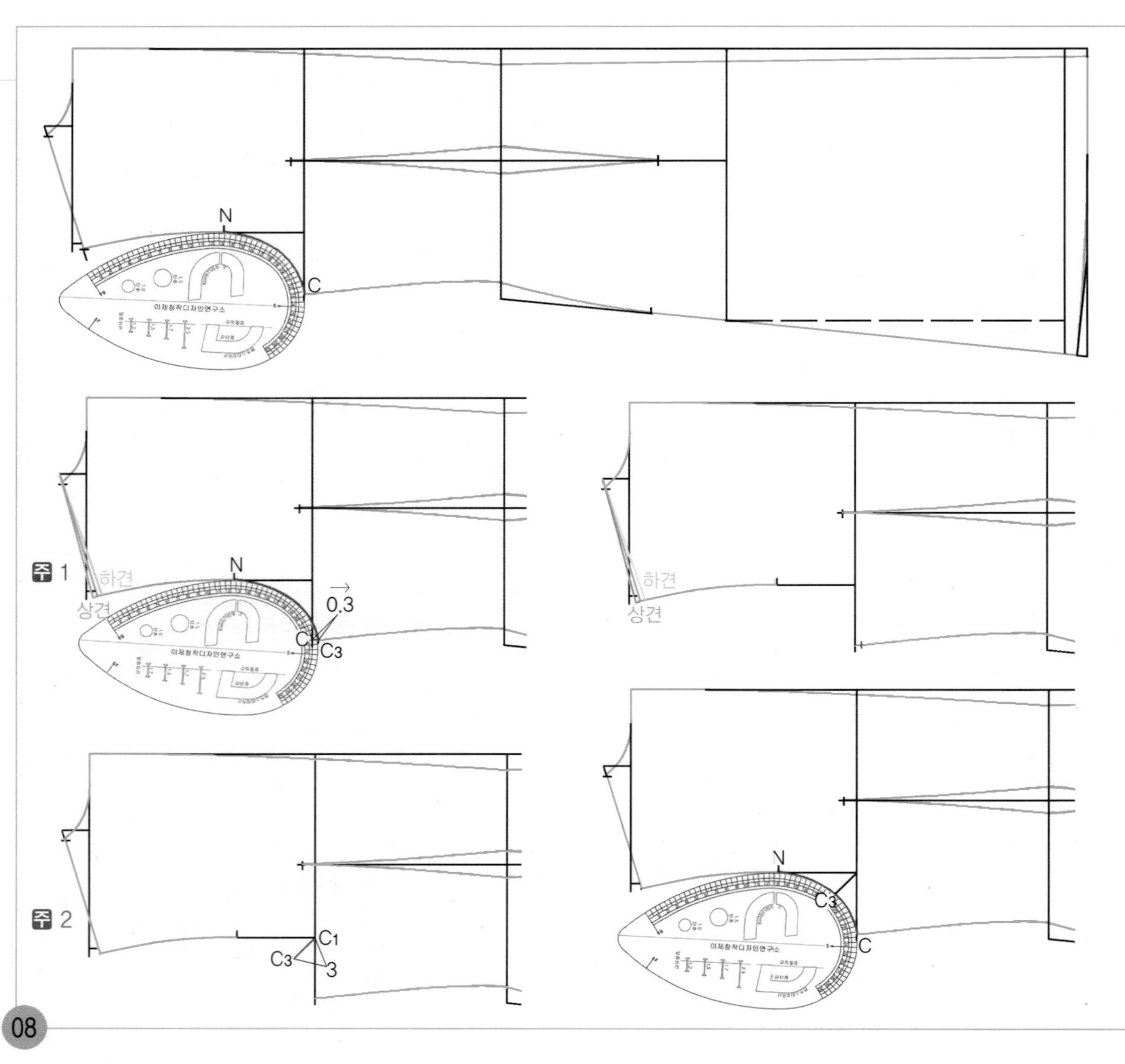

N점과 C점 두 점을 뒤AH 자쪽으로 연결하여 위가슴 둘레선쪽 진동둘레선을 그린다.

주 1 상견일 경우에는 표준 어깨와 동일하나, 하견일 경우에는 C점에서 0.3cm 옆선의 완성선을 따라나가 옆선(C3) 위치를 이동하고 N점과 C3점을 뒤AH 자쪽으로 연결하여 진동둘레선을 그린다.

주 2 여기서 사용한 AH자와 다른 AH자를 사용할 경우에는 C1점에서 45도 각도로 3cm 뒤 진동둘레선(AH)을 그릴 통과선(C3)을 그리고, C3점을 통과하면서 N점과 C점이 연결되도록 맞추어 대고 진동둘레선을 그린다.

6. 지퍼 트임 끝 위치를 표시한다.

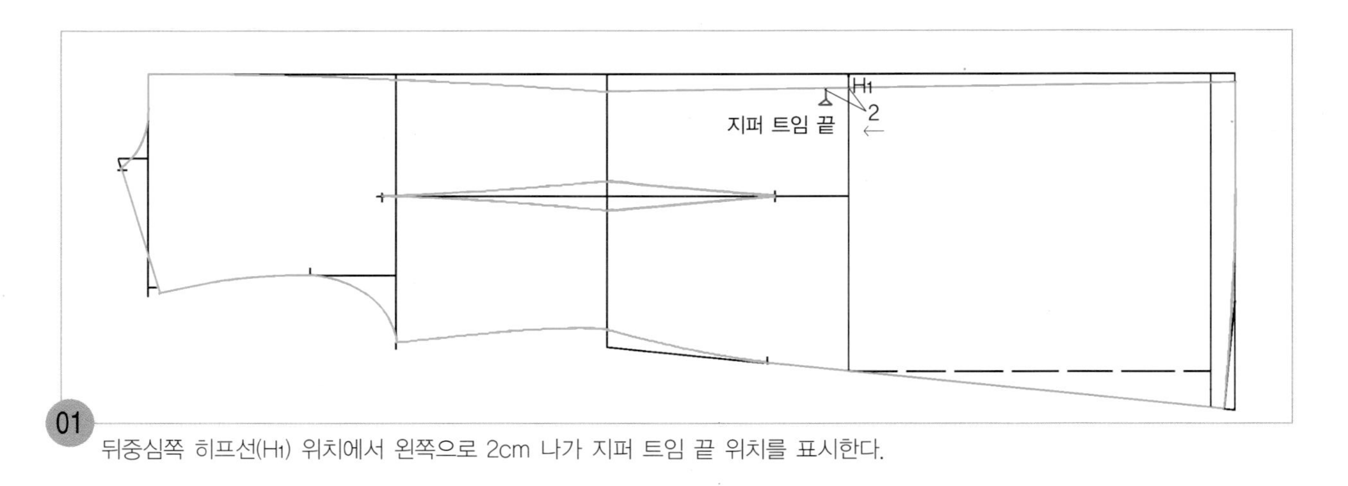

01 뒤중심쪽 히프선(H1) 위치에서 왼쪽으로 2cm 나가 지퍼 트임 끝 위치를 표시한다.

02 적색선이 일차적인 뒤판의 완성선이다.

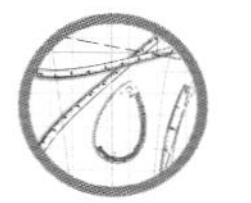

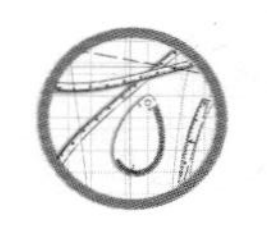

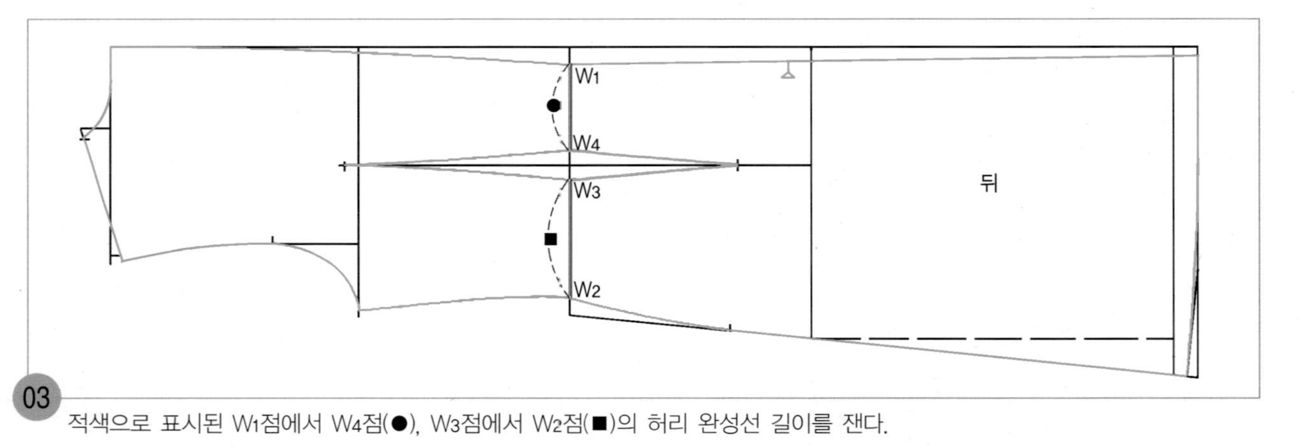

03

적색으로 표시된 W_1점에서 W_4점(●), W_3점에서 W_2점(■)의 허리 완성선 길이를 잰다.

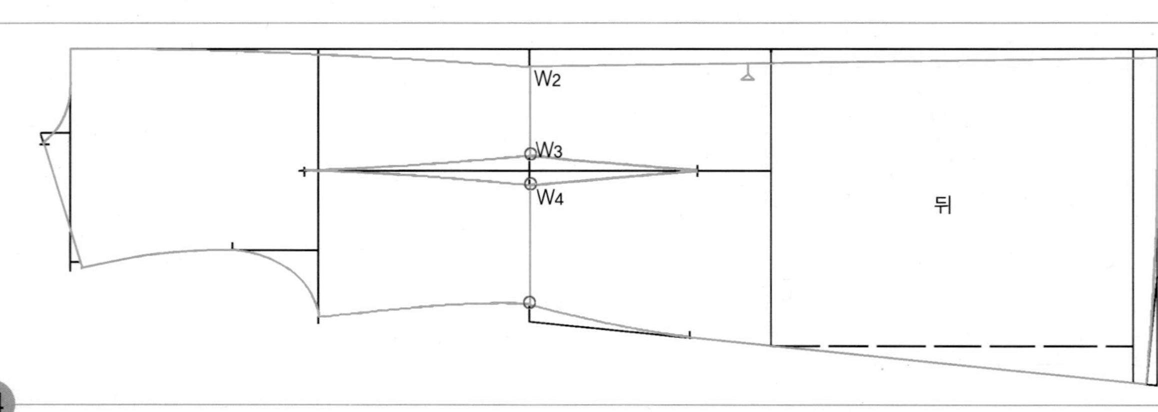

04

03에서 잰 허리 완성선 길이(●+■)가 만약 (W+2.5~3cm)/4한 치수보다 남거나 부족한 분량이 생기면 그 분량을 3등분하여 W_4, W_3, W_2점에서 각각 3등분한 1/3 분량씩을 증감하여 표시하고, 허리 다트선과 옆선의 완성선을 그릴 때와 같은 방법으로 허리 다트선과 옆선을 각각 수정한다.

앞판 제도하기

1. 기초선을 그린다.

01 긴 직선자를 대고 수평으로 길게 앞중심선(앞길이+원하는 스커트 길이)을 그린다.

02 직각자를 01에서 그린 수평선의 왼쪽 끝점에 맞추어 대고 앞목둘레선과 어깨선을 그릴 안내점(A) 위치를 정한 다음, 직각선을 올려 그린다.

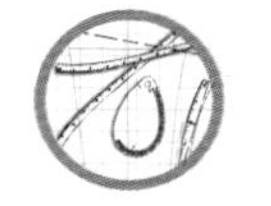

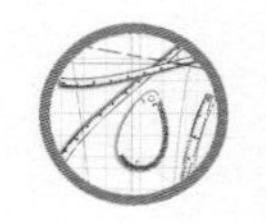

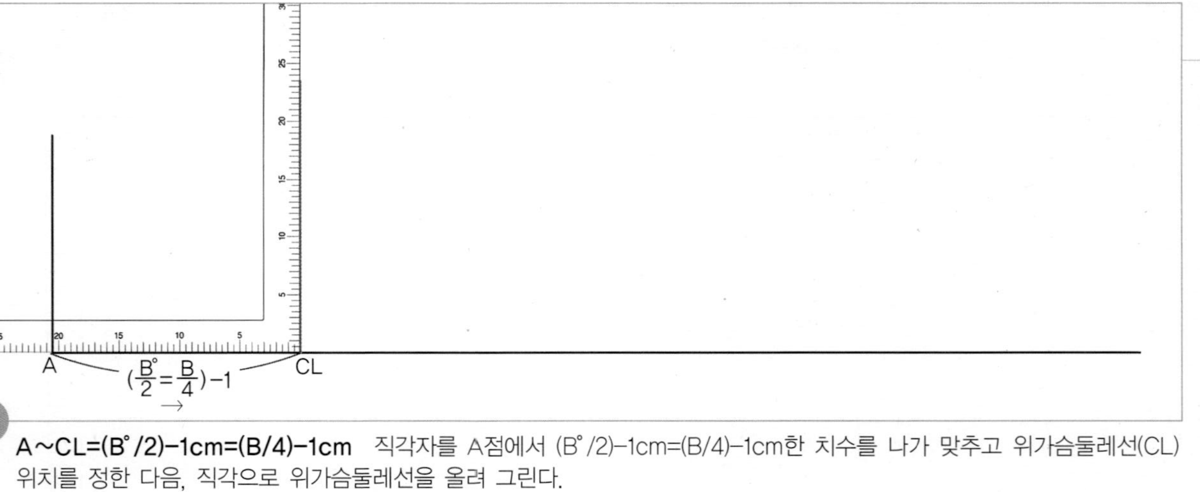

03

A~CL=(B°/2)−1cm=(B/4)−1cm 직각자를 A점에서 (B°/2)−1cm=(B/4)−1cm한 치수를 나가 맞추고 위가슴둘레선(CL) 위치를 정한 다음, 직각으로 위가슴둘레선을 올려 그린다.

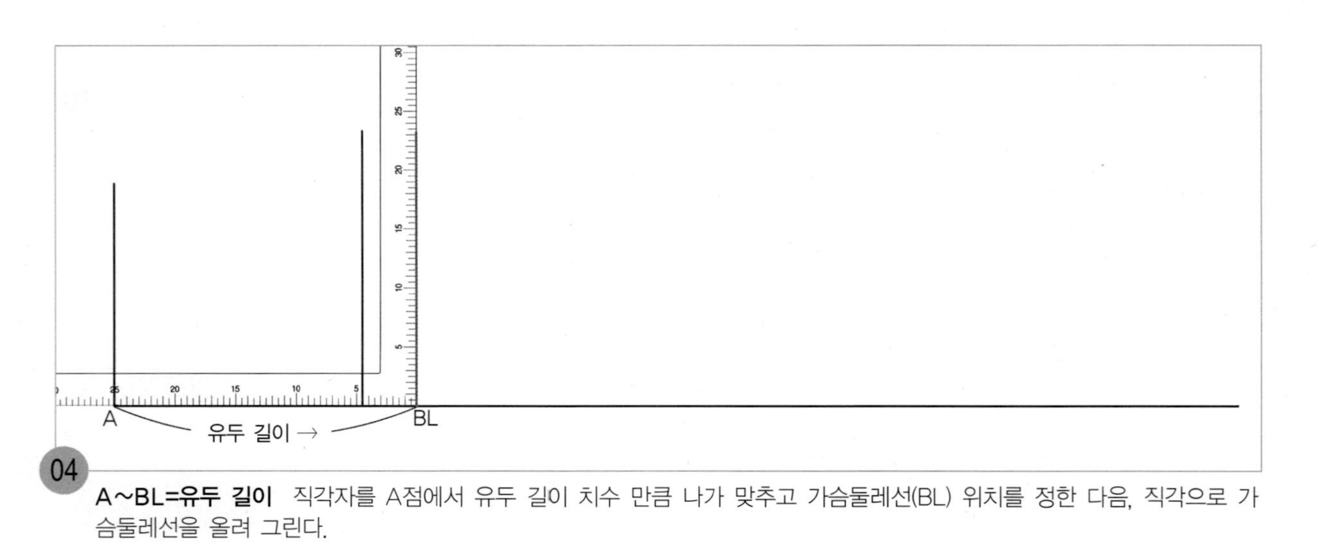

04

A~BL=유두 길이 직각자를 A점에서 유두 길이 치수 만큼 나가 맞추고 가슴둘레선(BL) 위치를 정한 다음, 직각으로 가슴둘레선을 올려 그린다.

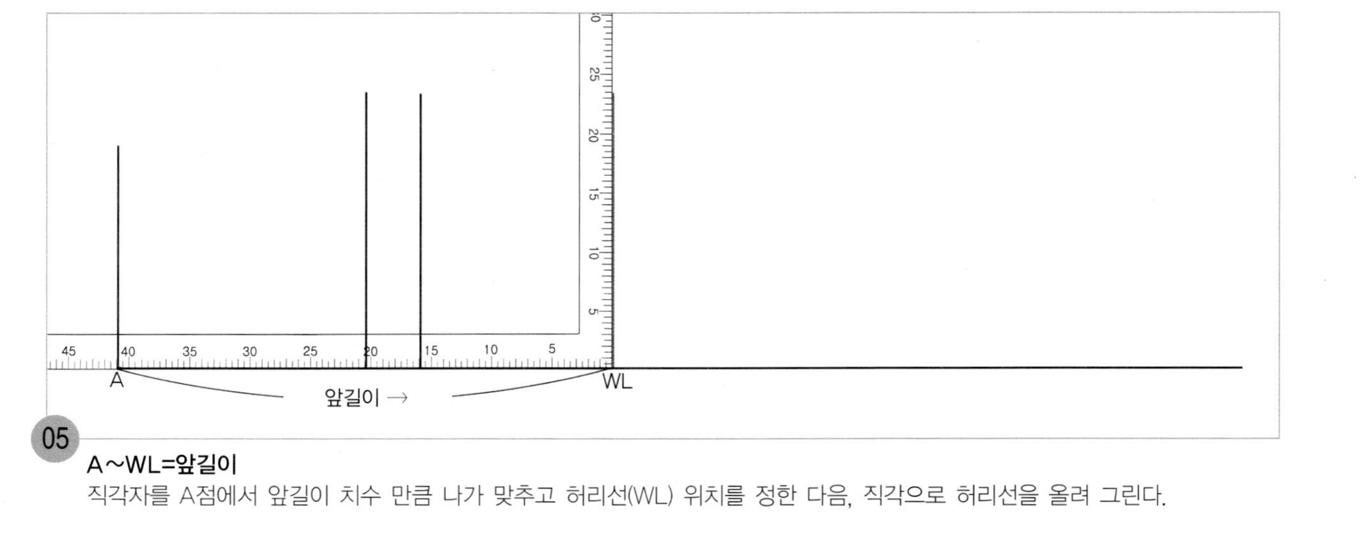

05 **A~WL=앞길이**

직각자를 A점에서 앞길이 치수 만큼 나가 맞추고 허리선(WL) 위치를 정한 다음, 직각으로 허리선을 올려 그린다.

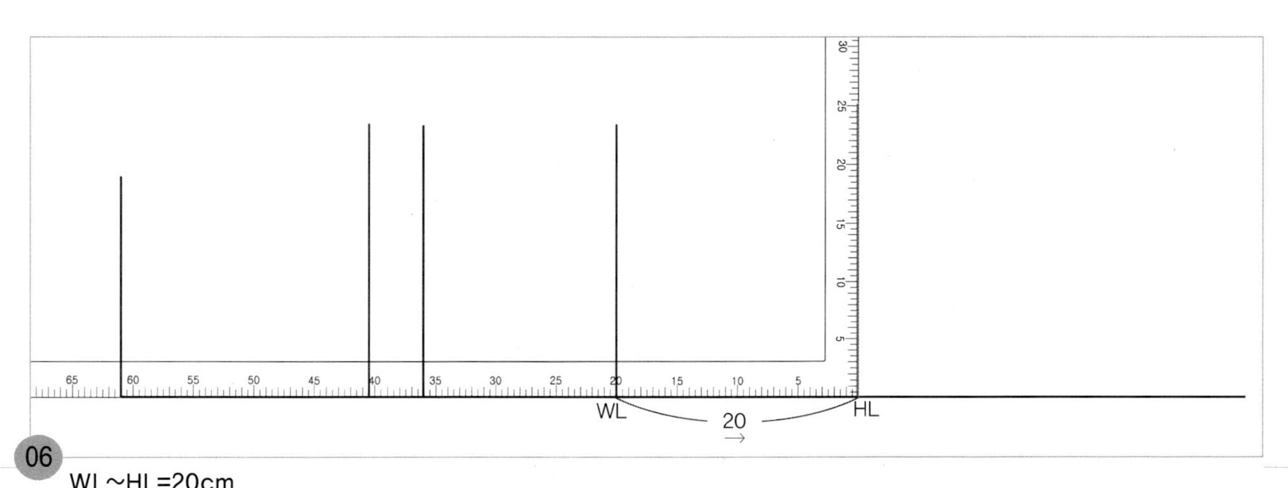

06 **WL~HL=20cm**

직각자를 허리선(WL)에서 20cm 나가 맞추고 히프선(HL) 위치를 정한 다음, 직각으로 히프선을 올려 그린다.

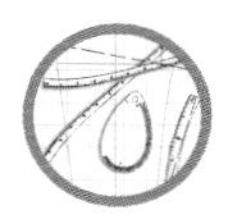

07 WL~HG=50cm

직각자를 허리선(WL)에서 50cm 나가 옆선 폭을 정할 안내선(HG) 위치를 정한 다음 직각으로 안내선을 올려 그린다.

08 WL~HE=스커트 길이

직각자를 허리선(WL)에서 스커트 길이 만큼 나가 맞추고 밑단선(HE) 위치를 정한 다음, 직각으로 밑단선을 올려 그린다.

2. 앞옆선의 완성선을 그린다.

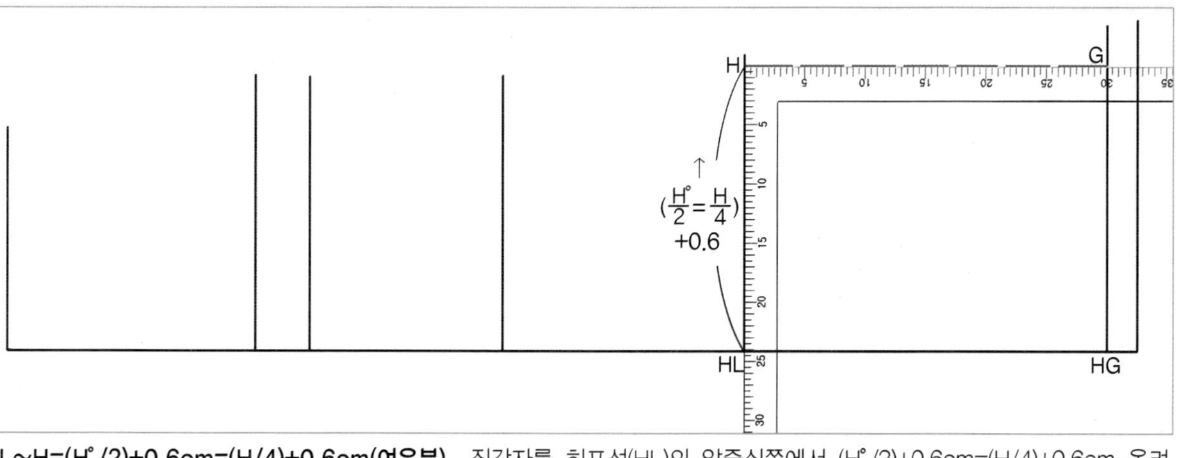

01 **HL~H=(H°/2)+0.6cm=(H/4)+0.6cm(여유분)** 직각자를 히프선(HL)의 앞중심쪽에서 (H°/2)+0.6cm=(H/4)+0.6cm 올려 맞추고 옆선을 그릴 히프선 끝점(H) 위치를 정한 다음, 직각으로 옆선 폭을 정할 안내선(HG)까지 점선으로 그린다. 여기서는 HG선과의 교점을 G로 표기해 둔다.

02 **G~G1=3cm** G점에서 3cm 올라가 옆선을 그릴 밑단선의 안내점(G1) 위치를 표시한다.

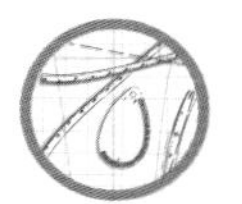

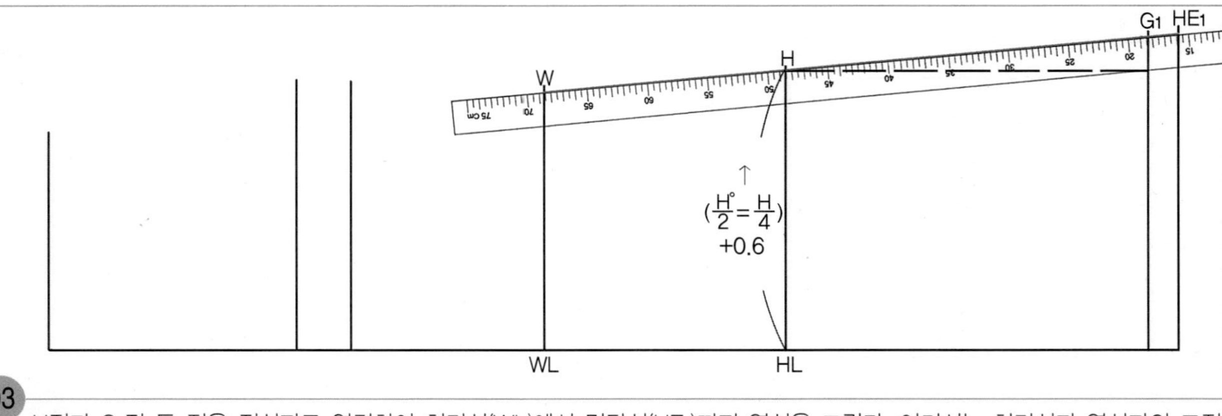

03

H점과 G_1점 두 점을 직선자로 연결하여 허리선(WL)에서 밑단선(HE_1)까지 옆선을 그린다. 여기서는 허리선과 옆선과의 교점을 W로 표기해 둔다.

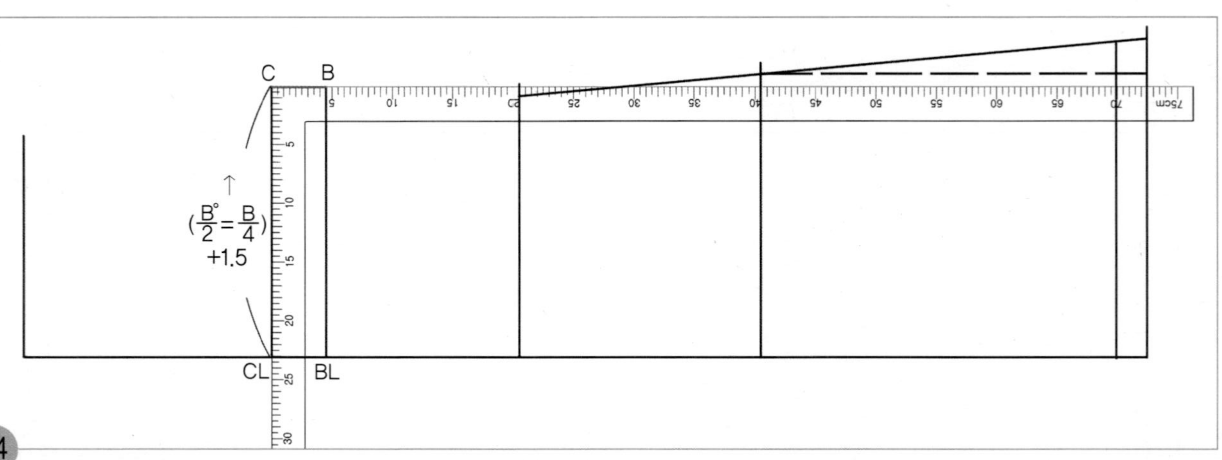

04

CL~C=(B° /2)+1.5cm=(B/4)+1.5cm(위가슴둘레선) 직각자를 CL점에서 (B° /2)+1.5cm=(B/4)+1.5cm한 치수 만큼 올려 맞추고 옆선쪽 위가슴둘레선 끝점(C) 위치를 정한 다음, 직각으로 옆선쪽 가슴둘레선(BL)까지 옆선의 완성선을 그린다. 여기서는 옆선의 완성선과 가슴둘레선과의 교점을 B로 표기해 둔다.

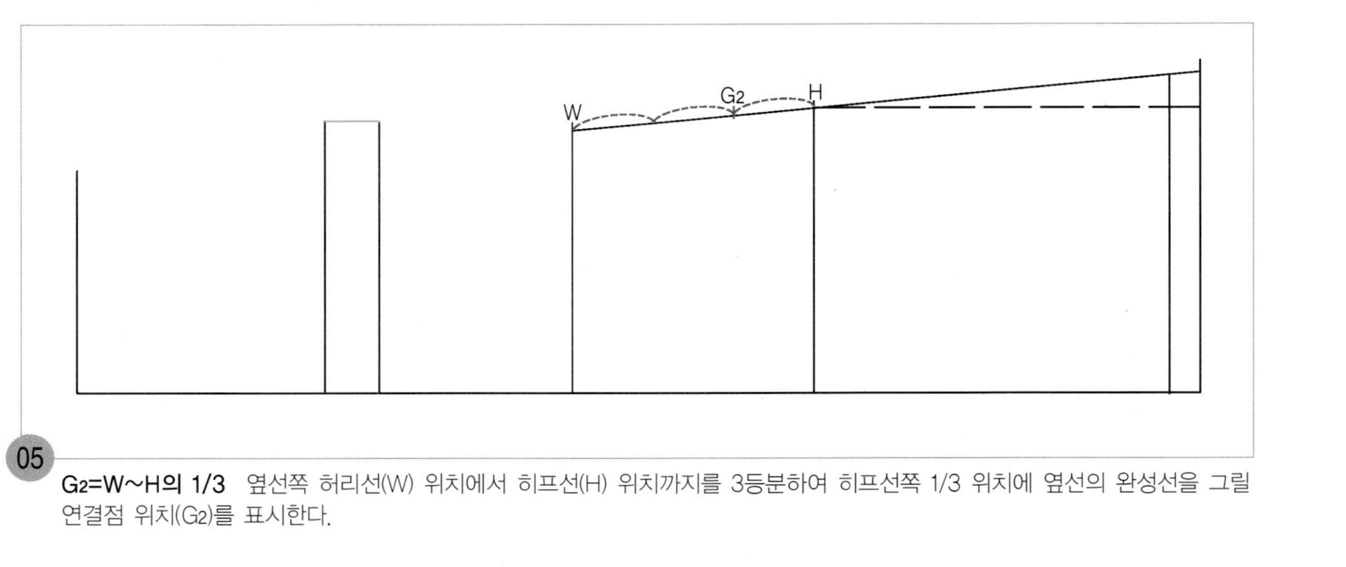

05 **G_2=W~H의 1/3** 옆선쪽 허리선(W) 위치에서 히프선(H) 위치까지를 3등분하여 히프선쪽 1/3 위치에 옆선의 완성선을 그릴 연결점 위치(G_2)를 표시한다.

06 **W~W_1=1.5cm** 옆선쪽 허리선 끝점(W)에서 1.5cm 내려와 수정할 옆선쪽 허리선 위치(W_1)를 표시한다.

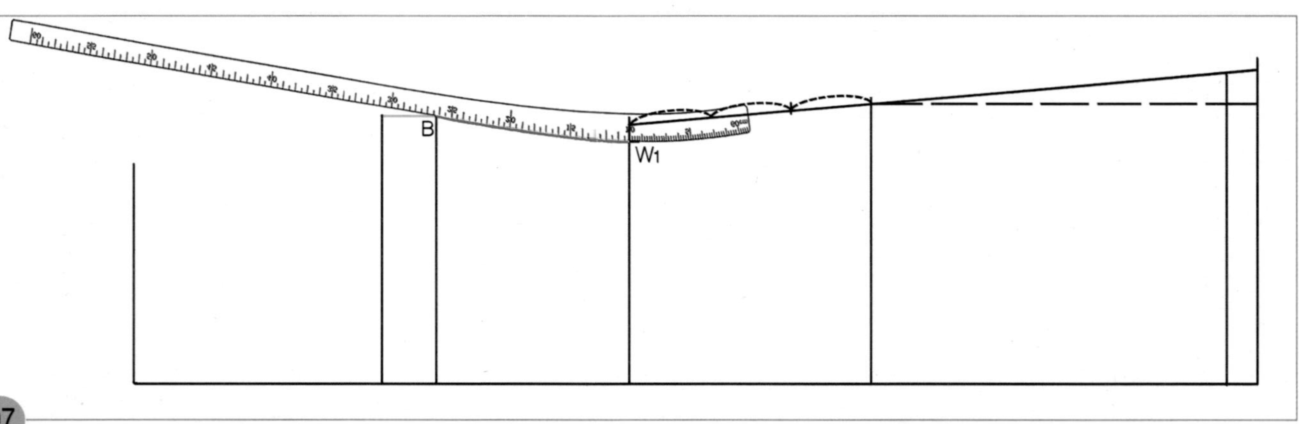

07 W_1점에 hip곡자 10 위치를 맞추면서 옆선쪽 가슴둘레선 끝점(B)과 연결하여 허리선 위쪽 옆선의 완성선을 그린다.

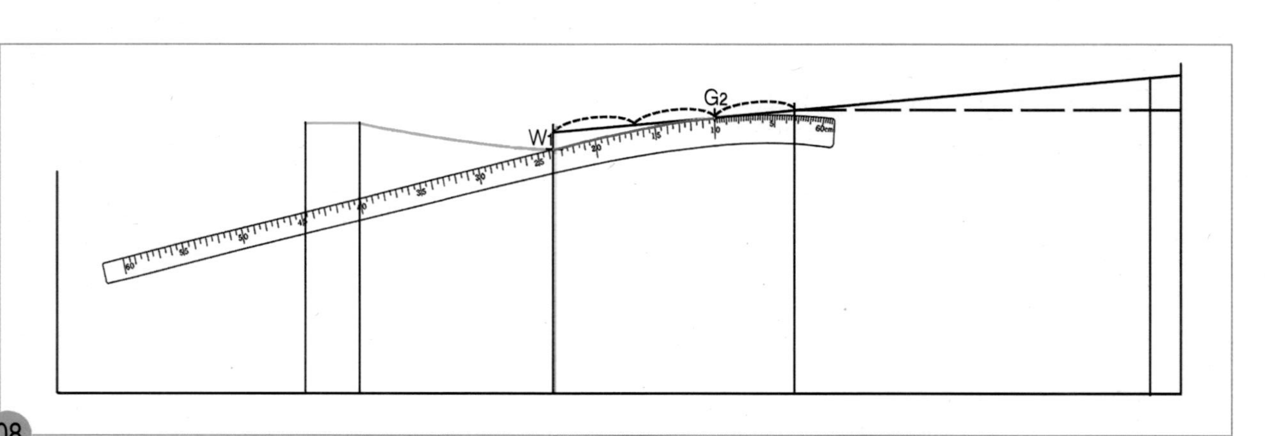

08 G_2점에 hip곡자 10 위치를 맞추면서 W_1점과 연결하여 허리선 아래쪽 옆선의 완성선을 그린다.

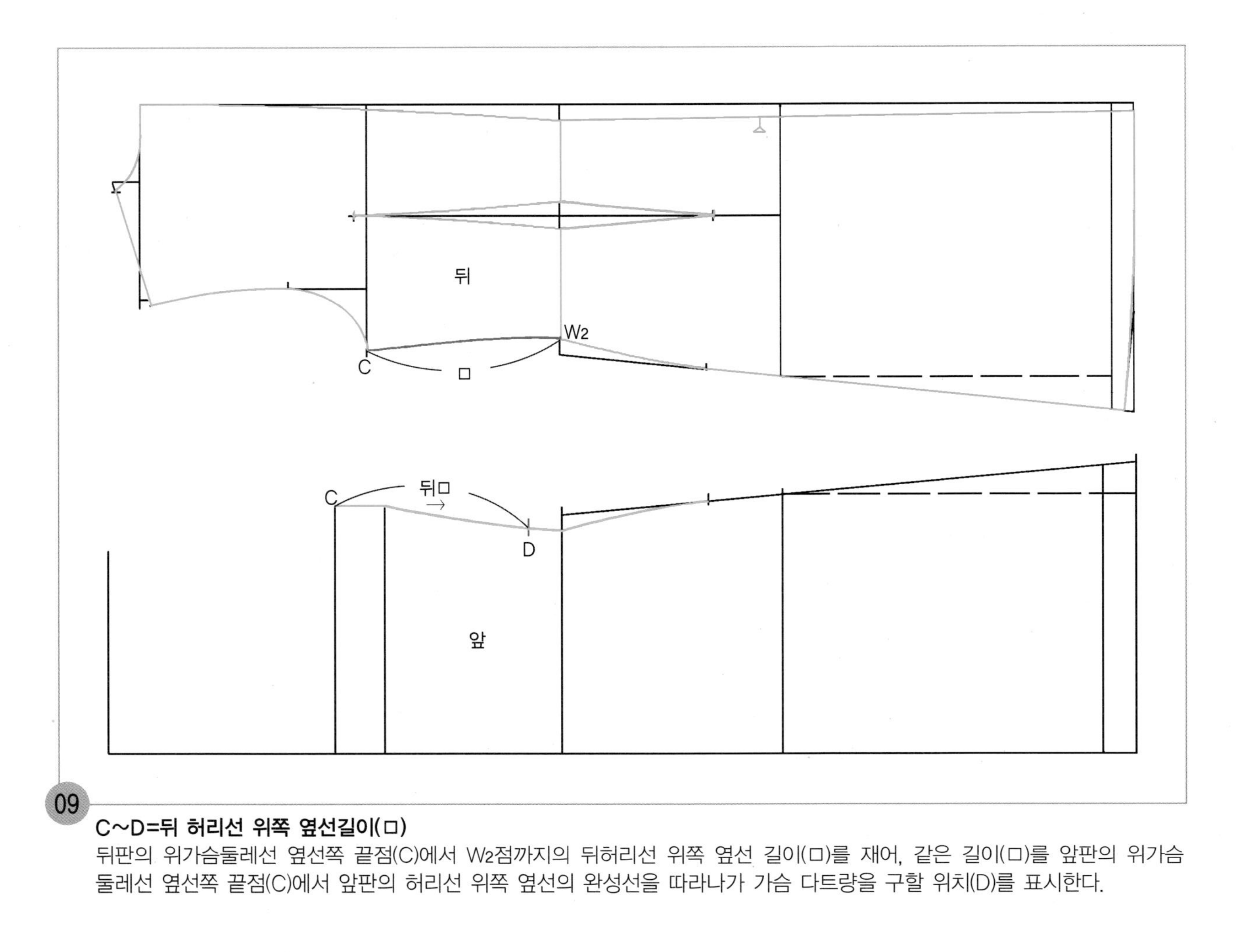

09 C~D=뒤 허리선 위쪽 옆선길이(□)

뒤판의 위가슴둘레선 옆선쪽 끝점(C)에서 W_2점까지의 뒤허리선 위쪽 옆선 길이(□)를 재어, 같은 길이(□)를 앞판의 위가슴둘레선 옆선쪽 끝점(C)에서 앞판의 허리선 위쪽 옆선의 완성선을 따라나가 가슴 다트량을 구할 위치(D)를 표시한다.

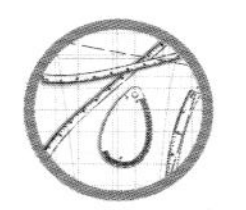

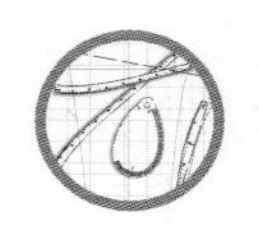

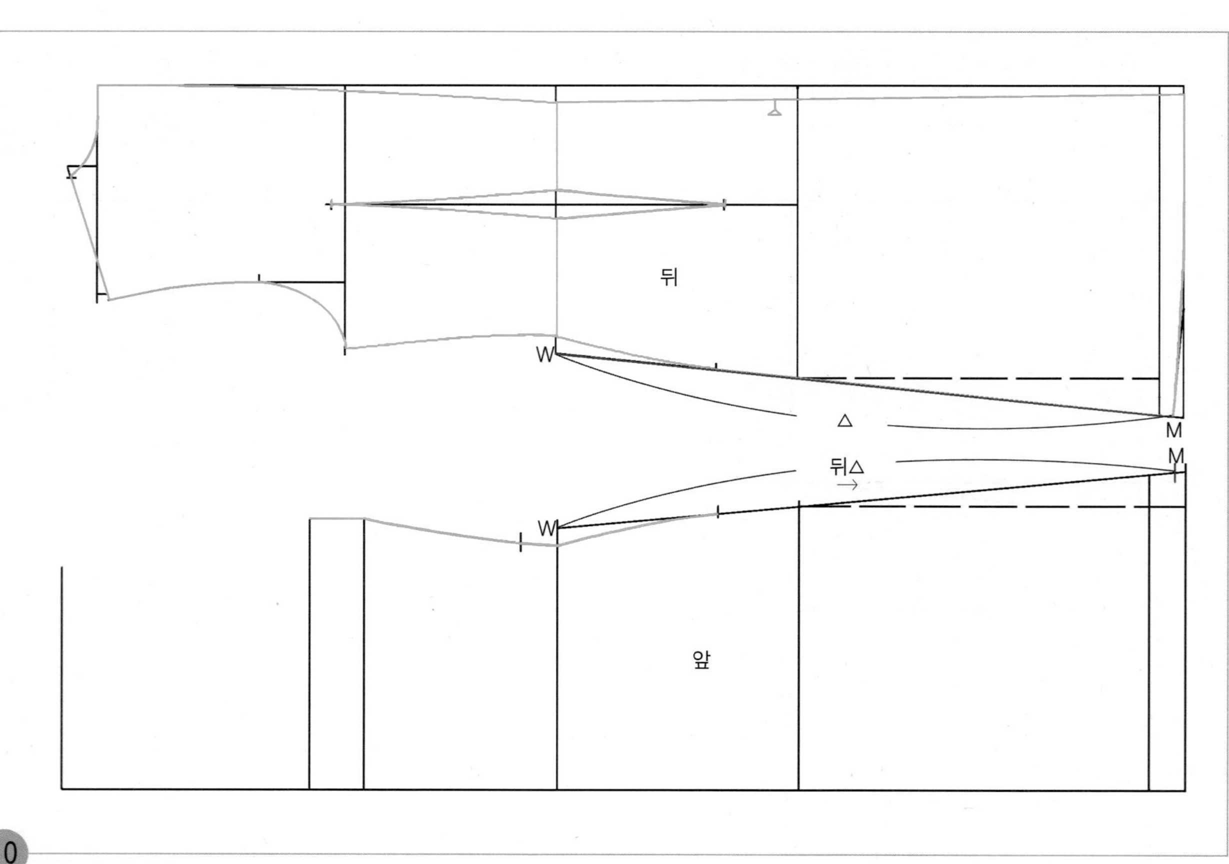

10 **W~M=뒤허리선 아래쪽 옆선 길이(△)**

뒤판의 W점에서 밑단의 완성선 옆선쪽 끝점(M)까지의 뒤허리선 아래쪽 옆선 길이(△)를 재어, 같은 길이(△)를 앞판의 W점에서 허리선 아래쪽 옆선을 따라 나가 앞옆선쪽 밑단 위치(M)를 표시한다.

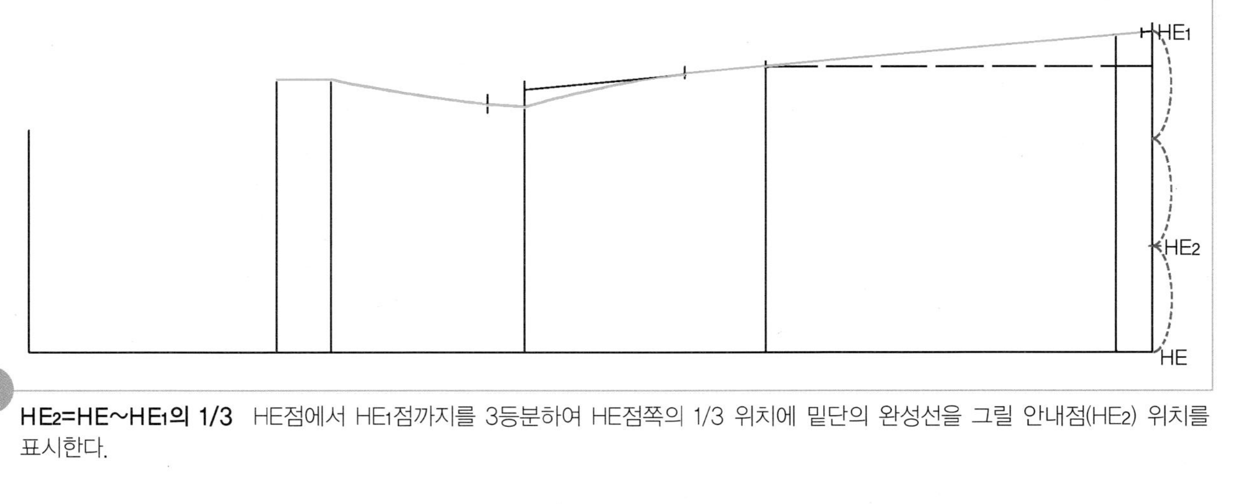

11 **HE_2=HE~HE_1의 1/3** HE점에서 HE_1점까지를 3등분하여 HE점쪽의 1/3 위치에 밑단의 완성선을 그릴 안내점(HE_2) 위치를 표시한다.

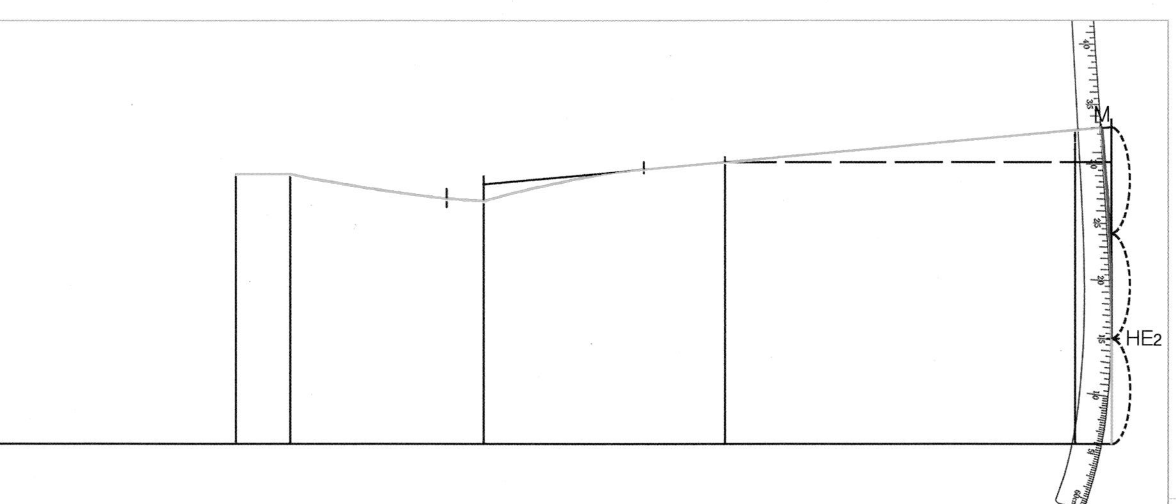

12 HE_2점에 hip곡자 15 위치를 맞추면서 M점과 연결하여 밑단 완성선을 그린다.

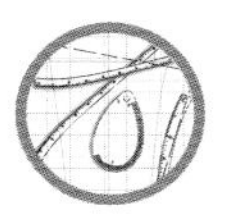

3. 가슴 다트와 허리 다트선을 그린다.

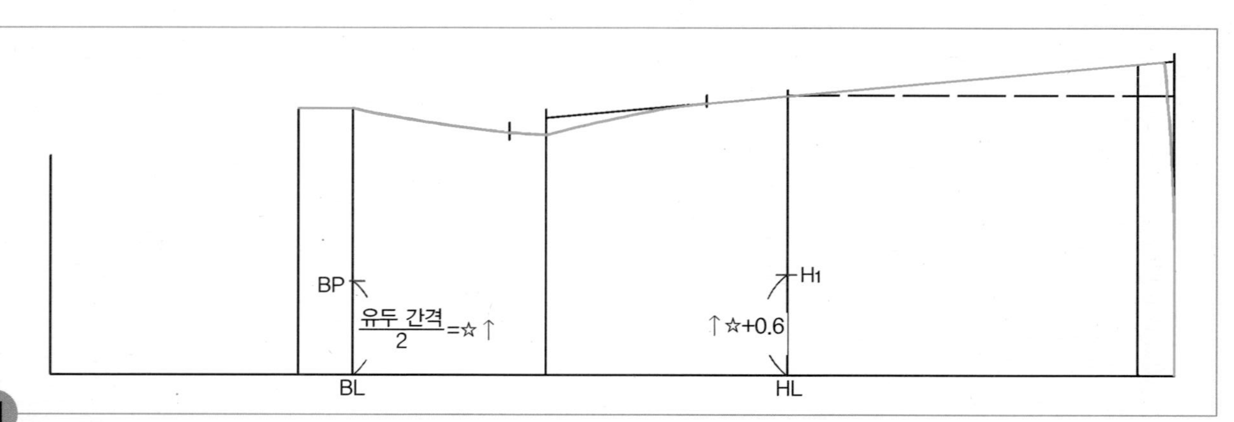

01

BL~BP=유두 간격/2(☆), HL~H_1=(유두 간격/2)+0.6

앞중심쪽의 가슴둘레선 위치(BL)에서 유두 간격/2 치수를 올라가 유두점(BP)을 표시하고, 앞중심쪽 히프선(HL) 위치에서 유두 간격/2(☆)+0.6cm한 치수를 올라가 히프선쪽 다트 안내선 끝점(H_1) 위치를 표시한다.

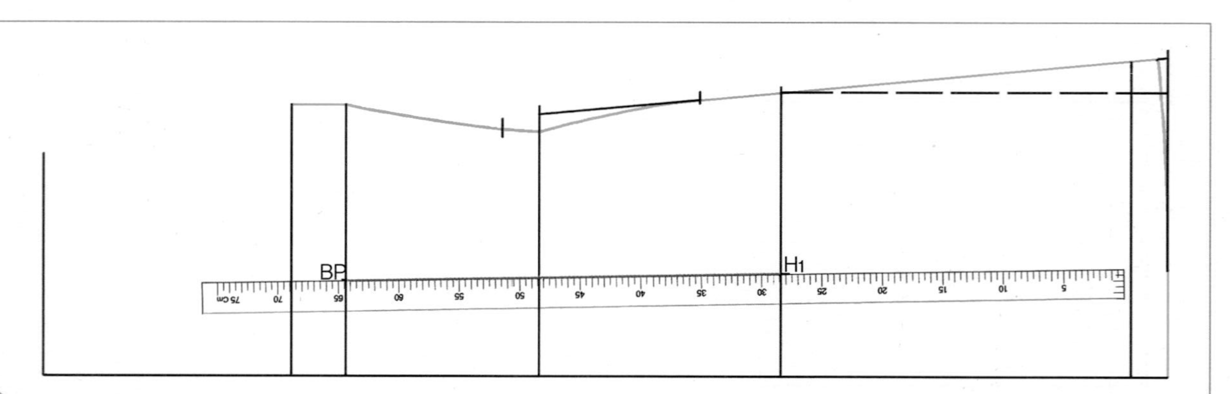

02

유두점(BP)과 히프선쪽 다트 안내선 끝점(H_1) 두 점을 직선자로 연결하여 허리 다트 중심선을 그린다.

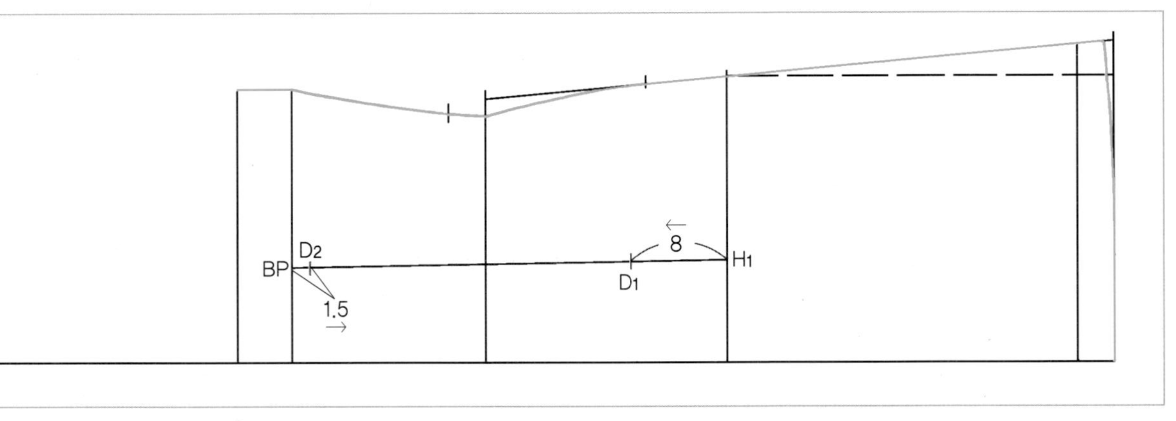

03

BP~D2=1.5cm, H1~D1=8cm

히프선쪽 허리 다트 중심선 끝점(H1)에서 8cm 들어가 허리선 아래쪽 다트 끝점(D1) 위치를 표시하고, 유두점(BP)에서 허리 다트 중심선을 따라 1.5cm 들어가 허리선 위쪽 다트 끝점(D2) 위치를 표시한다.

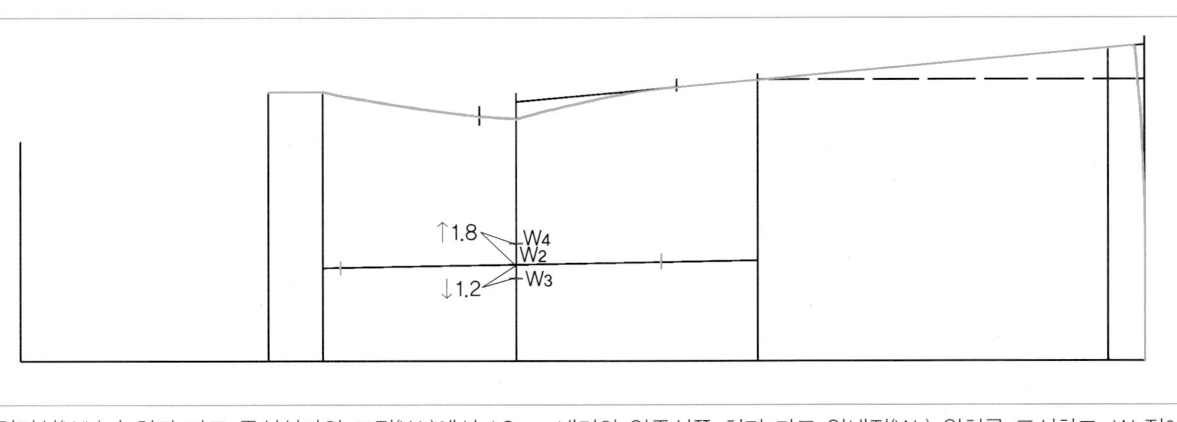

04

허리선(WL)과 허리 다트 중심선과의 교점(W2)에서 1.2cm 내려와 앞중심쪽 허리 다트 안내점(W3) 위치를 표시하고, W2점에서 1.8cm 올라가 옆선쪽 허리 다트 안내점(W4) 위치를 표시한다.

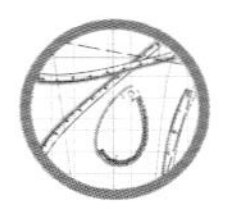

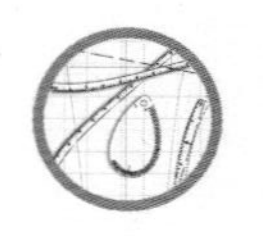

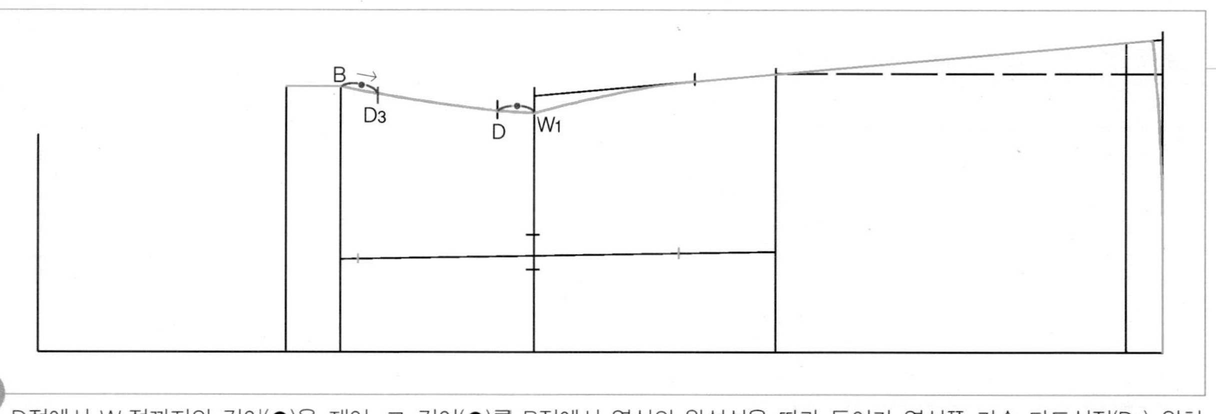

05 D점에서 W_1점까지의 길이(●)을 재어, 그 길이(●)를 B점에서 옆선의 완성선을 따라 들어가 옆선쪽 가슴 다트선점(D_3) 위치를 표시한다.

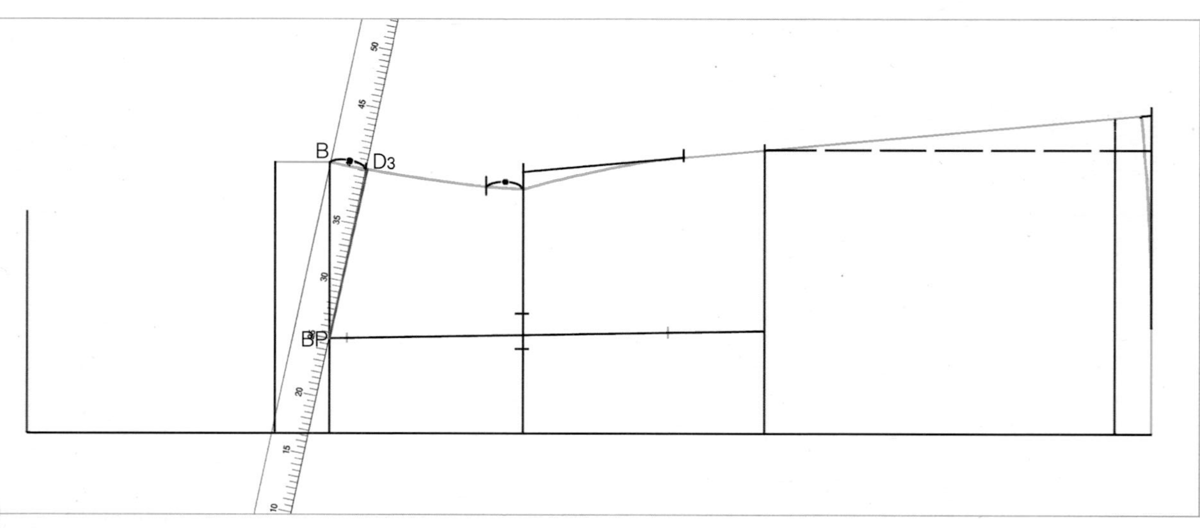

06 D_3점과 유두점(BP) 두 점을 직선자로 연결하여 가슴 다트선을 그린다.

07 W_3점에 hip곡자 10 위치를 맞추면서 허리선 위쪽 다트 끝점(D_2)과 연결하여 앞중심쪽의 허리선 위쪽 다트 완성선을 그리고, hip곡자를 수직반전하여 W_4점에 hip곡자 10 위치를 맞추면서 D_2점과 연결하여 옆선쪽의 허리선 위쪽 다트 완성선을 그린다.

08 허리선 아래쪽 다트 끝점(D_1)에 hip곡자 10 위치를 맞추면서 W_4점과 연결하여 옆선쪽의 허리선 아래쪽 다트 완성선을 그리고, hip곡자를 수직반전하여 D_1점에 hip곡자 10 위치를 맞추면서 W_3점과 연결하여 앞중심쪽의 허리선 아래쪽 다트 완성선을 그린다.

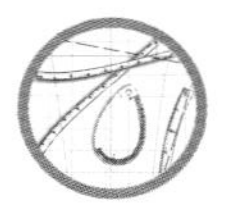

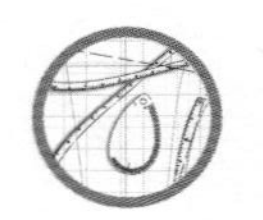

4. 앞어깨선을 그리고 진동둘레선과 앞목둘레선을 그린다.

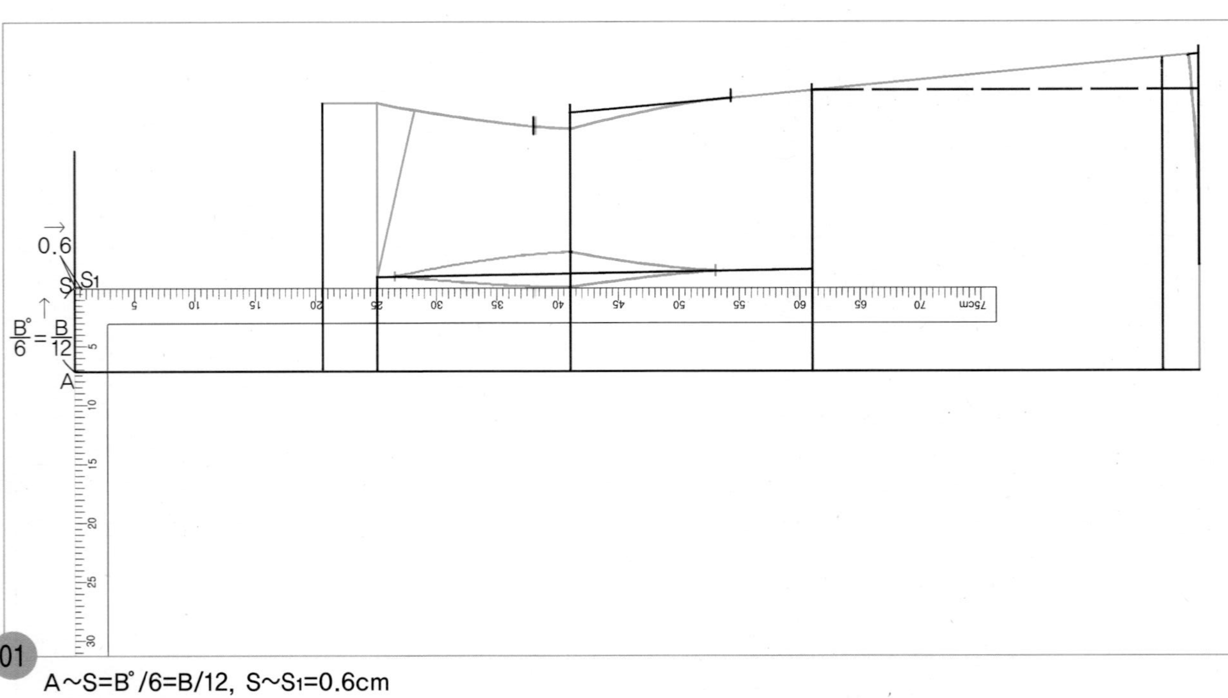

A~S=B˚/6=B/12, S~S1=0.6cm

직각자를 A점에서 B˚/6=B/12 치수 만큼 올려 맞추고 앞목둘레 폭점(S) 위치를 정한 다음, 직각으로 0.6cm 앞목둘레선을 그릴 안내선(S1)을 그린다.

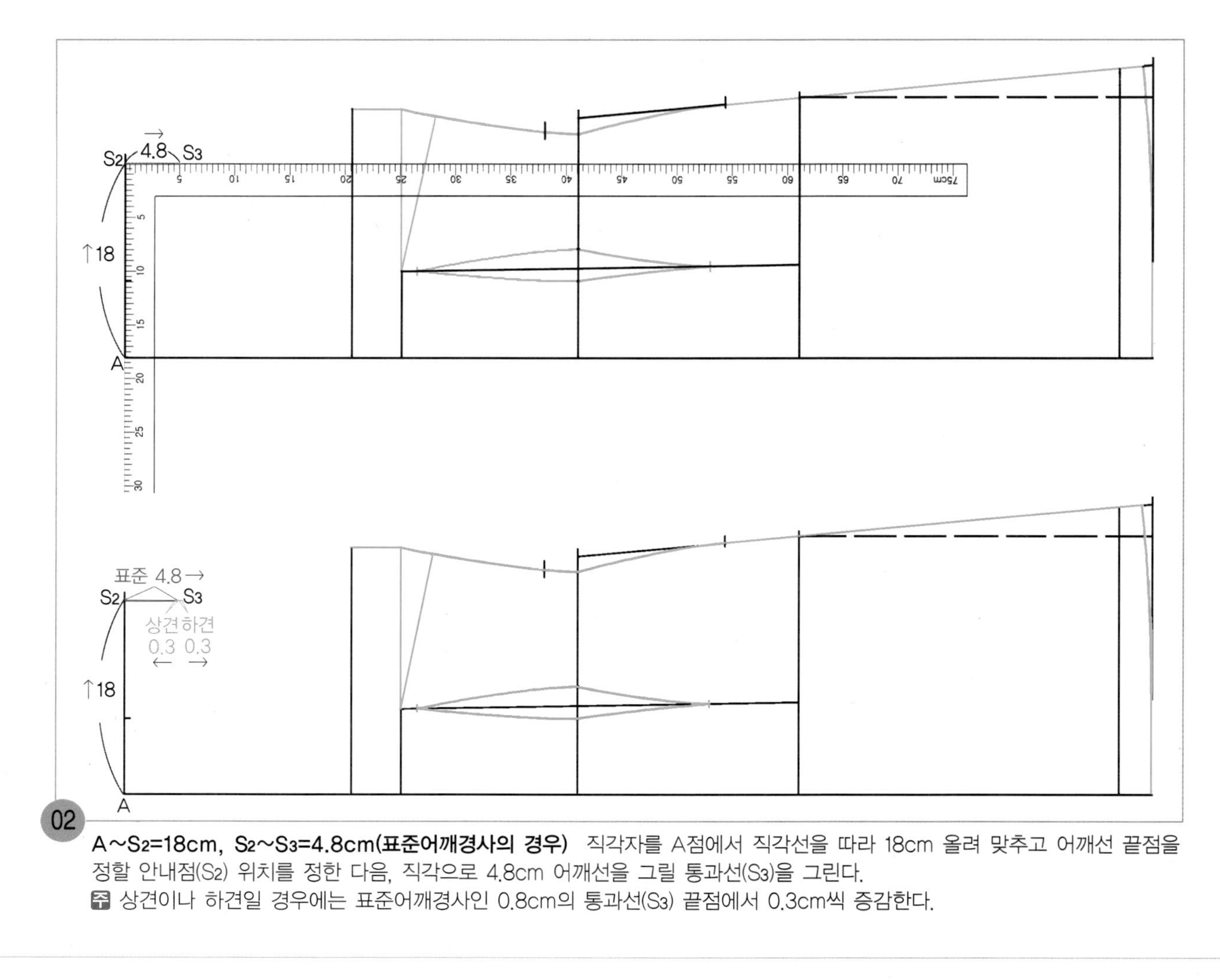

02 **A~S_2=18cm, S_2~S_3=4.8cm(표준어깨경사의 경우)** 직각자를 A점에서 직각선을 따라 18cm 올려 맞추고 어깨선 끝점을 정할 안내점(S_2) 위치를 정한 다음, 직각으로 4.8cm 어깨선을 그릴 통과선(S_3)을 그린다.

주 상견이나 하견일 경우에는 표준어깨경사인 0.8cm의 통과선(S_3) 끝점에서 0.3cm씩 증감한다.

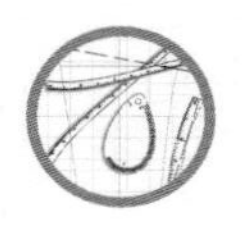

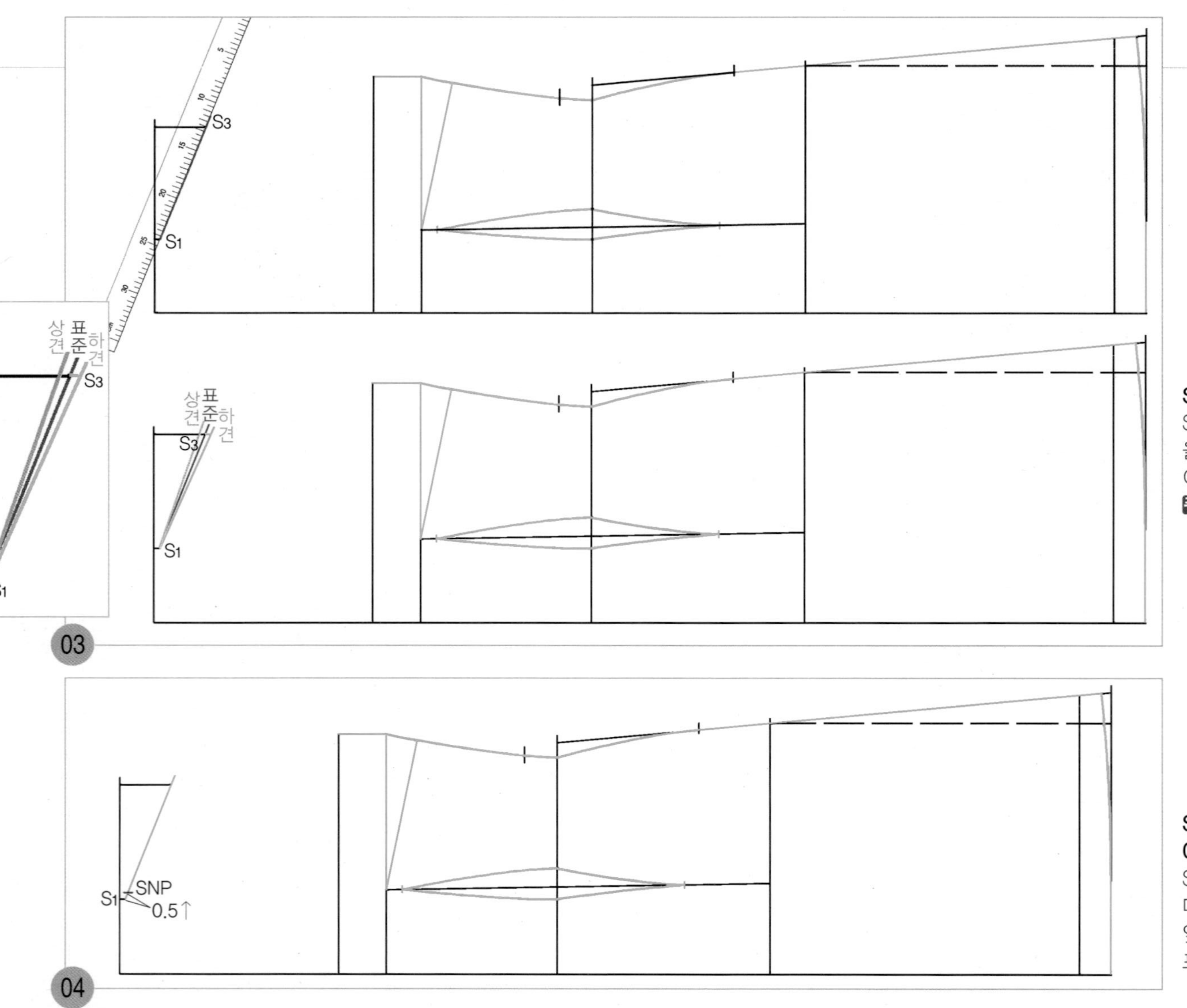

S_1~S_3=어깨선

S_1점과 S_3점 두 점을 직선자로 연결하여 어깨선을 그린다.

주 상견이나 하견일 경우에는 아래쪽 그림과 같이 어깨경사가 각각 달라진다.

S_1~SNP=0.5cm(옆목점)

S_1점에서 어깨선을 따라 0.5cm 올라가 옆목점(SNP) 위치를 표시한다.

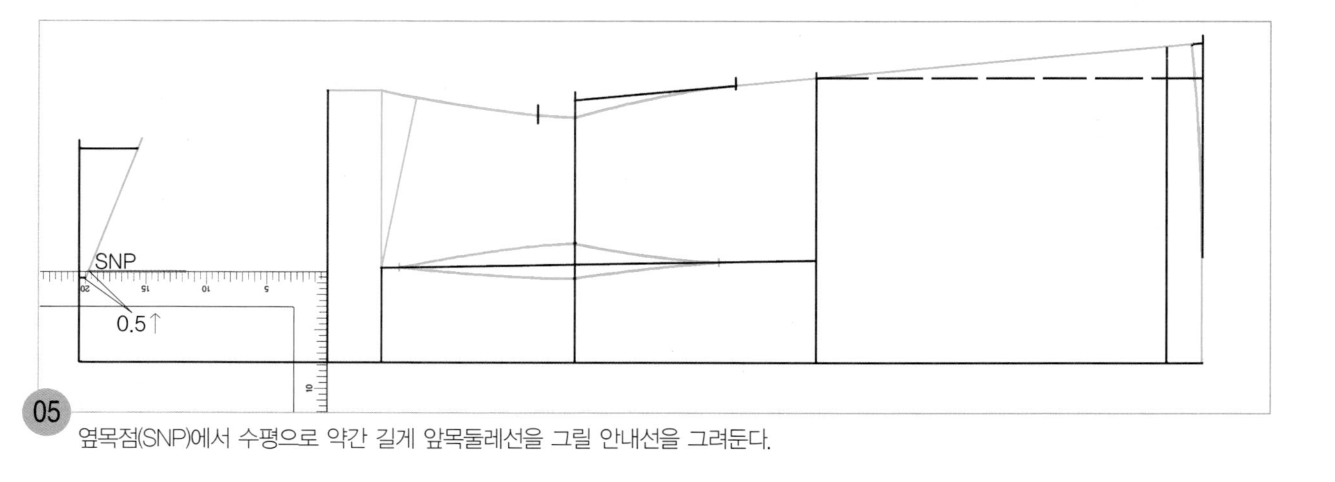

05 옆목점(SNP)에서 수평으로 약간 길게 앞목둘레선을 그릴 안내선을 그려둔다.

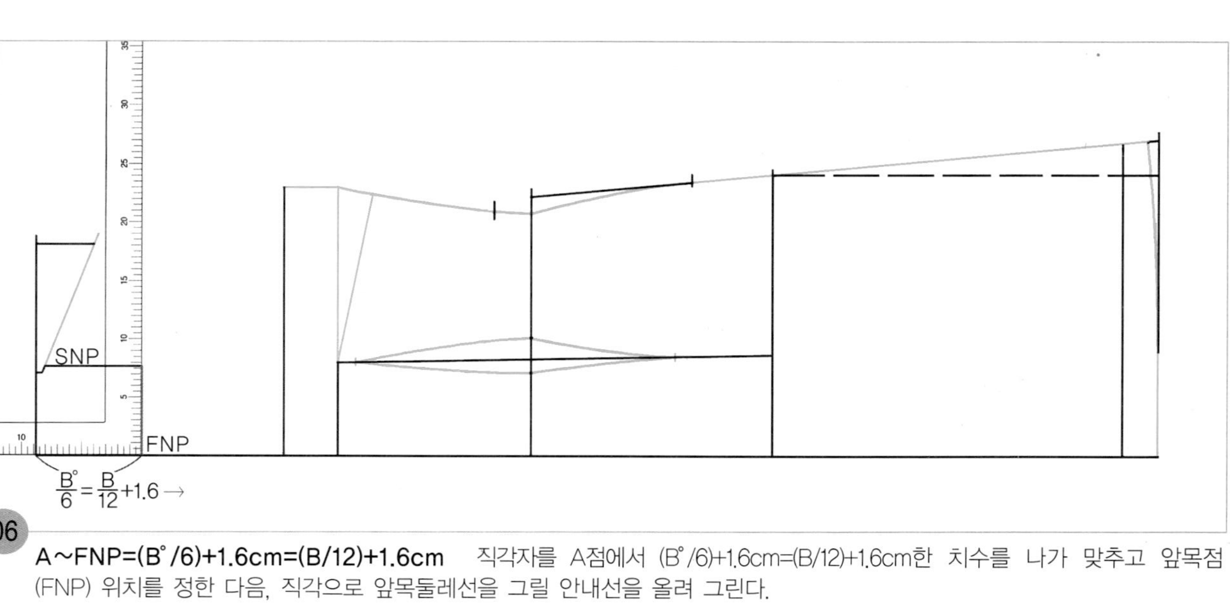

06 **A~FNP=(B°/6)+1.6cm=(B/12)+1.6cm** 직각자를 A점에서 (B°/6)+1.6cm=(B/12)+1.6cm한 치수를 나가 맞추고 앞목점(FNP) 위치를 정한 다음, 직각으로 앞목둘레선을 그릴 안내선을 올려 그린다.

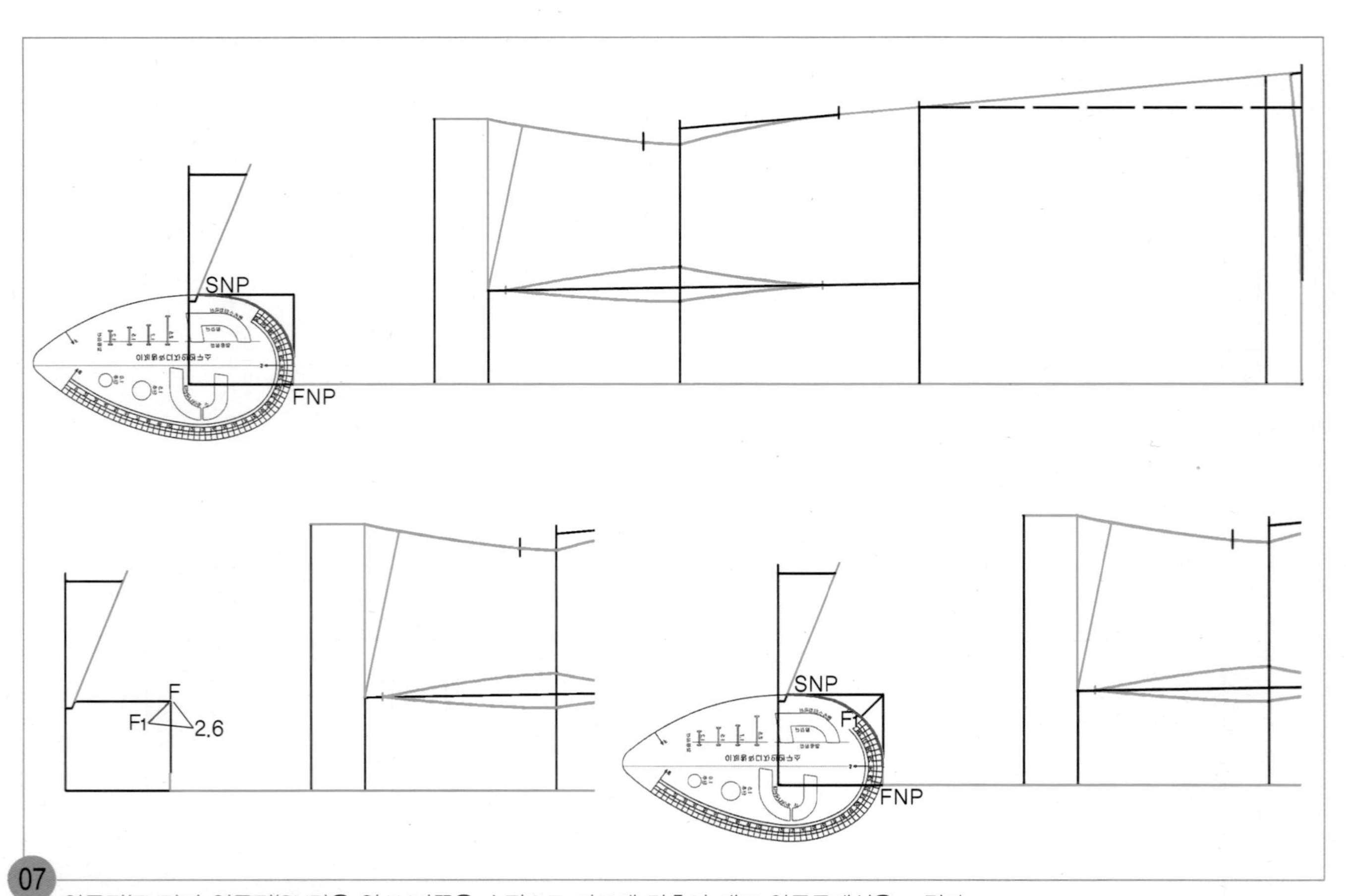

07

앞목점(FNP)과 옆목점(SNP)을 앞AH자쪽을 수평으로 바르게 맞추어 대고 앞목둘레선을 그린다.

주 여기서 사용한 AH자와 다른 AH자를 사용할 경우에는 F점에서 45도 각도로 2.6cm의 통과선(F_1)을 그리고, F_1점을 통과하면서 SNP와 FNP가 연결되도록 맞추어 대고 앞목둘레선을 그린다.

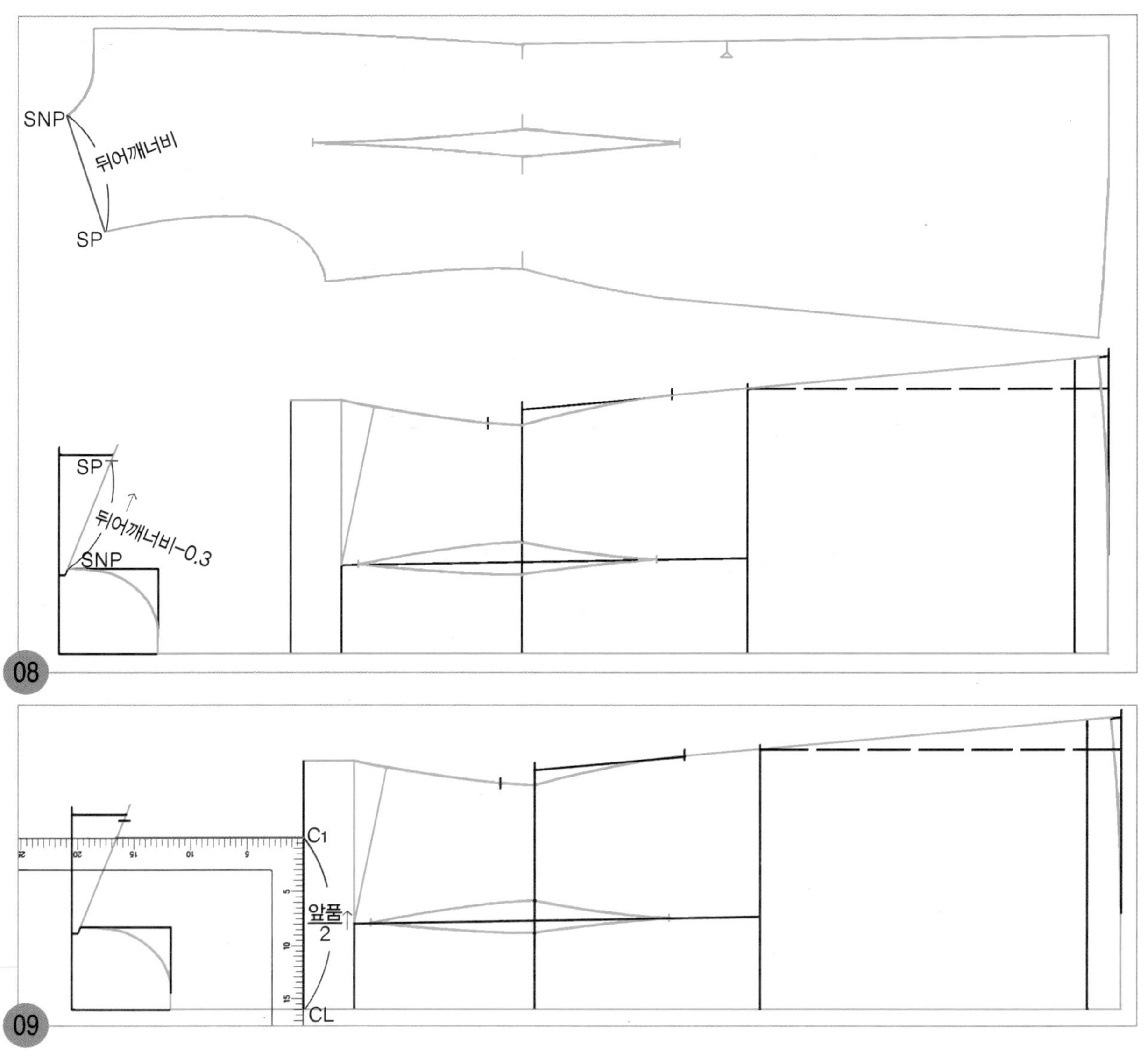

SNP~SP=뒤어깨너비-0.3cm

뒤판의 어깨너비 치수를 재어 앞판의 옆목점(SNP)에서 03에서 그린 어깨선을 따라 뒤어깨너비-0.3cm한 치수를 올라가 앞어깨끝점(SP) 위치를 표시한다. 여기서 -0.3cm한 치수는 봉제시 늘릴 치수임.

CL~C_1=앞품/2

직각자를 위가슴둘레선(CL)의 앞중심쪽에서 앞품/2 치수 만큼 올려 맞추고 앞품선(C_1) 위치를 정한 다음, 직각으로 어깨선까지 앞품선을 그린다.

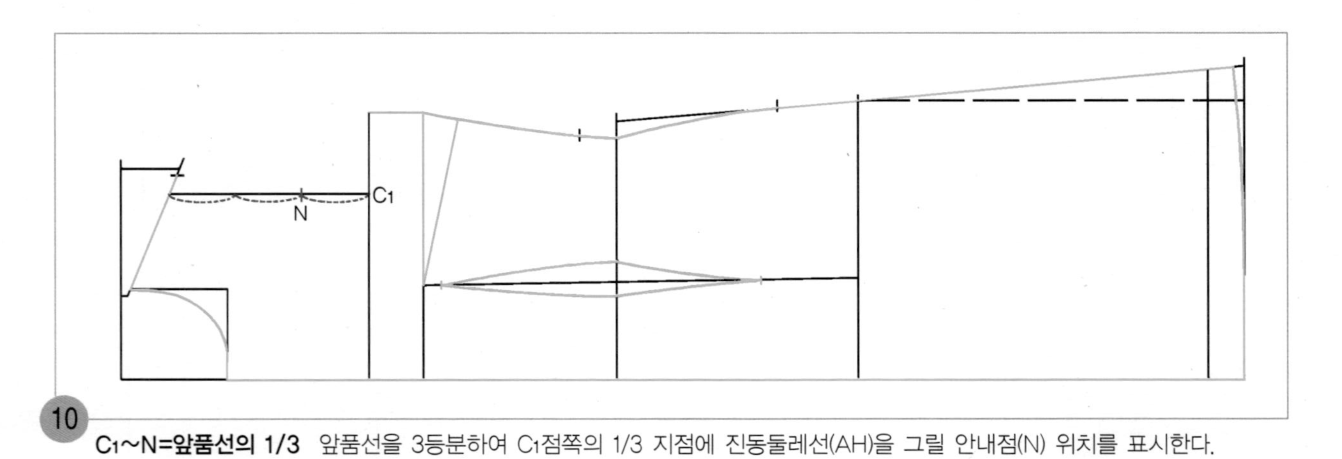

10 **C_1~N=앞품선의 1/3** 앞품선을 3등분하여 C_1점쪽의 1/3 지점에 진동둘레선(AH)을 그릴 안내점(N) 위치를 표시한다.

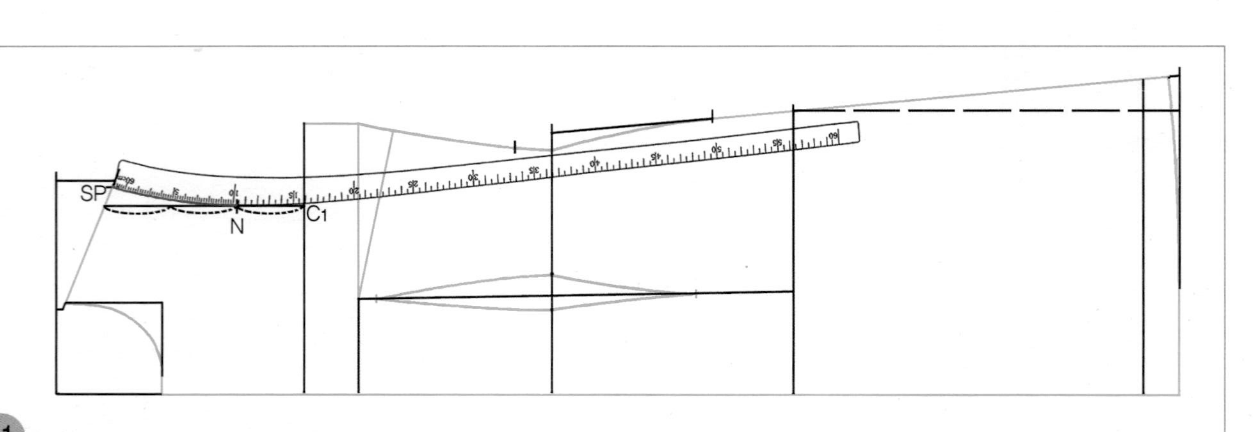

11 어깨끝점(SP)에 hip곡자 끝 위치를 맞추면서 N점과 연결하여 어깨선쪽 진동둘레선을 그린다.

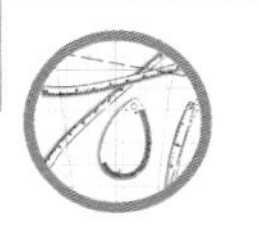

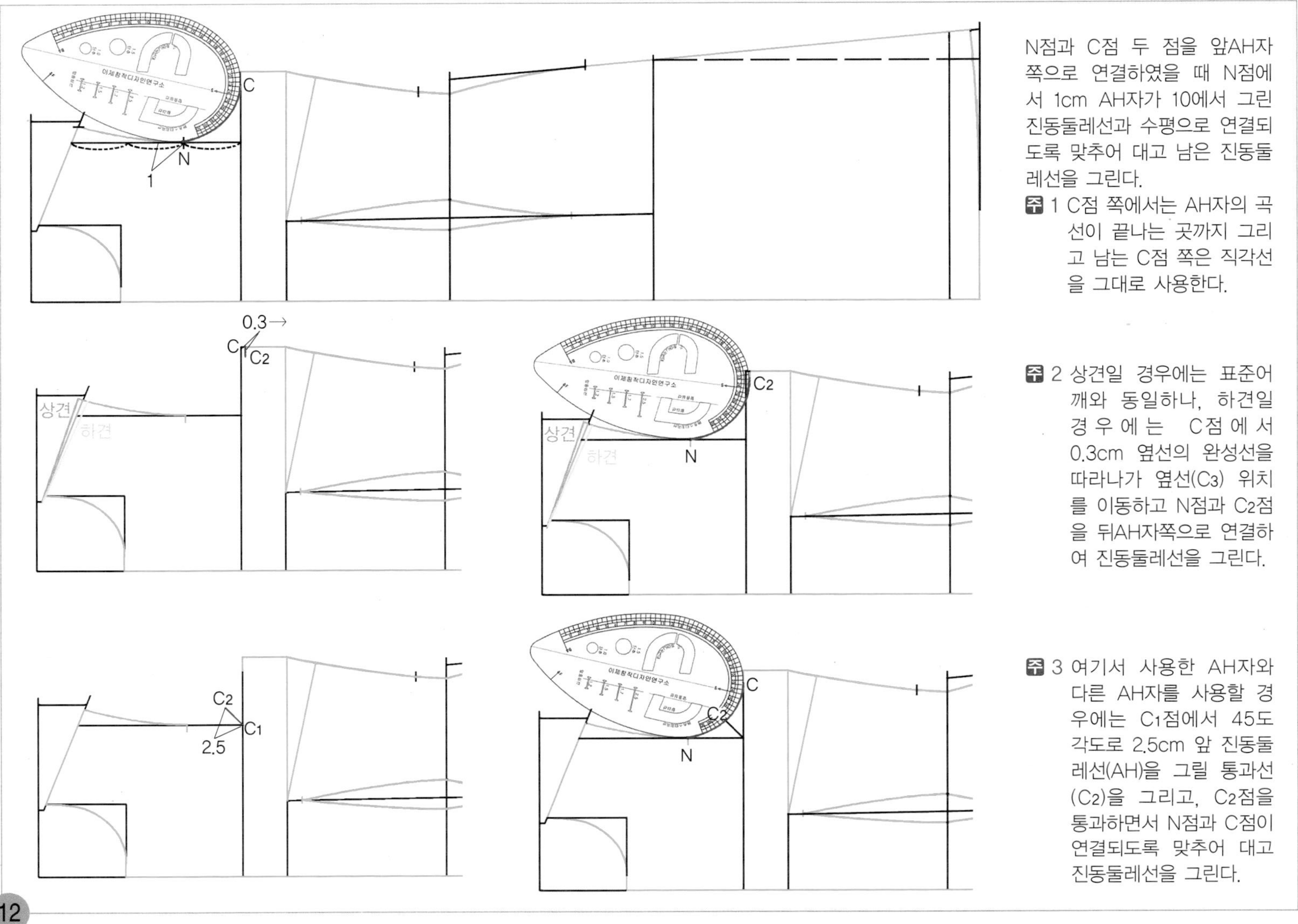

N점과 C점 두 점을 앞AH자 쪽으로 연결하였을 때 N점에서 1cm AH자가 10에서 그린 진동둘레선과 수평으로 연결되도록 맞추어 대고 남은 진동둘레선을 그린다.

주 1 C점 쪽에서는 AH자의 곡선이 끝나는 곳까지 그리고 남는 C점 쪽은 직각선을 그대로 사용한다.

주 2 상견일 경우에는 표준어깨와 동일하나, 하견일 경우에는 C점에서 0.3cm 옆선의 완성선을 따라나가 옆선(C_3) 위치를 이동하고 N점과 C_2점을 뒤AH자쪽으로 연결하여 진동둘레선을 그린다.

주 3 여기서 사용한 AH자와 다른 AH자를 사용할 경우에는 C_1점에서 45도 각도로 2.5cm 앞 진동둘레선(AH)을 그릴 통과선(C_2)을 그리고, C_2점을 통과하면서 N점과 C점이 연결되도록 맞추어 대고 진동둘레선을 그린다.

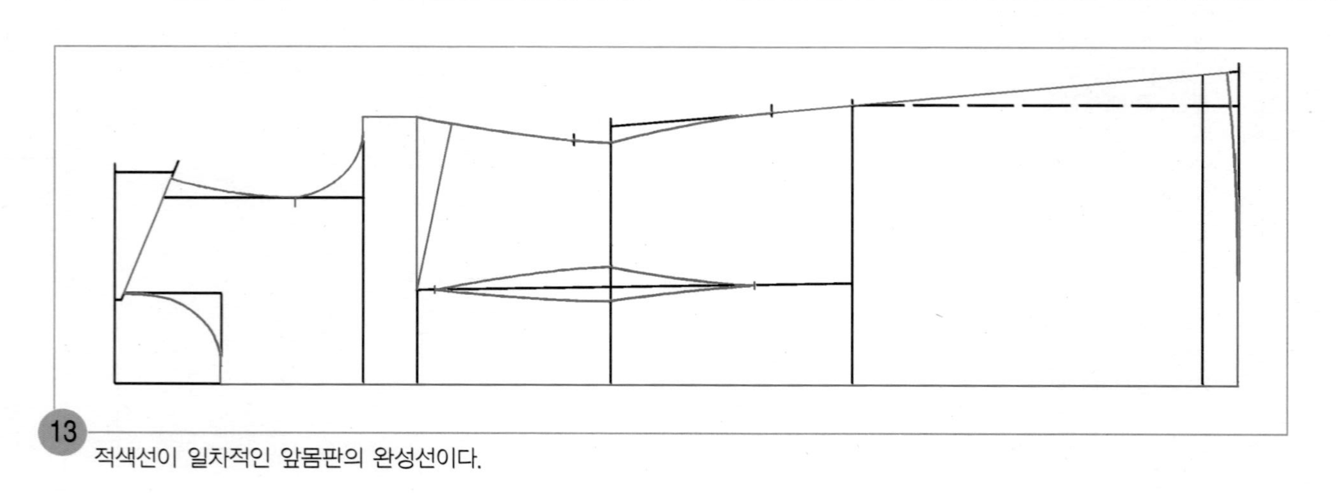

13 적색선이 일차적인 앞몸판의 완성선이다.

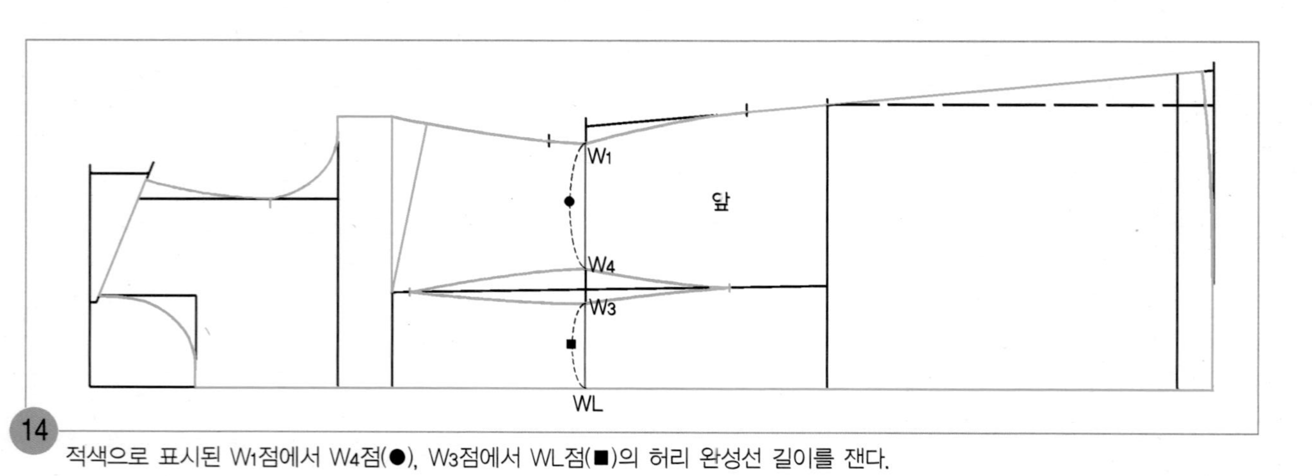

14 적색으로 표시된 W_1점에서 W_4점(●), W_3점에서 WL점(■)의 허리 완성선 길이를 잰다.

15

14에서 잰 허리 완성선 길이가 만약 (W+2.5~3cm)/4한 치수보다 남거나 부족한 분량이 생기면 그 분량을 3등분하여 W_1, W_4, W_3점에서 각각 3등분한 1/3 분량씩을 증감하여 표시하고, 허리 다트선과 옆선을 그릴때와 같은 방법으로 허리 다트선과 옆선을 각각 수정한다(p.140의 07, 08, p.147의 07, 08참조).

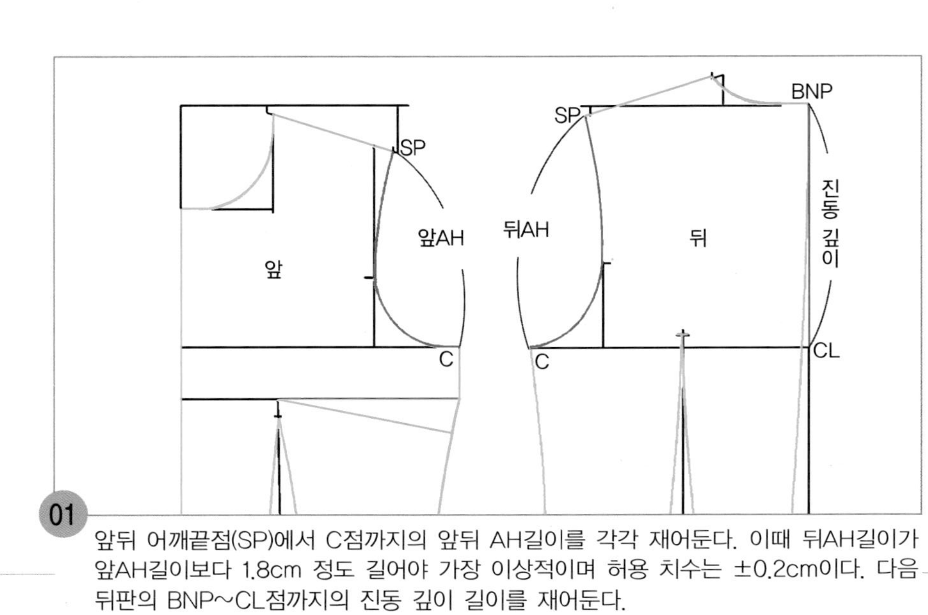

01

앞뒤 어깨끝점(SP)에서 C점까지의 앞뒤 AH길이를 각각 재어둔다. 이때 뒤AH길이가 앞AH길이보다 1.8cm 정도 길어야 가장 이상적이며 허용 치수는 ±0.2cm이다. 다음 뒤판의 BNP~CL점까지의 진동 깊이 길이를 재어둔다.

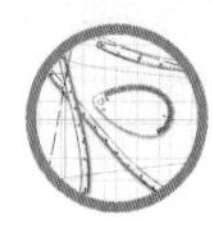

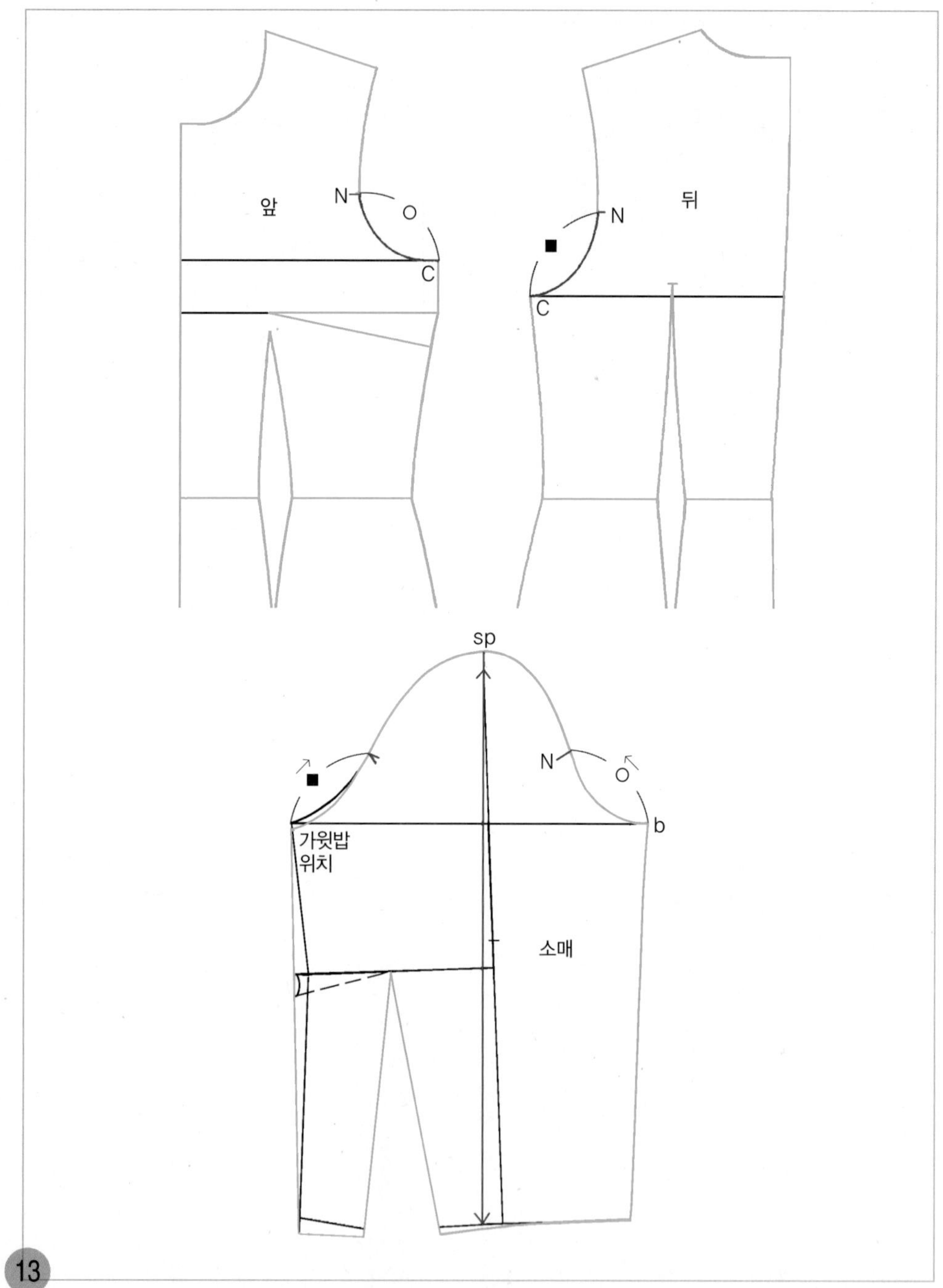

13

한 장 소매 그리는 법은 p.75의 01~p.88의 12까지의 소매그리는 법과 동일하므로 같은 방법으로 소매를 그린 다음, 앞판의 N점에서 C점까지의 진동둘레선 길이를 재어, 앞소매폭점인 b점에서 소매산 곡선을 따라 올라가 앞소매맞춤점(N) 위치를 표시하고, 뒤판의 N점에서 C점까지의 진동둘레선 길이를 재어, 뒤소매폭의 가윗밥 위치에서 소매산 곡선을 따라 올라가 뒤소매맞춤점(N) 위치를 표시한다. 다음 소매 기본 중심선을 식서방향으로 표시해 둔다.

01

뒤W$_1$~WS=1cm, WS~HW=7cm, W$_2$~HW$_1$=7cm
앞WL~WS=1cm, WS~HW=12cm, W$_1$~HW$_1$=7cm

▶ 뒤판은 뒤중심쪽의 W$_1$점에서 오른쪽으로 1cm 나가 허리 솔기선을 그릴 안내점(WS) 위치를 표시하고, WS점에서 왼쪽으로 7cm 나가 뒤중심쪽 하이 웨이스트의 솔기선을 그릴 안내점(HW) 위치를 표시한 다음, 옆선쪽의 W$_2$점에서 왼쪽으로 7cm 나가 하이 웨이스트의 솔기선을 그릴 안내점(HW$_1$) 위치를 표시한다.

▶ 앞판은 앞중심쪽의 WL점에서 왼쪽으로 1cm 나가 허리 솔기선을 그릴 안내점(WS) 위치를 표시하고, WS점에서 왼쪽으로 12cm 나가 하이 웨이스트의 솔기선을 그릴 안내점(HW)을 표시한 다음, 옆선쪽의 W$_1$점에서 왼쪽으로 7cm 나가 하이 웨이스트의 솔기선을 그릴 안내점(HW$_1$) 위치를 표시한다.

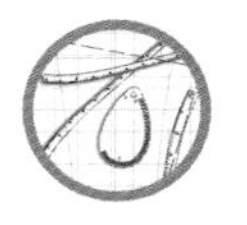

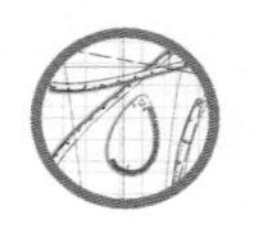

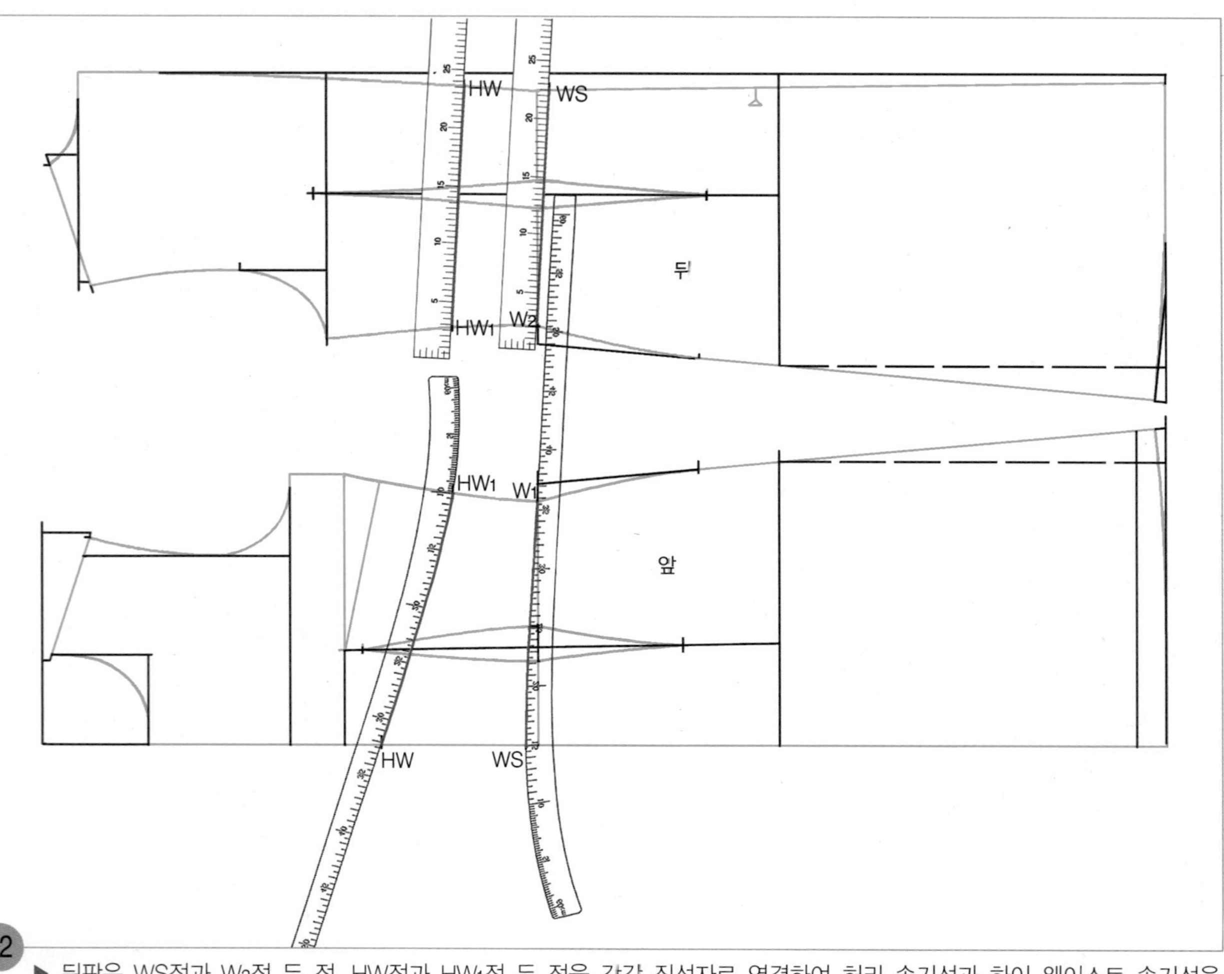

02

- ▶ 뒤판은 WS점과 W_2점 두 점, HW점과 HW_1점 두 점을 각각 직선자로 연결하여 허리 솔기선과 하이 웨이스트 솔기선을 그린다.
- ▶ 앞판은 WS점에 hip곡자 15 위치를 맞추면서 W_1점과 연결하여 허리 솔기선을 그린 다음, HW_1점에 hip곡자 10 위치를 맞추면서 HW점과 연결하여 하이 웨이스트의 솔기선을 그린다.

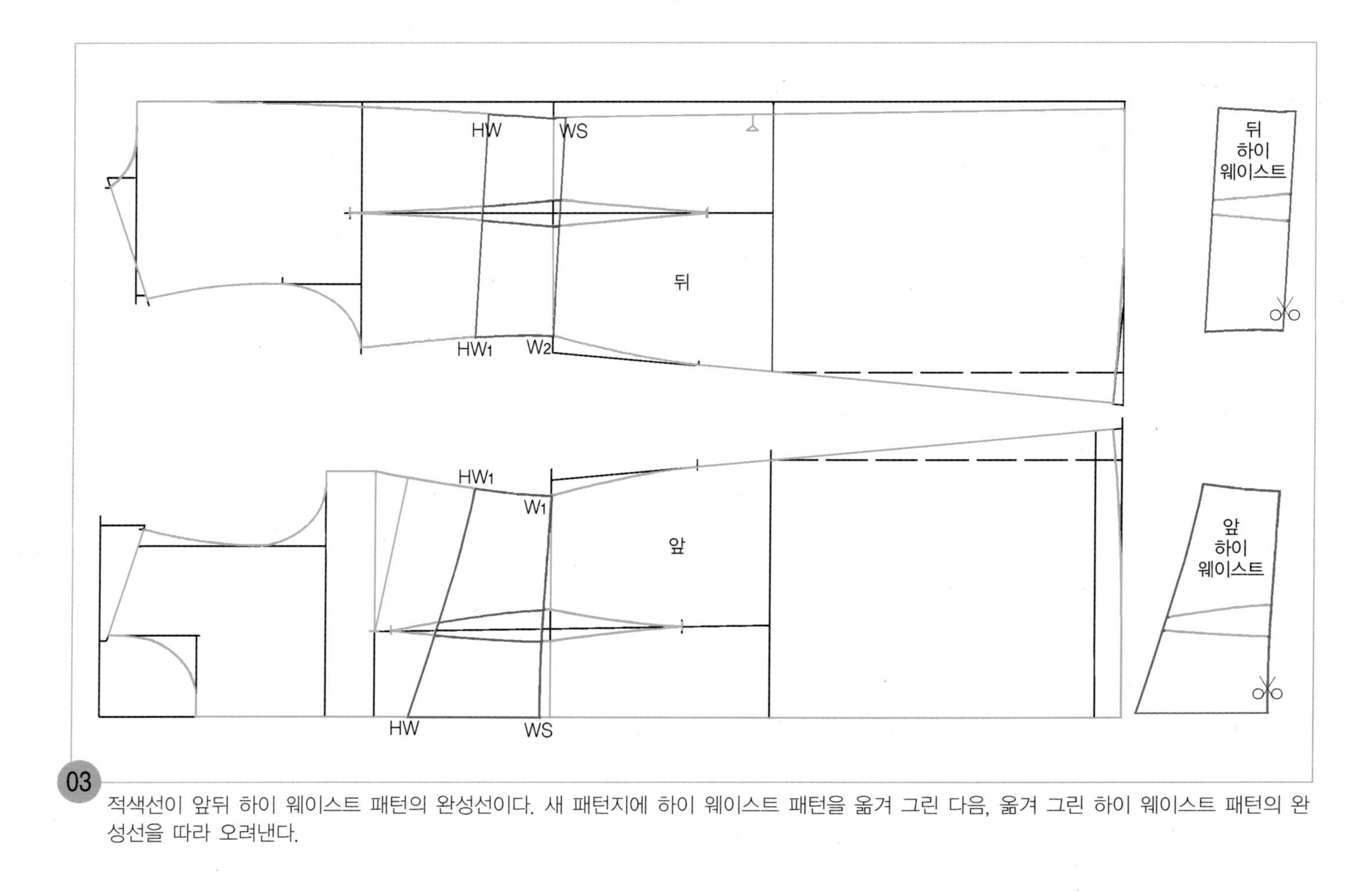

03 적색선이 앞뒤 하이 웨이스트 패턴의 완성선이다. 새 패턴지에 하이 웨이스트 패턴을 옮겨 그린 다음, 옮겨 그린 하이 웨이스트 패턴의 완성선을 따라 오려낸다.

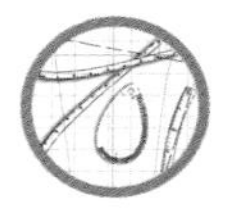

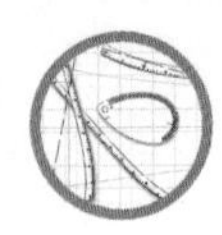

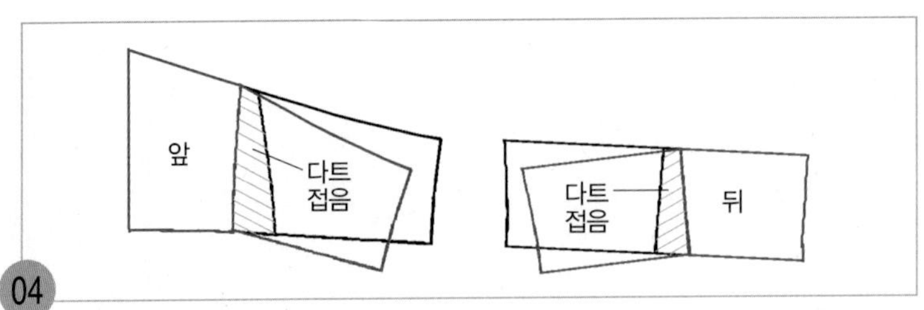

04

03에서 새 패턴지에 옮겨 그리고 오려낸 앞뒤 하이 웨이스트 패턴의 허리 다트를 접는다.

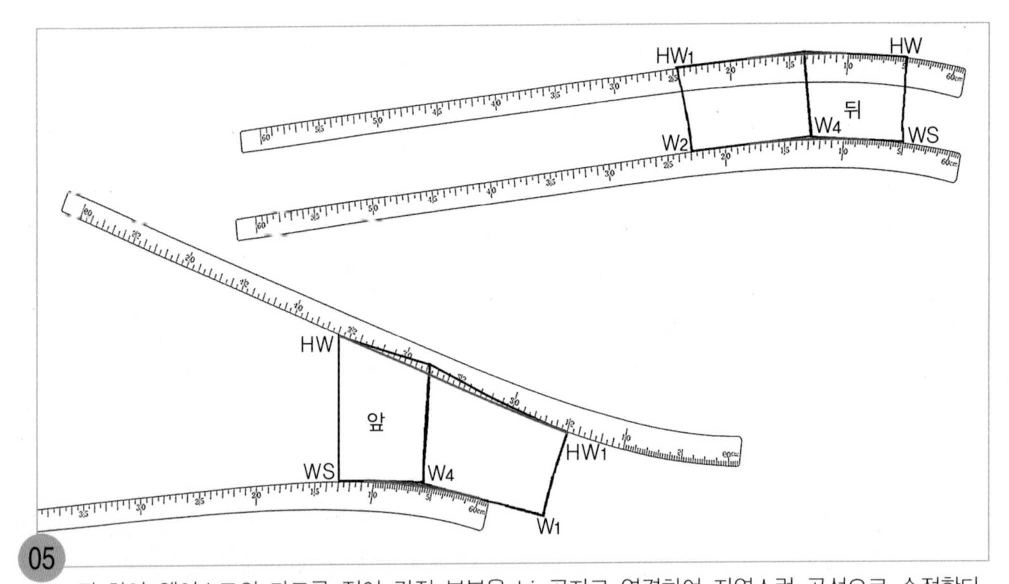

05

뒤 하이 웨이스트의 다트를 접어 각진 부분을 hip곡자로 연결하여 자연스런 곡선으로 수정한다. 즉 HW점에 hip곡자 5 위치를 맞추면서 HW_1점과 연결하여 하이 웨이스트의 솔기선을 그린 다음, WS점에 hip곡자 5 위치를 맞추면서 W_2점과 연결하여 허리 솔기선을 그린다.
앞판은 W_1점쪽의 선을 따르도록 hip곡자 끝쪽을 맞추면서 옆선쪽의 WS점과 연결하여 자연스런 곡선으로 허리 솔기선을 수정하고, 하이 웨이스트 솔기선의 옆선쪽 HW_1점에 hip곡자 15 위치를 맞추면서 HW점과 연결하여 하이 웨이스트의 솔기선을 수정한다.

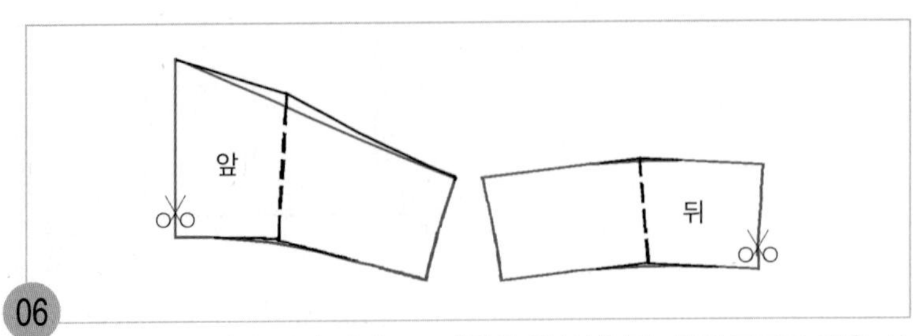

06

적색선이 수정된 하이 웨이스트 패턴의 완성선이다. 허리 다트를 접은 상태로 수정한 외곽 완성선을 따라 오려낸다.

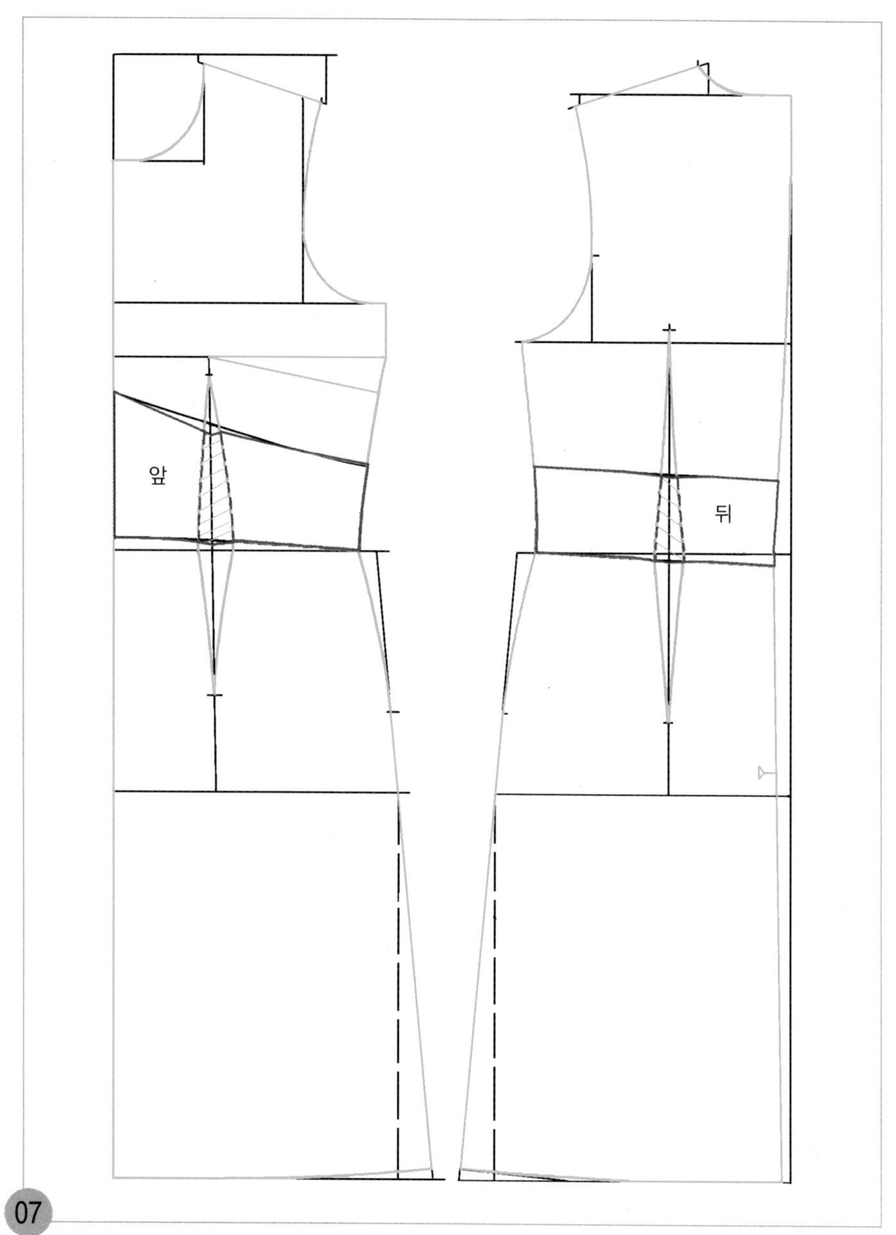

07

06에서 오려낸 하이 웨이스트 패턴의 허리 다트를 다시 펴서 원래의 패턴 위에 맞추어 얹고 완성선을 옮겨 그린다.

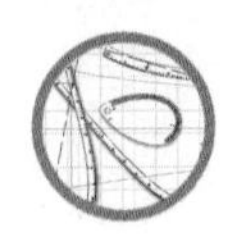

패턴 분리하기

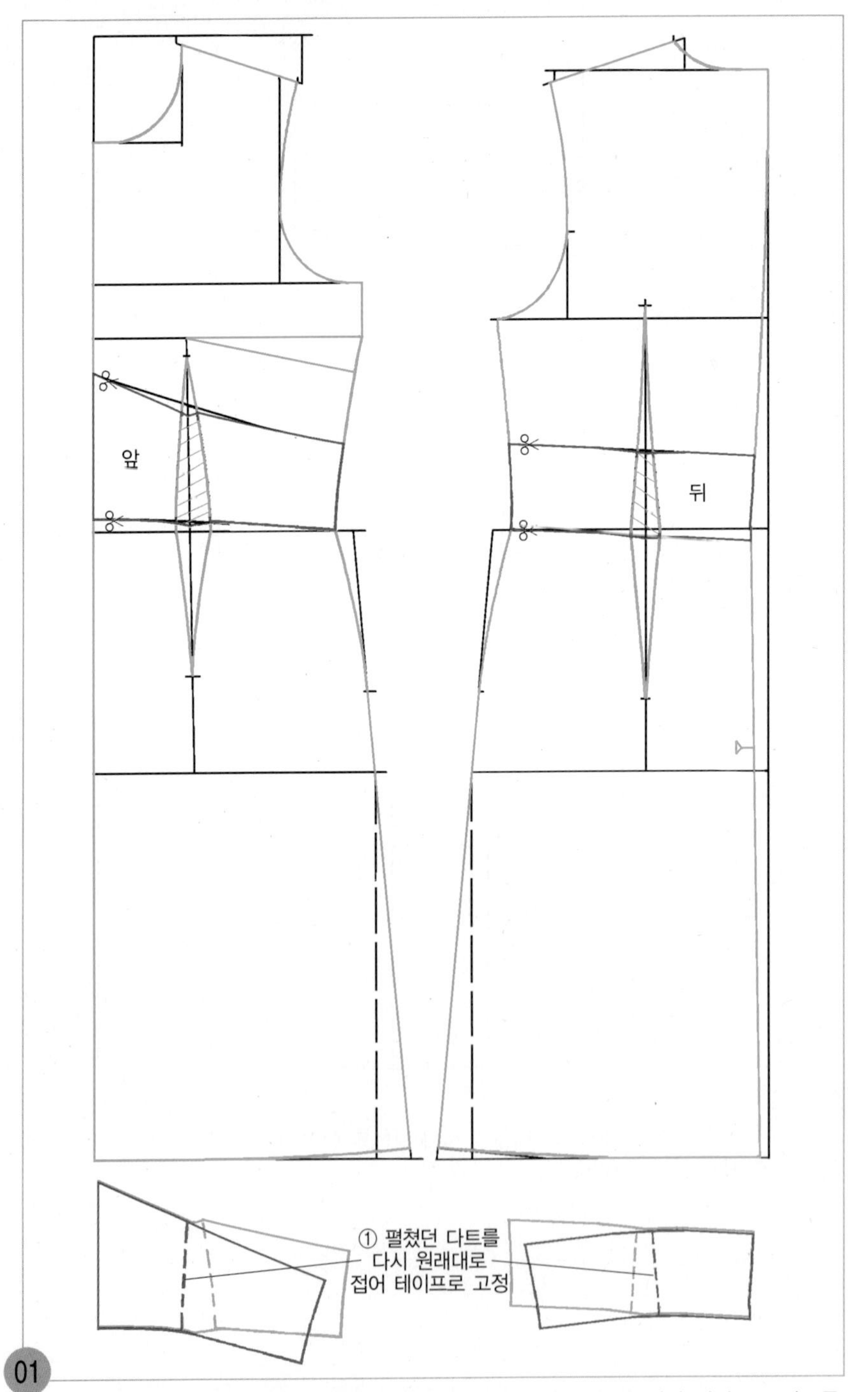

01

① 원래의 패턴 위에 맞추어 얹었던 패턴을 떼어내 다시 다트를 접어 테이프로 다트를 고정시키고, 원래의 패턴 위에 맞추어 얹어 그린 하이 웨이스트의 완성선을 따라 오려낸다.

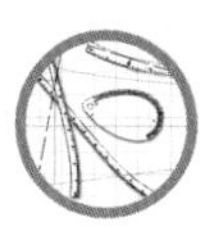

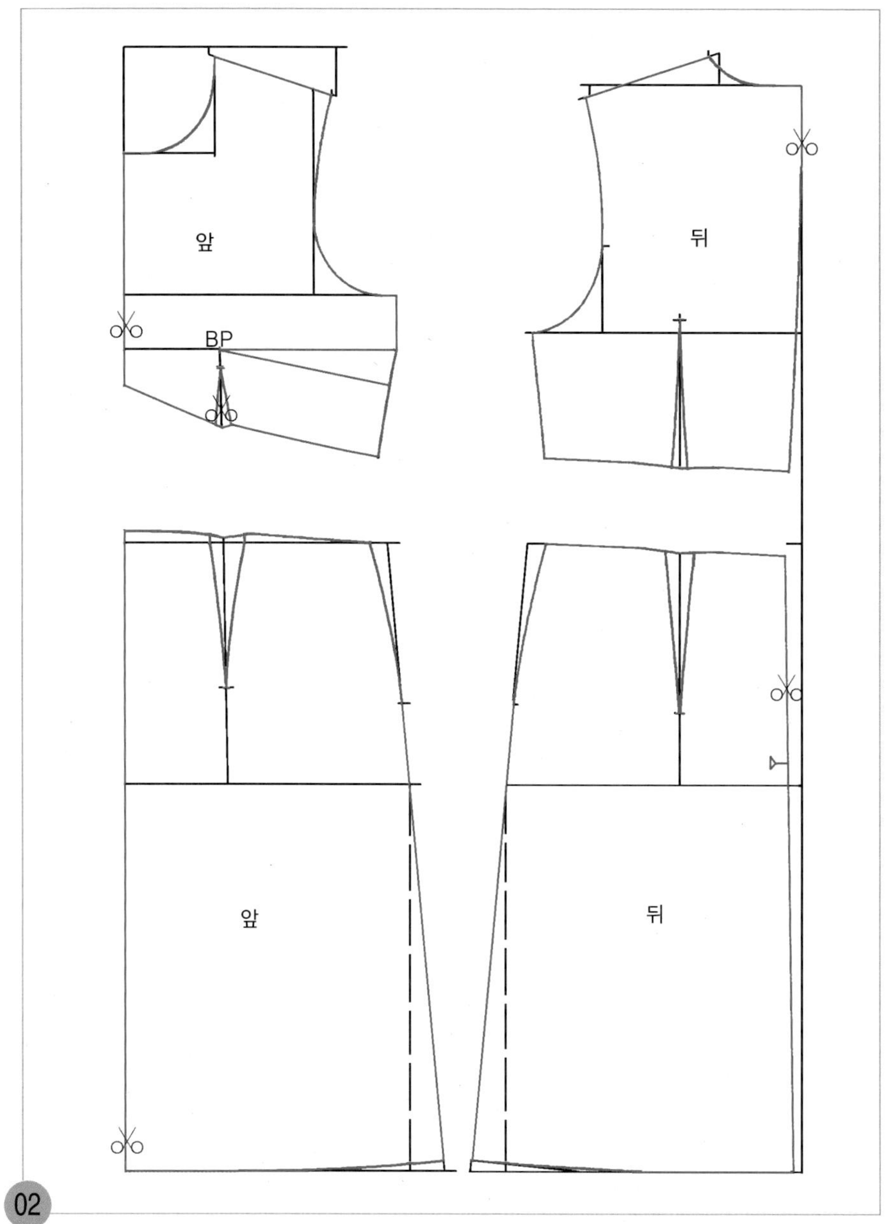

02

앞뒤 몸판과 스커트의 외곽 완성선을 따라 오려낸 다음, 앞판의 허리 다트 중심선을 유두점(BP)까지 오려둔다.

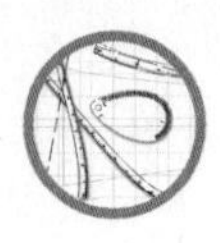

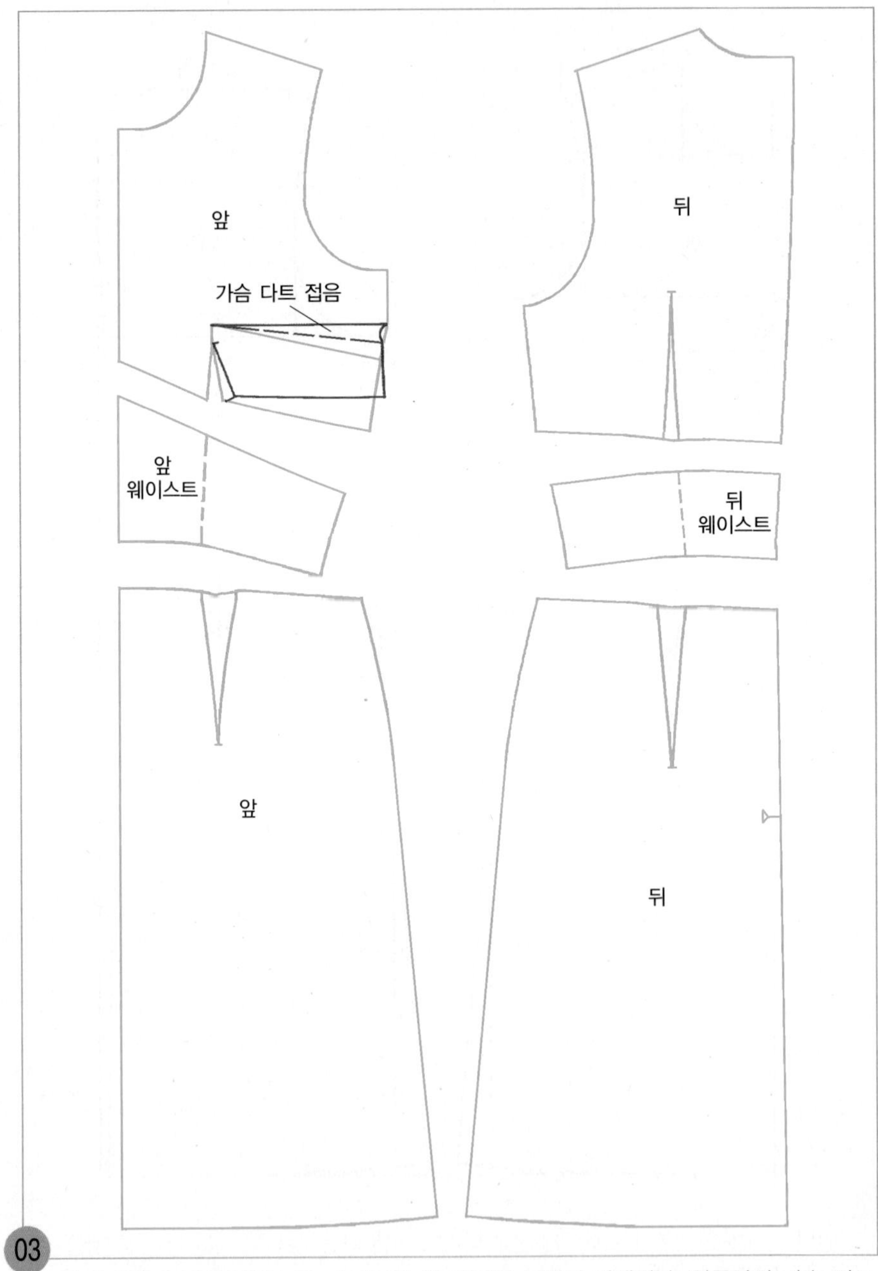

03

앞뒤 몸판과 하이 웨이스트, 스커트의 각 패턴이 분리된 상태이다. 앞몸판의 가슴 다트를 접어 테이프로 고정시킨다.

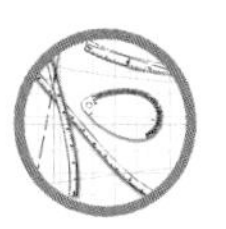

2. 앞뒤 안단선을 그린다.

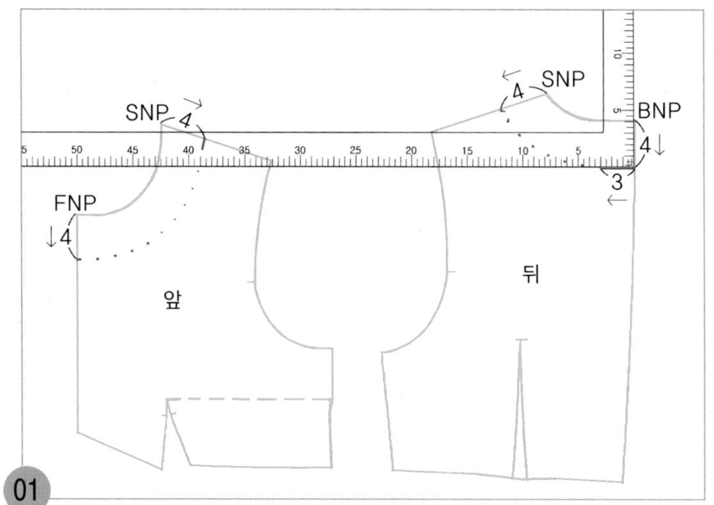

01

직각자를 뒤판의 뒷목점(BNP)에서 4cm 내려 맞추고 직각으로 3cm 안단선을 그린 다음, 앞뒤판 모두 앞뒤 목둘레선에 직각으로 4cm 안단선을 그릴 안내점을 표시한다.

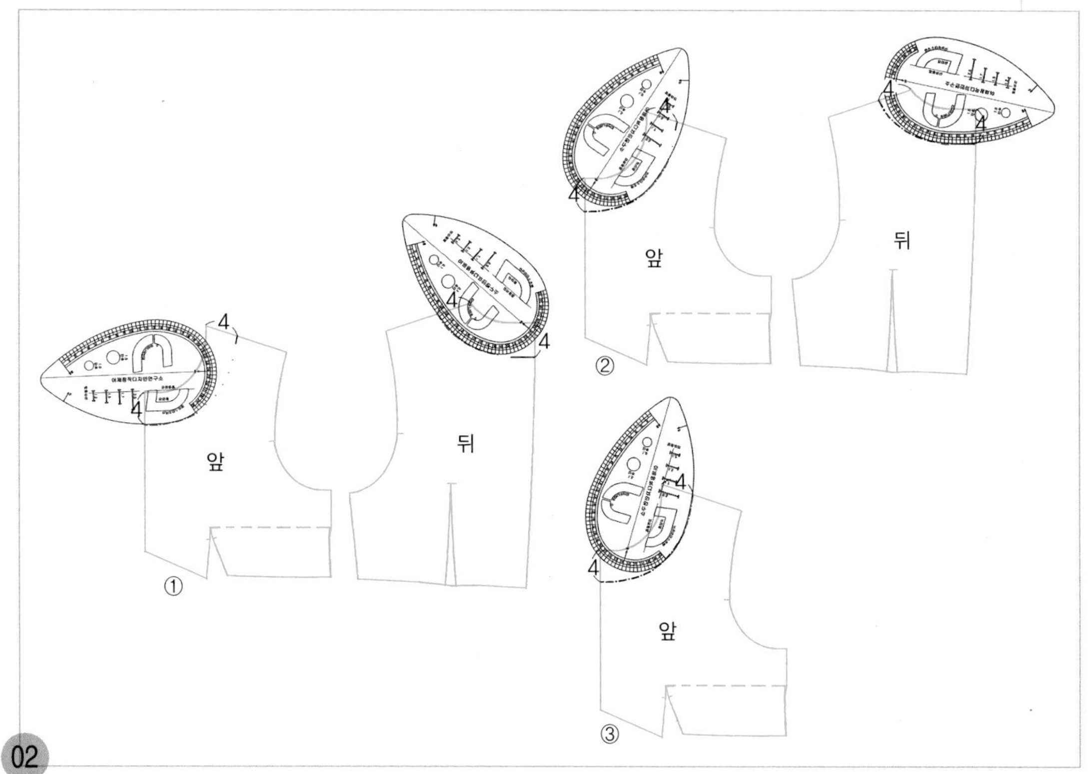

02

그림과 같이 앞판은 앞AH자쪽으로, 뒤판은 뒤AH자쪽으로 맞추어 AH자를 조금씩 돌려가면서 앞뒤 안단선을 그린다.

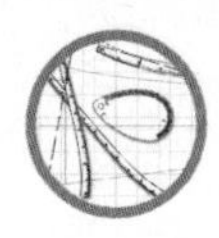

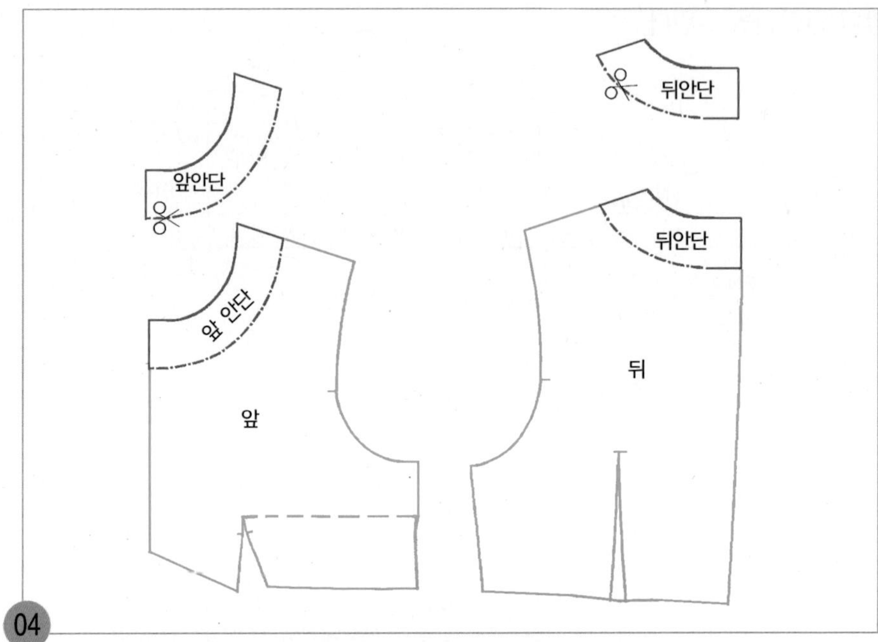

04

적색선이 앞뒤 안단의 완성선이다. 새 패턴지에 안단의 완성선을 옮겨 그린 다음 새 패턴지에 옮겨 그린 안단의 완성선을 따라 오려낸다.

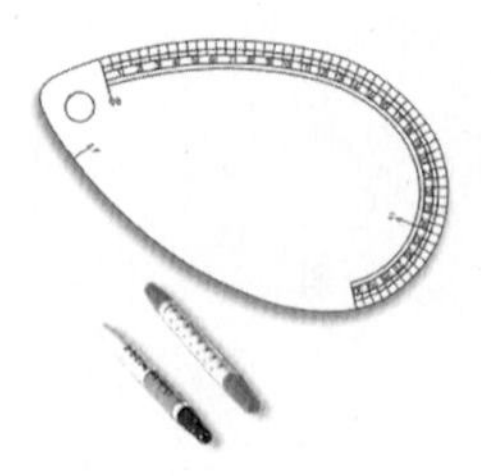

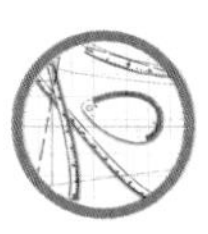

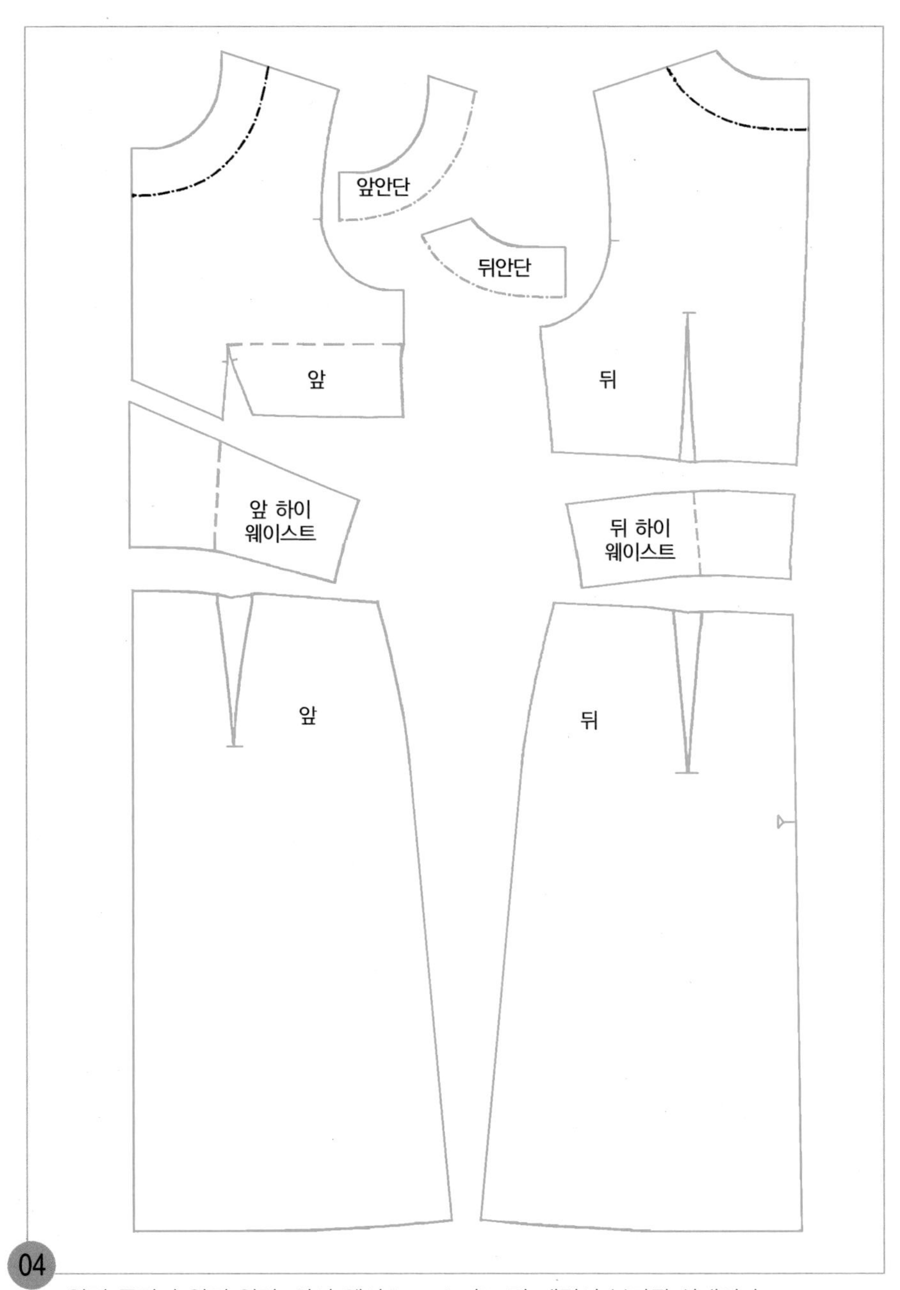

04

앞뒤 몸판과 앞뒤 안단, 하이 웨이스트, 스커트 각 패턴이 분리된 상태이다.

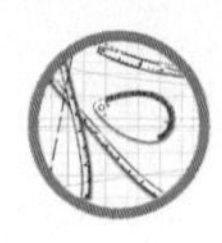

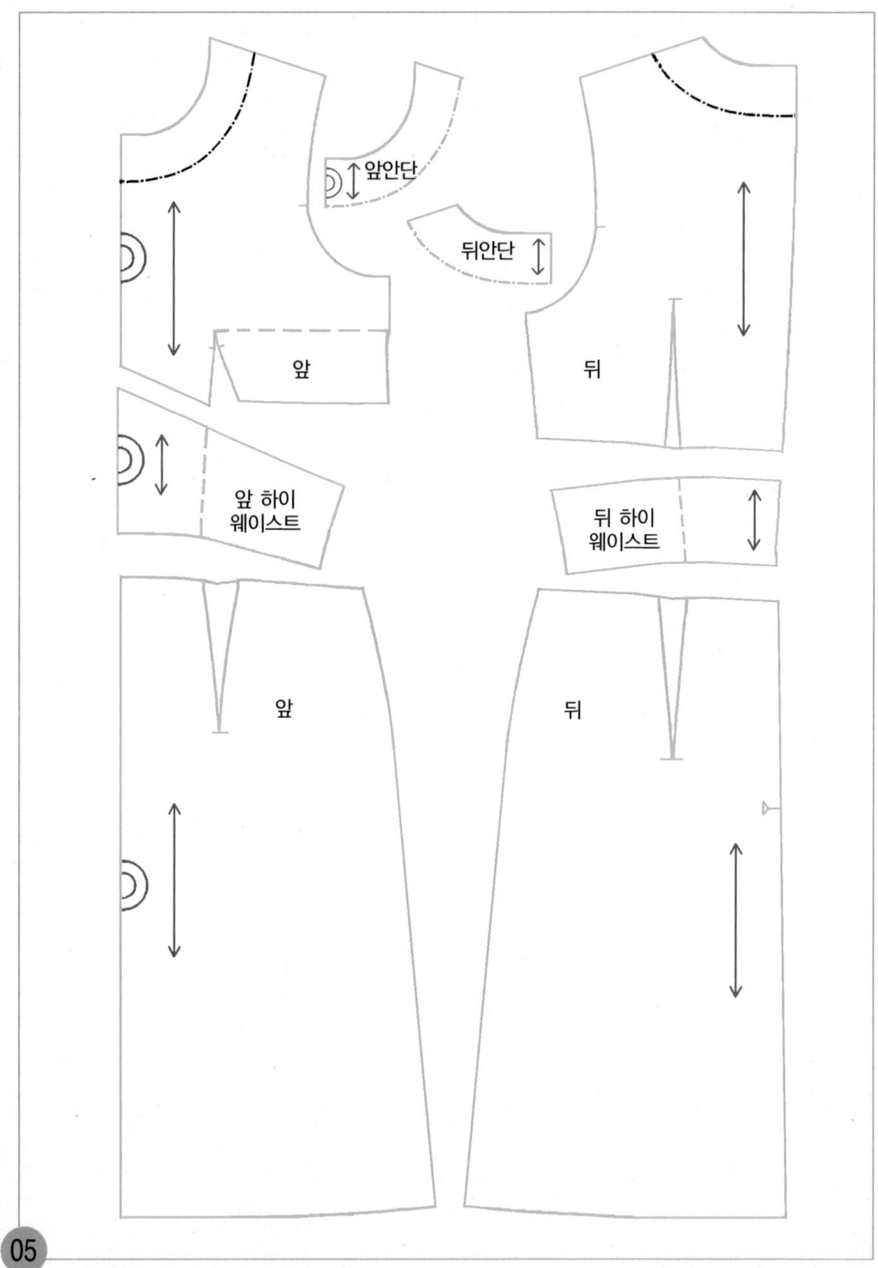

05

각 패턴에 수직으로 식서방향을 넣고, 앞몸판, 앞안단, 앞 하이 웨이스트, 앞 스커트의 앞중심선에 골선 표시를 넣어둔다.

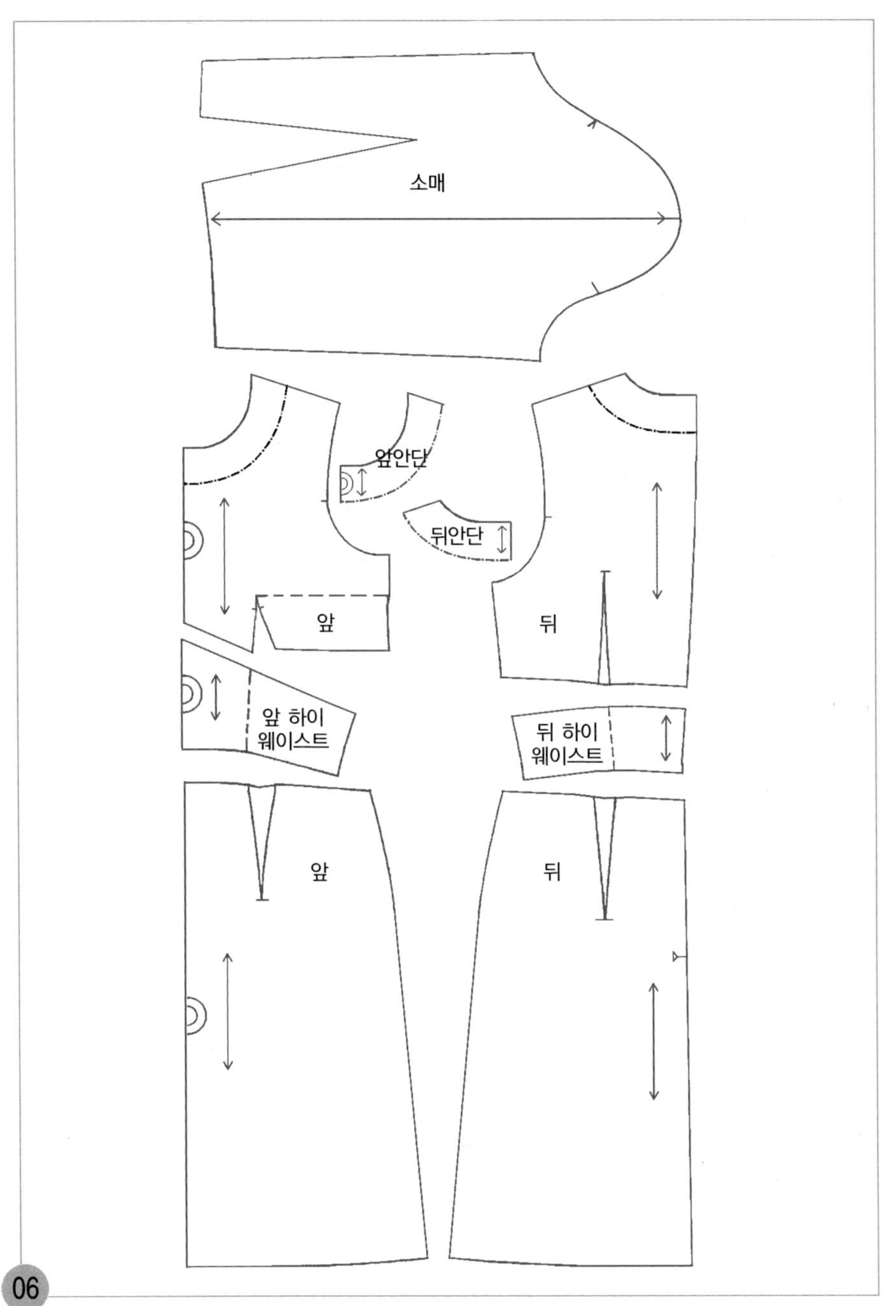

06

라운드 넥과 하이 웨이스트 원피스 패턴의 완성.

라운드 넥과 캡 슬리브의 시프트 드레스
Shift Dress with Round Neck-line and Cap Sleeve

■ ■ ■ ONE-PIECE 04

실루엣 ● ● ● 가슴 다트와 허리 다트를 넣어 몸에 피트되면서 세미 타이트 실루엣의 라운드 넥라인에 소매밑이 없이 어깨끝쪽의 팔만 약간 감추어질 정도의 캡 슬리브를 단 원피스이다.

소 재 ● ● ● 광택이 있으면서 촘촘하게 짜여진 얇은 울 소재, 또는 면, 마 소재는 시원하고 고급스런 느낌을, 부드러운 느낌을 주는 폴리에스테르 소재의 프린트지나 조오젯 등 다양하게 선택할 수 있다.

포인트 ● ● ● 하이 웨이스트 원피스 그리는 법의 응용과 캡 슬리브 그리는 법을 배운다.

Shift Dress with Round Neck-line and Cap Sleeve

라운드 넥과 캡 슬리브의 시프트 드레스의 제도 순서

뒤판 제도하기

1. 앞뒤 진동둘레선을 수정한다.

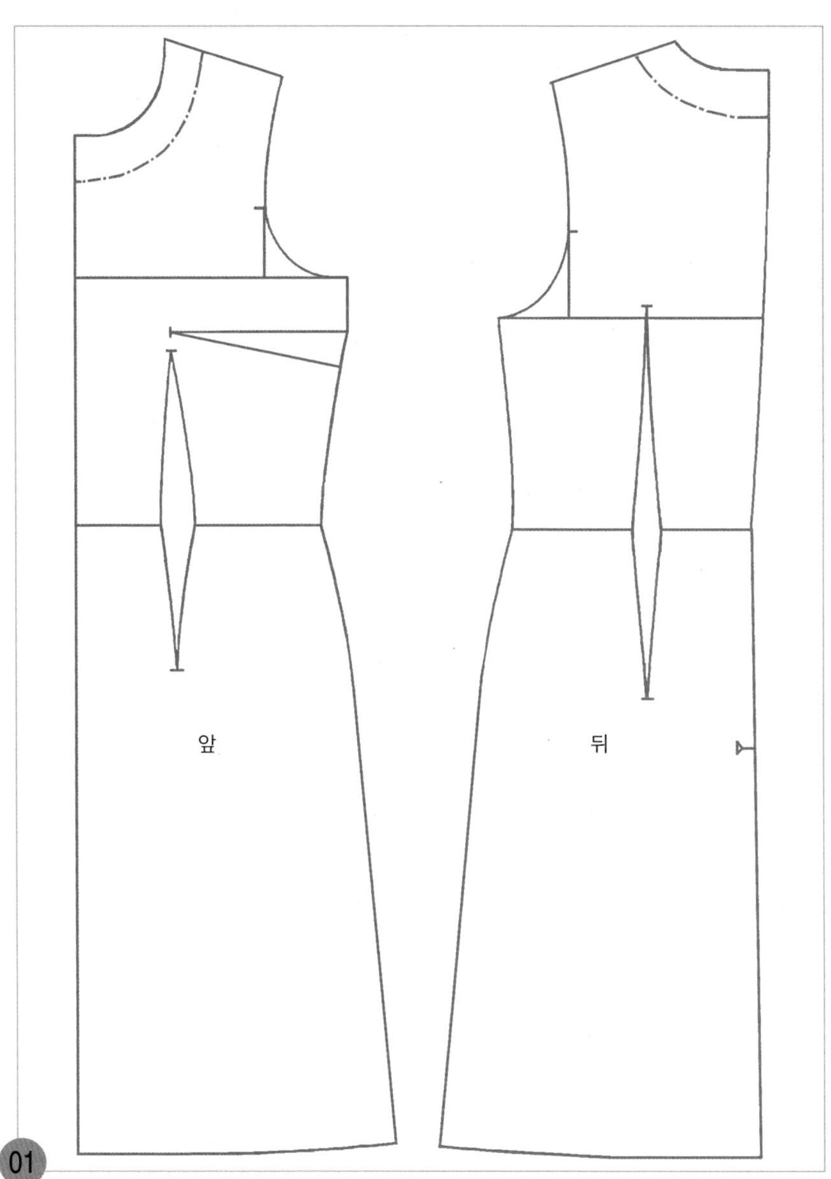

p.110~p.156의 13까지 같은 방법으로 제도하거나, 또는 p.131의 02와 p.156 13의 앞뒤 몸판 완성선을 옮겨 그린다.

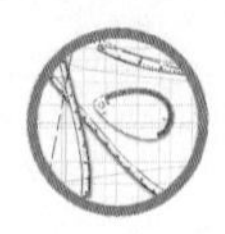

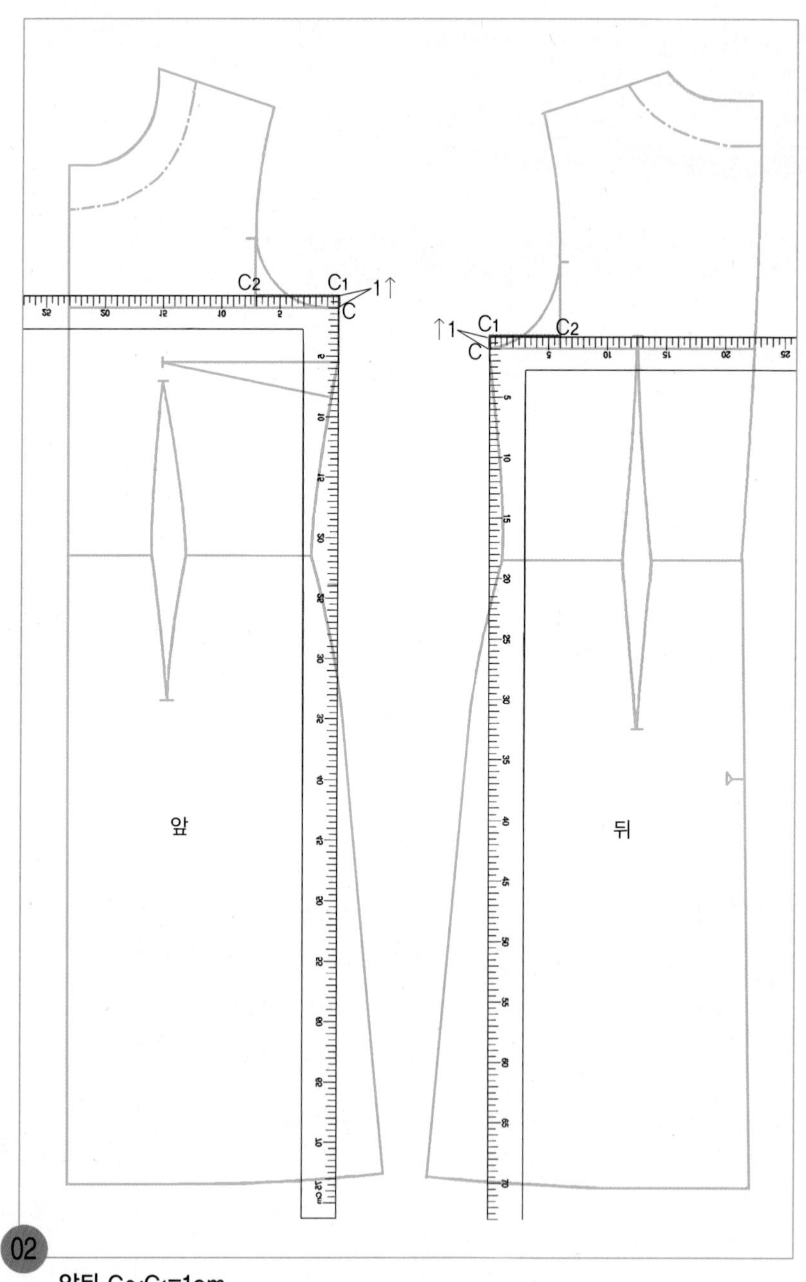

02

앞뒤 C~C1=1cm

직각자를 앞뒤 위가슴둘레선(CL) 옆선쪽 끝점(C)에서 1cm 왼쪽으로 올려 맞추고 C점에서 1cm 옆선의 완성선(C_1)을 연장시켜 그린 다음, 직각으로 진동둘레선을 그릴 안내선을 뒤품선(C_2)과 앞품선(C_2)까지 각각 그린다.

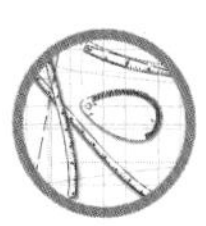

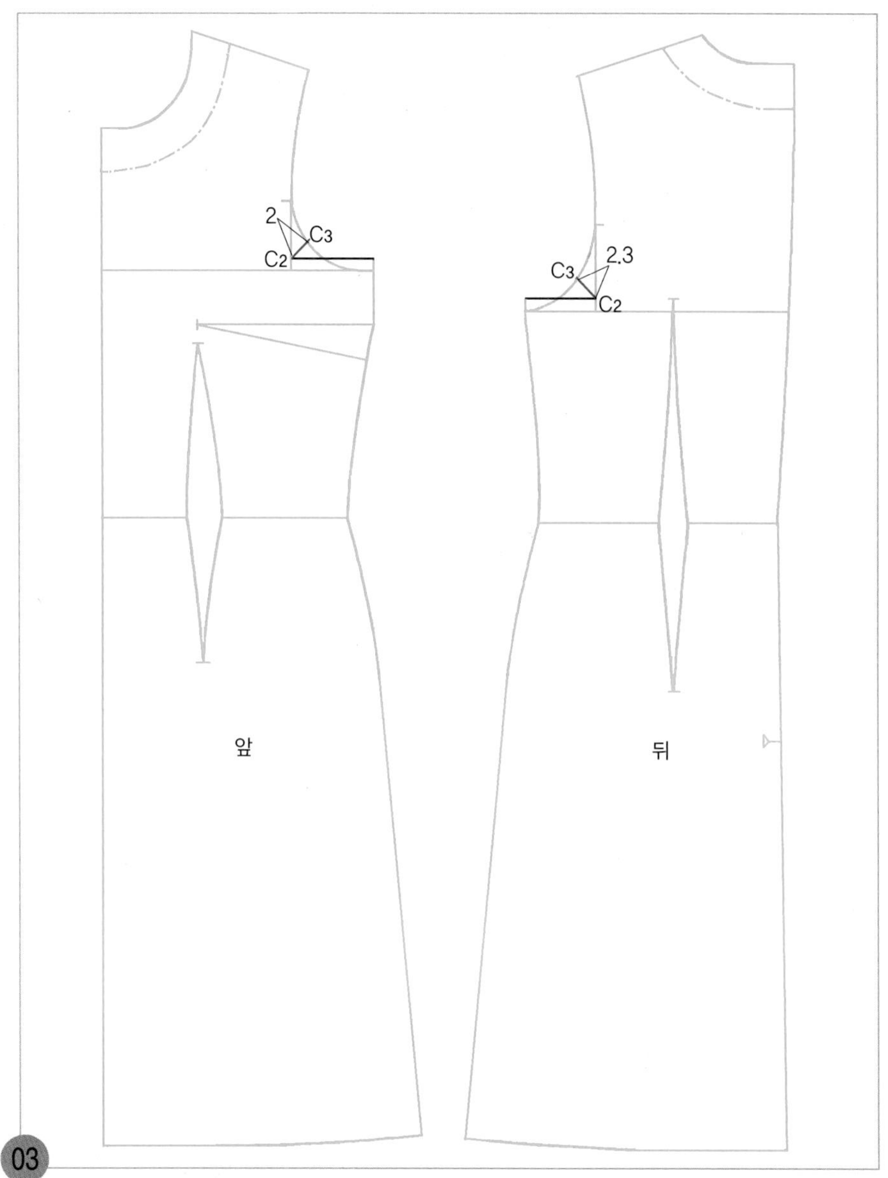

03

앞 C_2~C_3=2cm, 뒤C_2~C_3=2.3cm

C_2점에서 45도 각도로 앞판은 2cm, 뒤판은 2.3cm 진동둘레선(AH)을 그릴 통과선(C_3)을 각각 그린다.

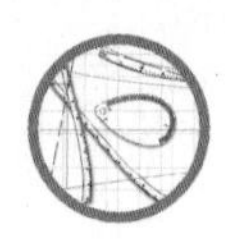

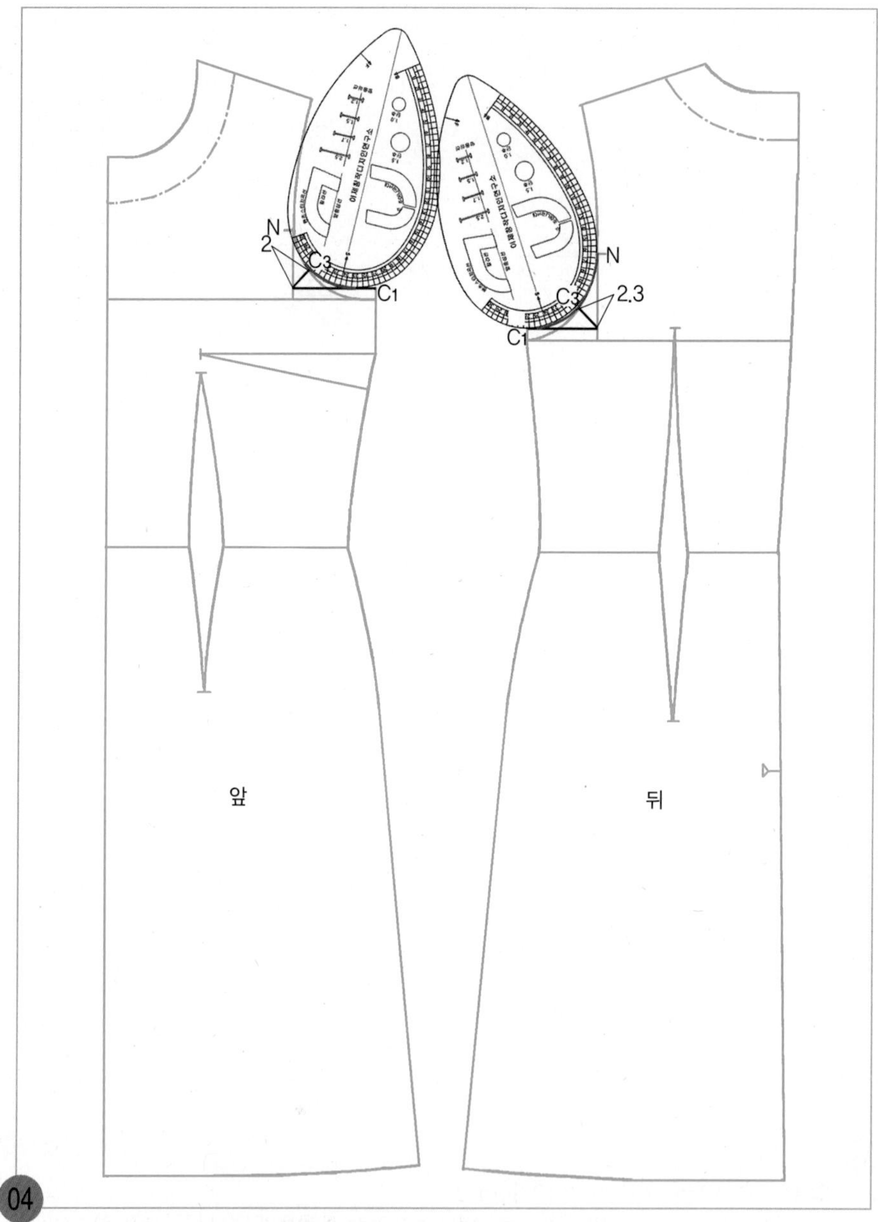

04

앞뒤 모두 C_1점에서 C_3점을 통과하면서 N점쪽의 진동둘레선과 자연스런 곡선으로 연결되도록 AH자로 연결하여 진동둘레선을 수정한다.

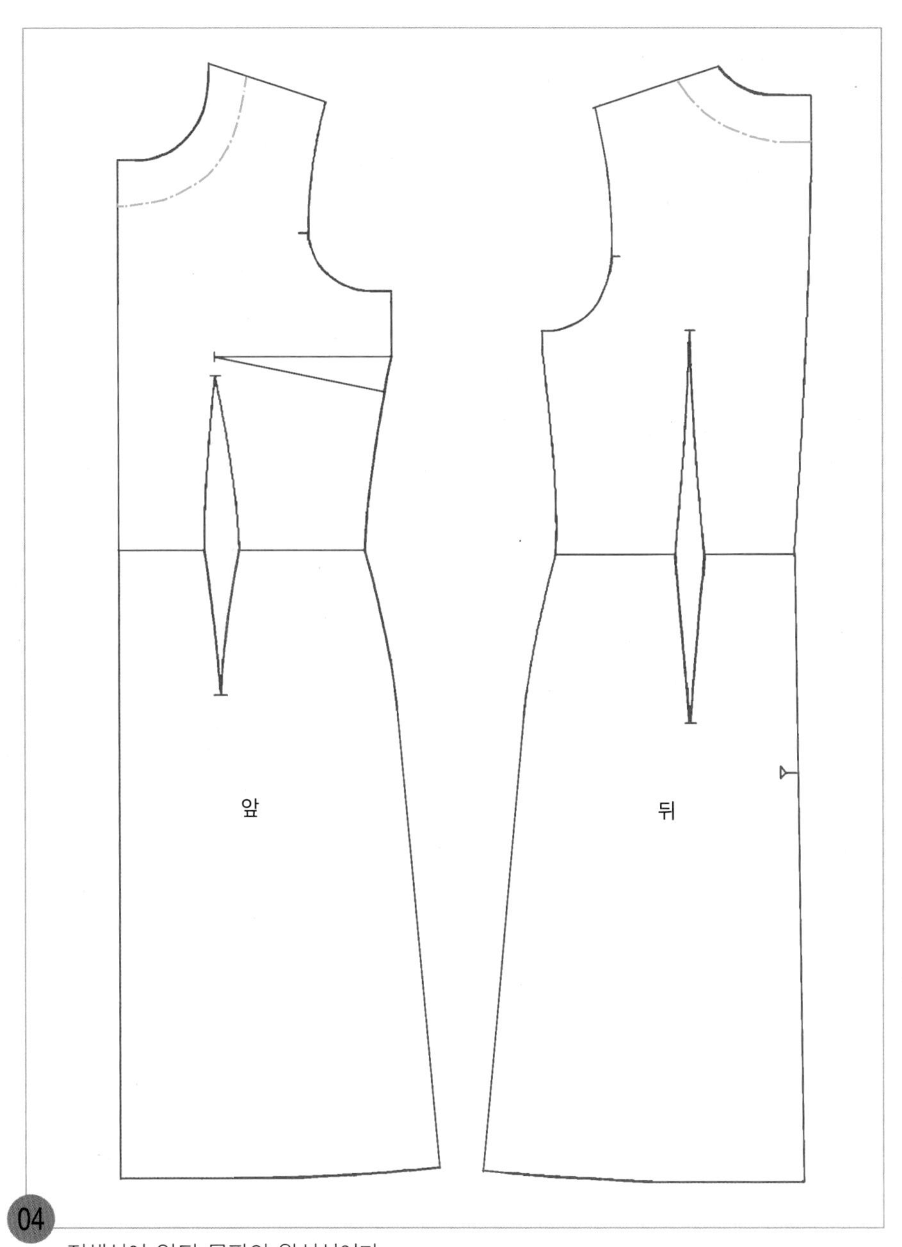

04

적색선이 앞뒤 몸판의 완성선이다.

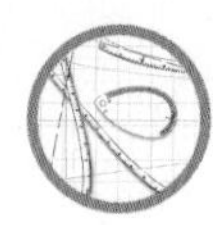

소매 제도하기

1. 기초선을 그린다.

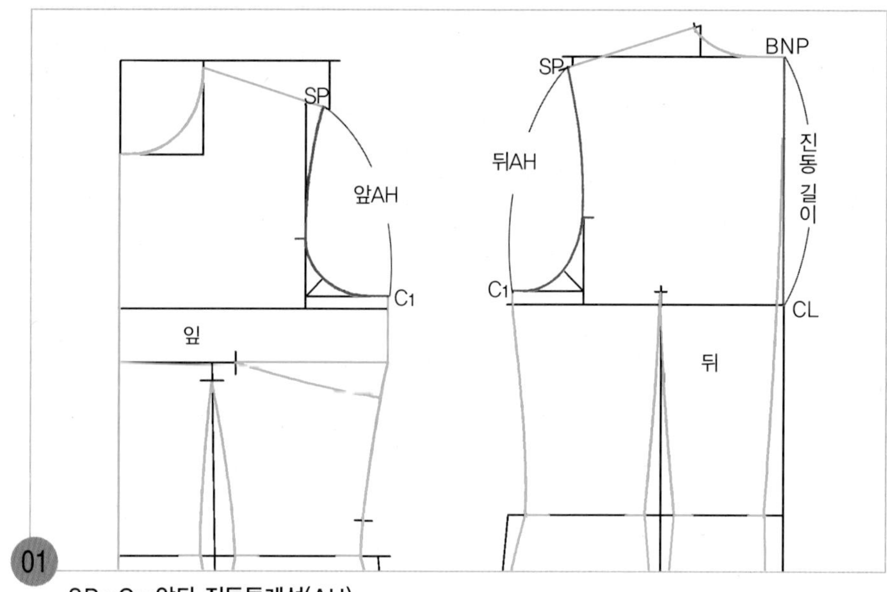

SP~C1=앞뒤 진동둘레선(AH)

SP에서 C1점의 앞뒤 진동둘레선(AH) 길이를 각각 재어두고, 뒤판의 뒷목점(BNP)에서 위가슴둘레선(CL)까지의 진동 깊이 길이 즉 뒤중심 안내선 길이를 재어둔다.

주 뒤AH-앞AH=1.8cm가 가장 이상적 치수이다. 즉, 뒤AH이 앞AH보다 1.8cm 정도 더 길어야 하며 허용 치수는 ±0.2cm 이다. 만약 뒤AH-앞AH=1.8~2.2cm 보다 크거나 작으면 몸판의 겨드랑밑 옆선 위치를 이동한다.

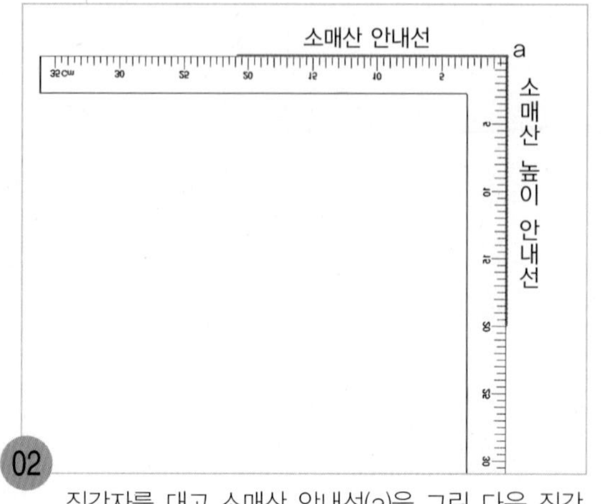

직각자를 대고 소매산 안내선(a)을 그린 다음 직각으로 소매산 높이 안내선을 내려 그린다.

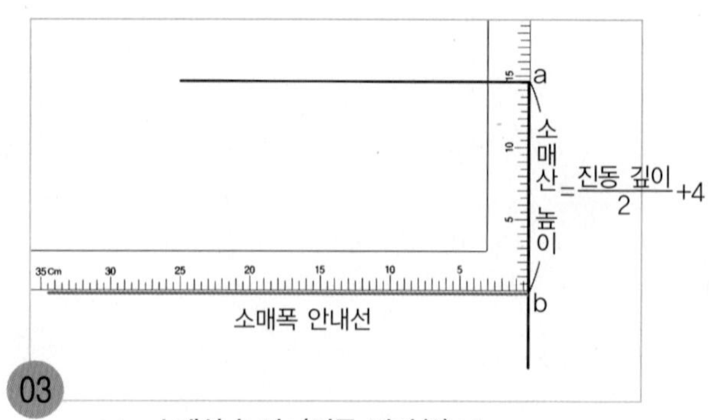

a~b=소매산 높이 : (진동 깊이/2)+4cm

진동 깊이는 뒤몸판의 뒷목점(BNP)에서 위가슴둘레선(CL)까지의 길이이다. a점에서 소매산 높이 즉 (진동 깊이/2)+4cm를 내려와 앞소매폭점(b)을 표시하고 직각으로 소매폭 안내선을 그린다.

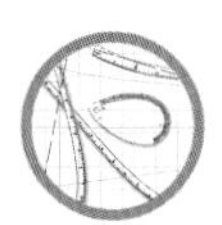

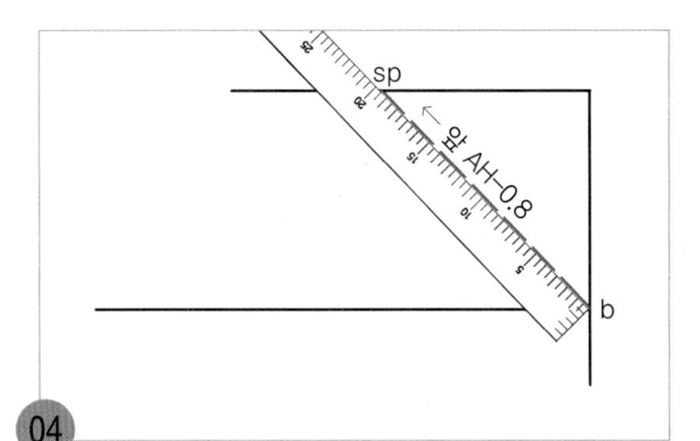

04

b~sp=앞AH 치수-0.8cm

앞소매폭점(b)에서 직선자로 소매산 안내선을 향해 앞AH 치수-0.8cm한 치수가 마주 닿는 위치에 소매산점(sp)을 표시하고 점선으로 안내선을 그린다.

참고 점선으로 그리지 않고 소매산점(sp) 위치만 표시하여도 된다.

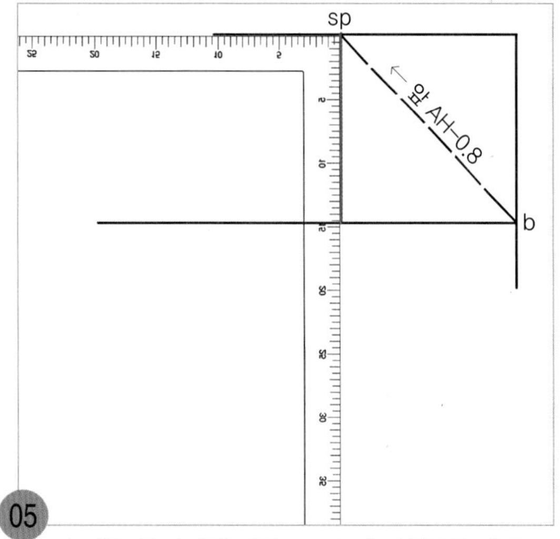

05

소매산점(sp)에서 직각으로 소매 중심선을 내려 그린다.

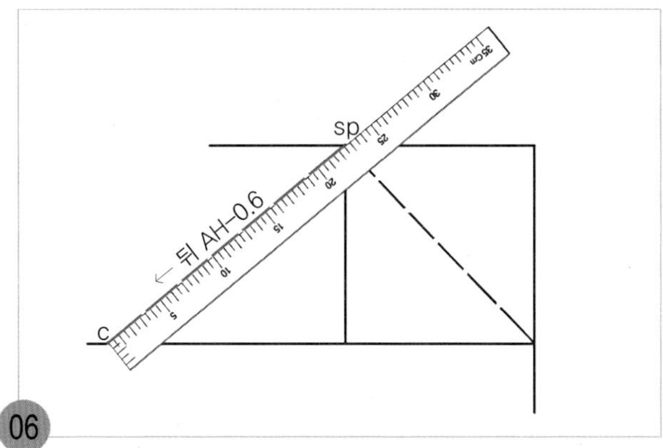

06

sp~c=뒤AH 치수-0.6cm

소매산점(sp)에서 직선자로 소매폭 안내선을 향해 뒤AH 치수-0.6cm한 치수가 마주 닿는 위치에 뒤 소매폭점(c)을 표시하고 점선으로 안내선을 그린다.

참고 점선으로 그리지 않고 뒤소매폭점(c) 위치만 표시하여도 된다.

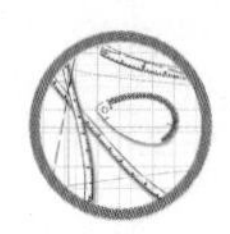

2. 소매산 곡선을 그릴 안내선을 그린다.

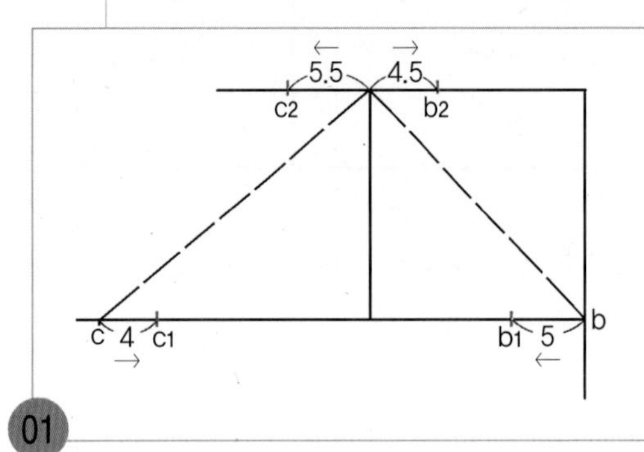

01

b~b1=5cm, c~c1=4cm, sp~b2=4.5cm, sp~c2=5.5cm

앞소매폭 끝점(b)에서 5cm 소매폭선을 따라 들어가 앞소매산 곡선을 그릴 안내선 점(b1)을 표시하고, 뒤소매폭 끝점(c)에서 4cm 소매폭선을 따라 들어가 뒤소매산 곡선을 그릴 안내선 점(c1)을 표시한 다음, 소매산점(sp)에서 앞소매쪽으로 4.5cm, 뒤소매쪽으로 5.5cm 나가 앞뒤 소매산 곡선을 그릴 안내선점(b2, c2)을 각각 표시한다.

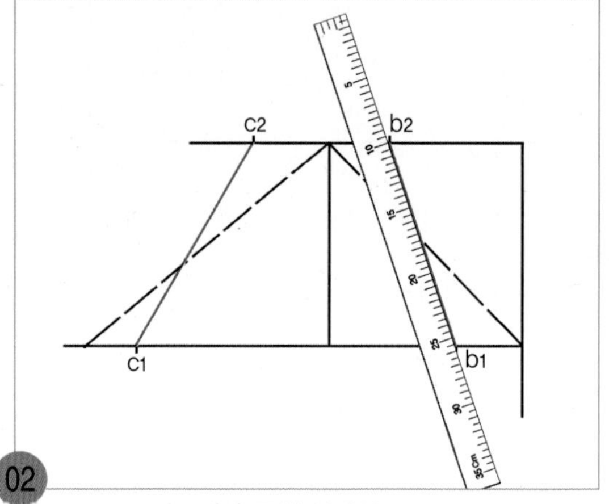

02

b1~b2=앞소매산 곡선 안내선 , c1~c2=뒤소매산 곡선 안내선

b1~b2, c1~c2 두 점을 각각 직선자로 연결하여 소매산 곡선을 그릴 안내선을 그린다.

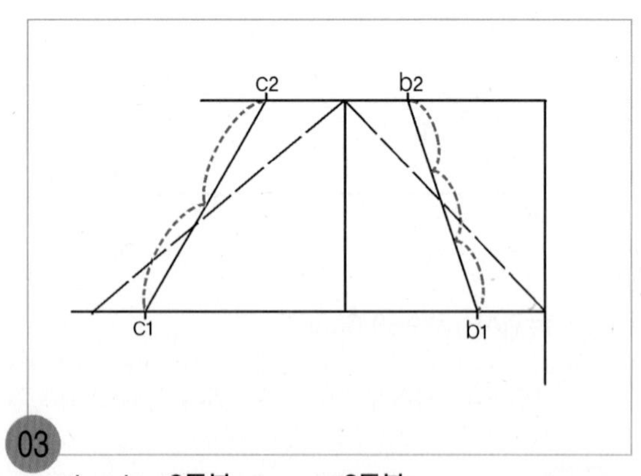

03

b1~b2=3등분, c1~c2=2등분

앞소매산 곡선 안내선(b1~b2)은 3등분, 뒤소매산 곡선 안내선(c1~c2)은 2등분한다.

3. 소매산 곡선을 그린다.

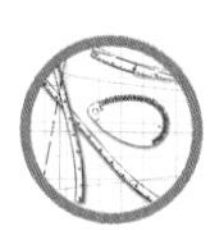

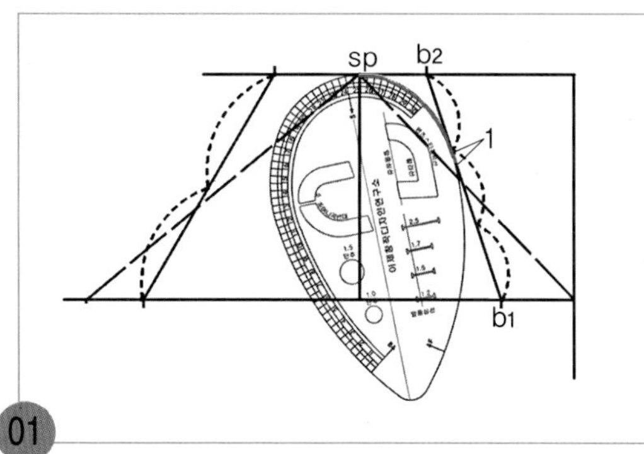

01

앞소매산 곡선 안내선의 1/3 위치와 소매산점(sp)을 앞AH자로 연결하였을 때 1/3 위치에서 소매산 곡선 안내선을 따라 1cm가 자연스럽게 앞소매산 곡선 안내선과 이어지는 곡선으로 맞추어 앞소매산 곡선을 그린다.

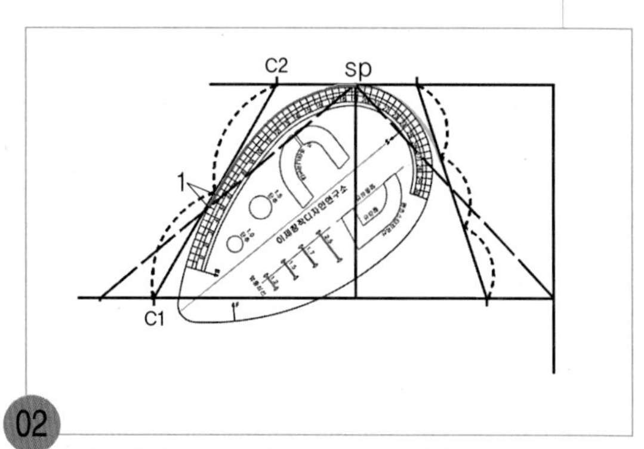

02

뒤소매산 곡선 안내선의 1/2 위치와 소매산점(sp)을 뒤AH자로 연결하였을 때 1/2 위치에서 진동선을 따라 1cm가 자연스럽게 뒤소매산 곡선 안내선과 이어지는 곡선으로 맞추어 뒤소매산 곡선을 그린다.

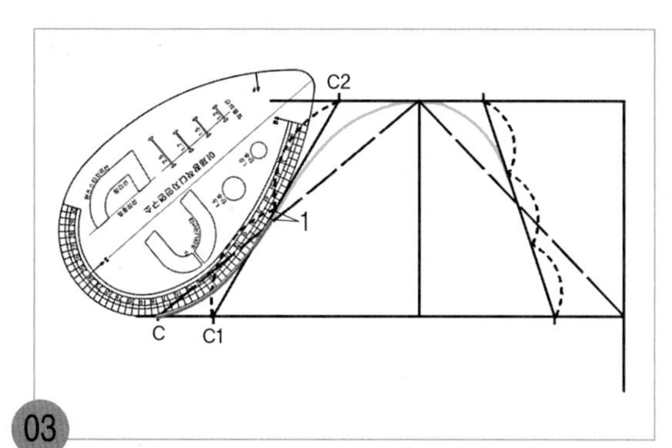

03

뒤소매폭점(c)과 뒤소매산 곡선 안내선의 1/2 위치를 뒤AH자로 연결하였을 때 뒤AH자가 뒤소매산 곡선 안내선과 마주 닿으면서 1cm가 자연스럽게 이어지는 곡선으로 맞추어 남은 뒤소매산 곡선을 그린다.

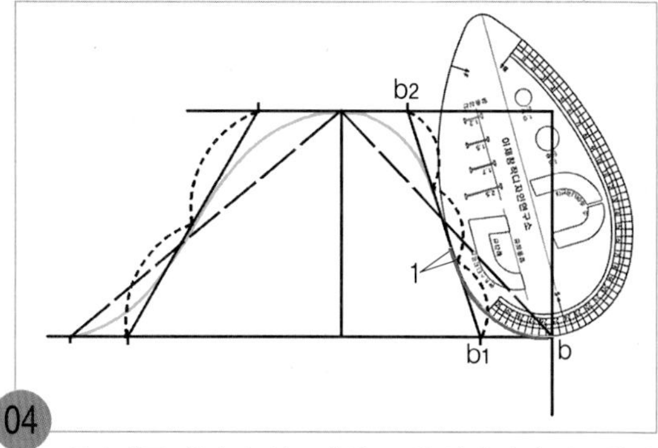

04

앞소매폭점(b)과 앞소매산 곡선 안내선의 1/3 위치를 앞AH자로 연결하였을 때 1/3 위치에서 앞소매산 곡선 안내선을 따라 1cm가 자연스럽게 이어지는 곡선으로 맞추어 남은 앞소매산 곡선을 그린다.

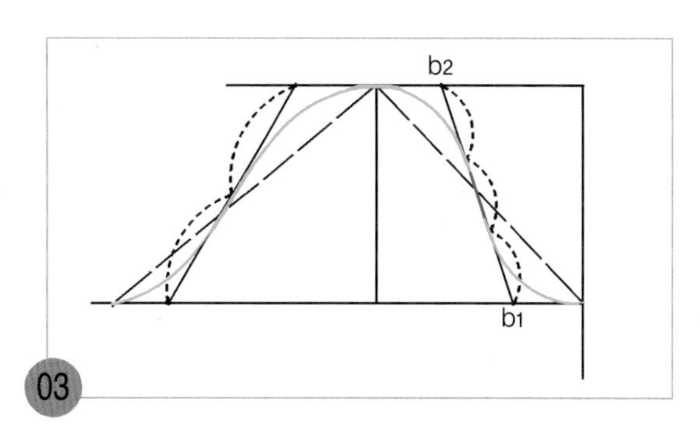

03

앞소매쪽의 소매산 안내선의 적색으로 표시된 안내선은 안내선이 소매산 곡선으로 사용된다.

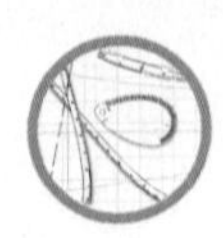

4. 소매단선을 그린다.

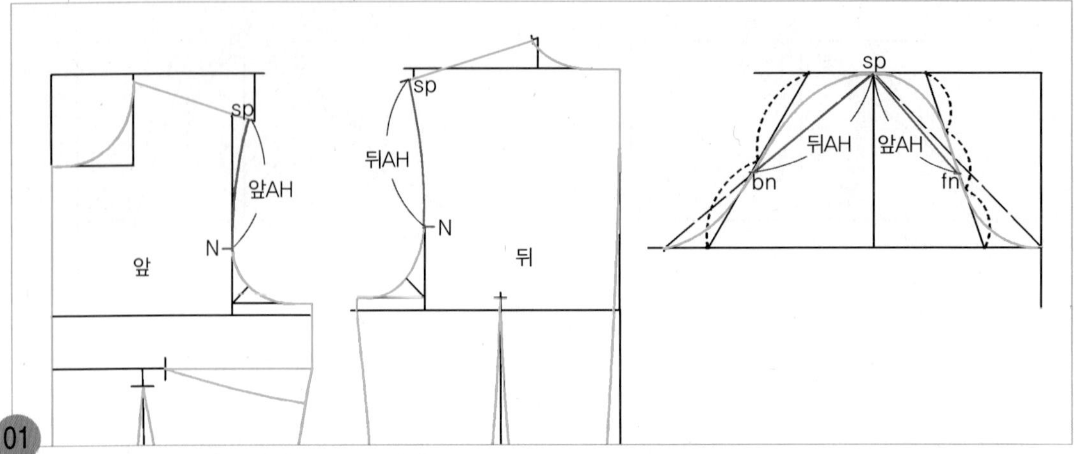

01

sp~bn=뒤SP~N의 진동둘레선의 길이, sp~fn=앞SP~N의 진동둘레선의 길이

뒤몸판의 어깨끝점(SP)에서 소매맞춤 표시점(N)까지의 진동둘레선 길이(뒤AH)를 재어 소매산점(sp)에서 뒤소매산 곡선을 향해 마주 닿는 위치에 뒤소매단폭점(bn) 위치를 표시하고, 앞판의 어깨끝점(SP)에서 소매맞춤 표시점(N)까지의 진동둘레선 길이(앞AH)를 재어, 소매산점(sp)에서 앞소매산 곡선을 향해 마주 닿는 위치에 앞 소매단 폭점(fn)을 표시한다(여기서는 쉽게 이해할 수 있도록 하기 위해 선으로 표시해 두었으나, 선을 그릴 필요는 없고, 위치만 표시하면 된다).

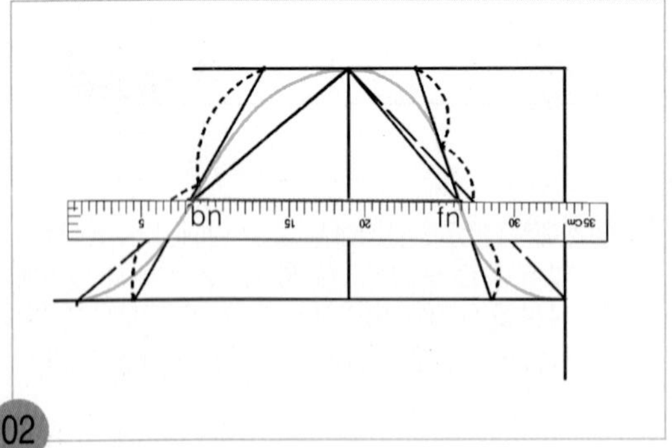

02

bn점과 fn점 두 점을 직선자로 연결하여 소매단 안내선을 그린다.

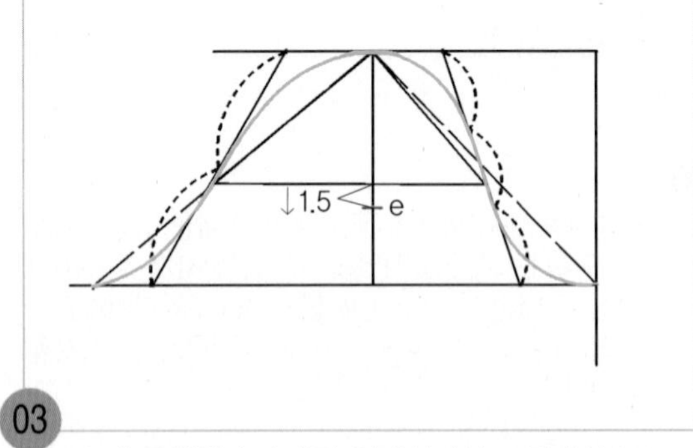

03

소매 중심선과 소매단 안내선과의 교점에서 1.5cm 내려와 소매단 완성선을 그릴 안내점(e) 위치를 표시한다.

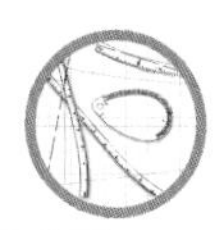

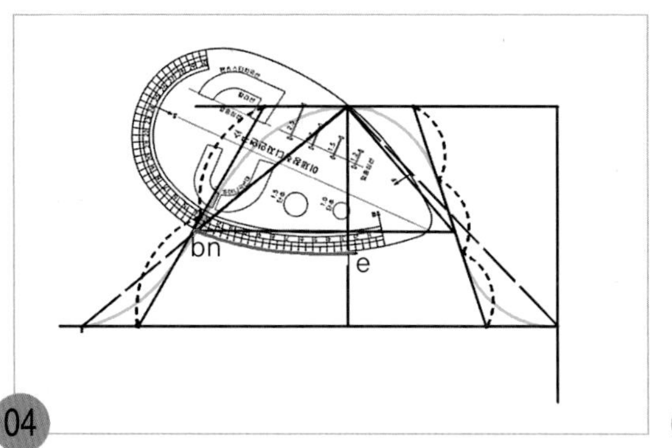

04 e점과 bn점을 뒤AH자쪽으로 연결하여 뒤소매단 완성선을 그린다.

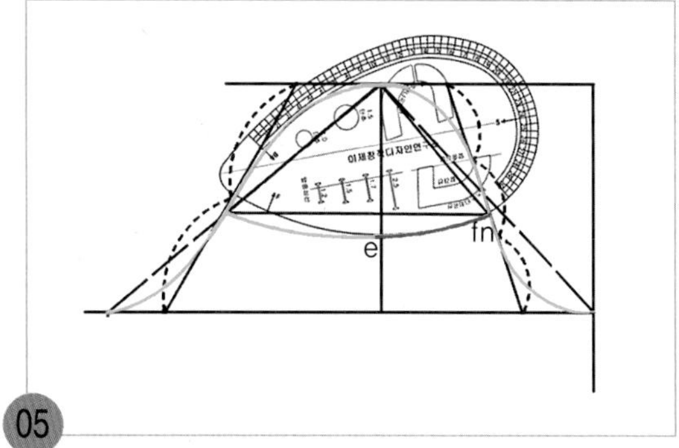

05 e점과 fn점을 앞AH자쪽으로 연결하여 앞소매단 완성선을 그린다.

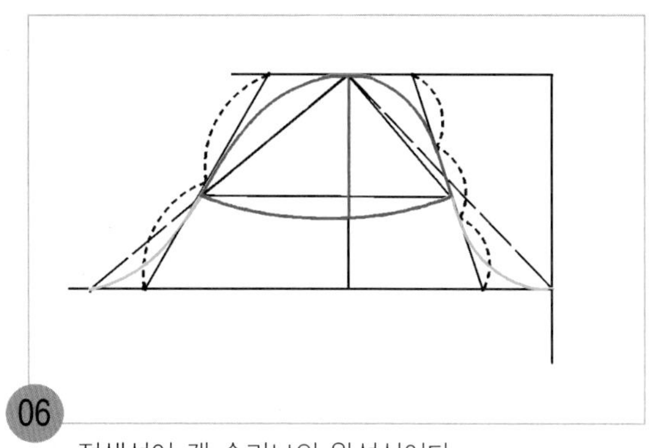

06 적색선이 캡 슬리브의 완성선이다.

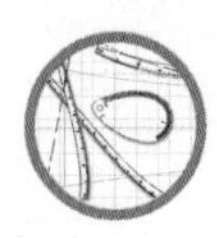

패턴 분리하기

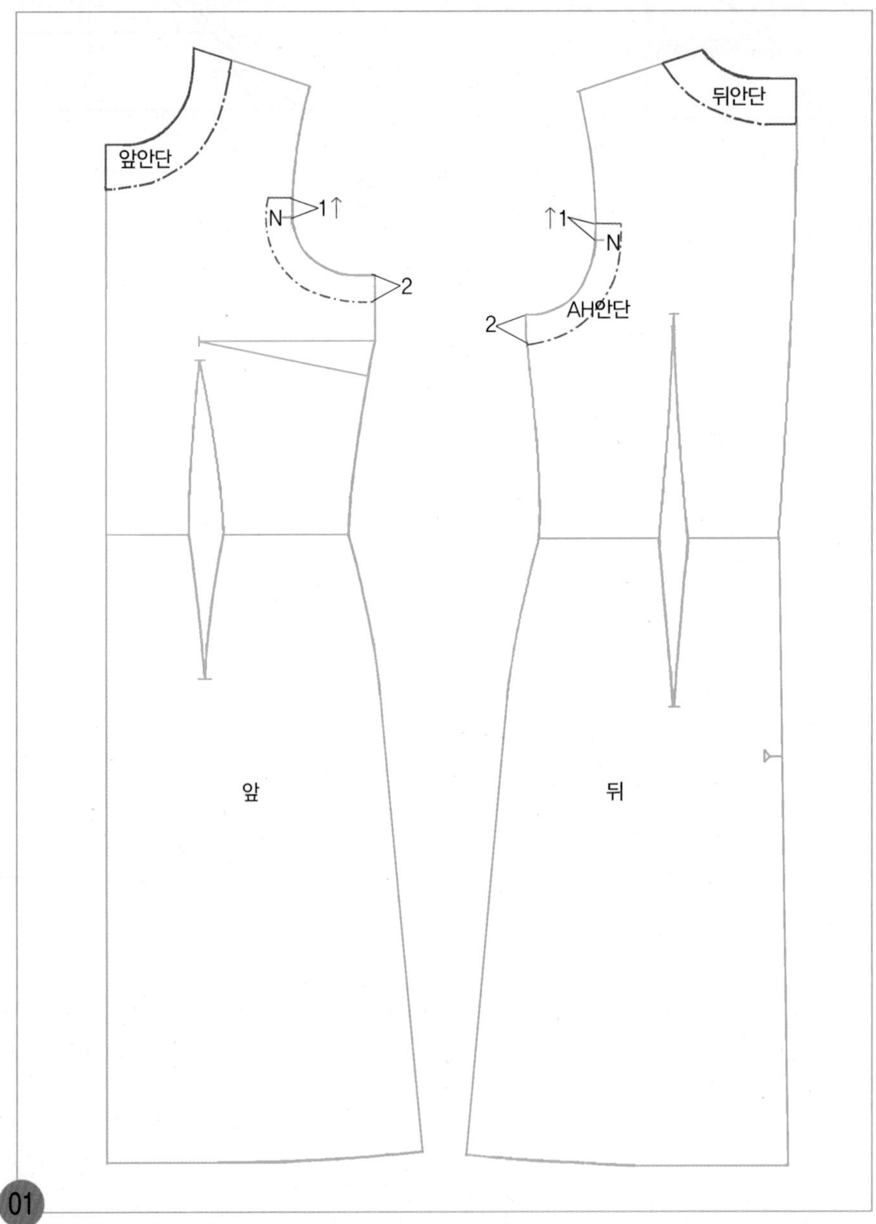

01

넥라인의 안단선은 p.167 01, 02를 참조하여 같은 방법으로 그리고, 앞뒤 옆선쪽의 겨드랑밑 점에서부터 2cm 폭으로 시점에서 1cm 올라간 곳까지 안단선을 그린다.

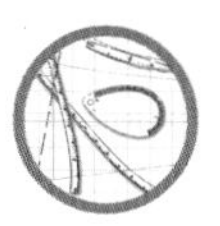

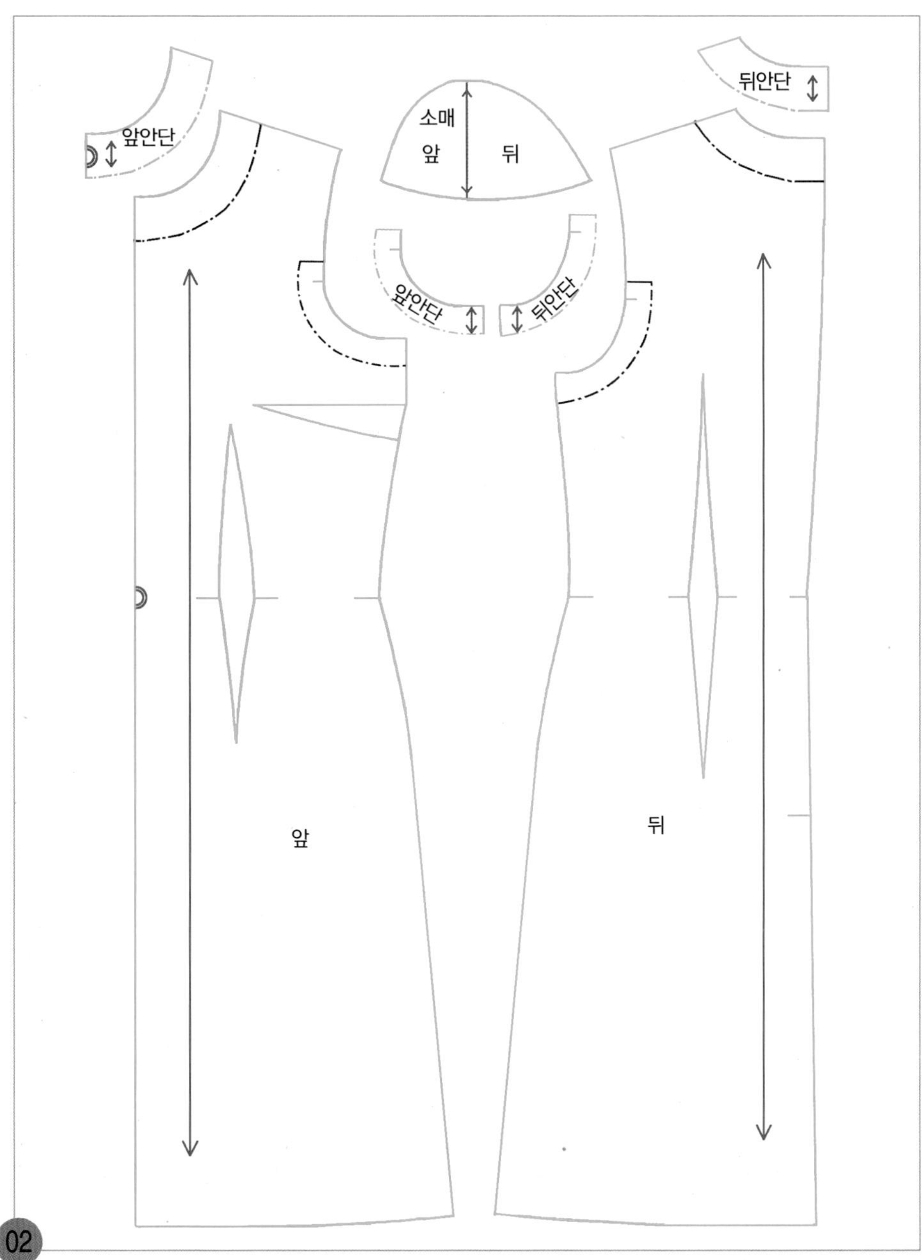

02

새 패턴지에 앞뒤 안단선을 옮겨 그리고 옮겨 그린 안단선을 따라 오려낸 다음, 원래의 패턴 위에 맞추어 얹어 패턴에 차이가 없는지 확인하고, 앞뒤 몸판의 완성선과 캡 슬리브의 완성선을 따라 오려내어 각 패턴을 분리한 다음 앞몸판과 앞넥라인 안단의 앞중심선에 골선 표시를 넣고 각각 식서방향 표시를 넣는다. 소매는 소매 중심선에 식서방향 표시를 넣는다.

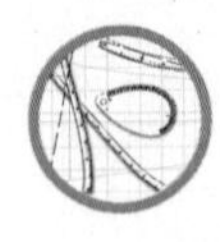

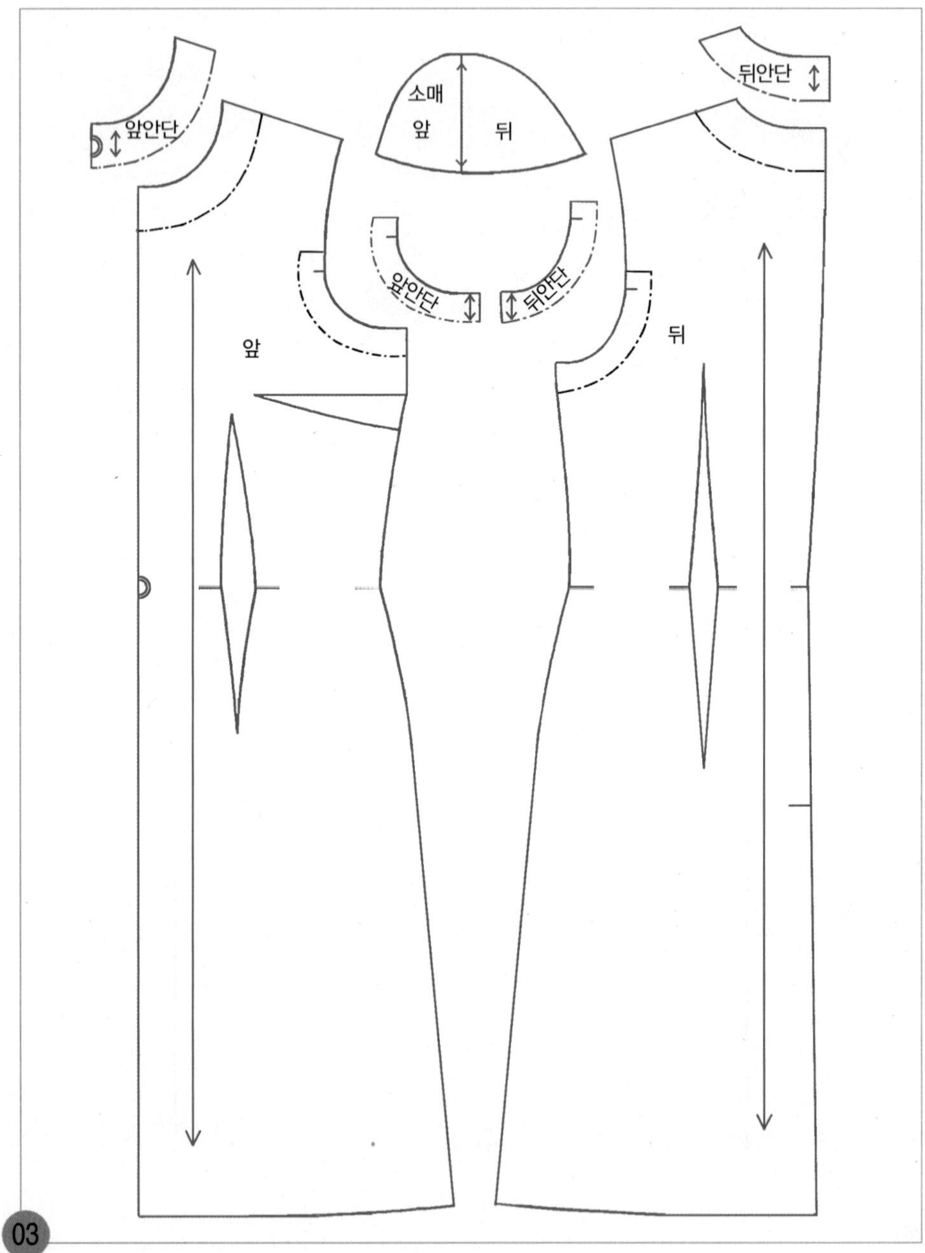

03 라운드 넥과 캡 슬리브의 시프트 드레스 패턴의 완성.

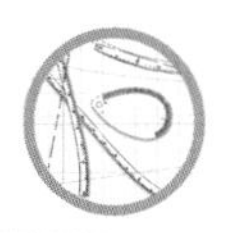

롱 토르소 실루엣 원피스 드레스 Long Torso Silhouette One-Piece Dress

■ ■ ■ ONE-PIECE 05

실루엣 ● ● ● 스퀘어 넥라인과 스티치 장식, 앞 오픈 지퍼 여밈의 원피스는 활동적이면서 시원한 느낌으로 착용할 수 있는 디자인이다. 여기서는 스커트를 주름 스커트로 하였으나 개더 스커트로 하면 부드러운 느낌을 더해준다.

소 재 ● ● ● 얇은 청지, 텐셀, 텐셀 트위드, 폴리에스테르와 면혼방의 코드렌, 면 샴브레이, 프로믹스 시폰, 울 포플린, 얇은 옥스포드지, 론, 김엄등의 소재가 적합하며, 초보자는 면 100%의 것을 사용하는 것이 좋다.

포인트 ● ● ● 스퀘어 넥라인, 민소매, 롱 토르소 실루엣, 주름스커트의 제도하는 법을 배운다.

Long Torso Silhouette One-Piece Dress

롱 토르소 실루엣 원피스 드레스의 제도 순서

제도 치수 구하기

계측 치수	계측 치수의 예	자신의 계측 치수	제도 각자 사용 시의 제도 치수	일반 자 사용 시의 제도 치수	자신의 제도 치수
가슴둘레(B)	86cm		$B^{\circ}/2$	B / 4	
허리둘레(W)	66cm		$W^{\circ}/2$	W / 4	
엉덩이둘레(H)	94cm		$H^{\circ}/2$	H / 4	
등길이	38cm		치수 38cm		
앞길이	41cm		41cm		
뒤품	34cm		뒤품 / 2=17		
앞품	32cm		앞품 / 2=16		
유두 길이	25cm		25cm		
유두 간격	18cm		유두 간격 / 2=9cm		
어깨너비	37cm		어깨너비 / 2=18.5cm		
원피스 길이	88cm	조정 가능	계측한 등길이+스커트 길이		
진동 깊이	최소치=19, 최대치=23		$(B^{\circ}/2)-1$cm	(B/4)−1cm	
앞/뒤 위가슴둘레선	산출치		$(B^{\circ}/2)+1$cm	(B/4)+1cm	
히프선 뒤			$(H^{\circ}/2)+0.6$cm	(H/4)+0.6cm=24.1cm	

주 진동 깊이=(B/4)−1의 산출치가 19~23cm 범위 안에 있으면 이상적인 진동 깊이의 길이라 할 수 있다. 따라서 최소치=19cm, 최대치=23cm까지이다(이는 예를 들면 가슴둘레 치수가 너무 큰 경우에는 진동 깊이가 너무 길어 겨드랑밑 위치에서 너무 내려가게 되고, 가슴둘레 치수가 너무 적은 경우에는 진동 깊이가 너무 짧아 겨드랑밑 위치에서 너무 올라가게 되어 이상적인 겨드랑밑 위치가 될 수 없다. 따라서 (B/4)−1cm의 산출치가 19cm 미만이면 뒷목점(BNP)에서 19cm 나간 위치를 진동 깊이로 정하고, (B/4)−1cm의 산출치가 23cm 이상이면 뒷목점(BNP)에서 23cm 나간 위치를 진동 깊이로 정한다).

01 자신의 각 계측 부위를 계측하여 빈칸에 넣어두고 제도 치수를 구하여 둔다.

뒤판 제도하기

1. 기초선을 그린다.

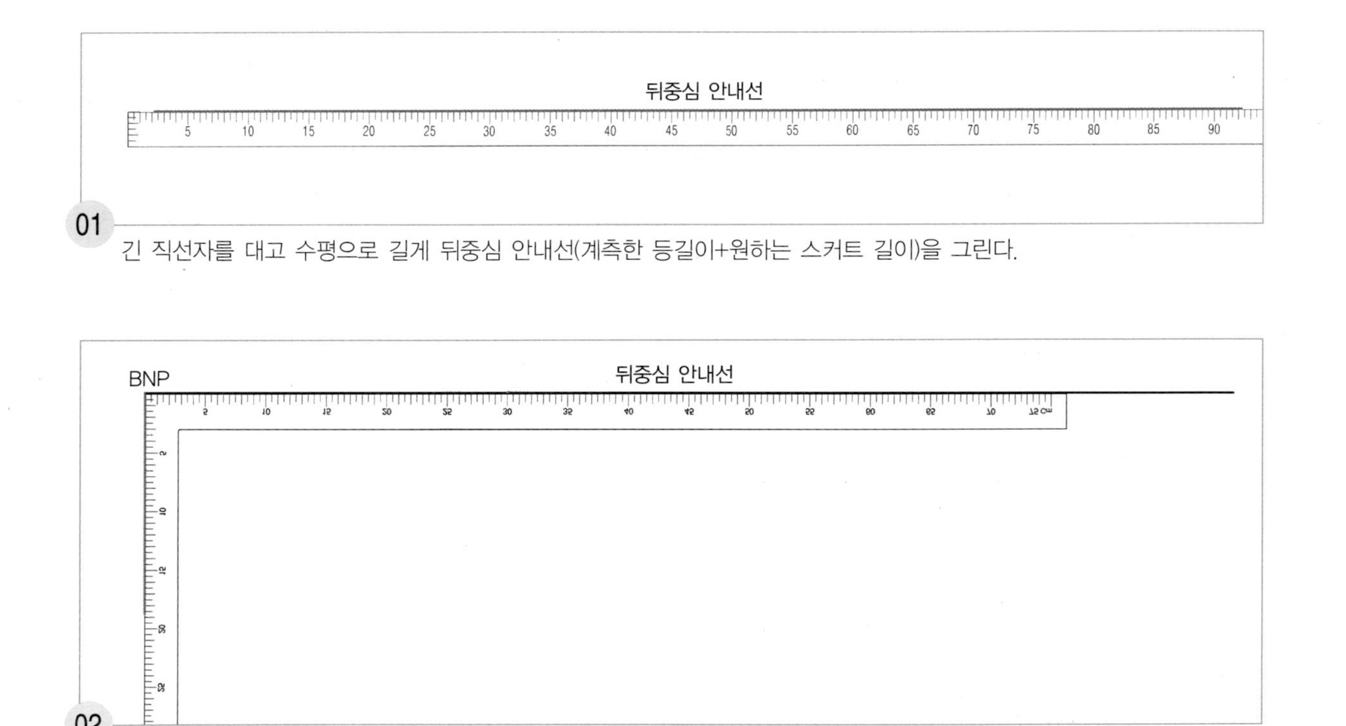

01 긴 직선자를 대고 수평으로 길게 뒤중심 안내선(계측한 등길이+원하는 스커트 길이)을 그린다.

02 뒷목점(BNP)에서 직각선을 내려 그린다.

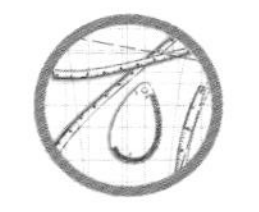

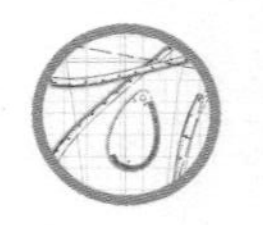

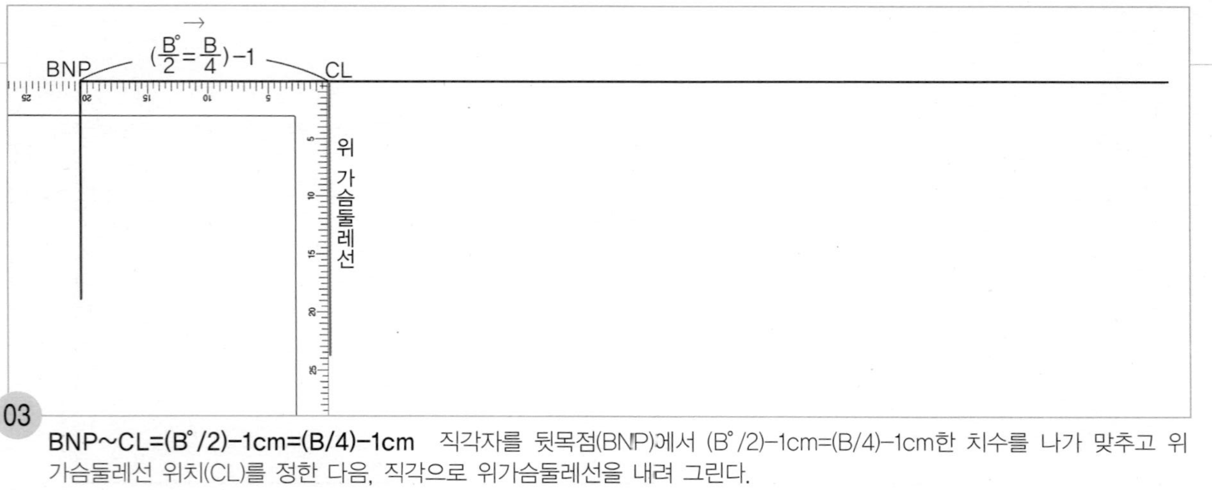

03

BNP~CL=(B°/2)−1cm=(B/4)−1cm 직각자를 뒷목점(BNP)에서 (B°/2)−1cm=(B/4)−1cm한 치수를 나가 맞추고 위가슴둘레선 위치(CL)를 정한 다음, 직각으로 위가슴둘레선을 내려 그린다.

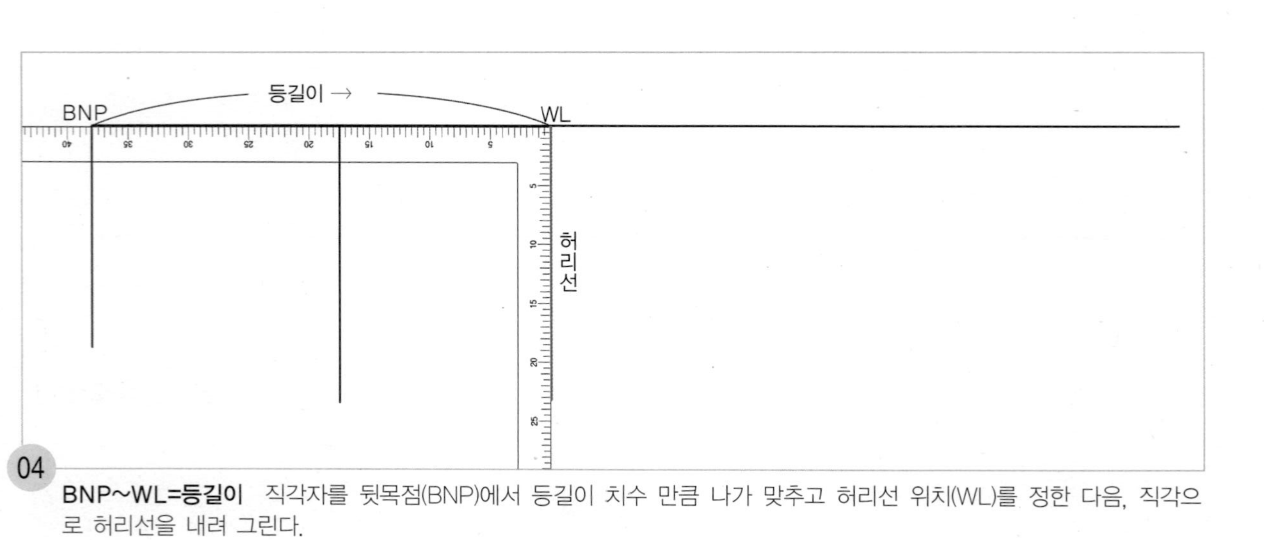

04

BNP~WL=등길이 직각자를 뒷목점(BNP)에서 등길이 치수 만큼 나가 맞추고 허리선 위치(WL)를 정한 다음, 직각으로 허리선을 내려 그린다.

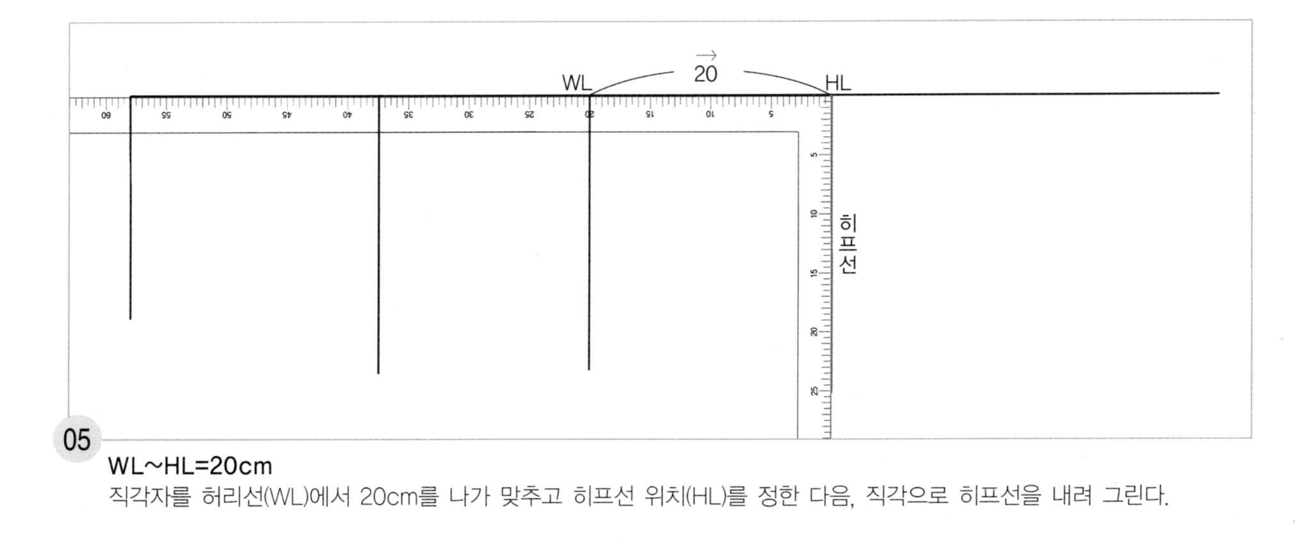

05 **WL~HL=20cm**

직각자를 허리선(WL)에서 20cm를 나가 맞추고 히프선 위치(HL)를 정한 다음, 직각으로 히프선을 내려 그린다.

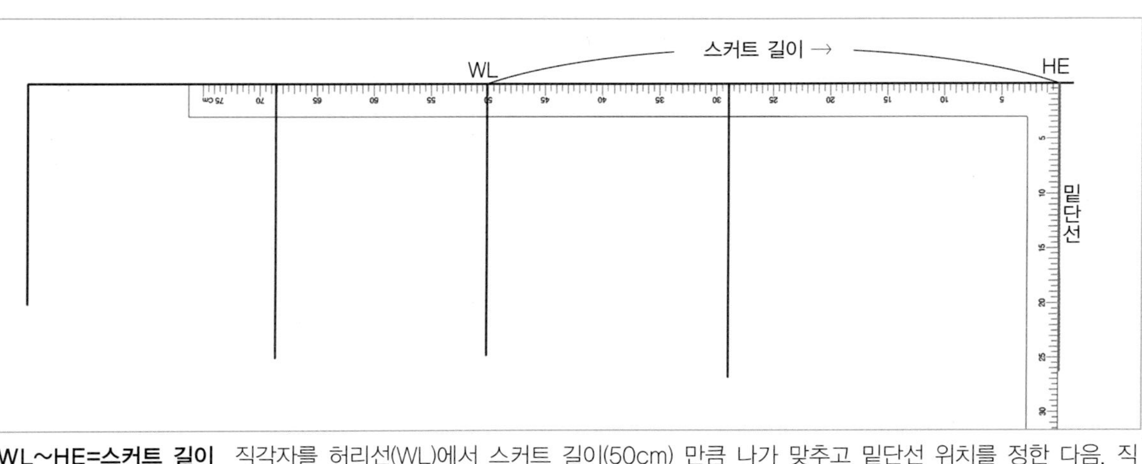

06 **WL~HE=스커트 길이** 직각자를 허리선(WL)에서 스커트 길이(50cm) 만큼 나가 맞추고 밑단선 위치를 정한 다음, 직각으로 밑단선을 내려 그린다.

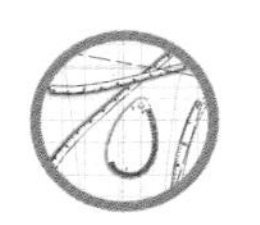

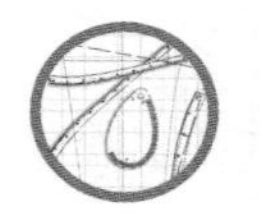

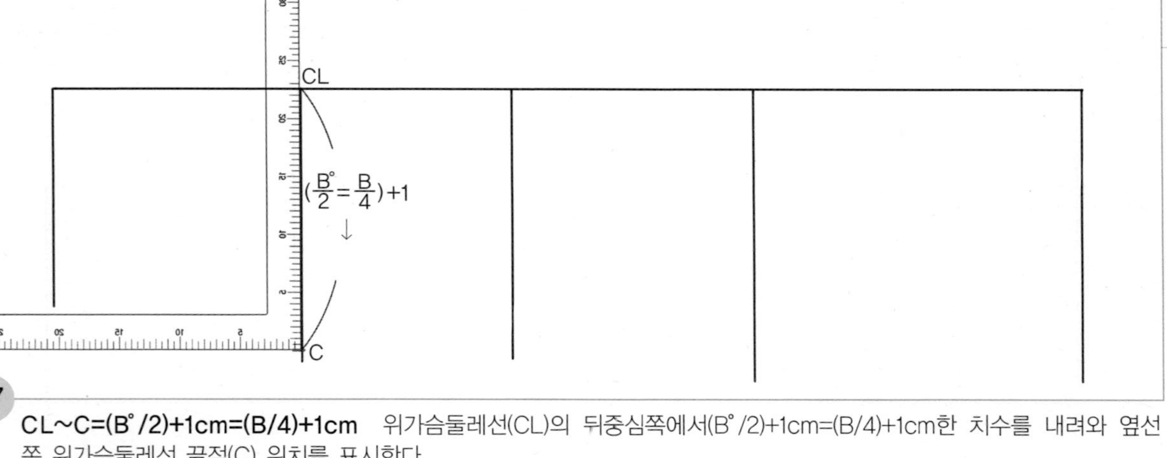

07

CL~C=(B°/2)+1cm=(B/4)+1cm 위가슴둘레선(CL)의 뒤중심쪽에서(B°/2)+1cm=(B/4)+1cm한 치수를 내려와 옆선쪽 위가슴둘레선 끝점(C) 위치를 표시한다.

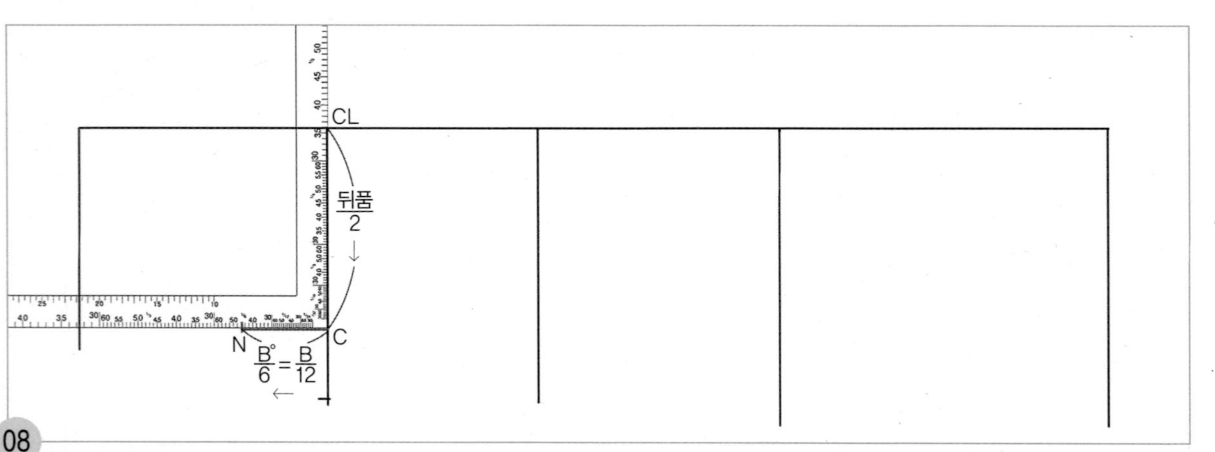

08

CL~C1=뒤품/2, C1~N=B°/6=B/12 직각자를 위가슴둘레선(CL)의 뒤중심쪽에서 뒤품/2 치수 만큼 내려 맞추고 뒤품점(C1) 위치를 정한 다음, 왼쪽을 향해 직각으로 B°/6=B/12 뒤품선을 그린 다음 진동둘레선을 그릴 안내점(N) 위치를 표시해둔다.

2. 옆선을 그린다.

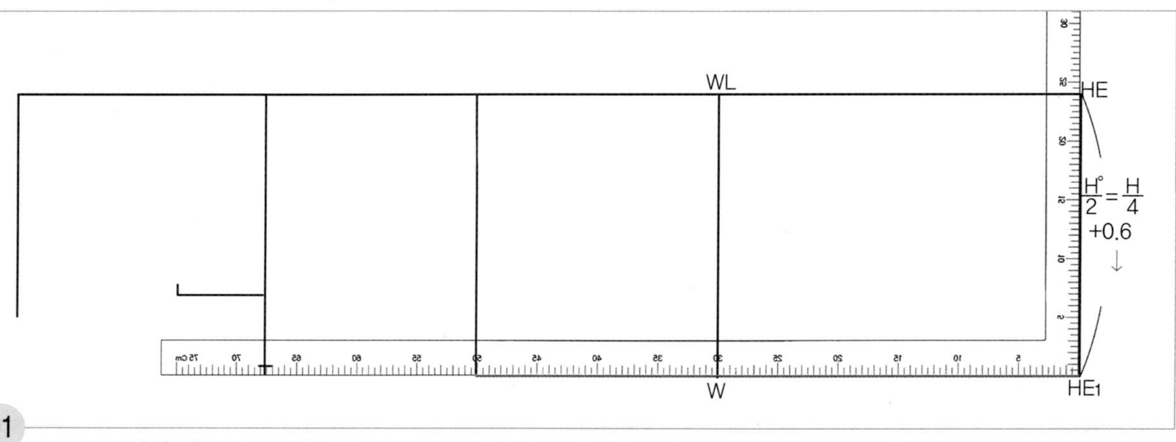

01 **HE~HE1=(H˚/2)+0.6cm=(H/4)+0.6cm** 직각자를 뒤중심쪽 밑단선(HE) 위치에서 (H˚/2)+0.6cm=(H/4)+0.6cm한 치수 만큼 내려 맞추고 옆선쪽 밑단선(HE1) 위치를 정한 다음 직각으로 허리선(W)까지 옆선을 그린다.

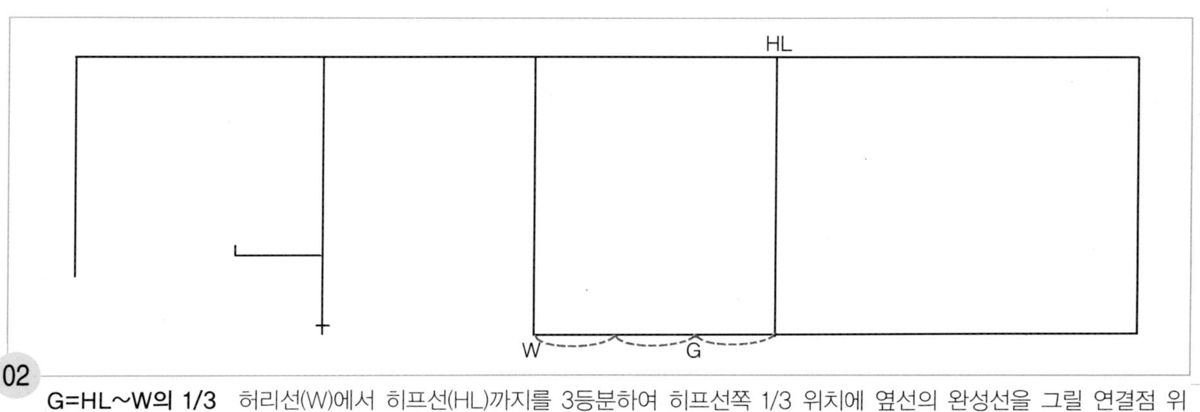

02 **G=HL~W의 1/3** 허리선(W)에서 히프선(HL)까지를 3등분하여 히프선쪽 1/3 위치에 옆선의 완성선을 그릴 연결점 위치(G)를 표시한다.

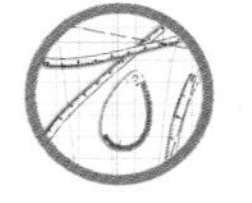

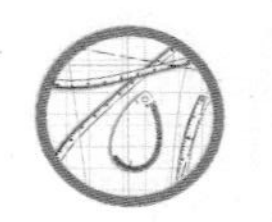

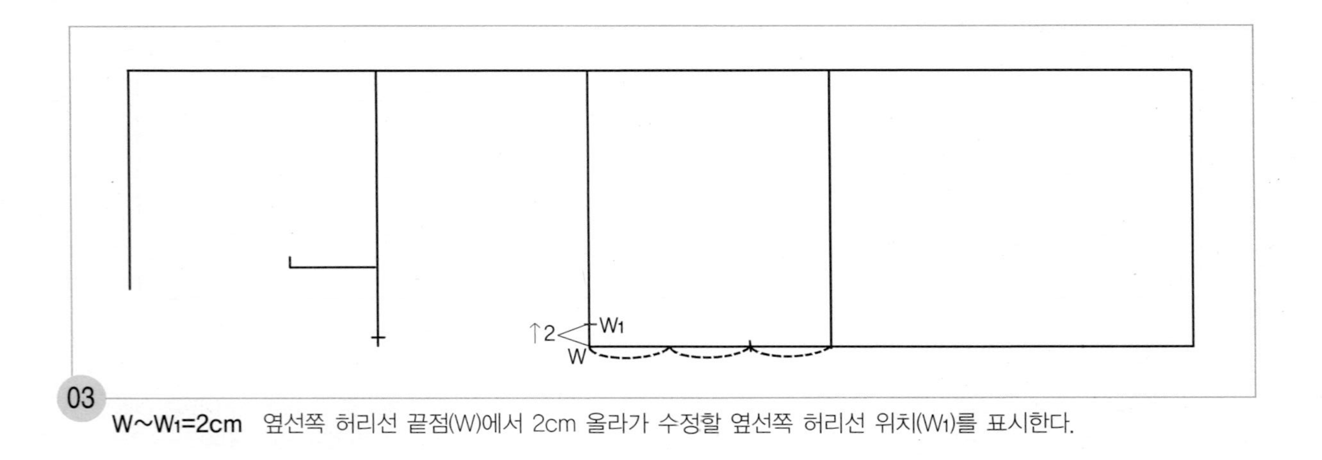

03 **$W \sim W_1$=2cm** 옆선쪽 허리선 끝점(W)에서 2cm 올라가 수정할 옆선쪽 허리선 위치(W_1)를 표시한다.

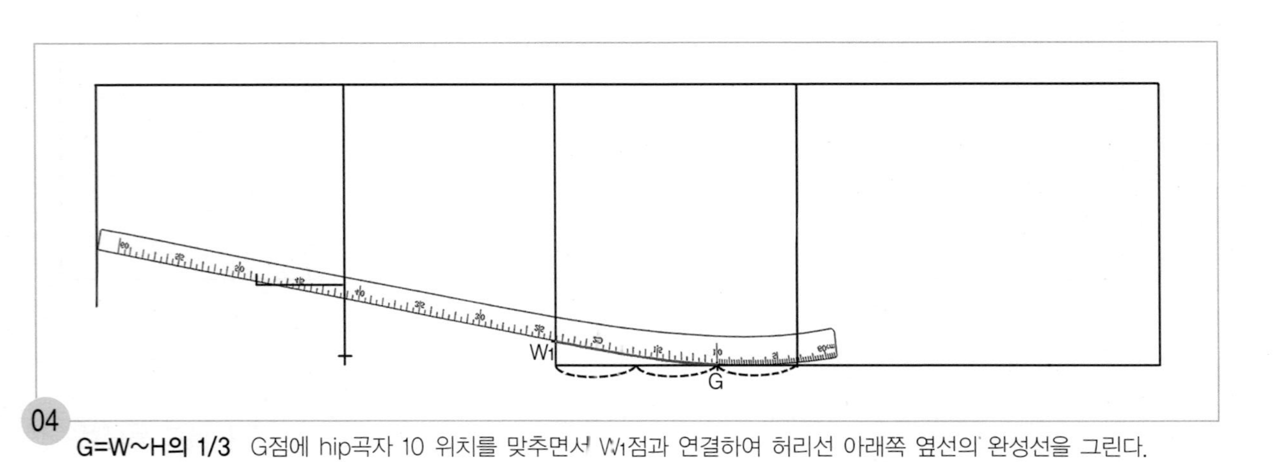

04 **G=W~H의 1/3** G점에 hip곡자 10 위치를 맞추면서 W_1점과 연결하여 허리선 아래쪽 옆선의 완성선을 그린다.

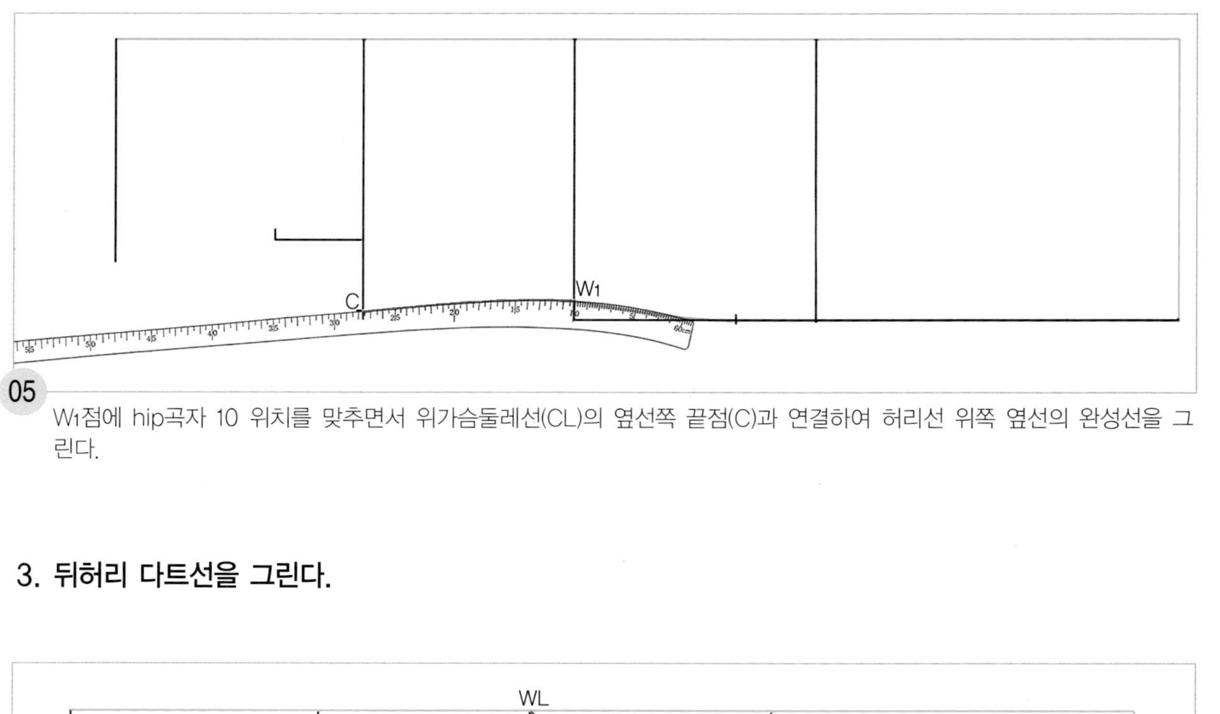

05 W_1점에 hip곡자 10 위치를 맞추면서 위가슴둘레선(CL)의 옆선쪽 끝점(C)과 연결하여 허리선 위쪽 옆선의 완성선을 그린다.

3. 뒤허리 다트선을 그린다.

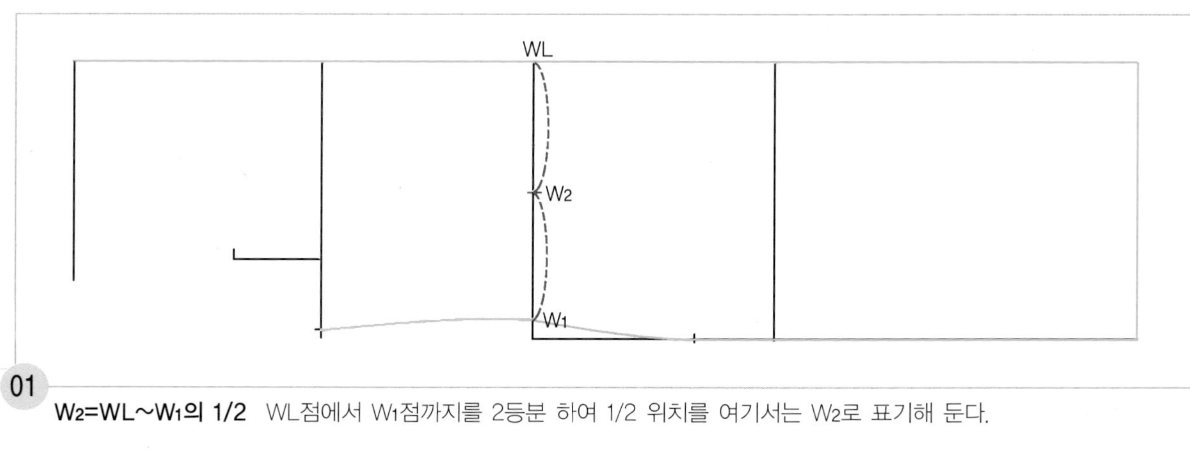

01 **W_2=WL~W_1의 1/2** WL점에서 W_1점까지를 2등분 하여 1/2 위치를 여기서는 W_2로 표기해 둔다.

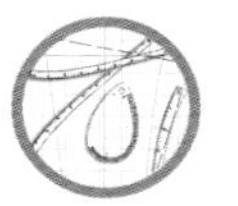

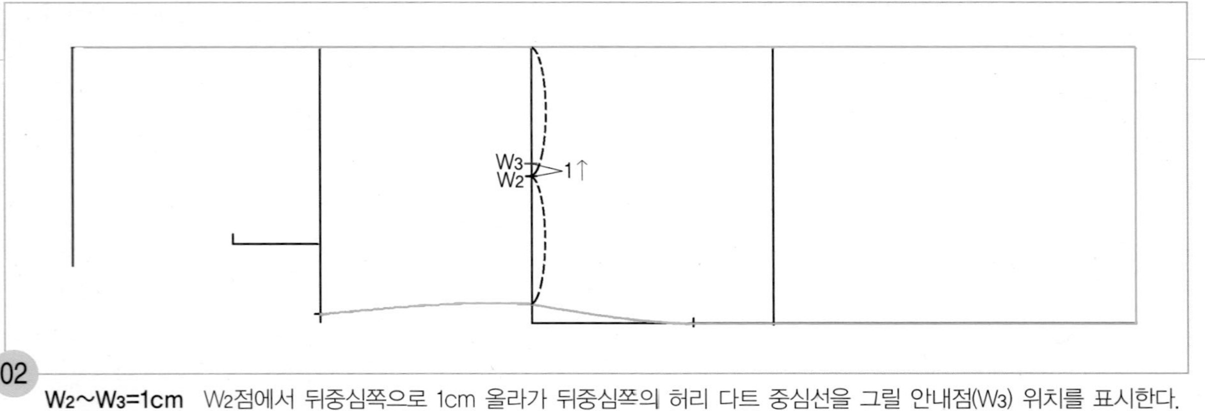

02

W_2~W_3=1cm W_2점에서 뒤중심쪽으로 1cm 올라가 뒤중심쪽의 허리 다트 중심선을 그릴 안내점(W_3) 위치를 표시한다.

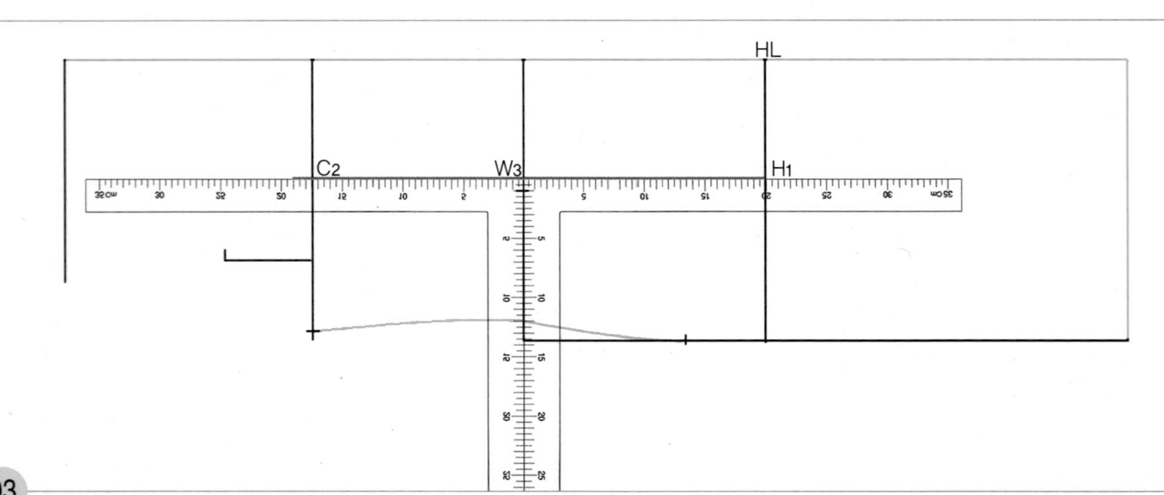

03

W_3점에서 직각으로 히프선(HL)까지 허리선 아래쪽 다트 중심선(H_1)을 그린 다음, 직각자를 수평반전하여 위가슴둘레선(CL)에서 조금 더 길게 허리선 위쪽 다트 중심선을 그린다. 여기서는 위가슴둘레선과 다트 중심선과의 교점을 C_2로 표기해둔다.

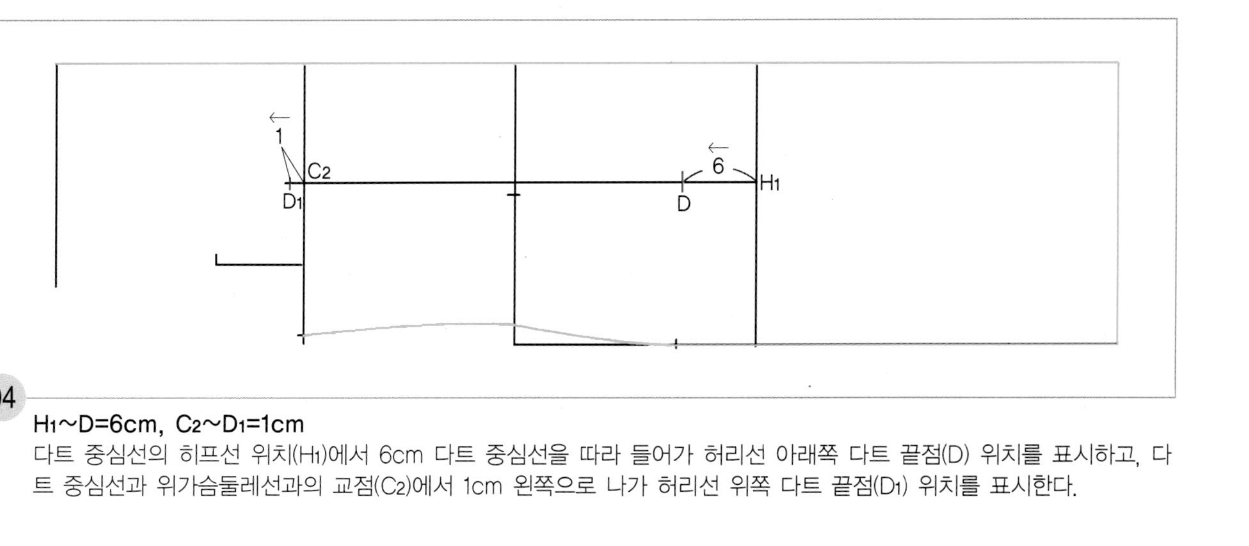

04 H_1~D=6cm, C_2~D_1=1cm

다트 중심선의 히프선 위치(H_1)에서 6cm 다트 중심선을 따라 들어가 허리선 아래쪽 다트 끝점(D) 위치를 표시하고, 다트 중심선과 위가슴둘레선과의 교점(C_2)에서 1cm 왼쪽으로 나가 허리선 위쪽 다트 끝점(D_1) 위치를 표시한다.

05 W_3~W_4=1.5cm, W_3~W_5=1.5cm

W_3점에서 1.5cm 올라가 뒤중심쪽의 허리 다트선을 그릴 안내점(W_4) 위치를 표시하고, W_3점에서 1.5cm 내려와 옆선쪽의 허리 다트선을 그릴 안내점(W_5) 위치를 표시한다.

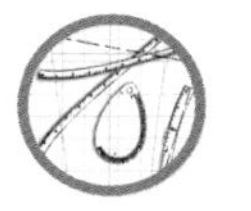

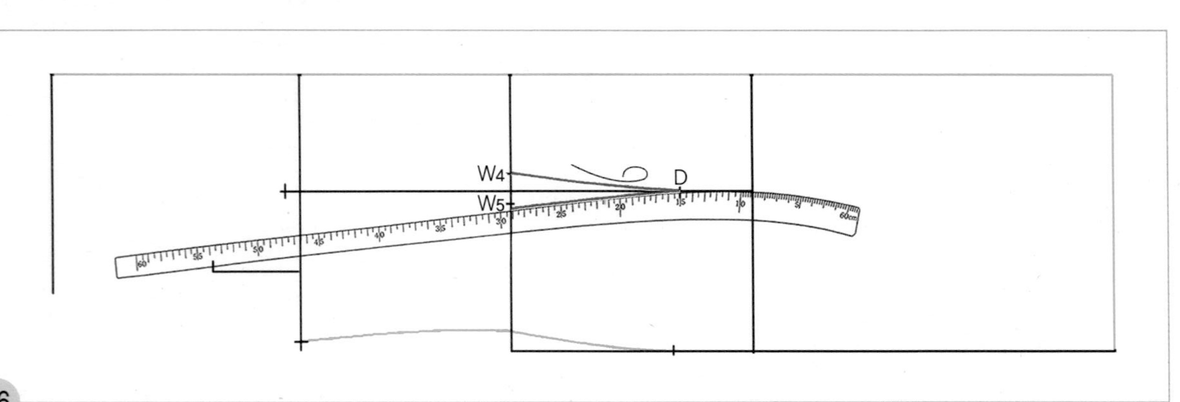

06 D점에 hip곡자 15 위치를 맞추면서 W_4점과 연결하여 뒤중심쪽의 허리선 아래쪽 다트 완성선을 그린 다음, hip곡자를 수직반전하여 D점에 hip곡자 15 위치를 맞추면서 W_5점과 연결하여 옆선쪽의 허리선 아래쪽 다트 완성선을 그린다.

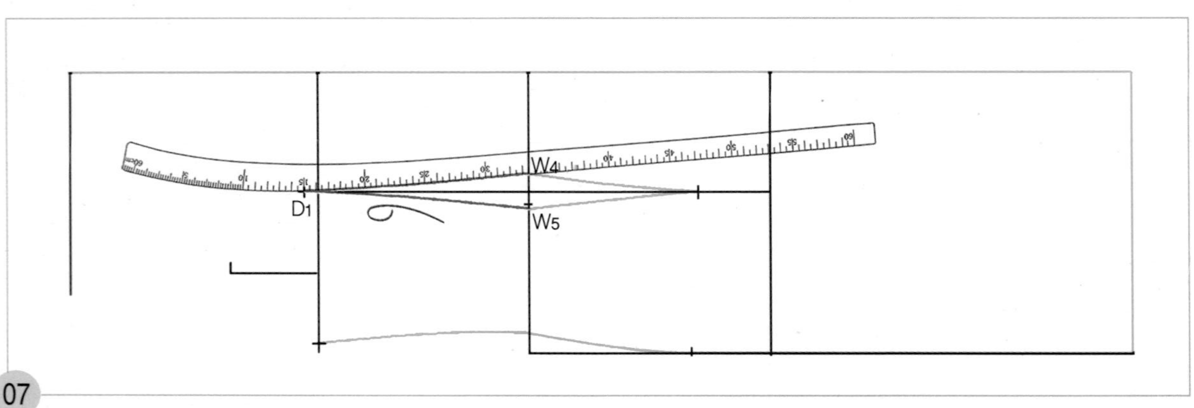

07 D_1점에 hip곡자 15 위치를 맞추면서 W_4점과 연결하여 뒤중심쪽의 허리선 위쪽 다트 완성선을 그린 다음, hip곡자를 수직반전하여 D_1점에 hip곡자 15 위치를 맞추면서 W_5점과 연결하여 옆선쪽의 허리선 위쪽 다트 완성선을 그린다.

4. 뒤어깨선을 그리고 뒷목둘레선과 진동둘레선을 그린다.

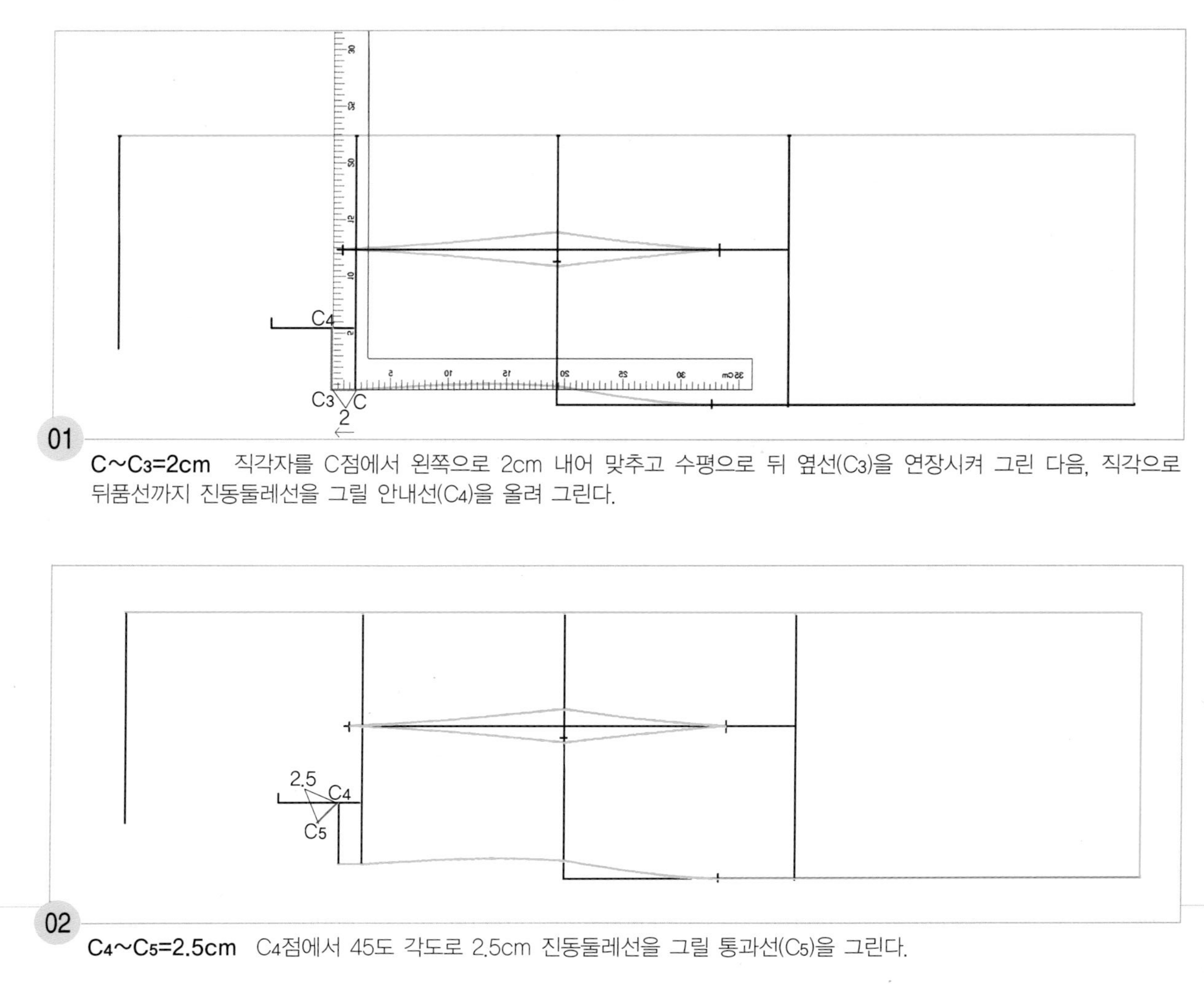

$C \sim C_3$=2cm 직각자를 C점에서 왼쪽으로 2cm 내어 맞추고 수평으로 뒤 옆선(C_3)을 연장시켜 그린 다음, 직각으로 뒤품선까지 진동둘레선을 그릴 안내선(C_4)을 올려 그린다.

$C_4 \sim C_5$=2.5cm C_4점에서 45도 각도로 2.5cm 진동둘레선을 그릴 통과선(C_5)을 그린다.

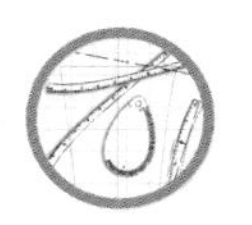

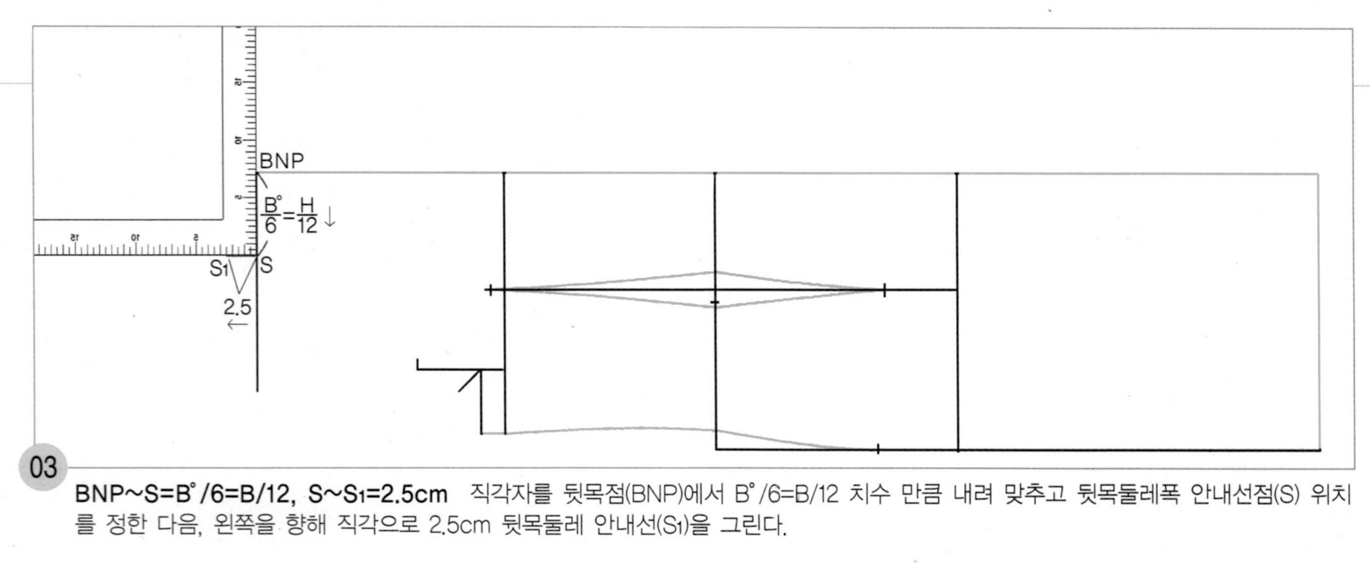

03

BNP~S=B°/6=B/12, S~S_1=2.5cm 직각자를 뒷목점(BNP)에서 B°/6=B/12 치수 만큼 내려 맞추고 뒷목둘레폭 안내선점(S) 위치를 정한 다음, 왼쪽을 향해 직각으로 2.5cm 뒷목둘레 안내선(S_1)을 그린다.

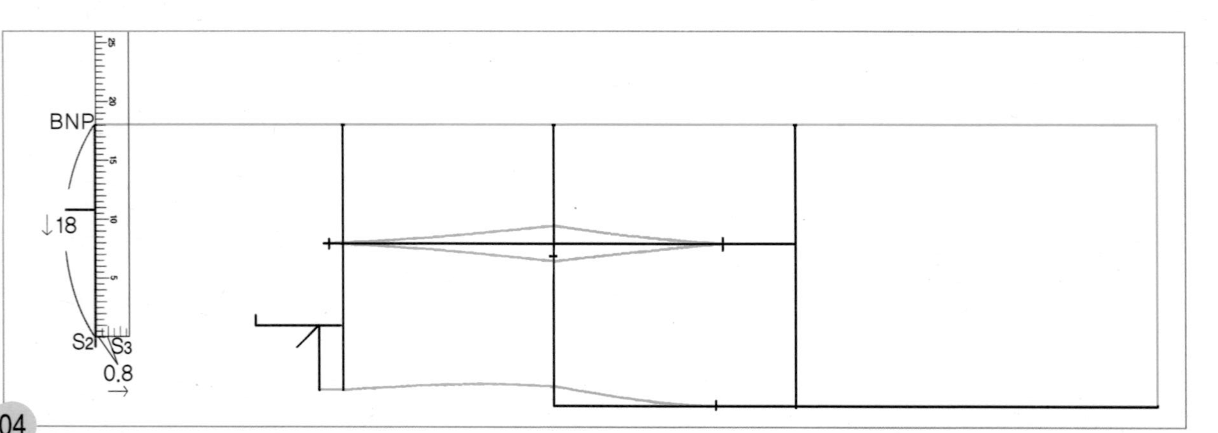

04

BNP~S_2=18cm(고정 치수), S_2~S_3=0.8cm(표준어깨경사의 경우) 뒷목점(BNP)에서 직각선을 따라 18cm 내려와 어깨선을 그릴 안내점 위치(S_2)를 표시하고, S_2점에서 직각으로 0.8cm 어깨선을 그릴 통과선(S_3)을 그린다.

주 상견이나 하견일 경우에는 표준어깨경사의 통과선(S_3)에서 0.3cm씩 증감한다.

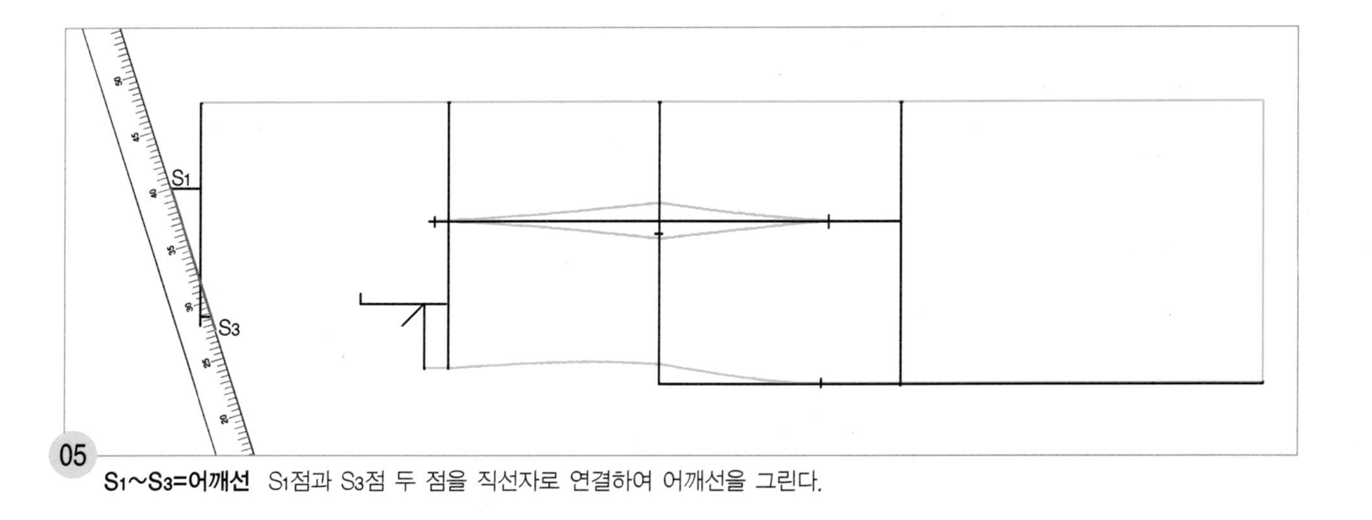

05

S_1~S_3=어깨선 S_1점과 S_3점 두 점을 직선자로 연결하여 어깨선을 그린다.

06

BNP~SP=어깨너비/2

뒷목점(BNP)에서 어깨너비/2 치수가 05>에서 그린 어깨선과 마주 닿는 위치를 어깨끝점(SP)으로 정해 표시한다.

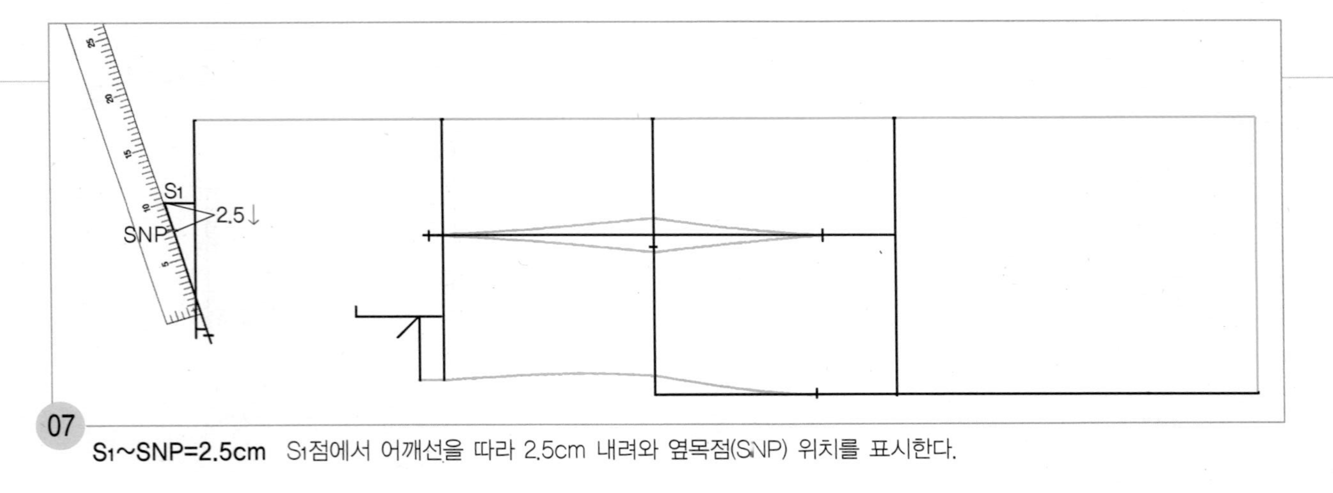

07 **S_1~SNP=2.5cm** S_1점에서 어깨선을 따라 2.5cm 내려와 옆목점(SNP) 위치를 표시한다.

08 **SNP~S_4=2cm** 직각자를 옆목점(SNP)에서 수평으로 2cm 들여 맞추고 수평으로 2cm 뒷목둘레선을 그릴 안내선(S_4)을 그린 다음, S_4점에서 직각으로 뒤중심선까지 뒷목둘레선(B)을 그린다.

주 뒷목둘레선과 뒤중심선과의 교점(B)이 뒷목점 위치가 된다.

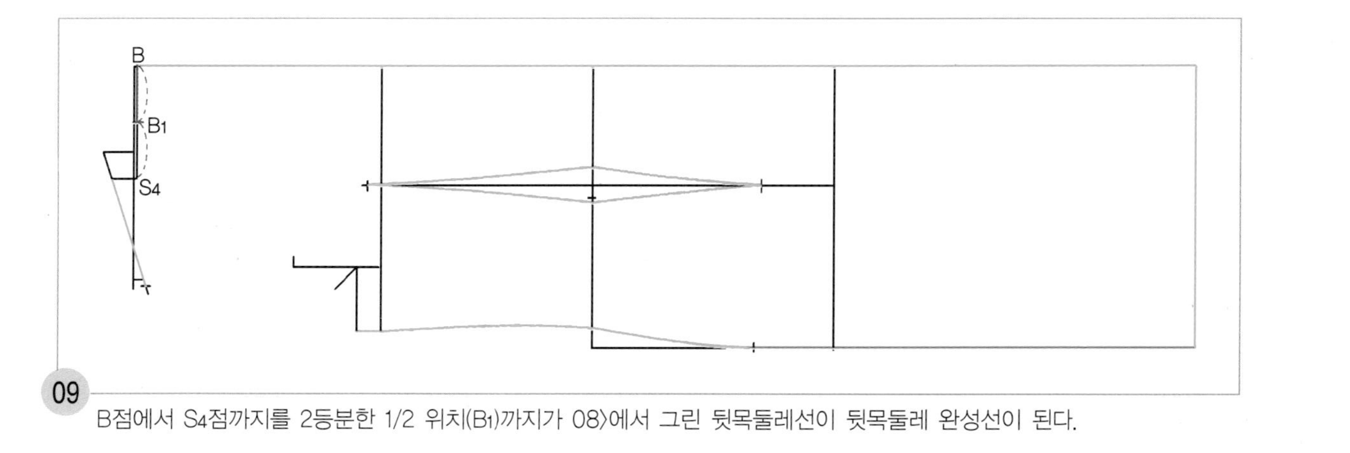

09 B점에서 S4점까지를 2등분한 1/2 위치(B1)까지가 08〉에서 그린 뒷목둘레선이 뒷목둘레 완성선이 된다.

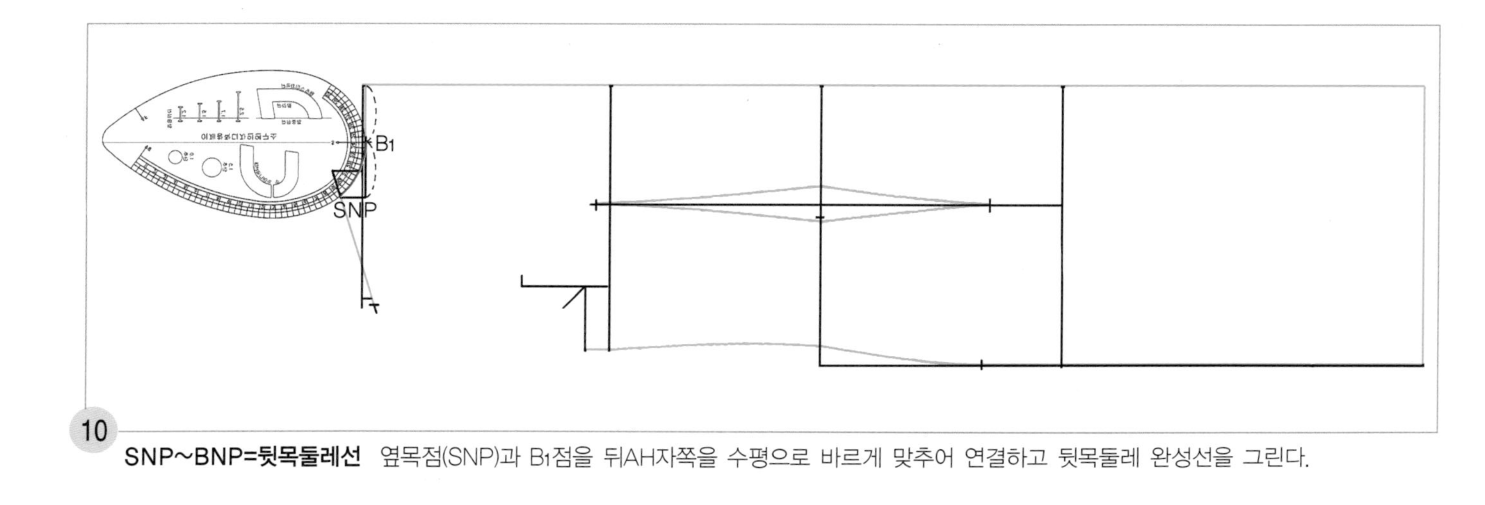

10 **SNP~BNP=뒷목둘레선** 옆목점(SNP)과 B1점을 뒤AH자쪽을 수평으로 바르게 맞추어 연결하고 뒷목둘레 완성선을 그린다.

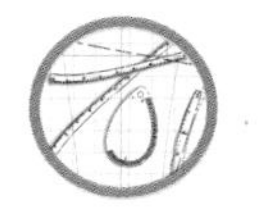

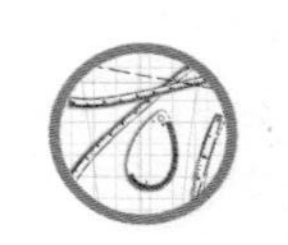

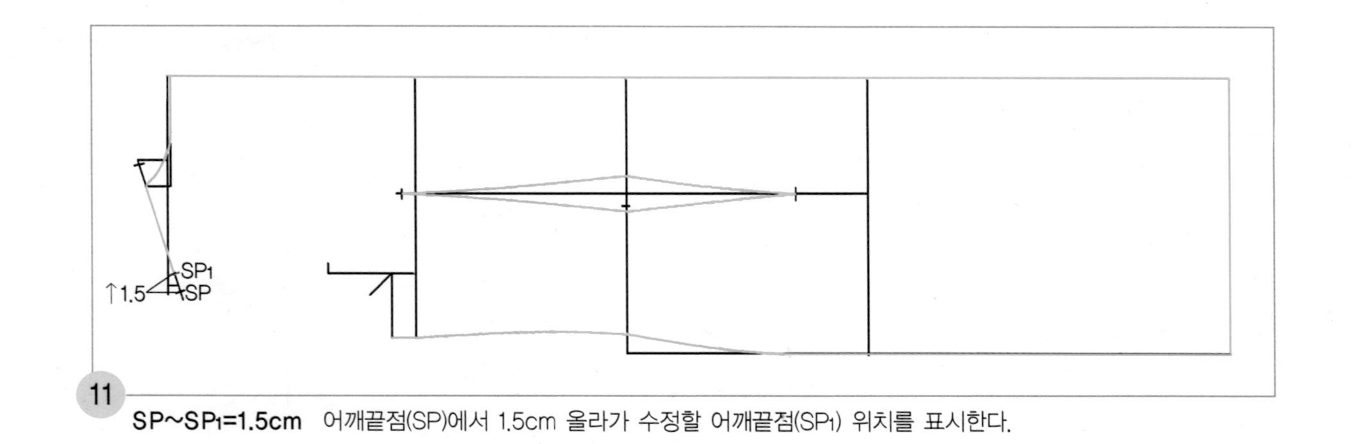

11

$SP \sim SP_1$=1.5cm 어깨끝점(SP)에서 1.5cm 올라가 수정할 어깨끝점(SP_1) 위치를 표시한다.

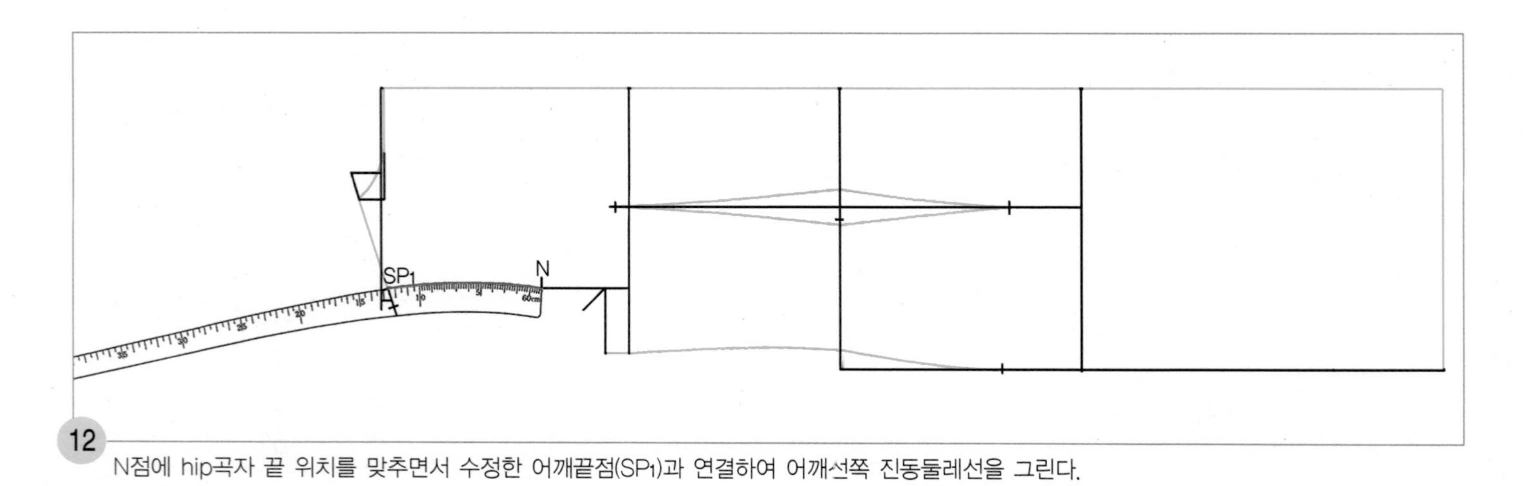

12

N점에 hip곡자 끝 위치를 맞추면서 수정한 어깨끝점(SP_1)과 연결하여 어깨선쪽 진동둘레선을 그린다.

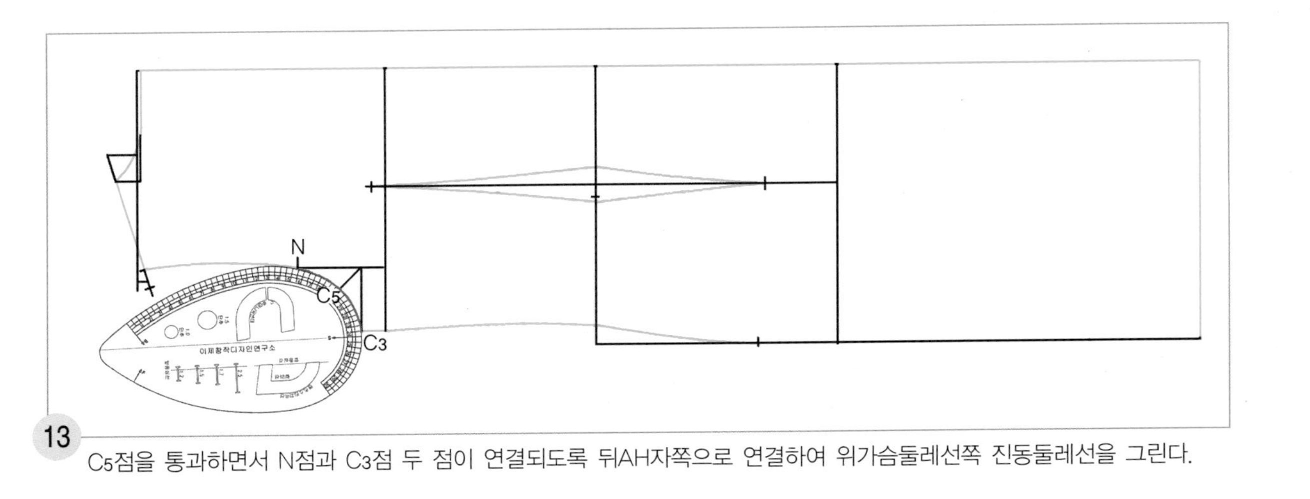

13 C_5점을 통과하면서 N점과 C_3점 두 점이 연결되도록 뒤AH자쪽으로 연결하여 위가슴둘레선쪽 진동둘레선을 그린다.

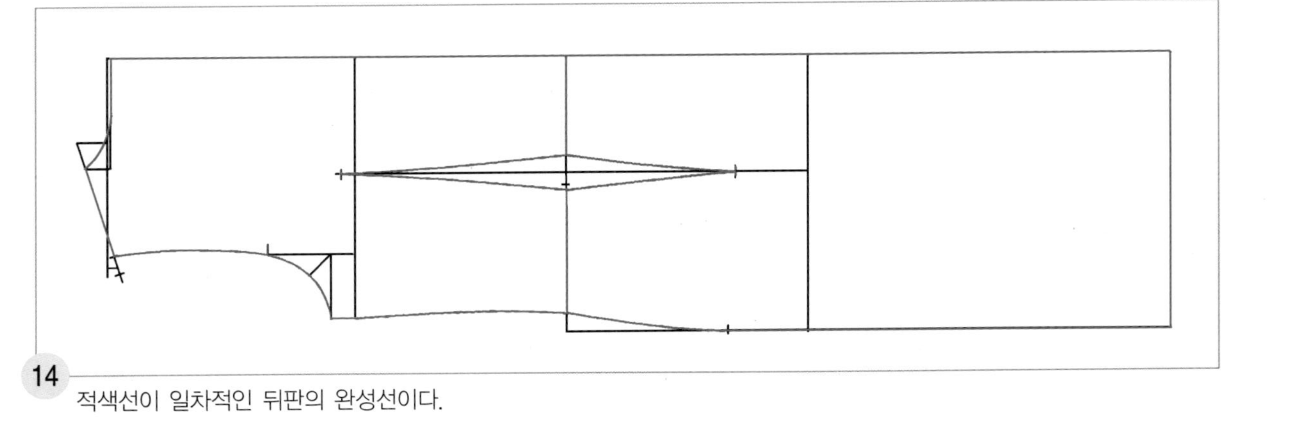

14 적색선이 일차적인 뒤판의 완성선이다.

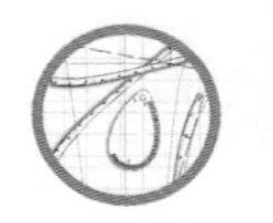

6. 주름 스커트 선을 그린다.

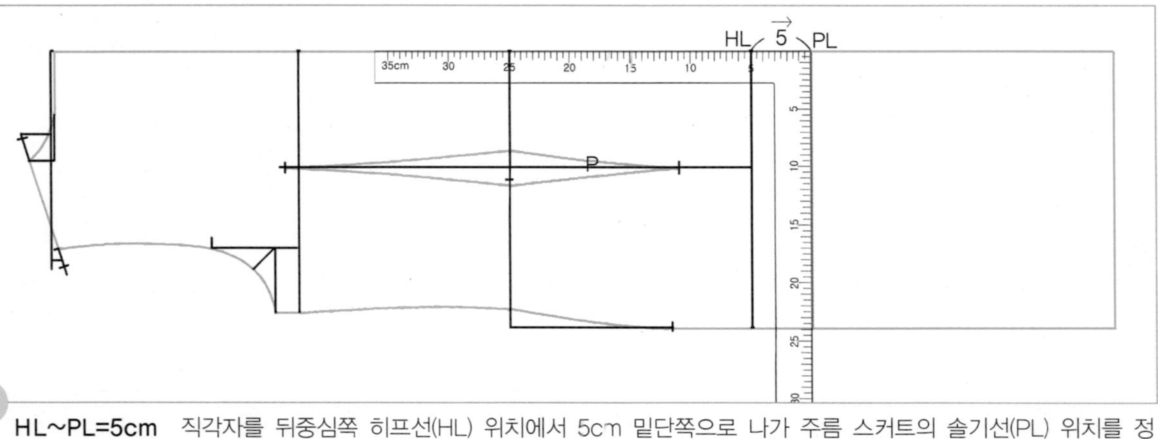

01 **HL~PL=5cm** 직각자를 뒤중심쪽 히프선(HL) 위치에서 5cm 밑단쪽으로 나가 주름 스커트의 솔기선(PL) 위치를 정한 다음, 직각으로 옆선(P)까지 주름 스커트의 솔기선을 그린다.

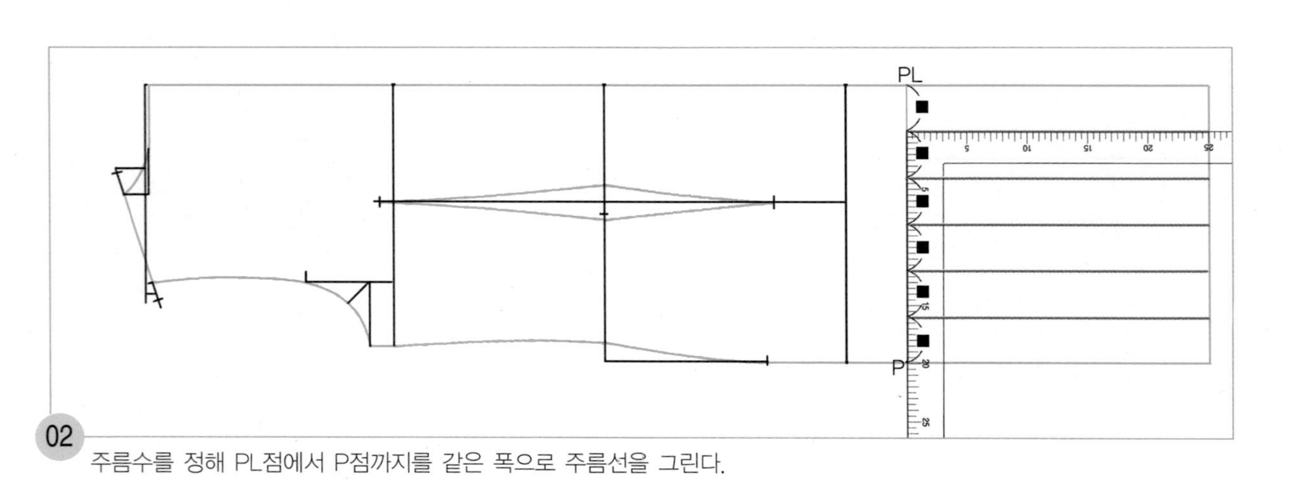

02 주름수를 정해 PL점에서 P점까지를 같은 폭으로 주름선을 그린다.

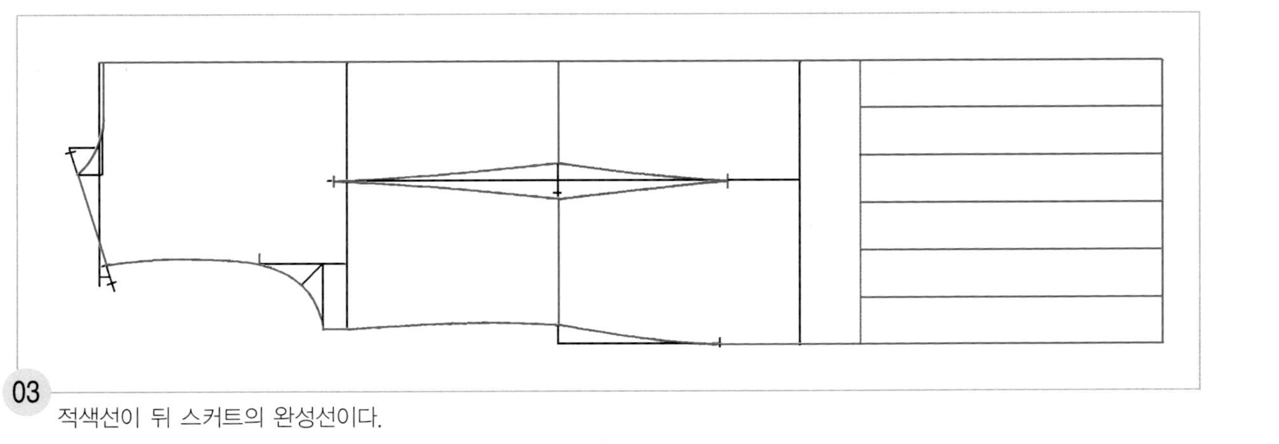

03 적색선이 뒤 스커트의 완성선이다.

앞판 제도하기

1. 기초선을 그린다.

앞중심선

01 긴 직선자를 대고 수평으로 길게 앞중심선(앞길이+원하는 스커트 길이)을 그린다.

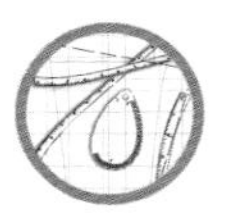

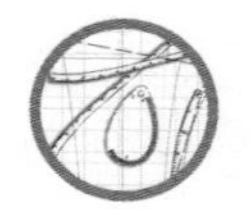

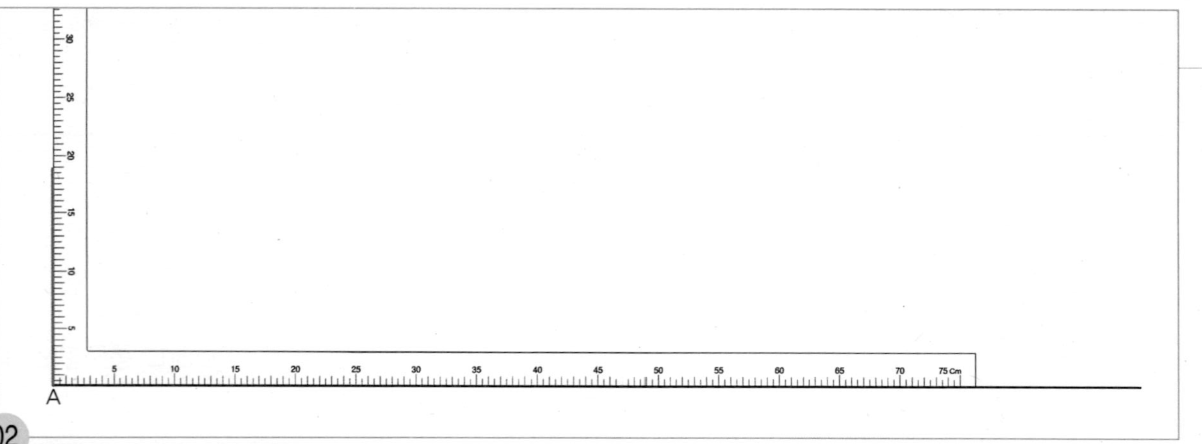

02 A점에서 직각선을 올려 그린다.

위가슴둘레선

A

CL

$(\frac{B°}{2}=\frac{B}{4})-1\rightarrow$

03 **A~CL=(B°/2)−1cm=(B/4)−1cm** 직각자를 A점에서 (B°/2)−1cm =(B/4)−1cm한 치수를 나가 맞추고 위가슴둘레선(CL) 위치를 정한 다음, 직각으로 위가슴둘레선을 올려 그린다.

04

A~BL=유두 길이 직각자를 A점에서 유두 길이 치수 만큼 나가 맞추고 가슴둘레선(BL) 위치를 정한 다음, 직각으로 가슴둘레선을 올려 그린다.

05

A~WL=앞길이 직각자를 A점에서 앞길이 치수 만큼 나가 맞추고 허리선(WL) 위치를 정한 다음, 직각으로 허리선을 올려 그린다.

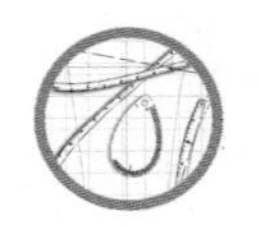

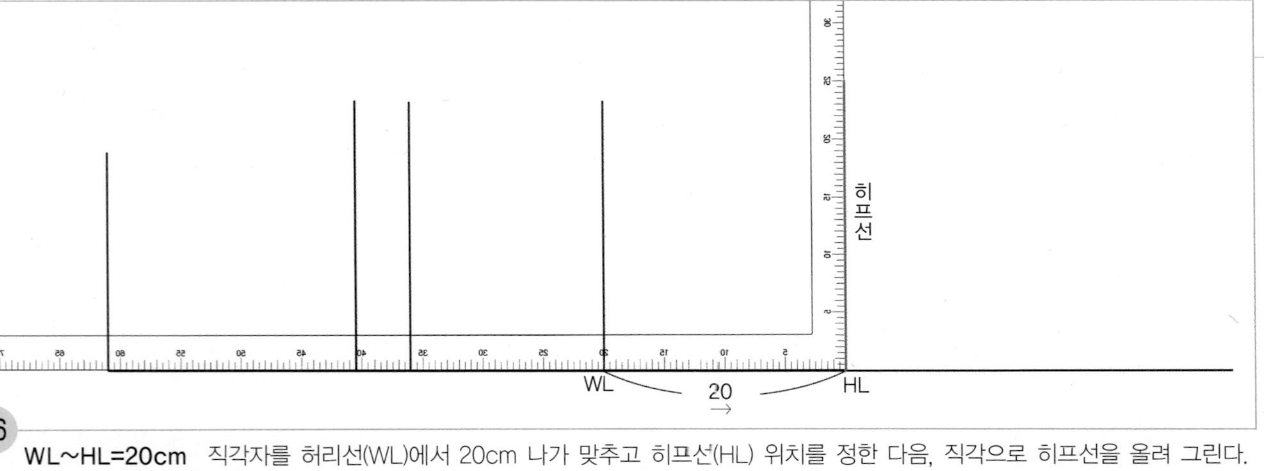

06 **WL~HL=20cm** 직각자를 허리선(WL)에서 20cm 나가 맞추고 히프선(HL) 위치를 정한 다음, 직각으로 히프선을 올려 그린다.

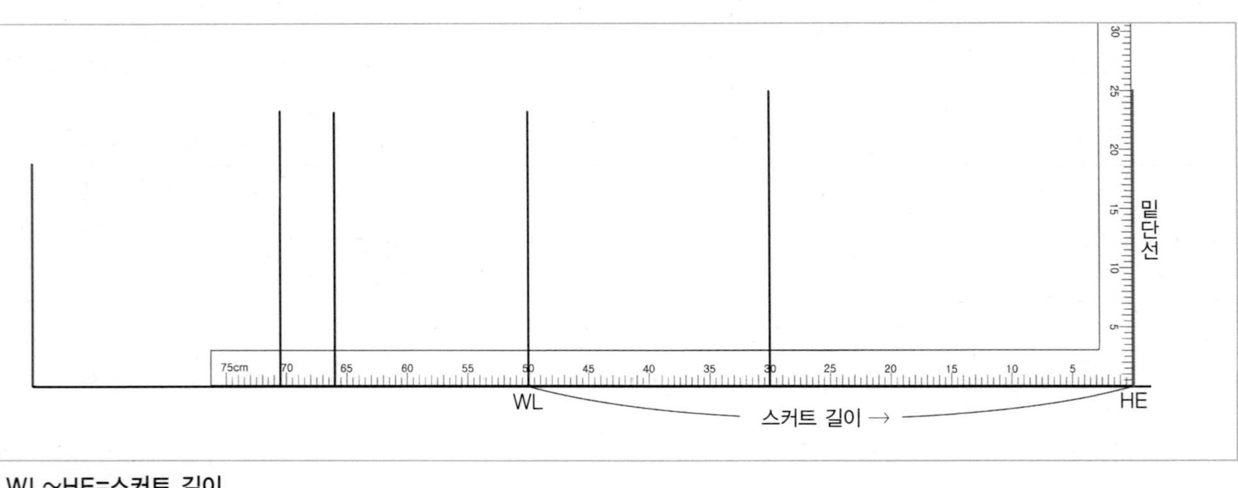

07 **WL~HE=스커트 길이**

직각자를 허리선(WL)에서 스커트 길이 만큼 나가 맞추고 밑단선(HE) 위치를 정한 다음, 직각으로 밑단선을 올려 그린다.

2. 앞 옆선의 완성선을 그린다.

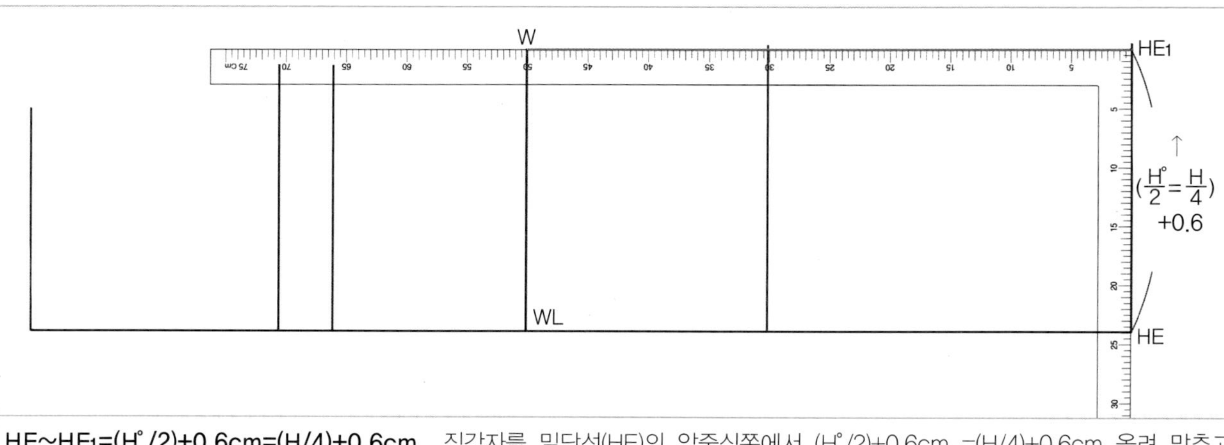

01

HE~HE1=(H˚/2)+0.6cm=(H/4)+0.6cm 직각자를 밑단선(HE)의 앞중심쪽에서 (H˚/2)+0.6cm =(H/4)+0.6cm 올려 맞추고 옆선쪽 끝점(HE1) 위치를 정한 다음, 직각으로 허리선(W)까지 옆선을 그린다.

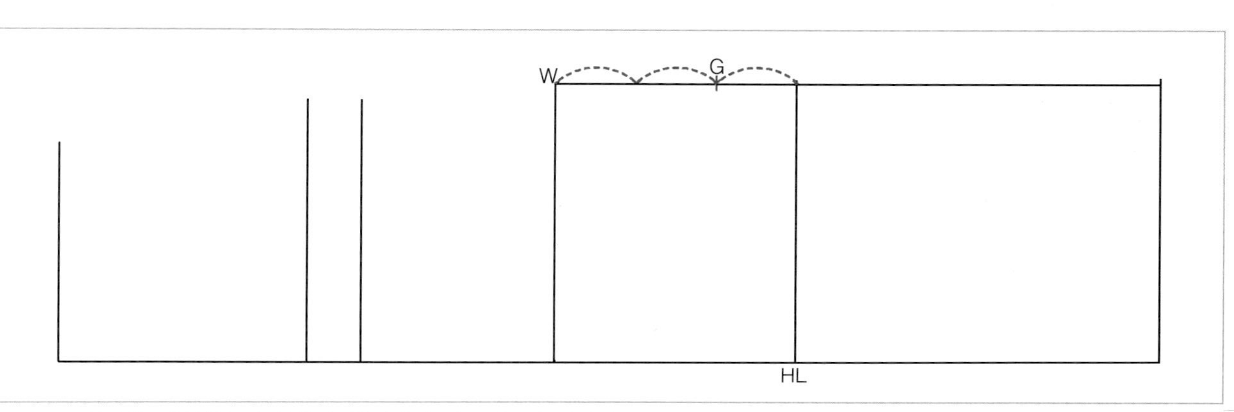

02

G=W~H의 1/3 옆선쪽 허리선(W) 위치에서 히프선(HL) 위치까지를 3등분하여 히프선쪽 1/3 위치에 옆선의 완성선을 그릴 연결점(G) 위치를 표시한다.

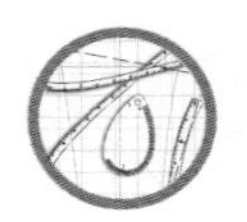

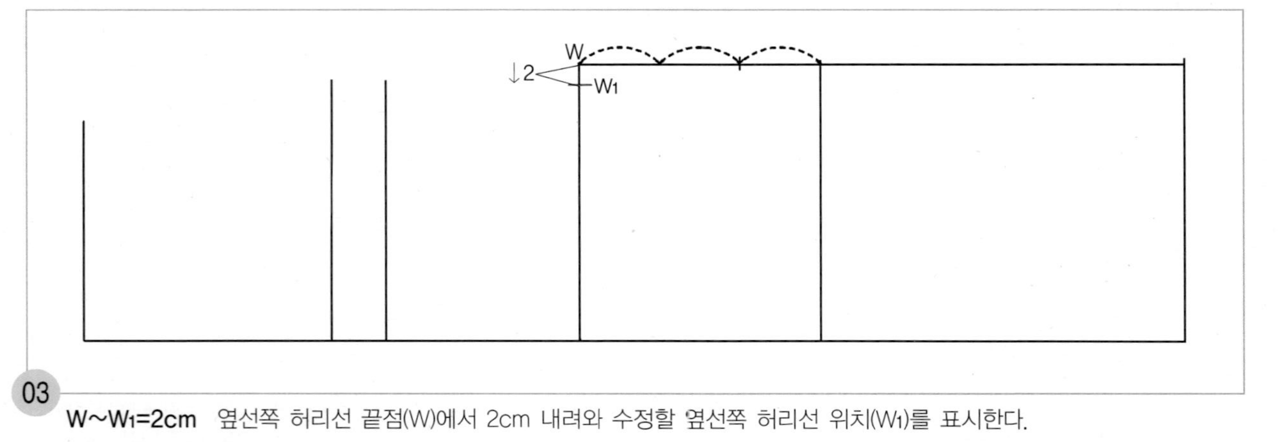

03

$W \sim W_1$=2cm 옆선쪽 허리선 끝점(W)에서 2cm 내려와 수정할 옆선쪽 허리선 위치(W_1)를 표시한다.

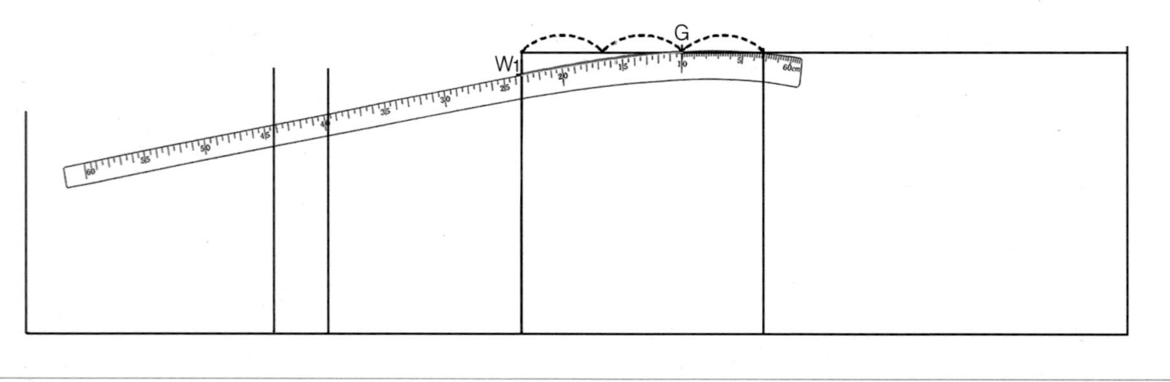

04

G점에 hip곡자 10 위치를 맞추면서 W_1점과 연결하여 허리선 아래쪽 옆선의 완성선을 그린다.

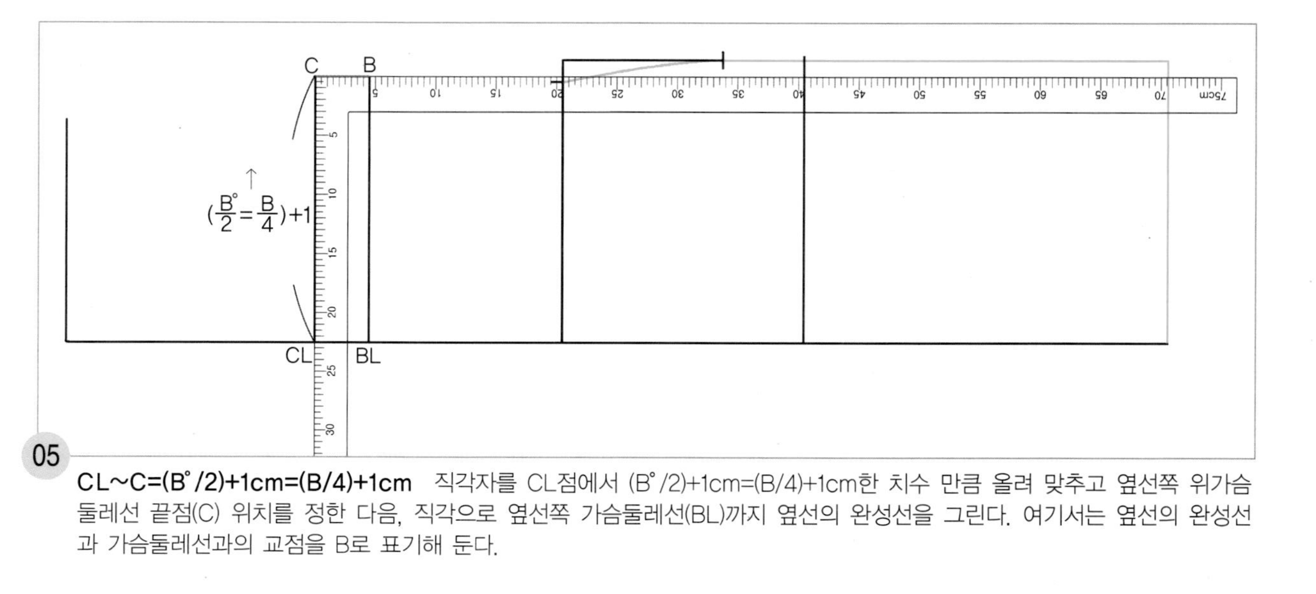

05

CL~C=(B°/2)+1cm=(B/4)+1cm 직각자를 CL점에서 (B°/2)+1cm=(B/4)+1cm한 치수 만큼 올려 맞추고 옆선쪽 위가슴둘레선 끝점(C) 위치를 정한 다음, 직각으로 옆선쪽 가슴둘레선(BL)까지 옆선의 완성선을 그린다. 여기서는 옆선의 완성선과 가슴둘레선과의 교점을 B로 표기해 둔다.

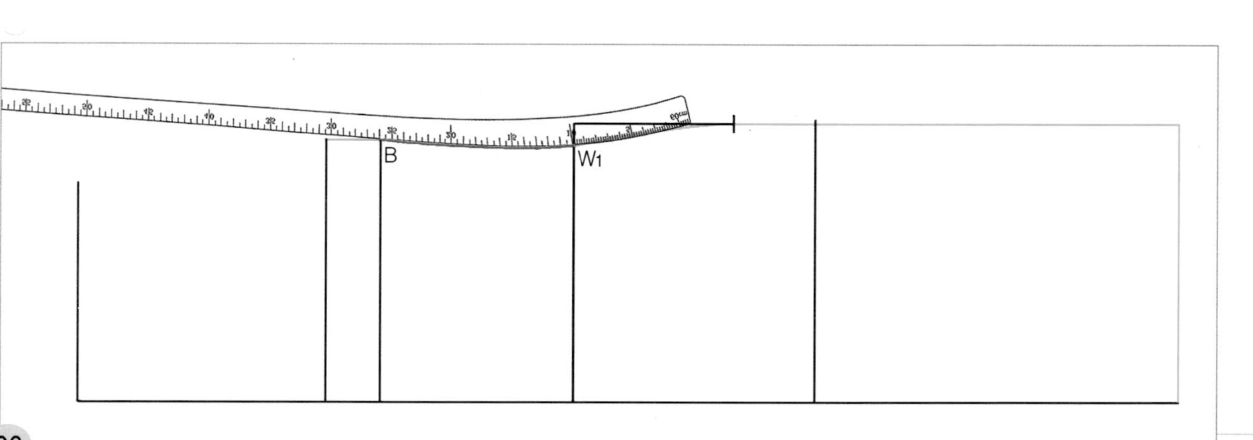

06

W1점에 hip곡자 10 위치를 맞추면서 옆선쪽 가슴둘레선 끝점(B)과 연결하여 허리선 위쪽 옆선의 완성선을 그린다.

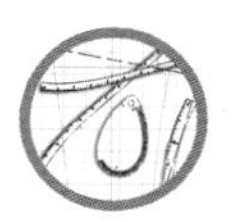

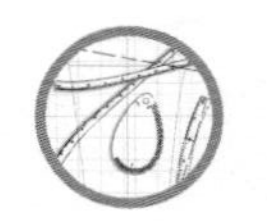

3. 허리 다트선과 가슴 다트선을 그린다.

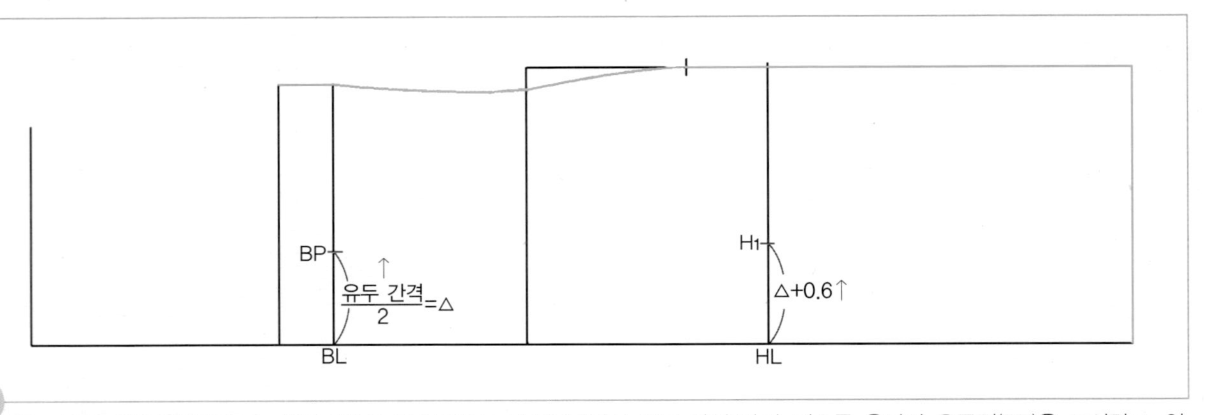

01 **BL~BP=유두 간격/2(△)** 앞중심쪽의 가슴둘레선 위치(BL)에서 유두 간격/2(△) 치수를 올라가 유두점(BP)을 표시하고, 앞중심쪽 히프선(HL) 위치에서 유두 간격/2(△)+0.6cm한 치수를 올라가 히프선쪽의 허리 다트 중심선 끝점(H1) 위치를 표시한다.

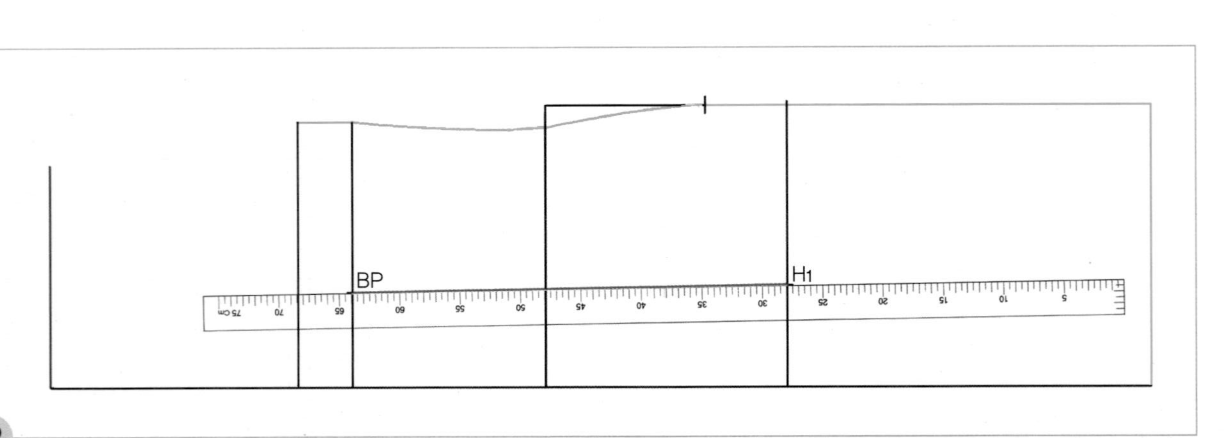

02 유두점(BP)과 히프선쪽 허리 다트 중심선 끝점(H1) 두 점을 직선자로 연결하여 허리 다트 중심선을 그린다.

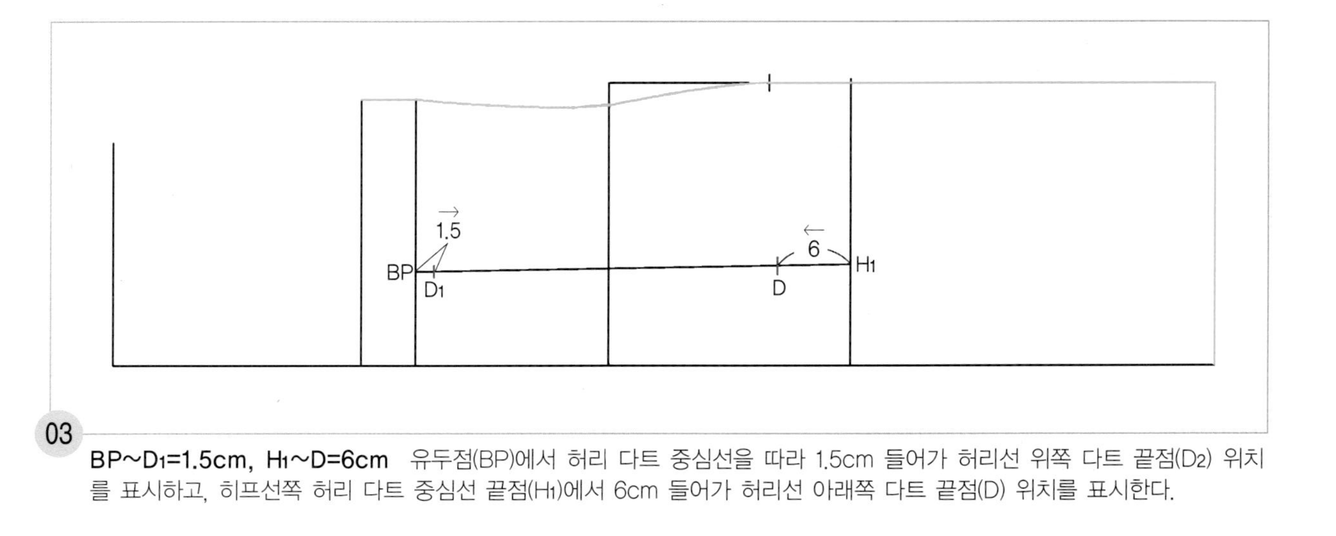

03

BP~D_1=1.5cm, H_1~D=6cm 유두점(BP)에서 허리 다트 중심선을 따라 1.5cm 들어가 허리선 위쪽 다트 끝점(D_2) 위치를 표시하고, 히프선쪽 허리 다트 중심선 끝점(H_1)에서 6cm 들어가 허리선 아래쪽 다트 끝점(D) 위치를 표시한다.

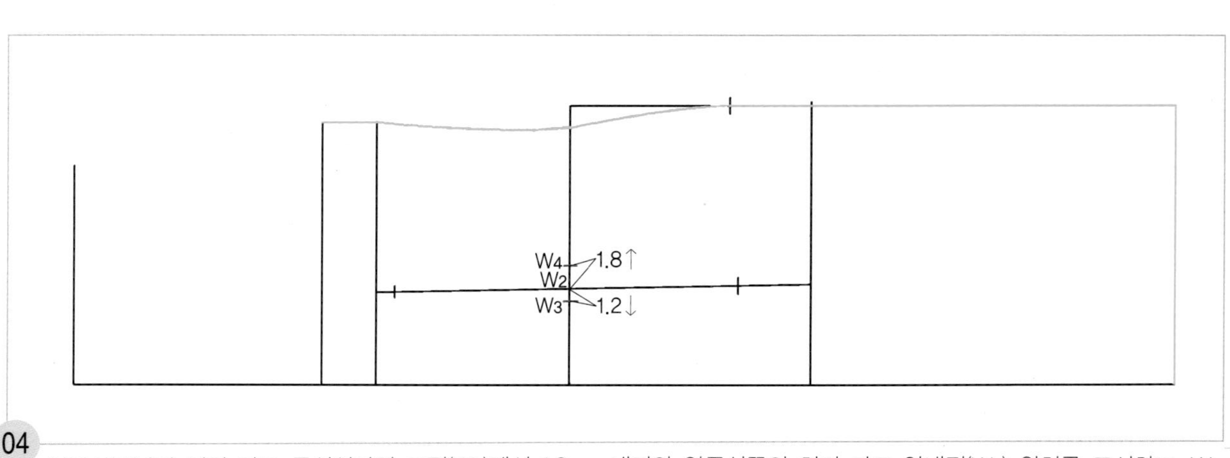

04

허리선(WL)과 허리 다트 중심선과의 교점(W_2)에서 1.2cm 내려와 앞중심쪽의 허리 다트 안내점(W_3) 위치를 표시하고, W_2 점에서 1.8cm 올라가 옆선쪽의 허리 다트 안내점(W_4) 위치를 표시한다.

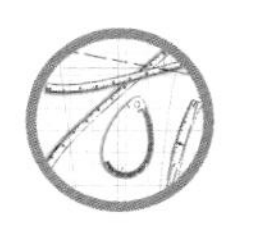

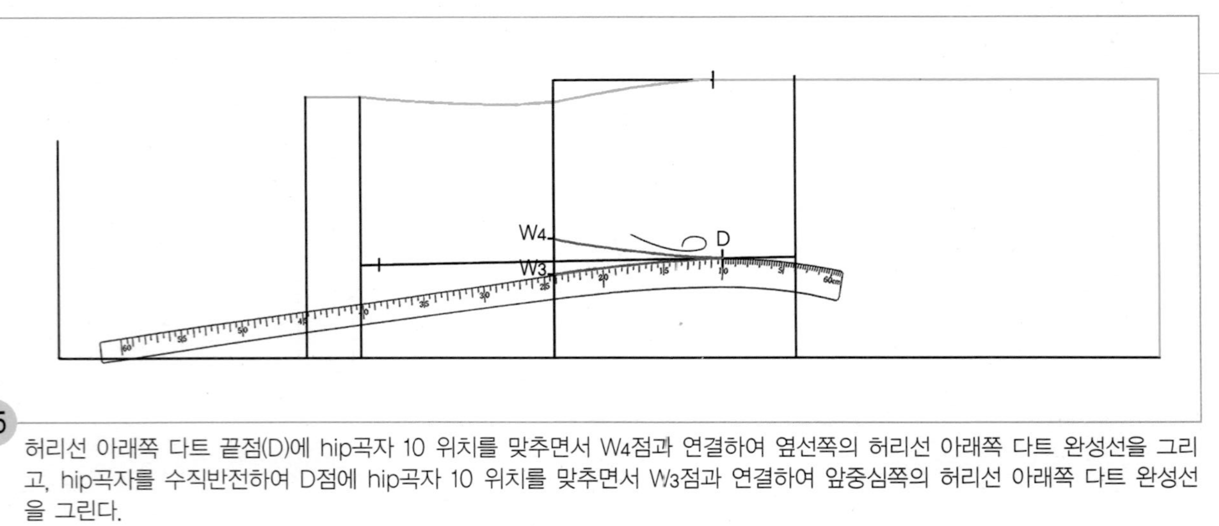

05

허리선 아래쪽 다트 끝점(D)에 hip곡자 10 위치를 맞추면서 W_4점과 연결하여 옆선쪽의 허리선 아래쪽 다트 완성선을 그리고, hip곡자를 수직반전하여 D점에 hip곡자 10 위치를 맞추면서 W_3점과 연결하여 앞중심쪽의 허리선 아래쪽 다트 완성선을 그린다.

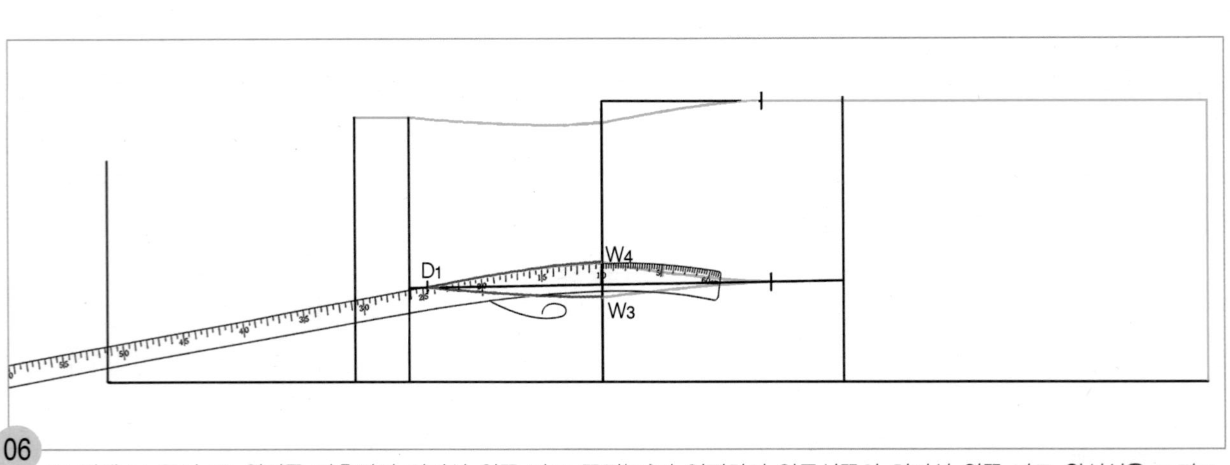

06

W_3점에 hip곡자 10 위치를 맞추면서 허리선 위쪽 다트 끝점(D_1)과 연결하여 앞중심쪽의 허리선 위쪽 다트 완성선을 그리고, hip곡자를 수직 반전하여 W_4점에 hip곡자 10 위치를 맞추면서 D_1점과 연결하여 옆선쪽의 허리선 위쪽 다트 완성선을 그린다.

07

BP~B_1=2cm

유두점(BP)에서 2cm 올가가 가슴 다트 끝점(B_1) 위치를 표시한다.

08

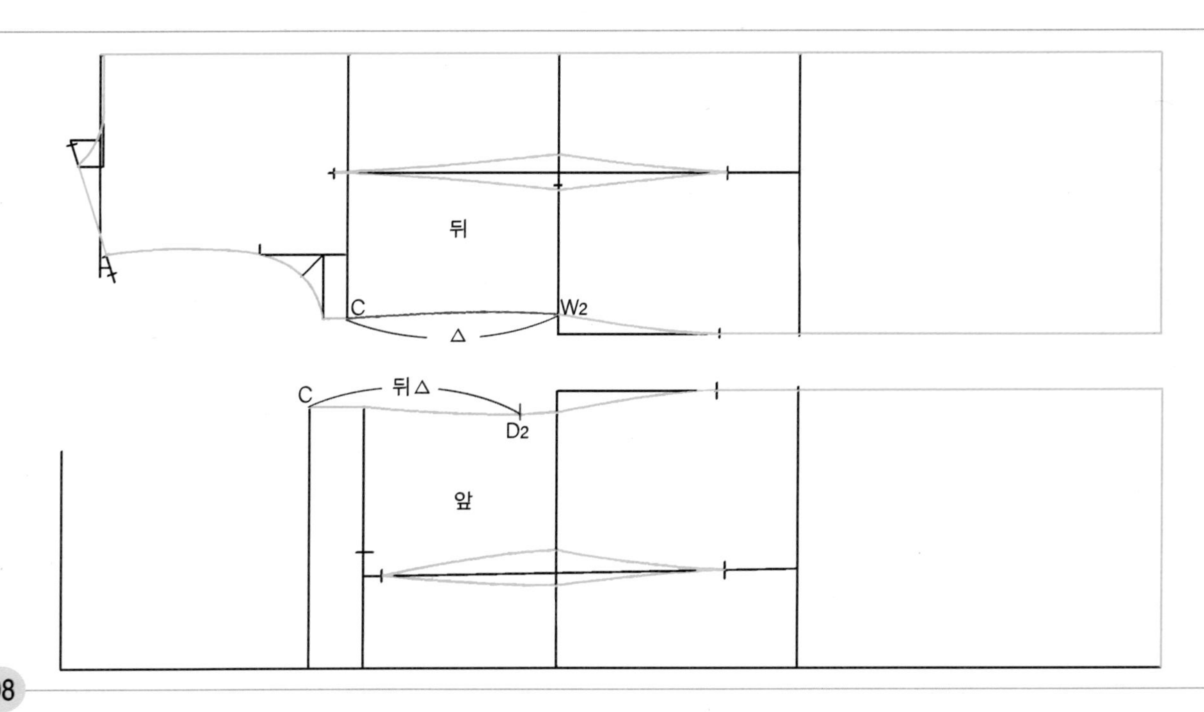

C~D_2=뒤허리선 위쪽 옆선 길이(△)

뒤판의 위가슴둘레선 옆선쪽 끝점(C)에서 W_2 점까지의 뒤허리선 위쪽 옆선 길이(△)를 재어, 같은 길이(△)를 앞판의 위가슴둘레선 옆선쪽 끝점(C)에서 앞판의 허리선 위쪽 옆선의 완성선을 따라나가 가슴 다트량을 구할 위치(D_2)를 표시한다.

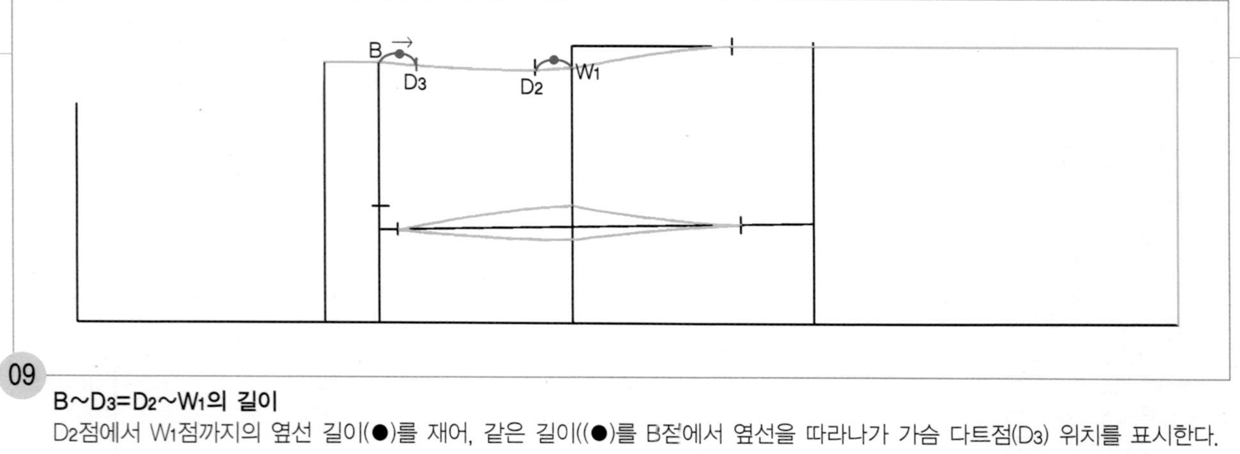

09 **B~D_3=D_2~W_1의 길이**

D_2점에서 W_1점까지의 옆선 길이(●)를 재어, 같은 길이((●)를 B점에서 옆선을 따라나가 가슴 다트점(D_3) 위치를 표시한다.

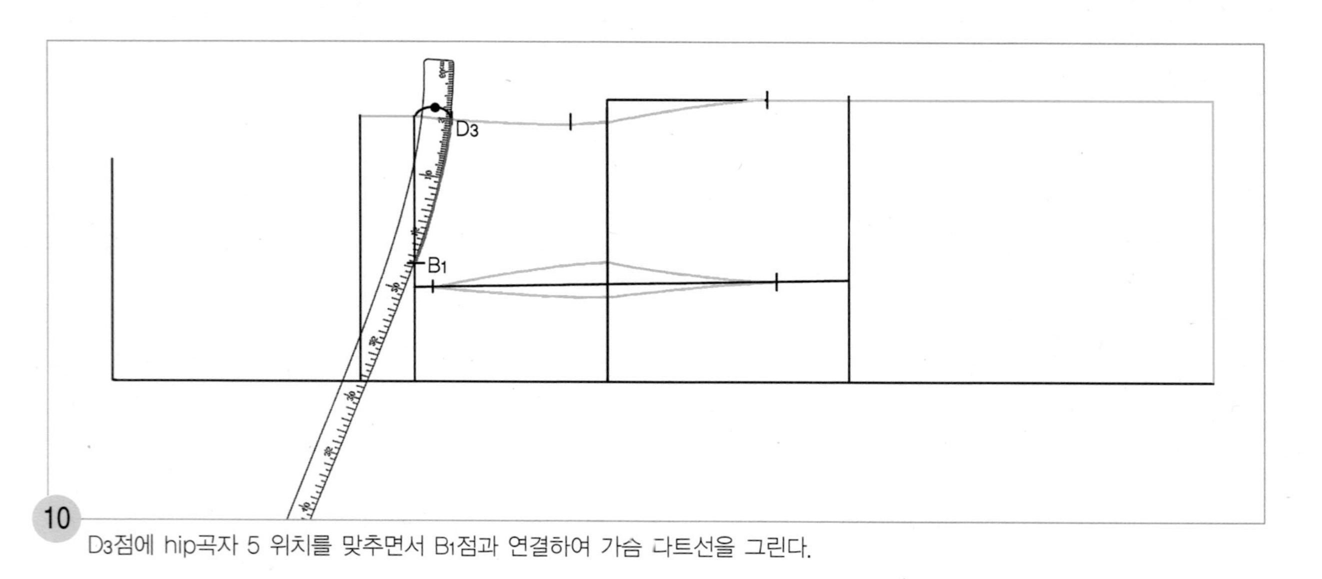

10 D_3점에 hip곡자 5 위치를 맞추면서 B_1점과 연결하여 가슴 다트선을 그린다.

4. 앞어깨선을 그리고 진동둘레선과 앞목둘레선을 그린다.

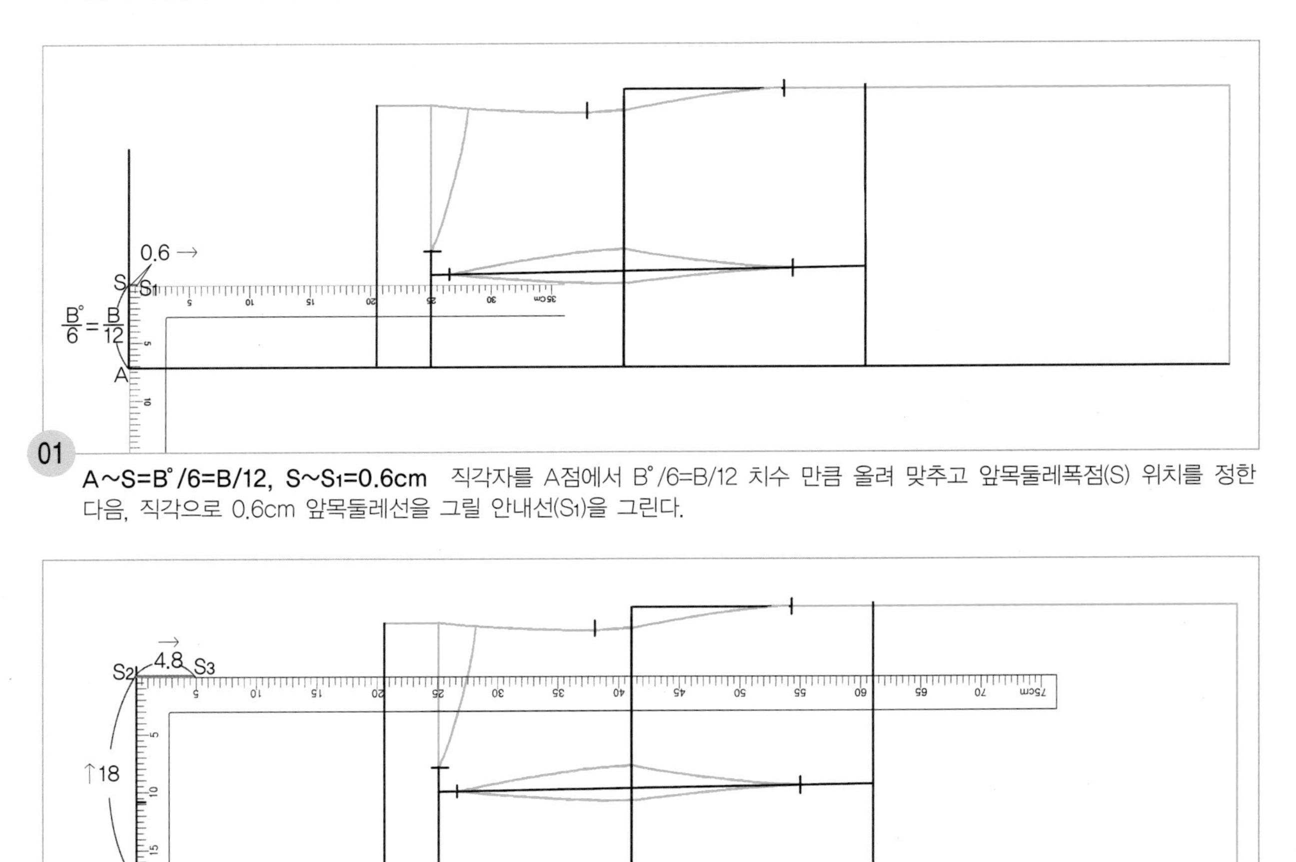

01 **A~S=B°/6=B/12, S~S_1=0.6cm** 직각자를 A점에서 B°/6=B/12 치수 만큼 올려 맞추고 앞목둘레폭점(S) 위치를 정한 다음, 직각으로 0.6cm 앞목둘레선을 그릴 안내선(S_1)을 그린다.

02 **A~S_2=18cm, S_2~S_3=4.8cm(표준어깨경사의 경우)** 직각자를 A점에서 직각선을 따라 18cm 올라가 어깨선 끝점을 정할 안내선 위치(S_2)를 표시하고, 직각으로 4.8cm 어깨선을 그릴 통과선(S_3)을 그린다.

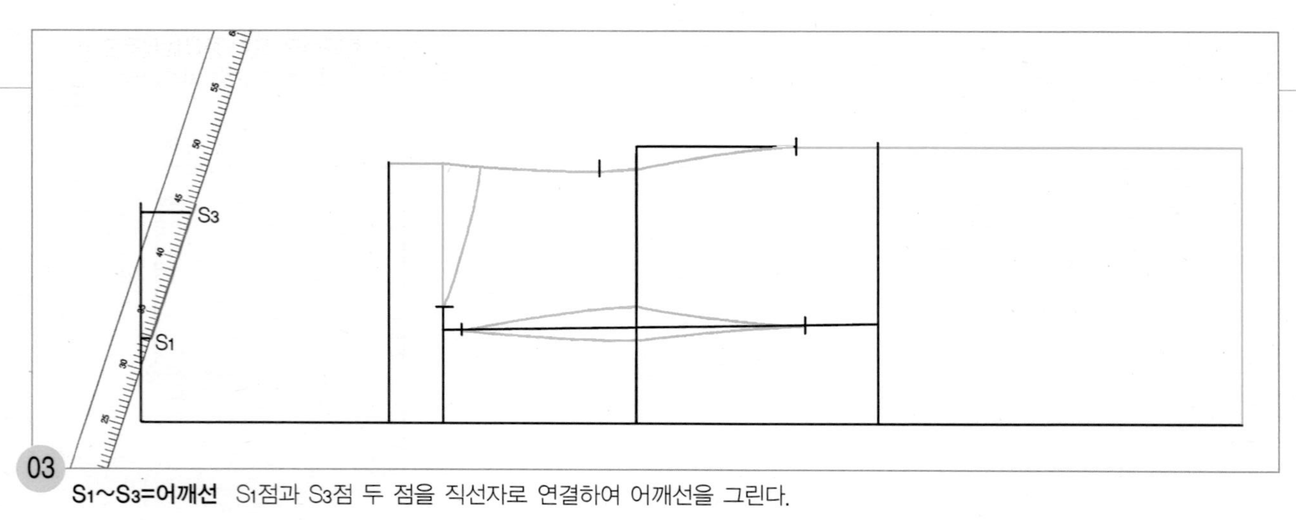

03 **S_1~S_3=어깨선** S_1점과 S_3점 두 점을 직선자로 연결하여 어깨선을 그린다.

04 **CL~C_1=앞품/2** 직각자를 위가슴둘레선(CL)의 앞중심쪽에서 앞품/2 치수 만큼 올려 맞추고 앞품선(C_1) 위치를 정한 다음, 직각으로 어깨선까지 앞품선을 그린다.

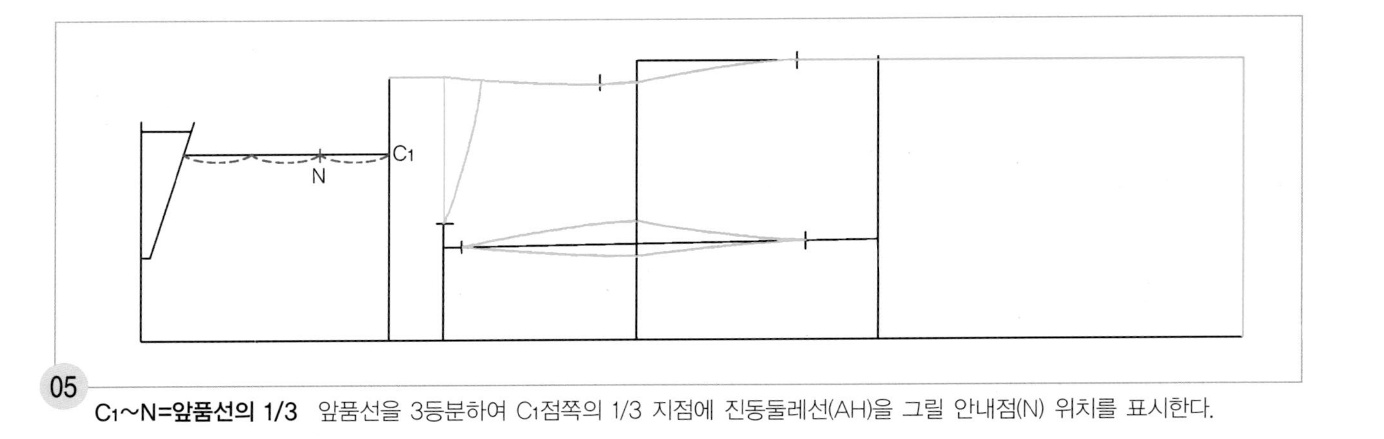

05

C_1~N=앞품선의 1/3 앞품선을 3등분하여 C_1점쪽의 1/3 지점에 진동둘레선(AH)을 그릴 안내점(N) 위치를 표시한다.

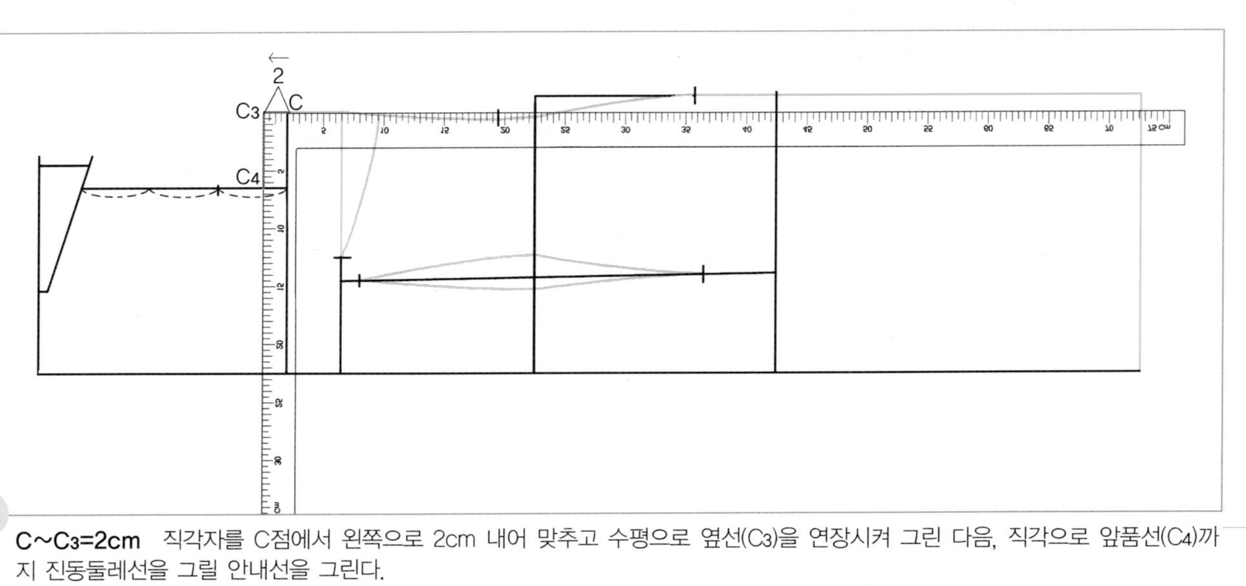

06

C~C_3=2cm 직각자를 C점에서 왼쪽으로 2cm 내어 맞추고 수평으로 옆선(C_3)을 연장시켜 그린 다음, 직각으로 앞품선(C_4)까지 진동둘레선을 그릴 안내선을 그린다.

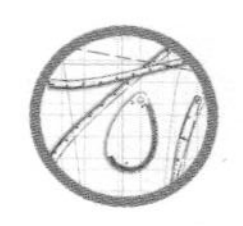

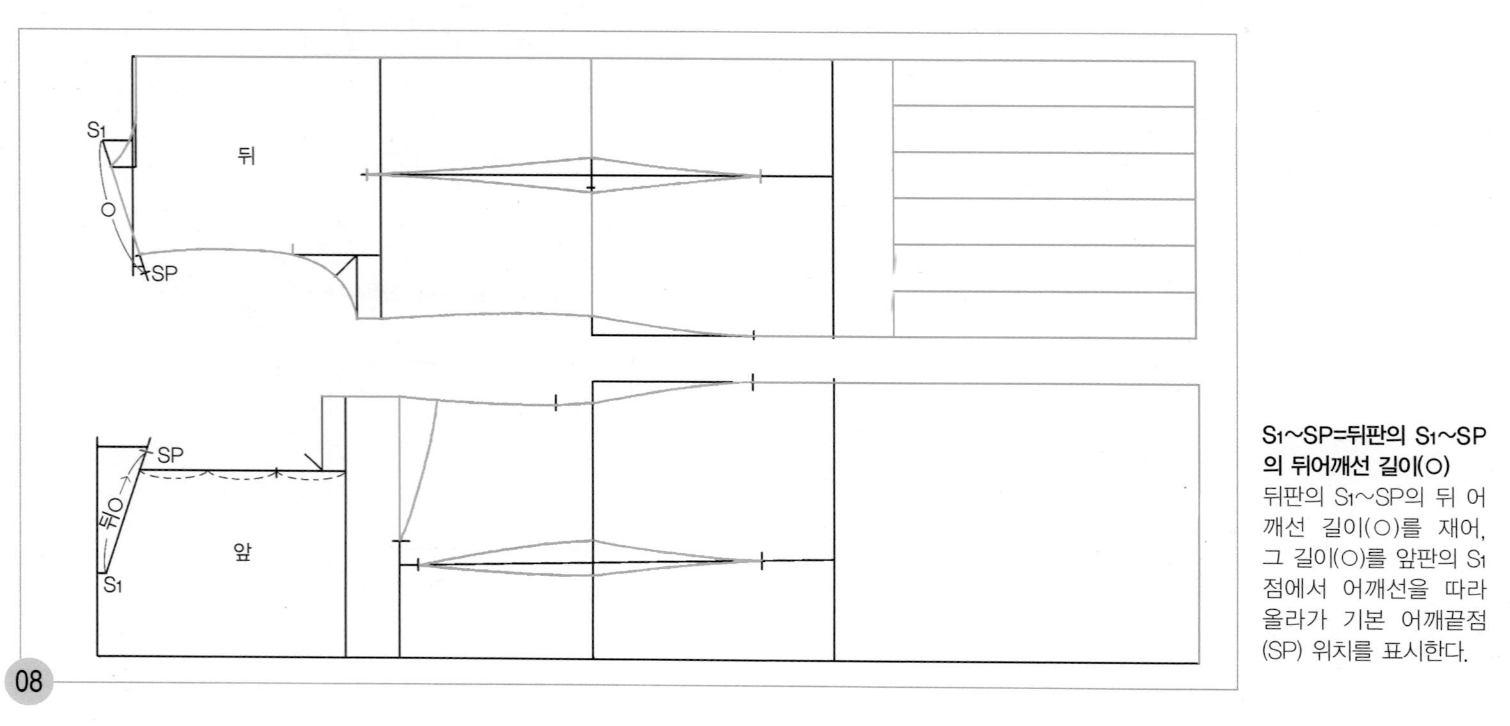

C_4~C_5=2cm

C_4점에서 45도 각도로 2cm 진동둘레선을 그릴 통과선(C_5)을 그린다.

S_1~SP=뒤판의 S_1~SP의 뒤어깨선 길이(○)

뒤판의 S_1~SP의 뒤 어깨선 길이(○)를 재어, 그 길이(○)를 앞판의 S_1 점에서 어깨선을 따라 올라가 기본 어깨끝점(SP) 위치를 표시한다.

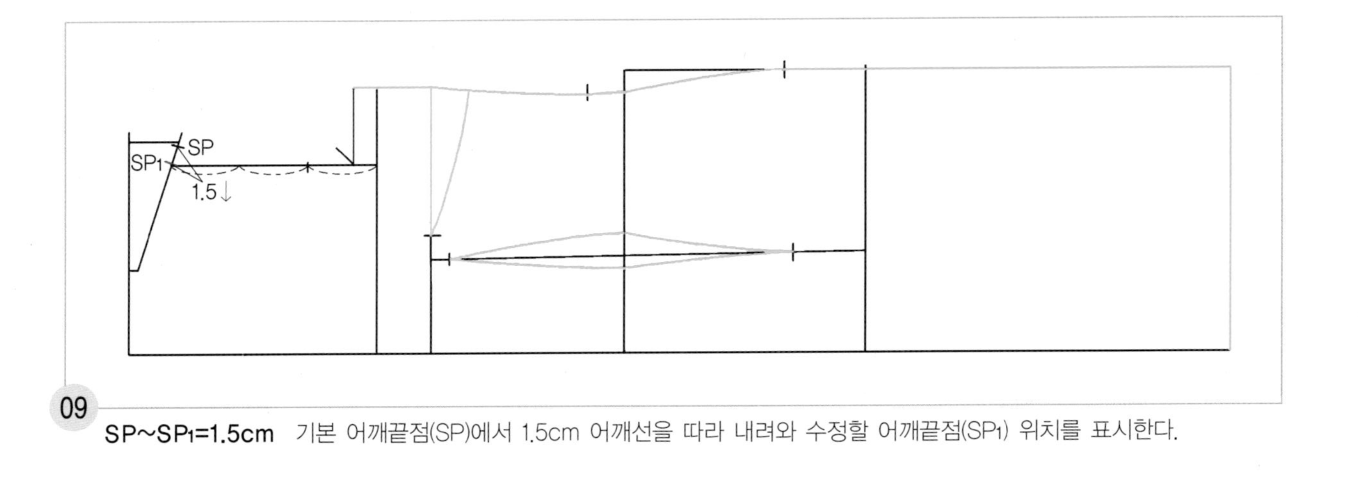

09 **SP~SP1=1.5cm** 기본 어깨끝점(SP)에서 1.5cm 어깨선을 따라 내려와 수정할 어깨끝점(SP1) 위치를 표시한다.

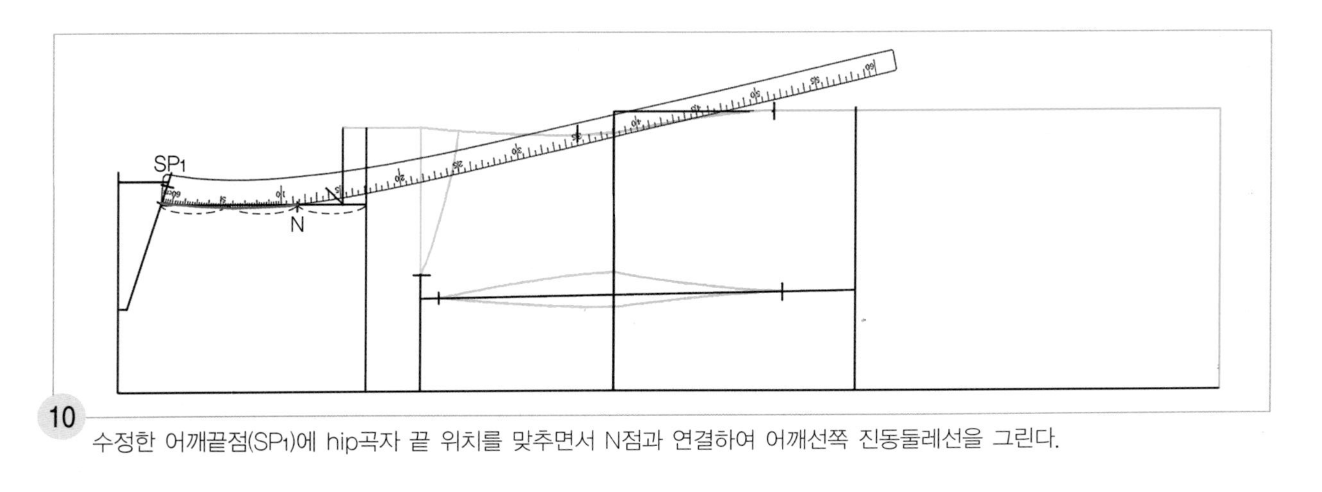

10 수정한 어깨끝점(SP1)에 hip곡자 끝 위치를 맞추면서 N점과 연결하여 어깨선쪽 진동둘레선을 그린다.

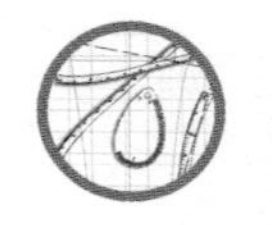

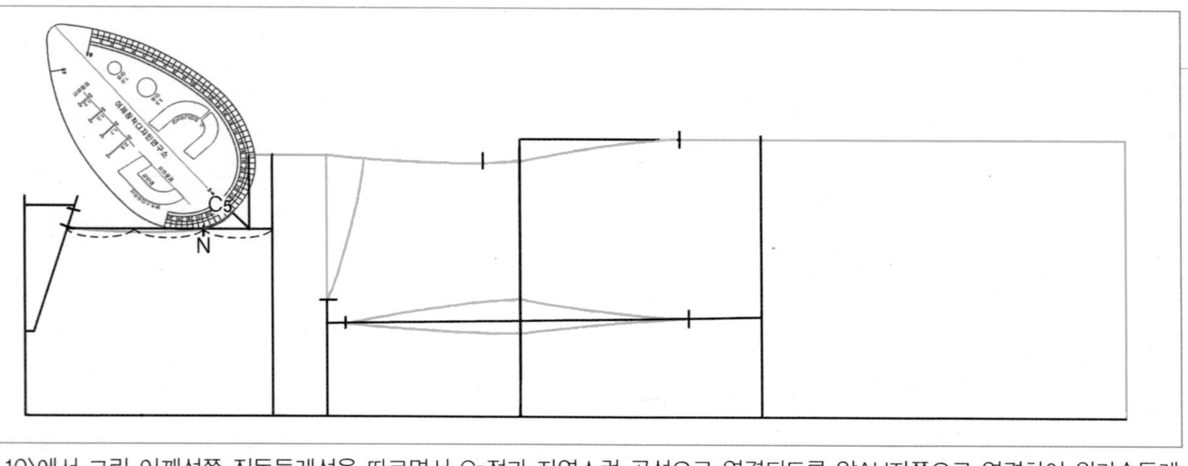

11 10)에서 그린 어깨선쪽 진동둘레선을 따르면서 C_5점과 자연스런 곡선으로 연결되도록 앞AH자쪽으로 연결하여 위가슴둘레선쪽 진동둘레선을 그린다.

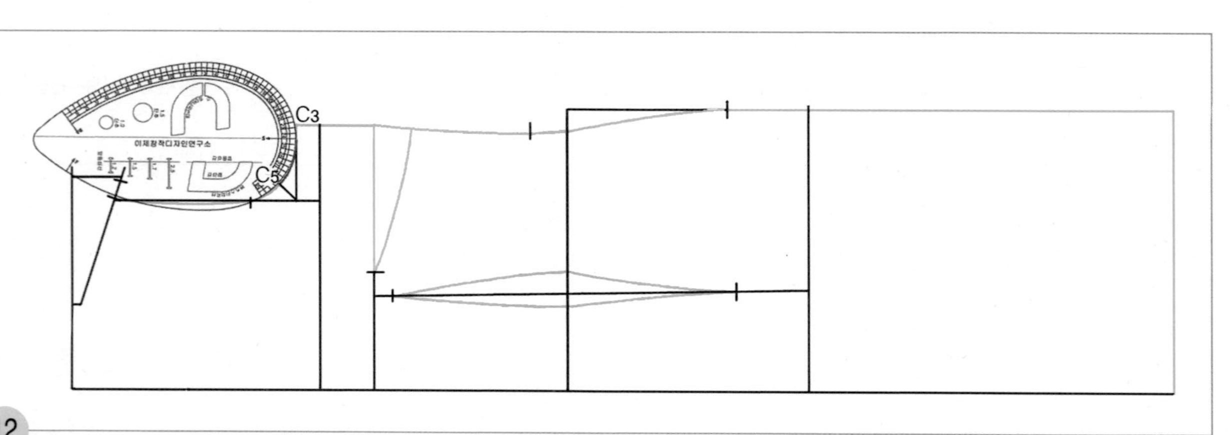

12 11)에서 그린 위가슴둘레선쪽 진동둘레선을 따르면서 C_3점과 자연스런 곡선으로 연결되도록 앞AH자쪽으로 연결하여 남은 진동둘레선을 그린다.

SNP~SP_1=뒤 SNP~SP_1까지의 어깨 완성선 길이(●)

뒤판의 SNP~SP_1점까지의 어깨 완성선 길이(●)를 재어, 그 길이(●)를 앞판의 SP_1점에서 어깨선을 따라 내려와 앞판의 옆목점(SNP) 위치를 표시한다.

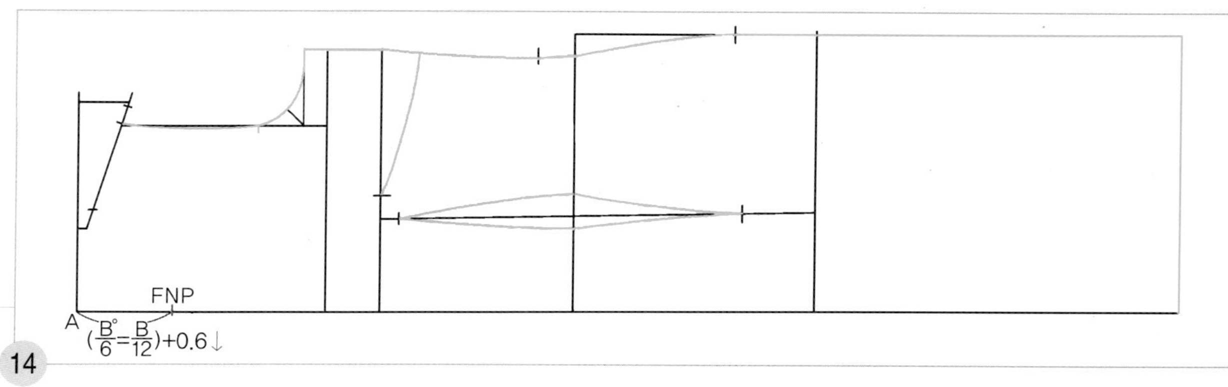

A~FNP=(B°/6)+0.6cm=(B/12)+0.6cm

A점에서 (B°/6)+0.6cm=(B/12)+0.6cm한 치수를 나가 기본 앞목점(FNP) 위치를 표시한다.

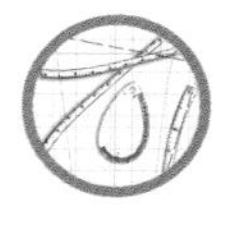

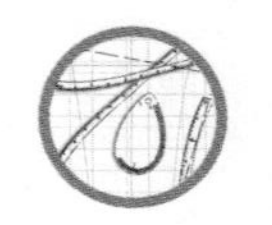

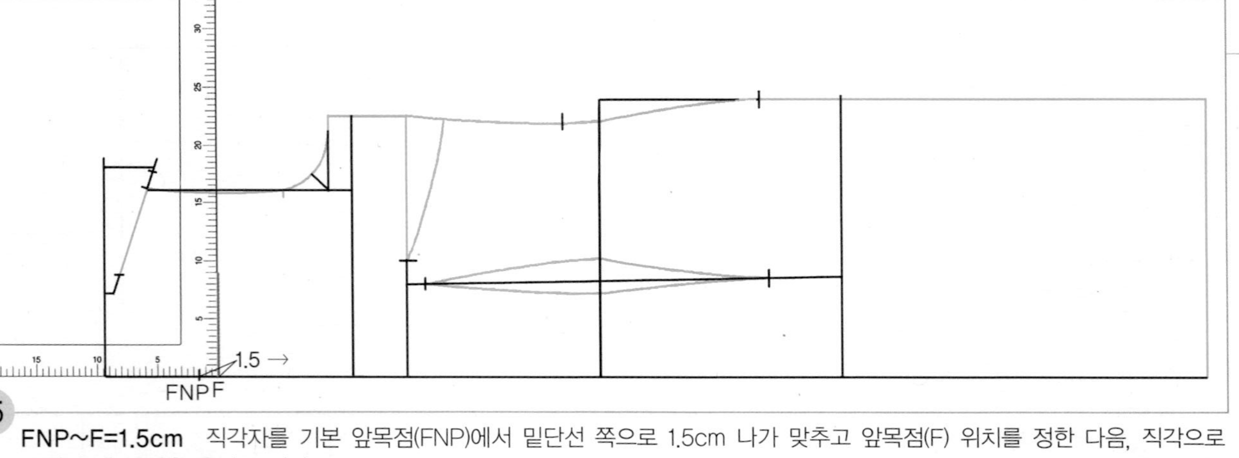

15

FNP~F=1.5cm 직각자를 기본 앞목점(FNP)에서 밑단선 쪽으로 1.5cm 나가 맞추고 앞목점(F) 위치를 정한 다음, 직각으로 스퀘어 넥 라인을 올려 그린다.

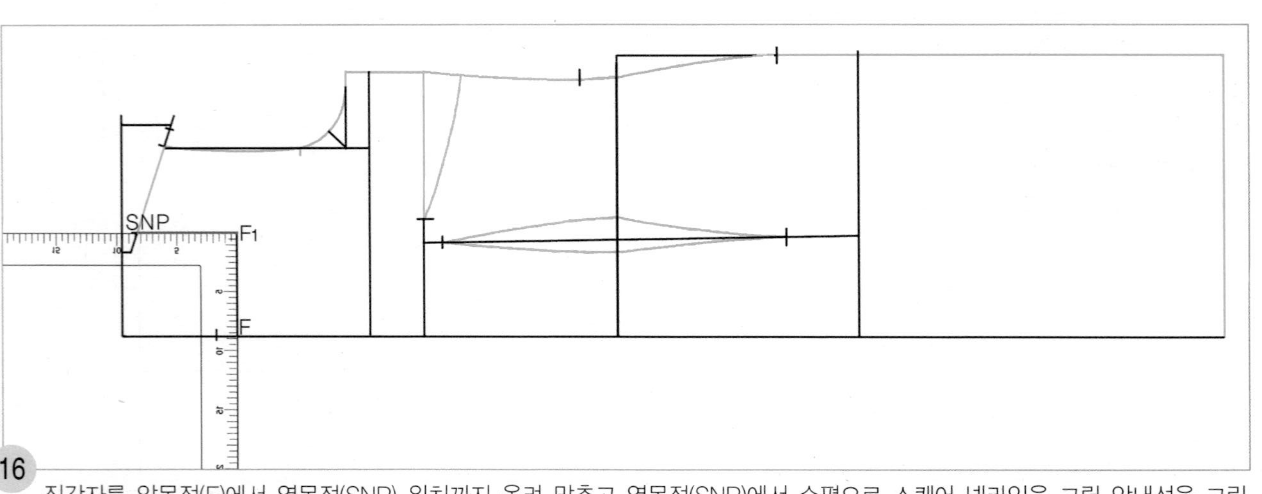

16

직각자를 앞목점(F)에서 옆목점(SNP) 위치까지 올려 맞추고 옆목점(SNP)에서 수평으로 스퀘어 넥라인을 그릴 안내선을 그린다. 여기서는 직각점을 F_1로 표기해둔다.

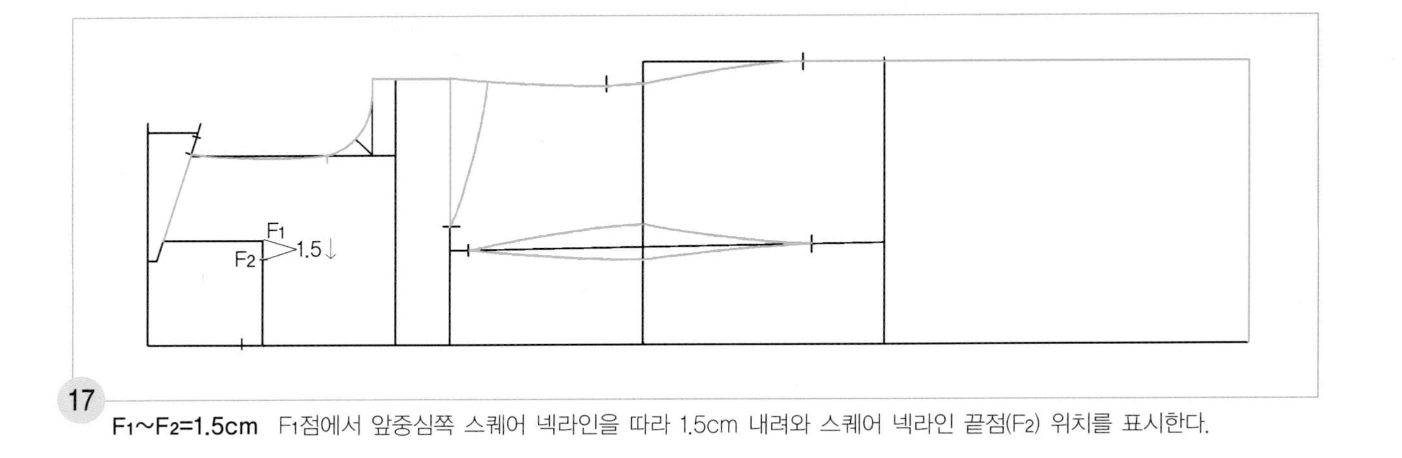

17 **$F_1 \sim F_2$=1.5cm** F_1점에서 앞중심쪽 스퀘어 넥라인을 따라 1.5cm 내려와 스퀘어 넥라인 끝점(F_2) 위치를 표시한다.

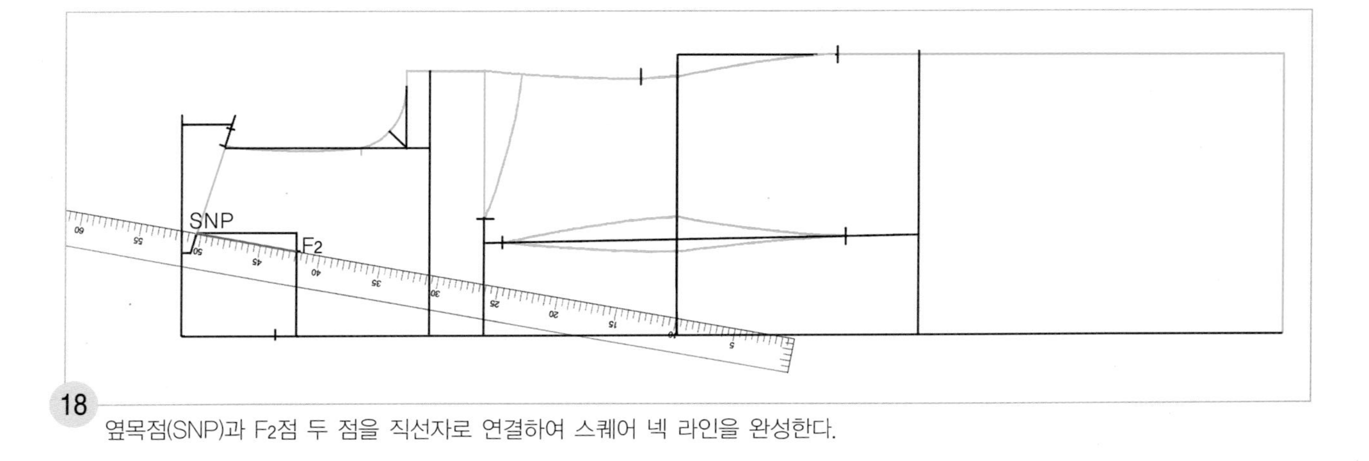

18 옆목점(SNP)과 F_2점 두 점을 직선자로 연결하여 스퀘어 넥 라인을 완성한다.

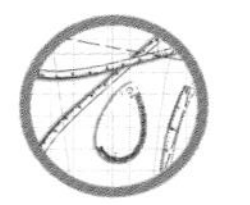

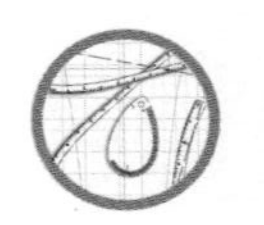

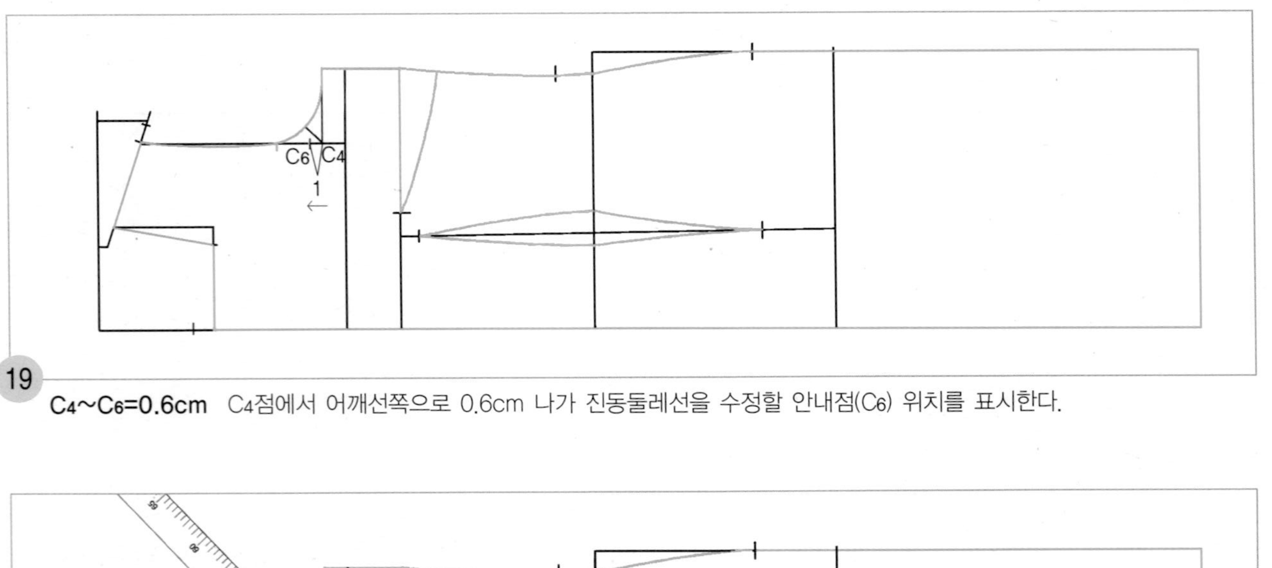

19 **$C_4 \sim C_6$=0.6cm** C_4점에서 어깨선쪽으로 0.6cm 나가 진동둘레선을 수정할 안내점(C_6) 위치를 표시한다.

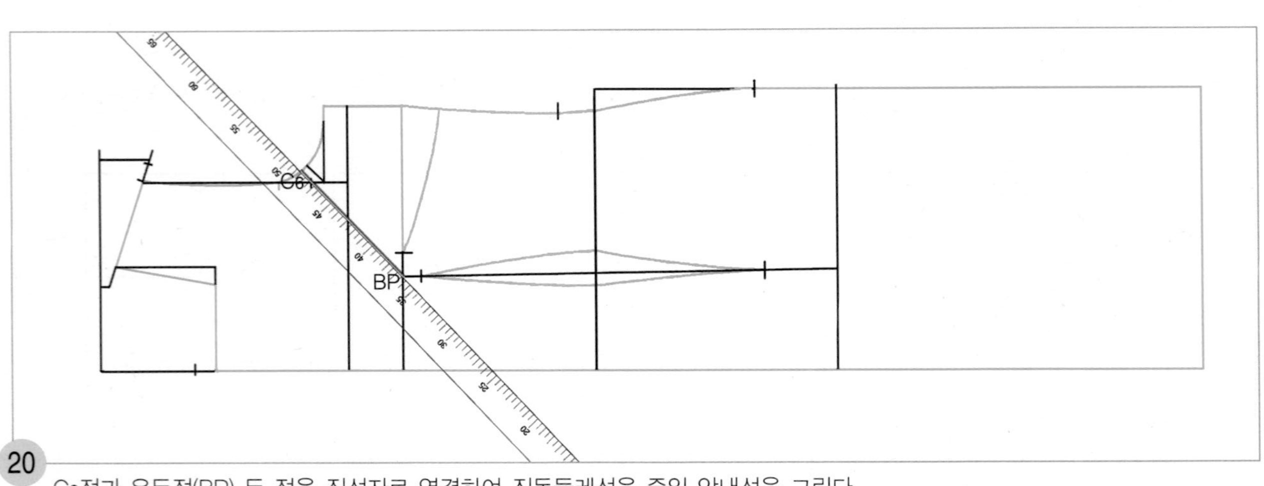

20 C_6점과 유두점(BP) 두 점을 직선자로 연결하여 진동둘레선을 줄일 안내선을 그린다.

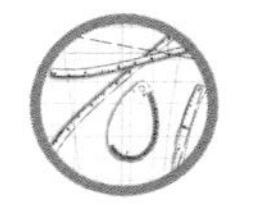

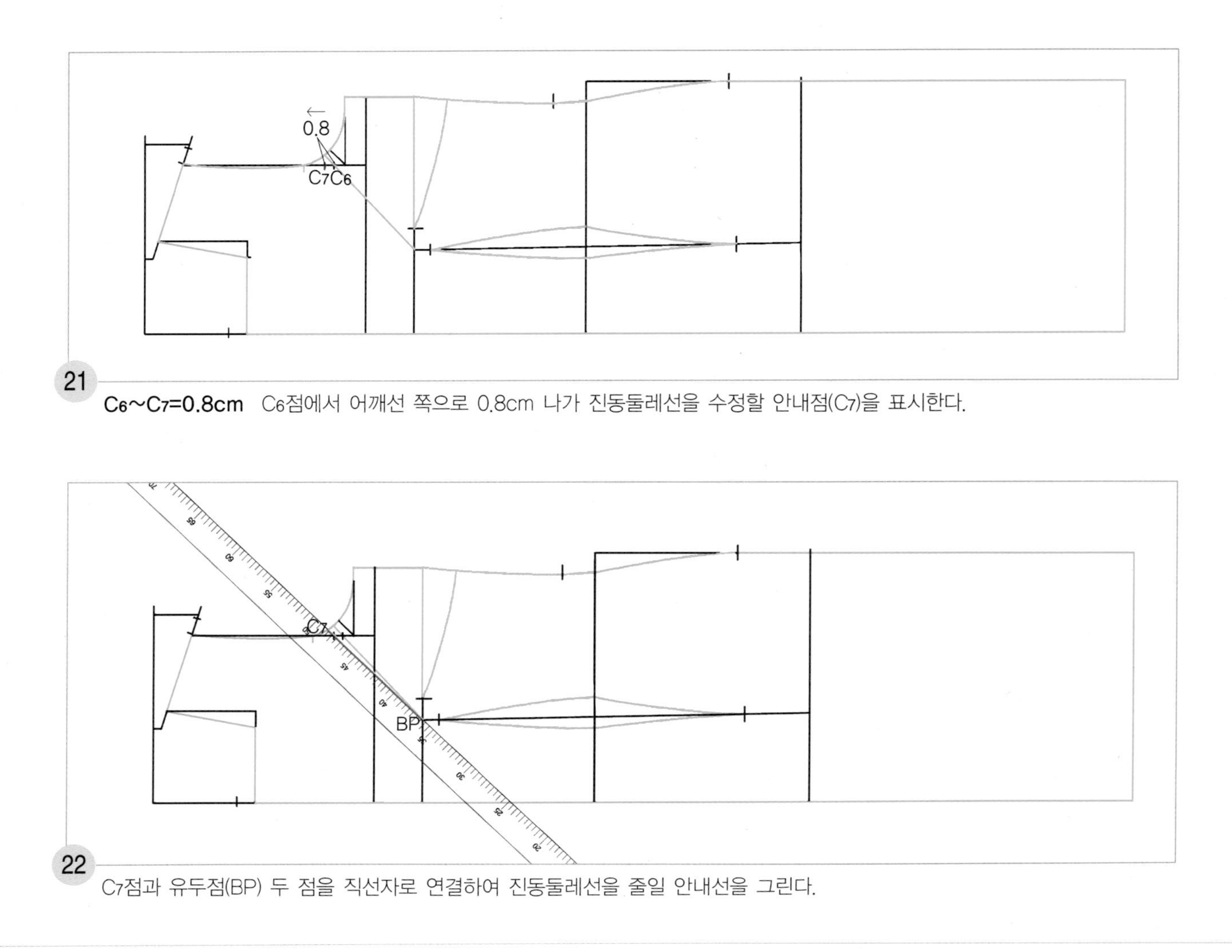

21
C_6~C_7=0.8cm C_6점에서 어깨선 쪽으로 0.8cm 나가 진동둘레선을 수정할 안내점(C_7)을 표시한다.

22
C_7점과 유두점(BP) 두 점을 직선자로 연결하여 진동둘레선을 줄일 안내선을 그린다.

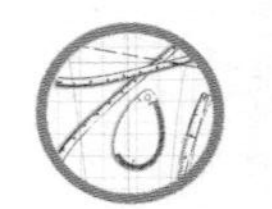

1. 가슴 플랩선을 그린다.

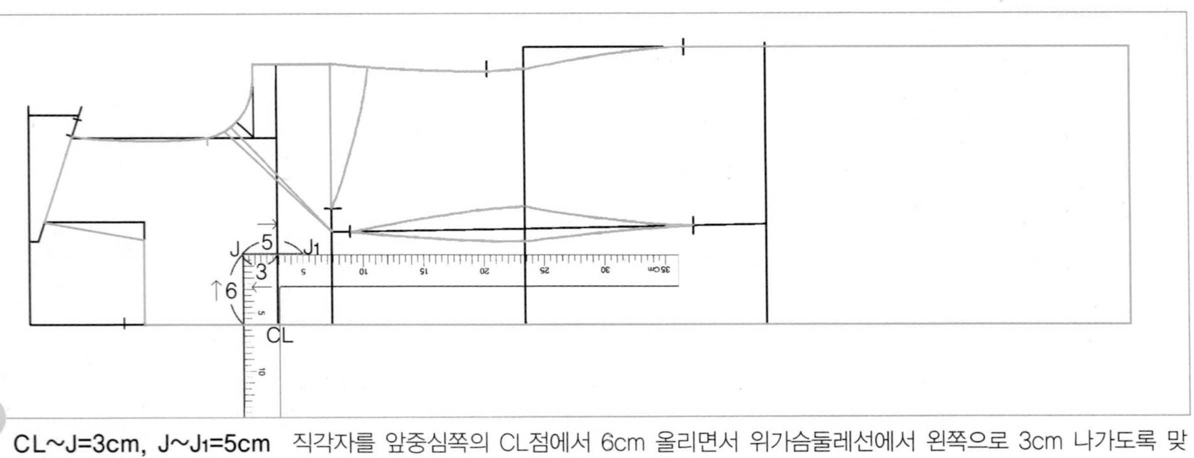

01 **CL~J=3cm, J~J_1=5cm** 직각자를 앞중심쪽의 CL점에서 6cm 올리면서 위가슴둘레선에서 왼쪽으로 3cm 나가도록 맞추어 대고 수평으로 5cm 앞중심쪽의 플랩 깊이선(J~J_1)을 그린다.

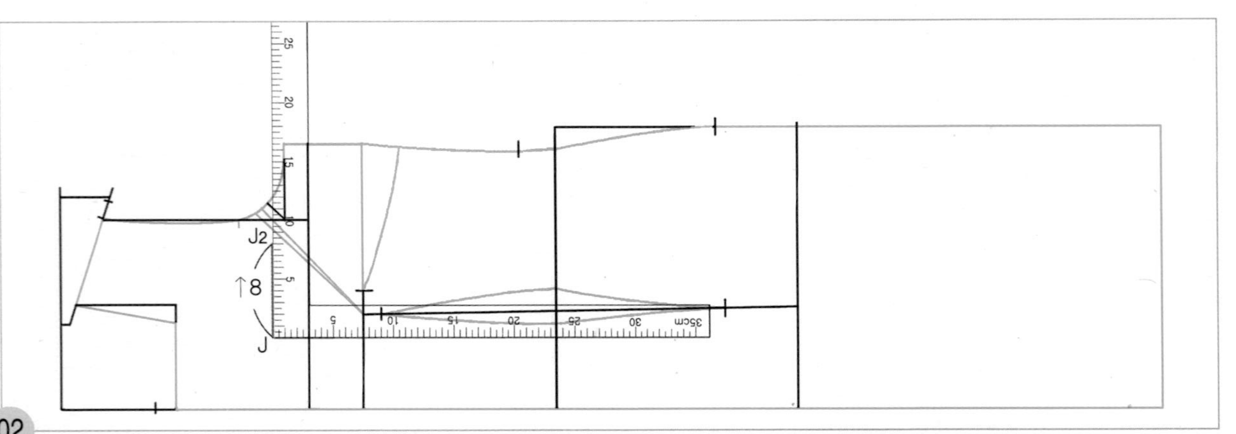

02 **J~J_2=8cm** J점에서 앞중심쪽의 플랩 포켓 깊이선에 직각으로 8cm 플랩 입구 안내선(J_2)을 올려 그린다.

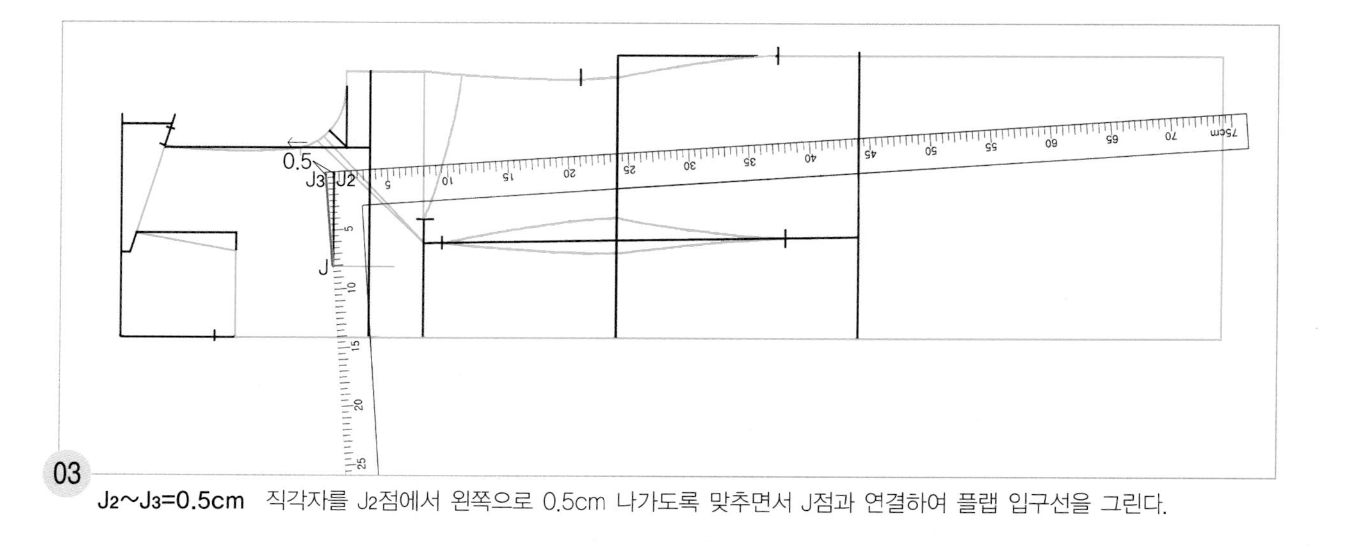

03

J_2~J_3=0.5cm 직각자를 J_2점에서 왼쪽으로 0.5cm 나가도록 맞추면서 J점과 연결하여 플랩 입구선을 그린다.

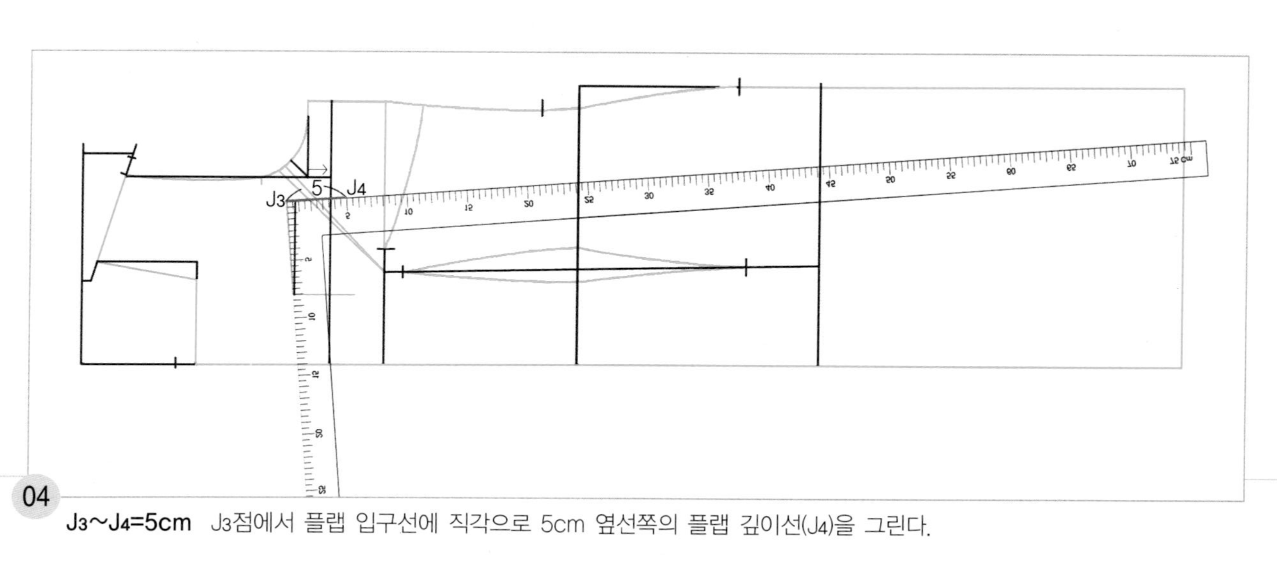

04

J_3~J_4=5cm J_3점에서 플랩 입구선에 직각으로 5cm 옆선쪽의 플랩 깊이선(J_4)을 그린다.

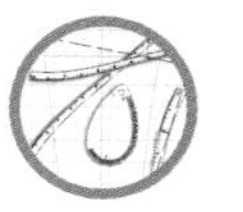

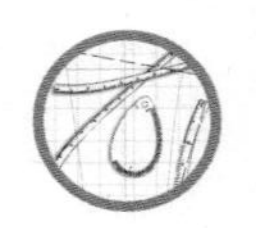

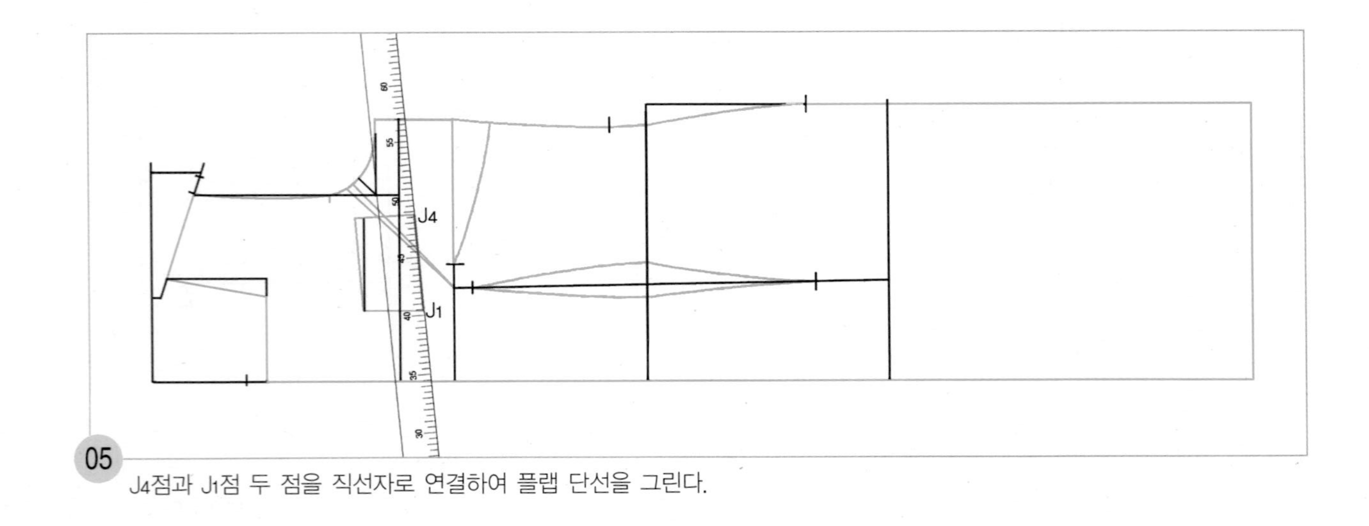

05 J4점과 J1점 두 점을 직선자로 연결하여 플랩 단선을 그린다.

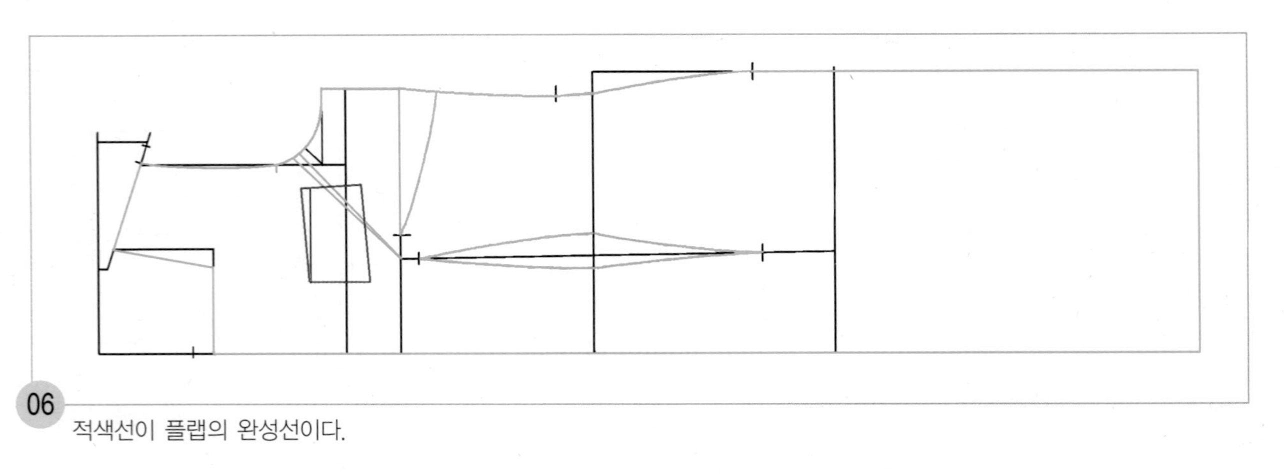

06 적색선이 플랩의 완성선이다.

6. 주름 스커트의 솔기선을 그리고 앞 오픈 지퍼의 트임 끝 위치를 표시한다.

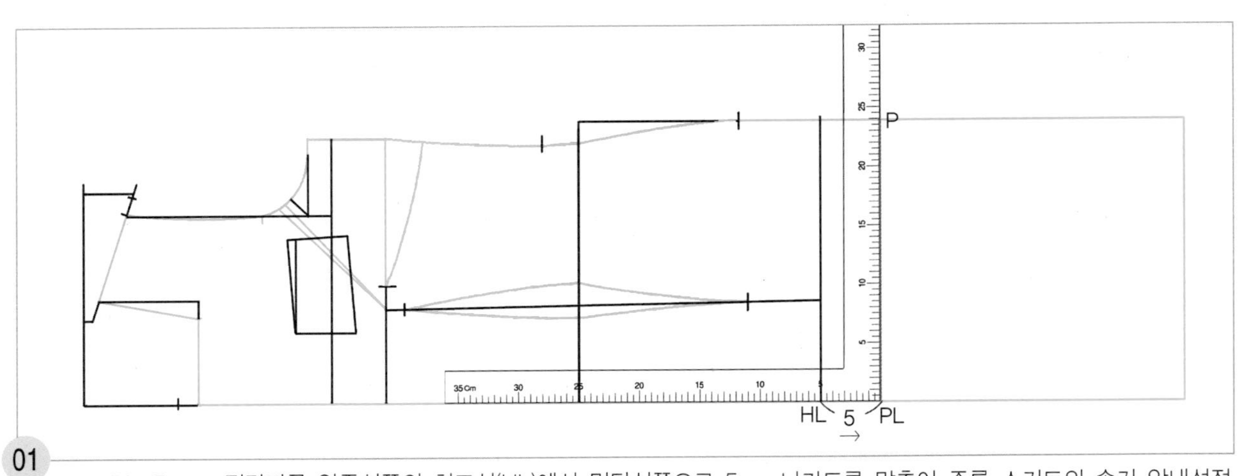

01

HL~PL=5cm 직각자를 앞중심쪽의 히프선(HL)에서 밑단선쪽으로 5cm 나가도록 맞추어 주름 스커트의 솔기 안내선점(PL)을 정한 다음, 직각으로 옆선(P)까지 주름 스커트의 솔기 안내선을 올려 그린다.

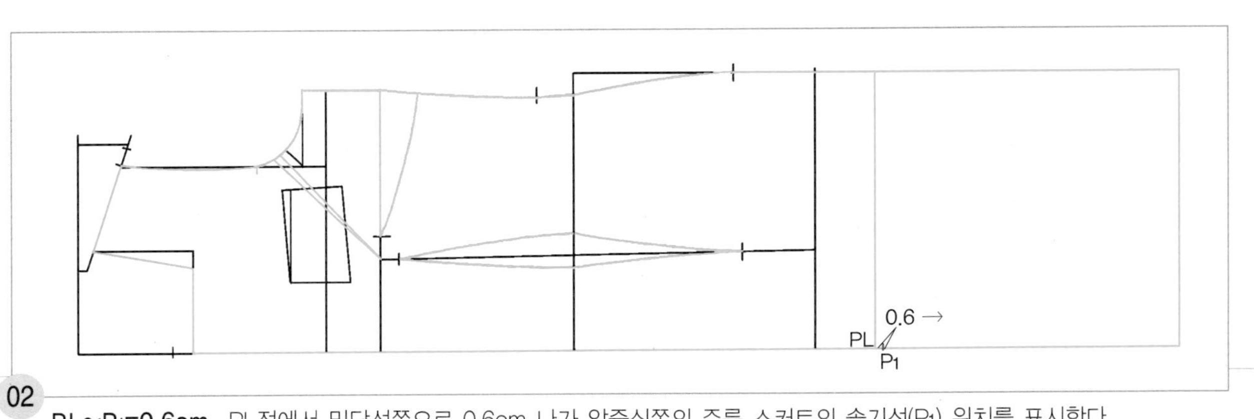

02

PL~P₁=0.6cm PL점에서 밑단선쪽으로 0.6cm 나가 앞중심쪽의 주름 스커트의 솔기선(P₁) 위치를 표시한다.

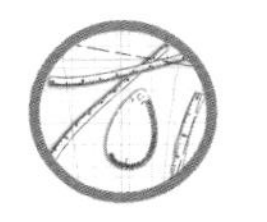

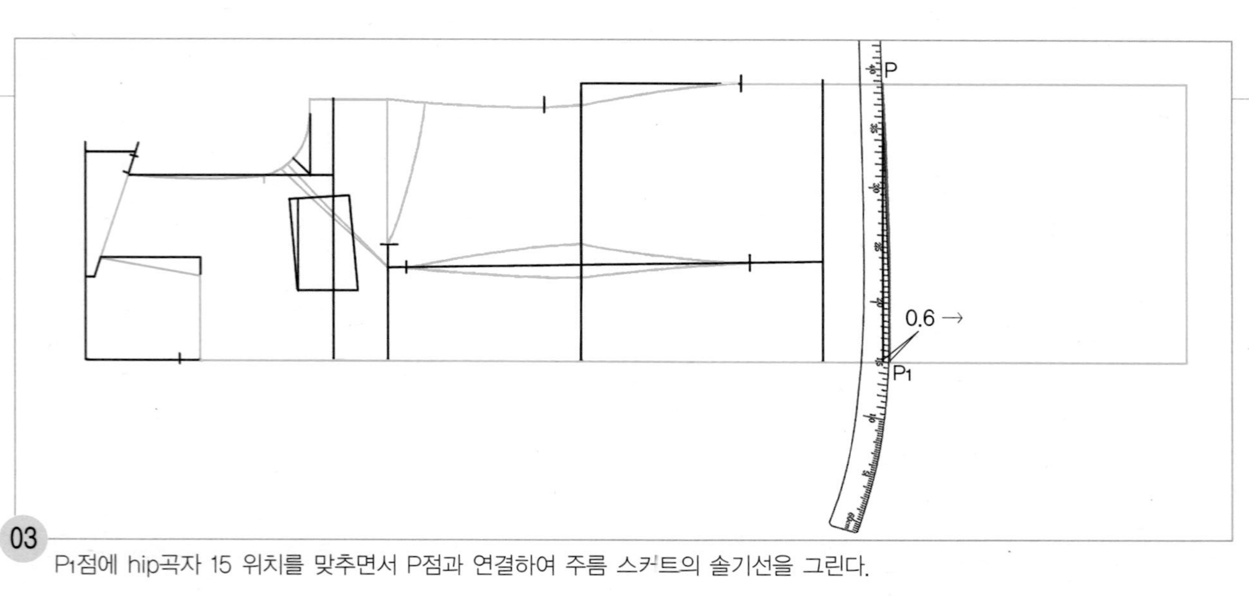

03

P_1점에 hip곡자 15 위치를 맞추면서 P점과 연결하여 주름 스커트의 솔기선을 그린다.

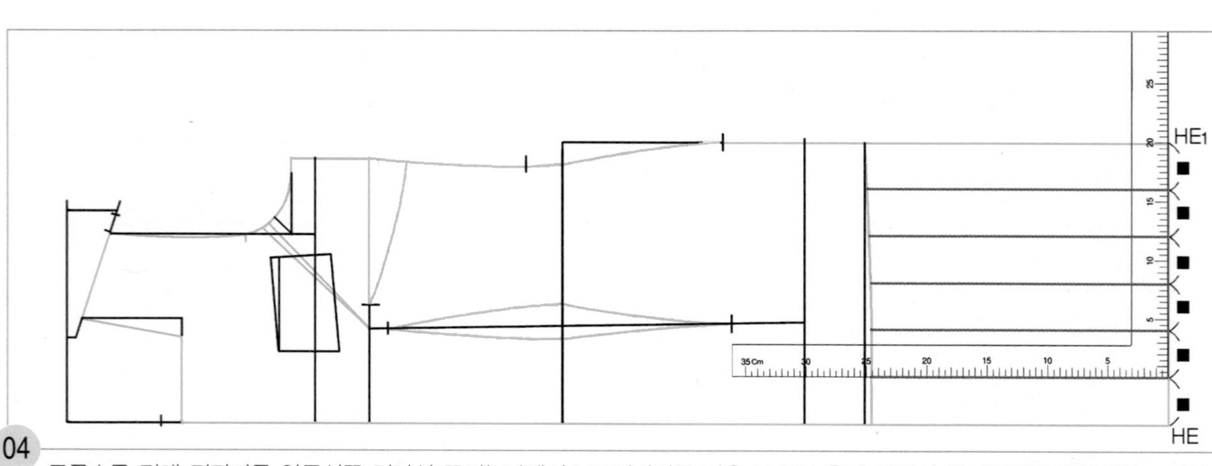

04

주름수를 정해 직각자를 앞중심쪽 밑단선 끝점(HE)에서 HE_1점까지를 같은 폭으로 올려 가면서 옆선쪽까지 주름선을 그린다.

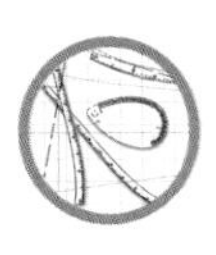

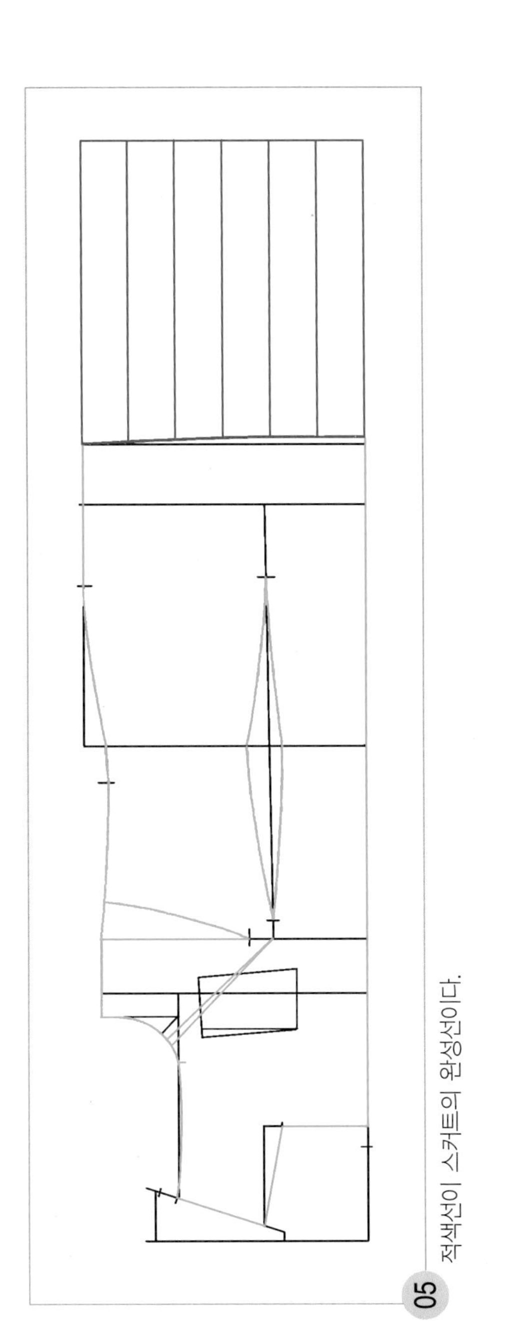

05 적색선이 스커트의 완성선이다.

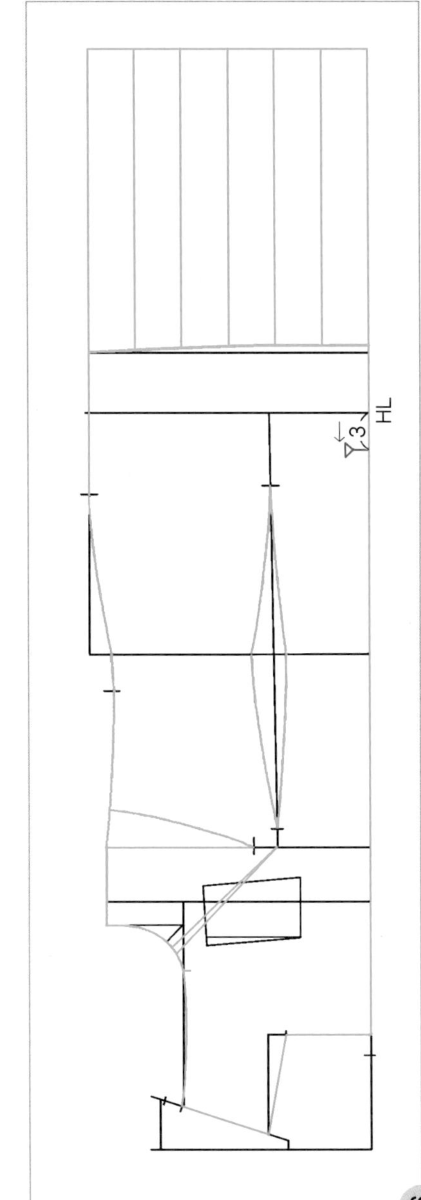

06 앞중심쪽의 히프선(HL) 위치에서 왼쪽으로 3cm 나가 앞 오픈 지퍼 트임 끝 위치를 표시한다.

패턴 분리하기

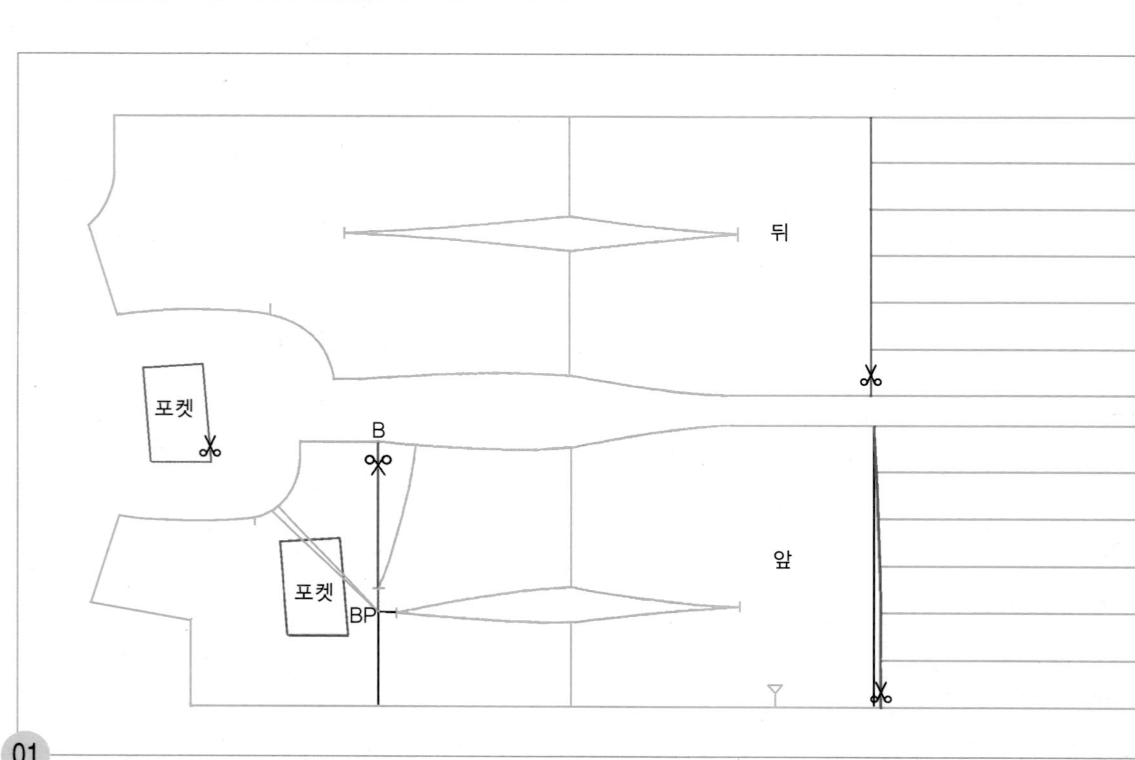

01

▲ 플랩의 완성선을 새 패턴지에 옮겨 그리고, 새 패턴지에 옮겨 그린 플랩의 완성선을 따라 오려낸 다음, 원래의 플랩 위치에 맞추어 얹어 패턴에 차이가 없는지 확인한다.
▲ 가슴둘레선의 옆선쪽 끝점(B)에서 유두점(BP)까지의 가슴둘레선을 오린다.
▲ 앞뒤 주름 스커트의 솔기선을 따라 오려내어 패턴을 분리한다.

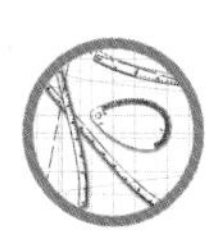

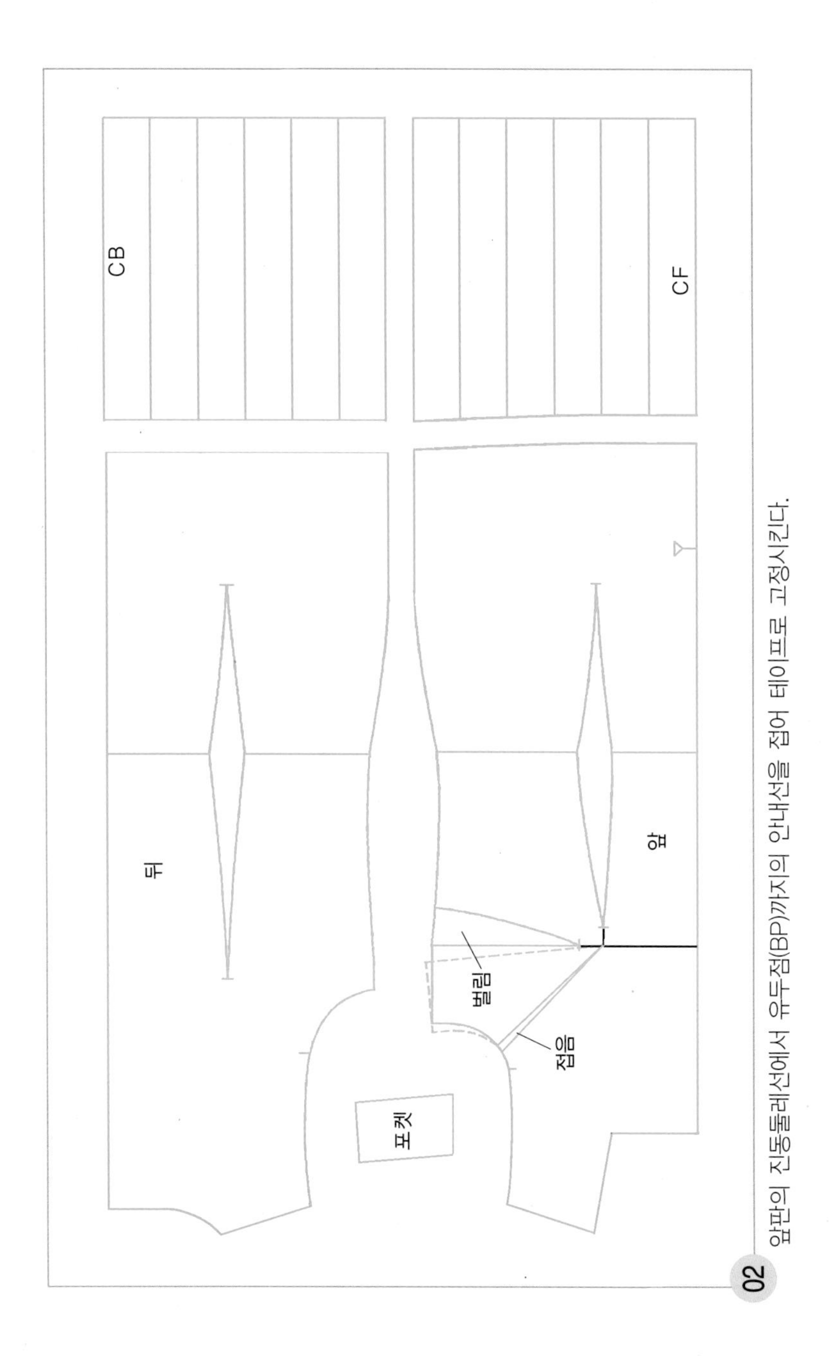

02 앞판의 진동둘레선에서 유두점(BP)까지의 안내선을 접어 테이프로 고정시킨다.

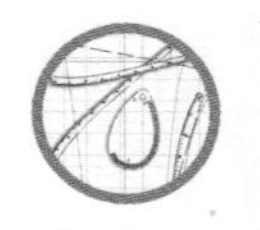

03

뒤
CB
포켓
앞
CF

앞중심선과 플랩에 0.2cm 폭으로 3줄 스티치 선을 그리고, 뒤중심선에 골선 표시를 넣은 다음, 수평으로 식서 방향 표시를 넣어둔다.

04

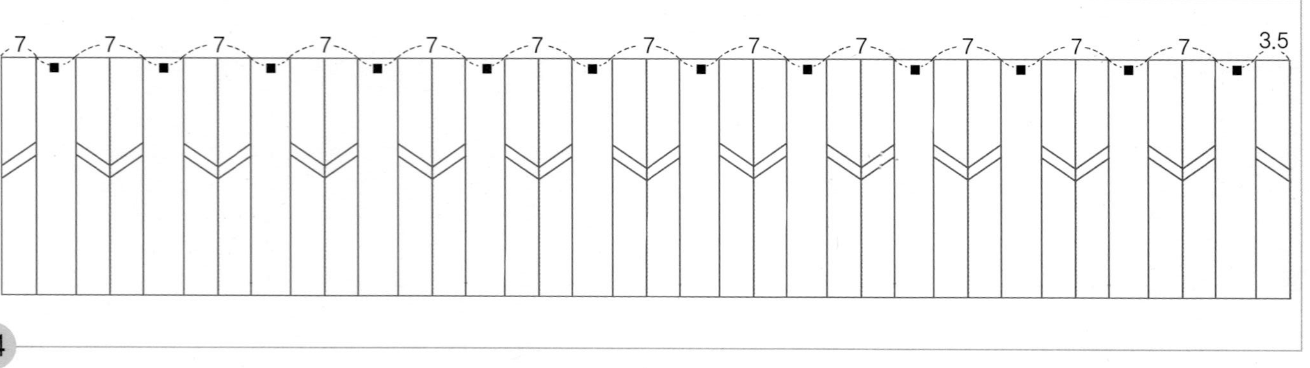

그림과 같이 가로 132cm 세로 25cm의 정사각형을 그린 다음 좌우 양옆선에서 3.5cm씩 들어가 속맞주름선을 내려 그리고 주름폭 치수, 속맞주름 7cm씩 오른쪽까지 차례로 나가 각각 주름폭선을 내려 그린다.

05

더블 폭의 천의 경우에는 상관 없지만, 90cm~110cm 폭의 천의 경우에는 이어서 사용해야 하므로 이음선의 위치를 속맞주름 위치에서 잇도록 3.5cm를 2등분한다.

06

2등분한 위치에서 이음선 기호를 넣는다.

07

수직으로 식서방향 표시를 넣는다.

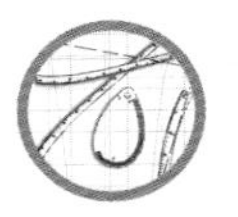

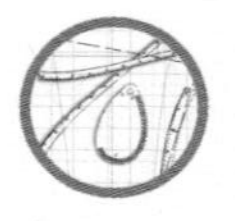

08

재단시 몸판과의 솔기선과 양옆 시접은 1cm씩 넣고, 밑단 쪽은 시접 4cm를 넣어 재단한다.

주 재단 후 주름을 잡은 다음, 앞판의 주름 스커트 패턴을 얹어 솔기선을 수정한다.

09

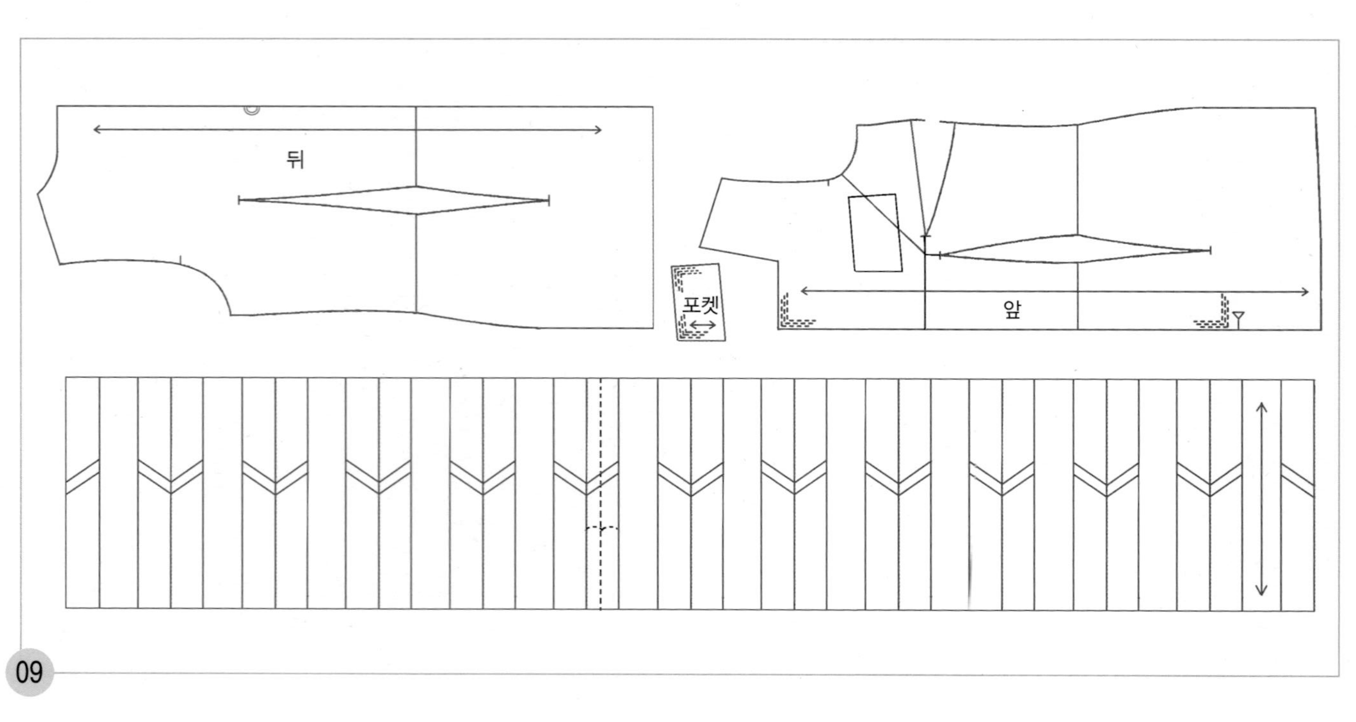

롱 토르소 실루엣 원피스 드레스 패턴의 완성.

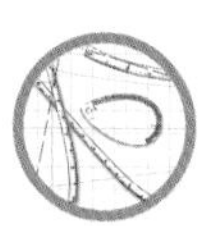

캐미솔 드레스 Camisole Dress

■■■ ONE-PIECE 06

실루엣 ●●● 넥 라인이 없이 가슴둘레 주위가 드레스의 상부로 되어 있으며 어깨끈으로 연결된 드레스이다. 이브닝 드레스나 칵테일 드레스로 널리 착용되는 캐미솔 드레스는 고급스런 소재로 만들면 포벌 드레스로도 착용 가능하며, 겉에 재킷을 조합하여 착용하면 세련된 앙상블이 된다.

소 재 ●●● 아세테이트, 레이온, 면혼방의 자카드, 폴리에스테르 조오젯, 실크 데싱이나, 면 새틴, 폴리에스테르 새틴, 폴리에스테르 샨텅과 같이 광택이 있으면서 부드러운 소재는 깔끔하면서 우아한 느낌을, 프린트 직물은 합섬 종류의 얇고 부드러운 소재가 적합하나 프린트지는 무늬에 따라 고급스럽게 보이기도 하고, 가벼운 느낌을 주기도 하므로 무늬에 신경쓰는 것이 좋다.

포인트 ●●● 스퀘어 넥라인의 민소매 롱 토르소 실루엣 주름 스커트 원피스 드레스의 패턴을 응용하여 캐미솔 드레스로 활용하는 방법을 배운다.

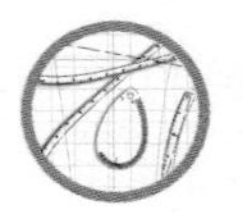

뒤판 제도하기

1. 드레스 상부선을 그린다.

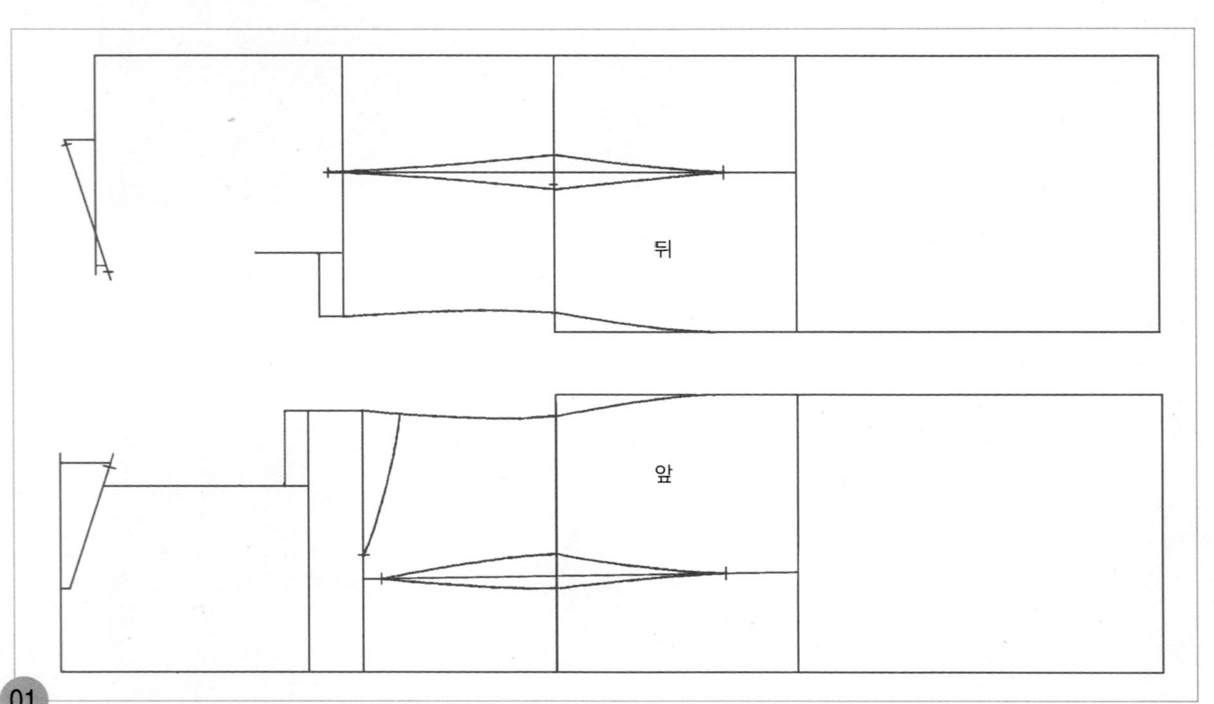

01 스퀘어 넥라인과 민소매 롱 토르소 실루엣 주름 스커트 원피스 드레스의 기초선에서 허리 다트선 뒤 p.201의 06, 앞 p.221의 06까지를 옮겨 그리거나, 뒤 p.189의 01~p.201의 06, 앞 p.207의 01~p.221의 06을 참조하여 같은 방법으로 허리 다트선까지 그린다.

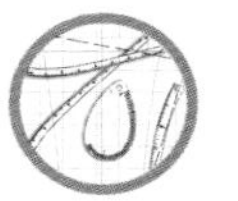

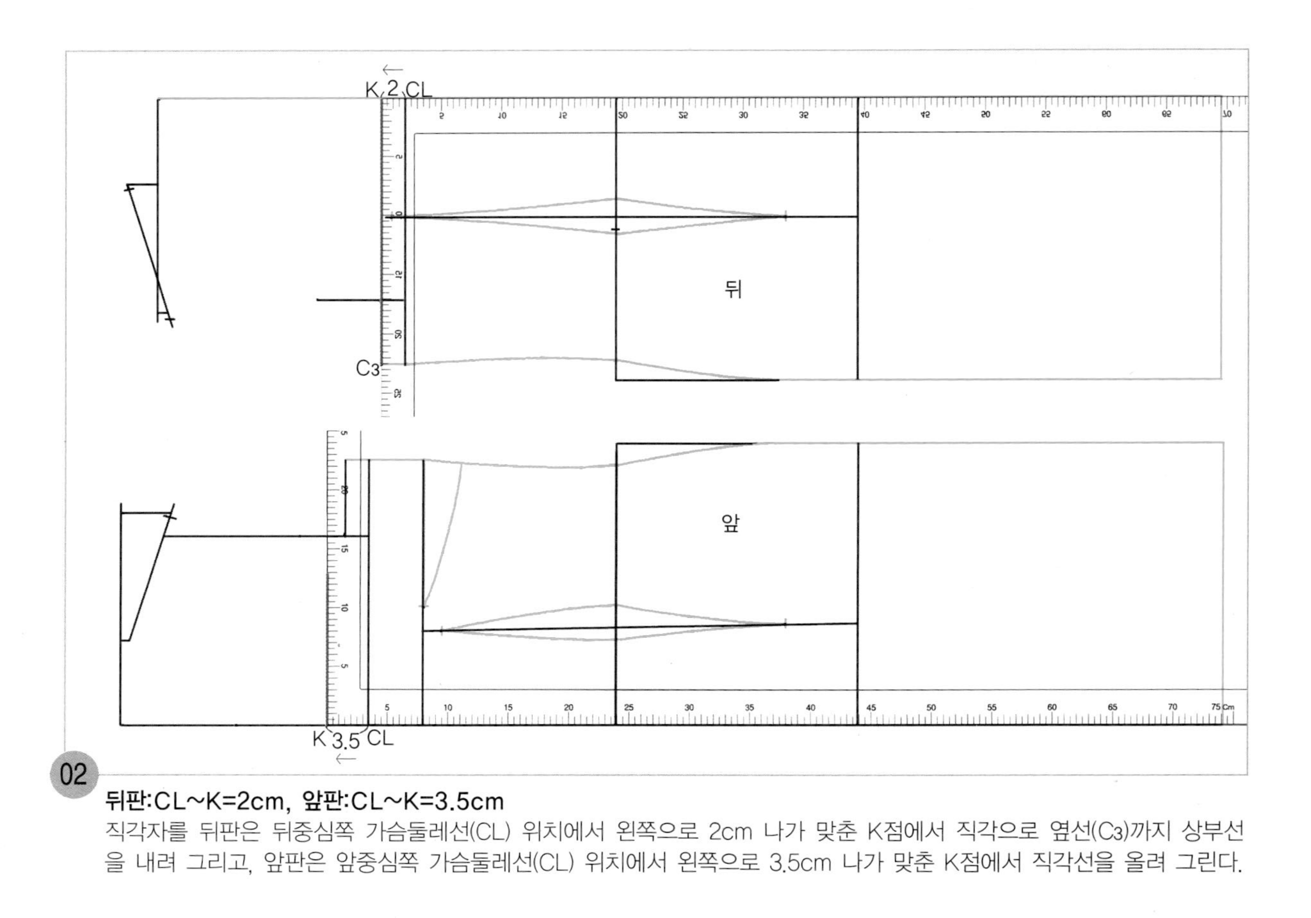

02 뒤판:CL~K=2cm, 앞판:CL~K=3.5cm

직각자를 뒤판은 뒤중심쪽 가슴둘레선(CL) 위치에서 왼쪽으로 2cm 나가 맞춘 K점에서 직각으로 옆선(C3)까지 상부선을 내려 그리고, 앞판은 앞중심쪽 가슴둘레선(CL) 위치에서 왼쪽으로 3.5cm 나가 맞춘 K점에서 직각선을 올려 그린다.

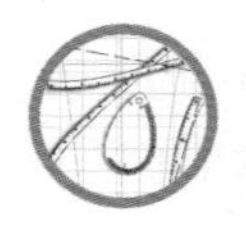

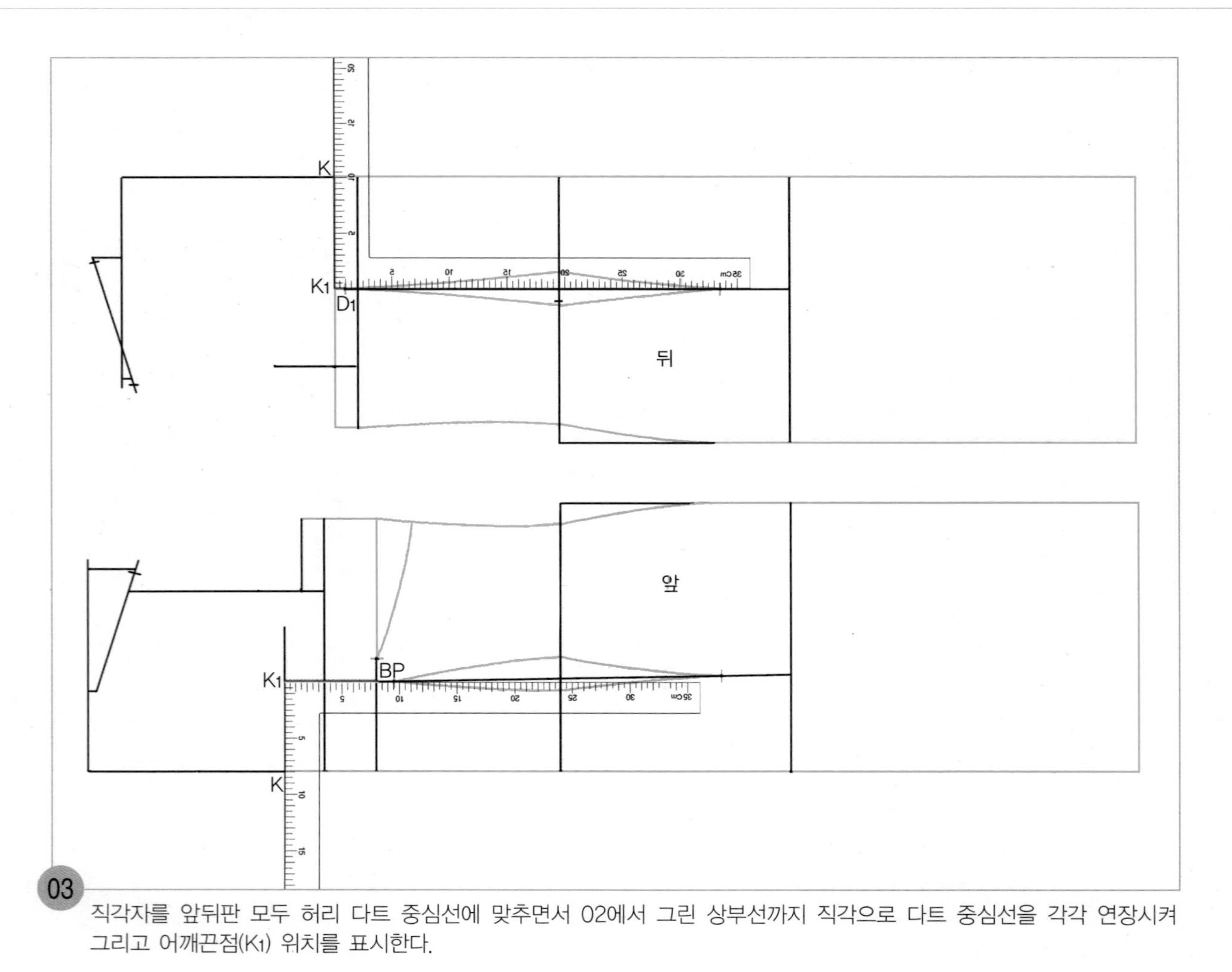

03 직각자를 앞뒤판 모두 허리 다트 중심선에 맞추면서 02에서 그린 상부선까지 직각으로 다트 중심선을 각각 연장시켜 그리고 어깨끈점(K_1) 위치를 표시한다.

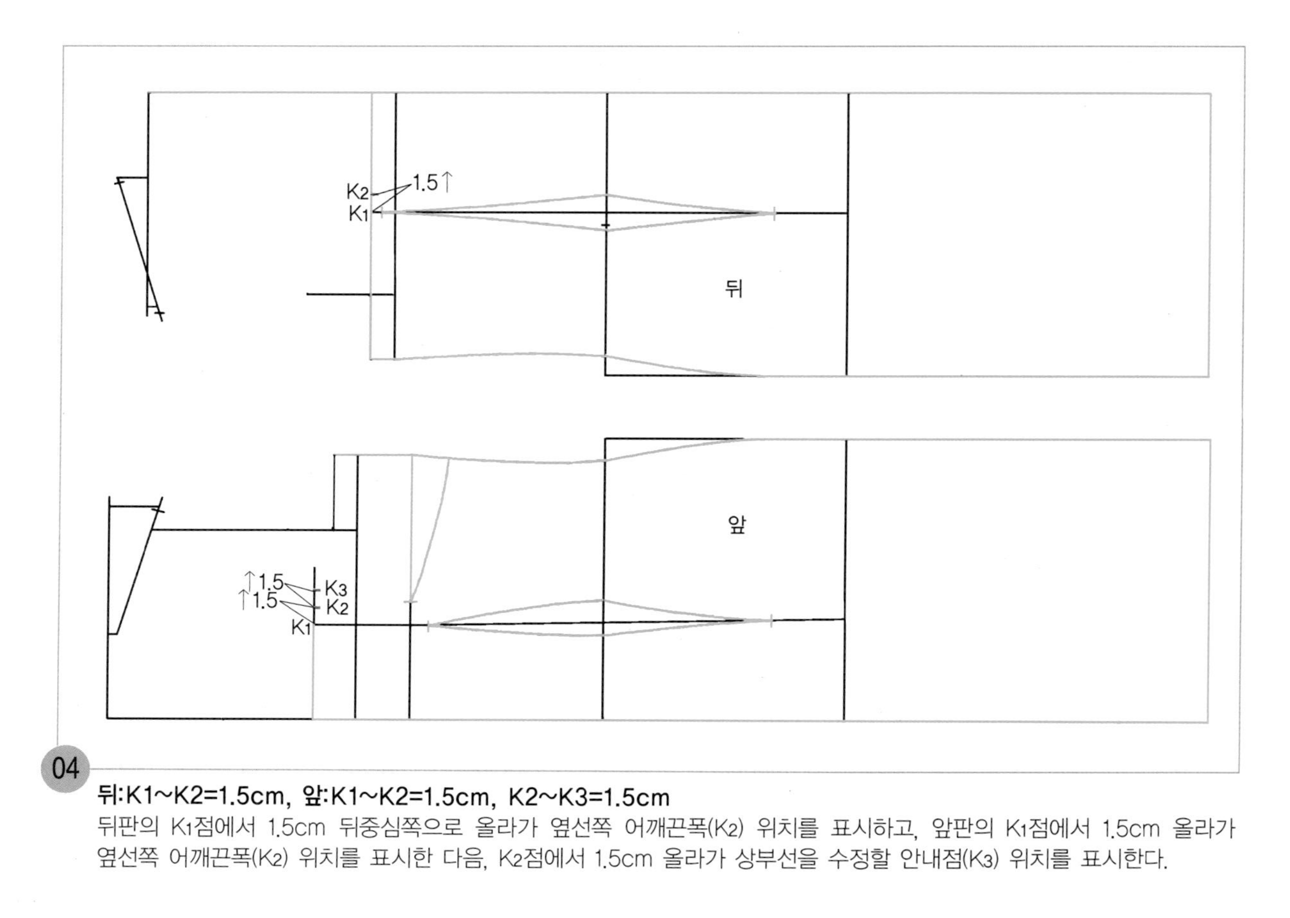

04 뒤:K1~K2=1.5cm, 앞:K1~K2=1.5cm, K2~K3=1.5cm

뒤판의 K_1점에서 1.5cm 뒤중심쪽으로 올라가 옆선쪽 어깨끈폭(K_2) 위치를 표시하고, 앞판의 K_1점에서 1.5cm 올라가 옆선쪽 어깨끈폭(K_2) 위치를 표시한 다음, K_2점에서 1.5cm 올라가 상부선을 수정할 안내점(K_3) 위치를 표시한다.

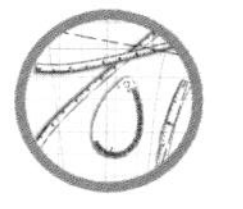

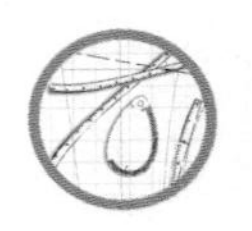

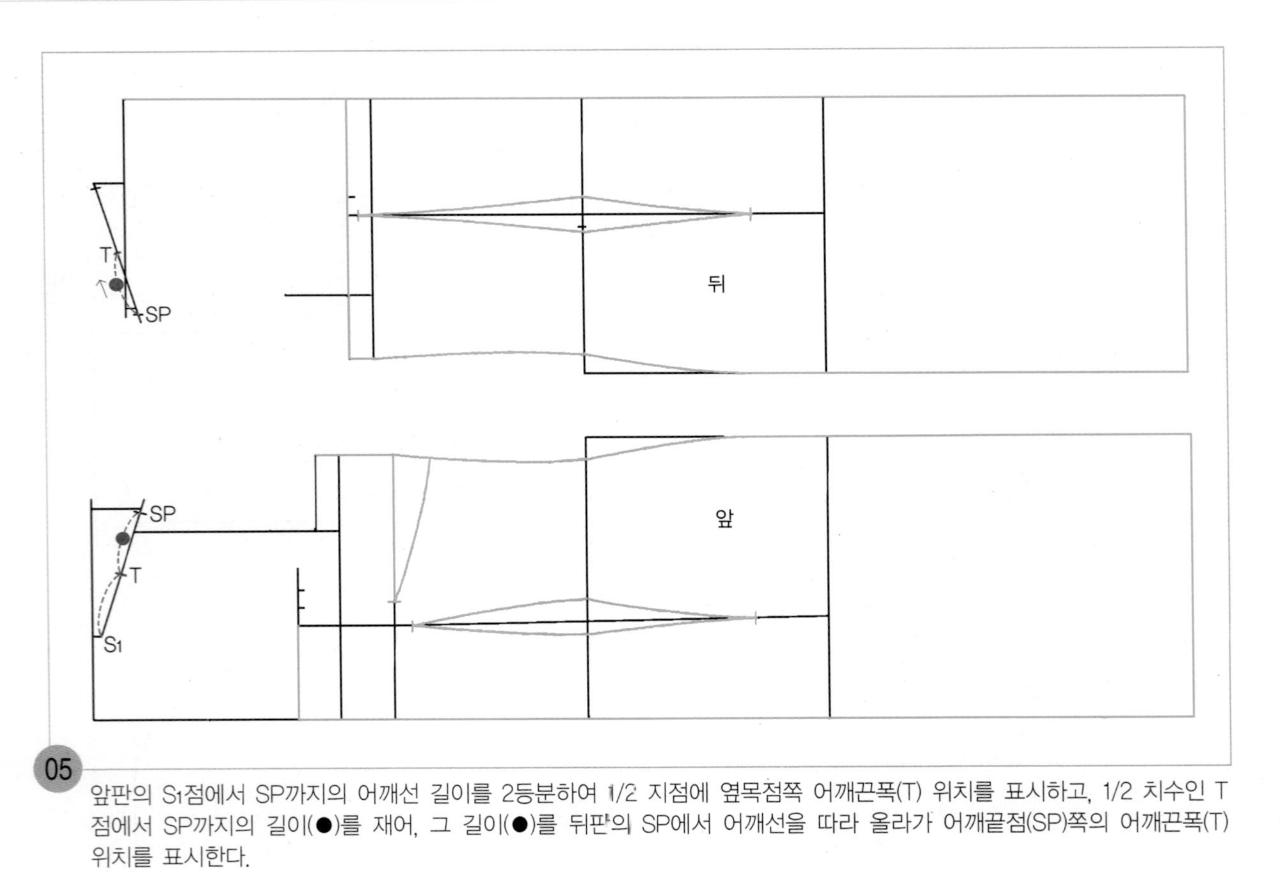

05

앞판의 S_1점에서 SP까지의 어깨선 길이를 2등분하여 1/2 지점에 옆목점쪽 어깨끈폭(T) 위치를 표시하고, 1/2 치수인 T점에서 SP까지의 길이(●)를 재어, 그 길이(●)를 뒤판의 SP에서 어깨선을 따라 올라가 어깨끝점(SP)쪽의 어깨끈폭(T) 위치를 표시한다.

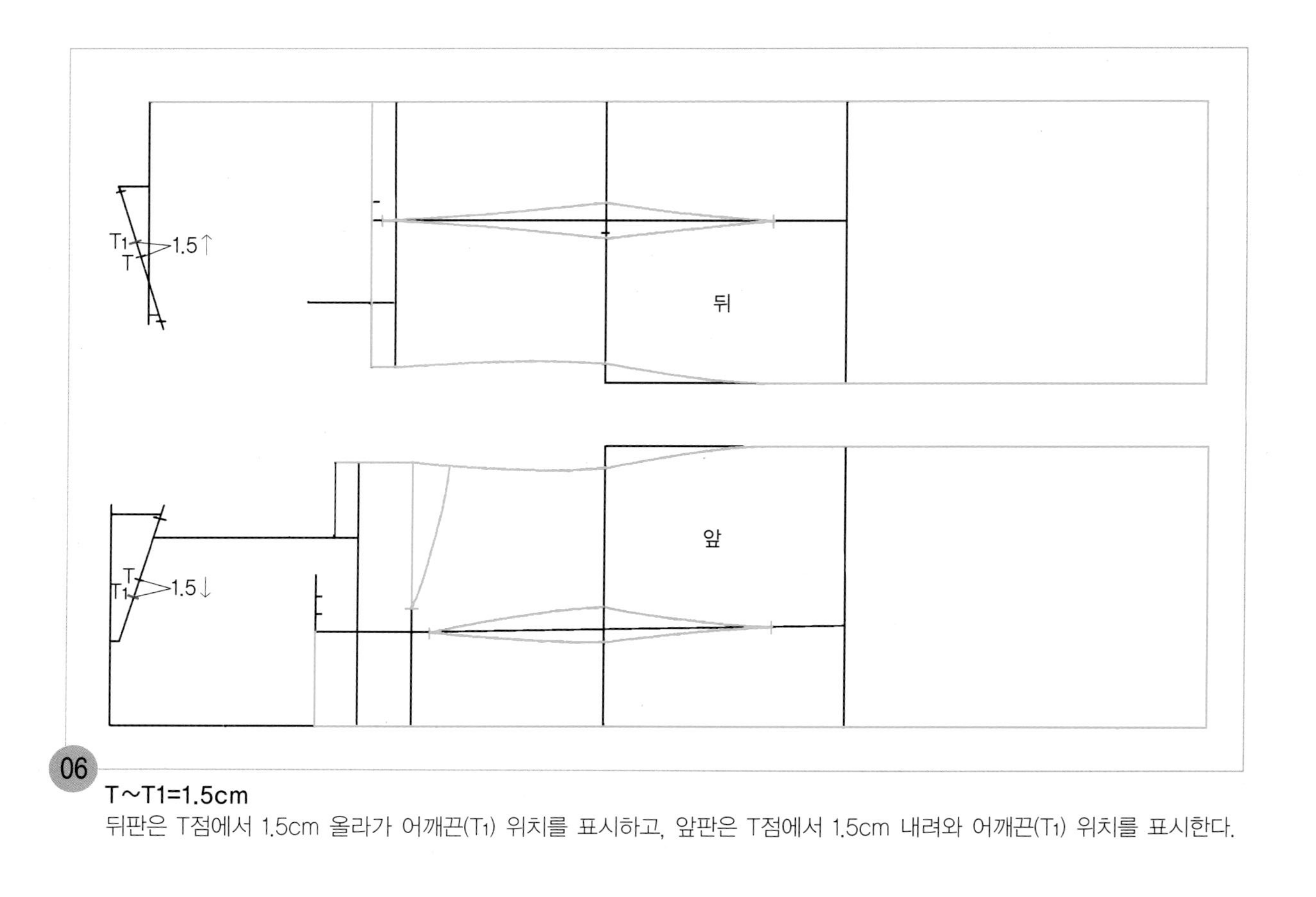

06

T~T1=1.5cm

뒤판은 T점에서 1.5cm 올라가 어깨끈(T_1) 위치를 표시하고, 앞판은 T점에서 1.5cm 내려와 어깨끈(T_1) 위치를 표시한다.

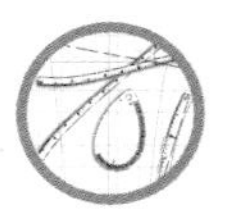

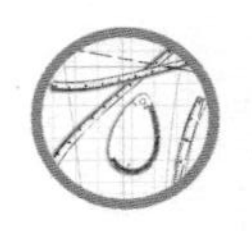

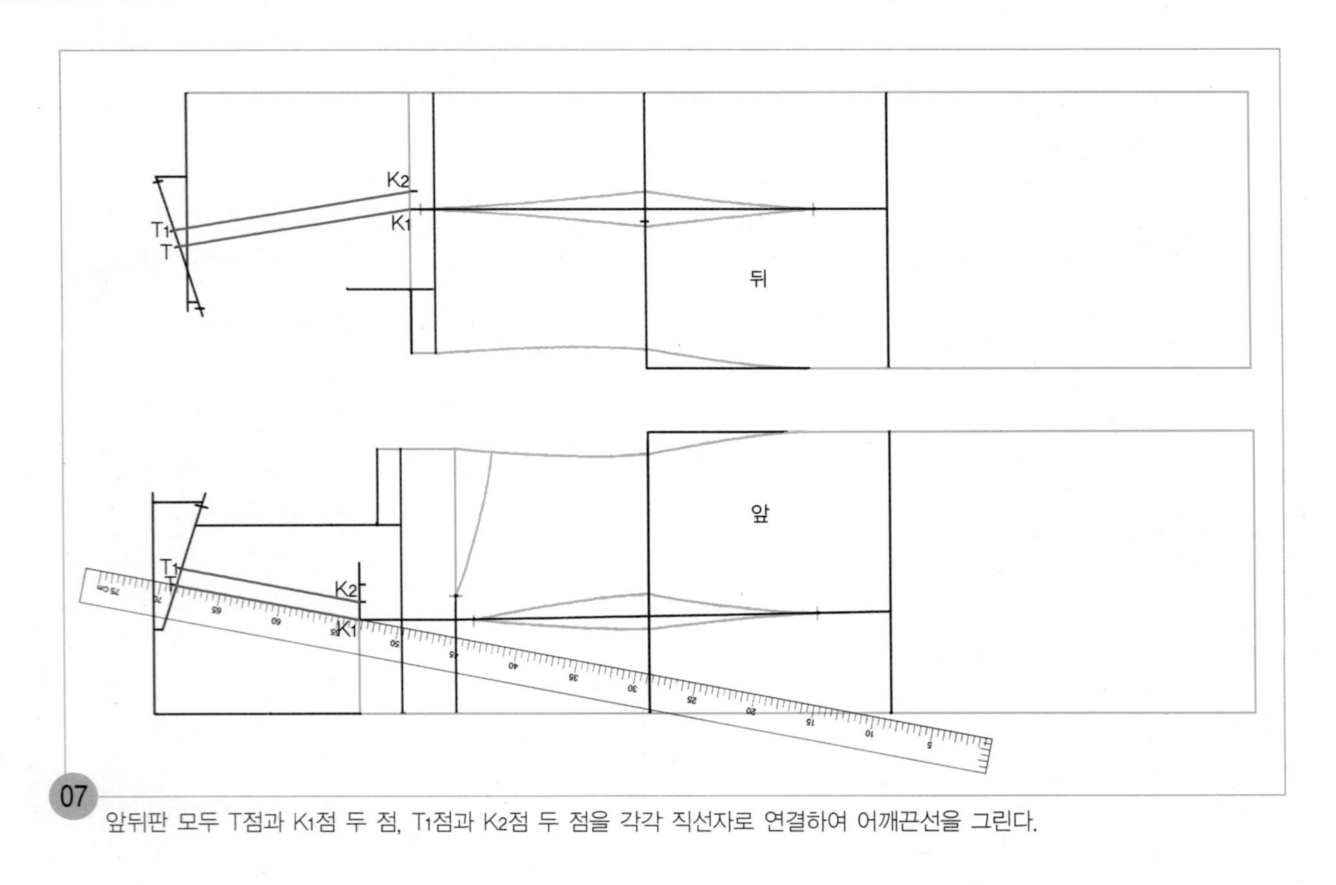

07 앞뒤판 모두 T점과 K_1점 두 점, T_1점과 K_2점 두 점을 각각 직선자로 연결하여 어깨끈선을 그린다.

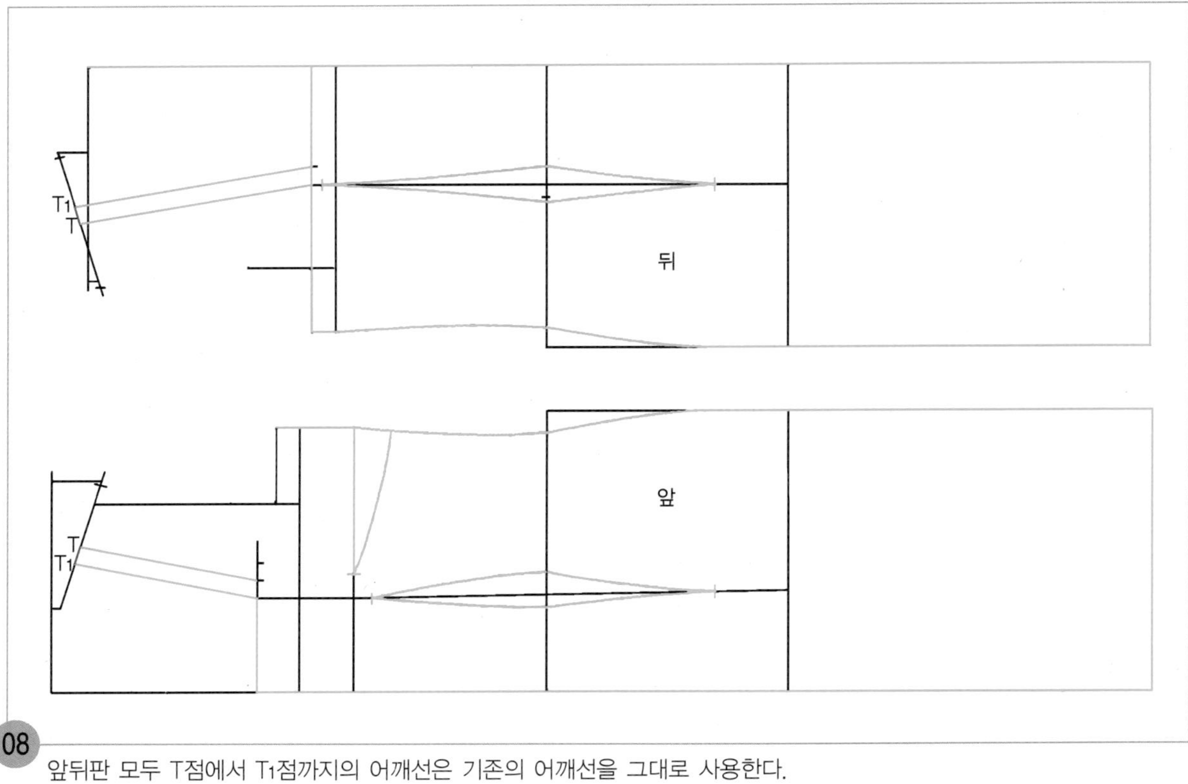

08

앞뒤판 모두 T점에서 T_1점까지의 어깨선은 기존의 어깨선을 그대로 사용한다.

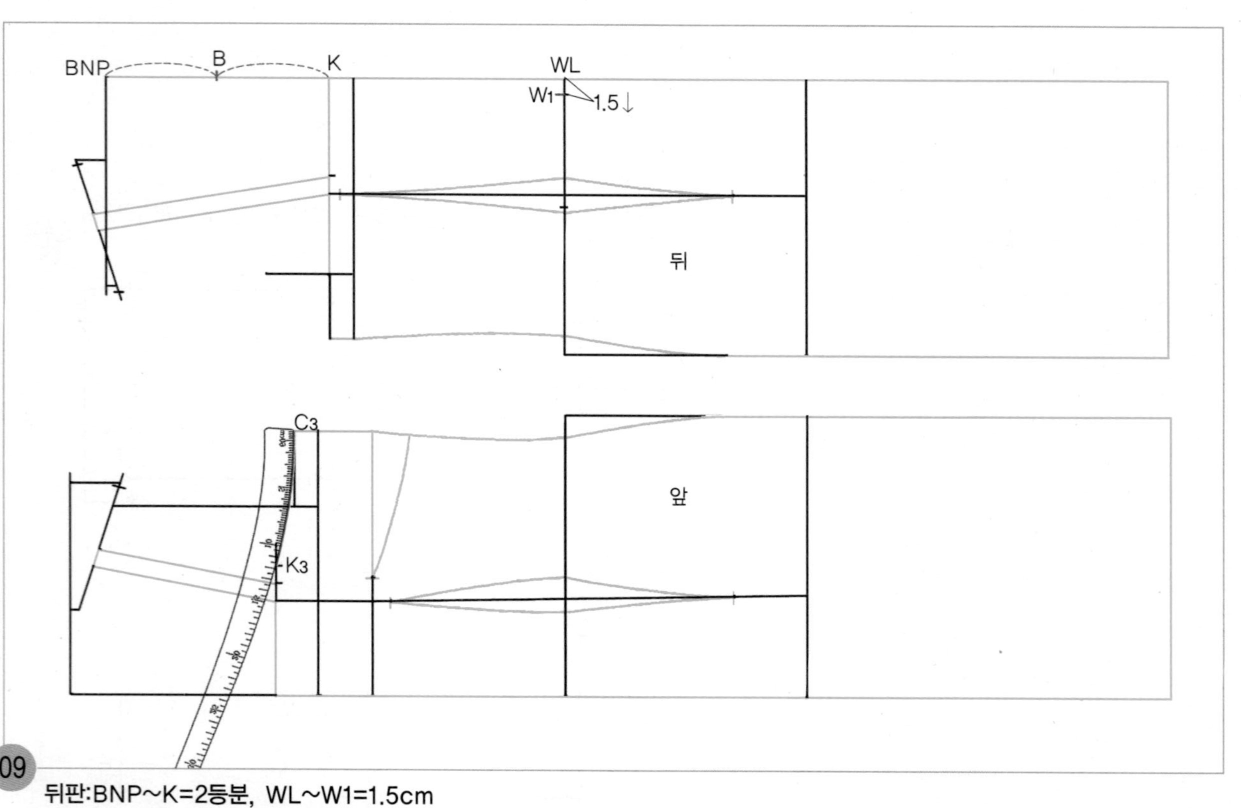

09 뒤판:BNP~K=2등분, WL~W1=1.5cm

뒤판의 BNP~K점까지를 2등분하여 뒤중심 완성선을 그릴 연결점(B) 위치를 표시하고, 뒤중심쪽 허리선(WL) 위치에서 1.5cm 내려와 뒤중심 완성선을 그릴 통과점(W_1) 위치를 표시한다.
앞판은 C_3점에 hip곡자 끝 위치를 맞추면서 K_3점과 연결하여 상부선을 그린다.

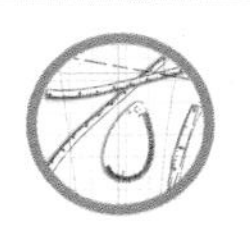

10

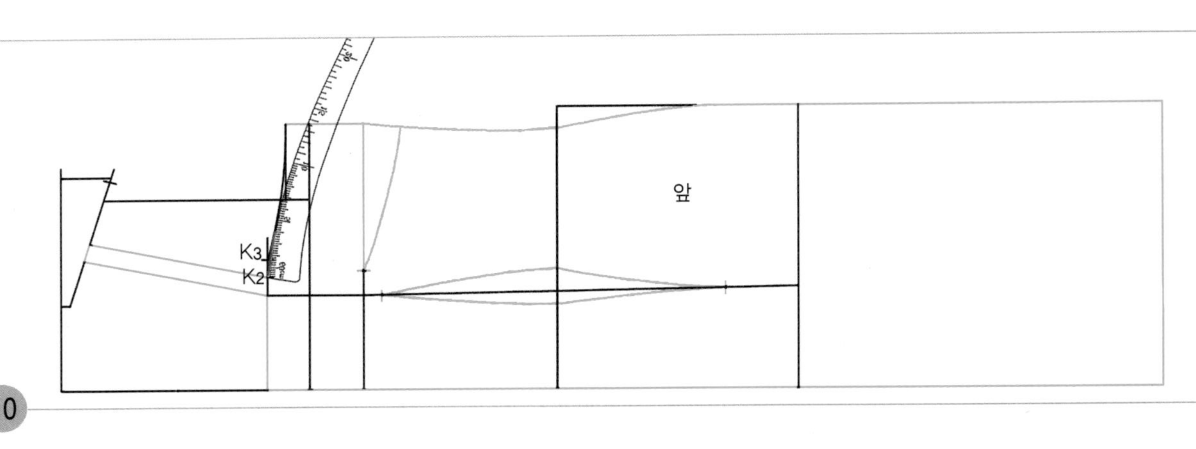

앞판의 K3점이 각지지 않도록 K2점에 hip곡자 끝 위치를 맞추면서 09〉에서 그린 상부선과 연결하여 자연스런 곡선으로 상부선을 수정한다.

11

뒤판의 B점에 hip곡자 15 위치를 맞추면서 W_1점과 연결하여 허리선 위쪽 뒤중심 완성선을 그리고, 앞판의 K3점과 B_1점 두 점을 직선자로 연결하여 상부선이 뜨지 않도록 수정하기 위한 안내선을 그린다.

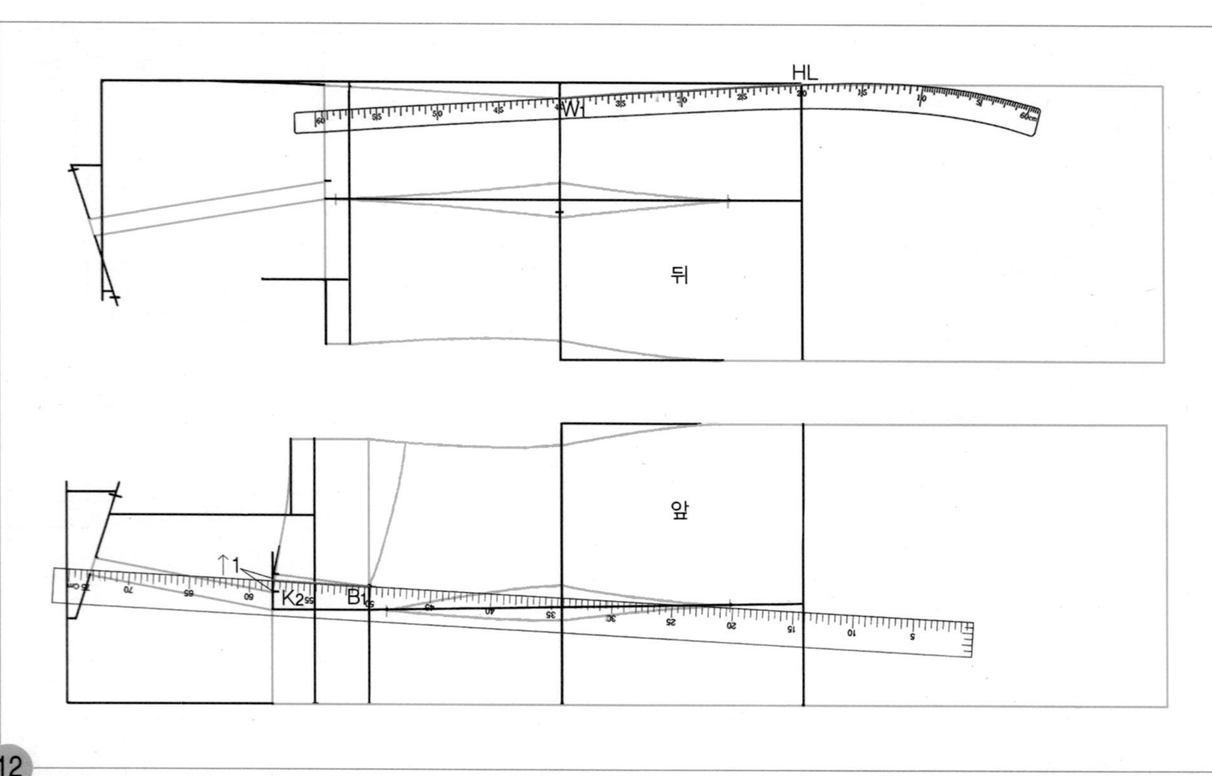

12 뒤판의 뒤중심쪽 히프선(HL)에 hip곡자 20 위치를 맞추면서 W_1점과 연결하여 뒤중심 완성선을 그린다. 앞판은 K_2점에서 1cm 올라간 점과 B_1점 두 점을 직선자로 연결하여 상부선이 뜨지 않도록 수정하기 위한 안내선을 그린다.

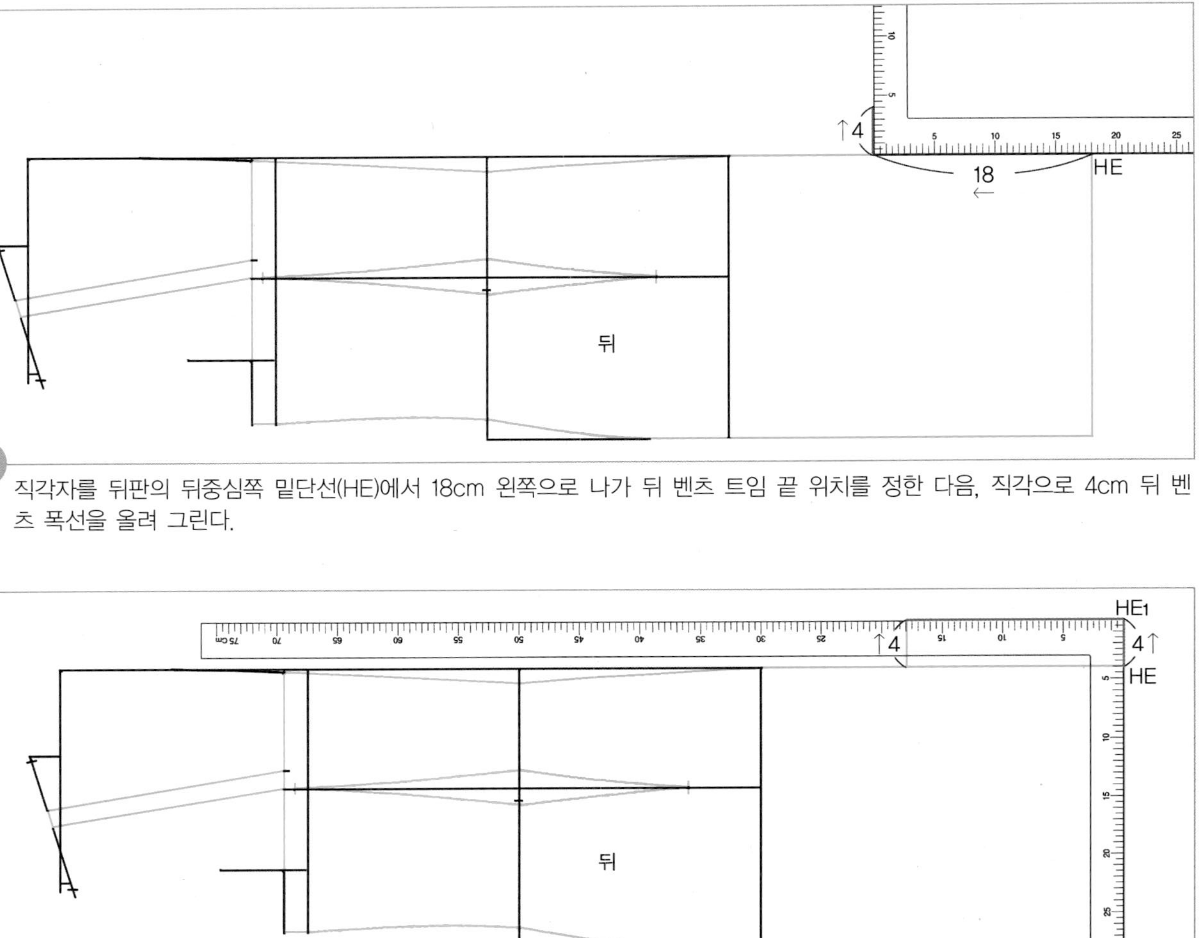

13 직각자를 뒤판의 뒤중심쪽 밑단선(HE)에서 18cm 왼쪽으로 나가 뒤 벤츠 트임 끝 위치를 정한 다음, 직각으로 4cm 뒤 벤츠 폭선을 올려 그린다.

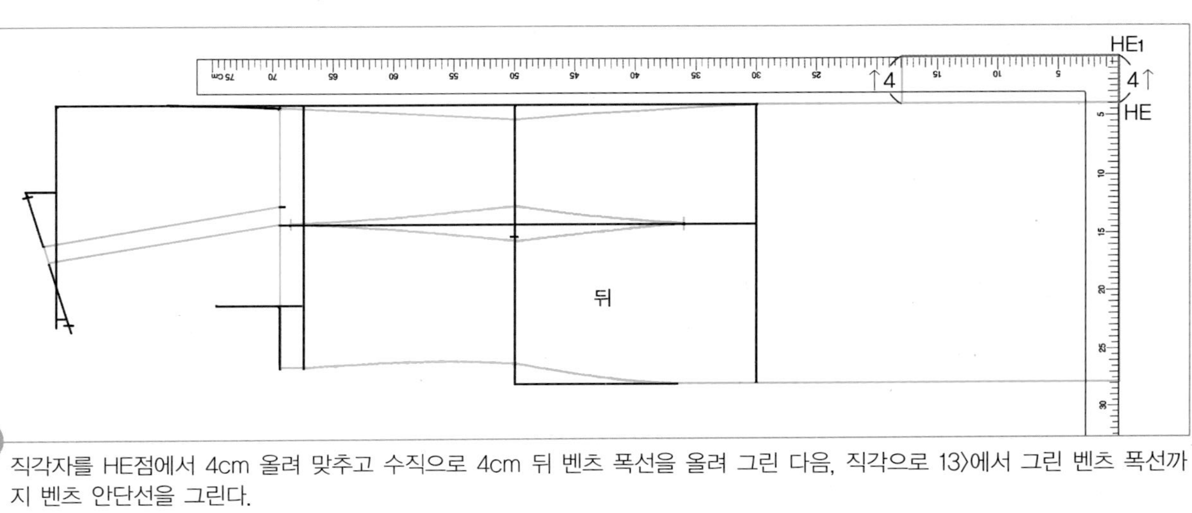

14 직각자를 HE점에서 4cm 올려 맞추고 수직으로 4cm 뒤 벤츠 폭선을 올려 그린 다음, 직각으로 13〉에서 그린 벤츠 폭선까지 벤츠 안단선을 그린다.

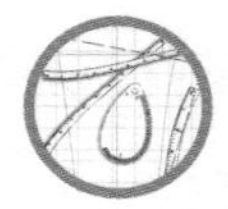

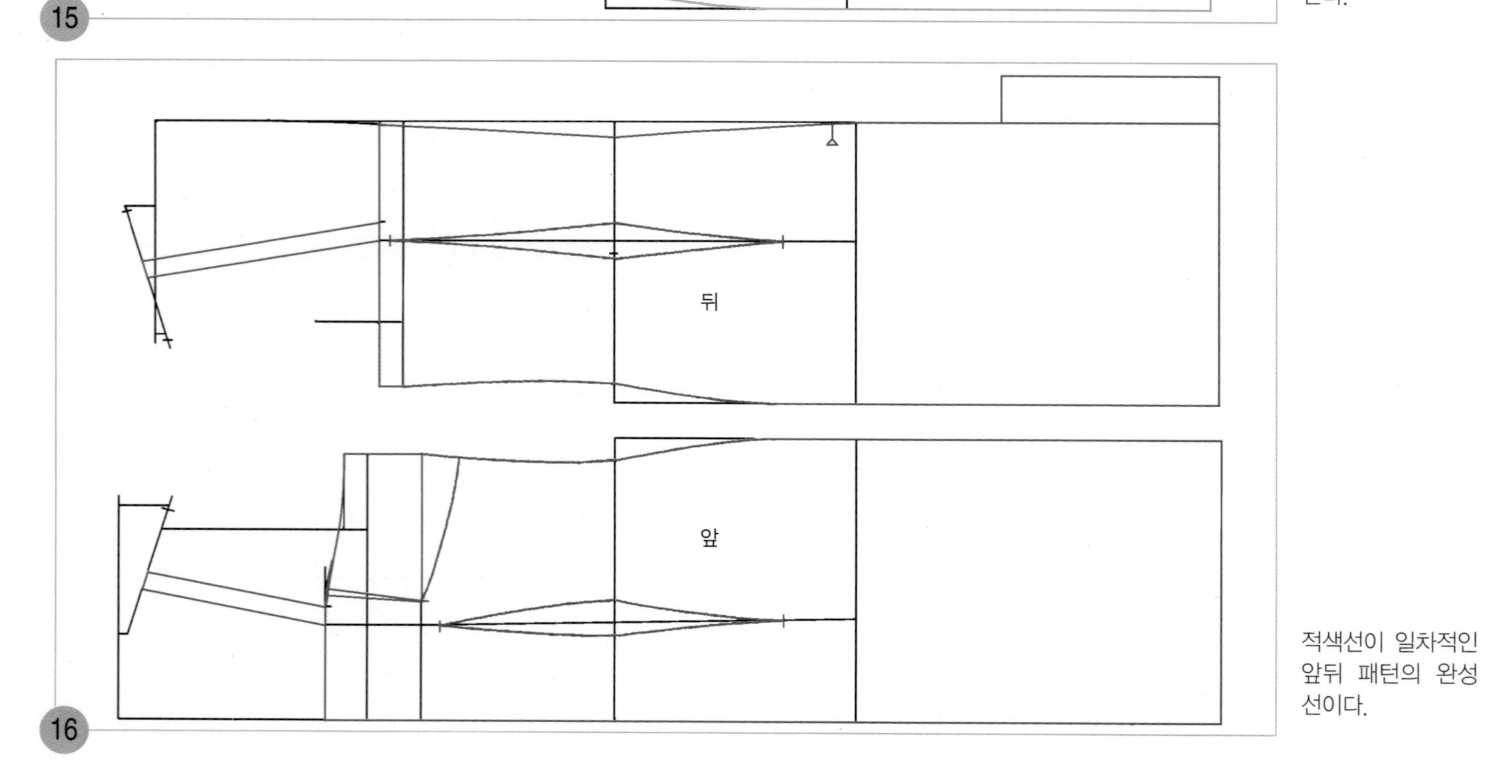

뒤중심쪽 히프선 (HL)에서 왼쪽으로 2cm 나가 지퍼 트임 끝 위치를 표시한다.

적색선이 일차적인 앞뒤 패턴의 완성선이다.

2. 허리둘레선 분량을 확인한다.

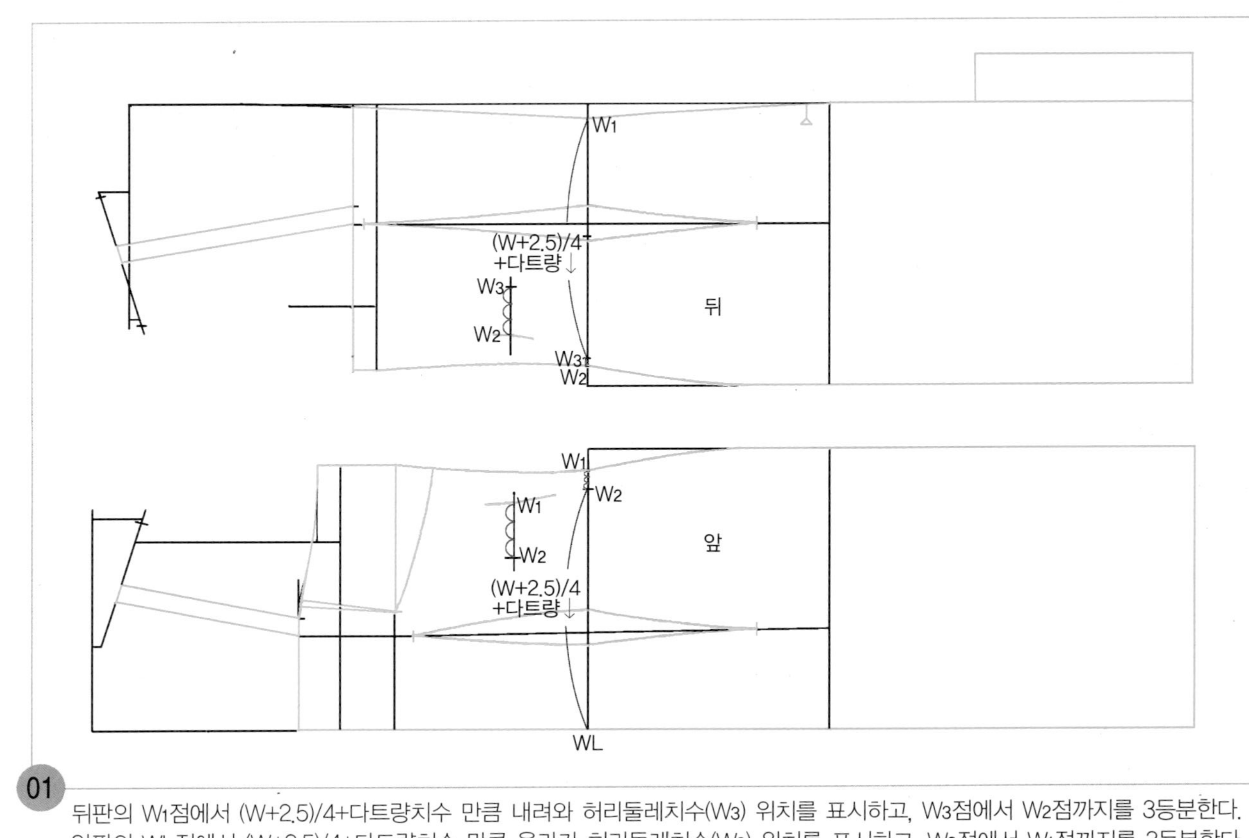

01 뒤판의 W_1점에서 (W+2.5)/4+다트량치수 만큼 내려와 허리둘레치수(W_3) 위치를 표시하고, W_3점에서 W_2점까지를 3등분한다.
앞판의 WL점에서 (W+2.5)/4+다트량치수 만큼 올라가 허리둘레치수(W_2) 위치를 표시하고, W_2점에서 W_1점까지를 3등분한다.
주 옆선쪽 허리선 위치에서 벗어나는 경우도 있다. 이 경우에도 원래의 옆선쪽 허리선 위치에서 벗어난 치수를 3등분한다.

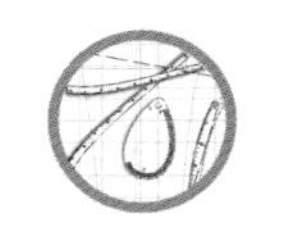

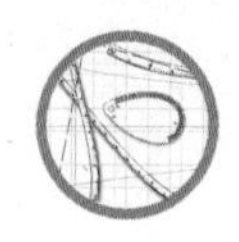

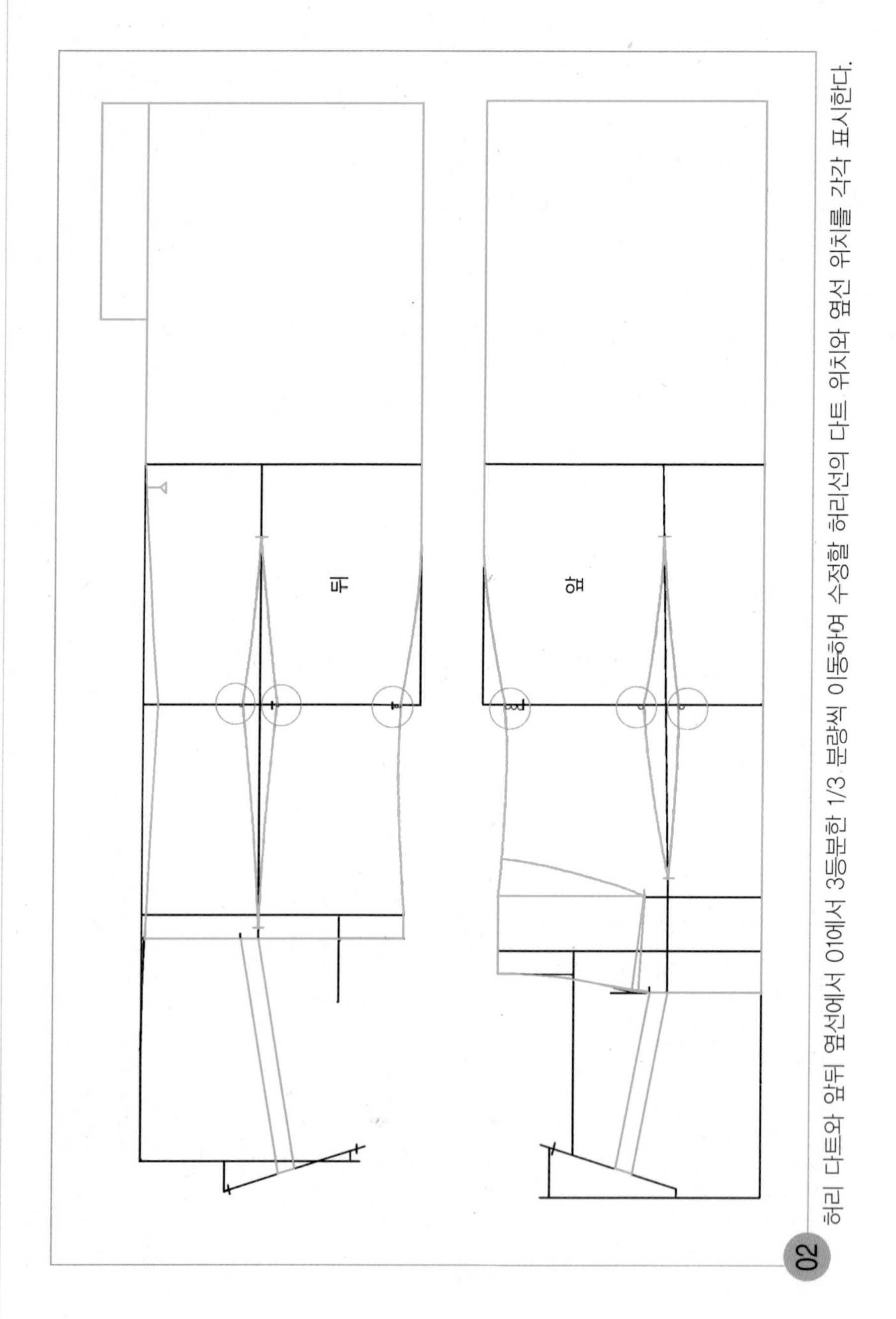

02 허리 다트와 앞뒤 옆선에서 01에서 3등분한 1/3 분량씩 이동하여 수정할 허리선의 다트 위치와 옆선 위치를 각각 표시한다.

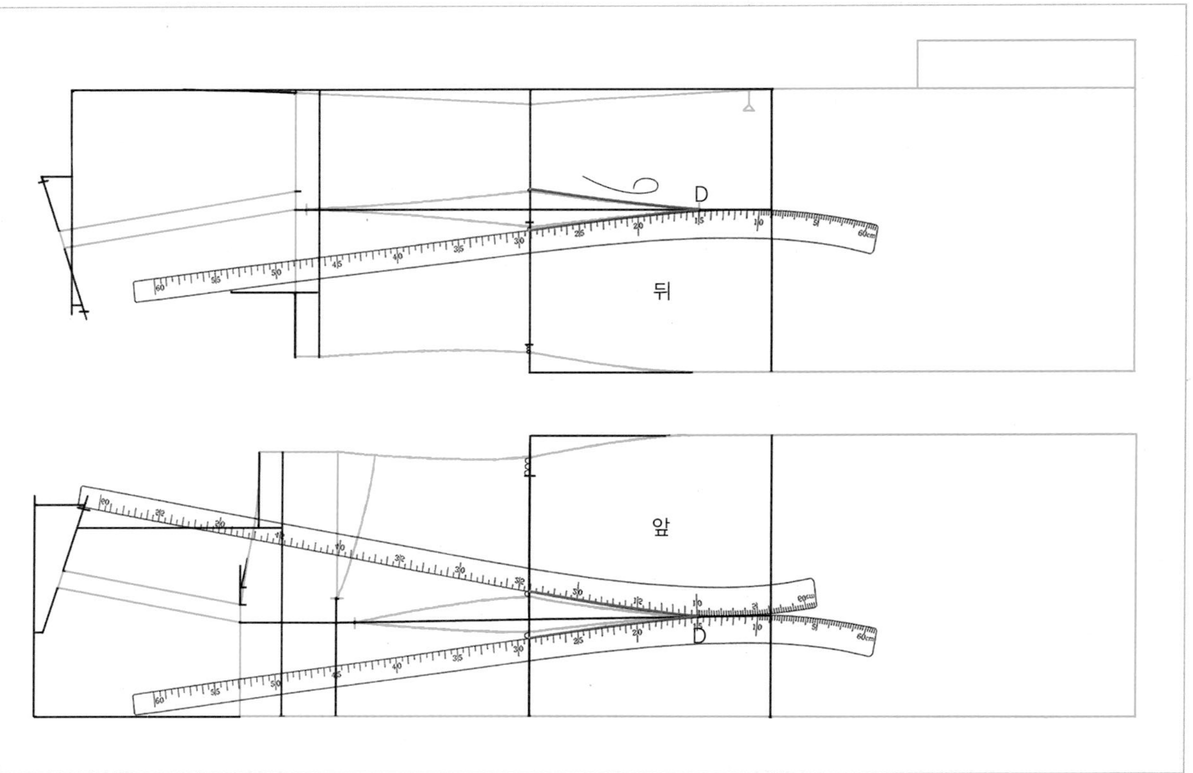

03

뒤판의 허리선 아래쪽 다트 끝점(D)에 hip곡자 15 위치를 맞추면서 이동한 뒤중심쪽 허리선의 다트 위치와 연결하여 뒤중심쪽의 허리선 아래쪽 다트 완성선을 수정하고, hip곡자를 수직반전하여 D점에 hip곡자 15 위치를 맞추면서 이동한 옆선쪽 허리선의 다트 위치와 연결하여 옆선쪽의 허리선 아래쪽 다트 완성선을 수정한다.
앞판은 D점에 hip곡자 15 위치를 맞추면서 이동한 앞중심쪽 허리선의 다트 위치와 연결하여 앞중심쪽의 허리선 아래쪽 다트 완성선을 수정하고, hip곡자를 수직반전하여 D점에 hip곡자 10 위치를 맞추면서 옆선쪽 허리선의 다트 위치와 연결하여 옆선쪽의 허리선 아래쪽 다트 완성선을 수정한다.

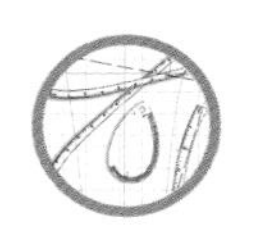

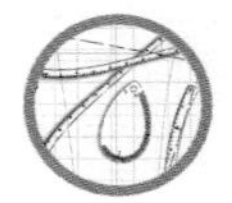

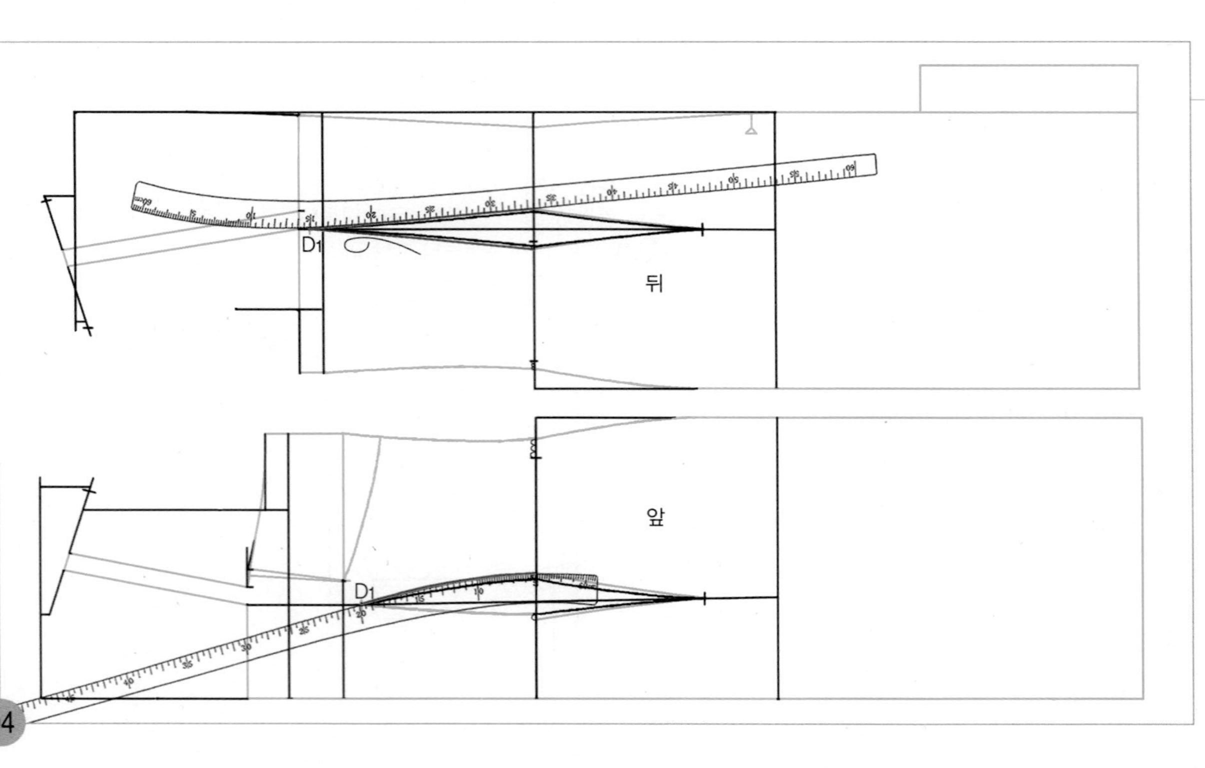

04

뒤판의 D_1점에 hip곡자 15 위치를 맞추면서 이동한 뒤중심쪽 허리선의 다트 위치와 연결하여 뒤중심쪽의 허리선 위쪽 다트 완성선을 수정하고, hip곡자를 수직 반전하여 D_1점에 hip곡자 15 위치를 맞추면서 이동한 옆선쪽 허리선의 다트 위치와 연결하여 옆선쪽의 허리선 위쪽 다트 완성선을 수정한다.

앞판은 이동한 옆선쪽 허리선의 다트 위치에 hip곡자 5 위치를 맞추면서 D_1점과 연결하여 옆선쪽의 허리선 위쪽 다트 완성선을 수정한다.

05

앞판의 이동한 앞중심쪽 허리선의 다트 위치에 hip곡자 10 위치를 맞추면서 D_1점과 연결하여 앞중심쪽의 허리선 위쪽 다트 완성선을 수정한다.

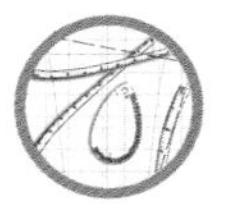

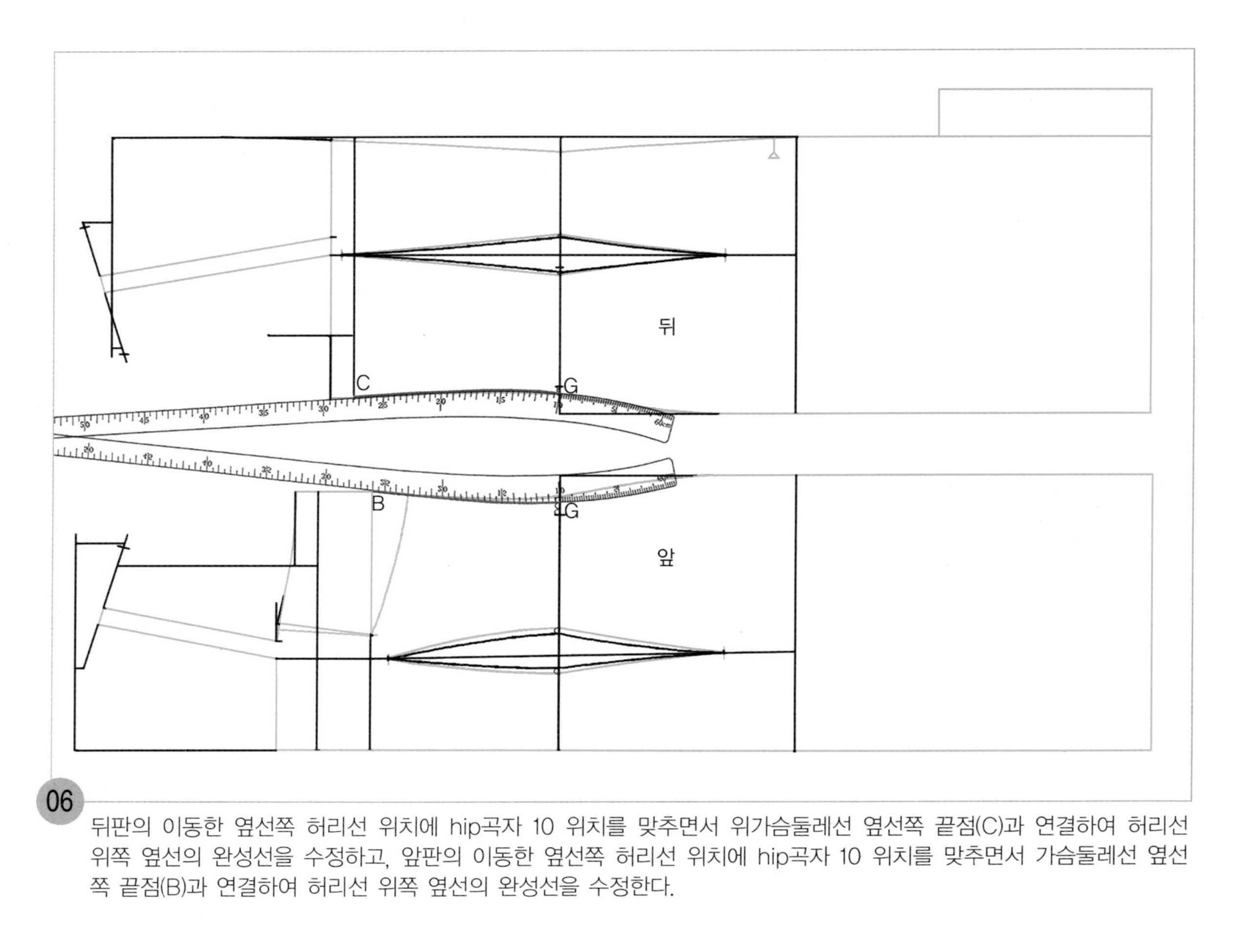

06 뒤판의 이동한 옆선쪽 허리선 위치에 hip곡자 10 위치를 맞추면서 위가슴둘레선 옆선쪽 끝점(C)과 연결하여 허리선 위쪽 옆선의 완성선을 수정하고, 앞판의 이동한 옆선쪽 허리선 위치에 hip곡자 10 위치를 맞추면서 가슴둘레선 옆선쪽 끝점(B)과 연결하여 허리선 위쪽 옆선의 완성선을 수정한다.

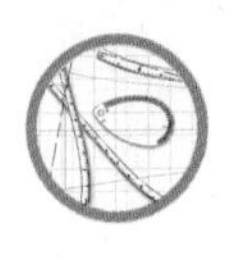

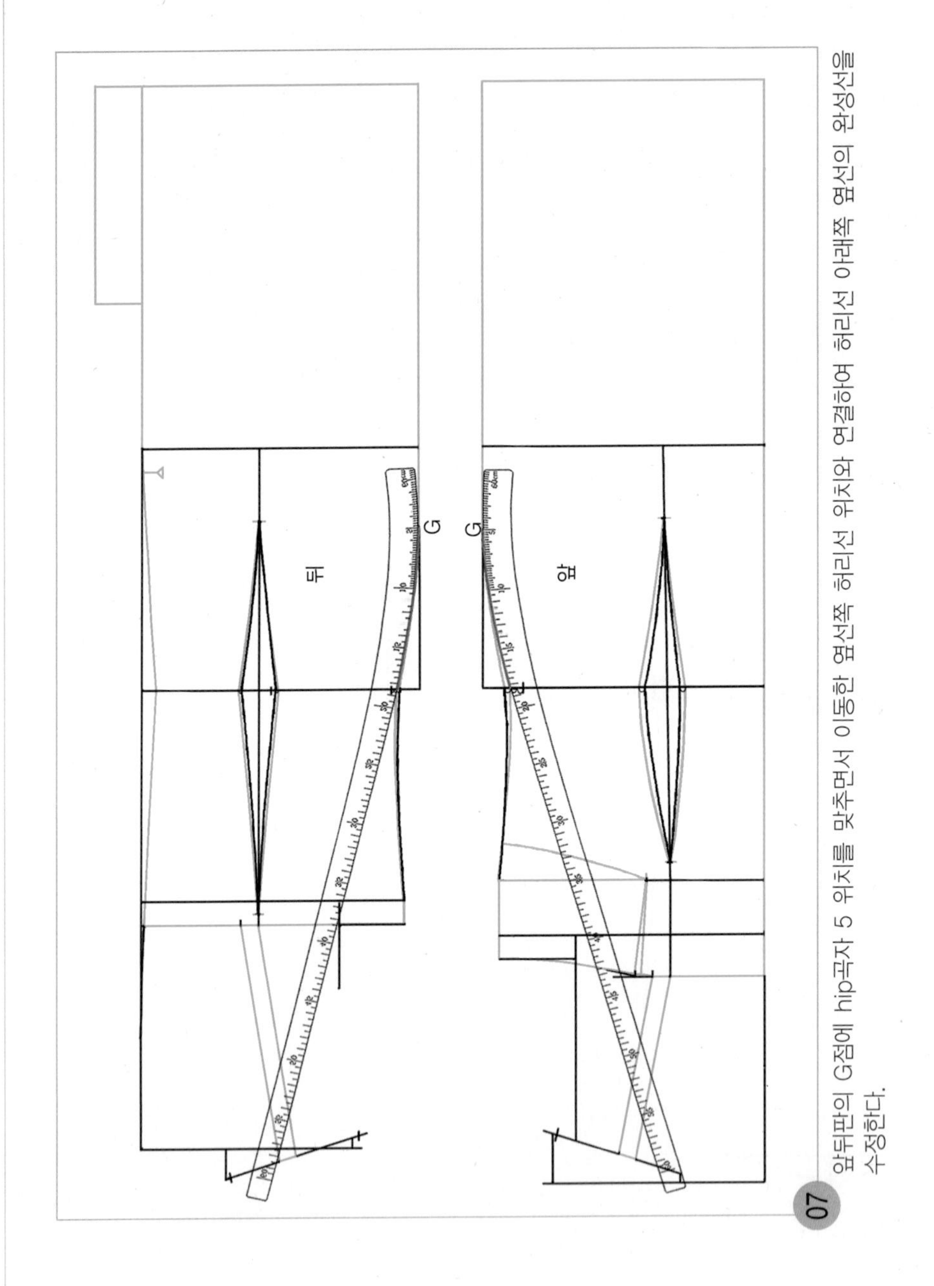

07 앞뒤판의 G점에 hip곡자 5 위치를 맞추면서 이동한 옆선쪽 허리선 위치와 연결하여 허리선 아래쪽 옆선의 완성선을 수정한다.

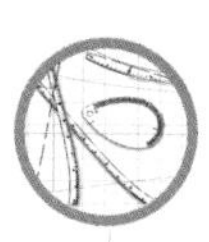

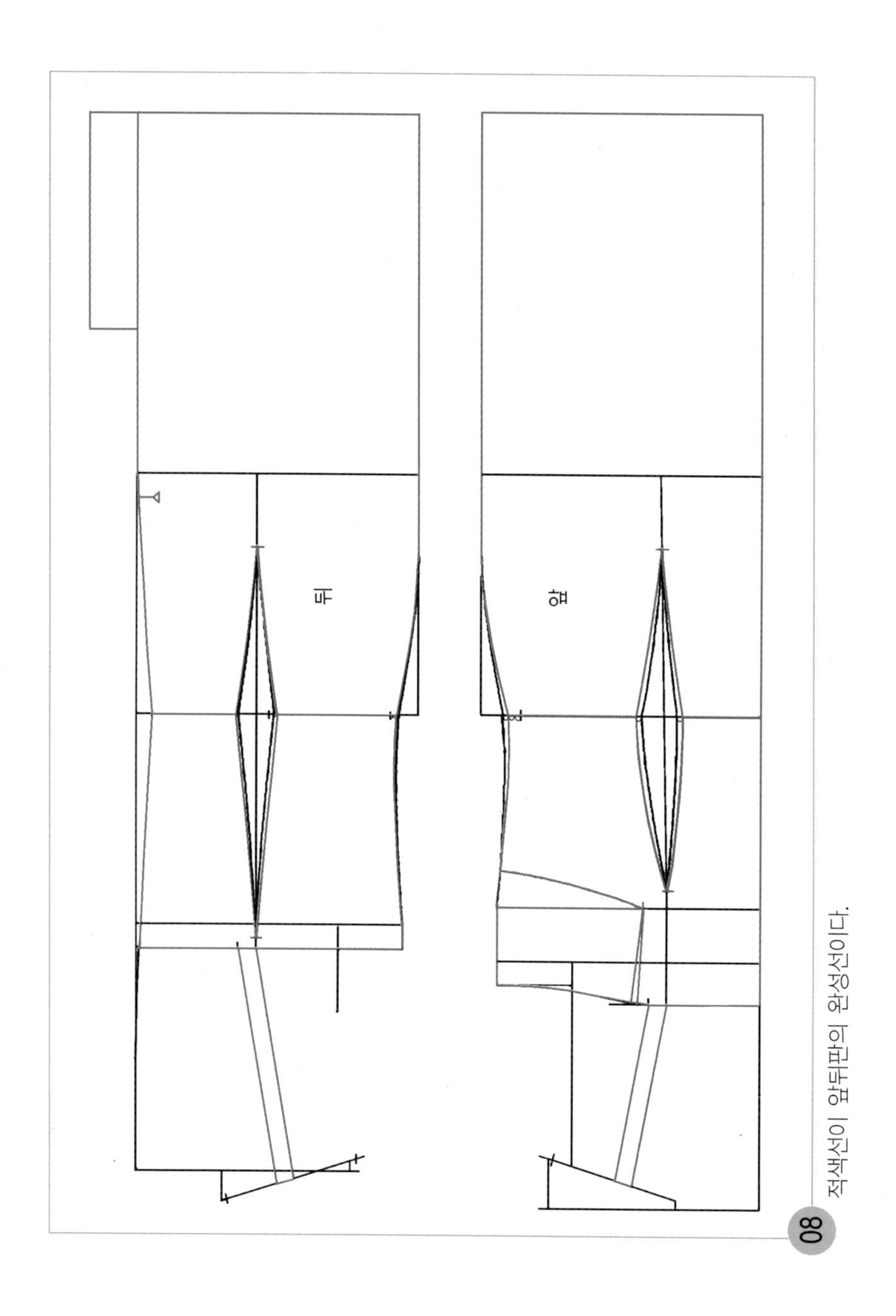

08 적색선이 앞뒤판의 완성선이다.

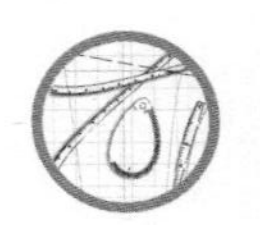

3. 안단선을 그린다.

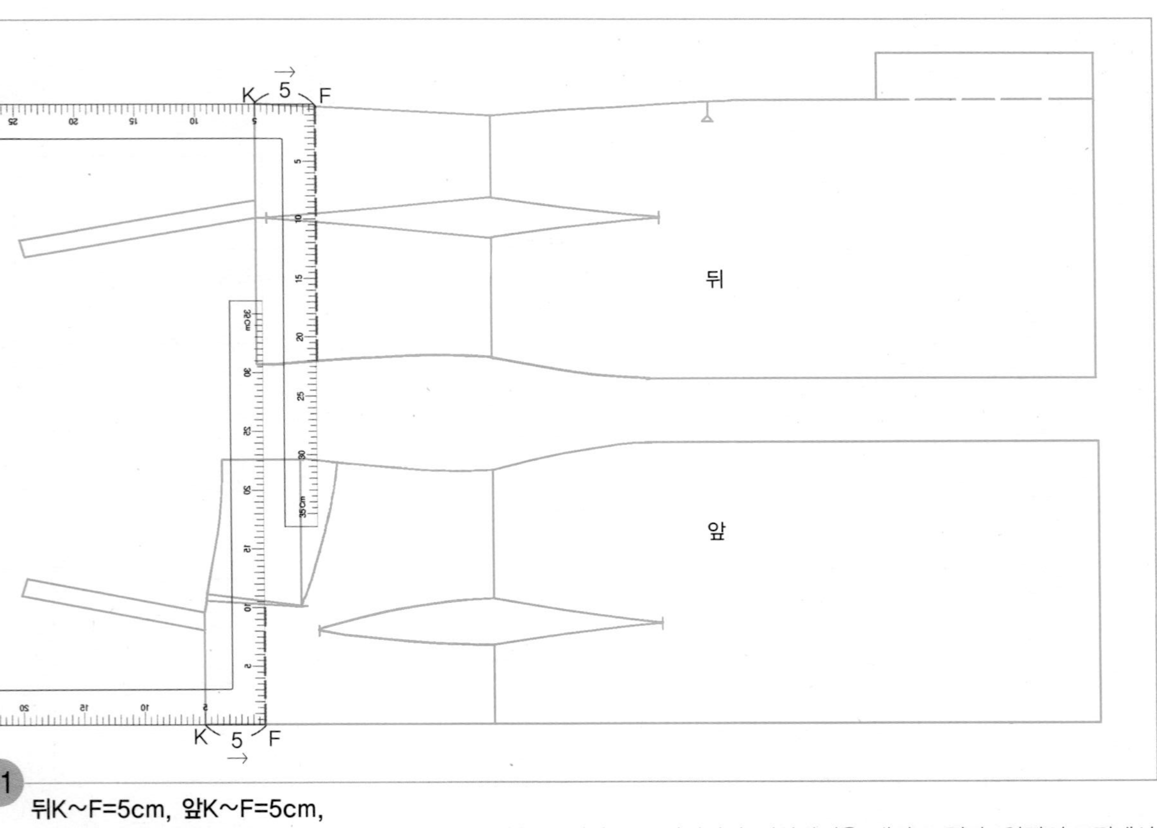

01 뒤K~F=5cm, 앞K~F=5cm,

직각자를 뒤판의 K점에서 수평으로 5cm 나가 맞추고 직각으로 옆선까지 뒤안단선을 내려 그린다. 앞판의 K점에서 앞중심선을 따라 5cm 나가 맞추고 직각으로 상부선의 안내선까지 안단선을 올려 그린다.

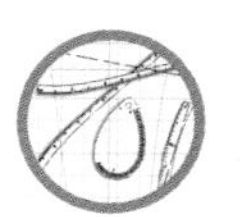

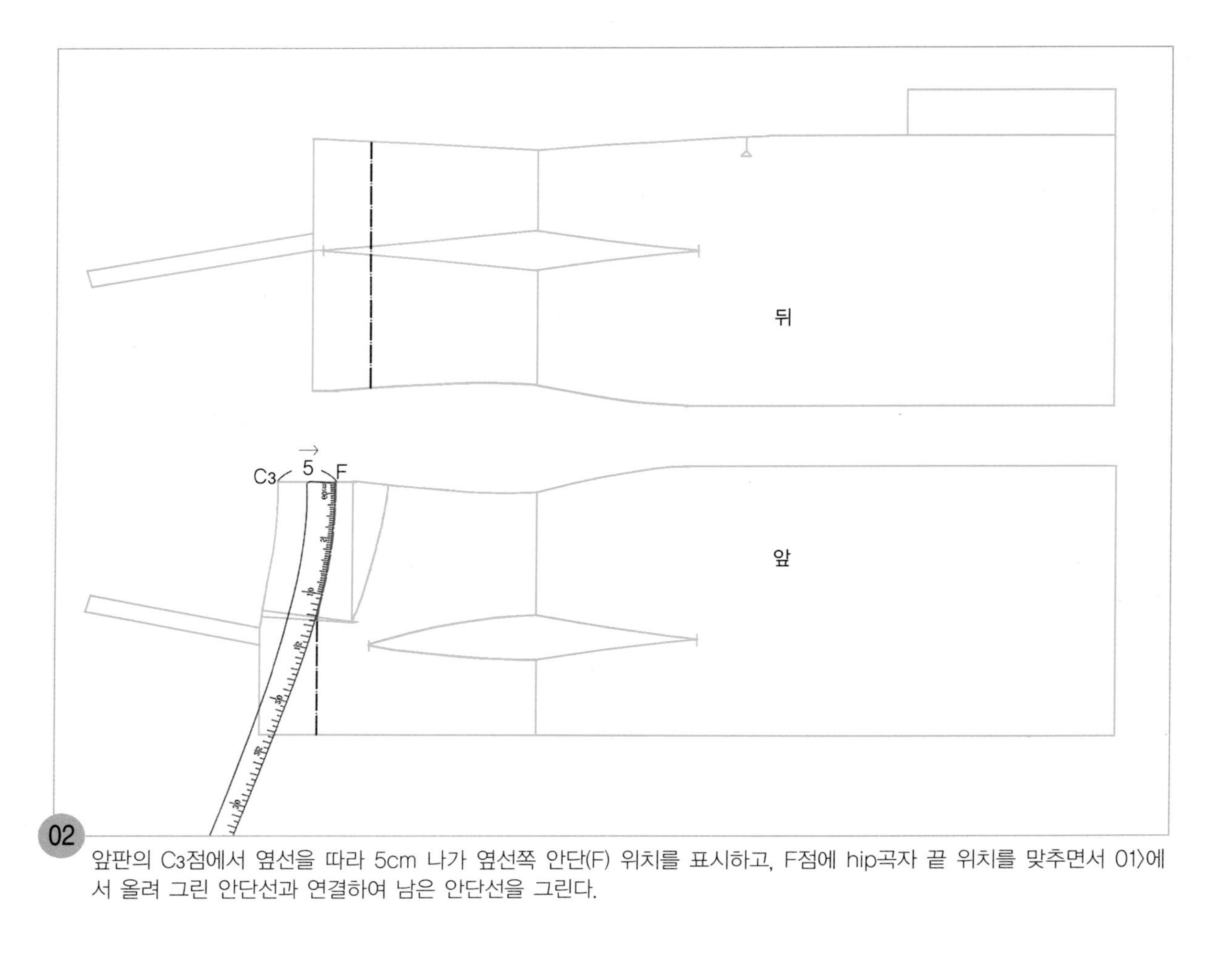

02 앞판의 C3점에서 옆선을 따라 5cm 나가 옆선쪽 안단(F) 위치를 표시하고, F점에 hip곡자 끝 위치를 맞추면서 01〉에서 올려 그린 안단선과 연결하여 남은 안단선을 그린다.

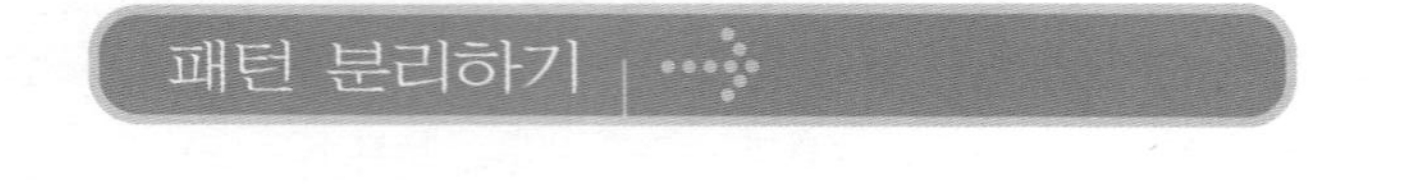

패턴 분리하기

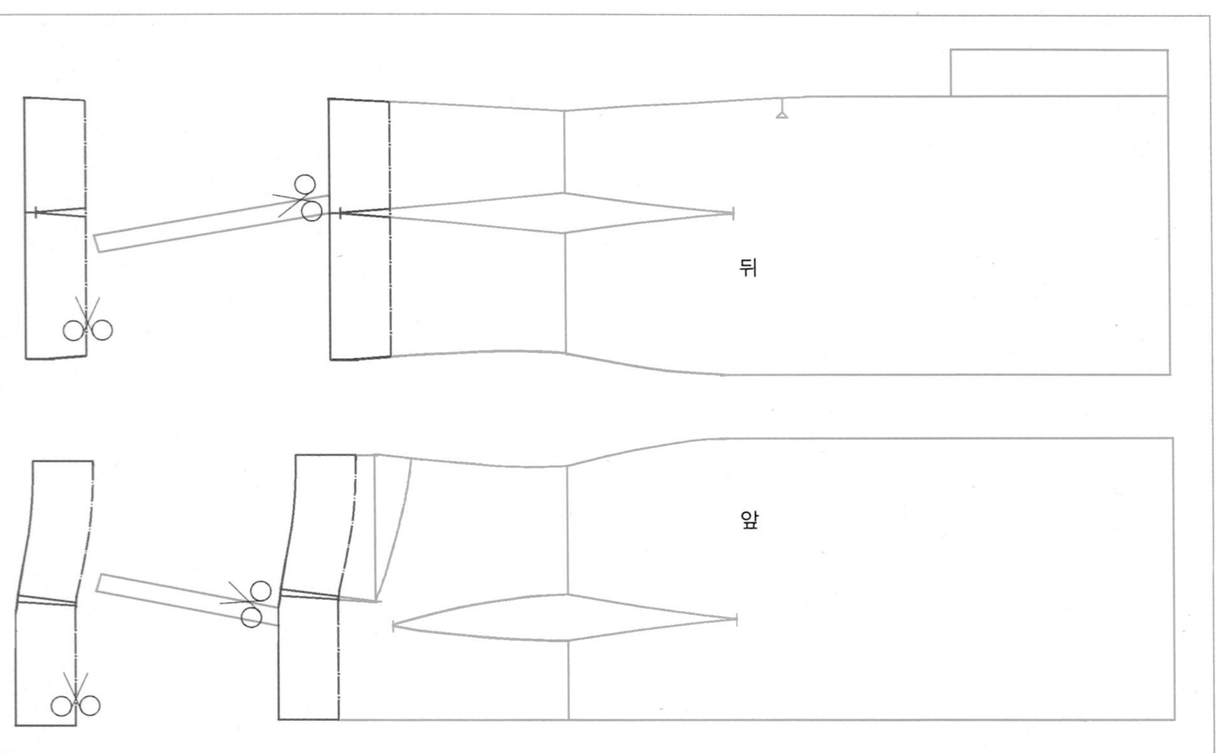

01 앞뒤 안단선을 새 패턴지에 옮겨 그린 다음 새 패턴지에 옮겨 그린 안단의 외곽 완성선을 따라 오려내고, 어깨끈의 완성선을 따라 오려낸다.

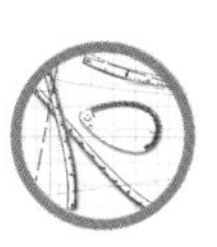

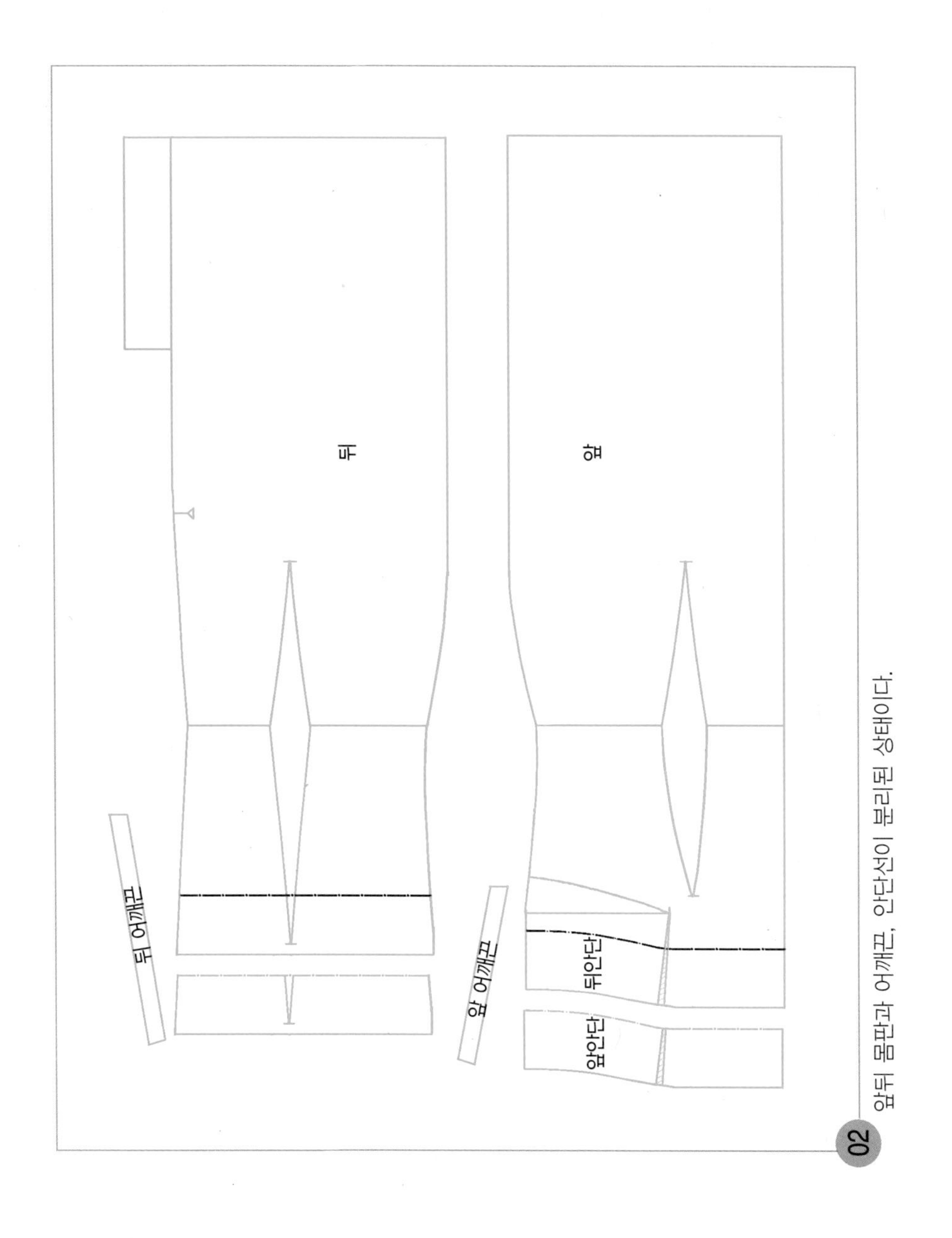

02 앞뒤 몸판과 어깨끈, 안단선이 분리된 상태이다.

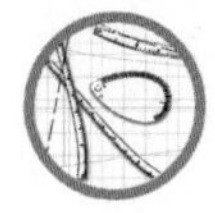

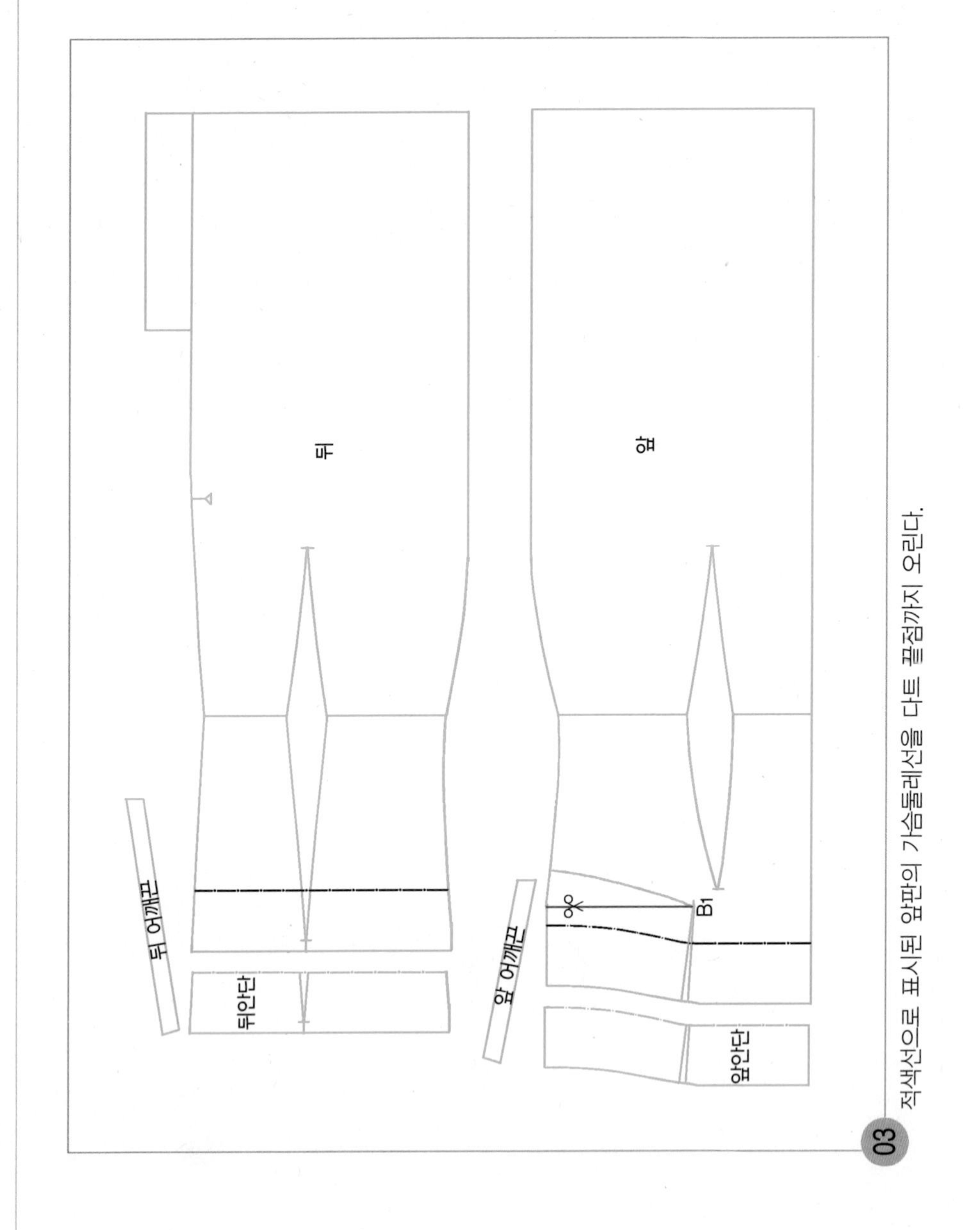

03 적색선으로 표시된 앞판의 가슴둘레선을 다트 끝점까지 오린다.

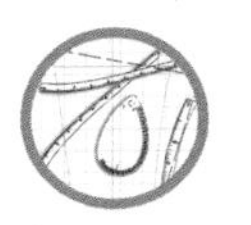

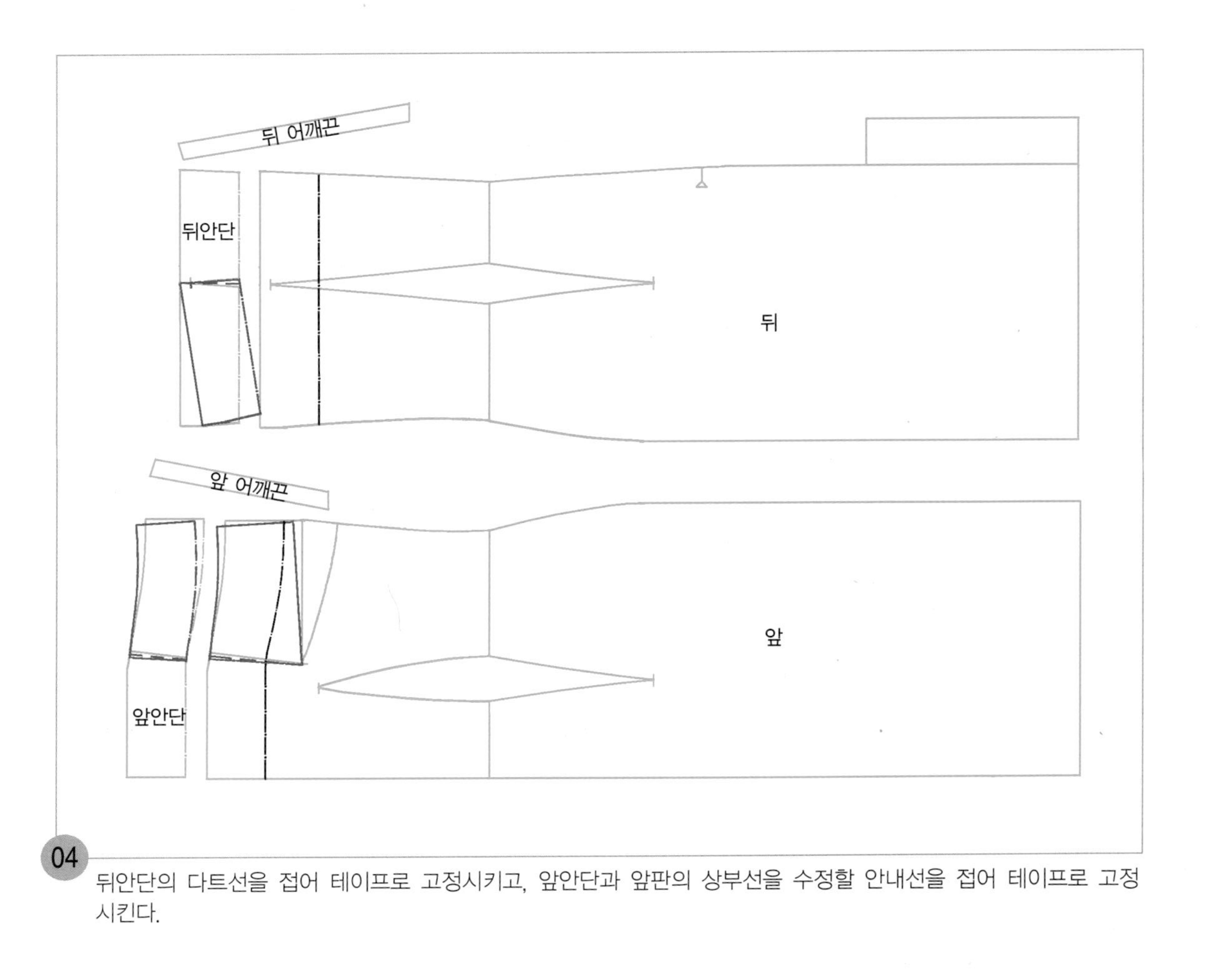

04 뒤안단의 다트선을 접어 테이프로 고정시키고, 앞안단과 앞판의 상부선을 수정할 안내선을 접어 테이프로 고정시킨다.

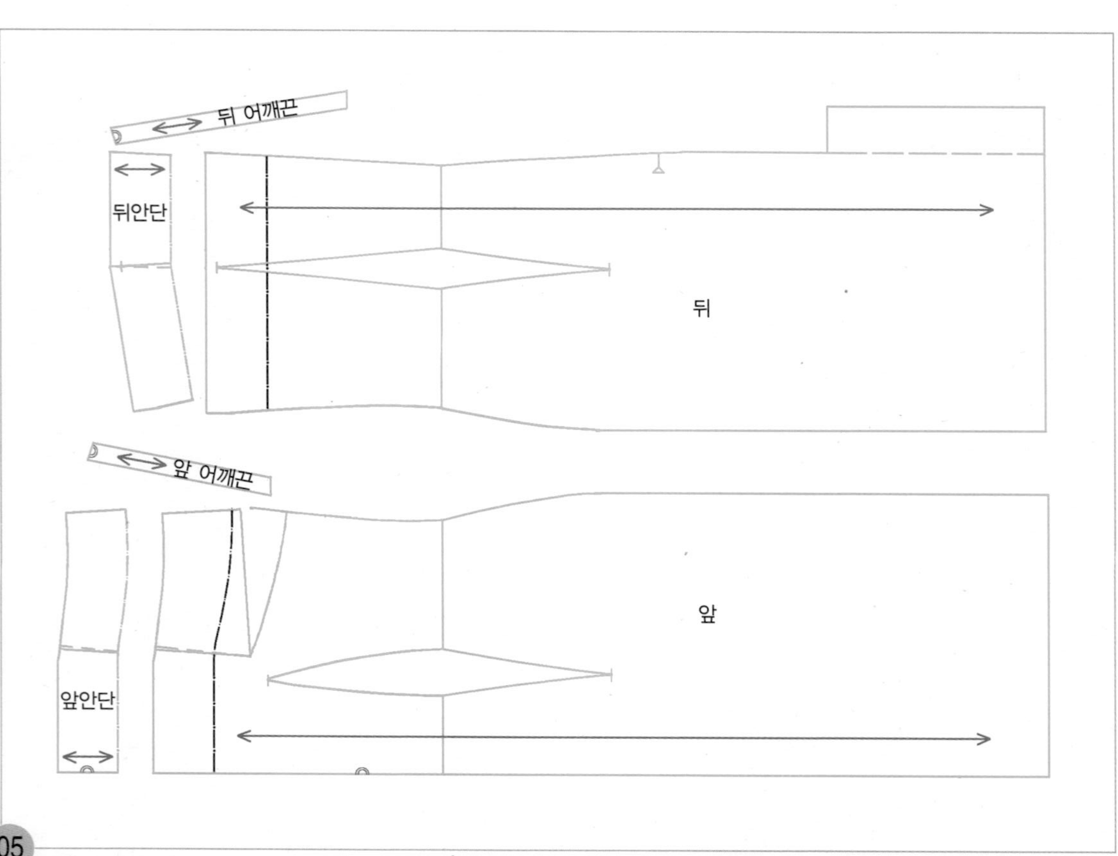

05 앞안단과 앞중심선에 골선 표시를 넣고 앞뒤 어깨끈에 서로 마주대어 맞추는 표시를 넣은 다음, 수평으로 식서 방향 표시를 넣으면 캐미솔 드레스 패턴의 완성.

오픈 칼라의 앞여밈 원피스 드레스 Front-open Dress with Open Collar

■ ■ ■ ONE-PIECE 07

실루엣 ● ● ● 약간의 플레어가 들어간 스커트의 부드러움을 오픈 칼라와 소매 커프스로 강하게 한 앞여밈 세미 플레어 원피스 드레스이다.

소 재 ● ● ● 잘 구겨지지 않는 폴리에스테르 조오젯의 프린트지나 면 프린트지는 부드럽고 가벼운 느낌을, 울 트로피칼, 워셔블 울, 울 크레이프 베네샹의 소재는 따뜻하고 고급스런 느낌이 들게 한다.

포인트 ● ● ● 오픈 칼라와, 앞덧단 여밈선, 허리선에 절개선이 들어간 세미 플레어 스커트의 제도법과 패턴 분리하는 법을 배운다.

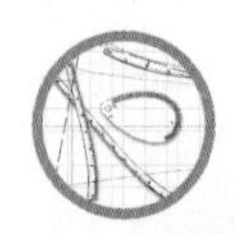

Front-open Dress with Open Collar

오픈 칼라의 앞여밈 원피스 드레스의 제도 순서

제도 치수 구하기

계측 치수	계측 치수의 예	자신의 계측 치수	제도 각자 사용 시의 제도 치수	일반 자 사용 시의 제도 치수	자신의 제도 치수
가슴둘레(B)	86cm		B°/2	B/4	
허리둘레(W)	66cm		W°/2	W/4	
엉덩이둘레(H)	94cm		H°/2	H/4	
등길이	38cm		38cm		
앞길이	41cm		41cm		
뒤품	34cm		뒤품/2=17		
앞품	32cm		앞품/2=16		
유두 길이	25cm		25cm		
유두 간격	18cm		유두 간격/2=9cm		
어깨너비	37cm		어깨너비/2=18.5cm		
원피스 길이	91cm	조정 가능	등길이+스커트 길이		
소매 길이	52cm	조정 가능	계측한 소매 길이		
손목둘레	16cm		계측한 손목둘레+0.6cm		
진동깊이	최소치=19, 최대치=23		(B°/2)−1cm	(B/4)−1cm	
앞/뒤 위가슴둘레선			(B°/2)+1.5cm	(B/4)+1.5cm	
히프선 앞뒤	산출치		(H°/2)+0.5cm	(H/4)+0.6cm=24.1cm	
소매산 높이			(진동 깊이/2)+4.5cm		

주 진동 깊이=(B/4)−1의 산출치가 19~23cm 범위 안에 있으면 이상적인 진동 깊이의 길이라 할 수 있다. 따라서 최소치=19cm, 최대치=23cm까지이다(이는 예를 들면 가슴둘레 치수가 너무 큰 경우에는 진동 깊이가 너무 길어 겨드랑밑 위치에서 너무 내려가게 되고, 가슴둘레 치수가 너무 적은 경우에는 진동 깊이가 너무 짧아 겨드랑밑 위치에서 너무 올라가게 되어 이상적인 겨드랑밑 위치가 될 수 없다. 따라서 (B/4)−1cm의 산출치가 19cm 미만이면 뒷목점(BNP)에서 19cm 나간 위치를 진동 깊이로 정하고, (B/4)−1cm의 산출치가 23cm 이상이면 뒷목점(BNP)에서 23cm 나간 위치를 진동 깊이로 정한다).

01

자신의 각 계측 부위를 계측하여 빈칸에 넣어두고 제도치수를 구하여 둔다.

뒤판 제도하기

1. 기초선을 그린다.

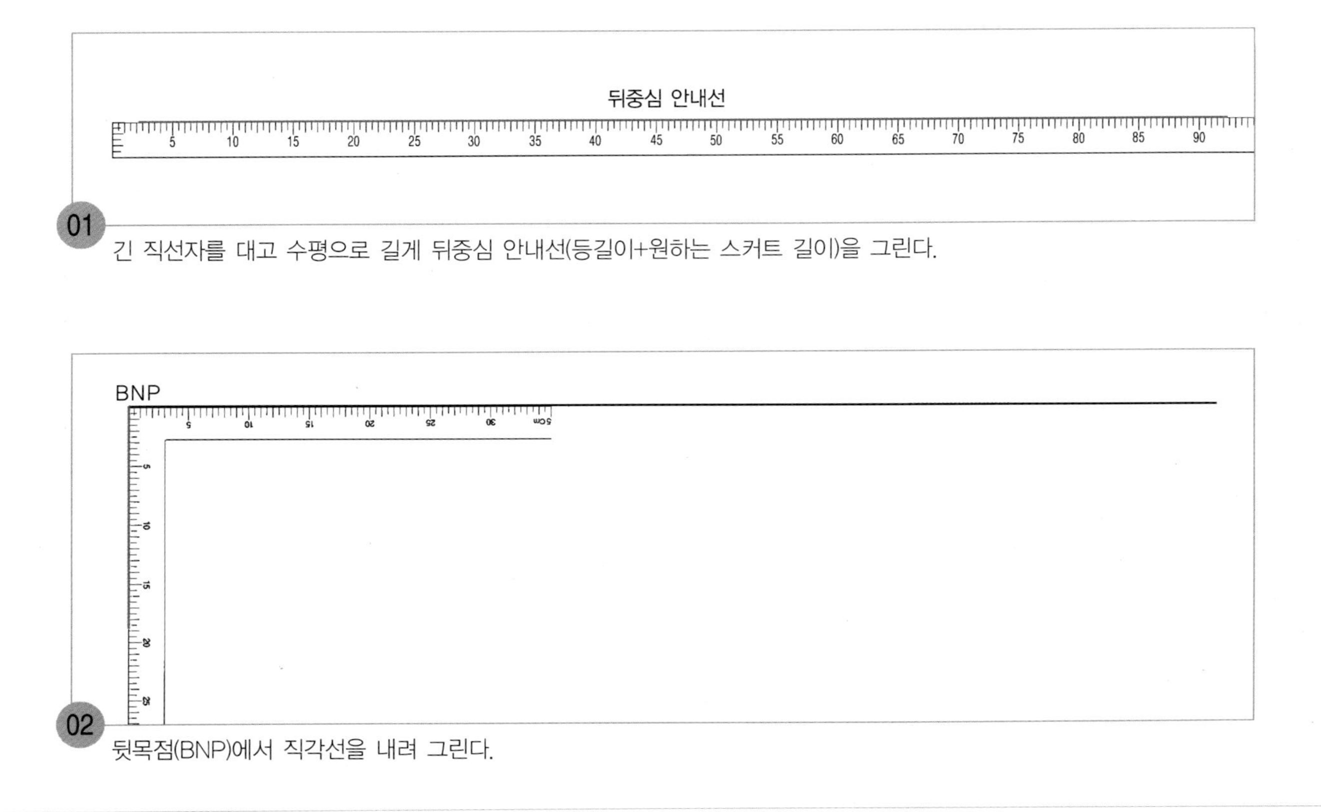

01 긴 직선자를 대고 수평으로 길게 뒤중심 안내선(등길이+원하는 스커트 길이)을 그린다.

02 뒷목점(BNP)에서 직각선을 내려 그린다.

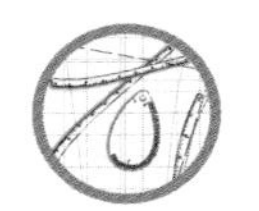

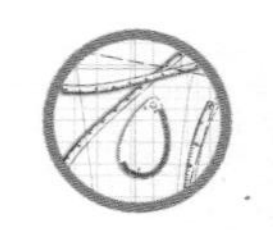

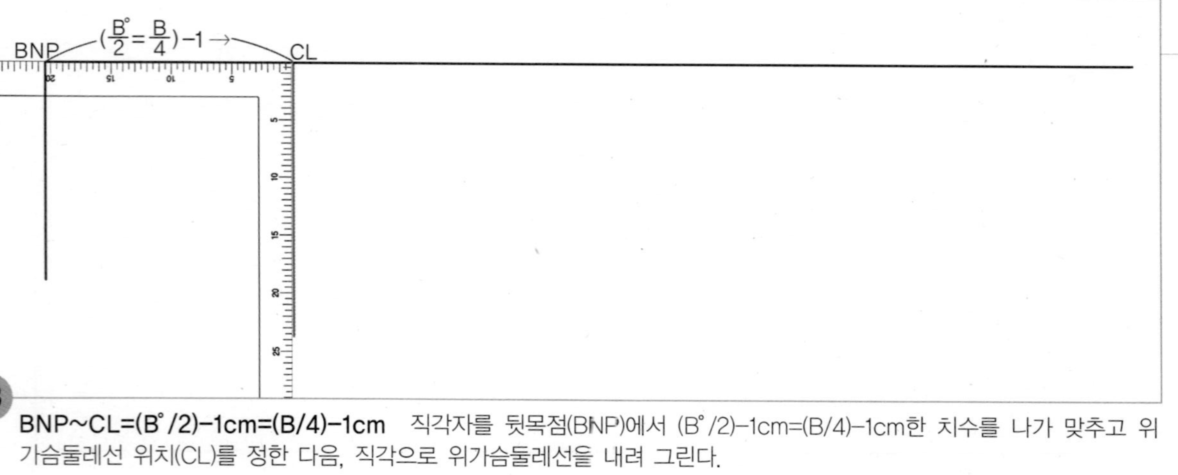

03 **BNP~CL=(B°/2)−1cm=(B/4)−1cm** 직각자를 뒷목점(BNP)에서 (B°/2)−1cm=(B/4)−1cm한 치수를 나가 맞추고 위가슴둘레선 위치(CL)를 정한 다음, 직각으로 위가슴둘레선을 내려 그린다.

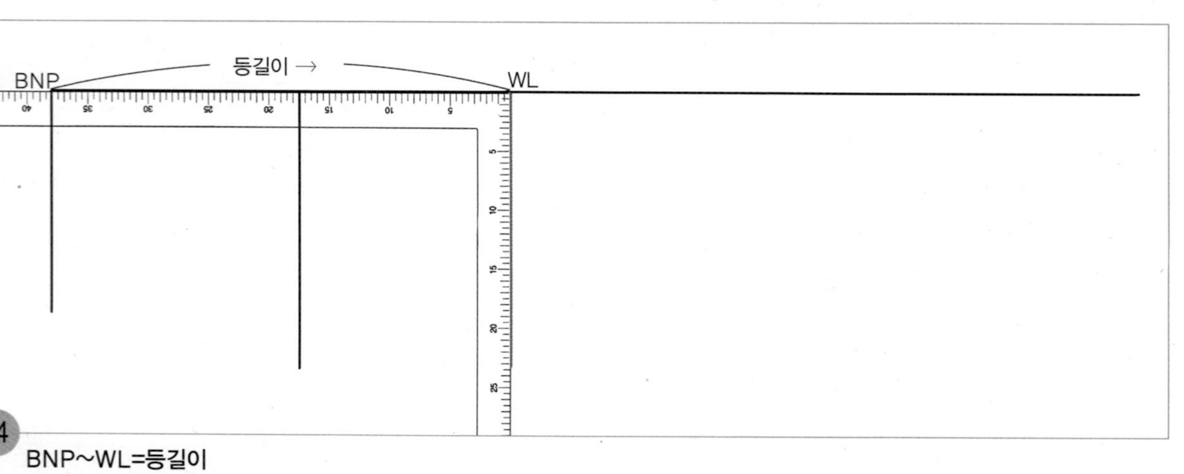

04 **BNP~WL=등길이**

직각자를 뒷목점(BNP)에서 등길이 치수를 나가 맞추고 허리선 위치(WL)를 정한 다음, 직각으로 허리선을 내려 그린다.

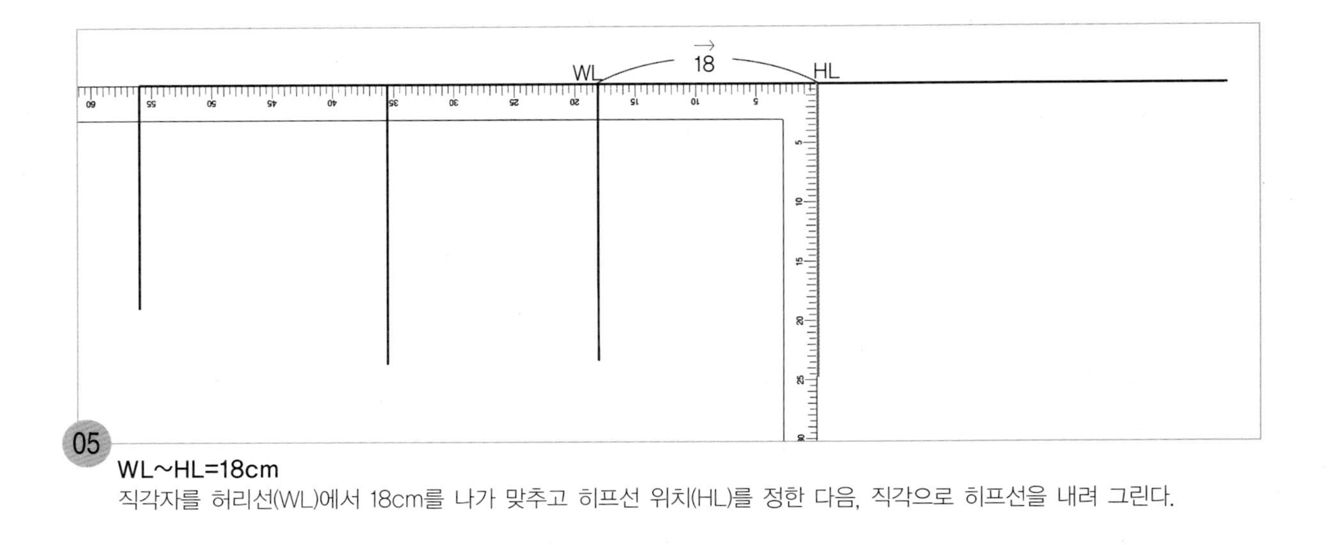

05

WL~HL=18cm

직각자를 허리선(WL)에서 18cm를 나가 맞추고 히프선 위치(HL)를 정한 다음, 직각으로 히프선을 내려 그린다.

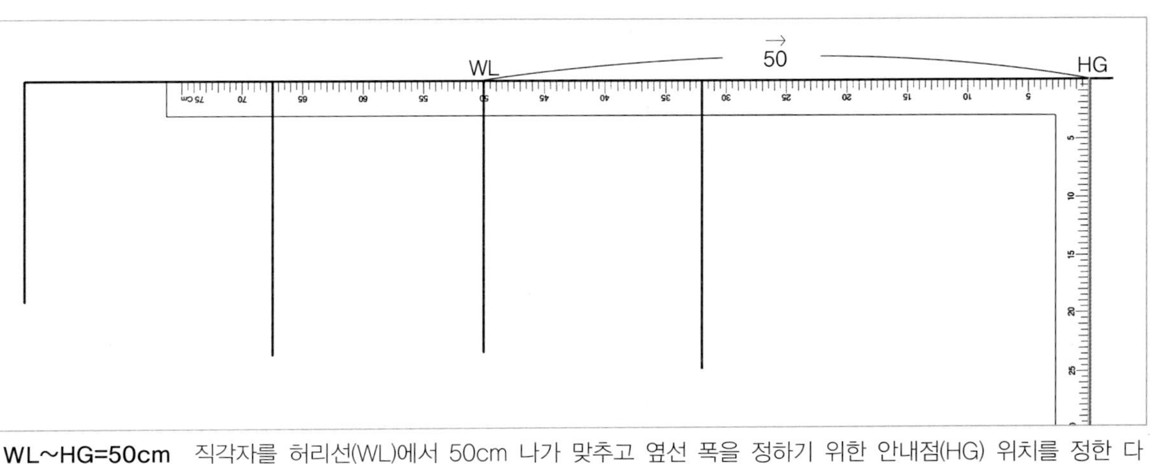

06

WL~HG=50cm 직각자를 허리선(WL)에서 50cm 나가 맞추고 옆선 폭을 정하기 위한 안내점(HG) 위치를 정한 다음, 직각으로 옆선 폭을 정할 안내선을 내려 그린다.

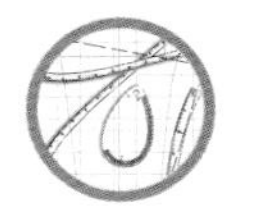

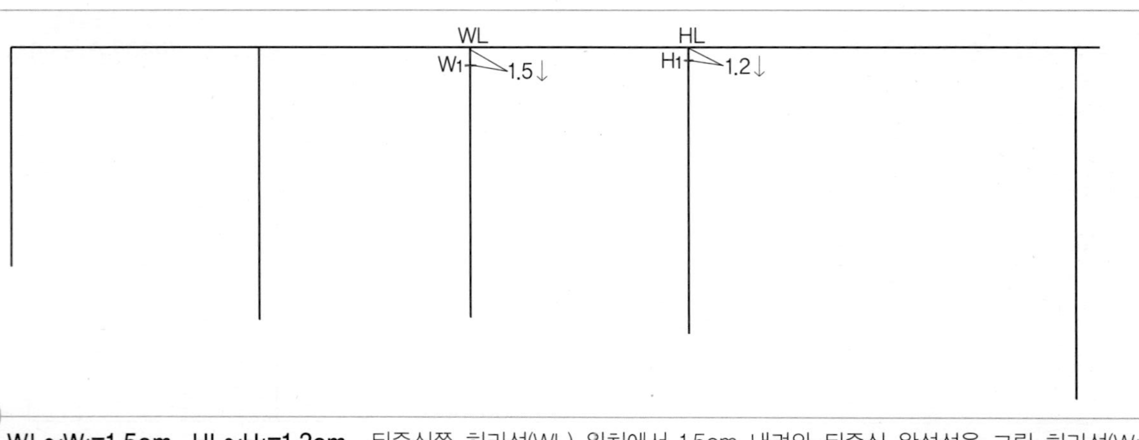

07

WL~W_1=1.5cm, HL~H_1=1.2cm 뒤중심쪽 허리선(WL) 위치에서 1.5cm 내려와 뒤중심 완성선을 그릴 허리선(W_1) 위치를 표시하고, 뒤중심쪽 히프선(HL) 위치에서 1.2cm 내려와 뒤중심 완성선을 그릴 히프선(H_1) 위치를 표시한다.

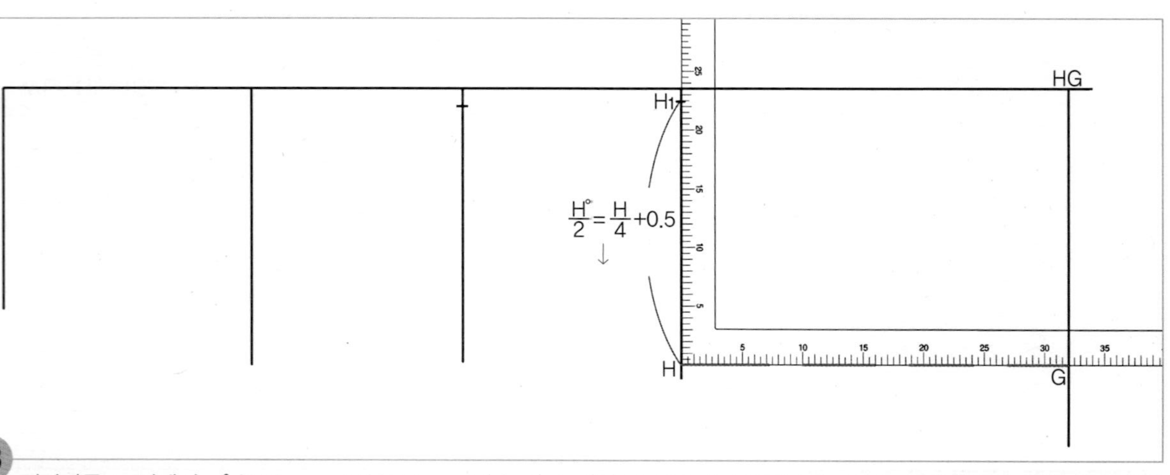

08

직각자를 H_1점에서 $H°/2$+0.5cm=H/4+0.5cm 치수 만큼 내려 맞추고, 옆선쪽의 히프선(H) 위치를 정한 다음, H점에서 직각으로 HG점에서 직각으로 내려 그린 안내선까지 밑단선 폭을 정할 안내선(G)을 점선으로 그려둔다.

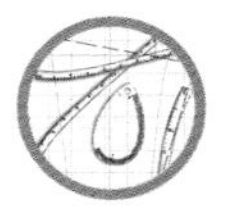

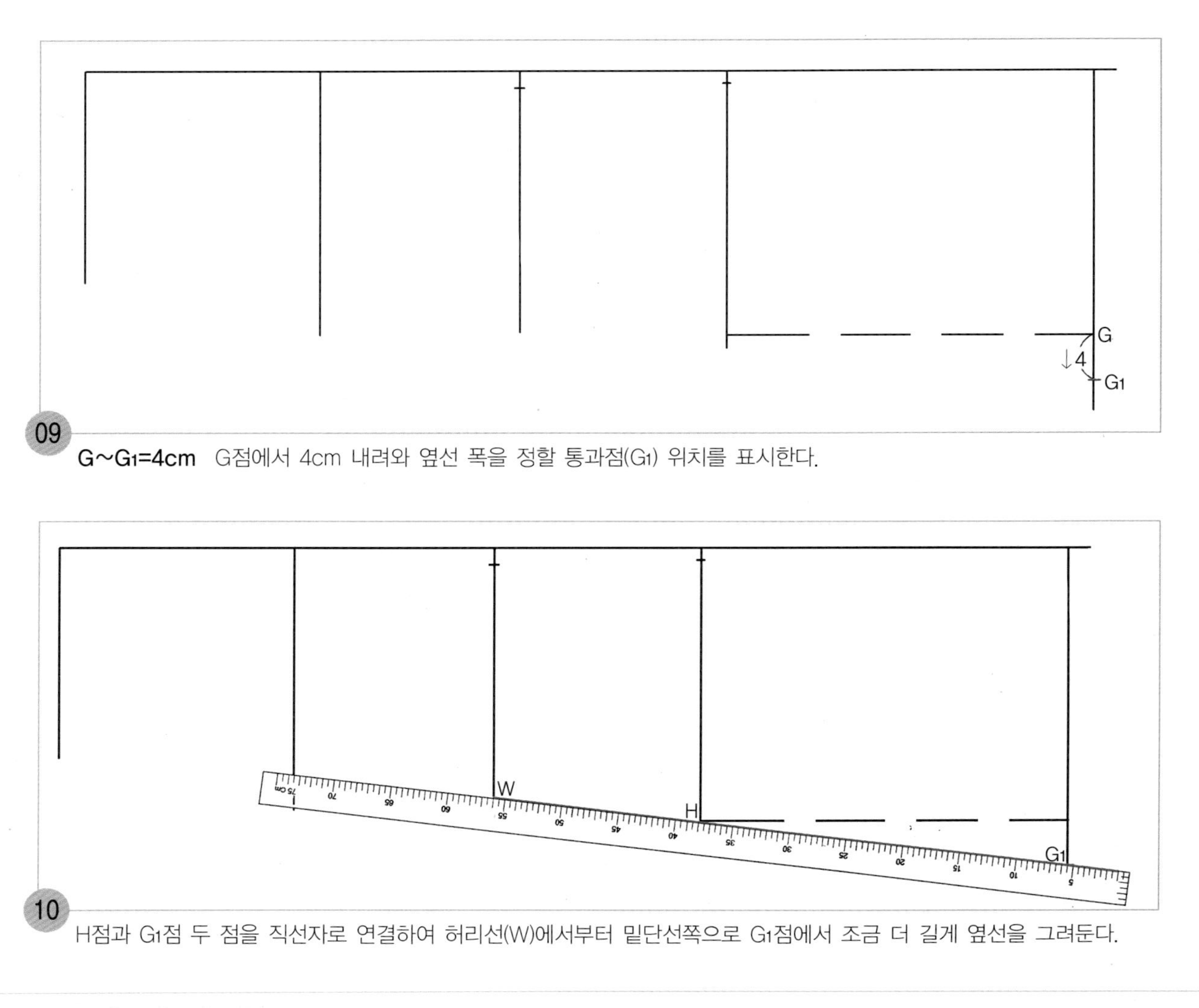

09 **$G \sim G_1$=4cm** G점에서 4cm 내려와 옆선 폭을 정할 통과점(G_1) 위치를 표시한다.

10 H점과 G_1점 두 점을 직선자로 연결하여 허리선(W)에서부터 밑단선쪽으로 G_1점에서 조금 더 길게 옆선을 그려둔다.

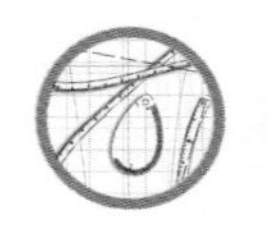

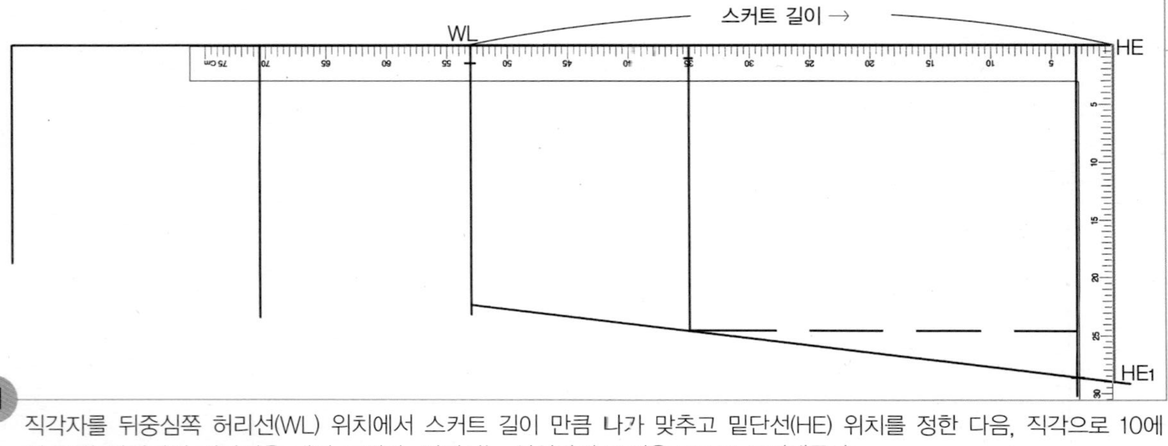

11 직각자를 뒤중심쪽 허리선(WL) 위치에서 스커트 길이 만큼 나가 맞추고 밑단선(HE) 위치를 정한 다음, 직각으로 10에서 그린 옆선까지 밑단선을 내려 그린다. 여기서는 옆선과의 교점을 HE1로 표기해둔다.

2. 뒤중심 완성선과 옆선의 완성선을 그린다.

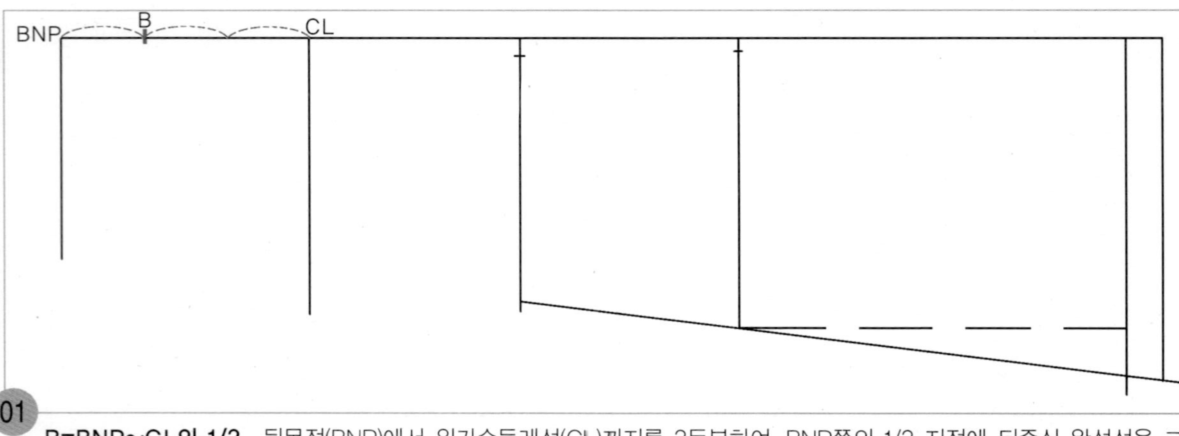

01 **B=BNP~CL의 1/3** 뒷목점(BNP)에서 위가슴둘레선(CL)까지를 3등분하여, BNP쪽의 1/3 지점에 뒤중심 완성선을 그릴 연결점(B) 위치를 표시한다.

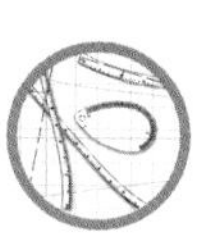

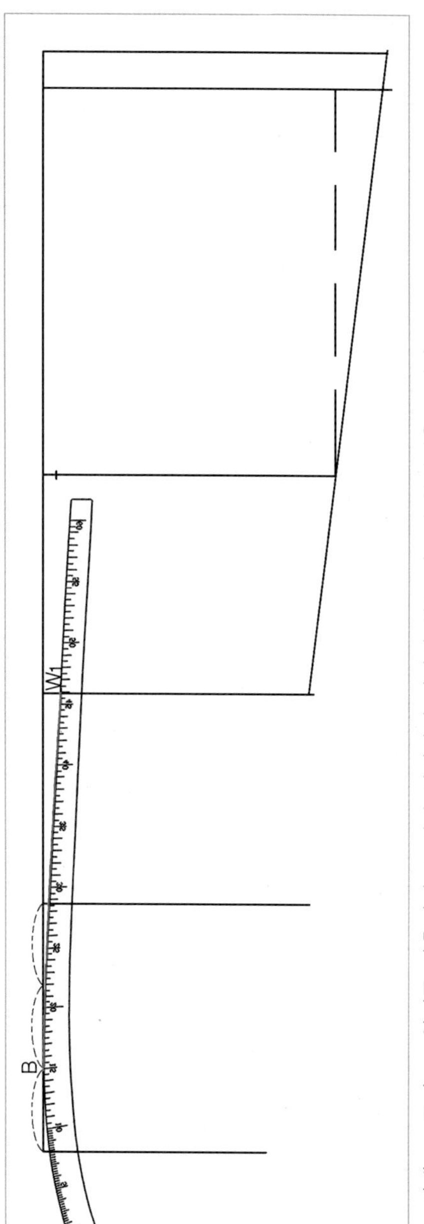

02 B점에 hip곡자 15 위치를 맞추면서 W_1점과 연결하여 허리선 위쪽 뒤중심 완성선을 그린다.

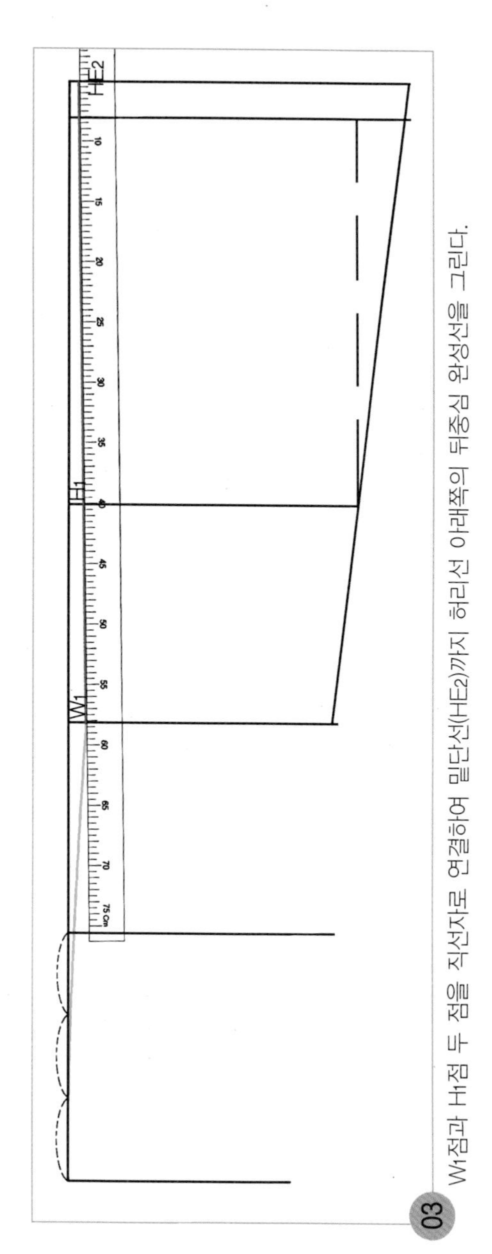

03 W_1점과 H_1점 두 점을 직선자로 연결하여 밑단선(HE_2)까지 허리선 아래쪽의 뒤중심 완성선을 그린다.

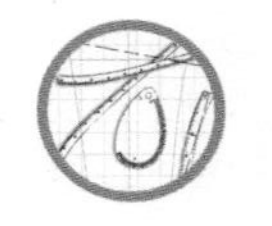

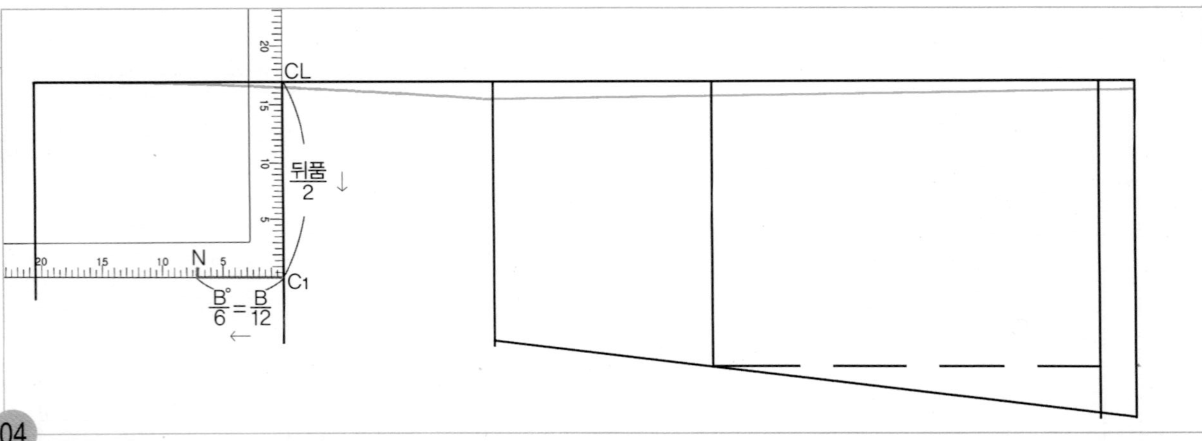

04

CL~C1=뒤품/2, C1~N=B°/6=B/12 직각자를 위가슴둘레선(CL)의 뒤중심쪽에서 뒤품/2 치수를 내려 맞추고 뒤품점(C1) 위치를 정한 다음, 왼쪽을 향해 직각으로 B°/6=B/12 뒤품선을 그린 다음 진동둘레선을 그릴 안내점(N) 위치를 표시해 둔다.

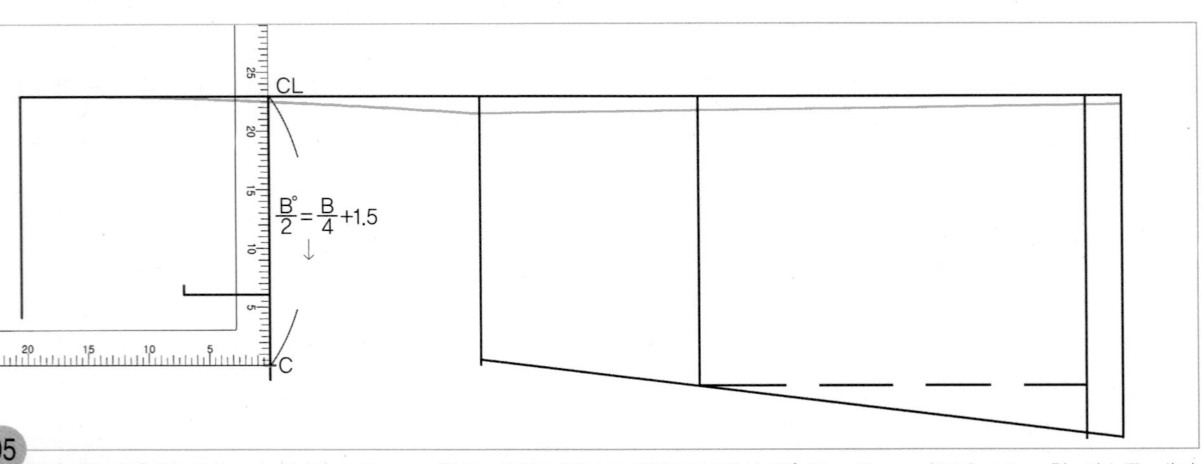

05

CL~C=(B°/2)+1.5cm=(B/4)+1.5cm 위가슴둘레선(CL)의 뒤중심쪽에서 (B°/2)+1.5cm =(B/4)+1.5cm한 치수를 내려와 옆선쪽 위가슴둘레선 끝점(C) 위치를 표시한다.

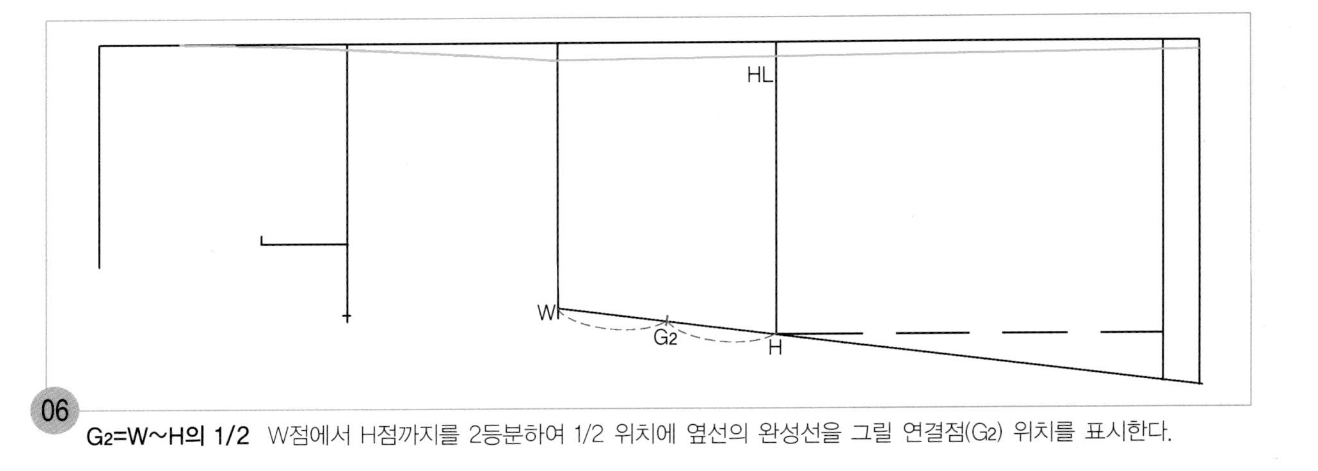

06 **G_2=W~H의 1/2** W점에서 H점까지를 2등분하여 1/2 위치에 옆선의 완성선을 그릴 연결점(G_2) 위치를 표시한다.

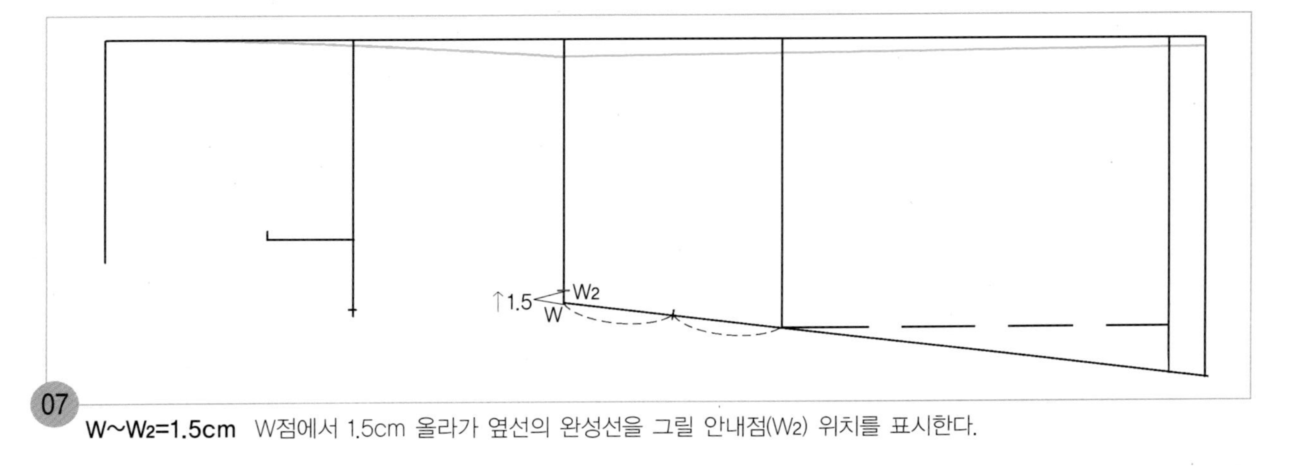

07 **W~W_2=1.5cm** W점에서 1.5cm 올라가 옆선의 완성선을 그릴 안내점(W_2) 위치를 표시한다.

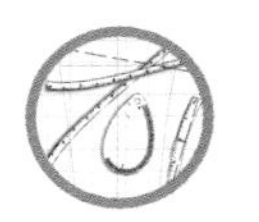

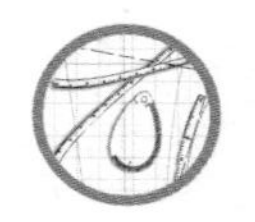

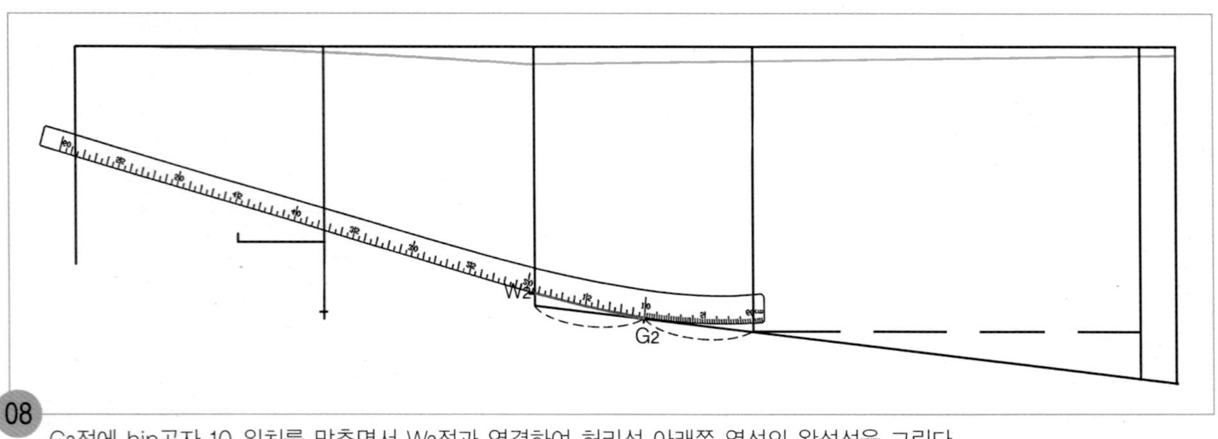

08 G_2점에 hip곡자 10 위치를 맞추면서 W_2점과 연결하여 허리선 아래쪽 옆선의 완성선을 그린다.

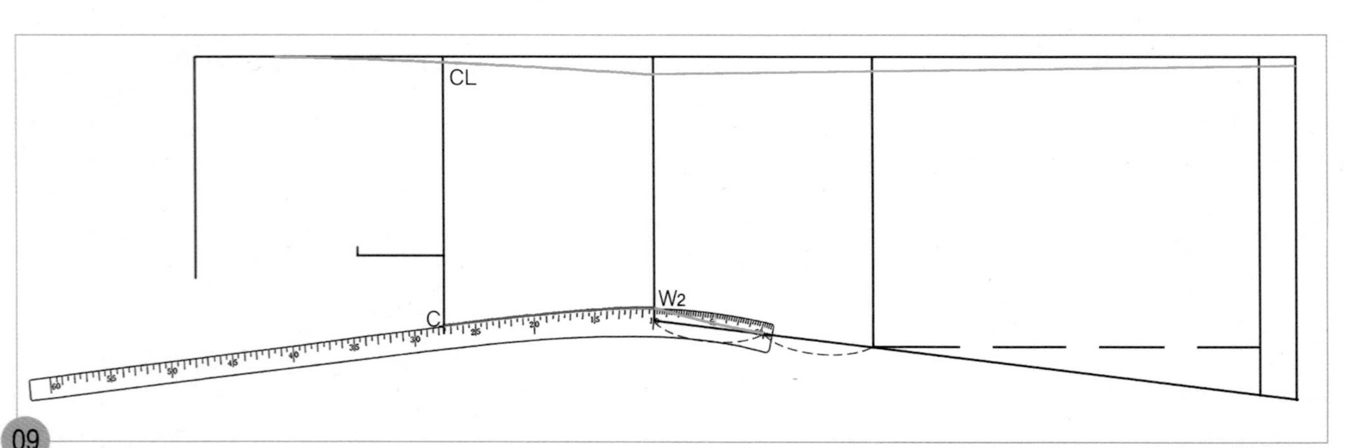

09 W_2점에 hip곡자 10 위치를 맞추면서 위가슴둘레선 옆선쪽 끝점(C)과 연결하여 허리선 위쪽 옆선의 완성선을 그린다.

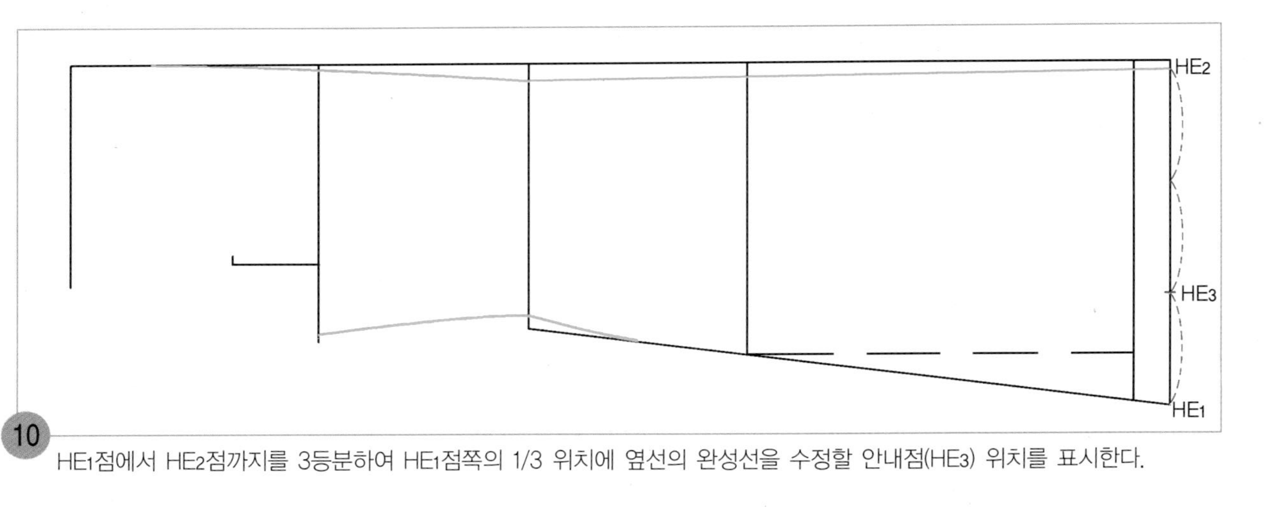

10 HE1점에서 HE2점까지를 3등분하여 HE1점쪽의 1/3 위치에 옆선의 완성선을 수정할 안내점(HE3) 위치를 표시한다.

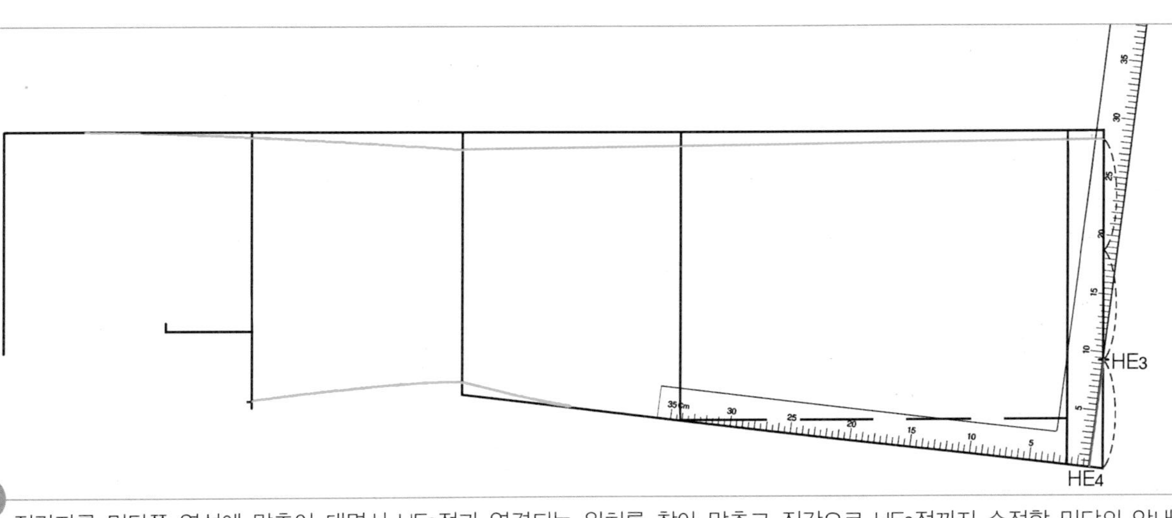

11 직각자를 밑단쪽 옆선에 맞추어 대면서 HE3점과 연결되는 위치를 찾아 맞추고 직각으로 HE3점까지 수정할 밑단의 안내선을 그린다. 여기서는 직각점을 HE4로 표기해 둔다.

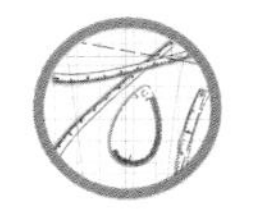

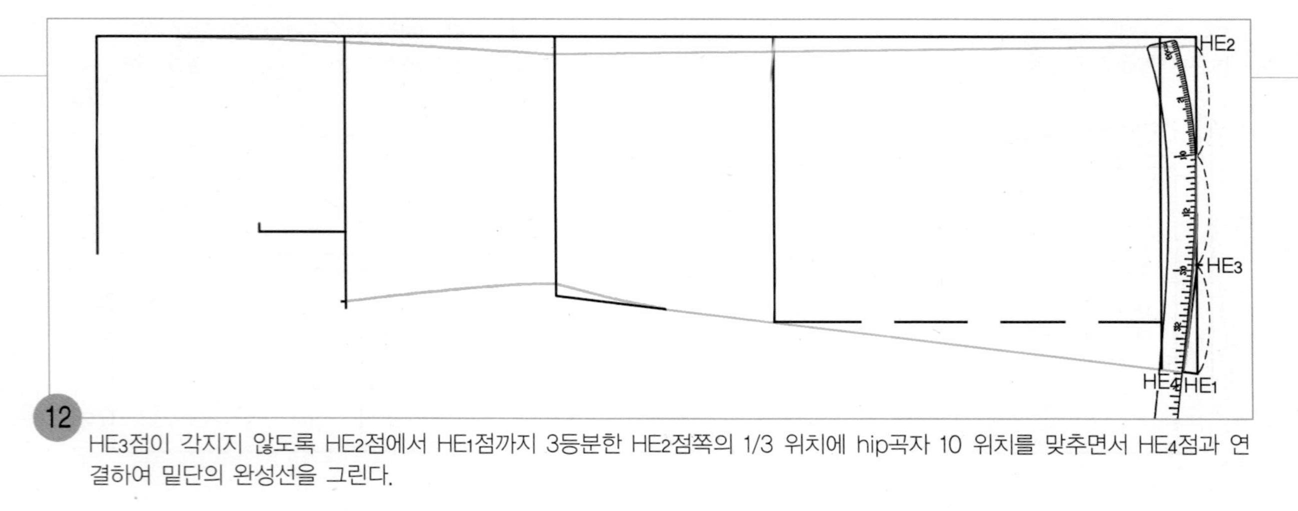

12
HE3점이 각지지 않도록 HE2점에서 HE1점까지 3등분한 HE2점쪽의 1/3 위치에 hip곡자 10 위치를 맞추면서 HE4점과 연결하여 밑단의 완성선을 그린다.

3. 뒤어깨선을 그리고 뒷목둘레선과 진동둘레선을 그린다.

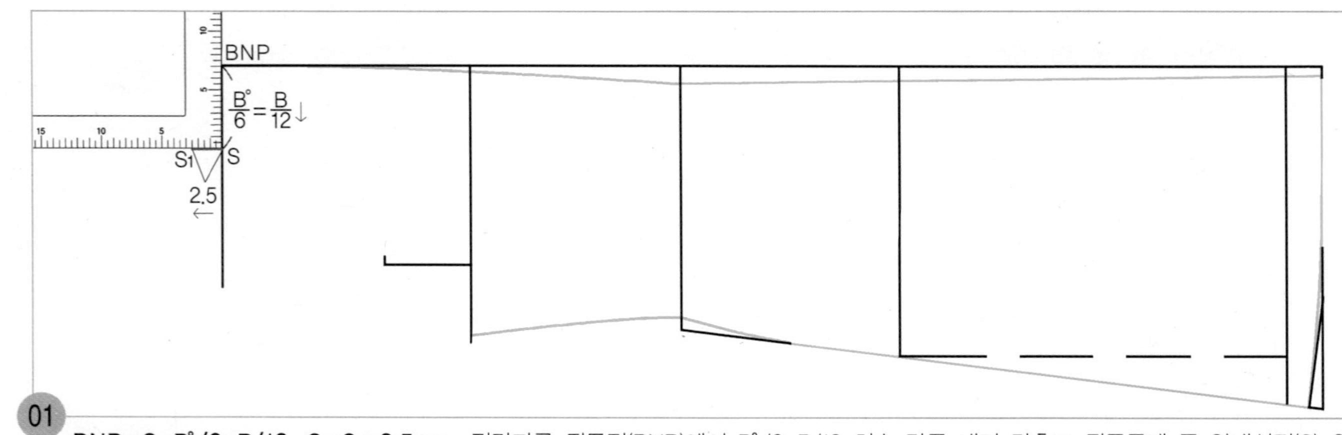

01
BNP~S=B°/6=B/12, S~S1=2.5cm 직각자를 뒷목점(BNP)에서 B°/6=B/12 치수 만큼 내려 맞추고 뒷목둘레 폭 안내선점(S) 위치를 정한 다음, 직각으로 2.5cm 뒷목둘레 안내선(S1)을 그린다.

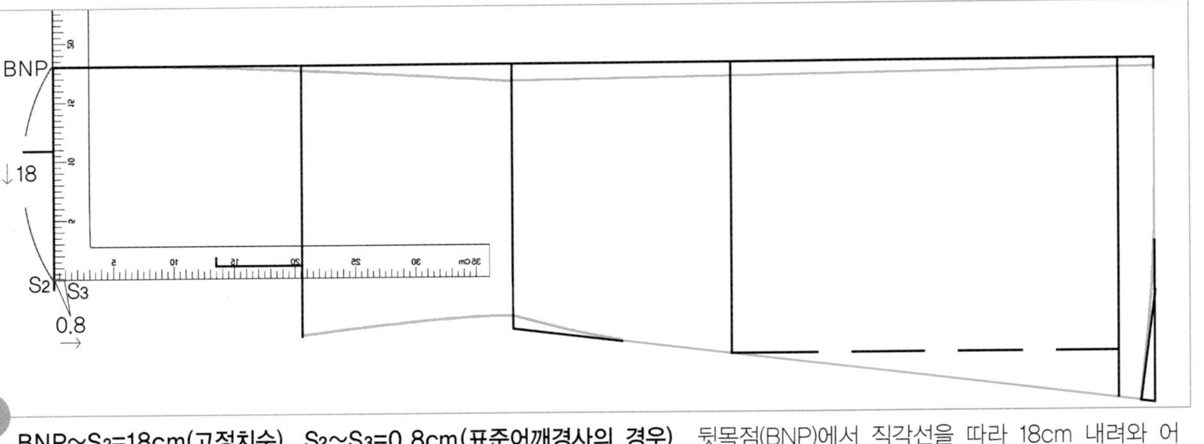

02

BNP~S_2=18cm(고정치수), S_2~S_3=0.8cm(표준어깨경사의 경우) 뒷목점(BNP)에서 직각선을 따라 18cm 내려와 어깨선을 그릴 안내점 위치(S_2)를 정한 다음, S_2점에서 직각으로 0.8cm 어깨선을 그릴 통과선(S_3)을 그린다.

주 상견이나 하견일 경우에는 표준어깨경사의 통과선(S_3)에서 0.3cm씩 증감한다(p.126의 02 참조).

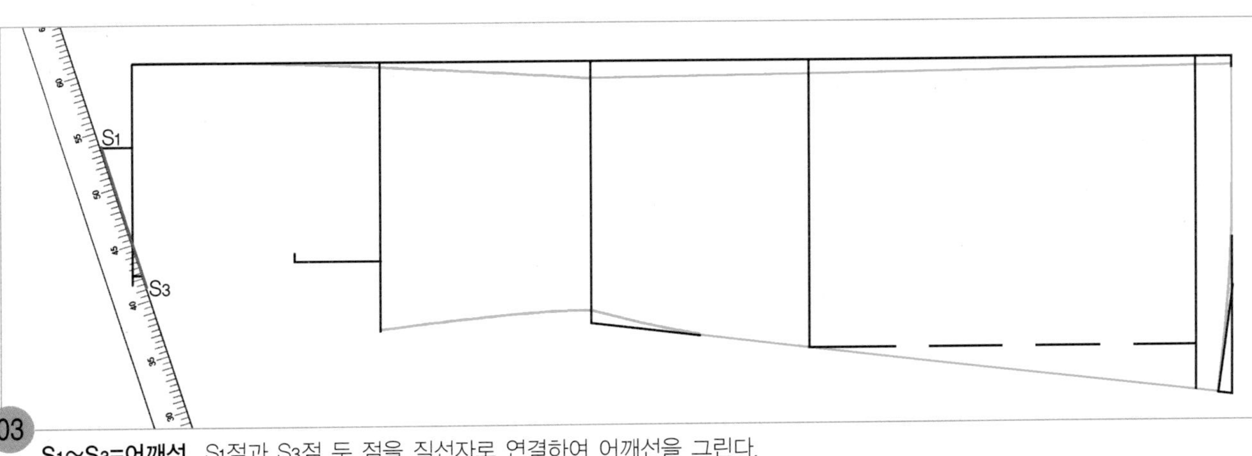

03

S_1~S_3=어깨선 S_1점과 S_3점 두 점을 직선자로 연결하여 어깨선을 그린다.

주 상견이나 하견일 경우에는 어깨경사가 각각 달라진다(p.127의 03 참조).

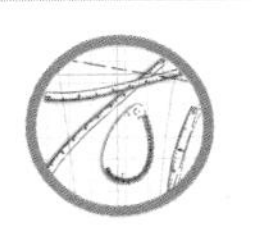

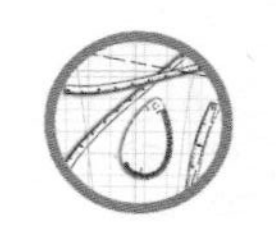

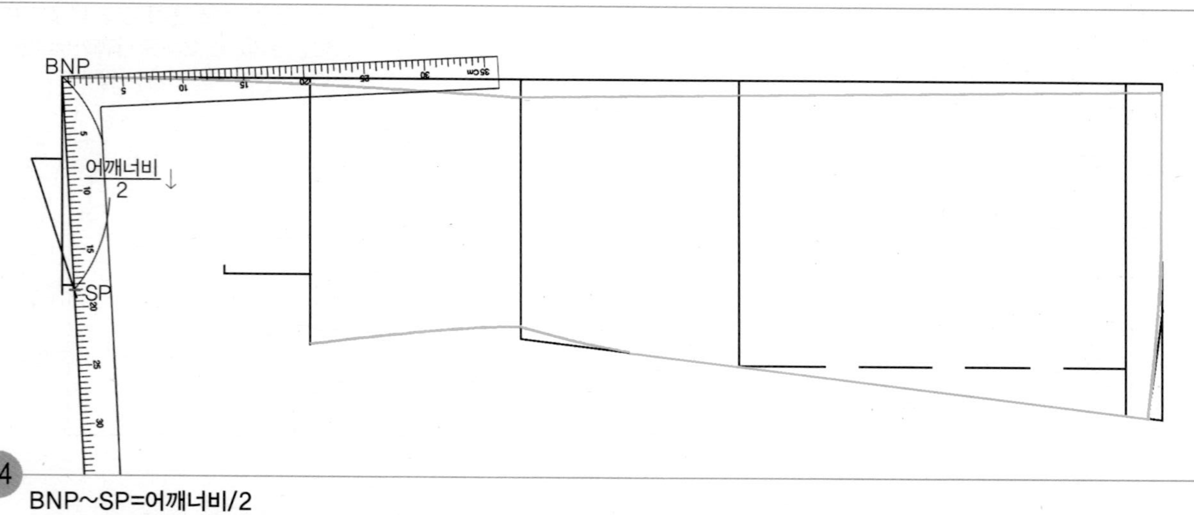

04 **BNP~SP=어깨너비/2**

뒷목점(BNP)에서 어깨너비/2 치수가 04〉에서 그린 어깨선과 마주 닿는 위치를 어깨 끝점(SP)으로 정해 표시한다.

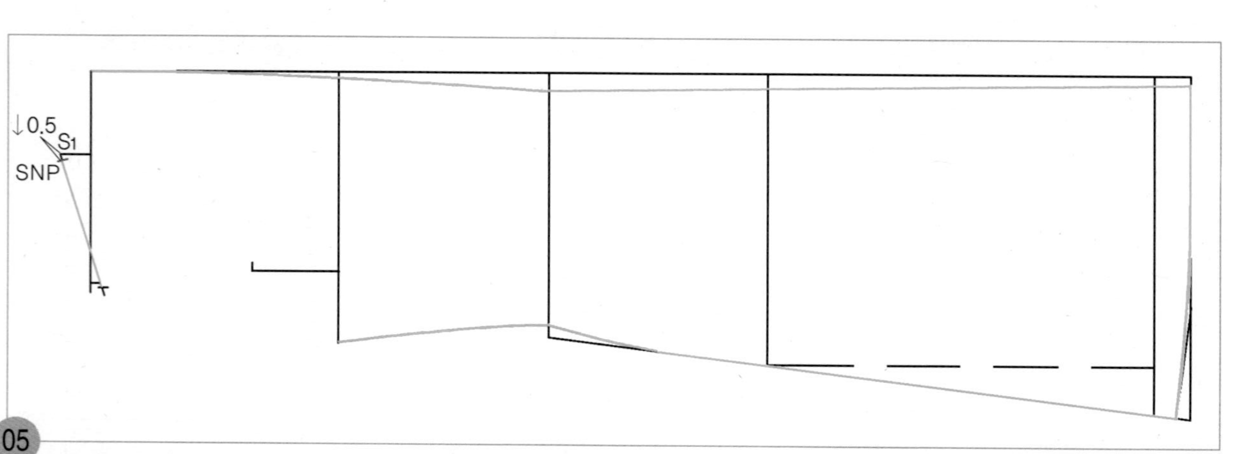

05 **S_1~SNP=0.5cm** S_1점에서 어깨선을 따라 0.5cm 내려와 옆목점(SNP) 위치를 표시한다.

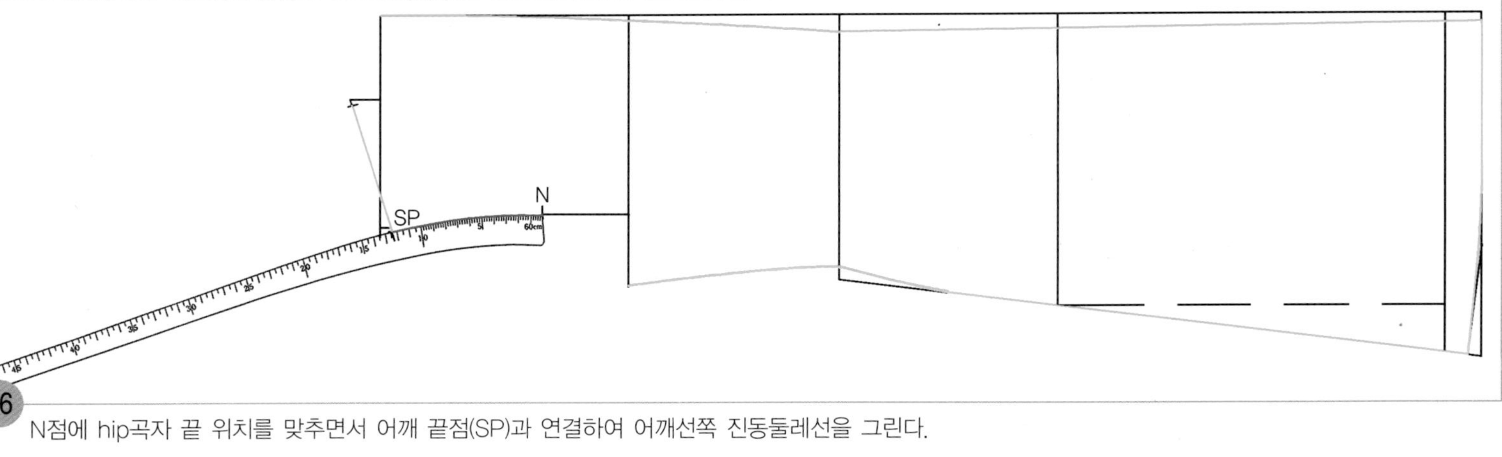

06 N점에 hip곡자 끝 위치를 맞추면서 어깨 끝점(SP)과 연결하여 어깨선쪽 진동둘레선을 그린다.

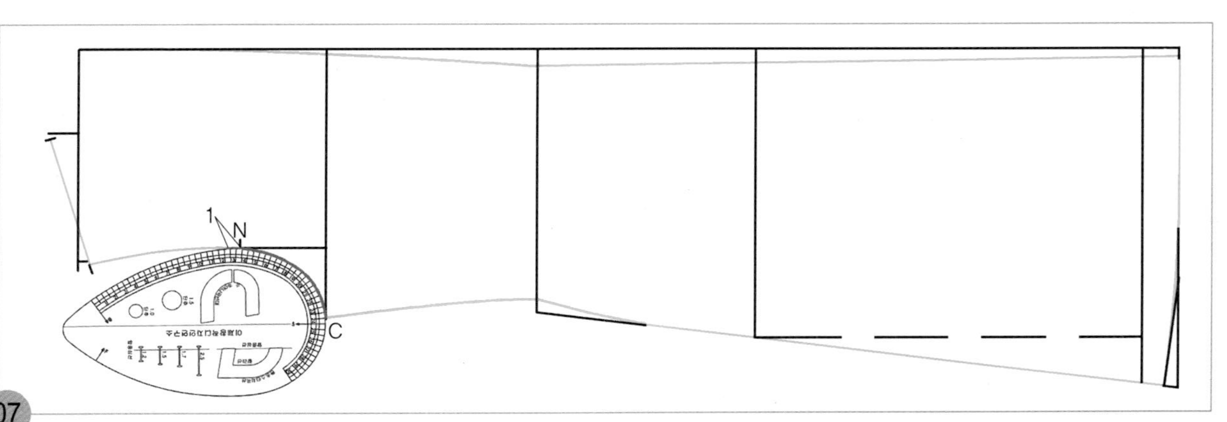

07 N점과 C점 두 점을 뒤AH자쪽으로 연결하였을 때 AH자가 06에서 그린 진동둘레선과 1cm가 자연스럽게 연결되도록 맞추어 대고 위가슴둘레선쪽 진동둘레선을 그린다.

주 1 여기서 사용한 AH자와 다른 AH자를 사용할 경우에는 C_1점에서 45도 각도로 2.8cm 뒤진동둘레선(AH)을 그릴 통과선(C_2)을 그리고, C_2점을 통과하면서 N점과 C점이 연결되도록 맞추어 대고 진동둘레선을 그린다(p.130의 02 참조).

주 2 상견일 경우에는 표준어깨와 동일하나, 하견일 경우에는 C점에서 0.3cm 옆선의 완성선을 따라나가 옆선(C_3) 위치를 이동하고 N점과 C_3점을 뒤AH자쪽으로 연결하여 진동둘레선을 그린다(p.130의 03참조).

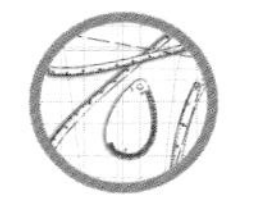

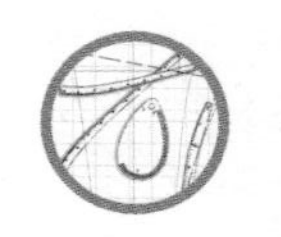

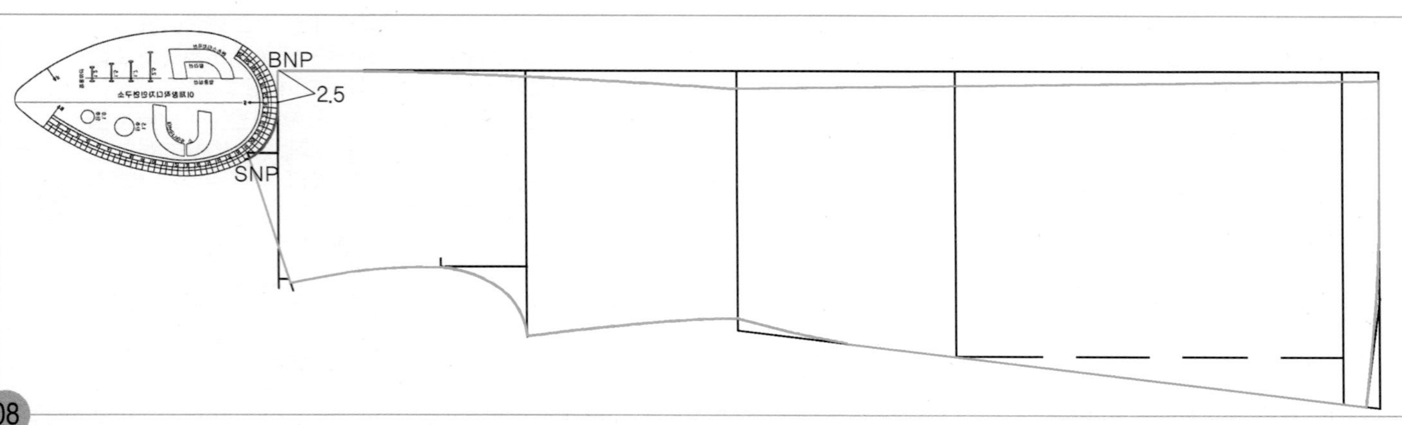

08
BNP에서 2.5cm 내려온 곳까지는 기초선이 뒷목둘레 완성선이 된다. 2.5cm 내려온 점과 옆목점(SNP)을 뒤AH자를 수평으로 바르게 맞추어 대고 뒷목둘레 완성선을 곡선으로 그린다.

4. 뒤허리 다트선을 그린다.

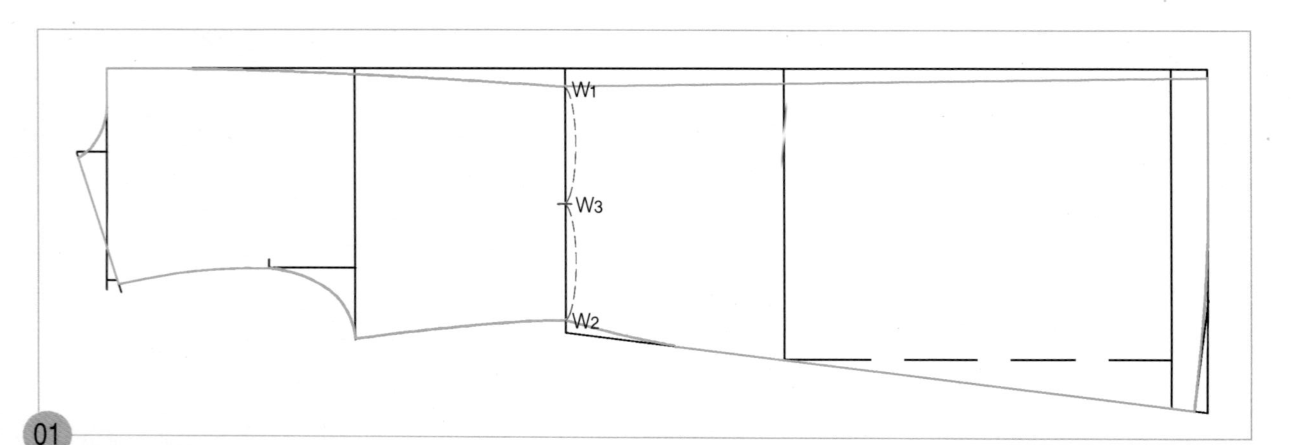

01
W_3=W_1~W_2의 1/2 W_1점에서 W_2점까지를 2등분하여 1/2 위치에 옆선쪽의 허리 다트선을 그릴 허리선(W_3) 위치를 표시한다.

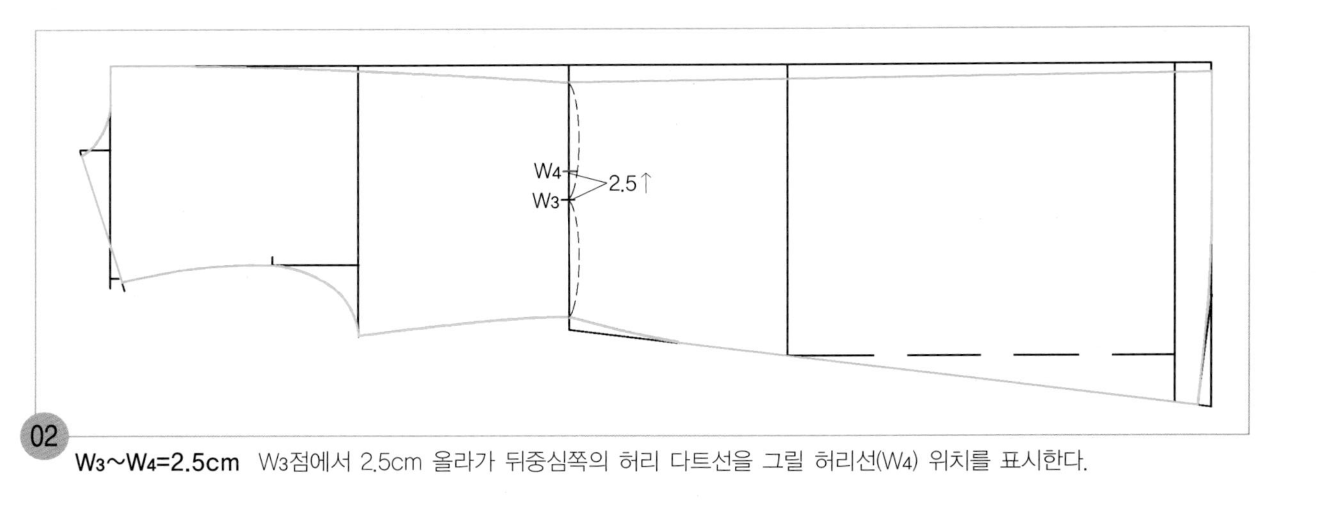

02 **W_3~W_4=2.5cm** W_3점에서 2.5cm 올라가 뒤중심쪽의 허리 다트선을 그릴 허리선(W_4) 위치를 표시한다.

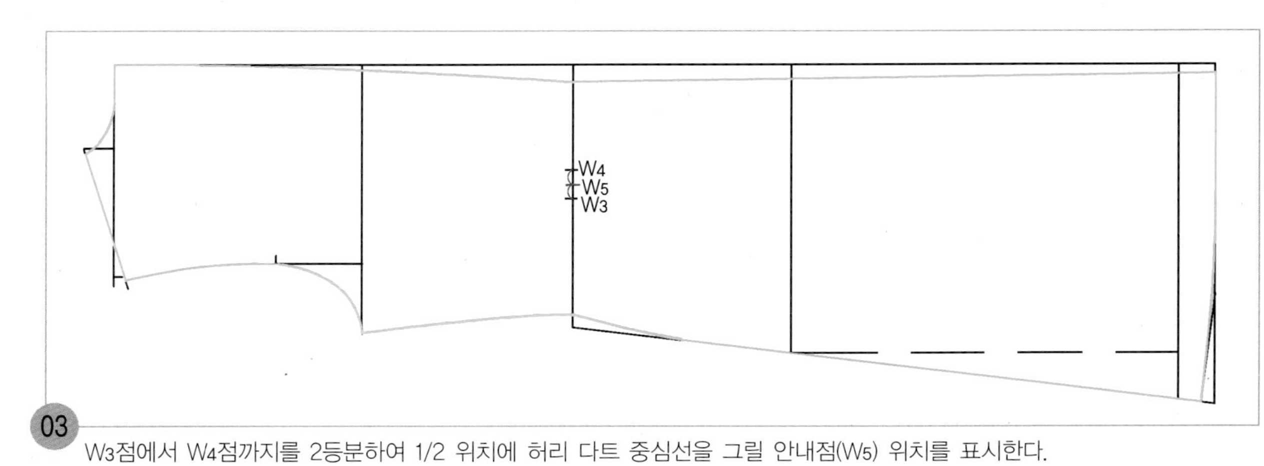

03 W_3점에서 W_4점까지를 2등분하여 1/2 위치에 허리 다트 중심선을 그릴 안내점(W_5) 위치를 표시한다.

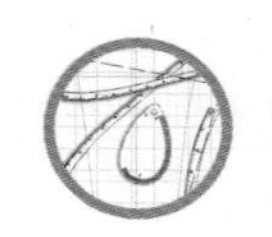

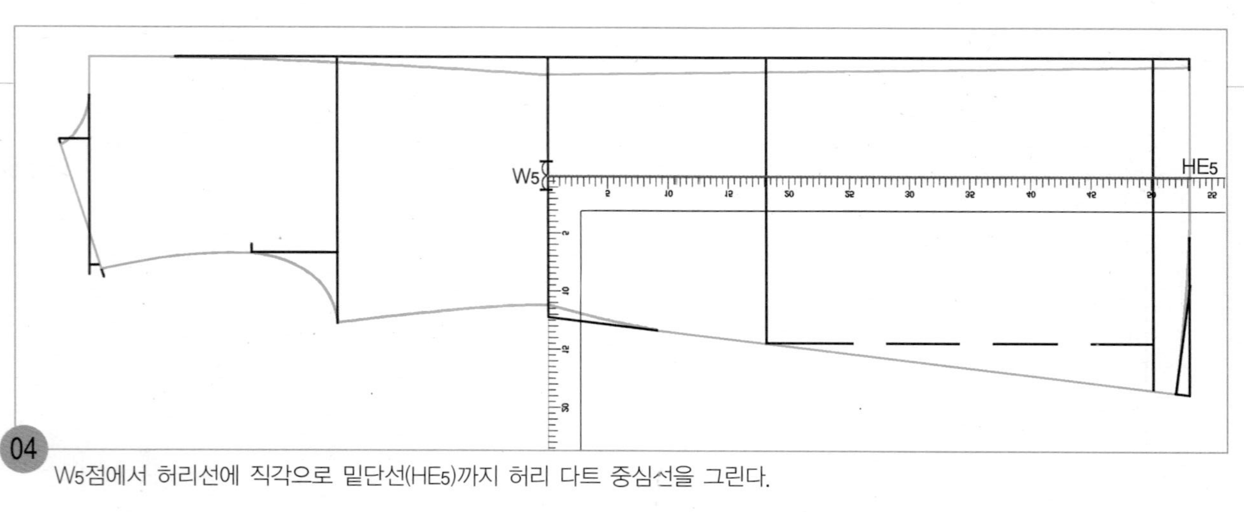

04 W_5점에서 허리선에 직각으로 밑단선(HE_5)까지 허리 다트 중심선을 그린다.

05 W_5점에서 허리선에 직각으로 위가슴둘레선(CL)에서 조금 더 길게 허리 다트 중심선을 그려둔다. 여기서는 위가슴둘레선과 허리 다트 중심선과의 교점을 C_2로 표기해둔다.

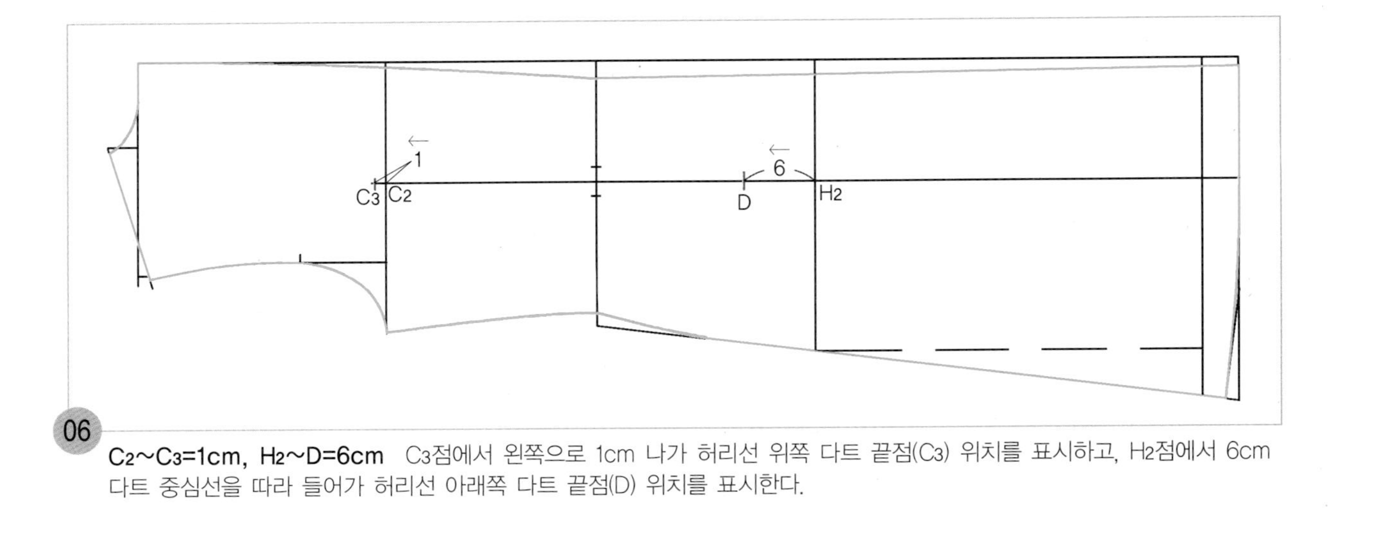

06 **C_2~C_3=1cm, H_2~D=6cm** C_3점에서 왼쪽으로 1cm 나가 허리선 위쪽 다트 끝점(C_3) 위치를 표시하고, H_2점에서 6cm 다트 중심선을 따라 들어가 허리선 아래쪽 다트 끝점(D) 위치를 표시한다.

07 C_3점에 hip곡자 15 위치를 맞추면서 W_3점과 연결하여 옆선쪽의 허리선 위쪽 다트 완성선을 그리고, hip곡자를 수직반전하여 C3점에 hip곡자 15 위치를 맞추면서 W_4점과 연결하여 뒤중심쪽의 허리선 위쪽 다트 완성선을 그린다.

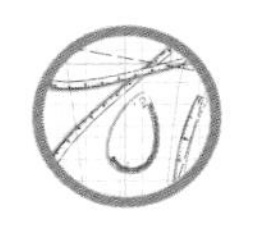

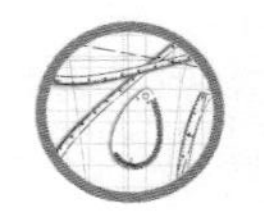

5. 뒤 스커트의 솔기선과 허리 완성선을 그린다.

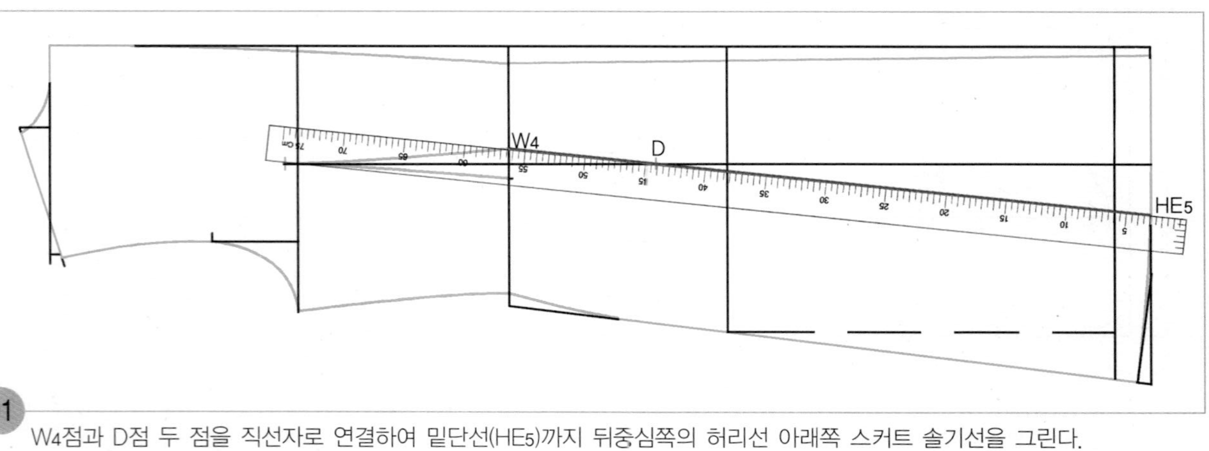

01 W₄점과 D점 두 점을 직선자로 연결하여 밑단선(HE₅)까지 뒤중심쪽의 허리선 아래쪽 스커트 솔기선을 그린다.

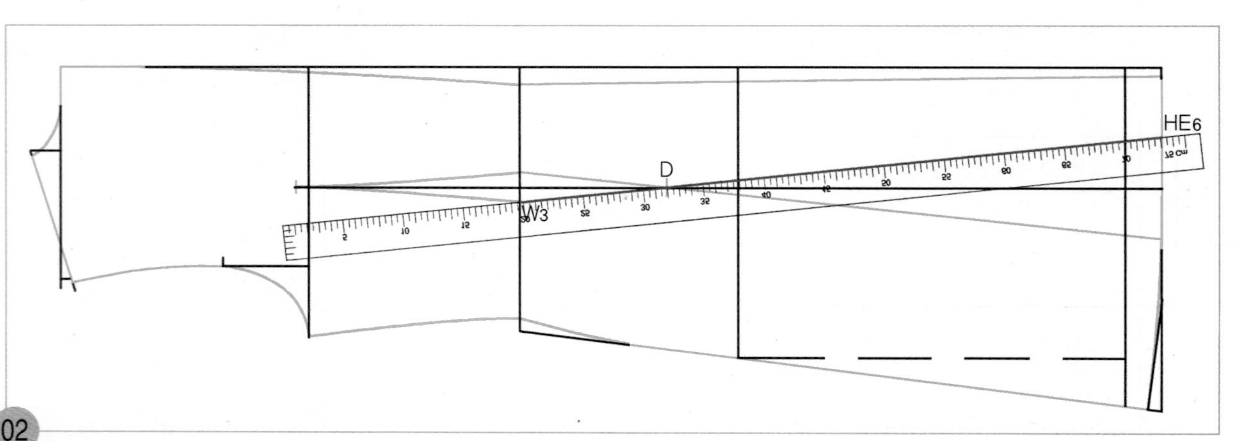

02 W₃점과 D점 두 점을 직선자로 연결하여 밑단선(HE₆)까지 옆선쪽의 허리선 아래쪽 스커트 솔기선을 그린다.

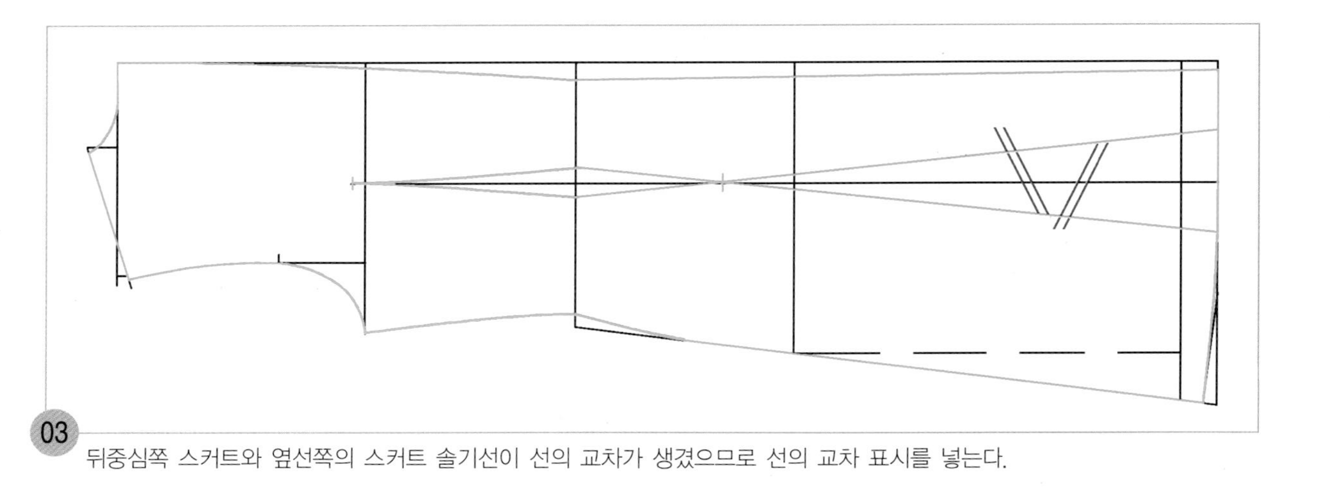

03 뒤중심쪽 스커트와 옆선쪽의 스커트 솔기선이 선의 교차가 생겼으므로 선의 교차 표시를 넣는다.

04 **W_2~K=0.6cm** W_2점에서 옆선을 따라 0.6cm 나가 스커트의 허리 솔기선점(K)을 표시한다.

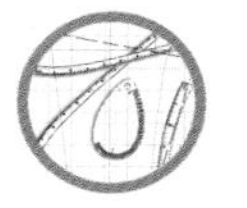

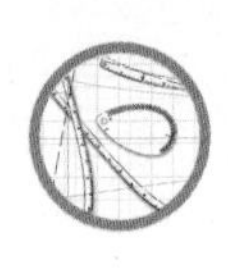

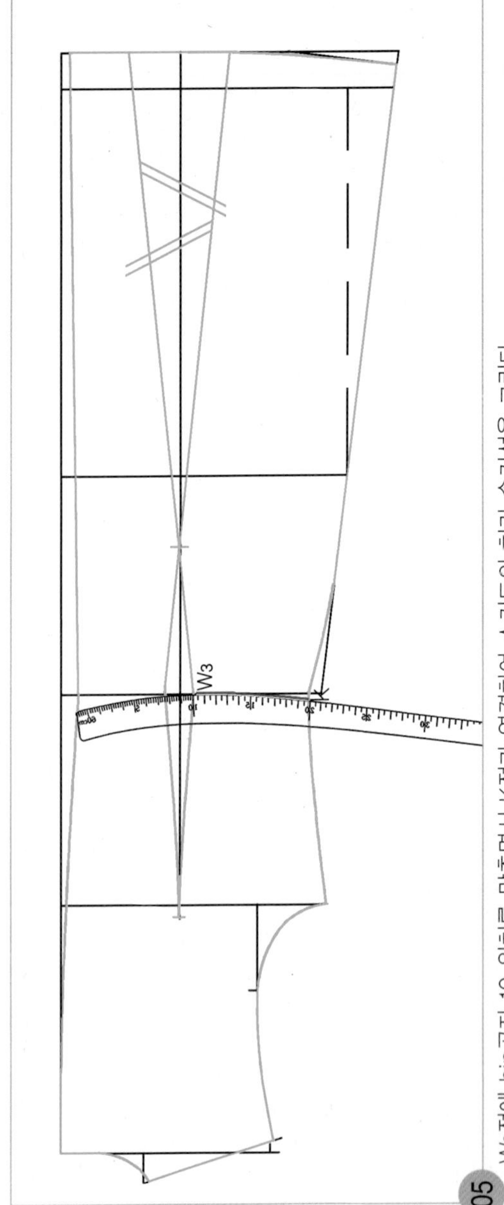

05 W3점에 hip곡자 10 위치를 맞추면서 K점과 연결하여 스커트의 허리 솔기선을 그린다.

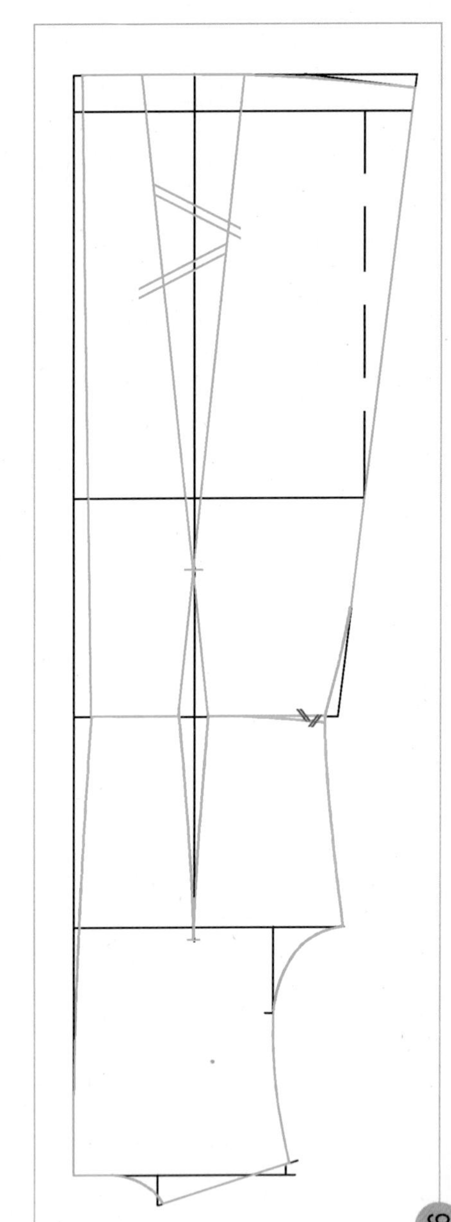

06 몸판과 스커트의 허리 솔기선에 선의 교차가 생겼으므로 선의 교차 표시를 넣는다.

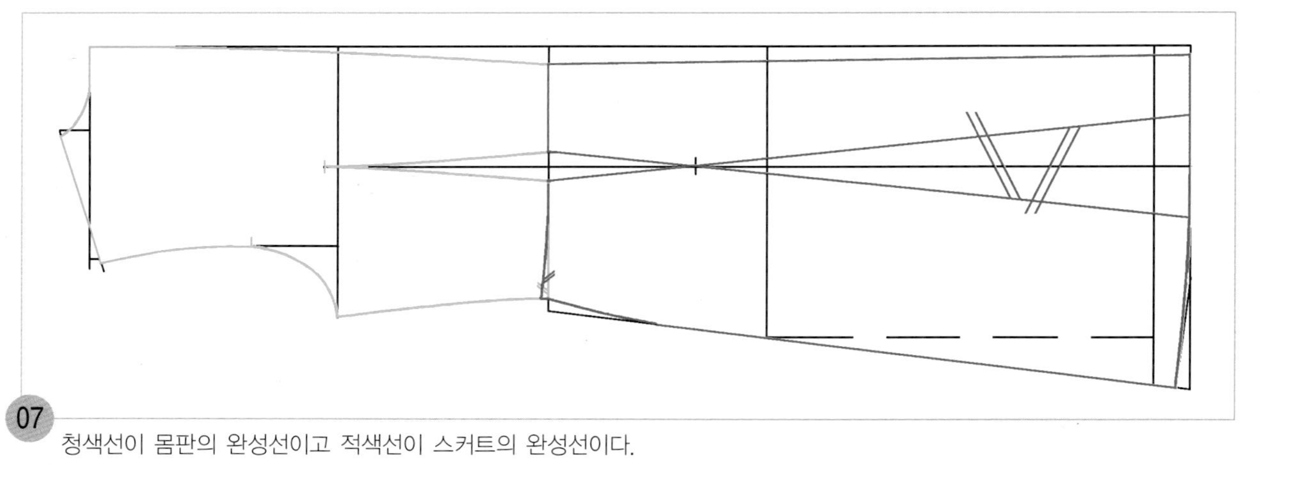

07 청색선이 몸판의 완성선이고 적색선이 스커트의 완성선이다.

앞판 제도하기

1. 기초선을 그린다.

앞중심선

01 긴 직선자를 대고 수평으로 길게 앞중심선(앞길이+원하는 스커트 길이)을 그린다.

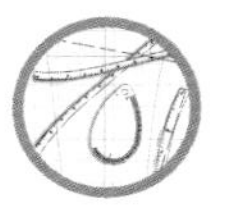

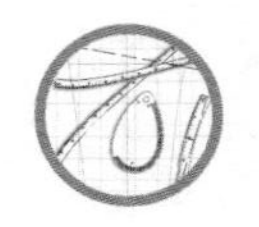

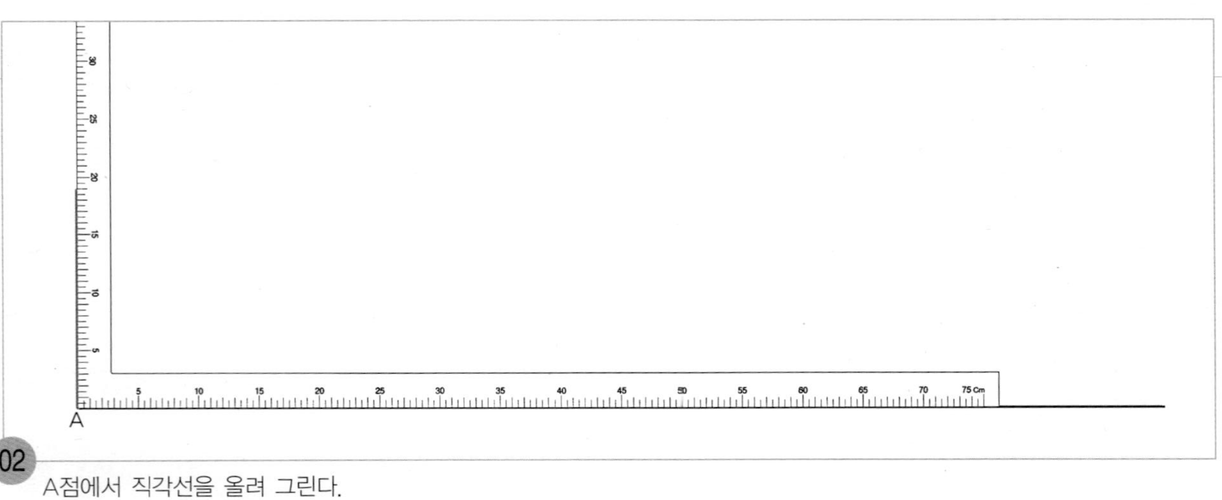

02

A점에서 직각선을 올려 그린다.

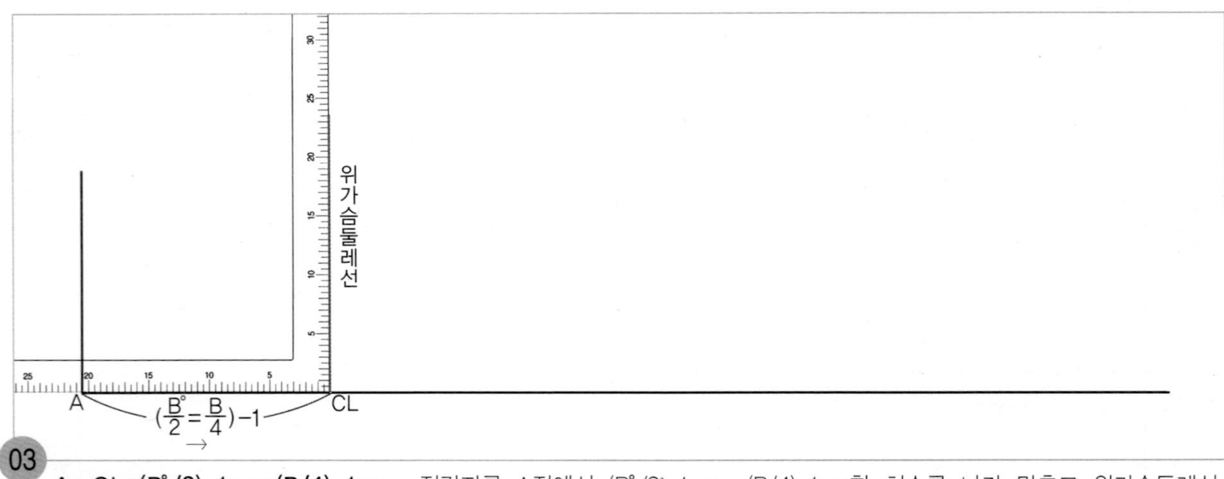

03

A~CL=(B˚/2)−1cm=(B/4)−1cm 직각자를 A점에서 (B˚/2)−1cm =(B/4)−1cm한 치수를 나가 맞추고 위가슴둘레선(CL) 위치를 정한 다음, 직각으로 위가슴둘레선을 올려 그린다.

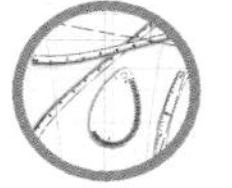

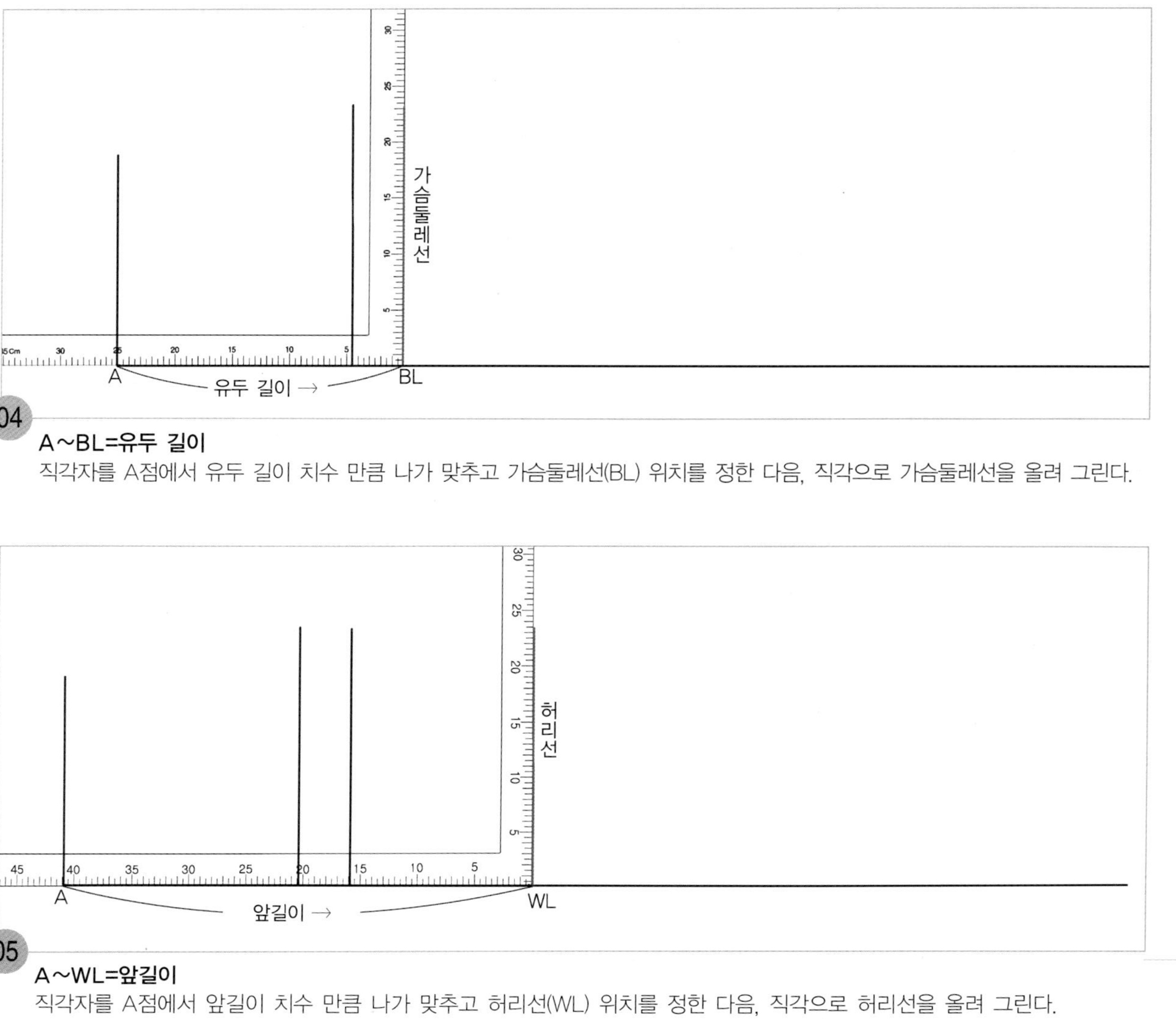

04

A~BL=유두 길이

직각자를 A점에서 유두 길이 치수 만큼 나가 맞추고 가슴둘레선(BL) 위치를 정한 다음, 직각으로 가슴둘레선을 올려 그린다.

05

A~WL=앞길이

직각자를 A점에서 앞길이 치수 만큼 나가 맞추고 허리선(WL) 위치를 정한 다음, 직각으로 허리선을 올려 그린다.

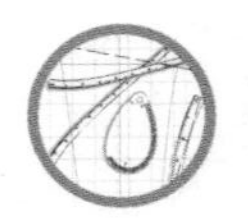

WL HL 18 히프선

06

WL~HL=18cm
직각자를 허리선(WL)에서 18cm를 나가 맞추고 히프선(HL) 위치를 정한 다음, 직각으로 히프선을 올려 그린다.

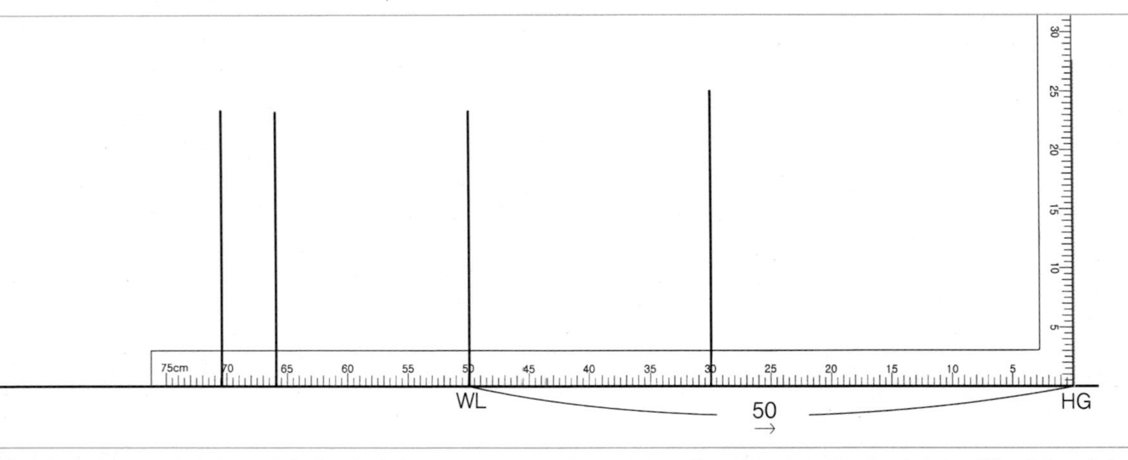

07

WL~HG=50cm 직각자를 허리선(WL)에서 50cm 나가 맞추고 옆선 폭을 정할 안내선(HG) 위치를 정한 다음, 직각으로 옆선 폭을 정할 안내선을 올려 그린다.

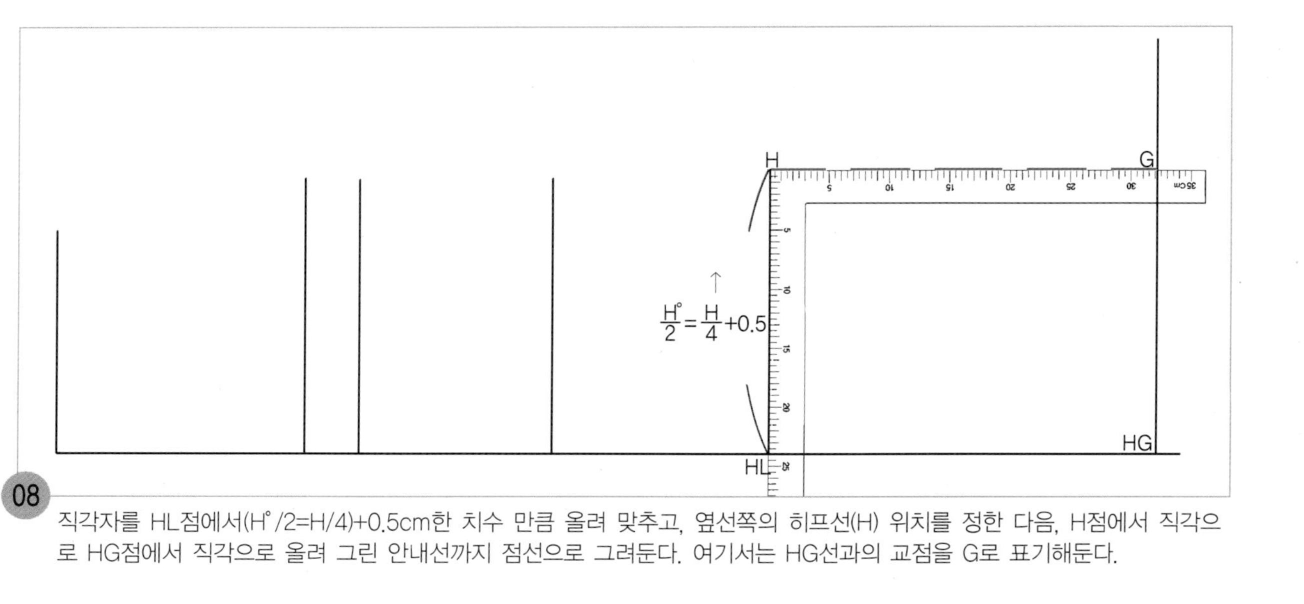

08

직각자를 HL점에서($H^{\circ}/2=H/4$)+0.5cm한 치수 만큼 올려 맞추고, 옆선쪽의 히프선(H) 위치를 정한 다음, H점에서 직각으로 HG점에서 직각으로 올려 그린 안내선까지 점선으로 그려둔다. 여기서는 HG선과의 교점을 G로 표기해둔다.

09

$G \sim G_1$=4cm G점에서 4cm 올라가 옆선 폭을 정할 통과점(G_1) 위치를 표시한다.

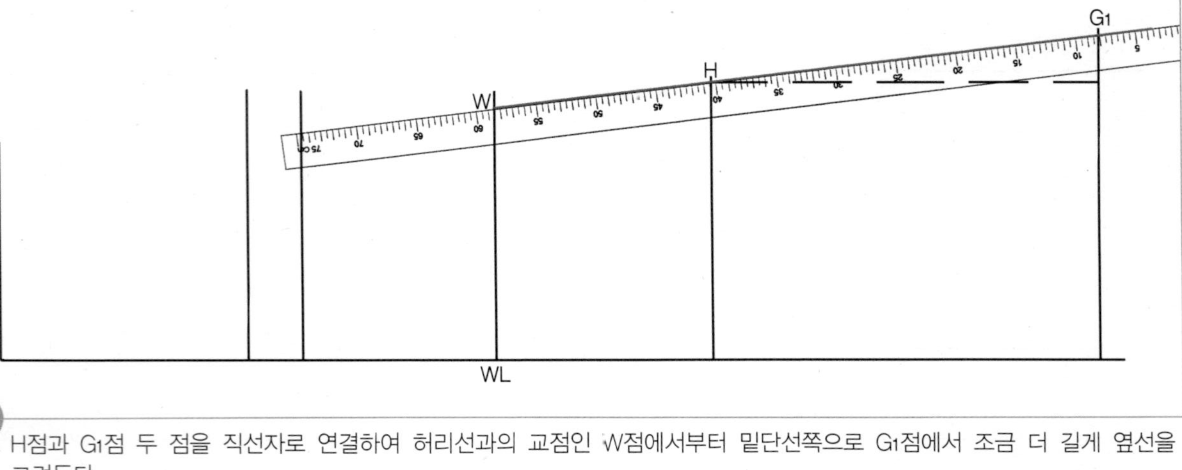

10

H점과 G1점 두 점을 직선자로 연결하여 허리선과의 교점인 W점에서부터 밑단선쪽으로 G1점에서 조금 더 길게 옆선을 그려둔다.

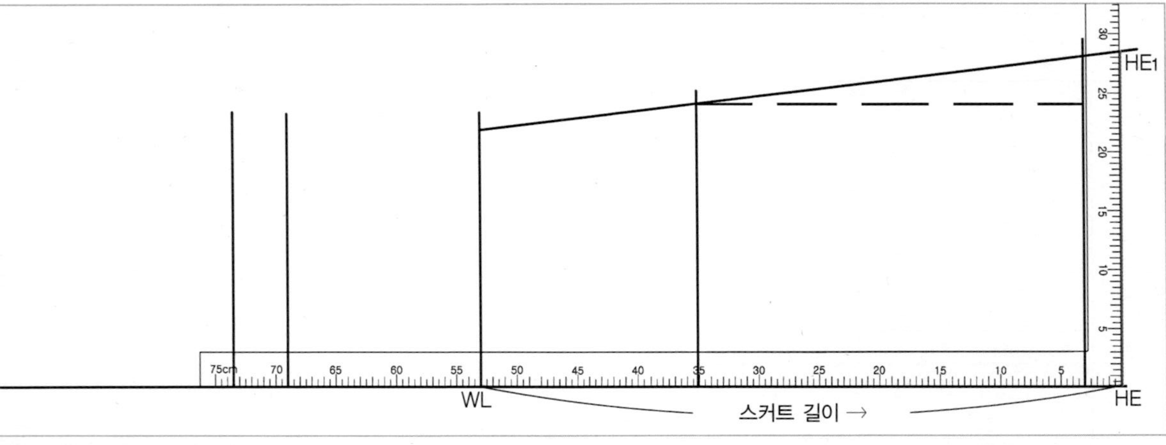

11

WL~HE=스커트 길이 직각자를 앞중심쪽 허리선(WL) 위치에서 스커트 길이 만큼 나가 맞추고 밑단선(HE) 위치를 정한 다음, 직각으로 10에서 그린 옆선까지 밑단선을 올려 그린다. 여기서는 옆선과의 교점을 HE1로 표기해 둔다.

2. 어깨선을 그리고 진동둘레선과 옆선의 완성선을 그린다.

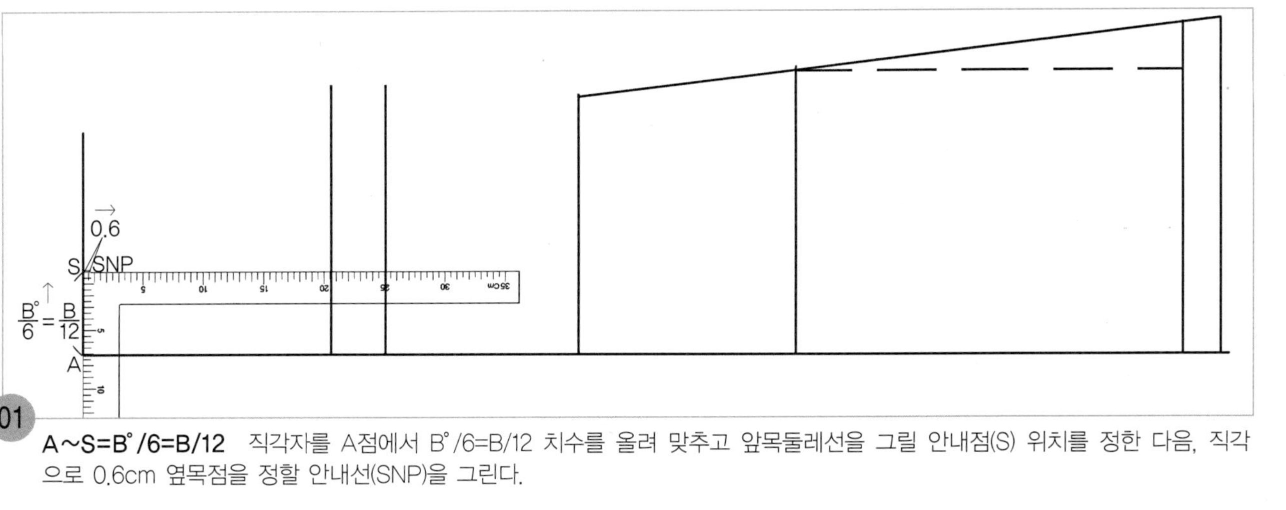

01 **A~S=B°/6=B/12** 직각자를 A점에서 B°/6=B/12 치수를 올려 맞추고 앞목둘레선을 그릴 안내점(S) 위치를 정한 다음, 직각으로 0.6cm 옆목점을 정할 안내선(SNP)을 그린다.

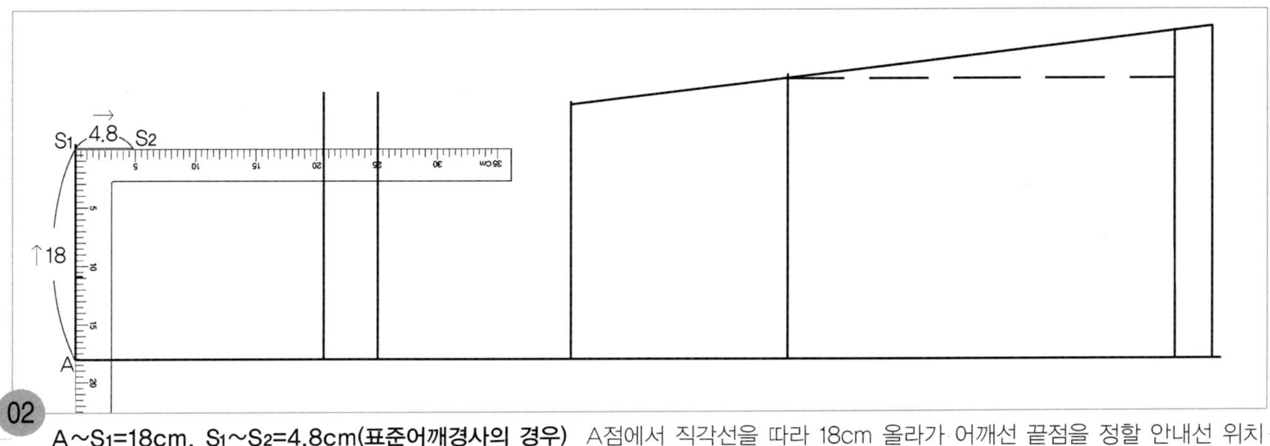

02 **A~S_1=18cm, S_1~S_2=4.8cm(표준어깨경사의 경우)** A점에서 직각선을 따라 18cm 올라가 어깨선 끝점을 정할 안내선 위치(S_1)를 표시하고, 직각으로 4.8cm 어깨선을 그릴 통과선(S_2)을 그린다.

주 상견이나 하견일 경우에는 표준어깨경사의 통과선(S_2)에서 0.3cm씩 증감한다(p.149의 02참조).

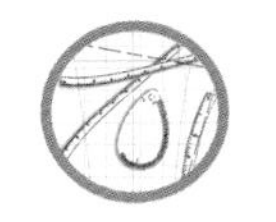

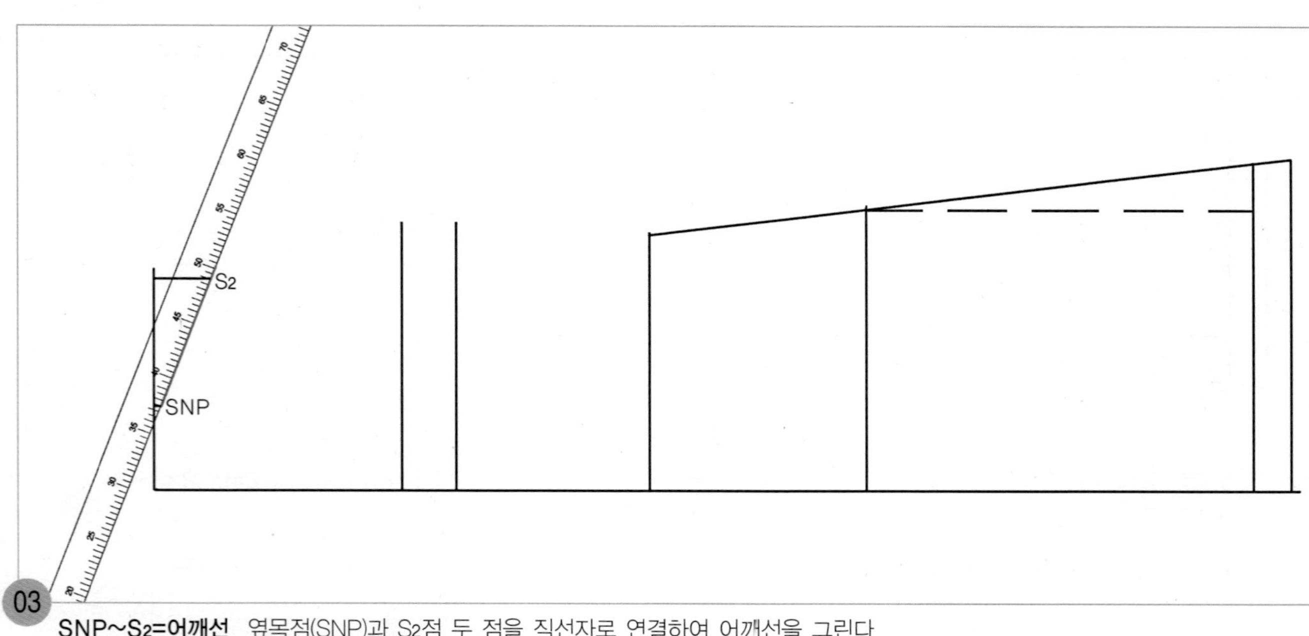

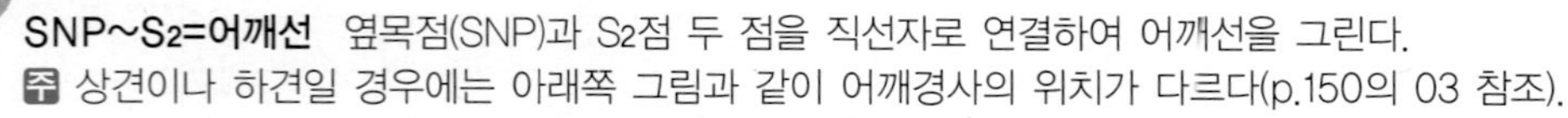

03

SNP~S_2=어깨선 옆목점(SNP)과 S_2점 두 점을 직선자로 연결하여 어깨선을 그린다.

주 상견이나 하견일 경우에는 아래쪽 그림과 같이 어깨경사의 위치가 다르다(p.150의 03 참조).

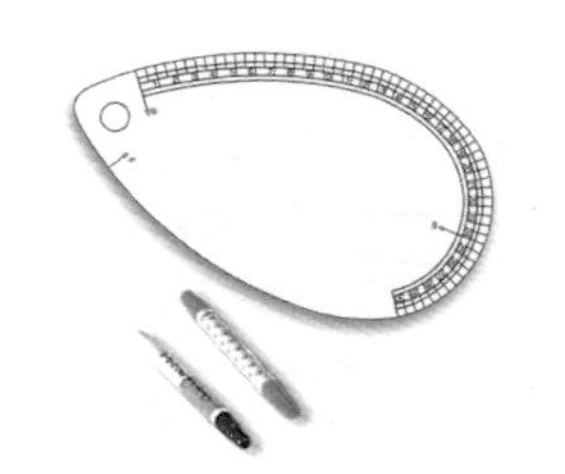

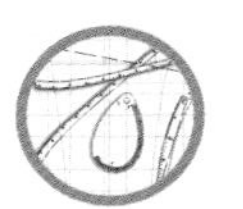

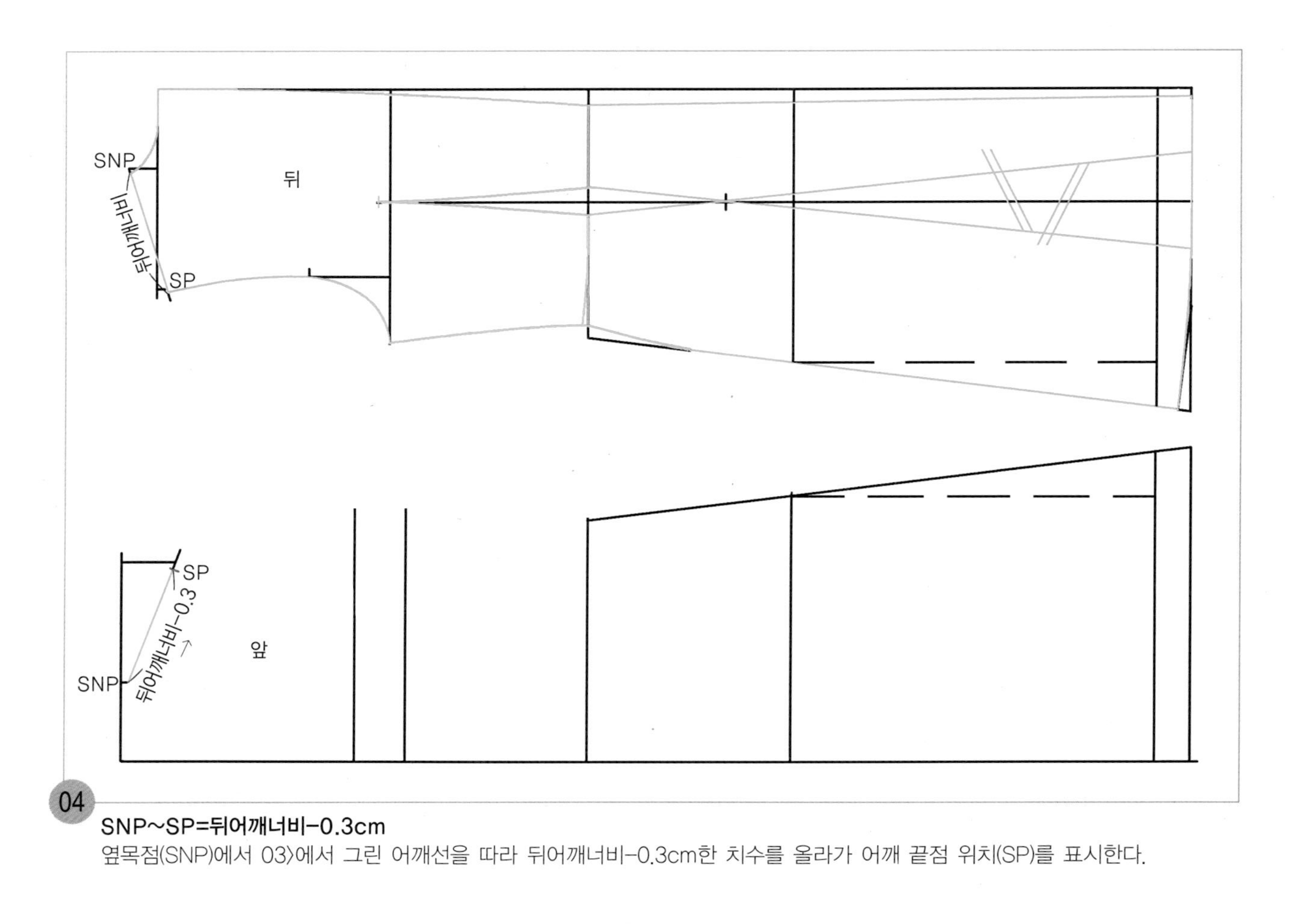

04 **SNP~SP=뒤어깨너비-0.3cm**

옆목점(SNP)에서 03〉에서 그린 어깨선을 따라 뒤어깨너비-0.3cm한 치수를 올라가 어깨 끝점 위치(SP)를 표시한다.

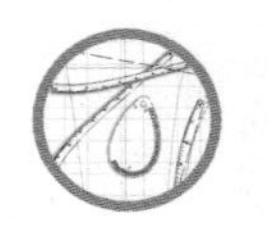

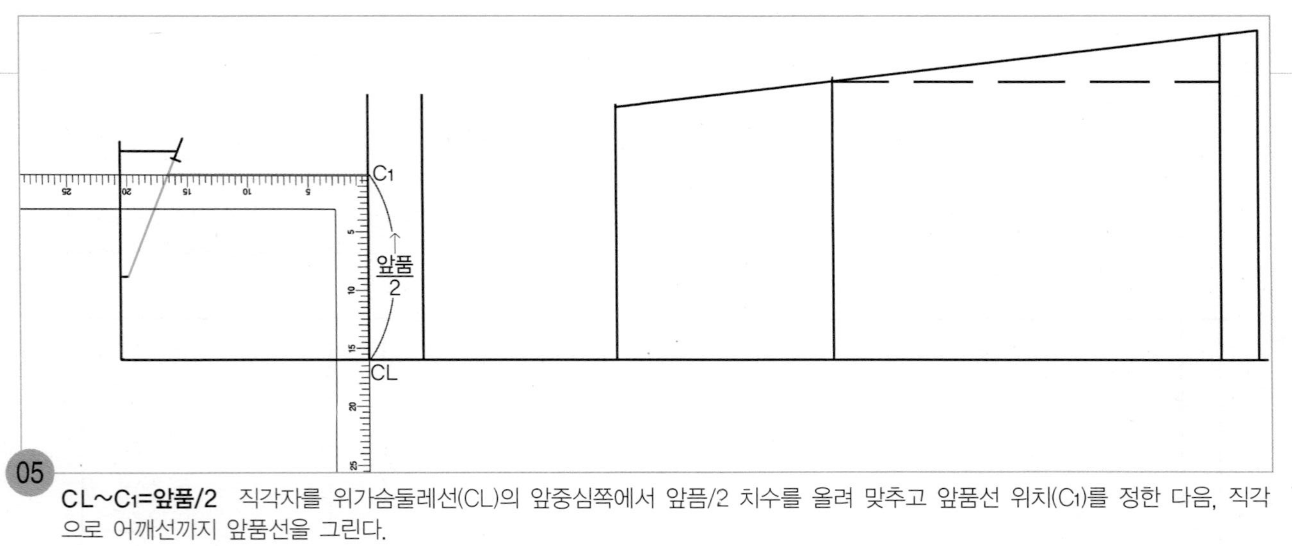

05 **CL~C_1=앞품/2** 직각자를 위가슴둘레선(CL)의 앞중심쪽에서 앞픔/2 치수를 올려 맞추고 앞품선 위치(C_1)를 정한 다음, 직각으로 어깨선까지 앞품선을 그린다.

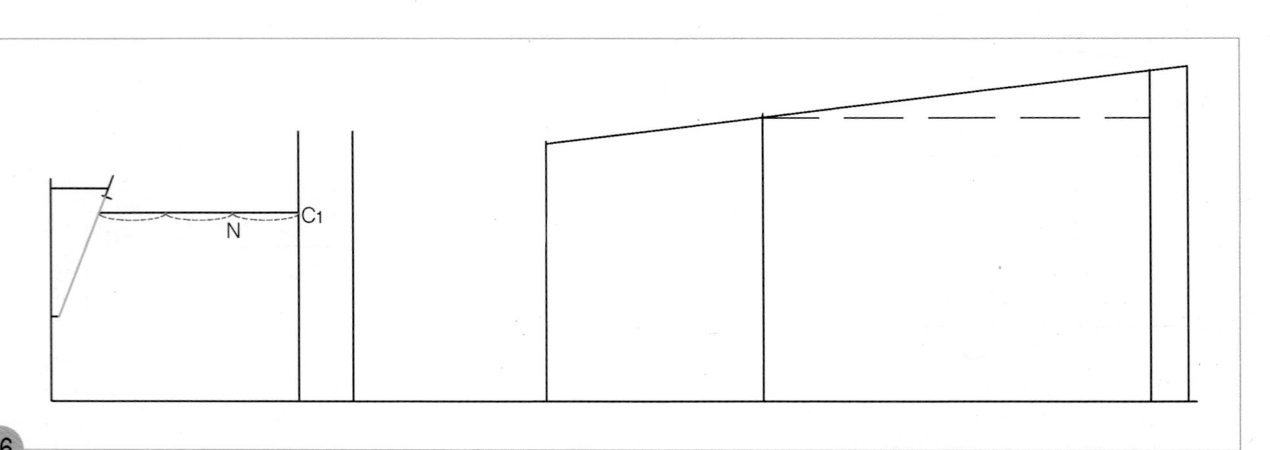

06 앞품선을 3등분하여 C_1점 쪽의 1/3 지점에 진동둘레선(AH)을 그릴 안내점(N) 위치를 표시한다.

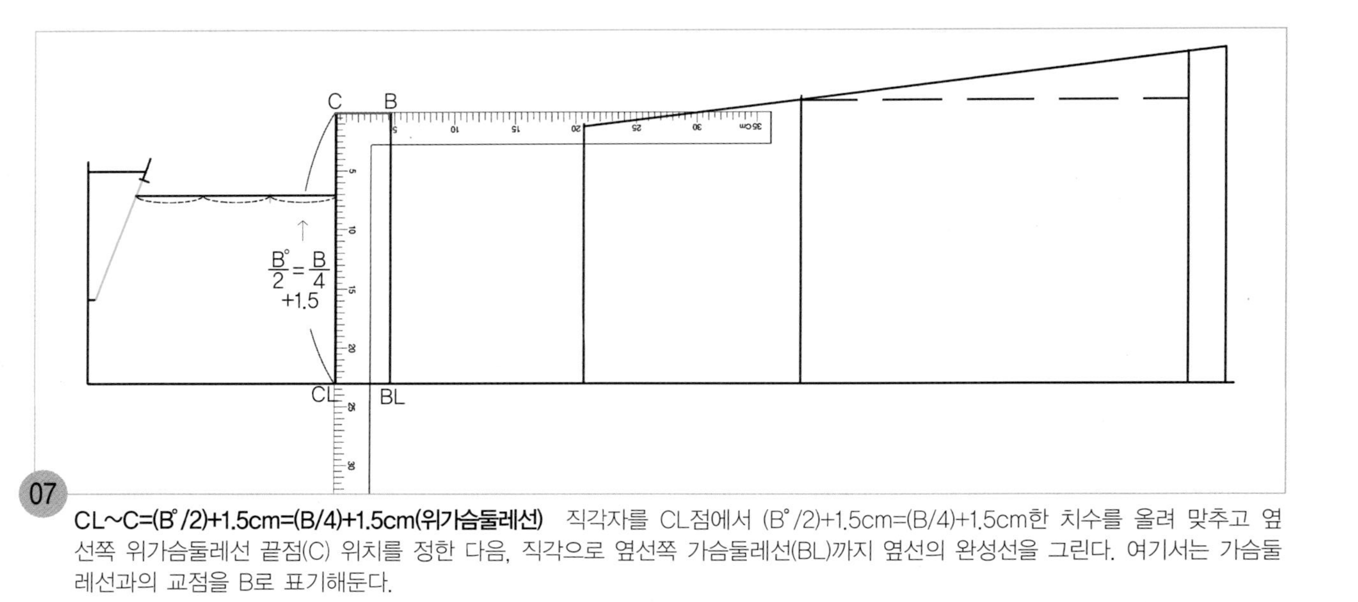

07 **CL~C=(B°/2)+1.5cm=(B/4)+1.5cm(위가슴둘레선)** 직각자를 CL점에서 (B°/2)+1.5cm=(B/4)+1.5cm한 치수를 올려 맞추고 옆선쪽 위가슴둘레선 끝점(C) 위치를 정한 다음, 직각으로 옆선쪽 가슴둘레선(BL)까지 옆선의 완성선을 그린다. 여기서는 가슴둘레선과의 교점을 B로 표기해둔다.

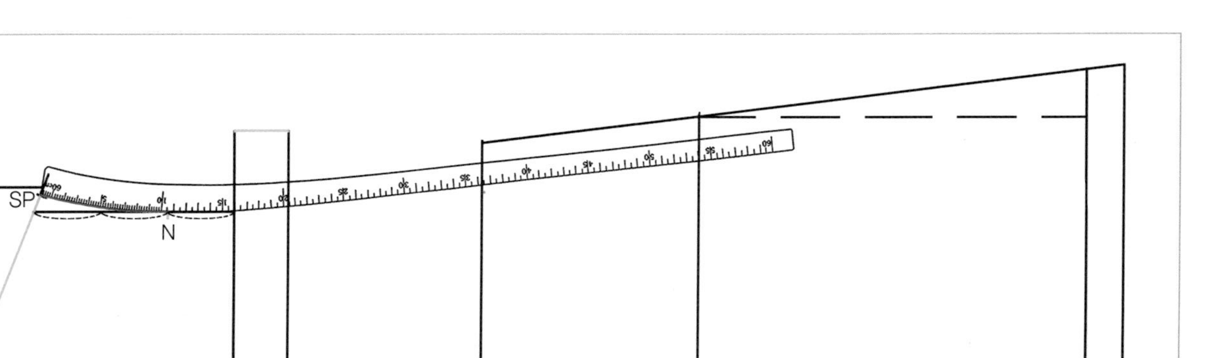

08 어깨 끝점(SP)에 hip곡자 끝 위치를 맞추면서 N점과 연결하여 어깨선쪽 진동둘레선을 그린다.

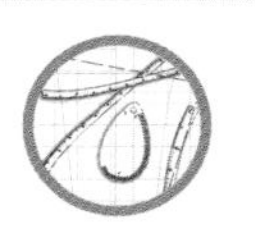

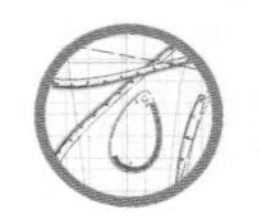

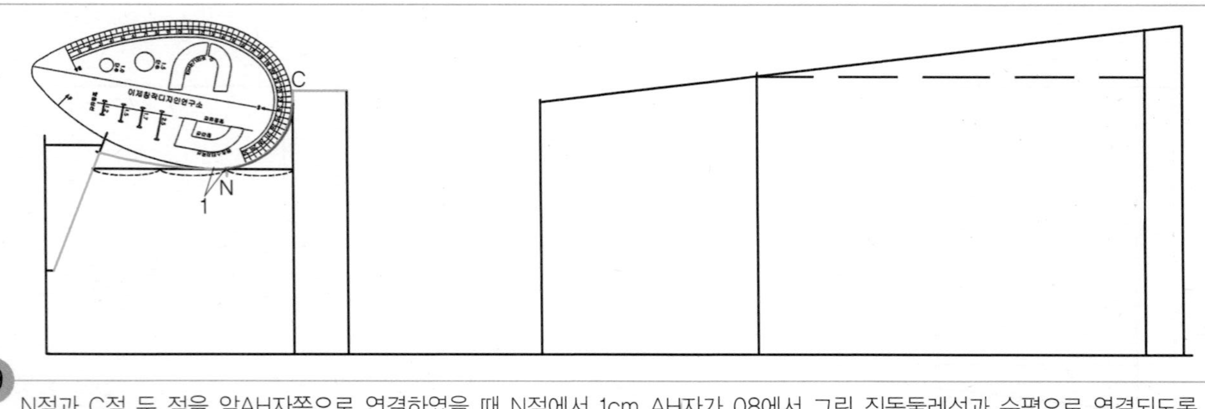

09 N점과 C점 두 점을 앞AH자쪽으로 연결하였을 때 N점에서 1cm AH자가 08에서 그린 진동둘레선과 수평으로 연결되도록 맞추어 대고 남은 진동둘레선을 AH의 곡선이 직각선과 마주 닿는 곳까지만 그리고 남은 직각선은 그대로 사용한다.

주 1 상견일 경우에는 표준어깨와 동일하나, 하견일 경우에는 C점에서 0.3cm 옆선의 완성선을 따라나가 옆선(C_3) 위치를 이동하고 N점과 C_3점을 뒤AH자 쪽으로 연결하여 진동둘레선을 그린다(p.155 참조).

주 2 여기서 사용한 AH자와 다른 AH자를 사용할 경우에는 C_1점에서 45도 각도로 2.5cm 앞진동둘레선(AH)을 그릴 통과선(C_2)을 그리고, C_2점을 통과하면서 N점과 C점이 연결되도록 맞추어 대고 진동둘레선을 그린다(p.155 참조).

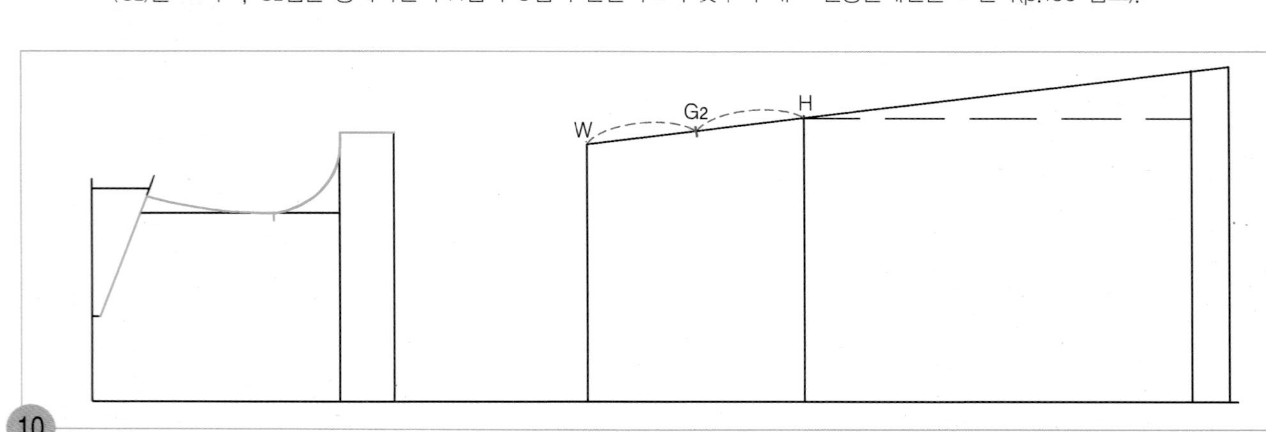

10 **G_2=W~H의 1/3** 옆선쪽 허리선(W) 위치에서 히프선(H) 위치까지를 2등분하여 1/2 위치에 옆선의 완성선을 그릴 안내점(G_2) 위치를 표시한다.

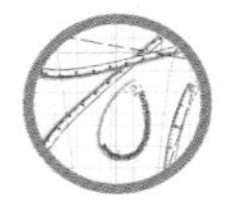

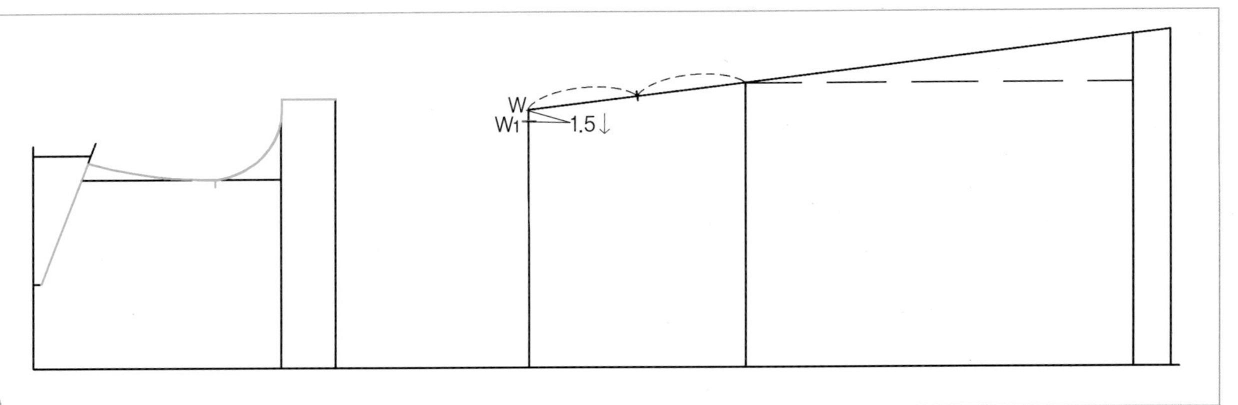

11 **$W \sim W_1$=1.5cm** W점에서 1.5cm 내려와 옆선의 완성선을 그릴 안내점(W_1) 위치를 표시한다.

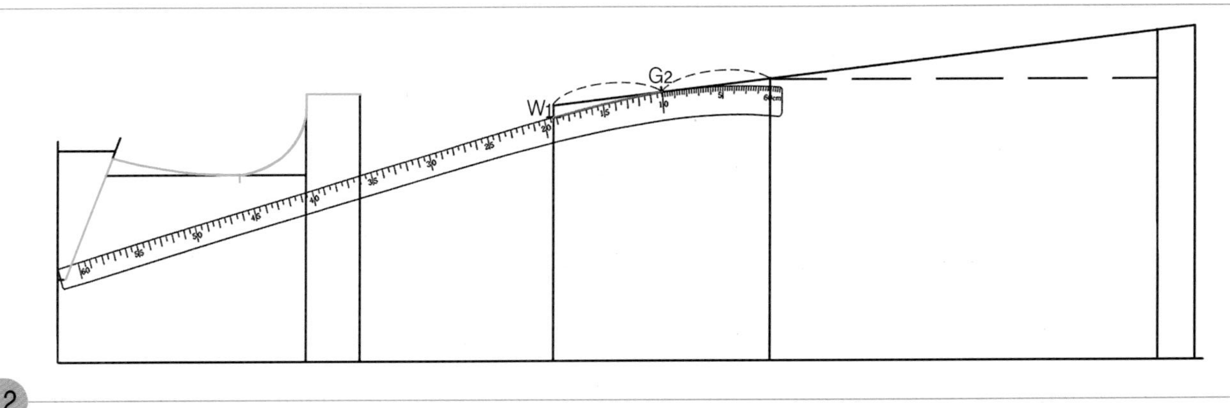

12 G_2점에 hip곡자 10 위치를 맞추면서 W_1점과 옆결하여 허리선 아래쪽 옆선의 완성선을 그린다.

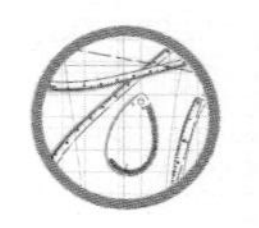

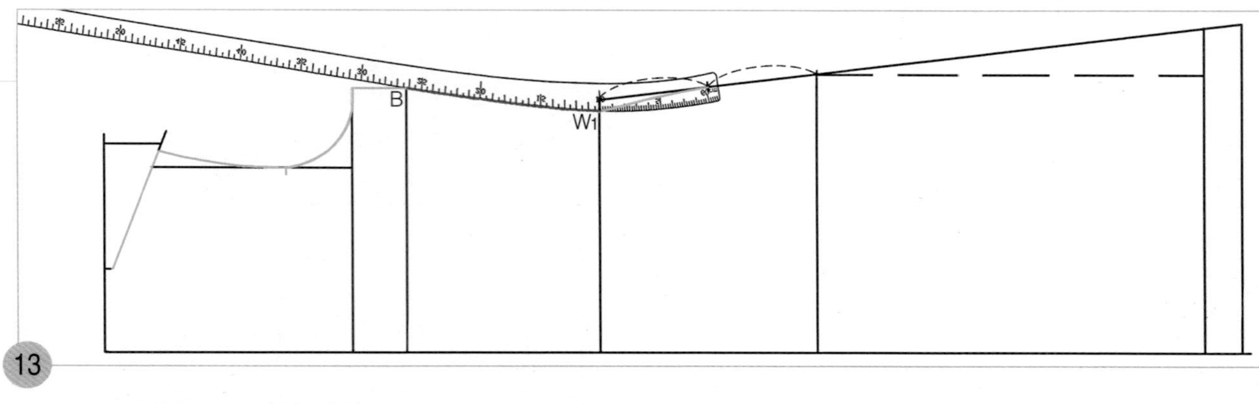

W_1점에 hip곡자 10 위치를 맞추면서 B 점과 연결하여 허리선 위쪽 옆선의 완성선을 그린다.

3. 밑단의 완성선과 가슴 다트, 허리 다트선을 그린다.

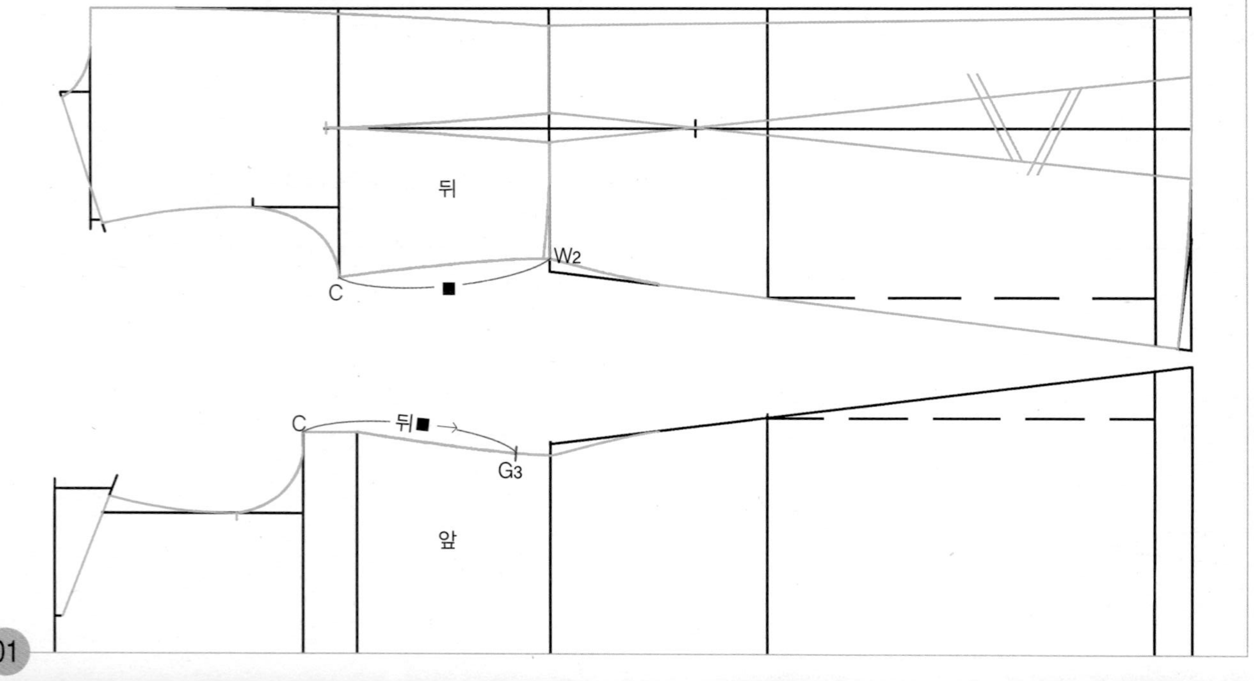

C~G_3=뒤허리선 위쪽 옆선 길이(C~W_2=■)

뒤판의 위가슴둘레선 옆선쪽 끝점(C)에서 W_2점까지의 뒤 허리선 위쪽 옆선 길이(■)를 재어, 같은 길이(■)를 앞판의 위가슴둘레선 옆선쪽 끝점(C)에서 앞판의 허리선 위쪽 옆선의 완성선을 따라나가 가슴 다트량을 구할 위치(G_3)를 표시한다.

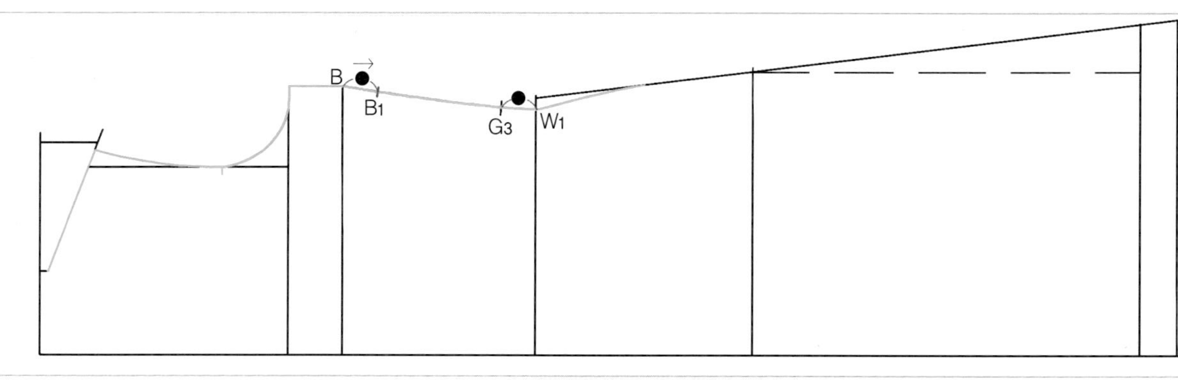

G3점에서 W1점까지의 길이(●)를 재어, 그 길이를 가슴둘레선 옆선쪽 끝점(B)에서 허리선쪽으로 옆선의 완성선을 따라 나가 가슴 다트점(B1) 위치를 표시한다.

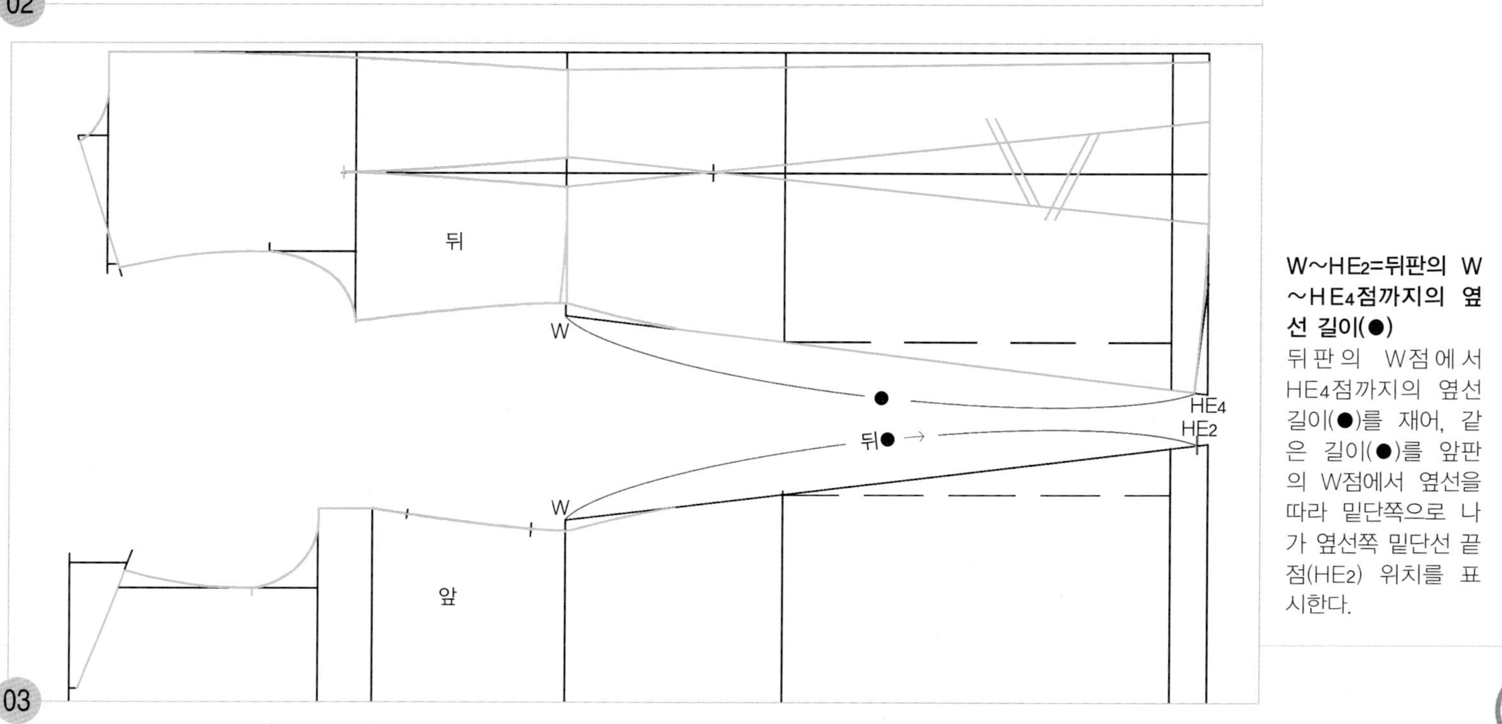

W~HE2=뒤판의 W~HE4점까지의 옆선 길이(●)

뒤판의 W점에서 HE4점까지의 옆선 길이(●)를 재어, 같은 길이(●)를 앞판의 W점에서 옆선을 따라 밑단쪽으로 나가 옆선쪽 밑단선 끝점(HE2) 위치를 표시한다.

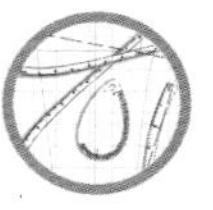

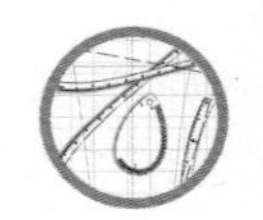

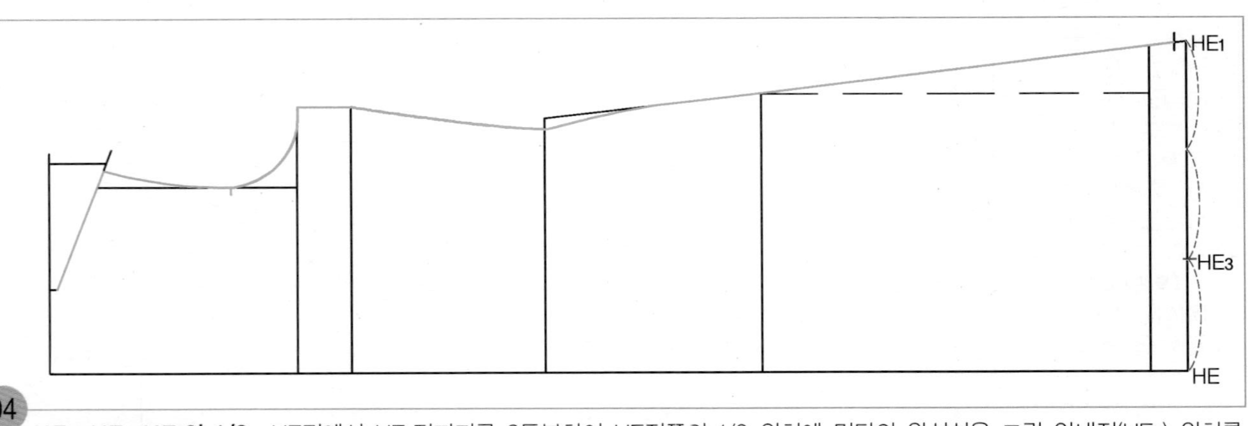

04 **HE_3=HE~HE_1의 1/3** HE점에서 HE_1점까지를 3등분하여 HE점쪽의 1/3 위치에 밑단의 완성선을 그릴 안내점(HE_3) 위치를 표시한다.

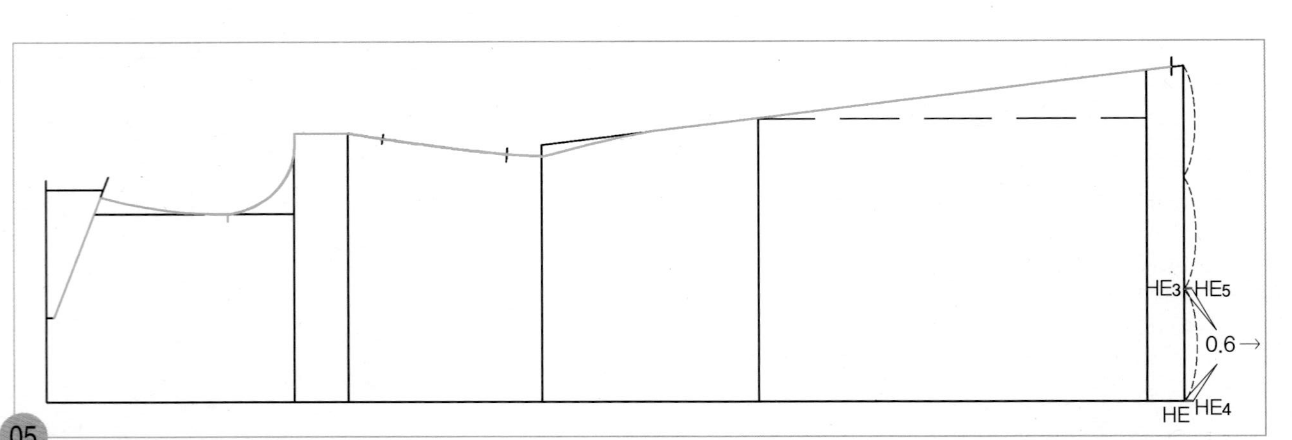

05 **HE~HE_4=0.6cm, HE_3~HE_5=0.6cm** HE점과 HE_3점에서 각각 수평으로 0.6cm씩 앞 쳐짐분선의 안내선(HE_4, HE_5)을 그린다.

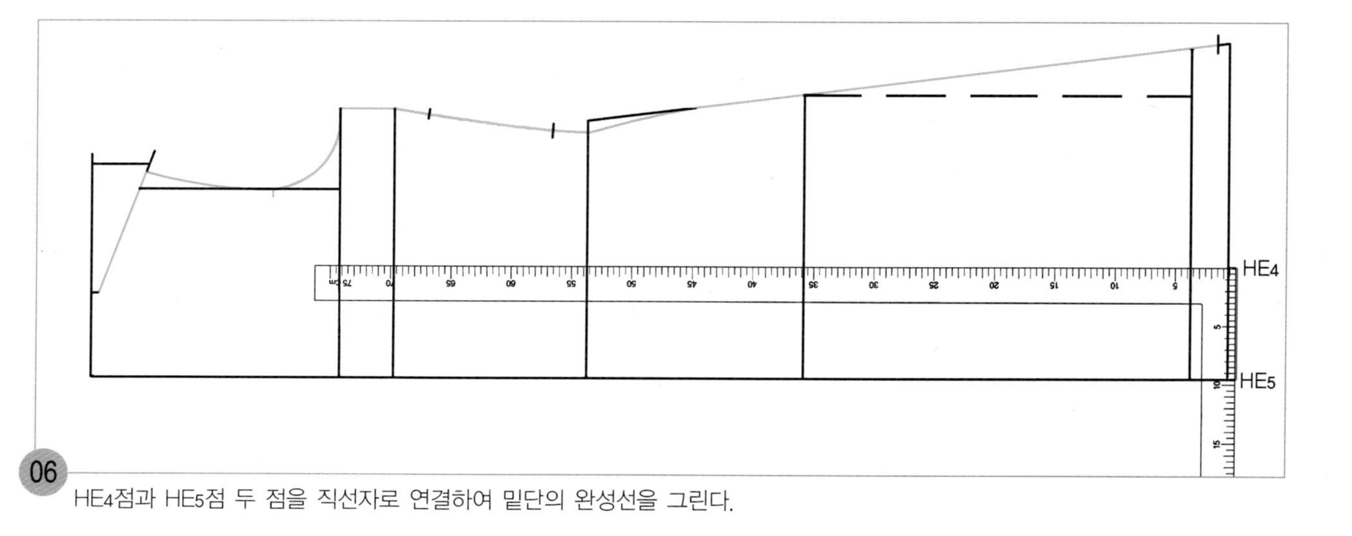

06 HE_4점과 HE_5점 두 점을 직선자로 연결하여 밑단의 완성선을 그린다.

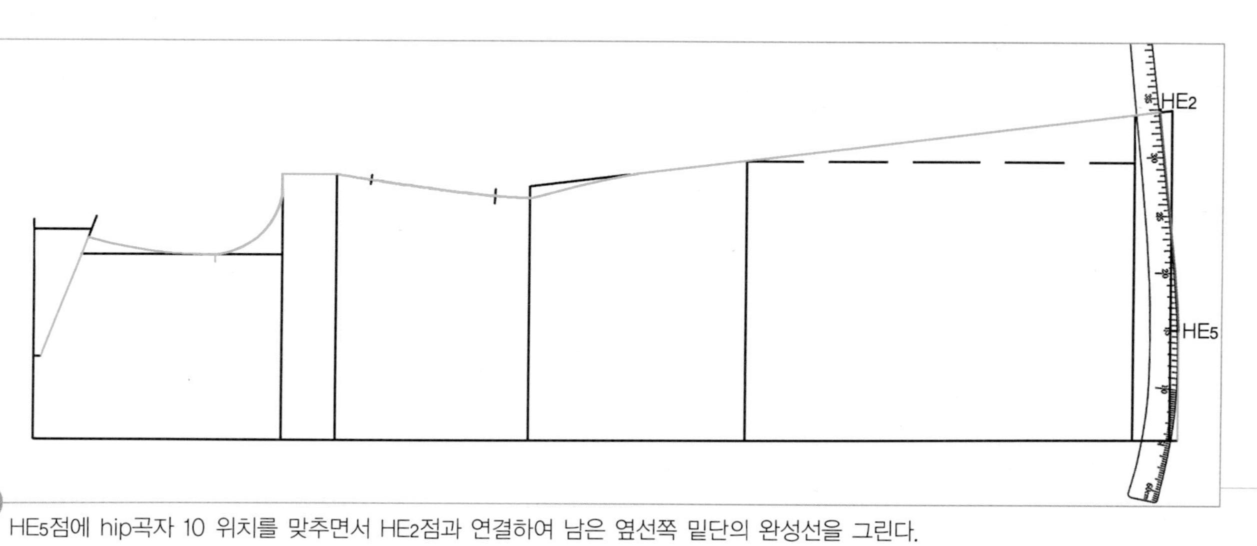

07 HE_5점에 hip곡자 10 위치를 맞추면서 HE_2점과 연결하여 남은 옆선쪽 밑단의 완성선을 그린다.

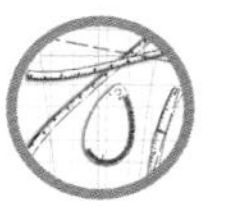

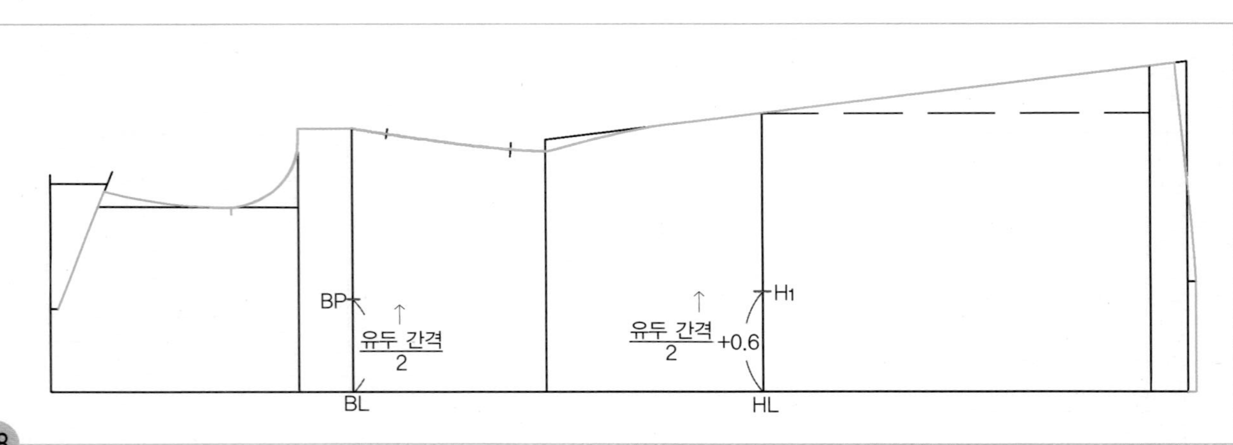

08 **BL~BP=유두 간격/2, HL~H_1=(유두 간격/2)+0.6cm** 앞중심쪽의 가슴둘레선 위치(BL)에서 유두 간격/2 치수를 올라가 유두점(BP) 위치를 표시하고, 앞중심쪽 히프선(HL) 위치에서 유두 간격/2+0.6cm한 치수를 올라가 허리 다트 중심선을 그릴 안내점(H_1)을 표시한다.

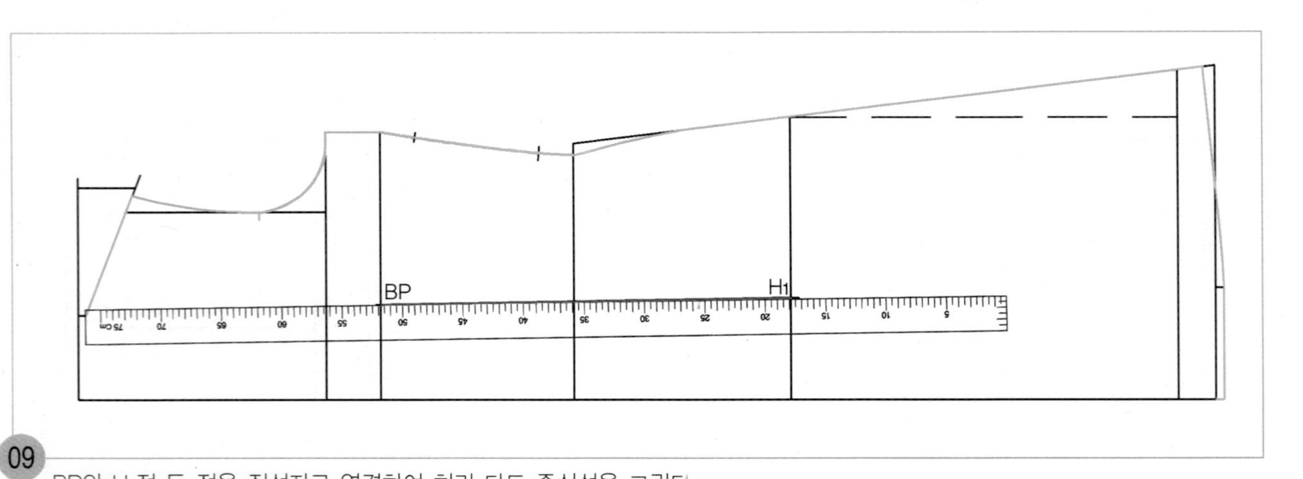

09 BP와 H_1점 두 점을 직선자로 연결하여 허리 다트 중심선을 그린다.

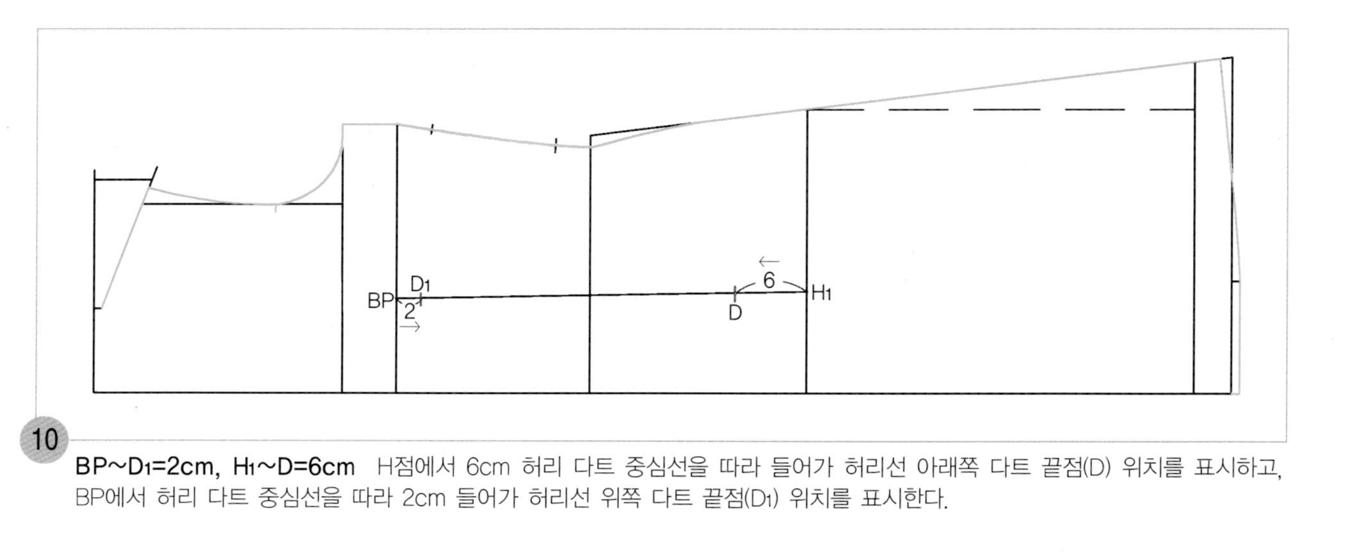

10

BP~D_1=2cm, H_1~D=6cm H점에서 6cm 허리 다트 중심선을 따라 들어가 허리선 아래쪽 다트 끝점(D) 위치를 표시하고, BP에서 허리 다트 중심선을 따라 2cm 들어가 허리선 위쪽 다트 끝점(D_1) 위치를 표시한다.

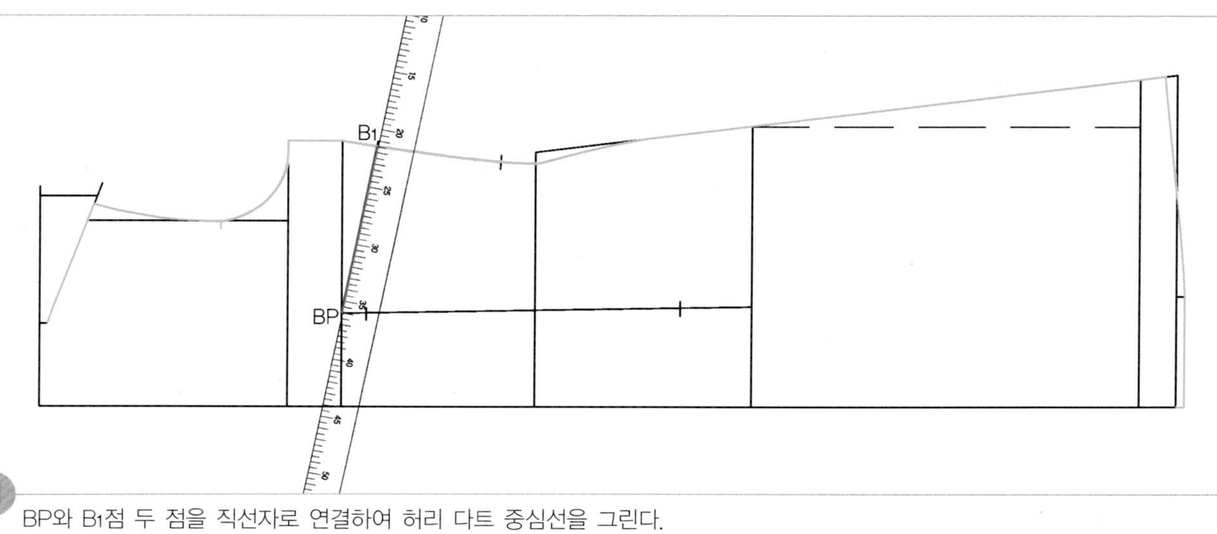

11

BP와 B_1점 두 점을 직선자로 연결하여 허리 다트 중심선을 그린다.

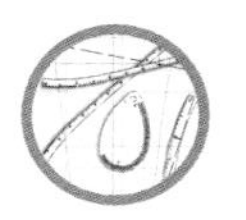

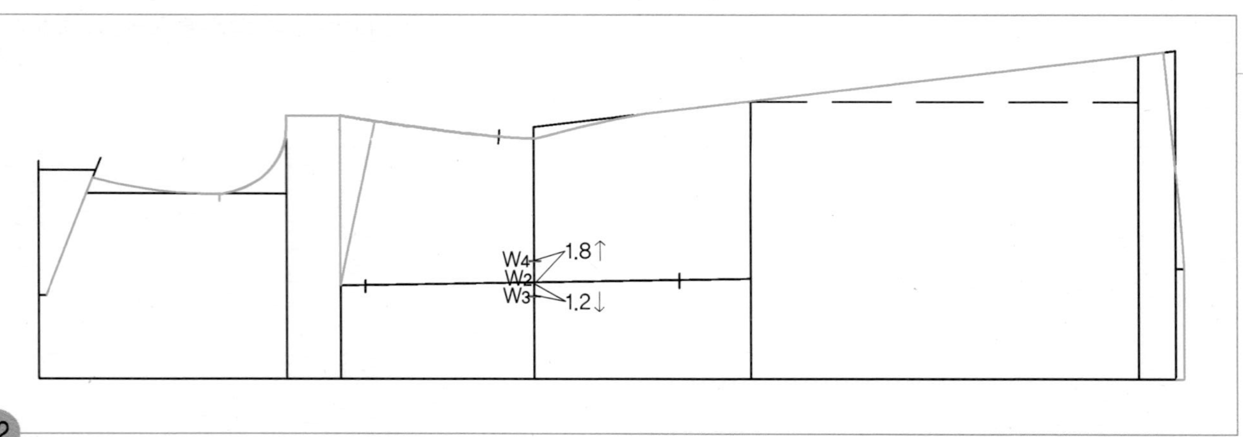

12 허리선과 허리 다트 중심선과의 교점(W_2)에서 앞중심쪽으로 1.2cm 내려와 앞중심쪽의 허리 다트선을 그릴 안내점(W_3) 위치를 표시하고, W_2점에서 1.8cm 올라가 옆선쪽의 허리 다트선을 그릴 안내점(W_4) 위치를 표시한다.

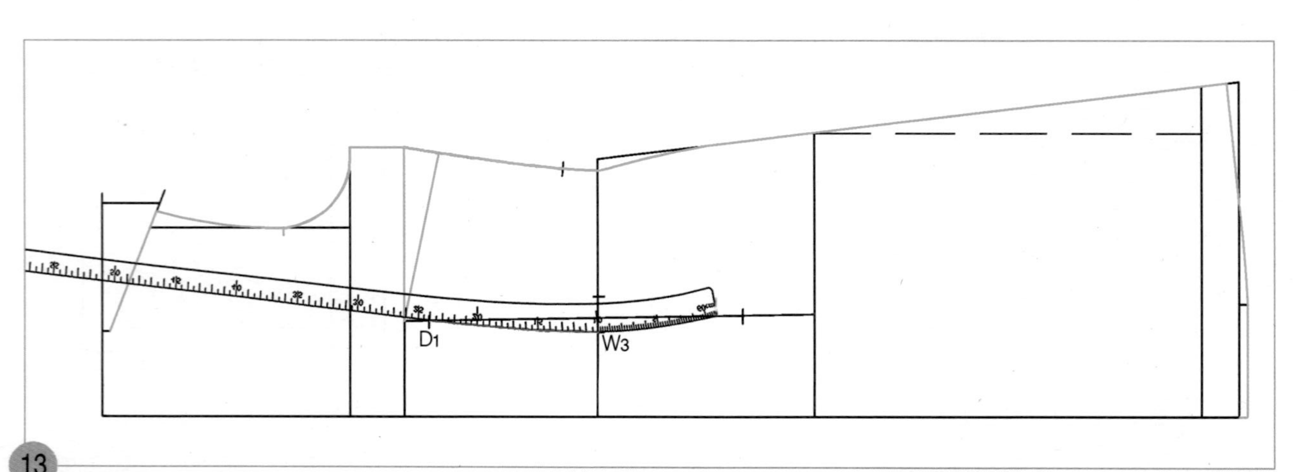

13 W_3점에 hip곡자 10 위치를 맞추면서 D_1점과 연결하여 앞중심쪽의 허리선 위쪽 허리 다트선을 그린다.

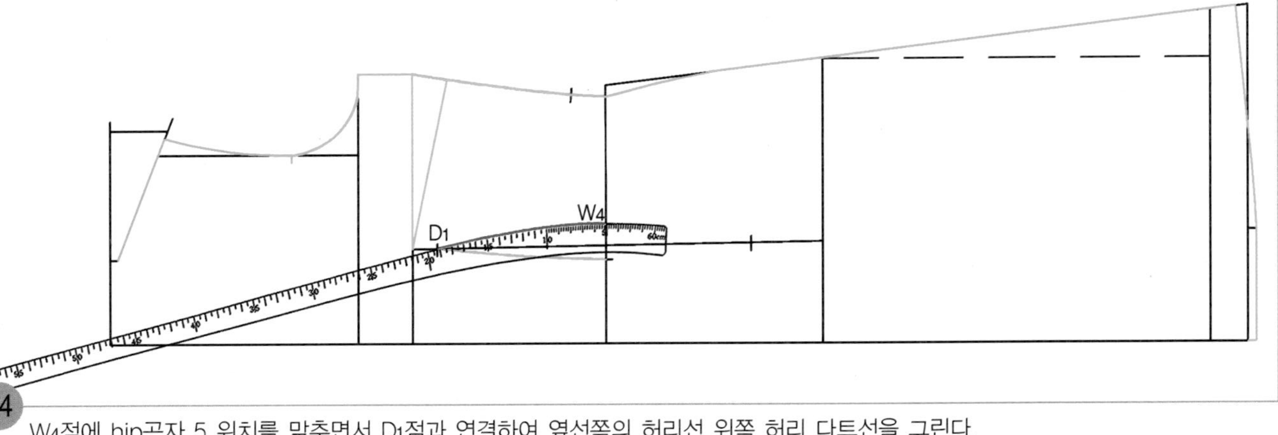

14 W_4점에 hip곡자 5 위치를 맞추면서 D_1점과 연결하여 옆선쪽의 허리선 위쪽 허리 다트선을 그린다.

4. 앞 스커트의 솔기선과 허리 완성선을 그린다.

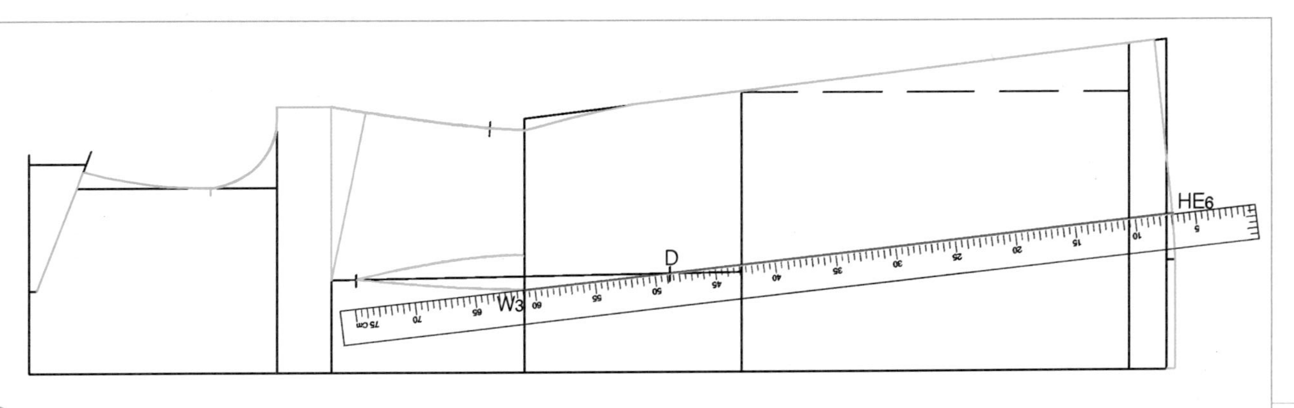

01 W_3점과 D점 두 점을 직선자로 연결하여 밑단선까지 앞중심쪽의 허리선 아래쪽 스커트 솔기선(HE_6)을 그린다.

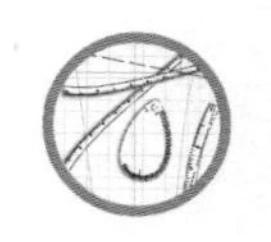

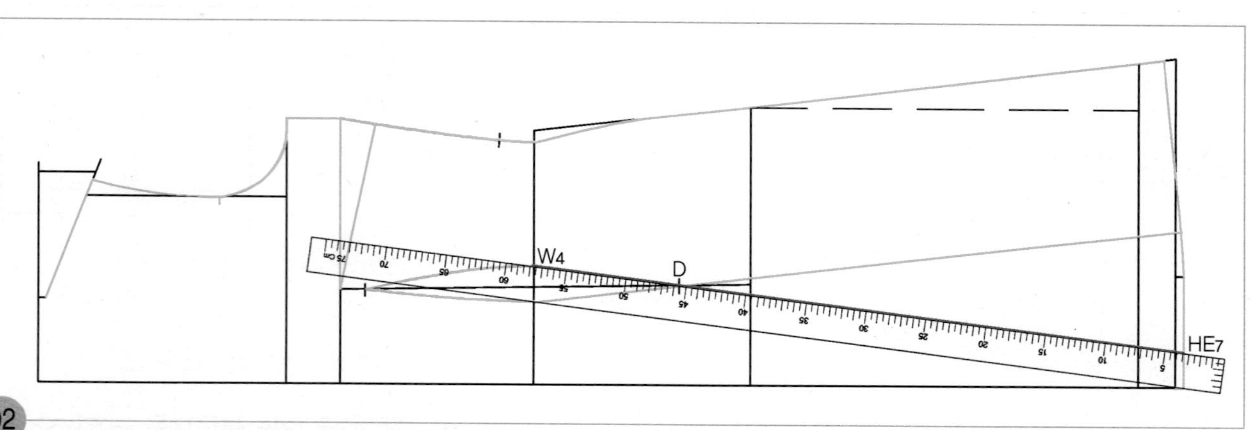

02 W4점과 D점 두 점을 직선자로 연결하여 밑단선(HE7)까지 옆선쪽의 허리선 아래쪽 스커트 솔기선을 그린다.

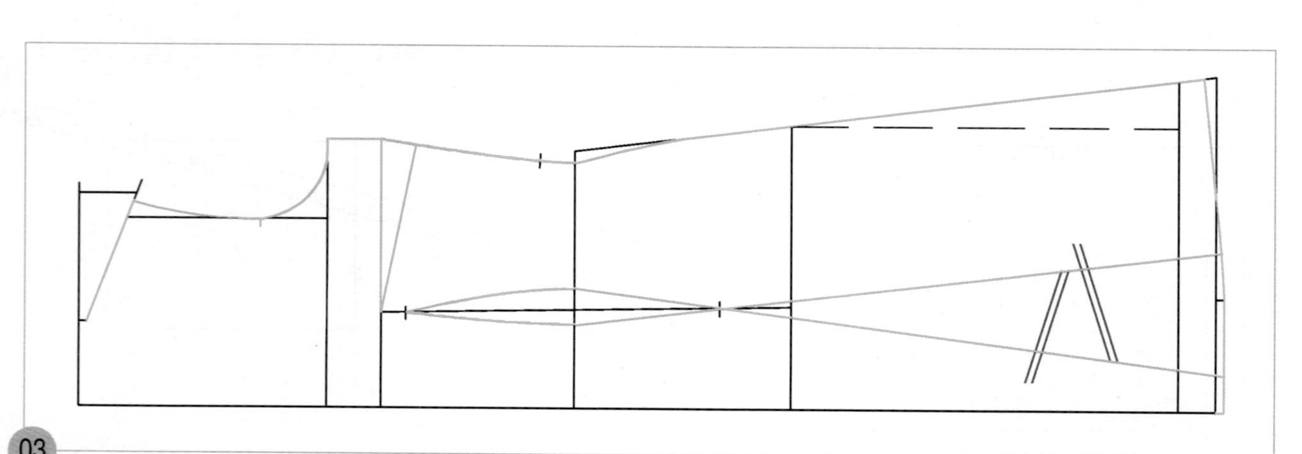

03 앞중심쪽 스커트와 옆선쪽의 스커트 솔기선이 선의 교차가 생겼으므로 선의 교차 표시를 넣는다.

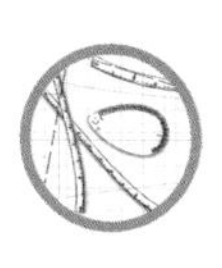

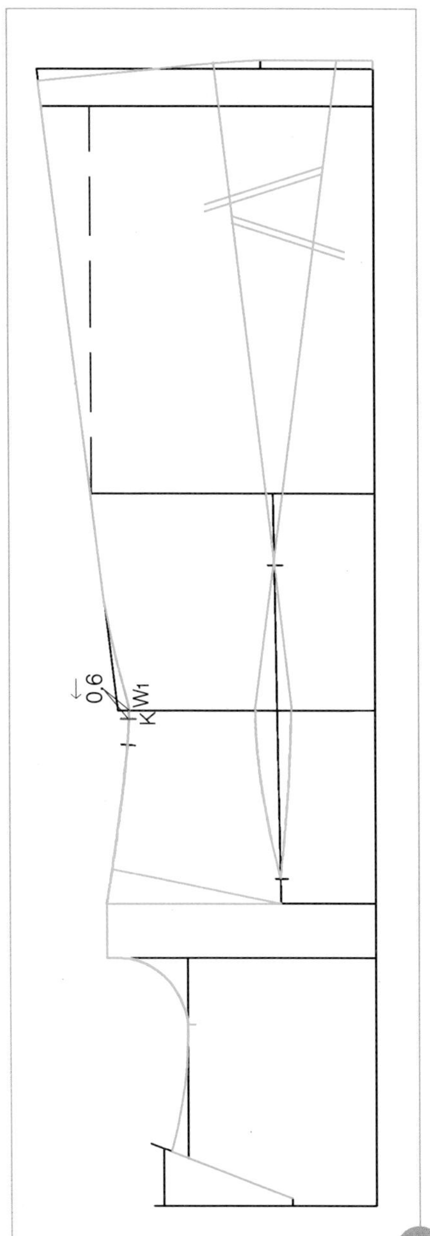

04 **W1~K=0.6cm** W1점에서 옆선을 따라 0.6cm나가 스커트의 허리 솔기선점(K)을 표시한다.

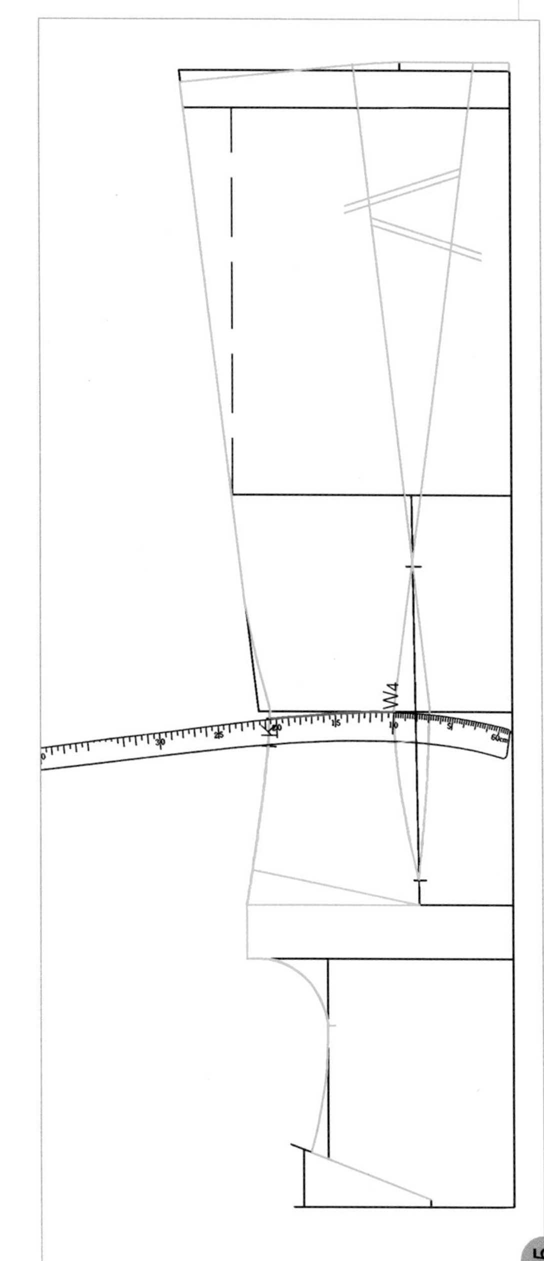

05 W4점에 hip곡자 10 위치를 맞추면서 K점과 연결하여 스커트의 허리 솔기선을 그린다.

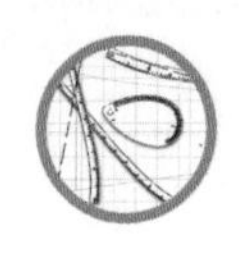

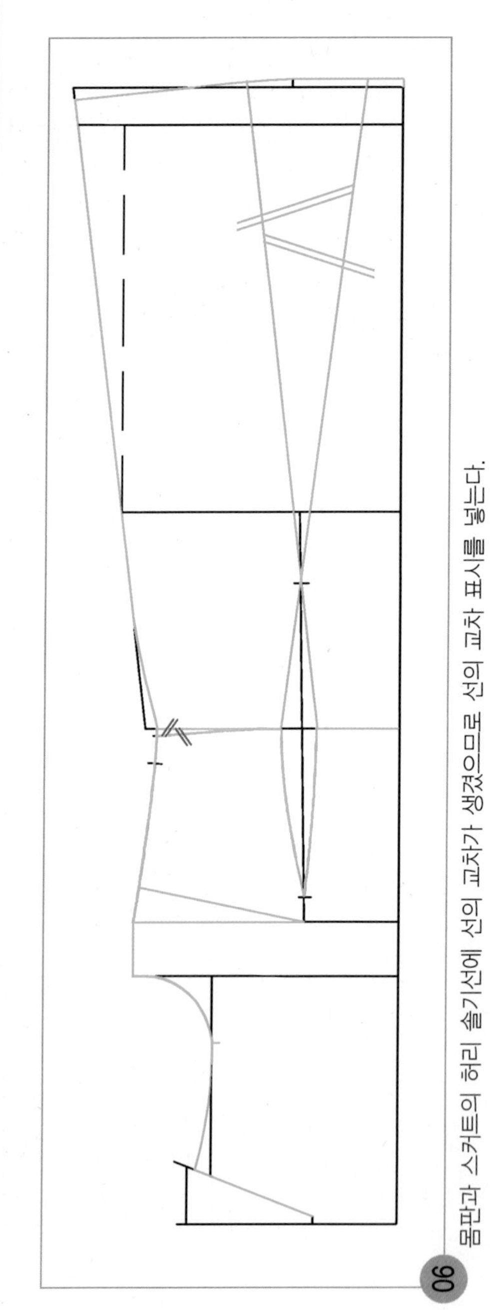

06 몸판과 스커트의 허리 솔기선에 선의 교차가 생겼으므로 선의 교차 표시를 넣는다.

07 청색선이 몸판의 완성선이고 적색선이 스커트의 완성선이다.

5. 앞여밈분선을 그린다.

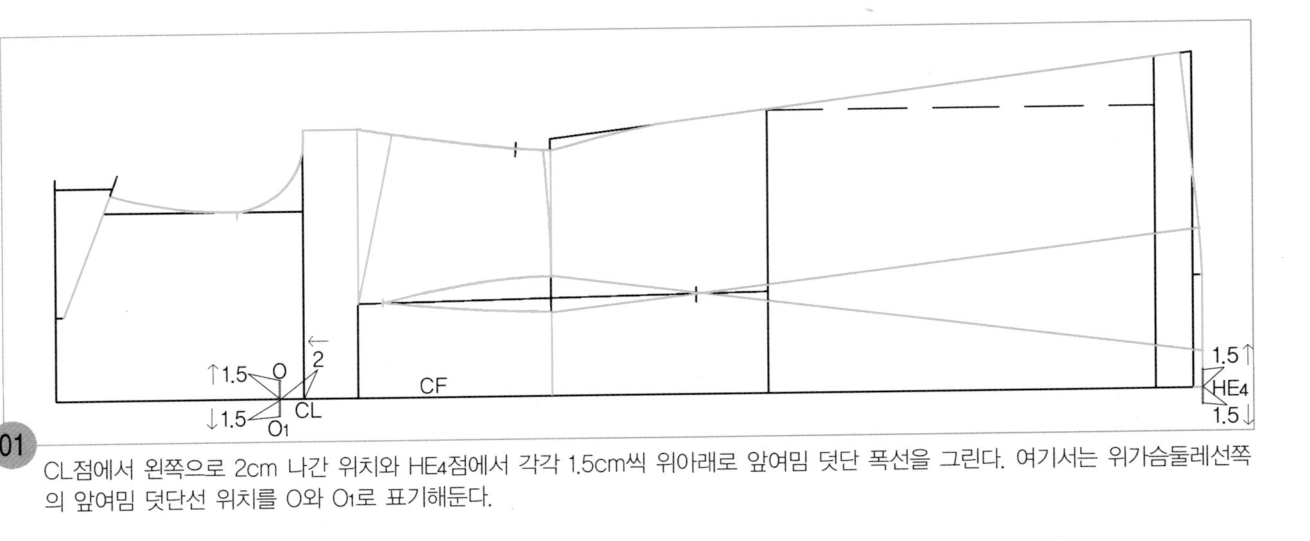

01 CL점에서 왼쪽으로 2cm 나간 위치와 HE_4점에서 각각 1.5cm씩 위아래로 앞여밈 덧단 폭선을 그린다. 여기서는 위가슴둘레선쪽의 앞여밈 덧단선 위치를 O와 O_1로 표기해둔다.

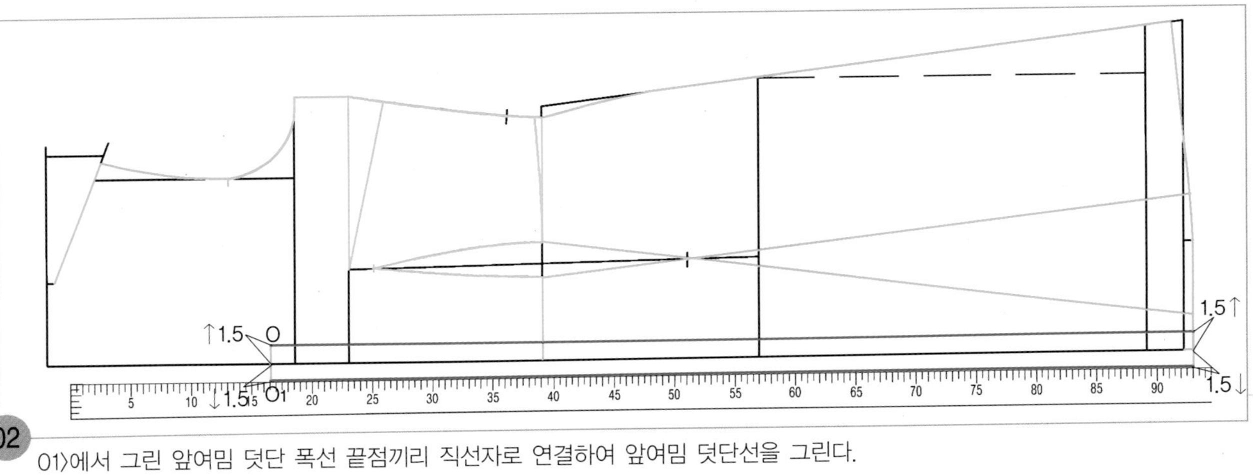

02 01>에서 그린 앞여밈 덧단 폭선 끝점끼리 직선자로 연결하여 앞여밈 덧단선을 그린다.

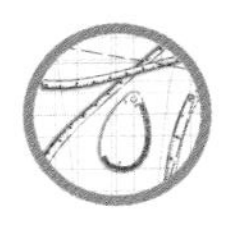

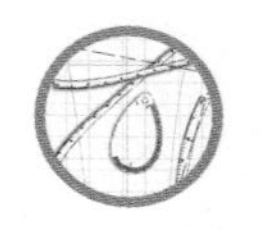

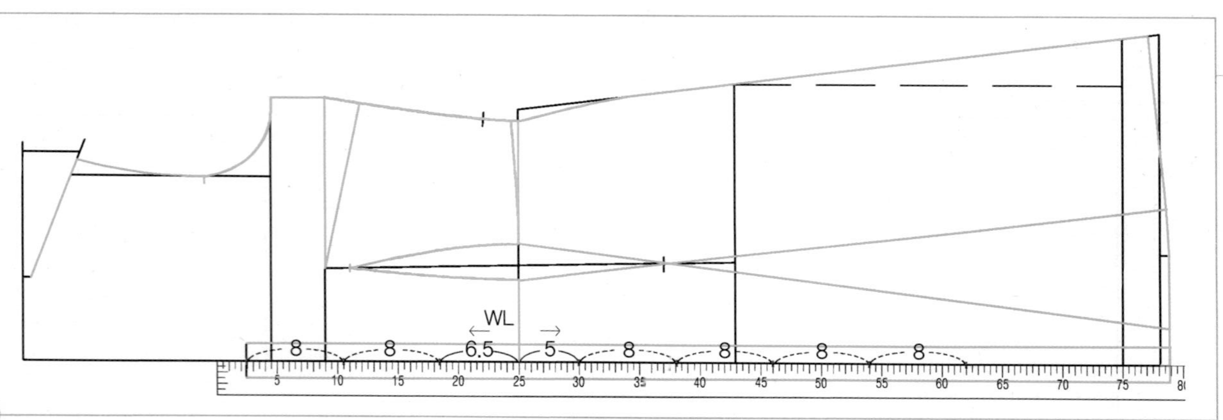

03 허리선(WL)에서 왼쪽으로 6.5cm나가 세 번째 단춧구멍 위치를 표시하고, 오른쪽으로 5cm나가 네 번째 단춧구멍 위치를 표시한 다음, 세 번째 단춧구멍 위치에서 왼쪽의 앞여밈 덧단 폭선까지를 2등분하여 1/2 위치에 두 번째 단춧구멍 위치를 표시하고, 왼쪽 앞여밈 덧단 폭선 위치가 첫 번째 단춧구멍 위치가 된다. 첫 번째 단춧구멍 위치에서 세 번째 단춧구멍 위치의 1/2 치수를 네 번째 단춧구멍 위치에서부터 차례로 오른쪽으로 나가 여섯 번째부터 9번째 단춧구멍 위치까지를 각각 표시한다.

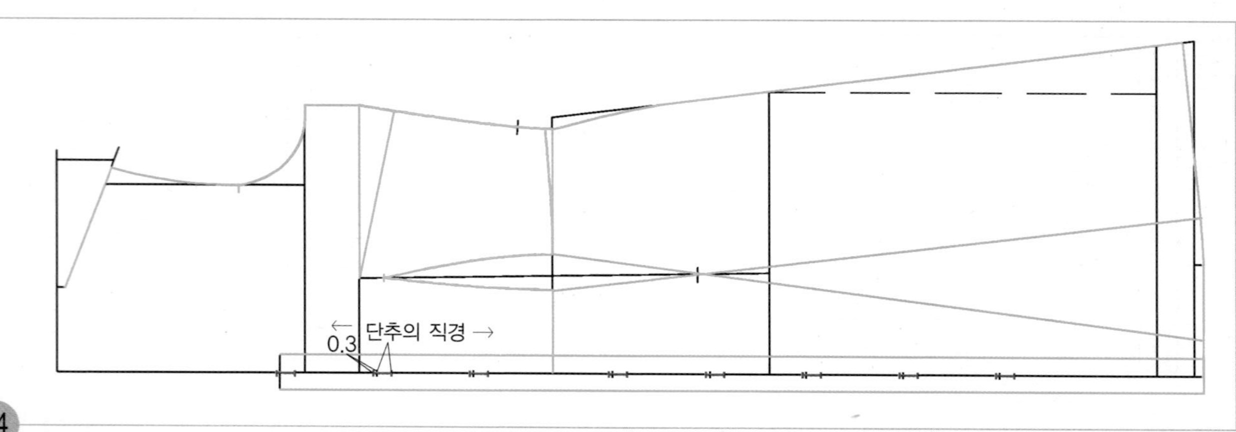

04 각 단춧구멍 위치에서 왼쪽으로 0.3cm 나가 단춧구멍 트임 끝 위치를 각각 표시하고, 각 단춧구멍 위치에서 오른쪽으로 단추의 직경 치수를 나가 단춧구멍 트임 끝 위치를 각각 표시한다.

6. 오픈 칼라를 제도한다.

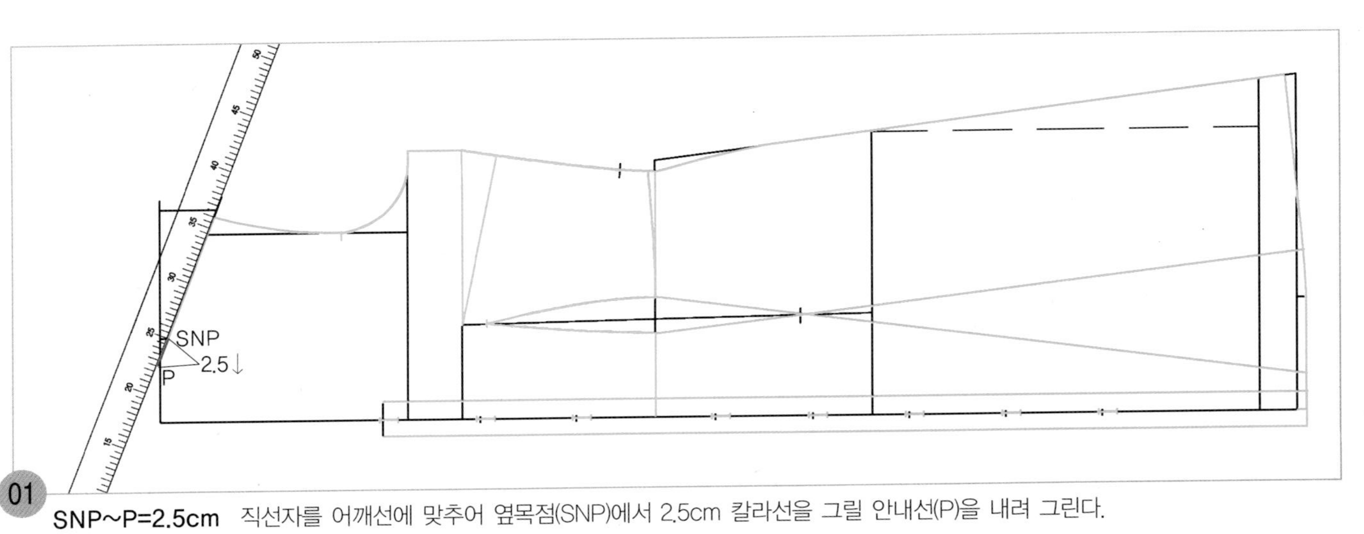

01 **SNP~P=2.5cm** 직선자를 어깨선에 맞추어 옆목점(SNP)에서 2.5cm 칼라선을 그릴 안내선(P)을 내려 그린다.

02 O_1점과 P점 두 점을 직선자로 연결하여 어깨선 위쪽으로 길게 라펠의 꺾임선을 그린다.

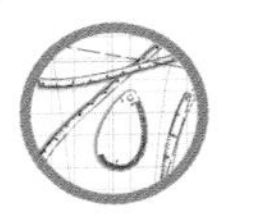

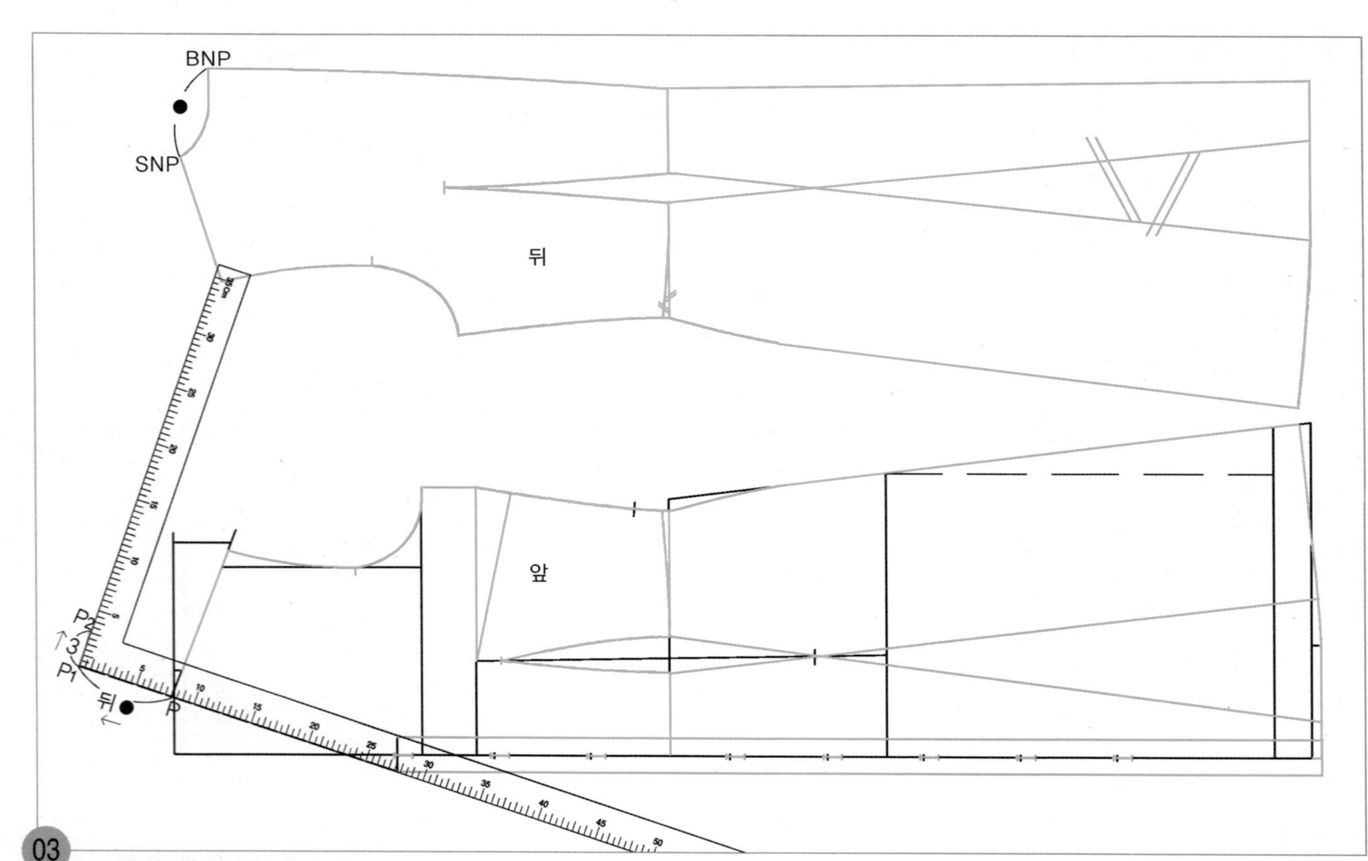

03

P~P_1=뒷목둘레치수(●), P_1~P_2=3cm:뒤 칼라폭(4cm)−1cm(칼라 폭은 조정 가능 치수)

직각자를 P점에서 뒷목둘레 치수(●) 만큼 나가 맞추고 칼라 꺾임선을 그릴 안내점(P_1) 위치를 정한 다음, 직각으로 뒤 칼라폭(4cm)−1cm의 칼라 꺾임선의 안내선을 그릴 통과선(P_2)을 그린다.

주 여기서는 뒤 칼라 폭을 4cm로 하였으므로 P_1점에서 P_2점이 4−1하여 3cm가 되었으나, 뒤 칼라 폭 치수에서 1cm는 칼라 폭 치수가 얼마든 반드시 −1cm를 한다.

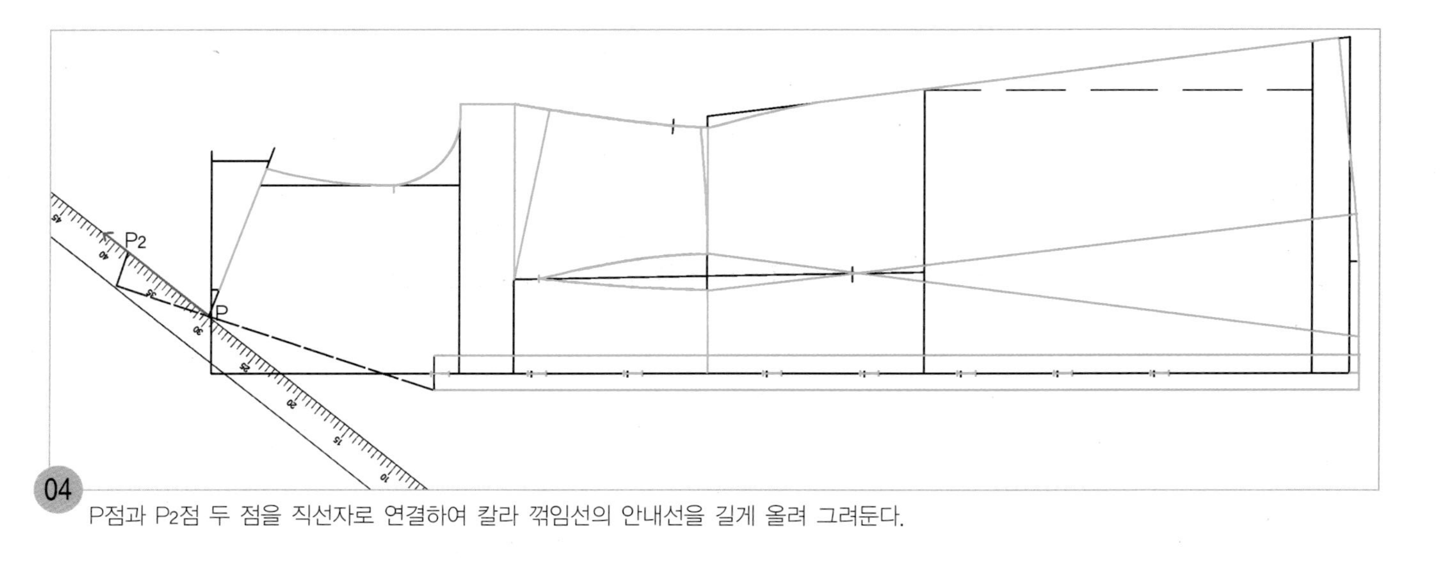

04 P점과 P_2점 두 점을 직선자로 연결하여 칼라 꺾임선의 안내선을 길게 올려 그려둔다.

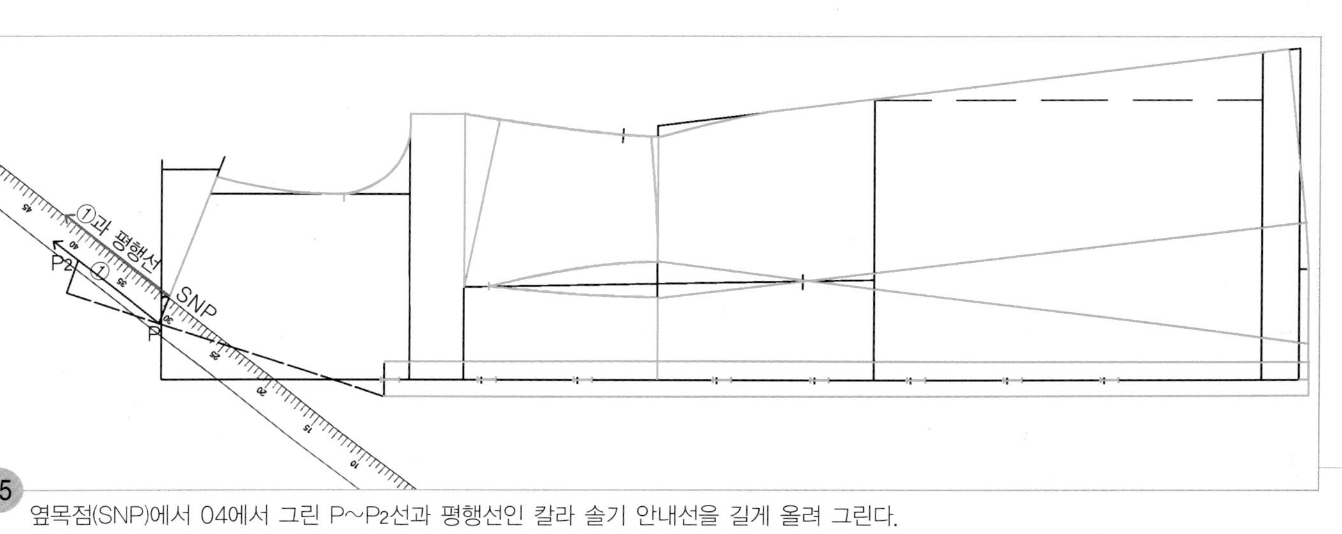

05 옆목점(SNP)에서 04에서 그린 P~P_2선과 평행선인 칼라 솔기 안내선을 길게 올려 그린다.

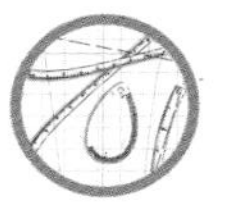

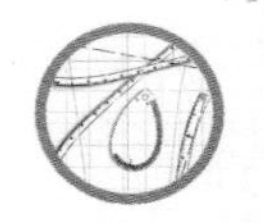

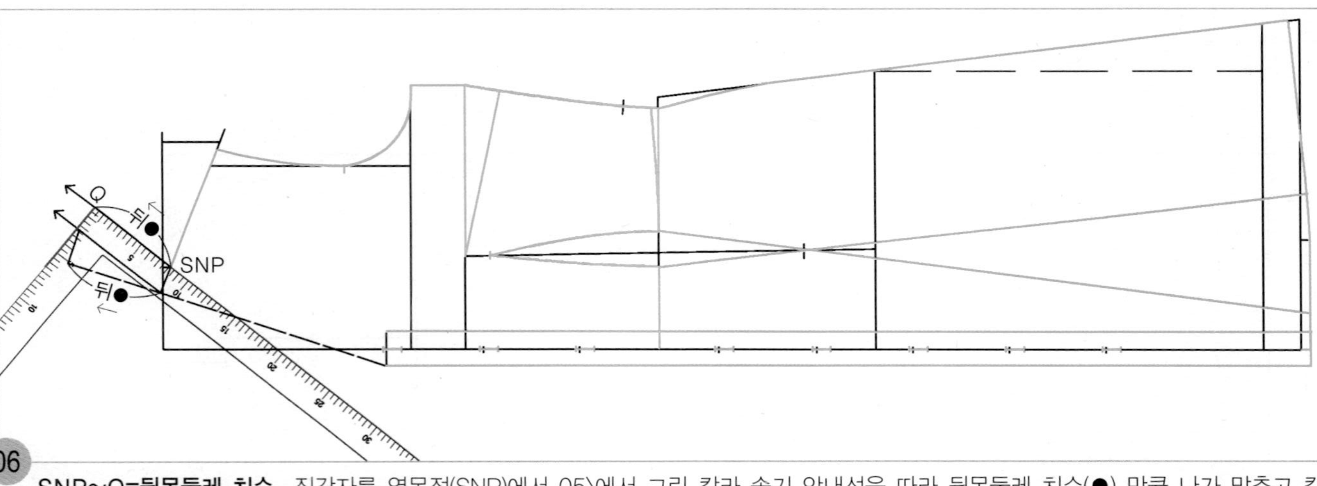

06

SNP~Q=뒷목둘레 치수 직각자를 옆목점(SNP)에서 05〉에서 그린 칼라 솔기 안내선을 따라 뒷목둘레 치수(●) 만큼 나가 맞추고 칼라의 뒤중심선(Q) 위치를 정한 다음, 직각으로 칼라 뒤중심선을 내려 그린다.

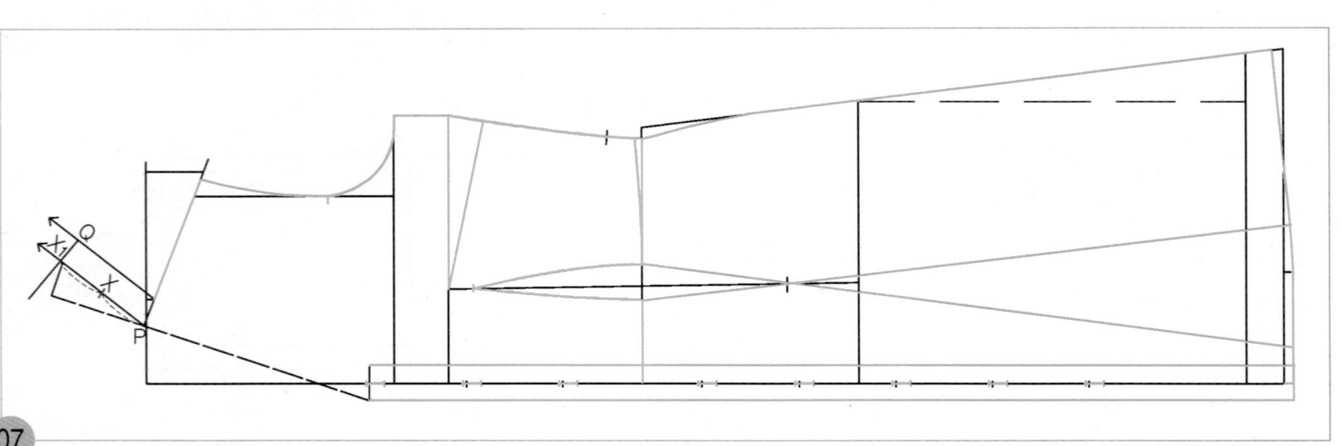

07

X=X1~P의 1/2 P점에서 P2점까지 연결하여 그린 안내선과 Q점에서 직각으로 내려 그린 칼라 뒤중심선과의 교점(X1)까지의 안내선을 2등분하여 1/2 위치를 X점으로 표시해 둔다.

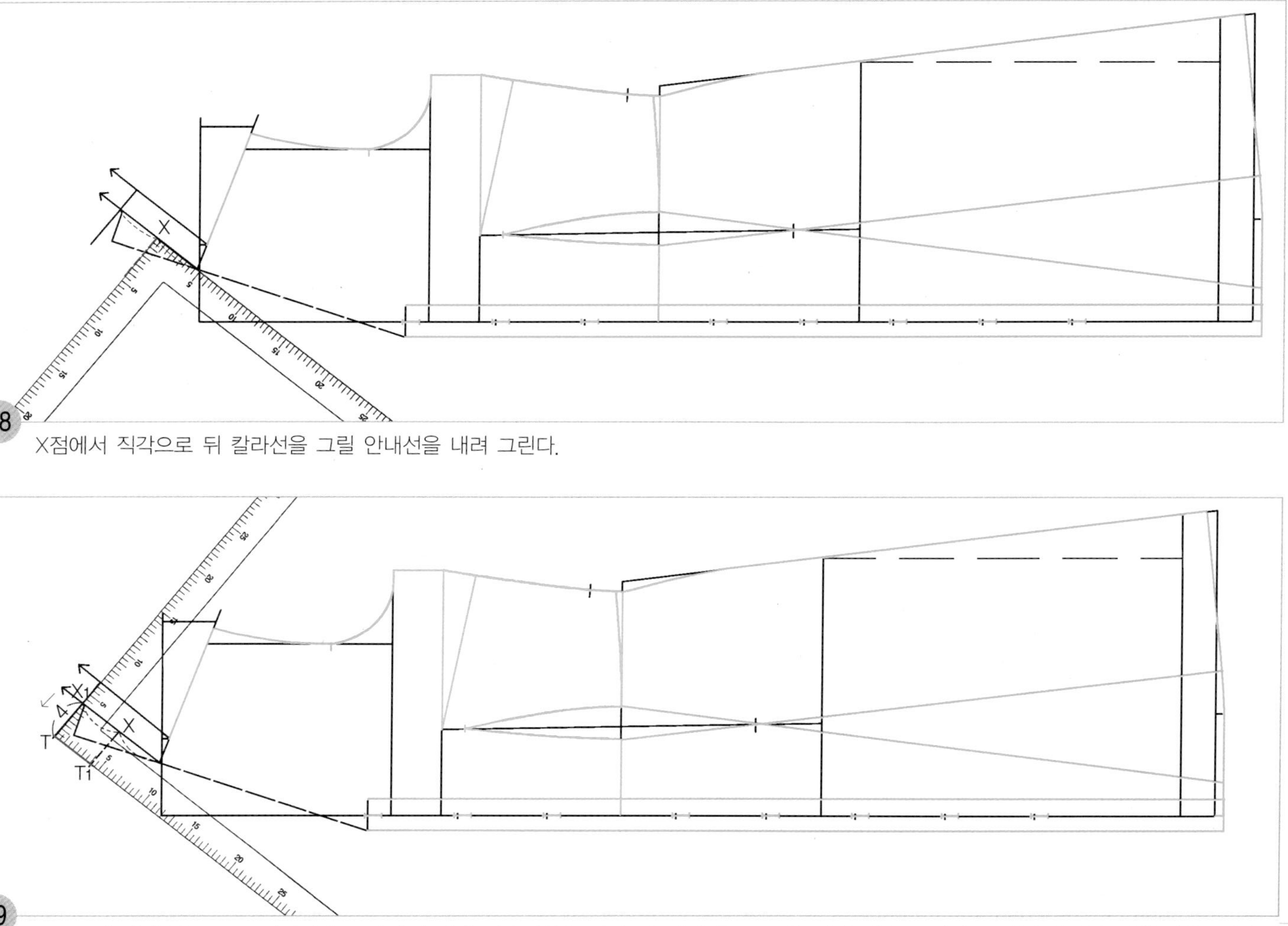

08 X점에서 직각으로 뒤 칼라선을 그릴 안내선을 내려 그린다.

09 **X_1~T=뒤 칼라 폭 4cm** 직각자를 X_1점에서 칼라 뒤중심선을 따라 뒤 칼라 폭 4cm를 내려 맞추고 칼라 끝점(T) 위치를 정한 다음, 직각으로 X점에서 직각으로 내려 그린 안내선까지 뒤 칼라 완성선을 그리고 그 교점을 T_1점으로 표시해둔다.

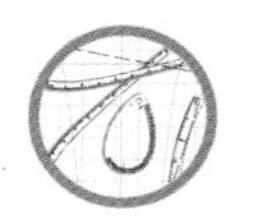

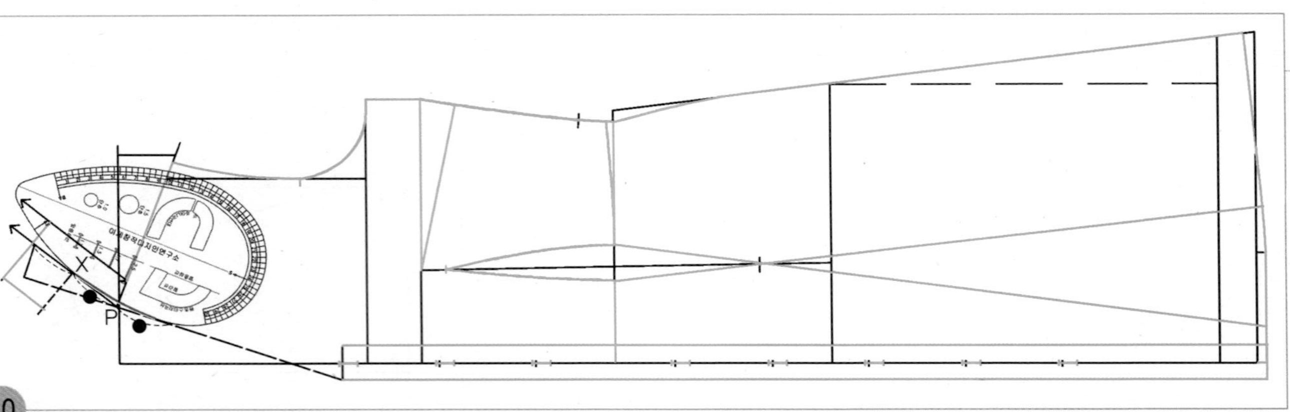

10 X점에서 P점까지의 길이(●)를 재어 그 길이(●)를 P점에서 라펠의 꺾임선을 따라 나간 위치와 P점이 각지지 않도록 X점을 앞AH자 쪽으로 연결하여 칼라 꺾임선을 곡선으로 수정한다.

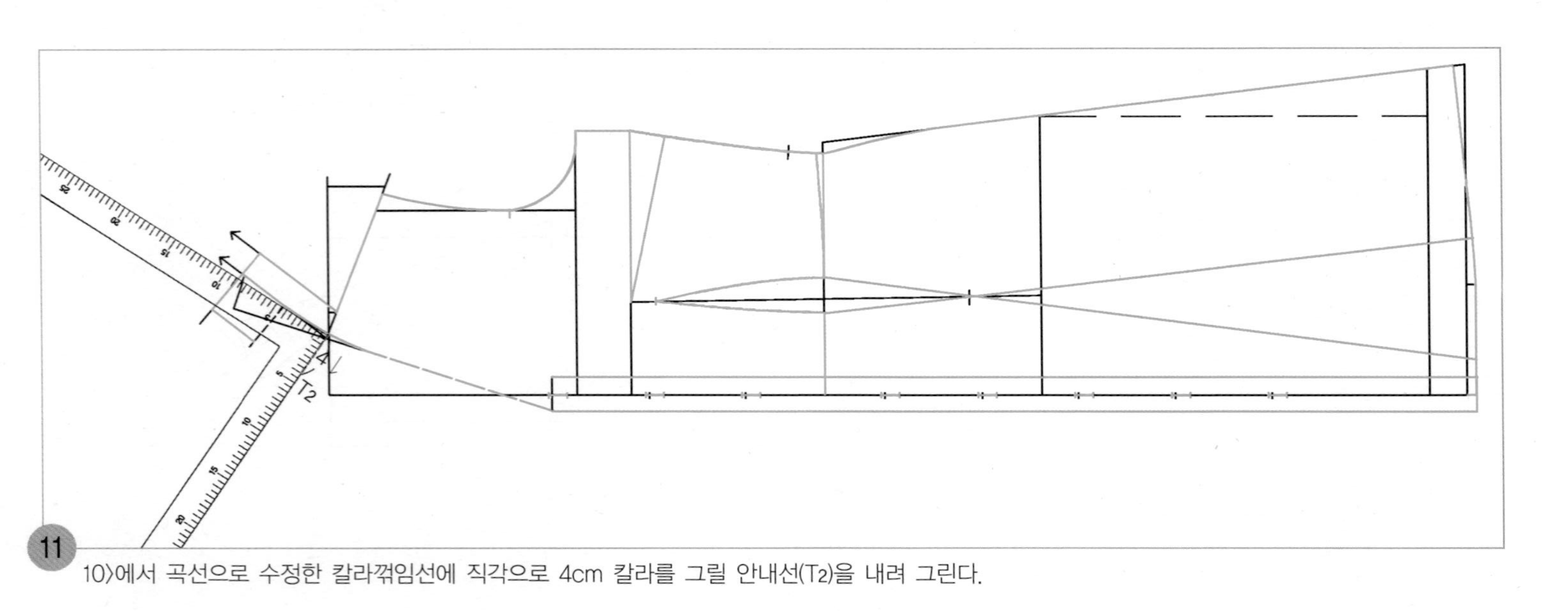

11 10)에서 곡선으로 수정한 칼라꺾임선에 직각으로 4cm 칼라를 그릴 안내선(T_2)을 내려 그린다.

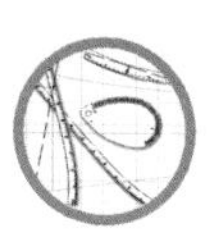

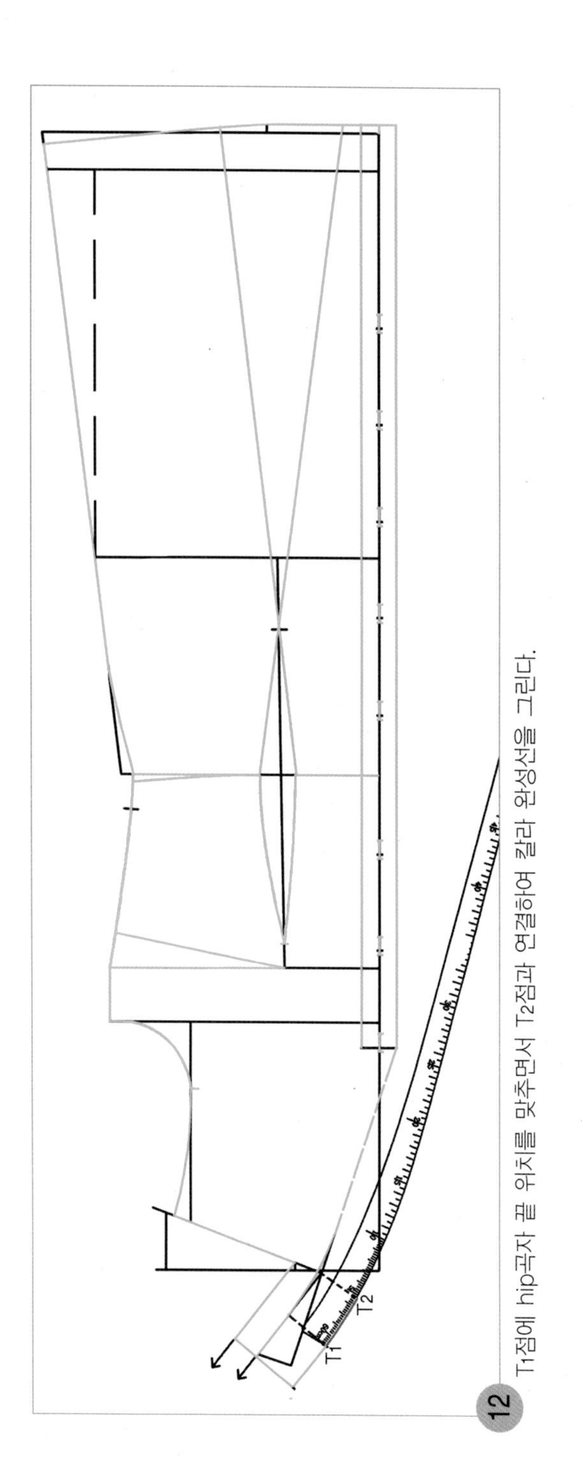

12 T₁점에 hip곡자 끝 위치를 맞추면서 T₂점과 연결하여 칼라 완성선을 그린다.

라펠의 꺾임선과 평행
3
Y
SNP

13 옆목점(SNP)에서 라펠의 꺾임선과 평행한 선으로 3cm 몸판의 솔기선(Y)을 그린다.

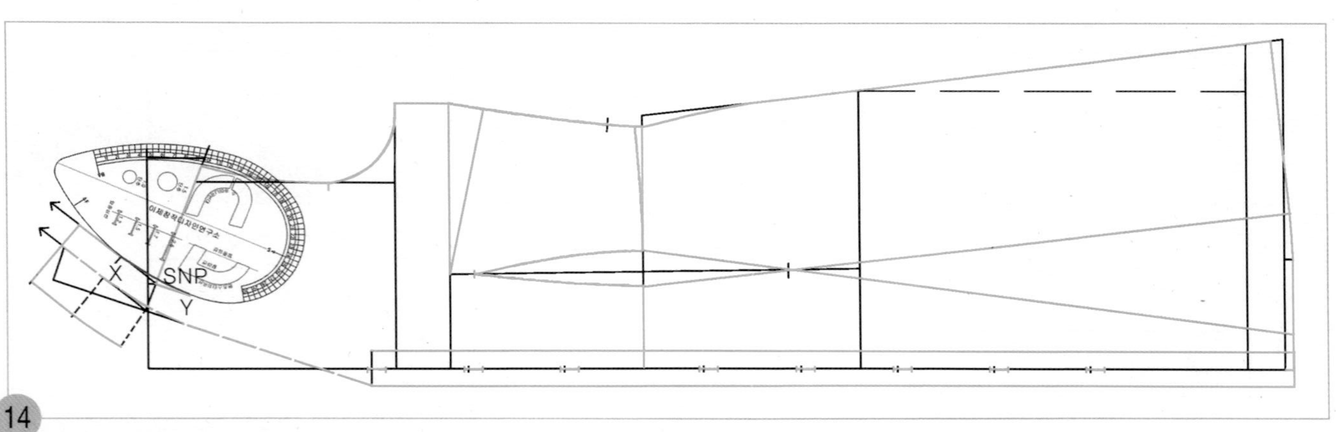

14 칼라 솔기선(X점과 같은 위치)과 Y점 두 점을 앞 AH자쪽으로 연결하여 칼라 솔기선을 곡선으로 수정한다.

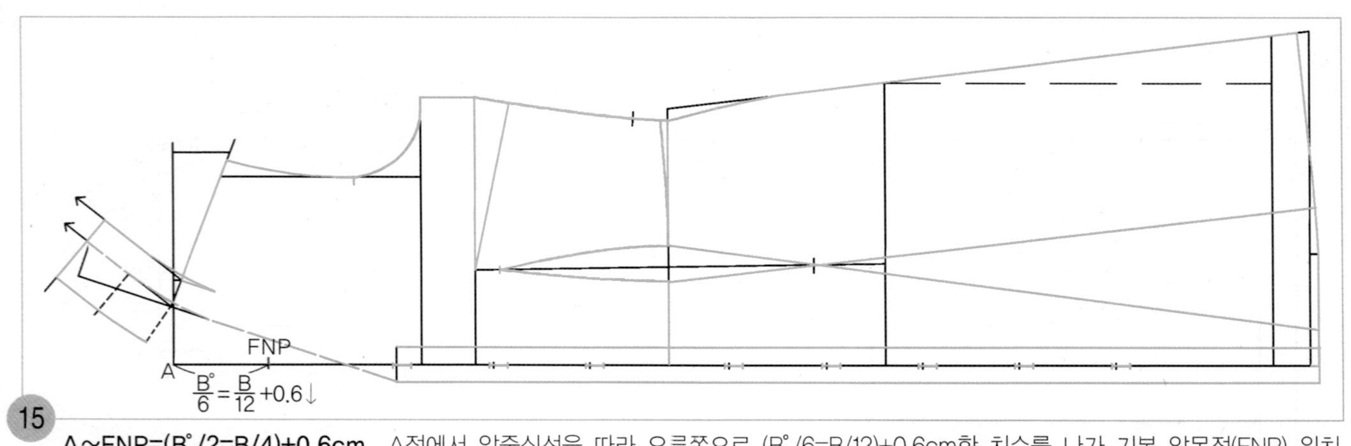

15 **A~FNP=(B°/2=B/4)+0.6cm** A점에서 앞중심선을 따라 오른쪽으로 (B°/6=B/12)+0.6cm한 치수를 나가 기본 앞목점(FNP) 위치를 표시한다.

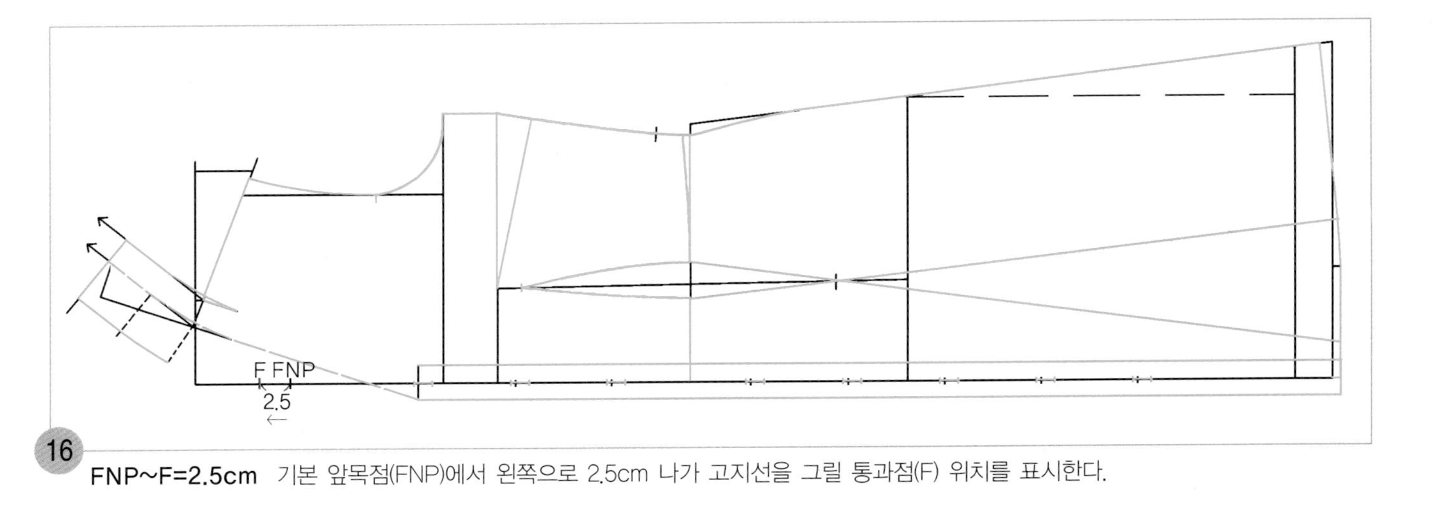

16 **FNP~F=2.5cm** 기본 앞목점(FNP)에서 왼쪽으로 2.5cm 나가 고지선을 그릴 통과점(F) 위치를 표시한다.

17 Y점과 F점 두 점을 직선자로 연결하여 라펠의 꺾임선에서 7cm 내려온 곳까지 고지선(Y1)을 내려 그린다.

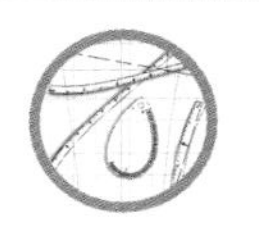

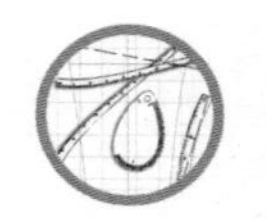

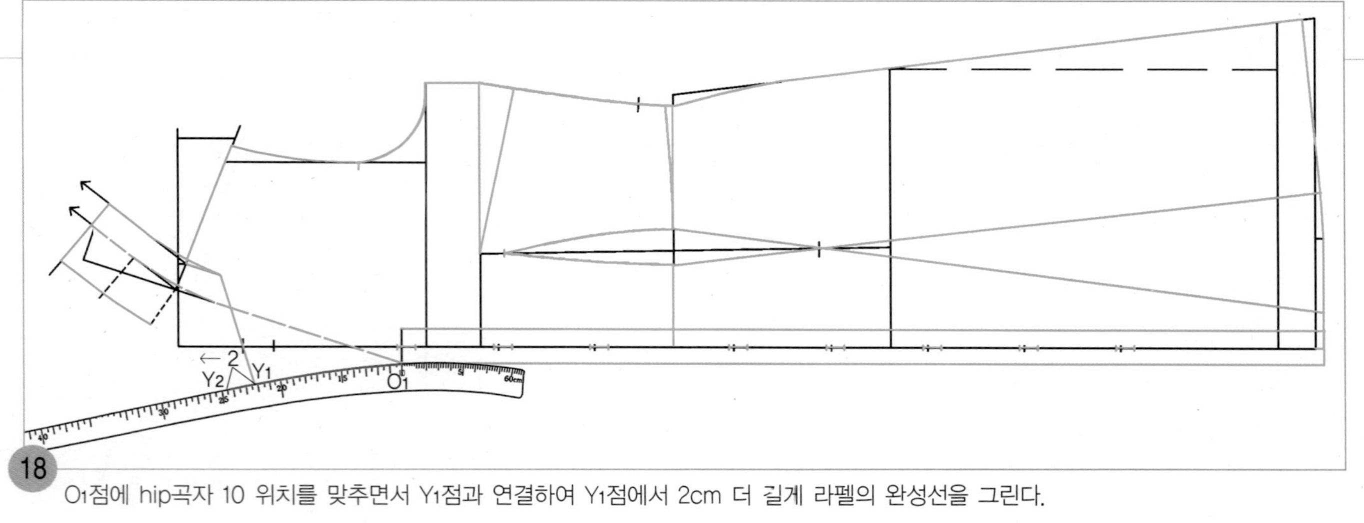

18 O1점에 hip곡자 10 위치를 맞추면서 Y1점과 연결하여 Y1점에서 2cm 더 길게 라펠의 완성선을 그린다.

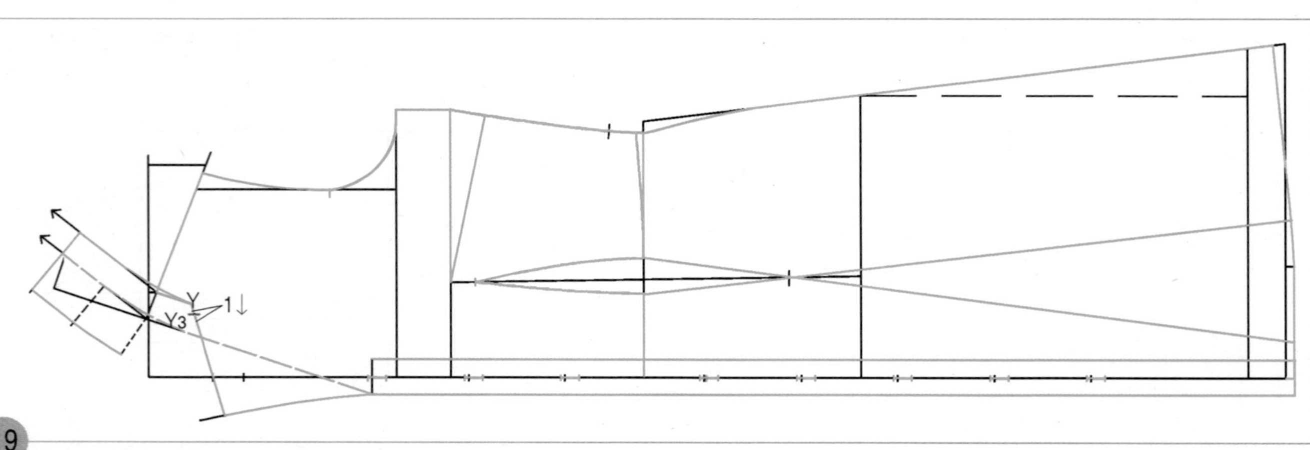

19 **Y~Y3=1cm** Y점에서 고지선을 따라 1cm 내려와 앞여밈 덧단의 솔기선을 그릴 안내점(Y3) 위치를 표시한다.

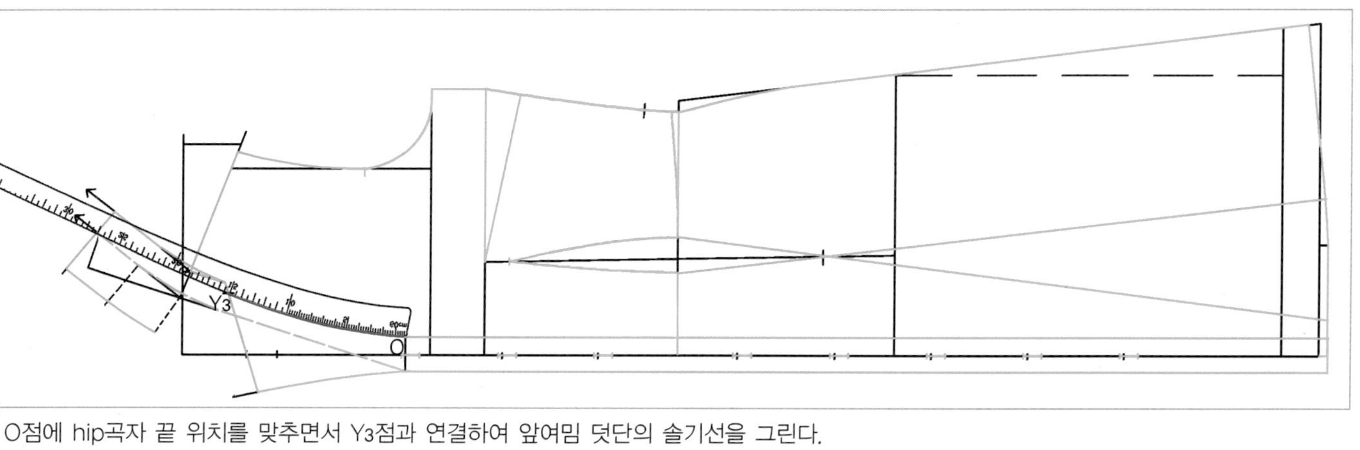

20 O점에 hip곡자 끝 위치를 맞추면서 Y3점과 연결하여 앞여밈 덧단의 솔기선을 그린다.

21 T_2점에 hip곡자 끝 또는 1 위치를 맞추면서 Y_2점과 연결하여 남은 칼라 완성선을 그린다.

주 T_2점에 hip곡자 끝 위치를 맞추면 약간 둥근 모양이 되고 hip곡자 1 위치를 맞추면 곡선이 약해진다. 따라서 원하는 모양으로 hip 곡자의 위치를 이동하여도 좋다.

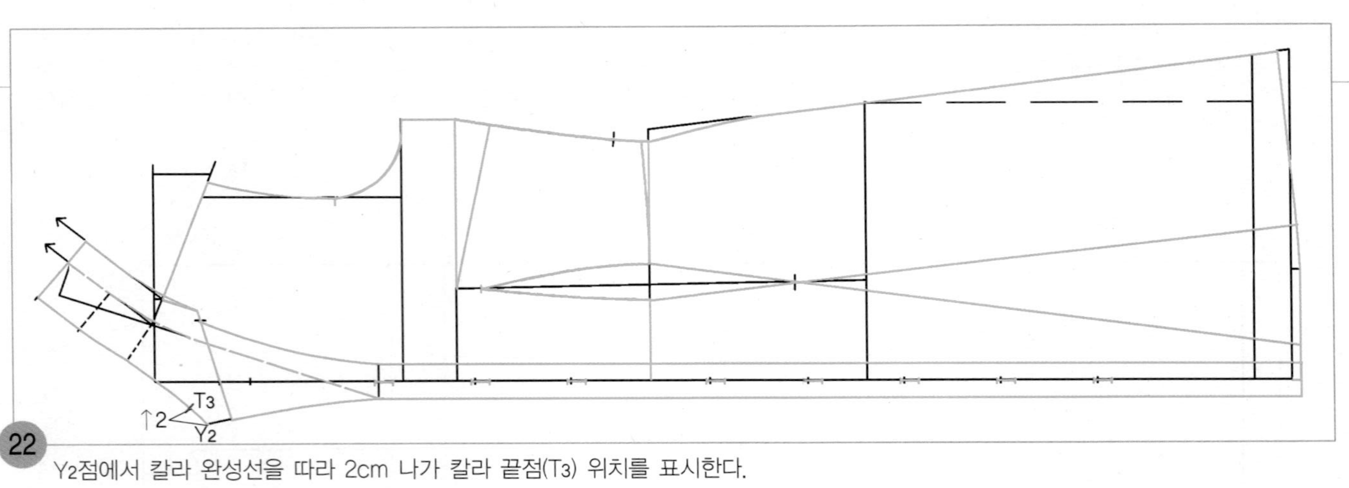

22 Y_2점에서 칼라 완성선을 따라 2cm 나가 칼라 끝점(T_3) 위치를 표시한다.

23 F점과 T_3점 두 점을 직선자로 연결하여 칼라 끝 완성선을 그린다.

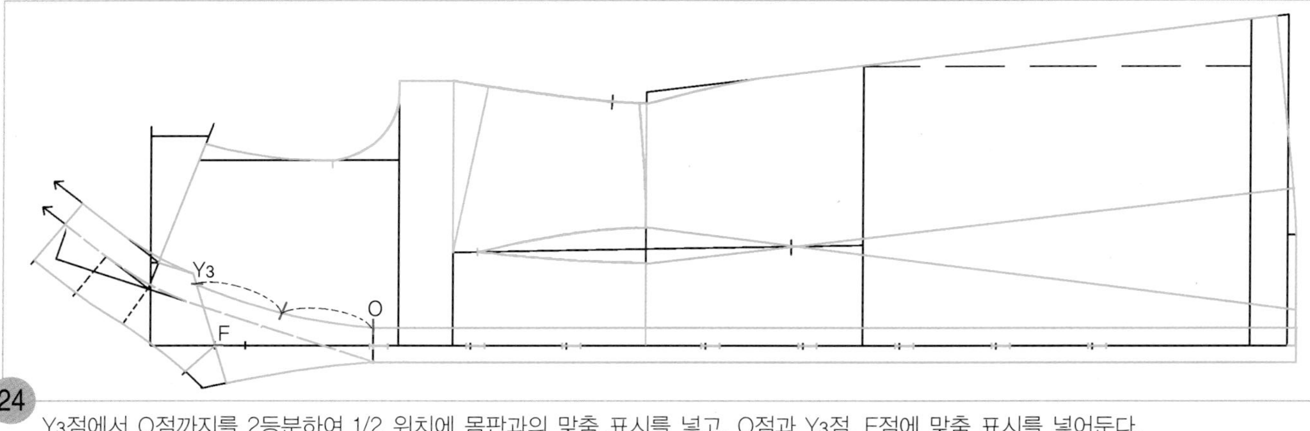

24 Y3점에서 O점까지를 2등분하여 1/2 위치에 몸판과의 맞춤 표시를 넣고, O점과 Y3점, F점에 맞춤 표시를 넣어둔다.

소매 제도하기

1. 기초선을 그린다.

SP~C=앞뒤 진동둘레선(AH)
SP에서 C점까지의 앞뒤 진동둘레선(AH) 길이를 각각 잰 다음, 뒤판의 BNP에서 CL점까지의 진동 깊이 길이를 재어둔다.

주 뒤AH 치수-앞AH 치수=1.8cm 내외가 가장 이상적 치수이다. 즉 뒤AH 치수가 앞AH 치수보다 1.8cm 정도 더 길어야 하며 허용 치수는 ±0.2cm까지이다.

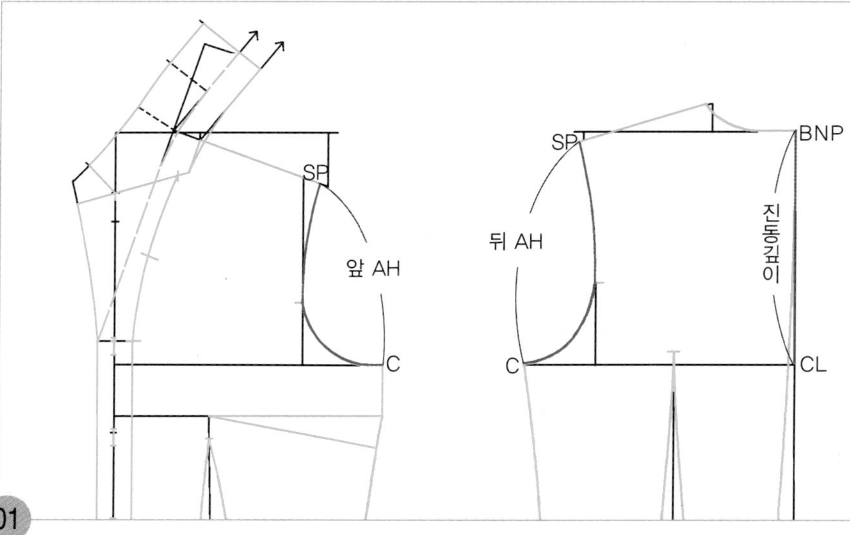

01

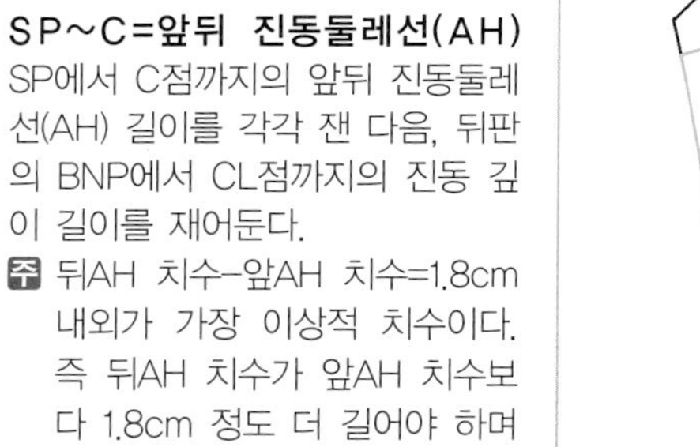

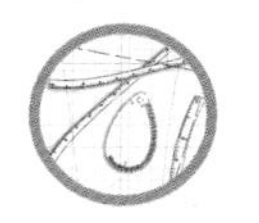

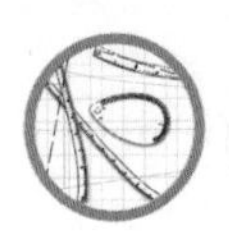

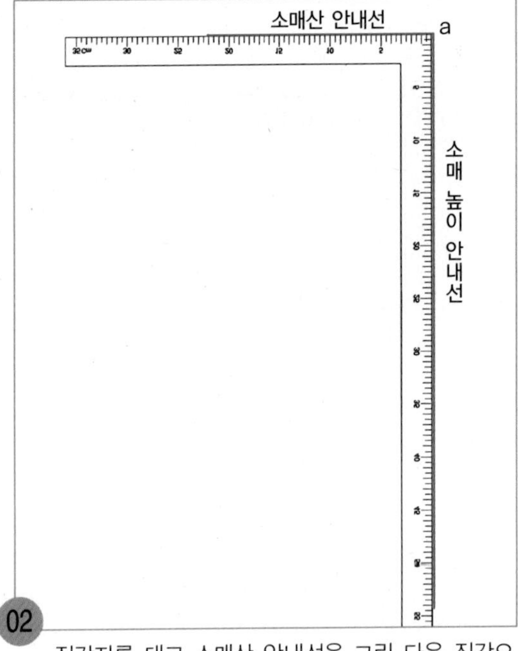

02

직각자를 대고 소매산 안내선을 그린 다음 직각으로 소매산 높이 안내선을 내려 그린다. 여기서는 직각점을 a로 표기해 둔다.

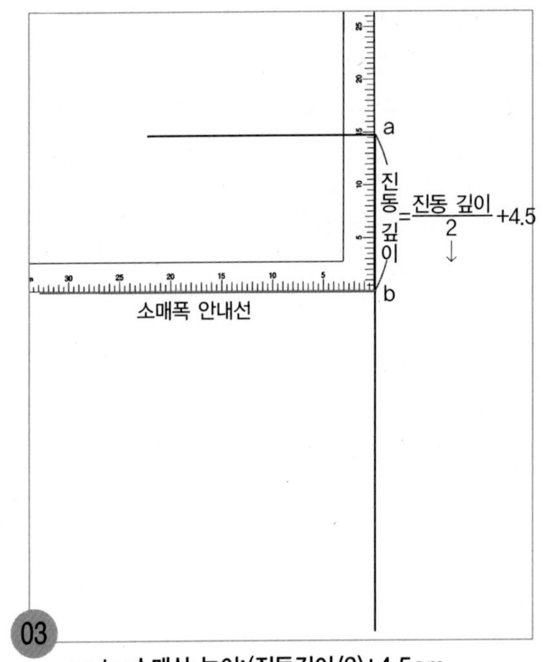

03

a~b=소매산 높이:(진동깊이/2)+4.5cm

직각자를 a점에서 소매산 높이 즉(진동 깊이/2)+4.5cm한 치수 만큼 내려 맞추고 앞소매폭점(b) 위치를 정한 다음, 직각으로 소매폭 안내선을 그린다.

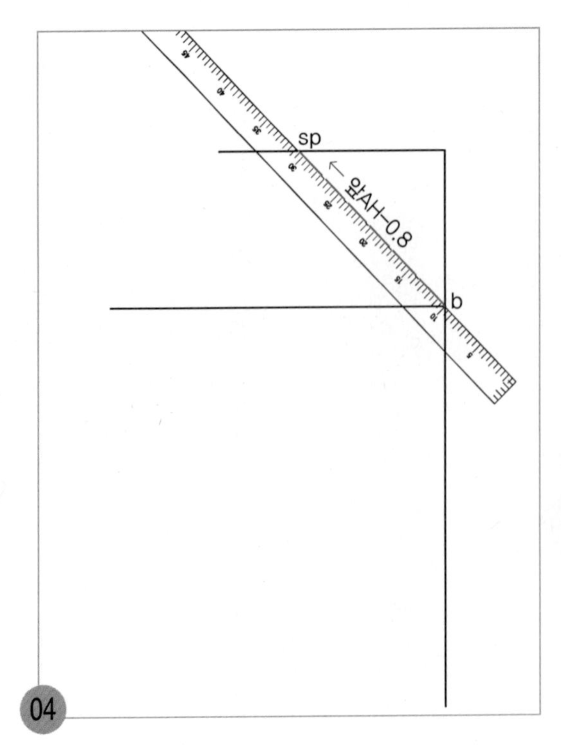

04

b~sp=앞AH 치수−0.8cm

앞소매폭점(b)에서 소매산 안내선을 향해 앞AH 치수−0.8cm한 치수가 마주 닿는 위치에 소매산점(sp)을 표시하고 점선으로 안내선을 그린다.

참고 점선으로 그리지 않고 소매산점(sp) 위치만 표시하여도 된다.

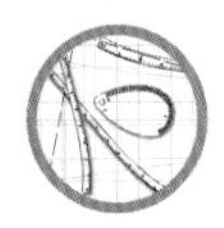

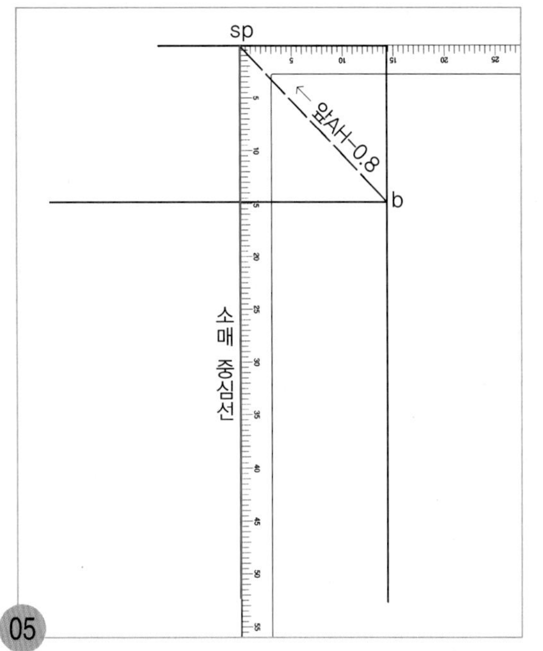

소매산점(sp)에서 직각으로 소매 중심선을 내려 그린다.

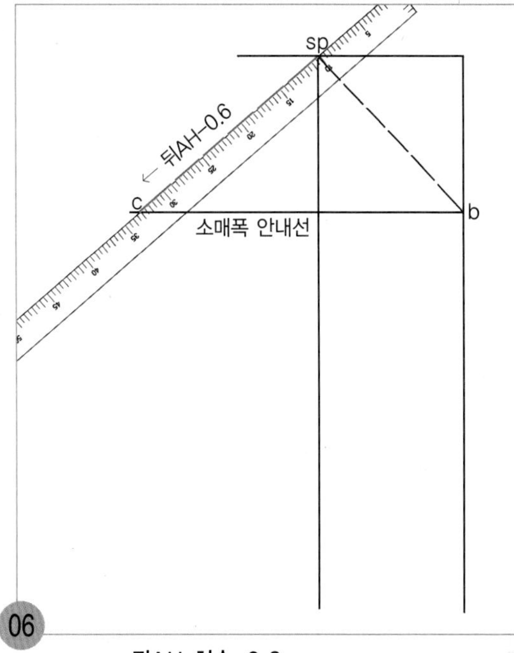

sp~c=뒤AH 치수-0.6cm

소매산점(sp)에서 소매폭 안내선을 향해 뒤AH 치수-0.6cm한 치수가 마주 닿는 위치에 뒤 소매폭점(c) 위치를 표시하고 점선으로 안내선을 그린다.

참고 점선으로 그리지 않고 뒤소매폭점(c) 위치만 표시하여도 된다.

2. 소매산 곡선을 그릴 안내선을 그린다.

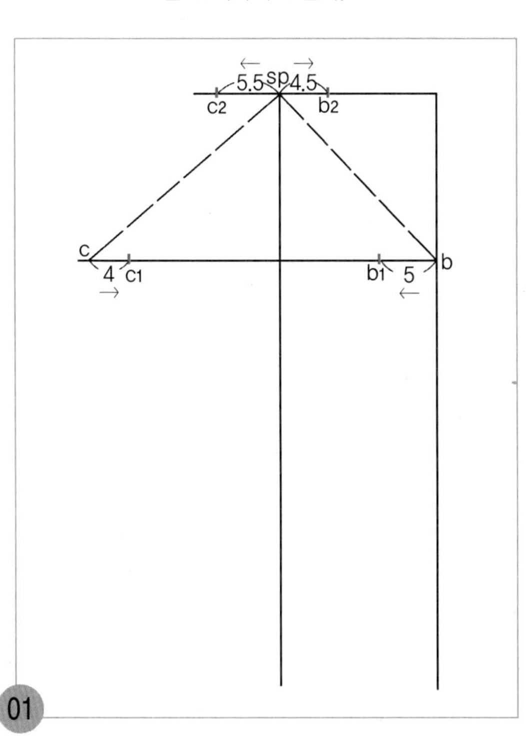

b~b1=5cm, c~c1=4cm, sp~b2=4.5cm, sp~c2=5.5cm

앞소매폭 끝점(b)에서 5cm 소매폭선을 따라 들어가 앞소매산 곡선을 그릴 안내선 점(b1) 위치를 표시하고, 뒤소매폭 끝점(c)에서 4cm 소매폭선을 따라 들어가 뒤소매산 곡선을 그릴 안내선 점(c1) 위치를 표시한 다음, 소매산점(sp)에서 앞소매쪽으로 4.5cm, 뒤소매쪽으로 5.5cm 나가 앞뒤 소매산 곡선을 그릴 안내점(b2, c2) 위치를 각각 표시한다.

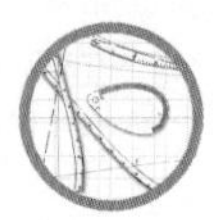

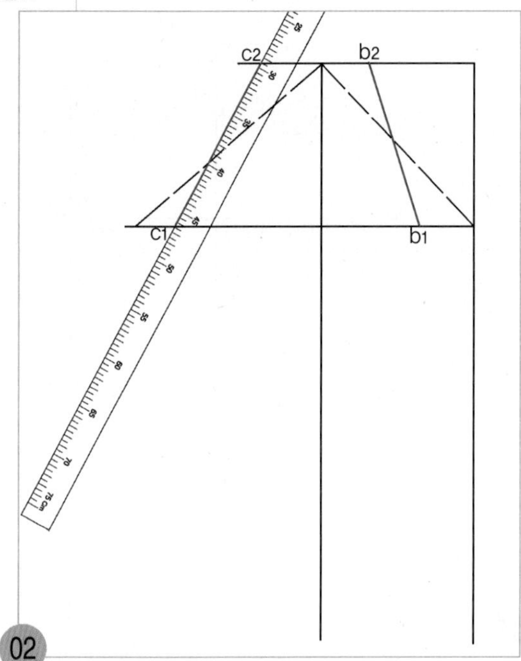

b_1~b_2=앞소매산 곡선 안내선,
c_1~c_2=뒤소매산 곡선 안내선
b_1~b_2, c_1~c_2 두 점을 각각 직선자로 연결하여 소매산 곡선을 그릴 안내선을 그린다.

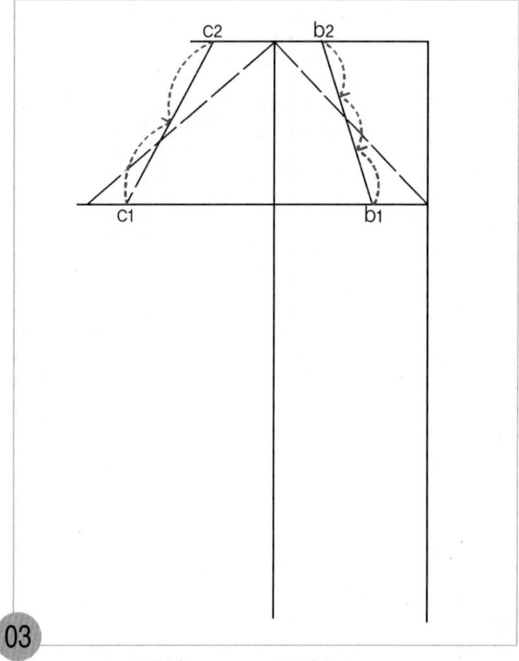

b_1~b_2=3등분, c_1~c_2=2등분
앞소매산 곡선 안내선(b_1~b_2)은 3등분, 뒤소매산 곡선 안내선(c_1~c_2)은 2등분한다.

3. 소매산 곡선을 그린다.

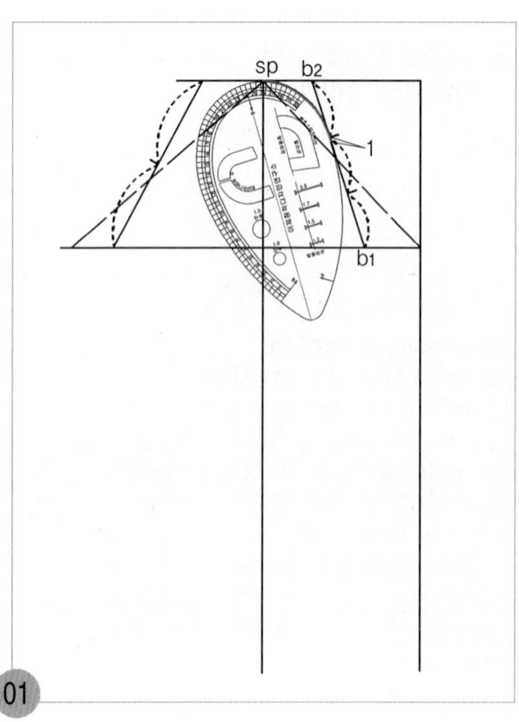

앞소매산 곡선 안내선의 1/3 위치와 소매산점(sp)을 앞AH자로 연결하였을 때 1/3 위치에서 소매산 곡선 안내선을 따라 1cm가 자연스럽게 앞소매산 곡선 안내선과 이어지는 곡선으로 맞추어 앞소매산 곡선을 그린다.

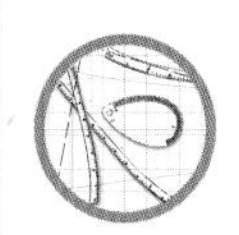

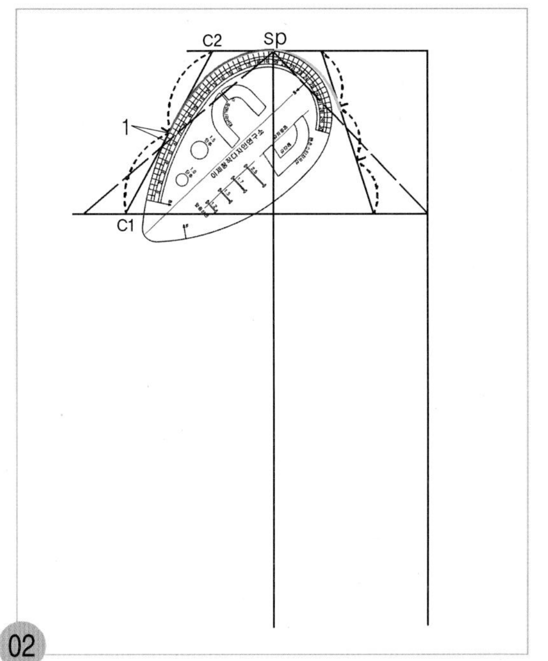

02

뒤소매산 곡선 안내선의 1/2 위치와 소매산점(sp)을 뒤AH자로 연결하였을 때 1/2 위치에서 1cm가 자연스럽게 뒤소매산 곡선 안내선과 이어지는 곡선으로 맞추어 뒤소매산 곡선을 그린다.

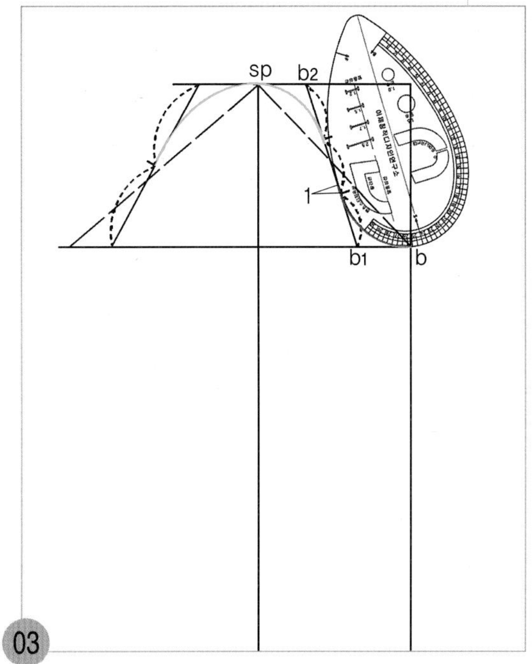

03

앞소매폭점(b)과 앞소매산 곡선 안내선의 1/3 위치를 앞AH자로 연결하였을 때 1/3 위치에서 앞소매산 곡선 안내선을 따라 1cm가 자연스럽게 이어지는 곡선으로 맞추어 남은 앞소매산 곡선을 그린다.

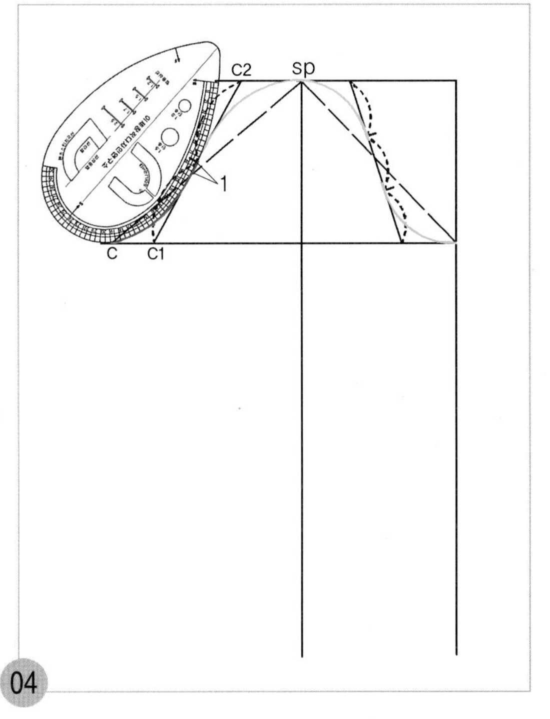

04

뒤소매폭점(c)과 뒤소매산 곡선 안내선의 1/2 위치를 뒤AH자로 연결하였을 때 뒤AH자가 뒤소매산 곡선 안내선과 마주 닿으면서 1cm가 자연스럽게 이어지는 곡선으로 맞추어 남은 뒤소매산 곡선을 그린다.

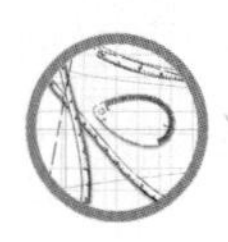

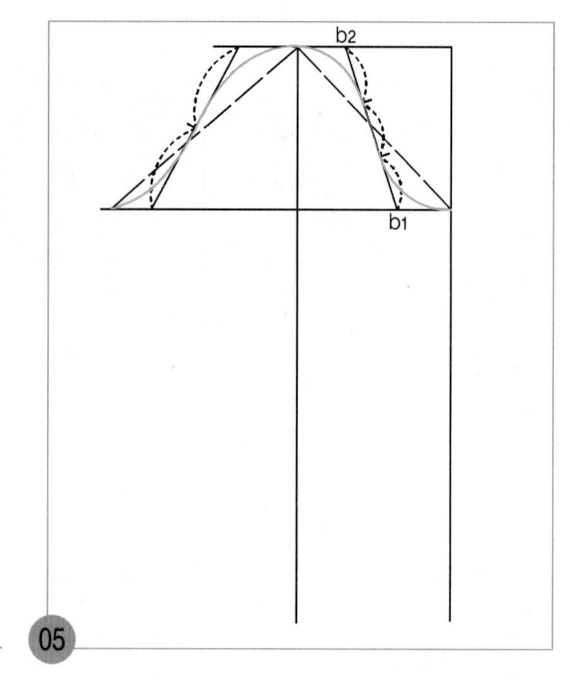

적색으로 표시된 앞소매산 곡선 안내선의 중앙에 있는 1/3 분량은 소매산 곡선 안내선을 소매산 곡선으로 사용한다.

4. 소매 밑선을 그린다.

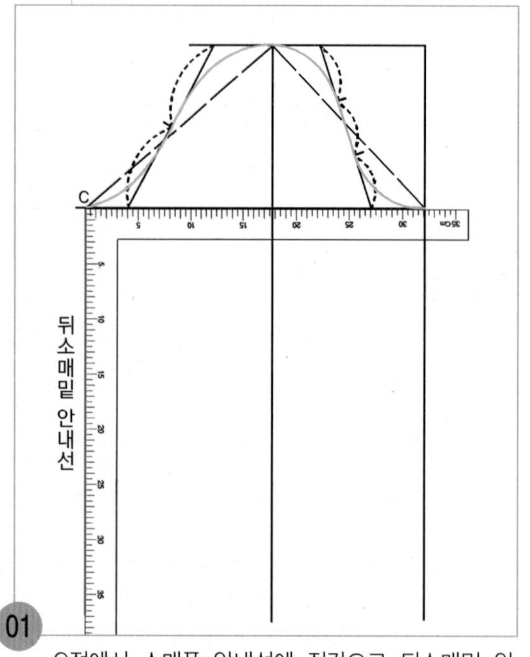

C점에서 소매폭 안내선에 직각으로 뒤소매밑 안내선을 내려 그린다.

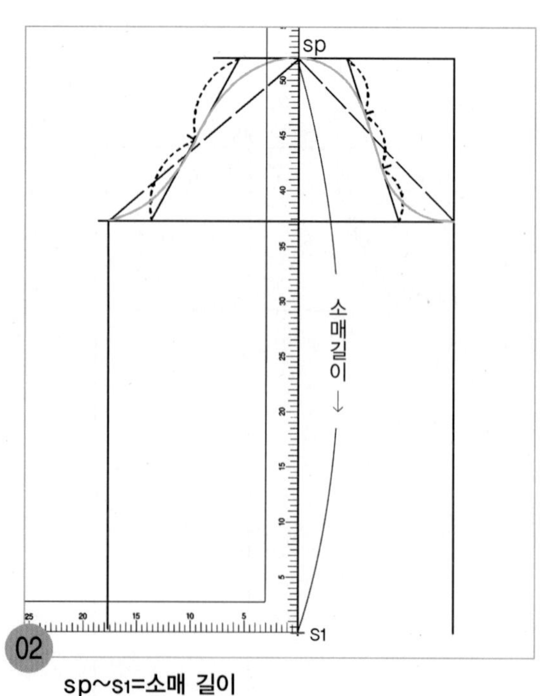

sp~s1=소매 길이

소매산점(sp)에서 소매 중심선을 따라 소매 길이만큼 내려와 소매단(s1) 위치를 표시한다.

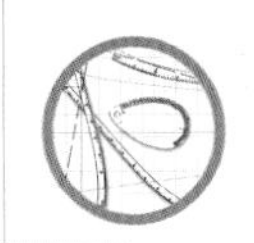

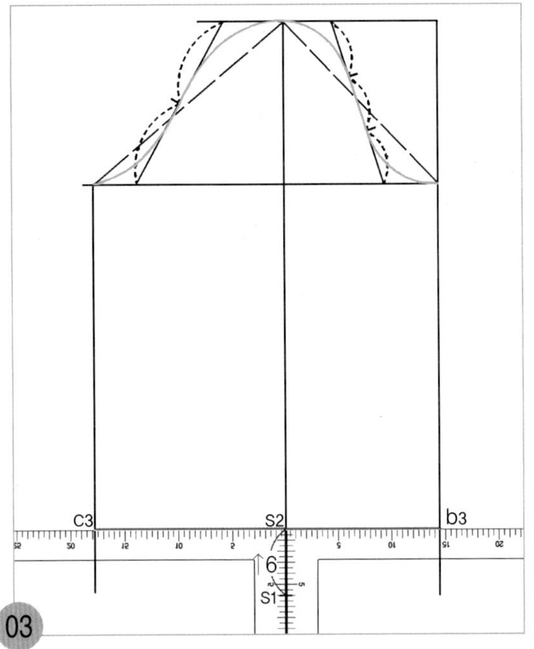

s_1~s_2=6cm

직각자를 S_1점에서 6cm 올려 맞추고 소매단 솔기선을 그릴 안내점(S_2) 위치를 정한 다음, 직각으로 앞뒤 소매밑선(b_3, c_3)까지 소매단 솔기선을 그린다.

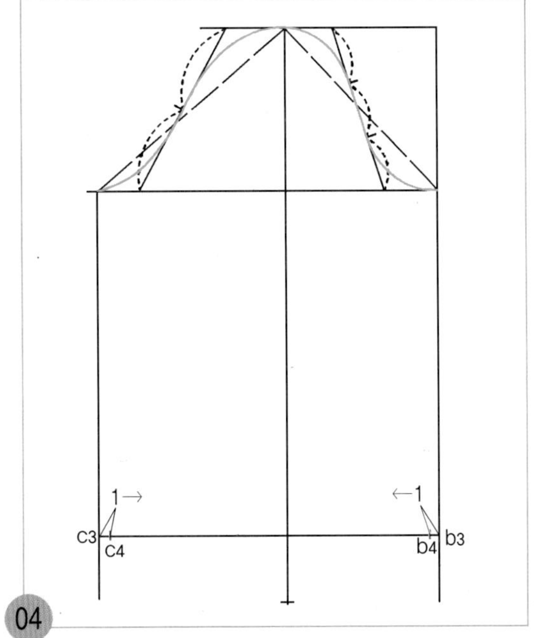

b_3~b_4, c_3~c_4=1cm

b_3점과 c_3점에서 각각 1cm씩 들어가 소매단 솔기선폭 끝점(b_4, c_4) 위치를 각각 표시한다.

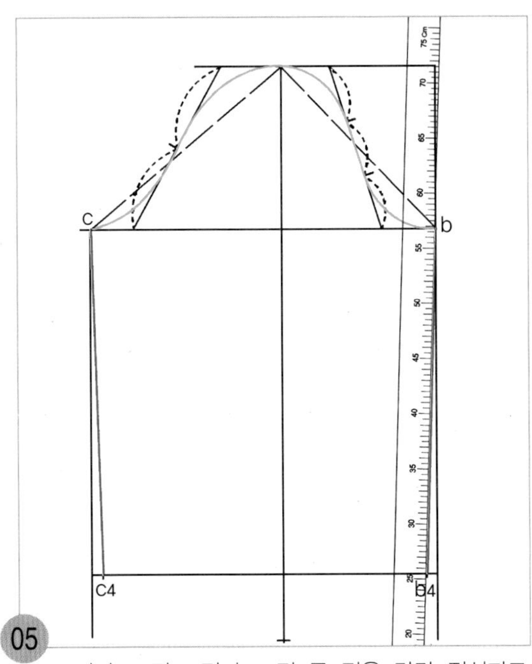

b점과 b_4점, c점과 c_4점 두 점을 각각 직선자로 연결하여 소매밑 완성선을 그린다.

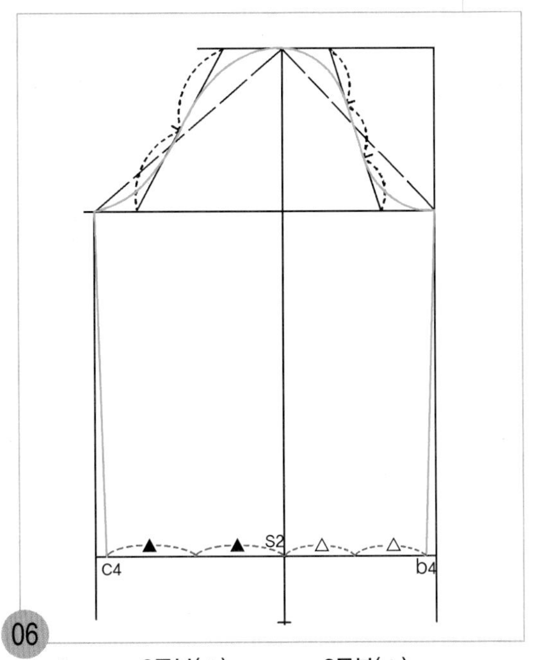

b_4~s_2=2등분(△), c_4~s_2=2등분(▲)

b_4점에서 s_2점까지의 앞소매단 솔기선(△)을 2등분하고, c_4점에서 s_2점까지의 뒤소매단 솔기선(▲)을 2등분한다.

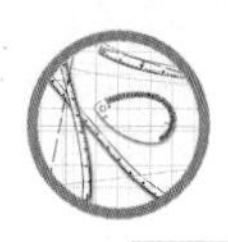

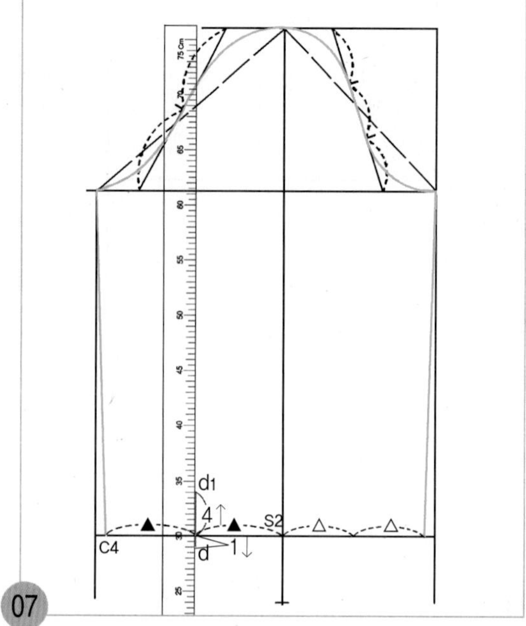

c_4점에서 s_2점까지의 1/2 위치에서 소매산쪽으로 4cm, 아래쪽으로 1cm 소매 슬래시 중심선(d_1, d)을 그린다.

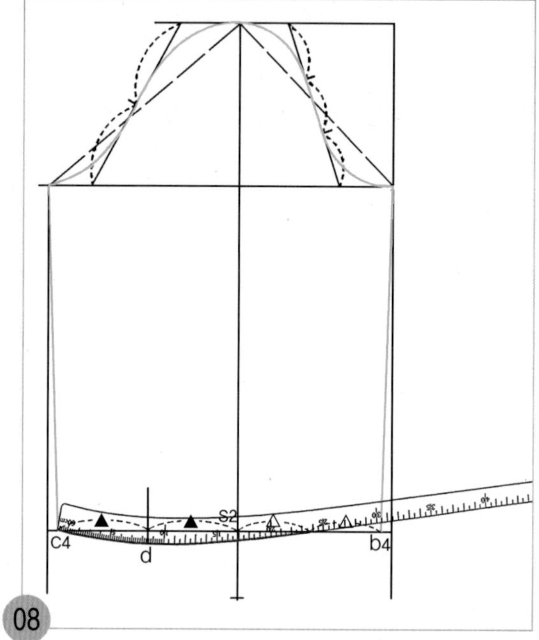

c_4점에 hip곡자 끝 위치를 맞추면서 d점을 통과, 앞소매단 솔기선의 1/2 위치와 연결하여 소매단 솔기 완성선을 그린다.

주 자의 곡선 상태에 따라 d점을 통과하지 않으면 c_4점에 hip곡자 끝 위치를 맞추면서 d점과 연결하여 곡선으로 그리고 나서, 곡선으로 그린 선과 자연스럽게 연결되면서 앞소매단 솔기선의 1/2 위치와 연결되도록 맞추어 그리도록 한다.

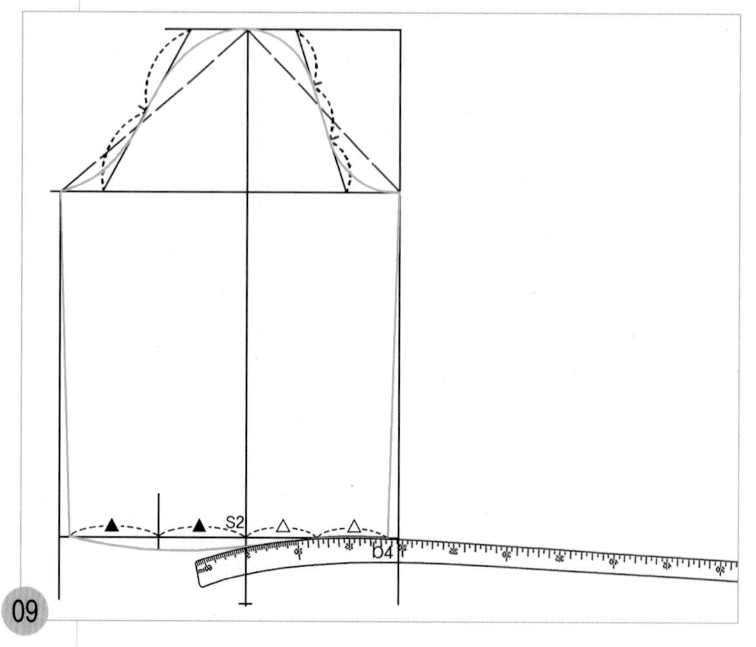

앞소매단 솔기선의 1/2 위치가 각지지 않도록 08에서 그린 선과 겹쳐지면서 b_4점과 연결되도록 맞추어 앞소매단 솔기 완성선을 그린다.

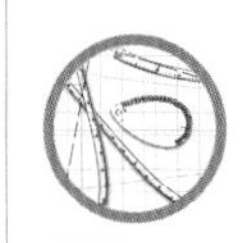

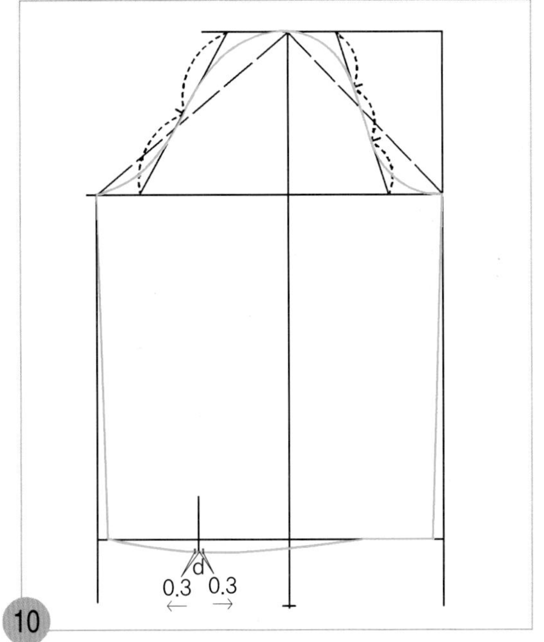

10

d점에서 좌우로 0.3cm씩 나가 슬래시 트임끝 위치를 각각 표시한다.

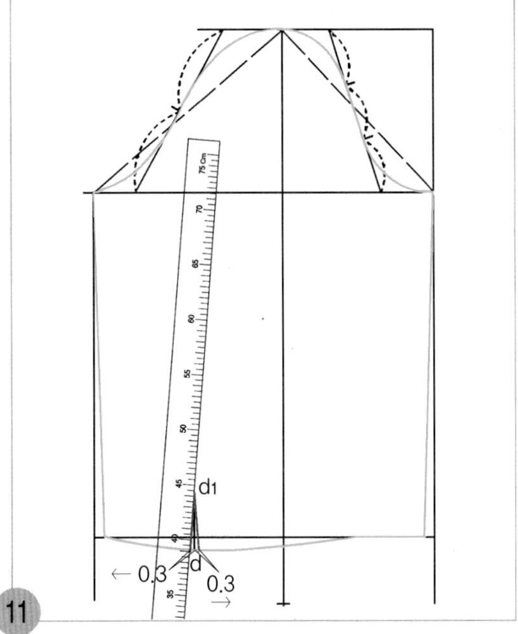

11

10에서 0.3cm씩 나가 표시한 슬릿 트임끝 위치와 d1점을 각각 직선자로 연결하여 소매단 슬래시 선을 그린다.

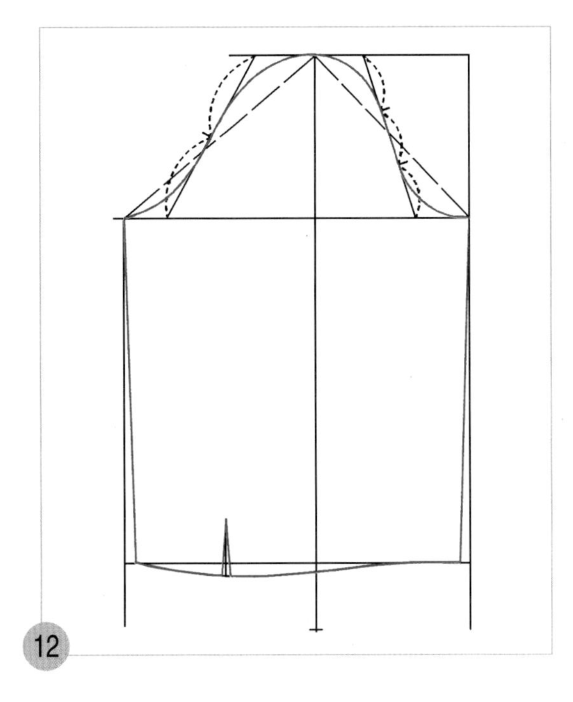

12

적색선이 소매의 완성선이다.

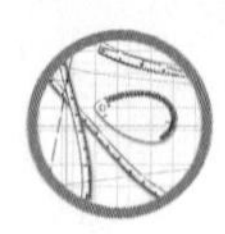

5. 소매단쪽 커프스를 그린다.

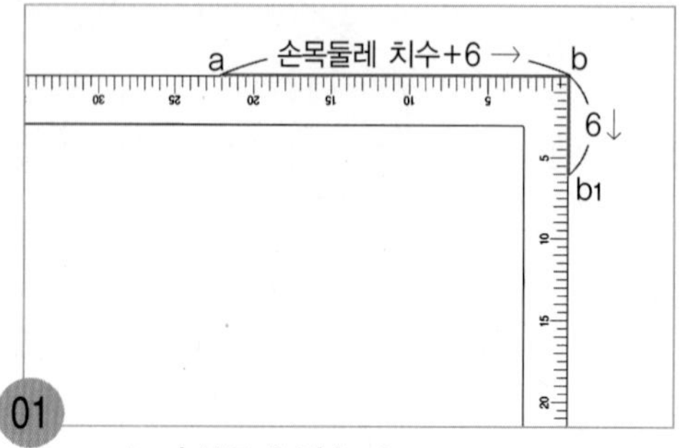

a~b=손목둘레 치수+6cm,
b~b1=6cm(커프스 폭)
직각자를 대고 a점에서 수평으로 손목둘레 치수+6cm의 커프스 솔기선(b)을 그린 다음, b점에서 직각으로 6cm 커프스 폭선(b1)을 내려 그린다.

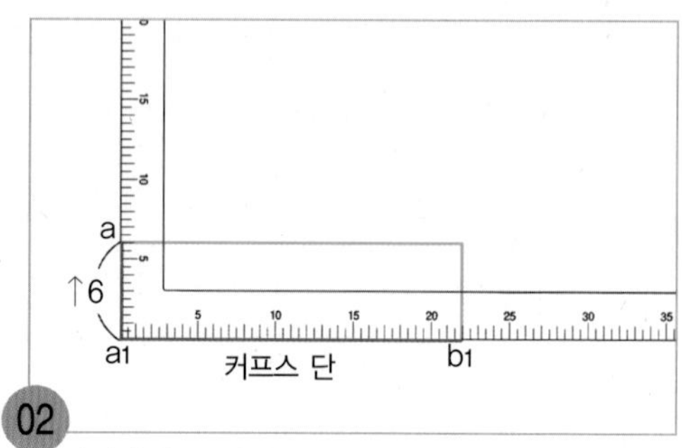

직각자를 뒤집어서 a점에서 6cm 내려 맞추면서 b1점과 연결하여 커프스 폭선(a1)과 커프스 단선(b1)을 그린다.

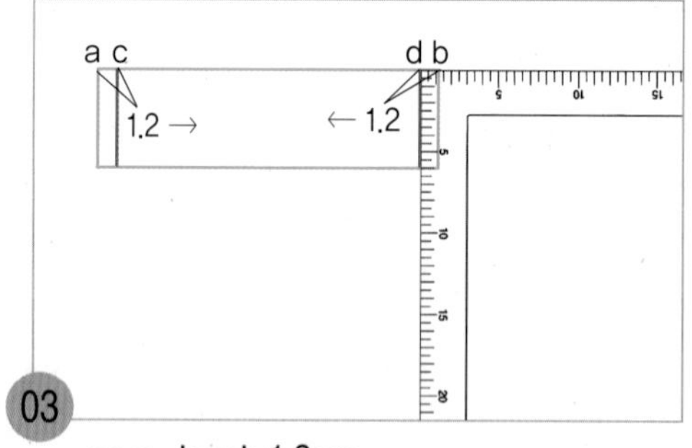

a~c, b~d=1.2cm
a점과 b점에서 각각 1.2cm씩 들어가 커프스 단선까지 단추 위치의 안내선을 내려 그린다.

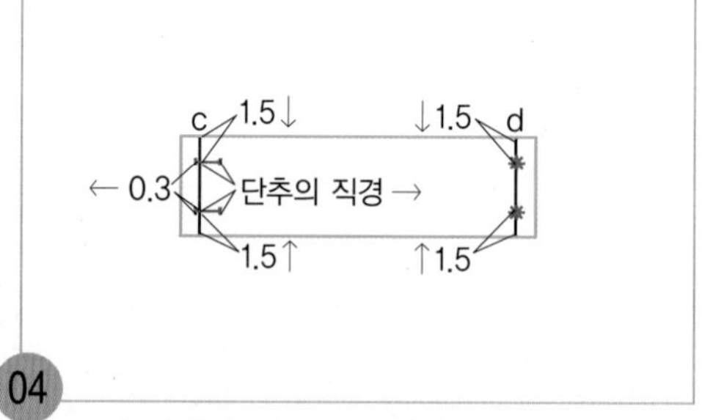

d의 선에서 커프스 솔기선과 커프스 단선에서 각각 1.5cm씩 들어가 단추 다는 위치를 표시하고, c의 선에서 커프스 솔기선과 커프스 단선에서 각각 1.5cm씩 들어가 단춧구멍 위치를 표시한 다음, 각 단춧구멍 위치에서 왼쪽으로 0.3cm, 오른쪽으로 단추의 직경 치수를 나가 단춧구멍 트임 끝 위치를 각각 표시한다.

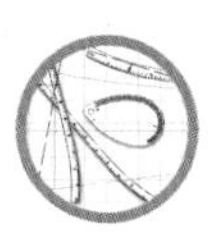

패턴 분리하기

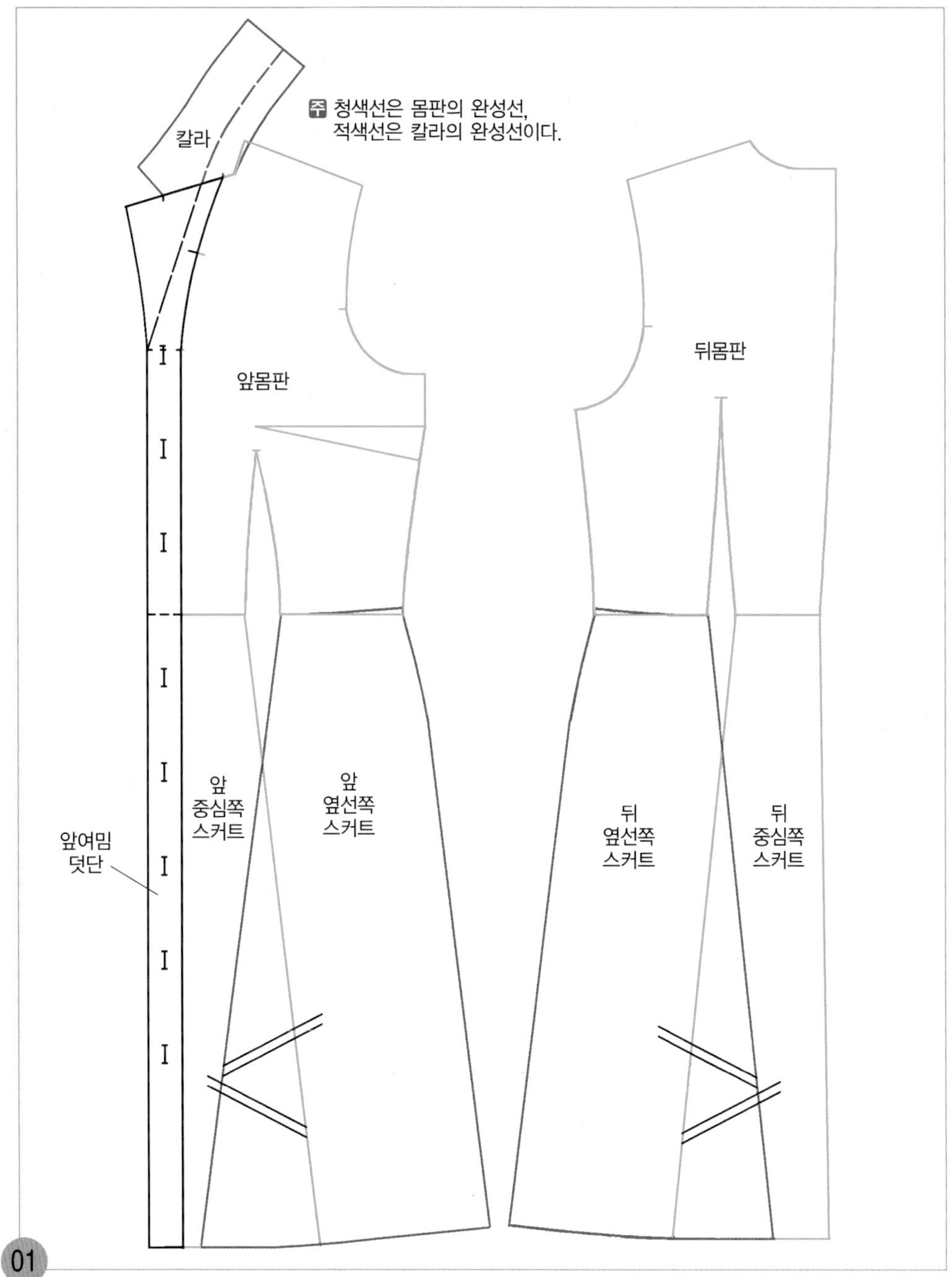

01

앞뒤 중심쪽과 옆선쪽의 스커트의 솔기선이 교차되었으므로 적색으로 그려진 앞뒤 옆선쪽 스커트의 완성선과 칼라의 완성선을 새 패턴지에 옮겨 그린다.

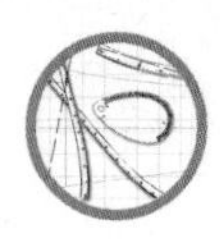

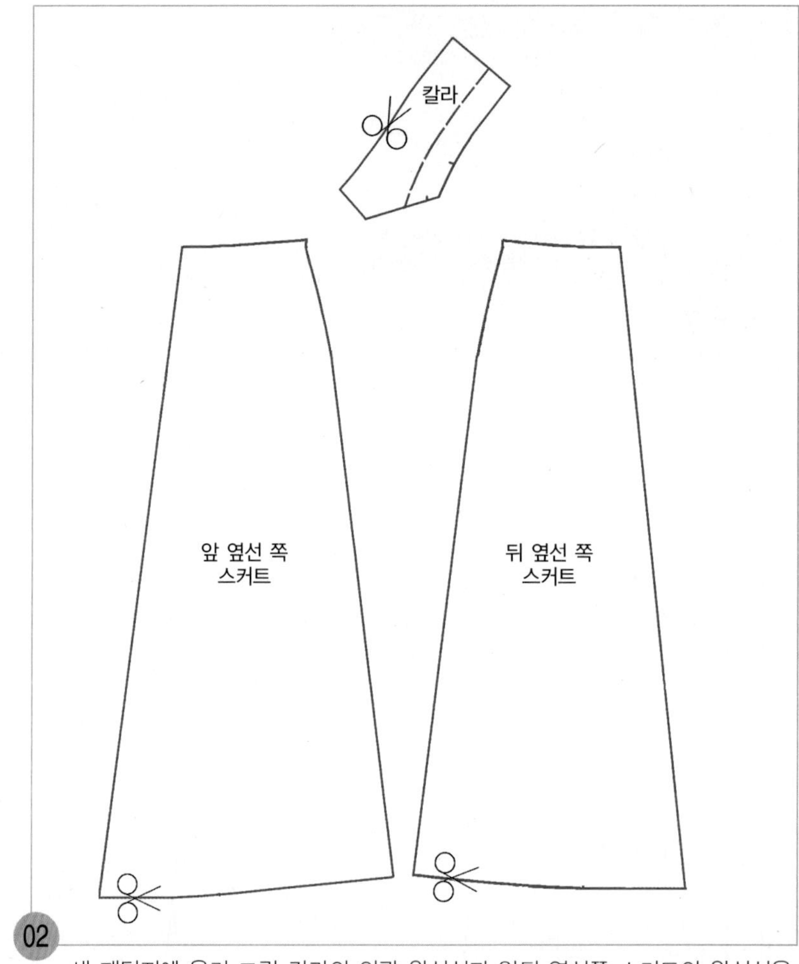

02

새 패턴지에 옮겨 그린 칼라의 외곽 완성선과 앞뒤 옆선쪽 스커트의 완성선을 따라 오려낸다.

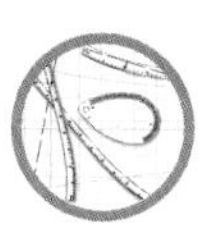

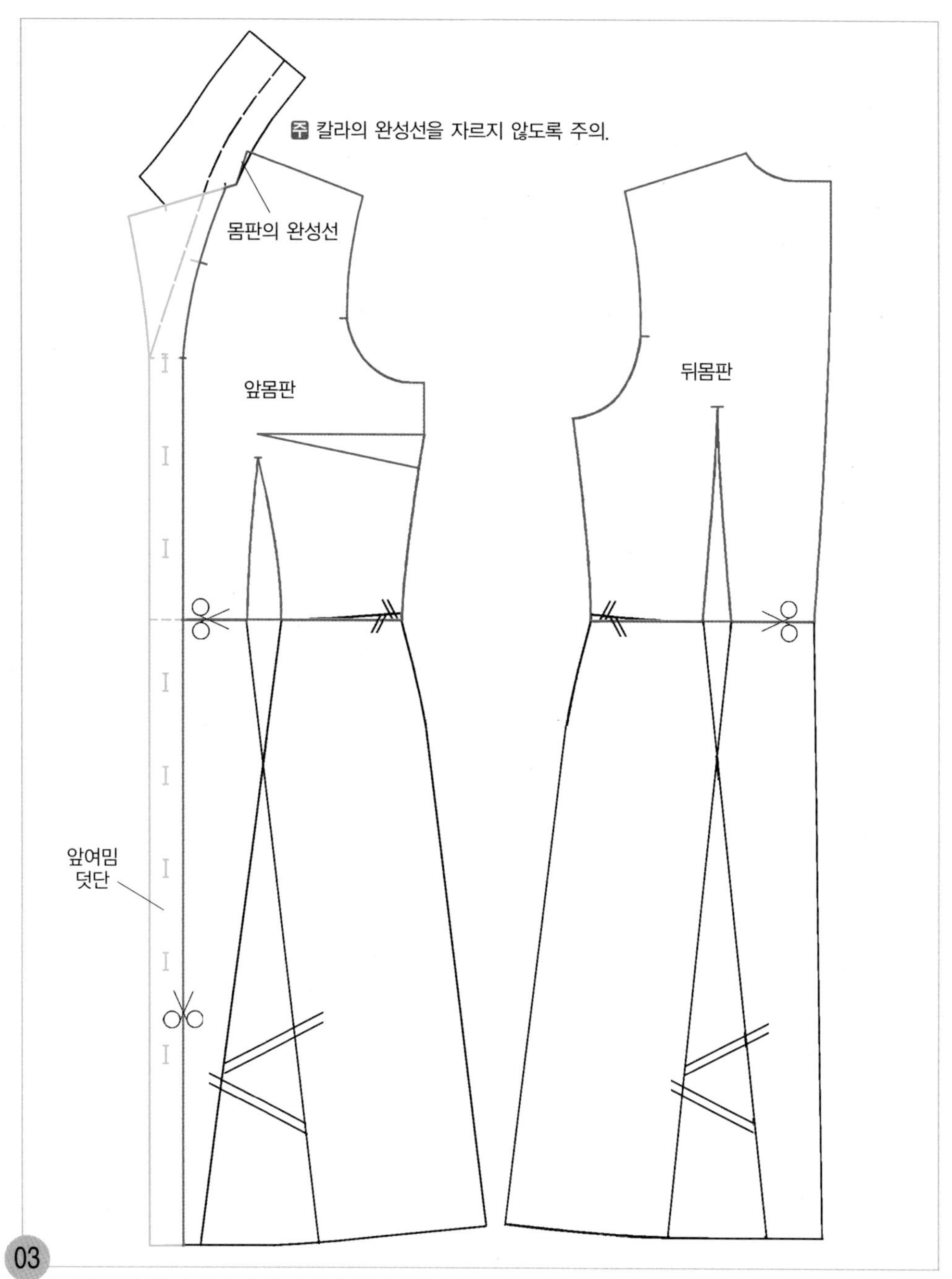

03

적색선인 앞뒤 몸판의 완성선과 청색선인 앞여밈 덧단의 완성선을 따라 오려낸다.

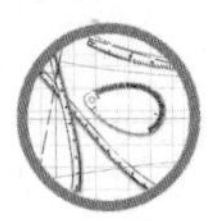

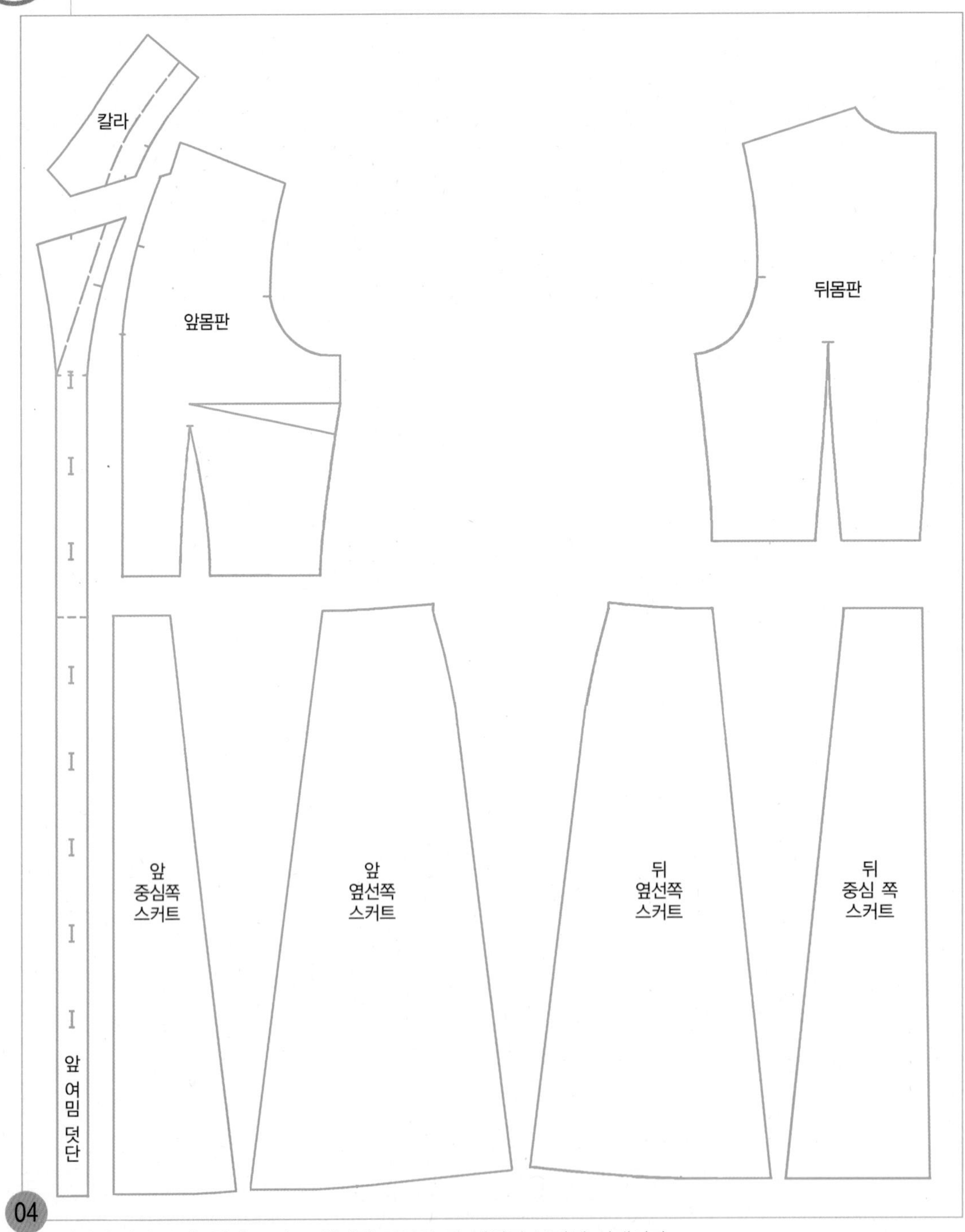

04

칼라와 앞뒤 몸판, 앞뒤 스커트, 앞여밈 덧단의 각 패턴이 분리된 상태이다.

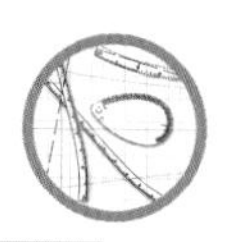

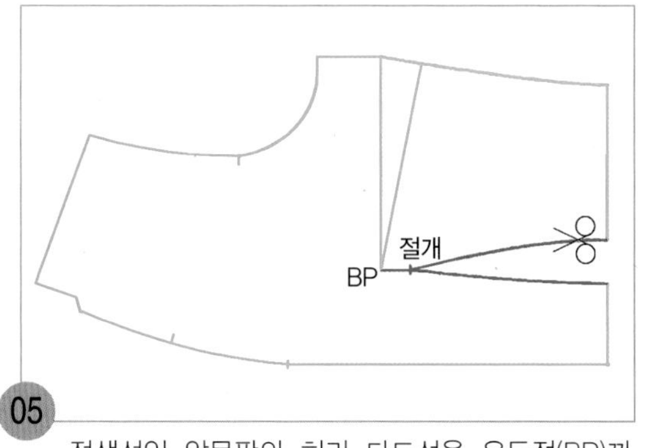

05

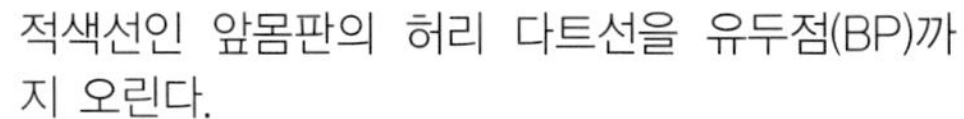

적색선인 앞몸판의 허리 다트선을 유두점(BP)까지 오린다.

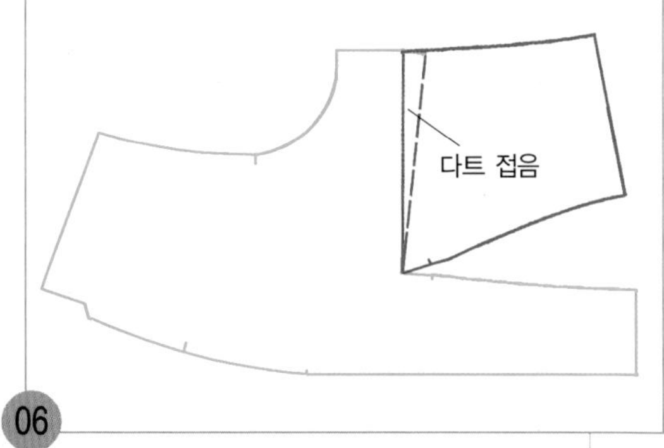

06

가슴 다트를 접어 테이프로 고정시킨다.

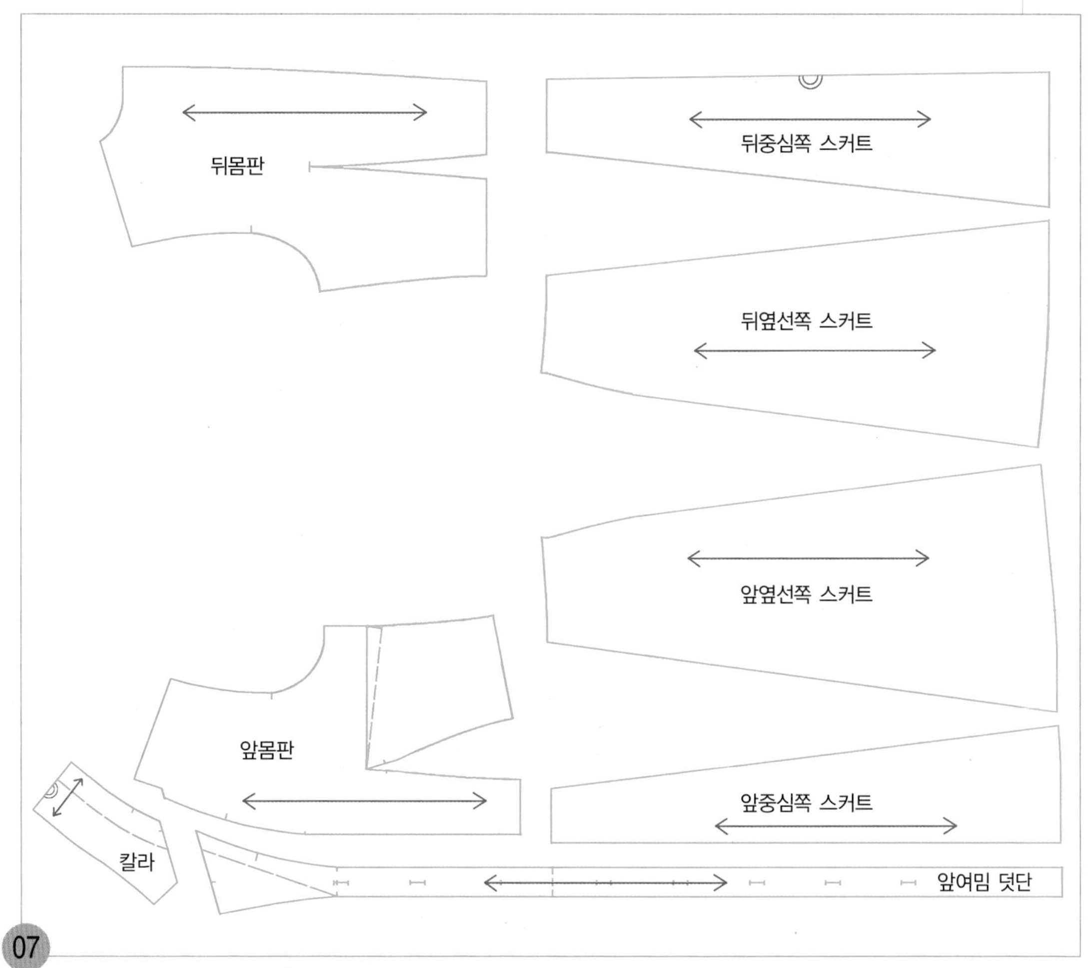

07

뒤중심쪽 스커트의 뒤중심선과 칼라의 뒤중심선에 골선 표시를 넣는다. 칼라는 뒤중심선과 평행한 방향으로 식서방향 표시를 넣고, 남은 각 패턴의 허리선을 앞몸판의 허리선과 일직선이 되도록 배치하고 수평으로 식서방향 표시를 넣는다.

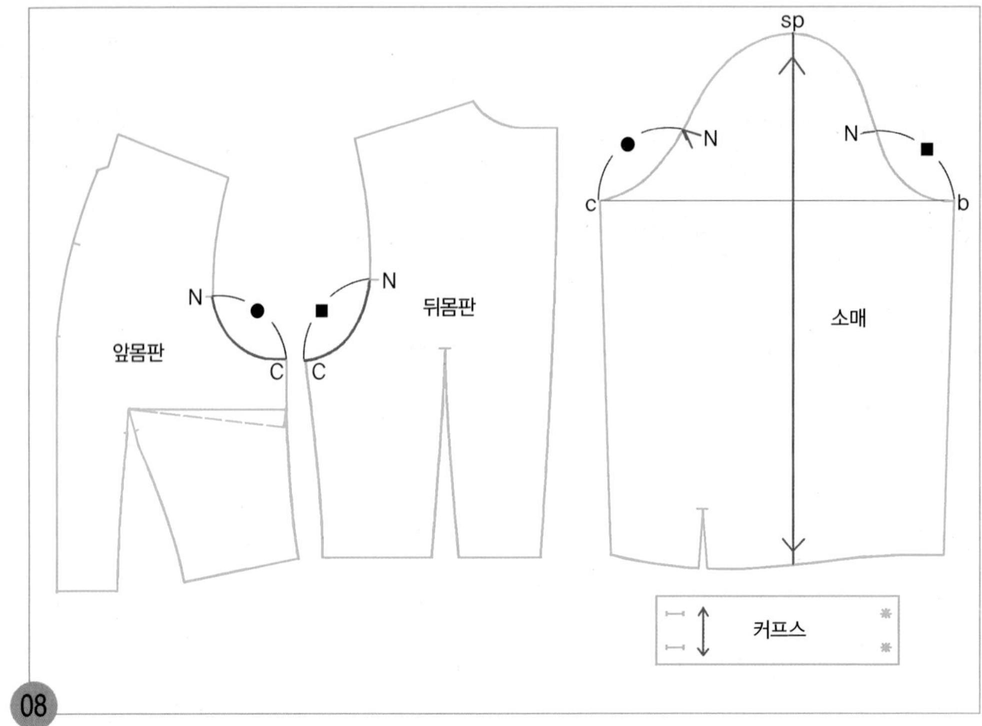

08

앞판의 N점에서 C점까지의 진동둘레선 길이(●)를 재어, 앞소매폭점(b)에서 소매산 곡선을 따라 올라가 앞 소매맞춤점(N) 위치를 표시하고, 뒤판의 N점에서 C점까지의 진동둘레선 길이(■)를 재어, 뒤소매폭점(c)에서 소매산곡선을 따라 올라가 뒤소매맞춤점(N) 위치를 표시한 다음, 소매 중심선을 식서 방향으로 표시하고, 커프스에 수직으로 식서방향 표시를 넣는다.

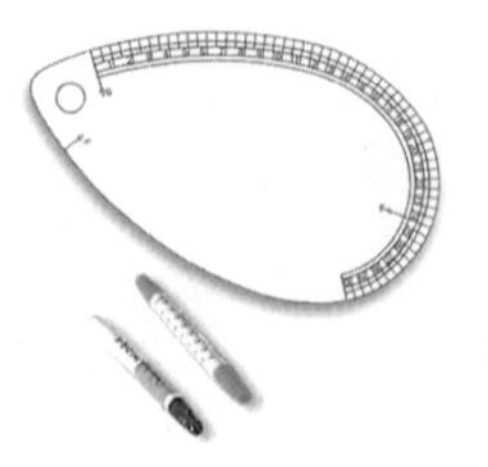

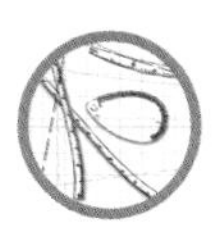

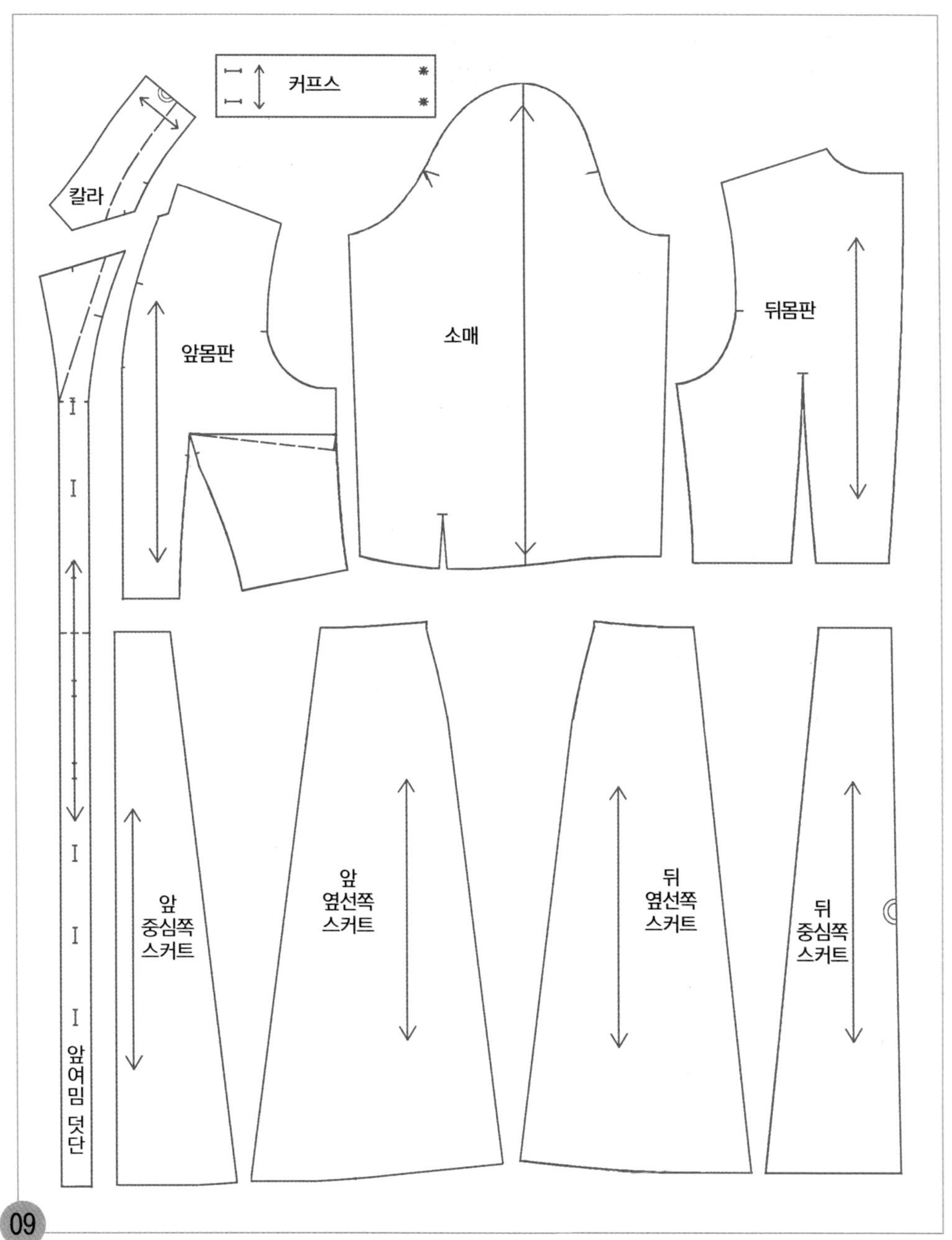

09

오픈 칼라와 앞여밈 세미 플레어 스커트 원피스 드레스 패턴의 완성.

참고 플레어 분량을 추가하고 싶으면 p.379의 04처럼 절개한 선의 허리선쪽을 마주대어 맞추고 p.380의 05처럼 밑단선을 수정하면 된다.

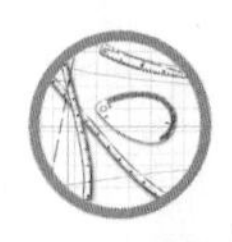

하이 넥과 플레어 스커트의 원피스 드레스 Flared Skirt Dress with High Neck-line

■ ■ ■ ONE-PIECE 08

실루엣 ● ● ● 하이 넥의 플레어 스커트 원피스 드레스이다.

소 재 ● ● ● 실크나 합섬의 자카드, 새틴 등의 부드러운 소재가 엘레강트한 느낌을 준다.

포인트 ● ● ● 오픈 칼라와 허리선에 절개선이 들어간 세미 플레어 스커트의 제도법을 응용하여 하이 넥과 플레어 스커트로 전개하는 방법과 패턴 분리하는 법을 배운다.

뒤판 제도하기

1. 허리선 아래쪽 다트 완성선을 그리고 스커트의 허리 완성선을 그린다.

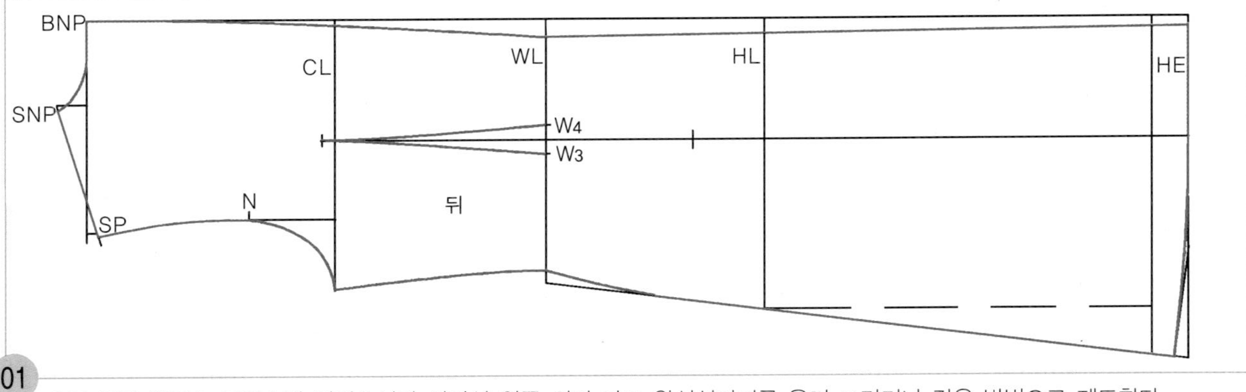

01 오픈 칼라 원피스 드레스의 뒤기초선과 허리선 위쪽 허리 다트 완성선까지를 옮겨 그리거나 같은 방법으로 제도한다.

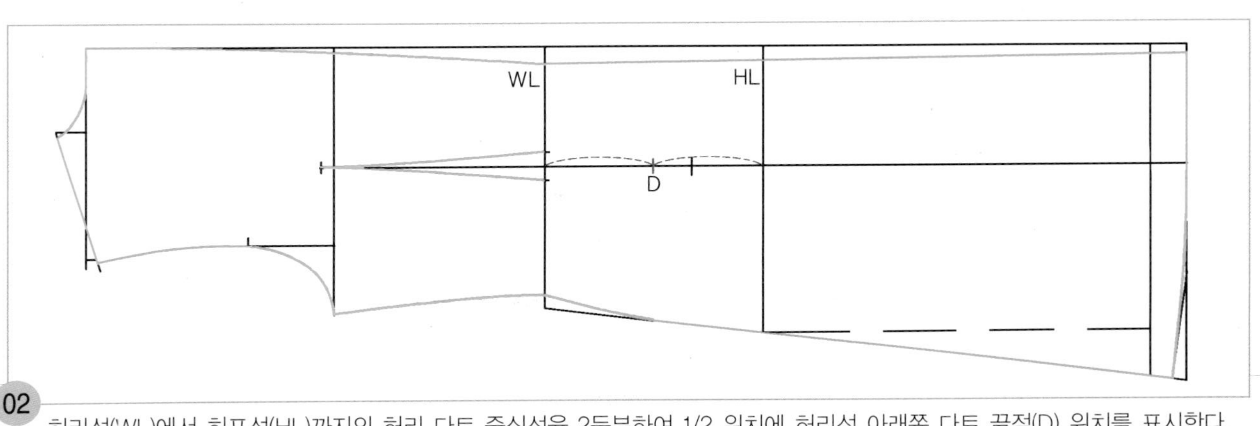

02 허리선(WL)에서 히프선(HL)까지의 허리 다트 중심선을 2등분하여 1/2 위치에 허리선 아래쪽 다트 끝점(D) 위치를 표시한다.

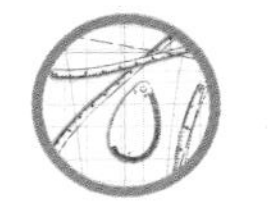

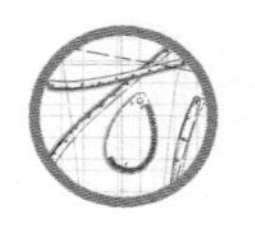

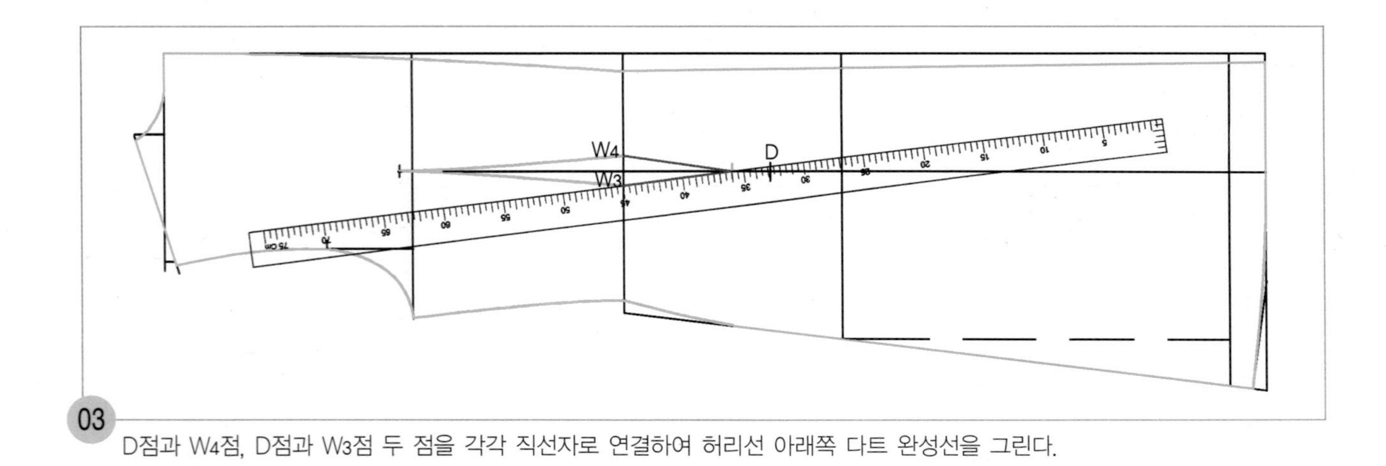

03
D점과 W4점, D점과 W3점 두 점을 각각 직선자로 연결하여 허리선 아래쪽 다트 완성선을 그린다.

0.6
W2
K

04
W2점에서 왼쪽으로 0.6cm 나가 스커트 허리 솔기선을 그릴 안내점(K) 위치를 표시한다.

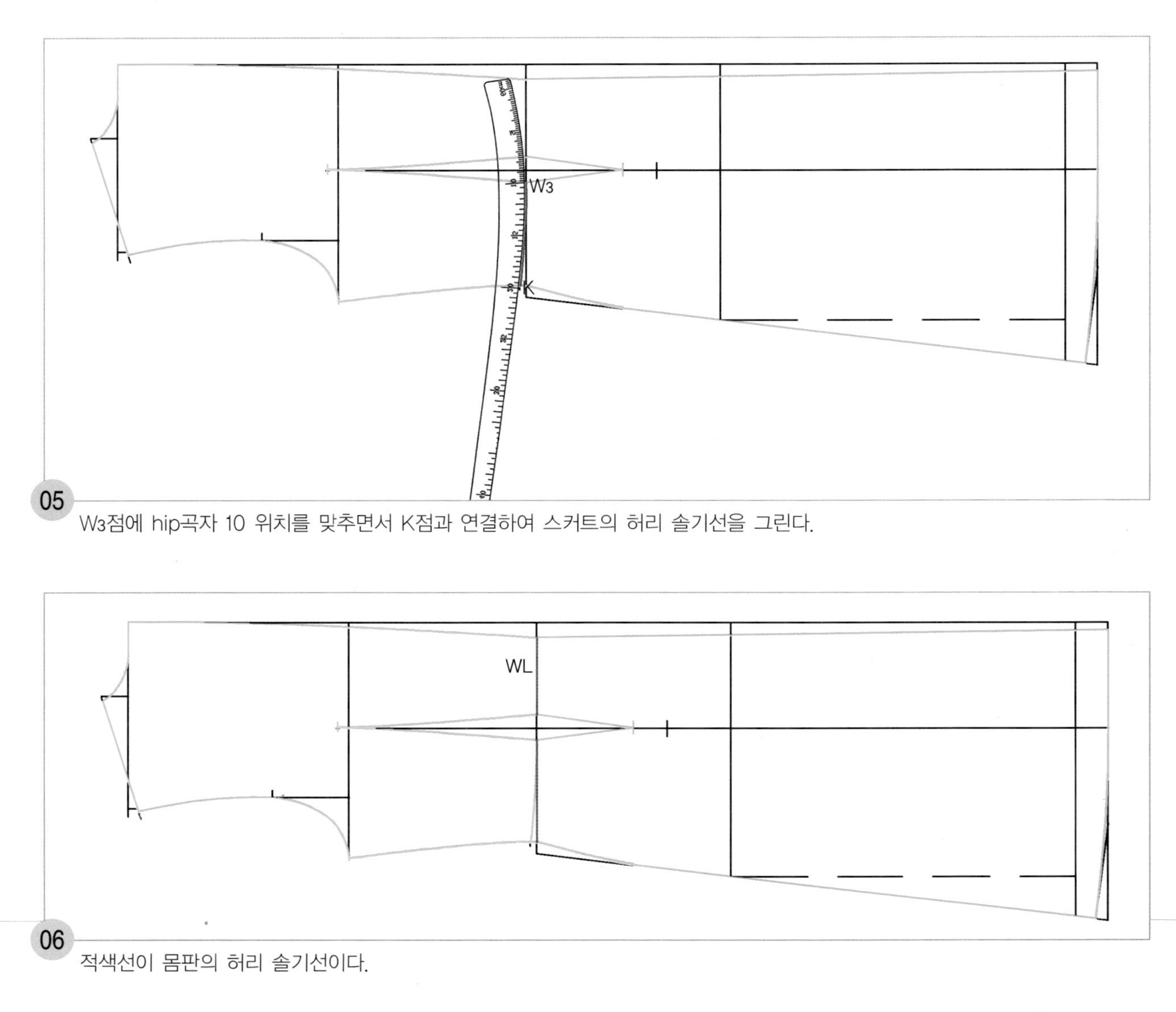

05 W_3점에 hip곡자 10 위치를 맞추면서 K점과 연결하여 스커트의 허리 솔기선을 그린다.

06 적색선이 몸판의 허리 솔기선이다.

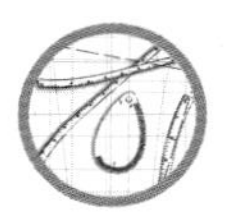

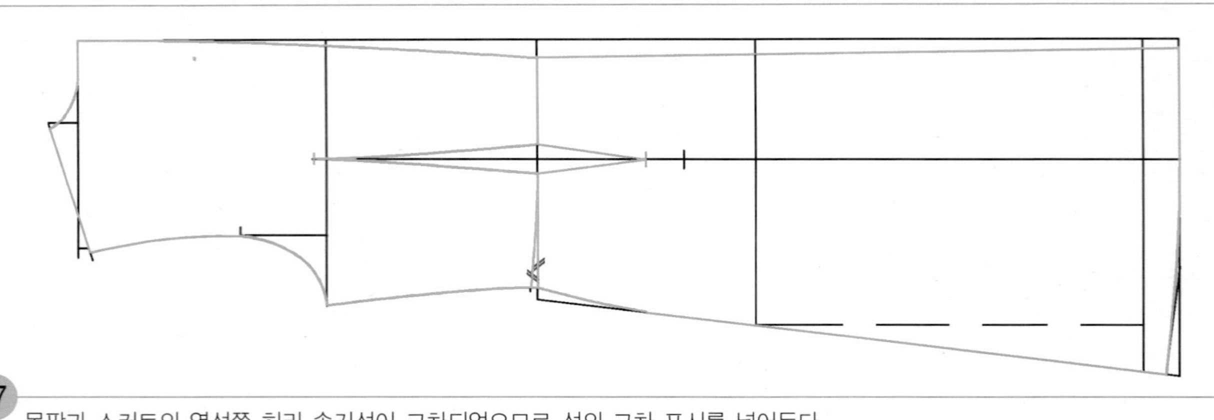

07 몸판과 스커트의 옆선쪽 허리 솔기선이 교차되었으므로 선의 교차 표시를 넣어둔다.

2. 하이 넥 라인을 그린다.

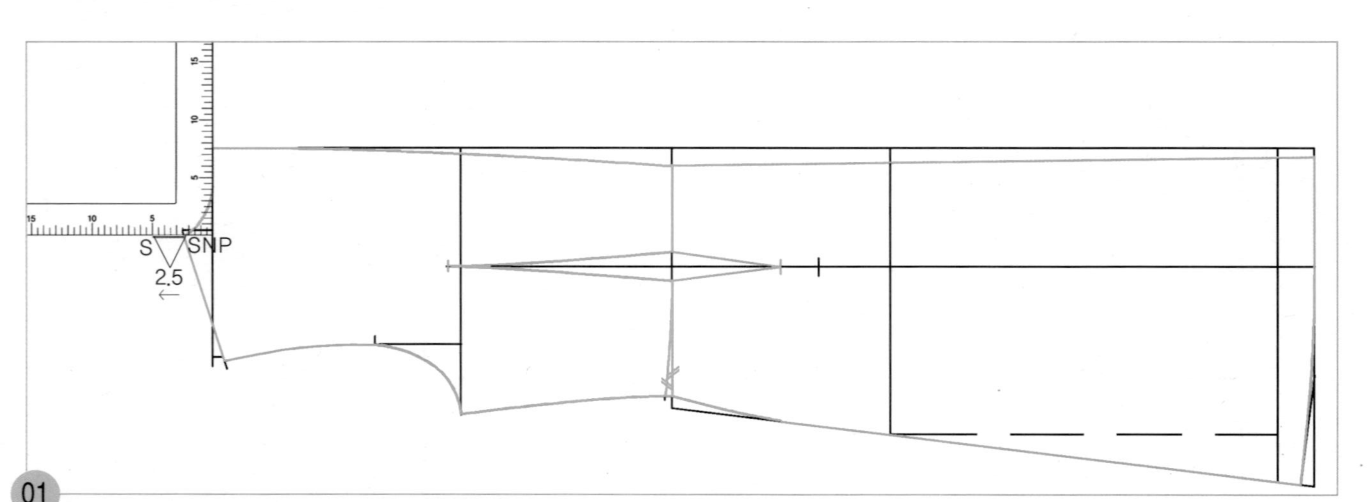

01 **SNP~S=2.5cm** 옆목점(SNP)에서 왼쪽을 향해 수평으로 2.5cm 하이 넥선을 그릴 안내선(S)을 그린다.

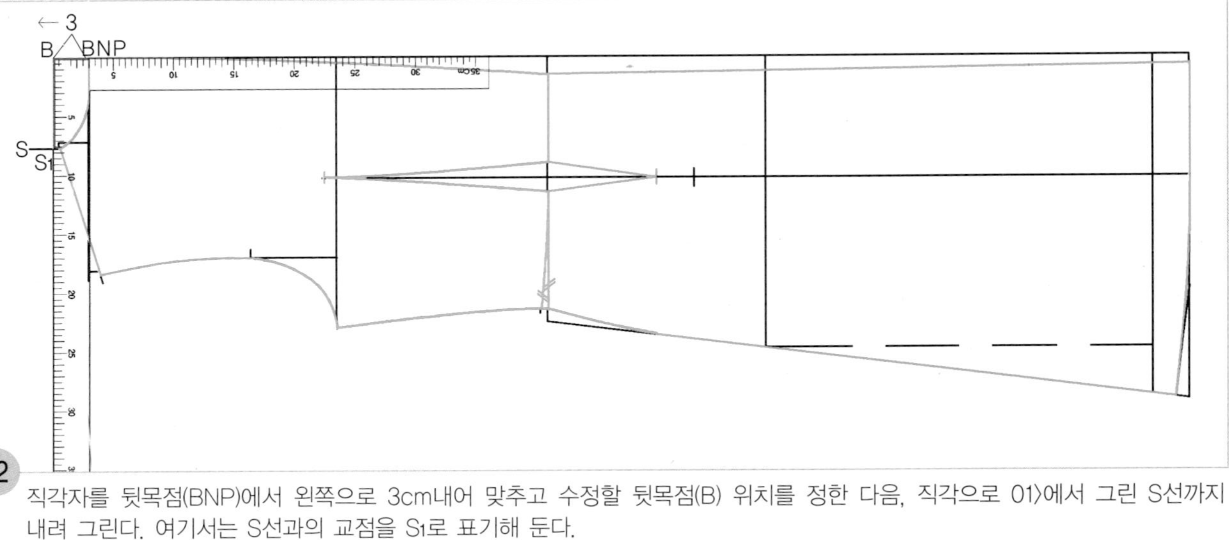

02 직각자를 뒷목점(BNP)에서 왼쪽으로 3cm내어 맞추고 수정할 뒷목점(B) 위치를 정한 다음, 직각으로 01〉에서 그린 S선까지 내려 그린다. 여기서는 S선과의 교점을 S1로 표기해 둔다.

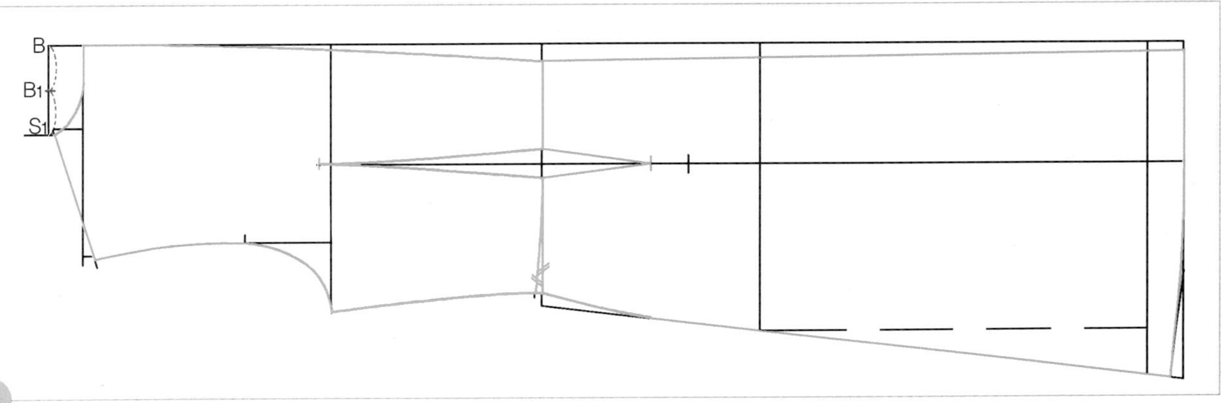

03 B점에서 S1점까지를 2등분하여 1/2 위치에 하이 넥선을 그릴 안내점(B1) 위치를 표시한다.

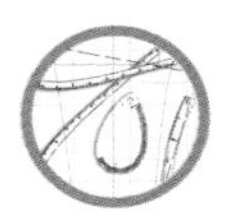

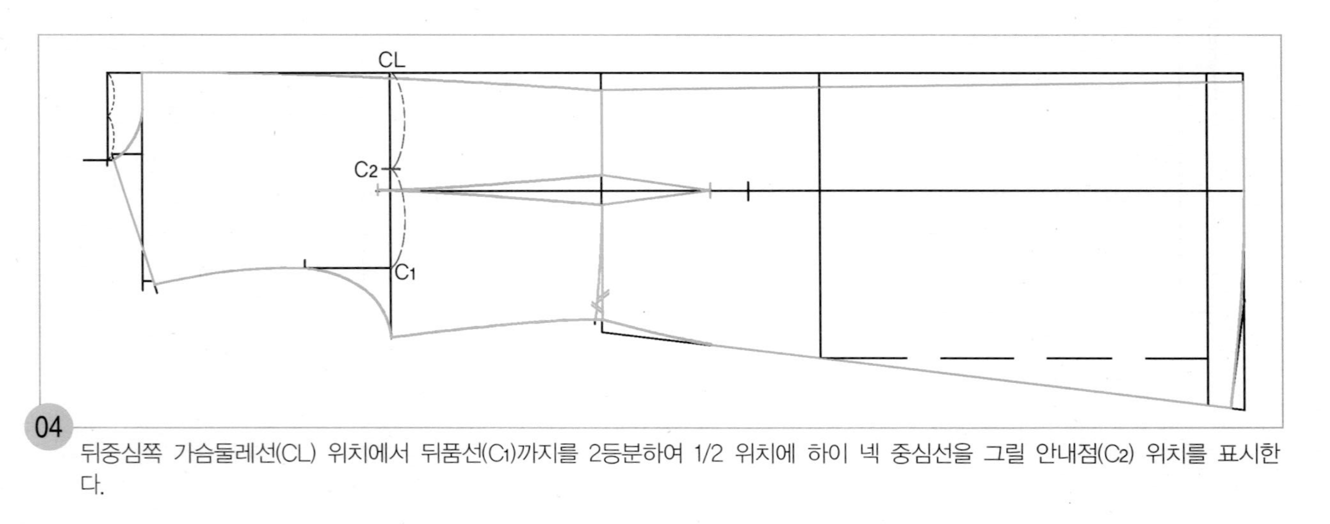

04

뒤중심쪽 가슴둘레선(CL) 위치에서 뒤품선(C_1)까지를 2등분하여 1/2 위치에 하이 넥 중심선을 그릴 안내점(C_2) 위치를 표시한다.

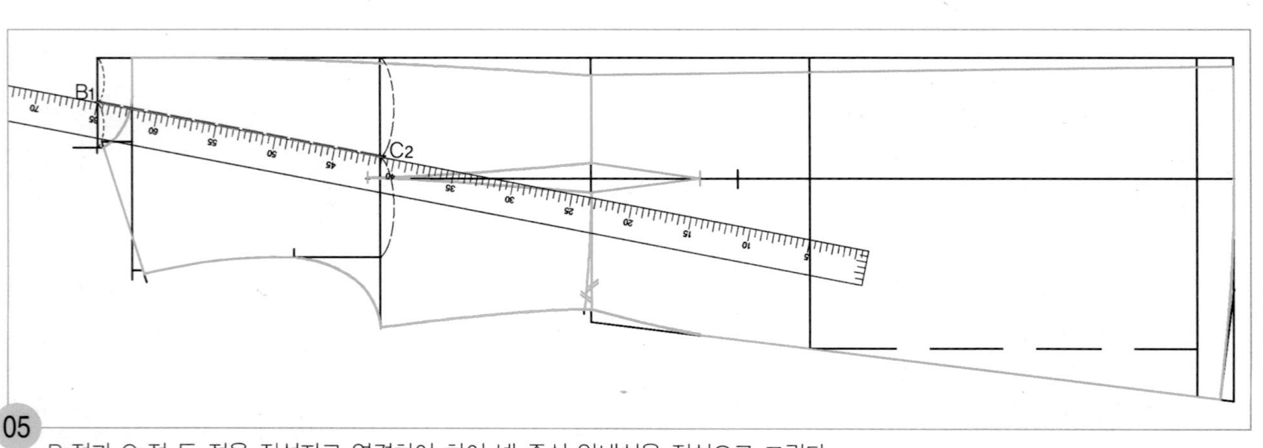

05

B_1점과 C_2점 두 점을 직선자로 연결하여 하이 넥 중심 안내선을 점선으로 그린다.

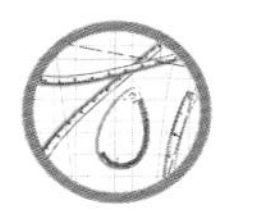

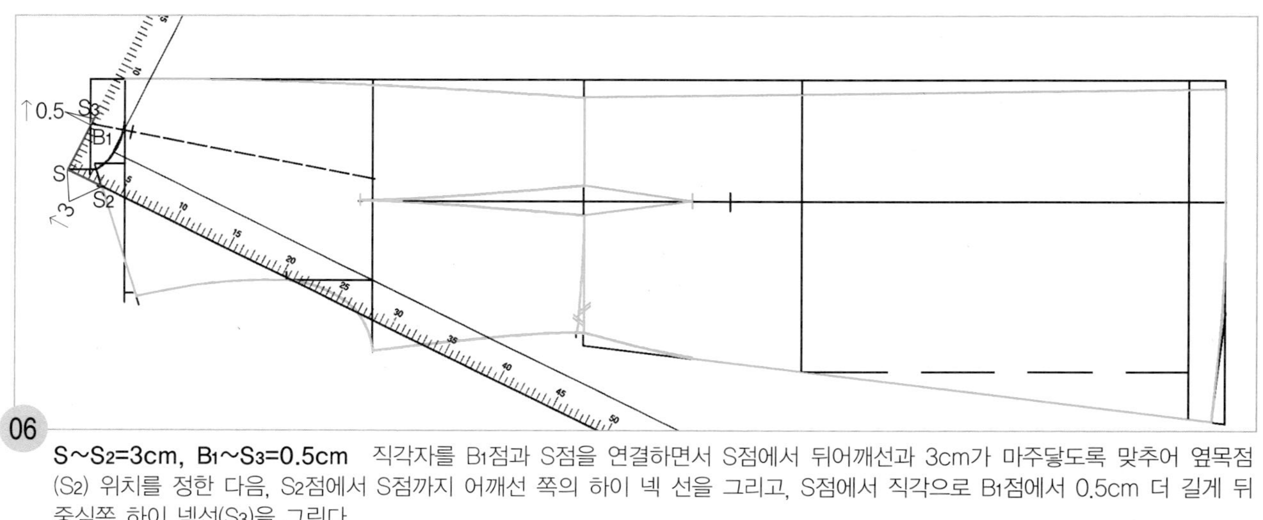

06

$S \sim S_2$=3cm, $B_1 \sim S_3$=0.5cm 직각자를 B_1점과 S점을 연결하면서 S점에서 뒤어깨선과 3cm가 마주닿도록 맞추어 옆목점(S_2) 위치를 정한 다음, S_2점에서 S점까지 어깨선 쪽의 하이 넥 선을 그리고, S점에서 직각으로 B_1점에서 0.5cm 더 길게 뒤 중심쪽 하이 넥선(S_3)을 그린다.

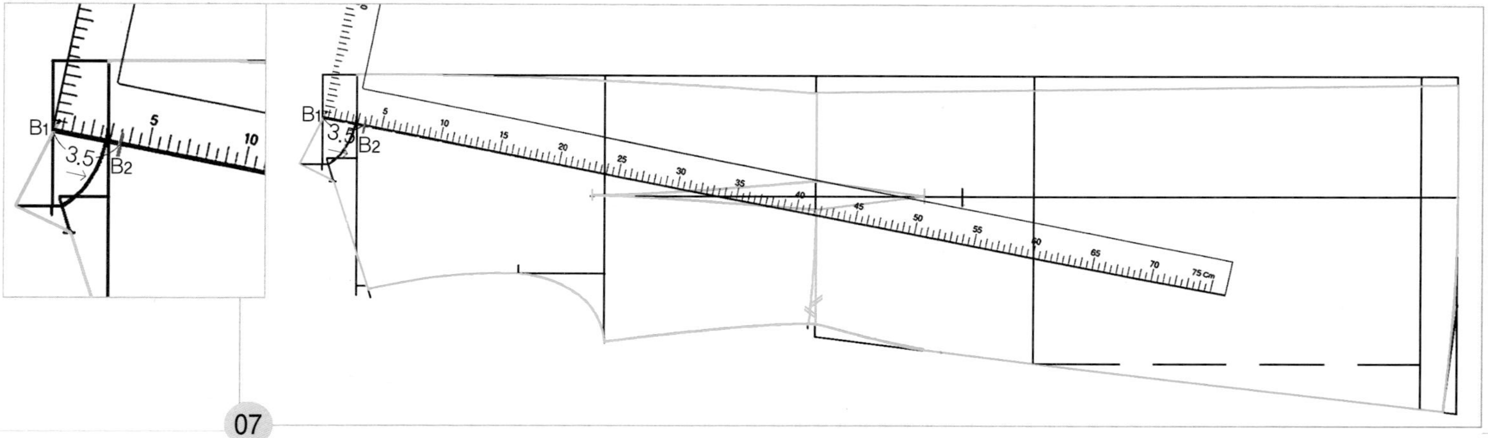

07

$B_1 \sim B_2$=3.5cm B_1점에서 하이 넥 중심 안내선을 따라 3.5cm 나가 안내선에 직각으로 하이 넥선을 그릴 안내점(B_2) 위치를 표시한다.

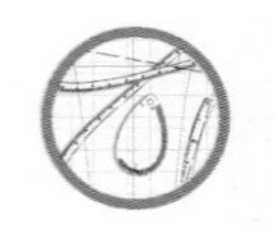

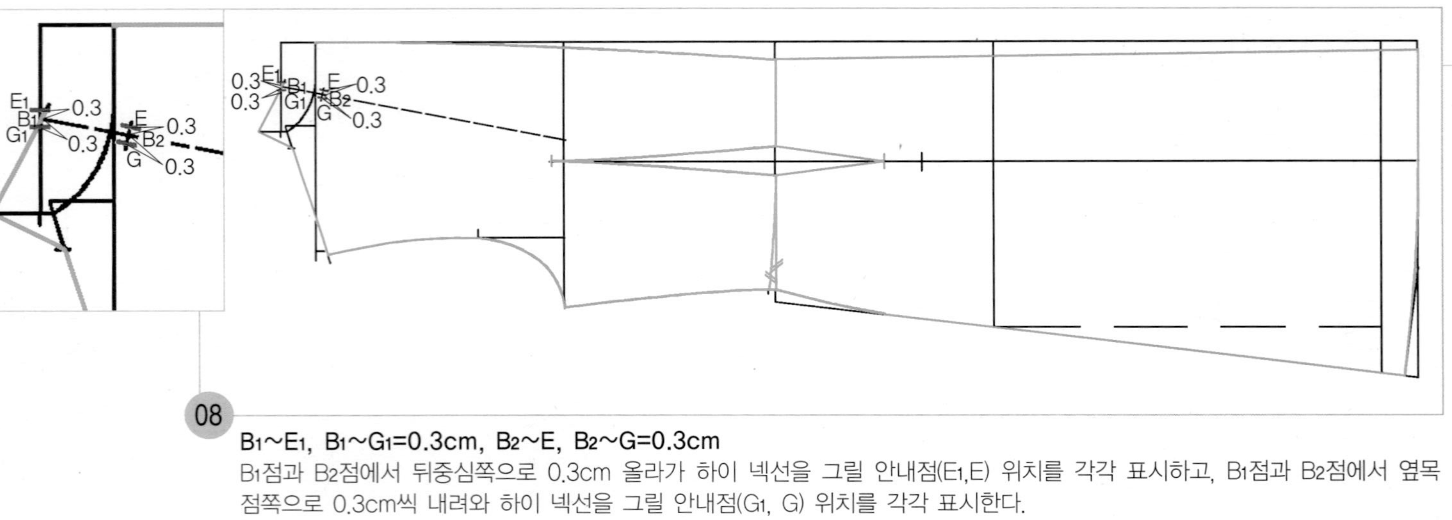

08

B_1~E_1, B_1~G_1=0.3cm, B_2~E, B_2~G=0.3cm

B_1점과 B_2점에서 뒤중심쪽으로 0.3cm 올라가 하이 넥선을 그릴 안내점(E_1,E) 위치를 각각 표시하고, B_1점과 B_2점에서 옆목점쪽으로 0.3cm씩 내려와 하이 넥선을 그릴 안내점(G_1, G) 위치를 각각 표시한다.

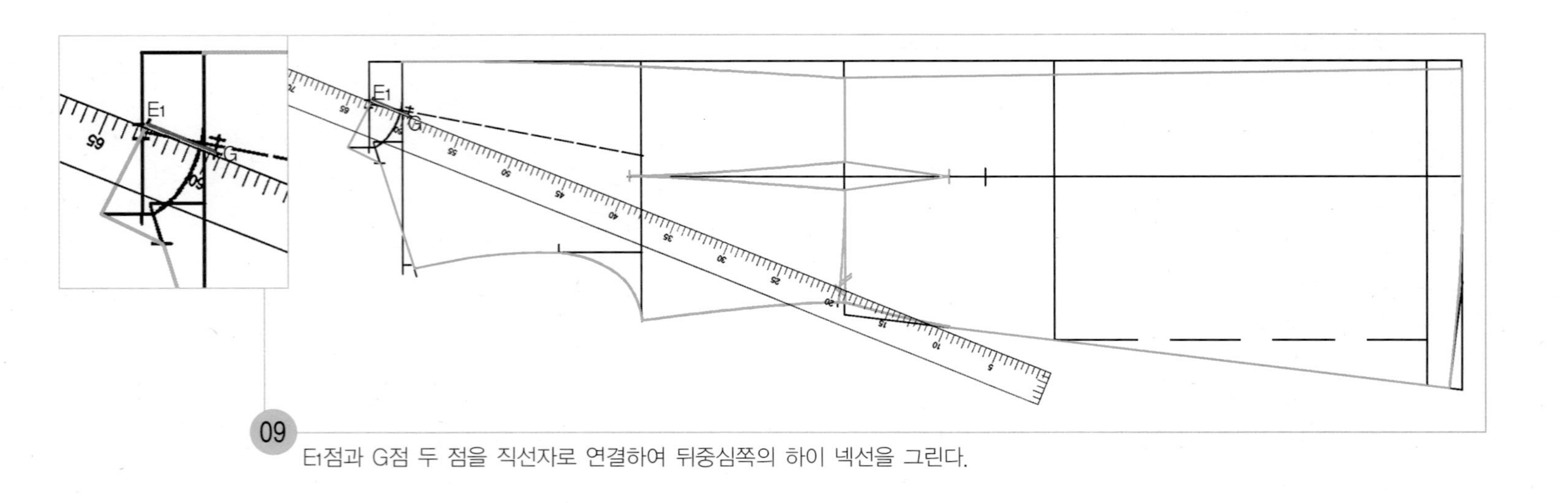

09

E_1점과 G점 두 점을 직선자로 연결하여 뒤중심쪽의 하이 넥선을 그린다.

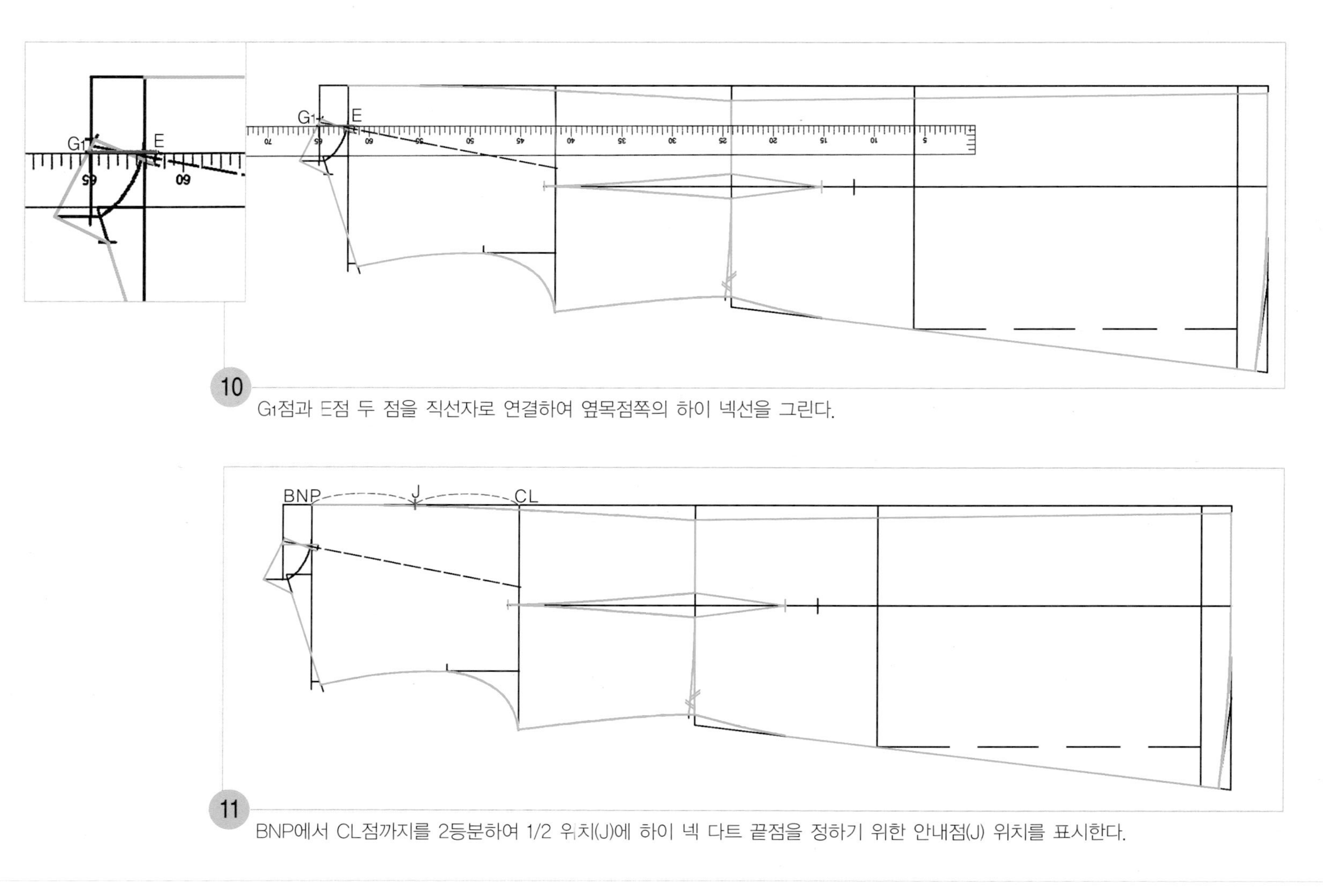

10 G_1점과 E점 두 점을 직선자로 연결하여 옆목점쪽의 하이 넥선을 그린다.

11 BNP에서 CL점까지를 2등분하여 1/2 위치(J)에 하이 넥 다트 끝점을 정하기 위한 안내점(J) 위치를 표시한다.

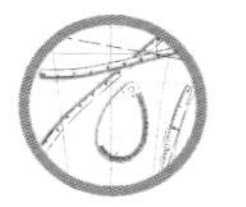

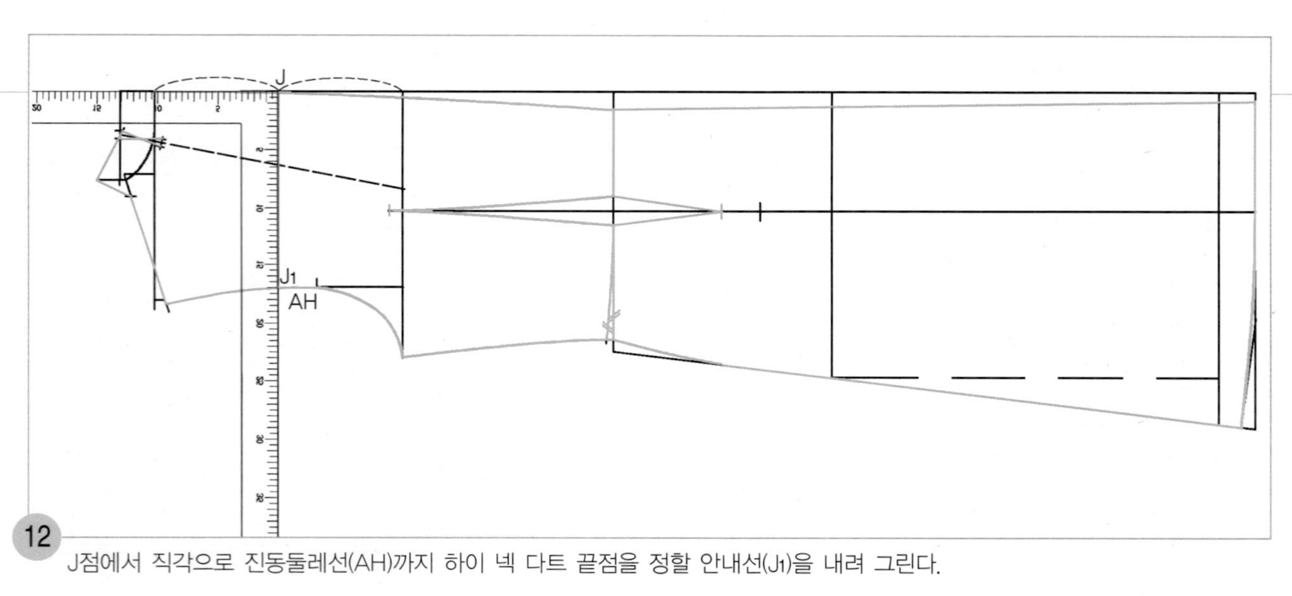

12 J점에서 직각으로 진동둘레선(AH)까지 하이 넥 다트 끝점을 정할 안내선(J1)을 내려 그린다.

13 J_1점에서 왼쪽으로 1cm 나가 하이 넥 다트선을 이동하기 위한 안내점(J_2) 위치를 표시한다.

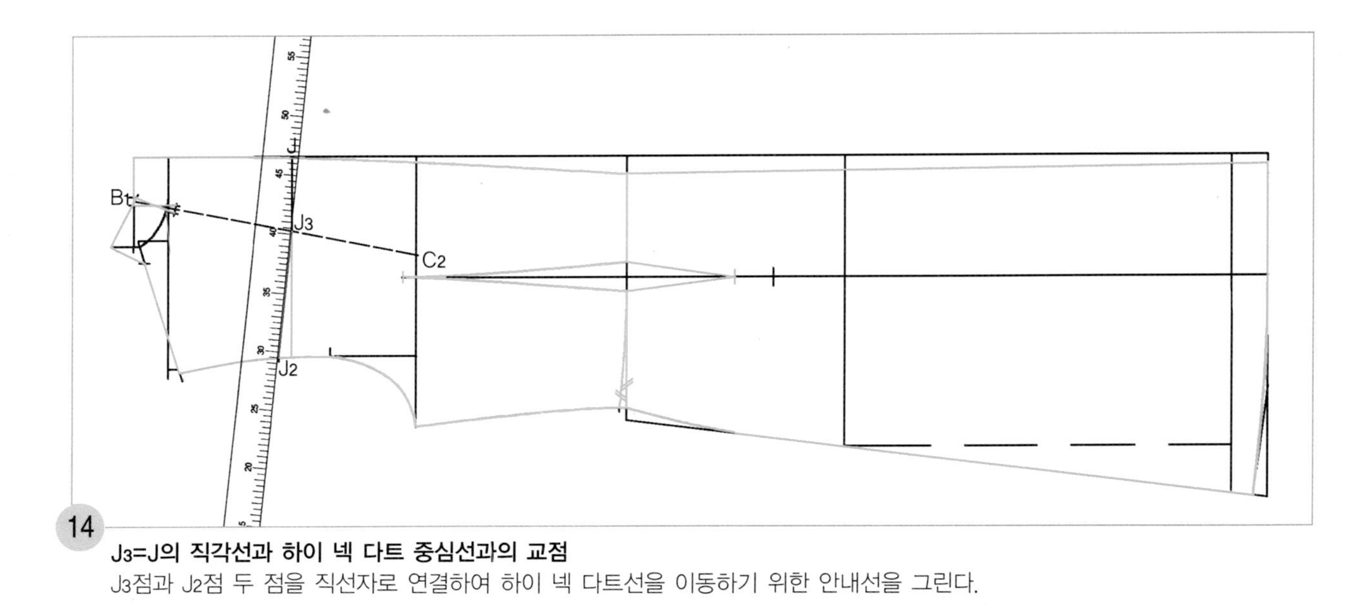

14

J3=J의 직각선과 하이 넥 다트 중심선과의 교점

J3점과 J2점 두 점을 직선자로 연결하여 하이 넥 다트선을 이동하기 위한 안내선을 그린다.

15

J3점에 hip곡자 20 위치를 맞추면서 E점과 연결하여 뒤중심쪽 하이 넥 다트선을 그린 다음, hip곡자를 수직반전하여 J3점에 hip곡자 20 위치를 맞추면서 G점과 연결하여 옆목점쪽 하이 넥 다트선을 그린다.

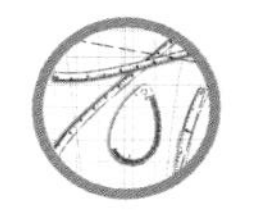

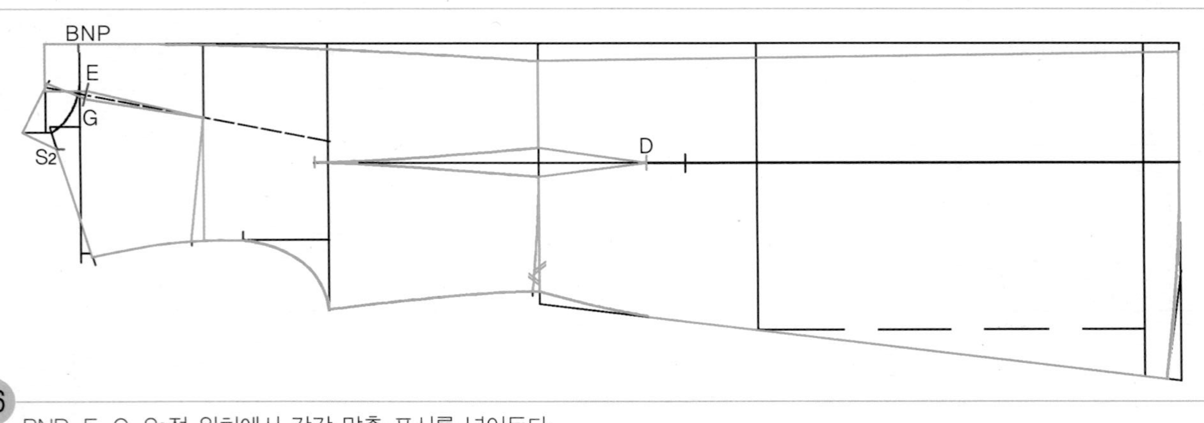

16 BNP, E, G, S_2점 위치에서 각각 맞춤 표시를 넣어둔다.

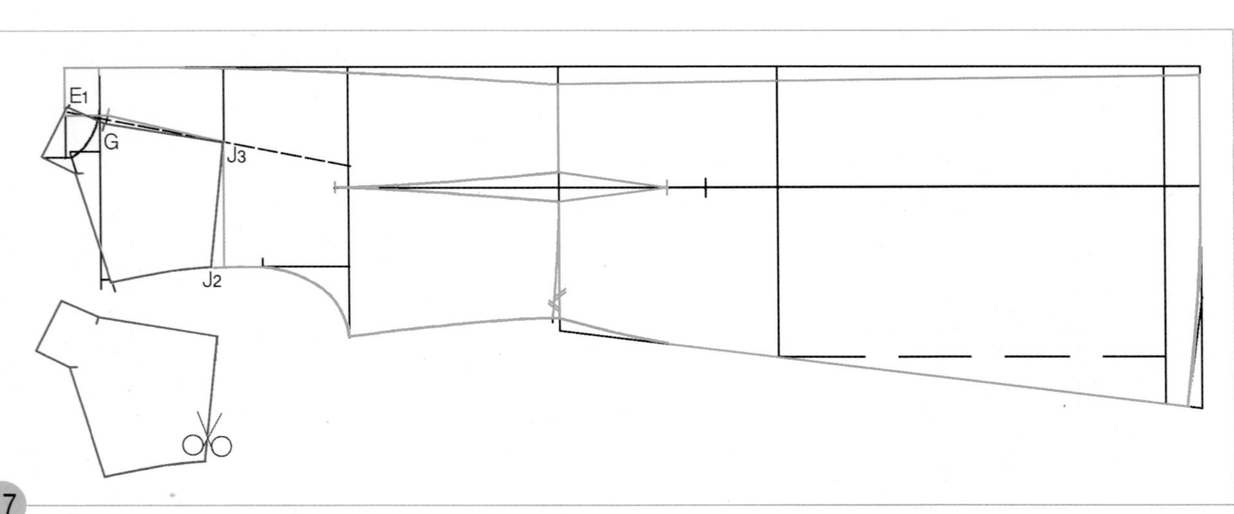

17 적색선으로 그려진 E_1점에서 G점, G점에서 J_3점 아래쪽의 뒤몸판 선을 새 패턴지에 옮겨 그린 다음, 새 패턴지에 옮겨 그린 완성선을 따라 오려내어 원래의 패턴 위에 맞추어 얹어 차이가 없는지 확인한다.

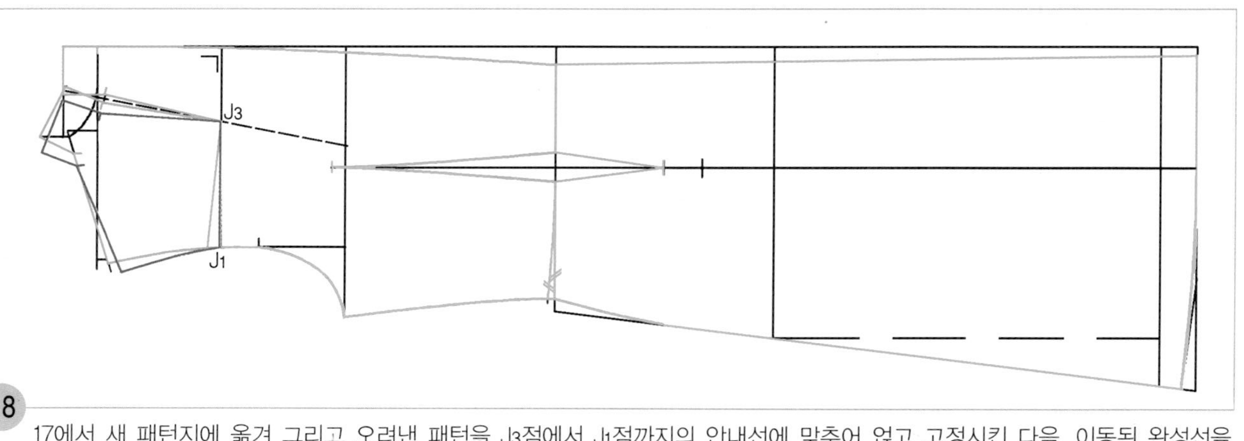

18 17에서 새 패턴지에 옮겨 그리고 오려낸 패턴을 J_3점에서 J_1점까지의 안내선에 맞추어 얹고 고정시킨 다음, 이동된 완성선을 원래의 패턴지에 옮겨 그린다.

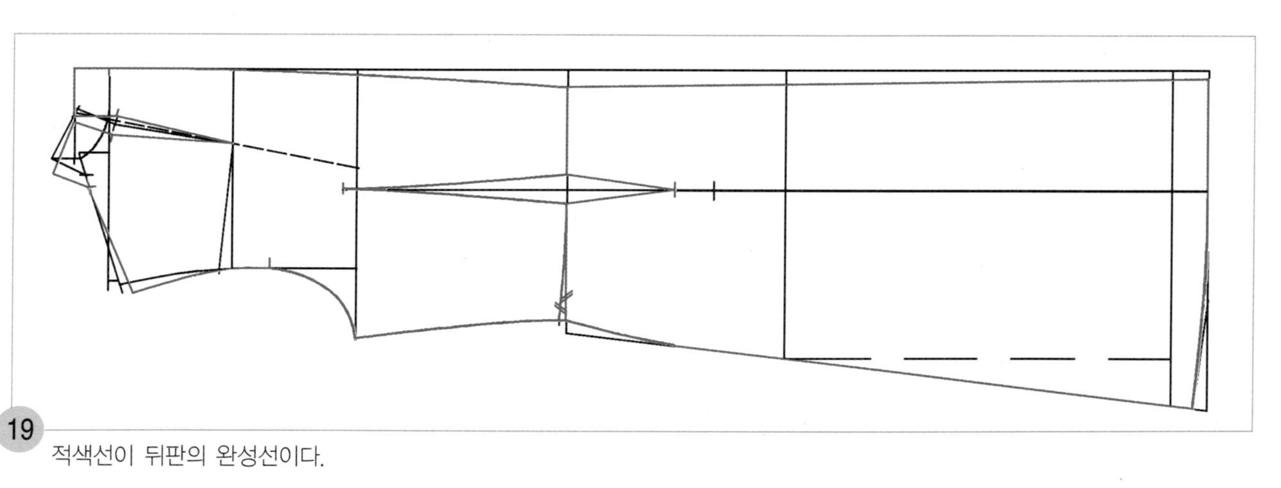

19 적색선이 뒤판의 완성선이다.

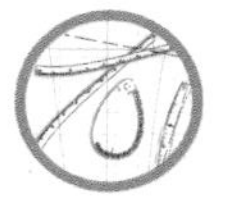

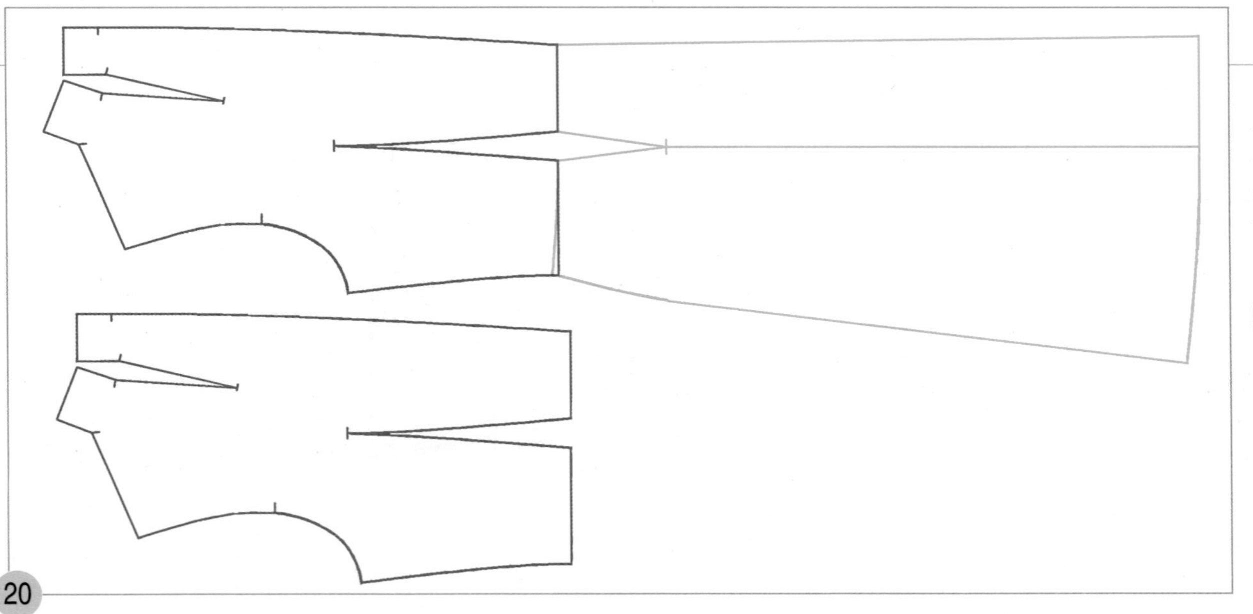

20

몸판과 스커트의 허리 솔기선이 교차되어 있으므로 몸판의 완성선을 새 패턴지에 옮겨 그린 다음, 새 패턴지에 옮겨 그린 완성선을 따라 오려낸다.

주 몸판과 스커트의 허리 솔기선만을 새 패턴지에 옮겨 그린 다음, 원래의 스커트 허리 솔기선을 따라 오려내고, 새 패턴지에 옮겨 그린 허리 솔기선을 몸판의 허리 솔기선에 맞추어 붙여 사용하여도 된다.

앞판 제도하기

1. 허리선 아래쪽 다트 완성선을 그리고 스커트의 허리 완성선을 그린다.

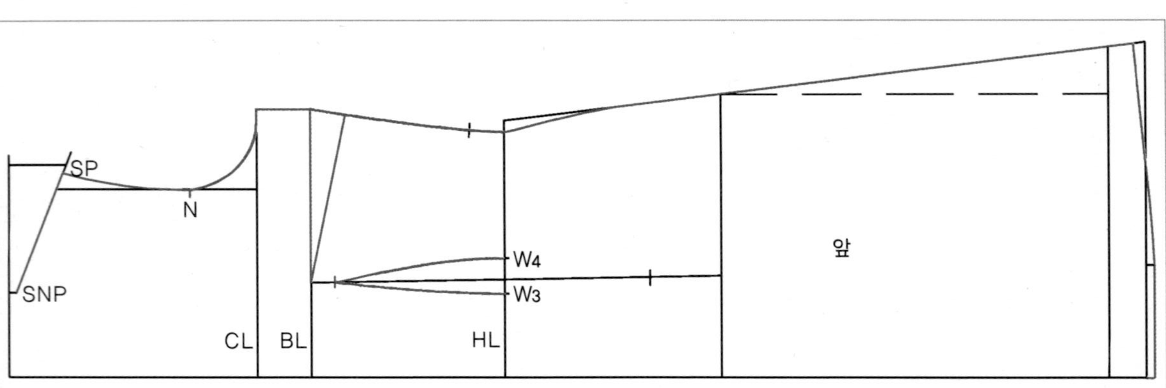

01

오픈 칼라 원피스 드레스의 앞기초선과 허리선 위쪽 허리 다트 완성선 p.313의 14까지를 옮겨 그리거나 p.293의 01에서 p.293의 01 에서 p.313의 14까지를 같은 방법으로 제도한다.

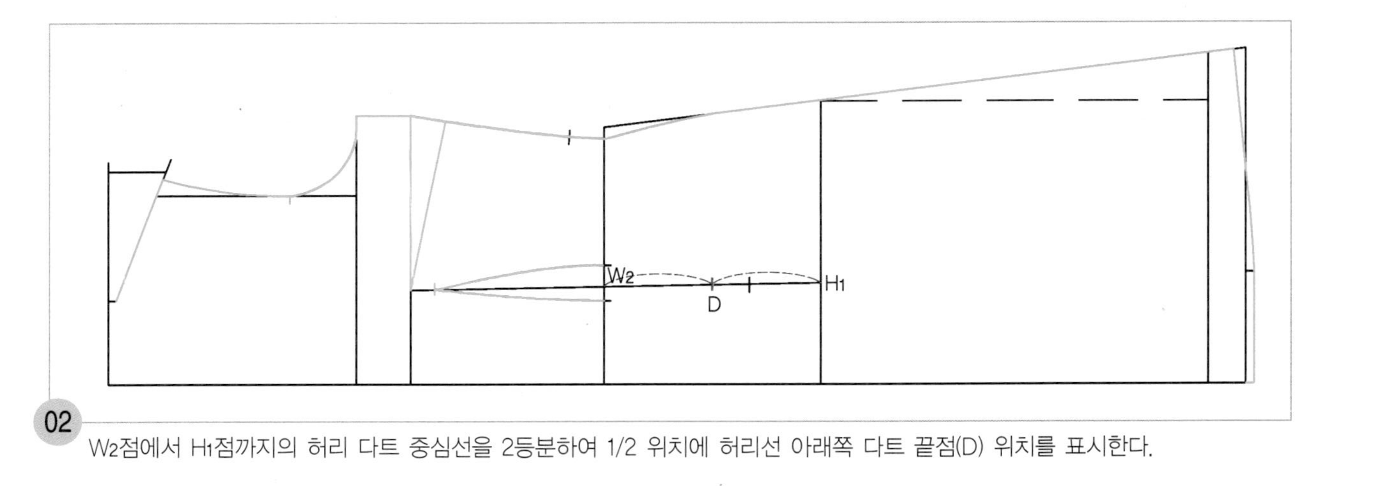

02 W₂점에서 H₁점까지의 허리 다트 중심선을 2등분하여 1/2 위치에 허리선 아래쪽 다트 끝점(D) 위치를 표시한다.

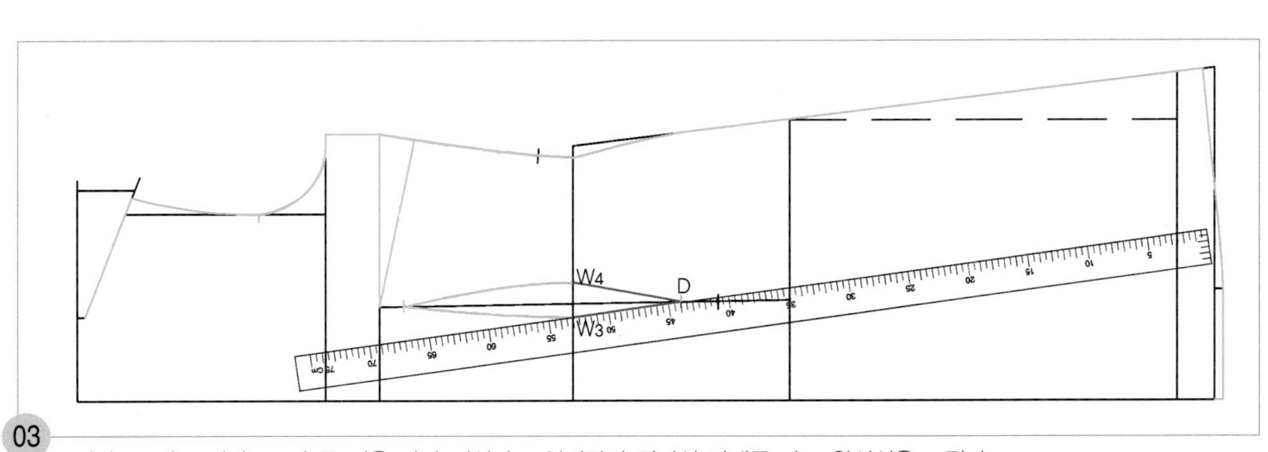

03 D점과 W₄점, D점과 W₃점 두 점을 각각 직선자로 연결하여 허리선 아래쪽 다트 완성선을 그린다.

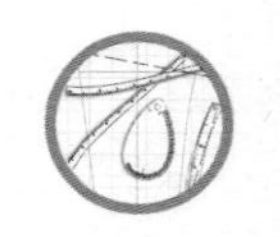

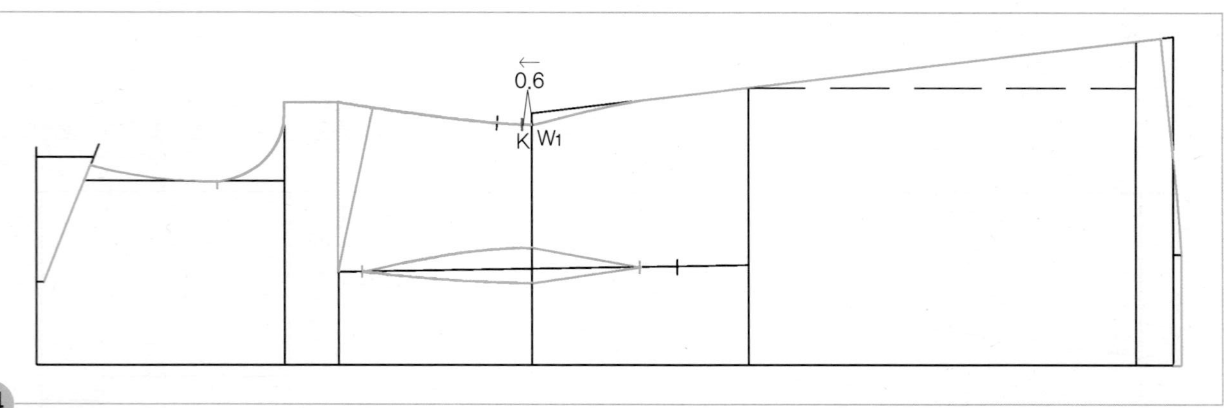

04 W_1점에서 왼쪽으로 0.6cm 나가 스커트 허리 솔기선을 그릴 안내점(K) 위치를 표시한다.

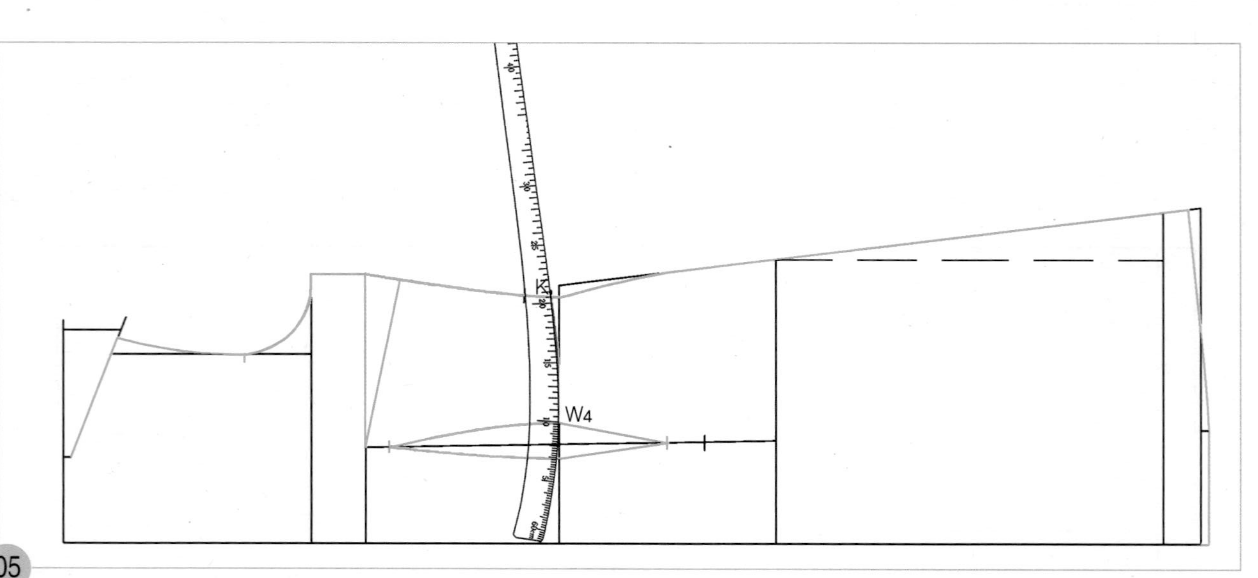

05 W_4점에 hip곡자 10 위치를 맞추면서 K점과 연결하여 스커트의 허리 솔기선을 그린다.

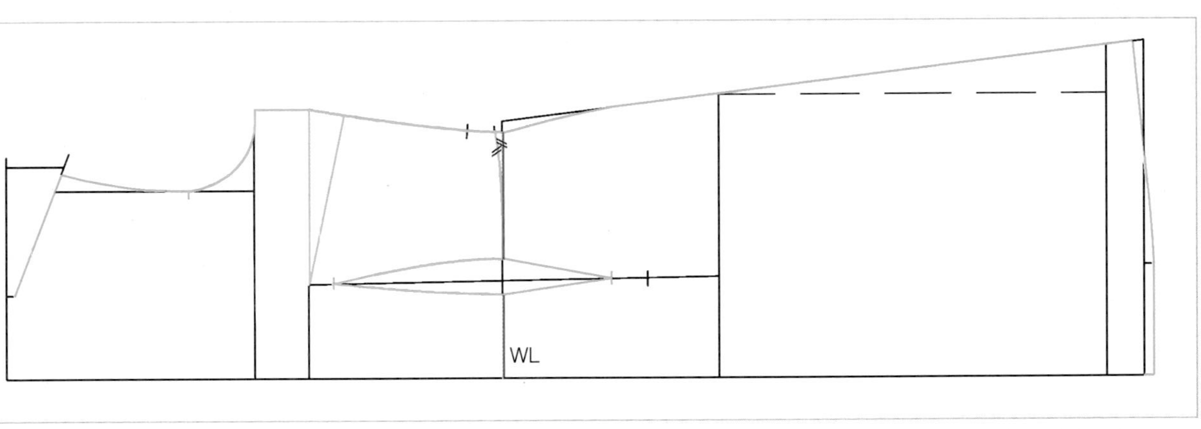

06 적색선이 몸판의 허리 솔기선이다. 몸판과 스커트의 옆선쪽 허리 솔기선이 교차되었으므로 선의 교차 표시를 넣어둔다.

2. 하이 넥 라인을 그린다.

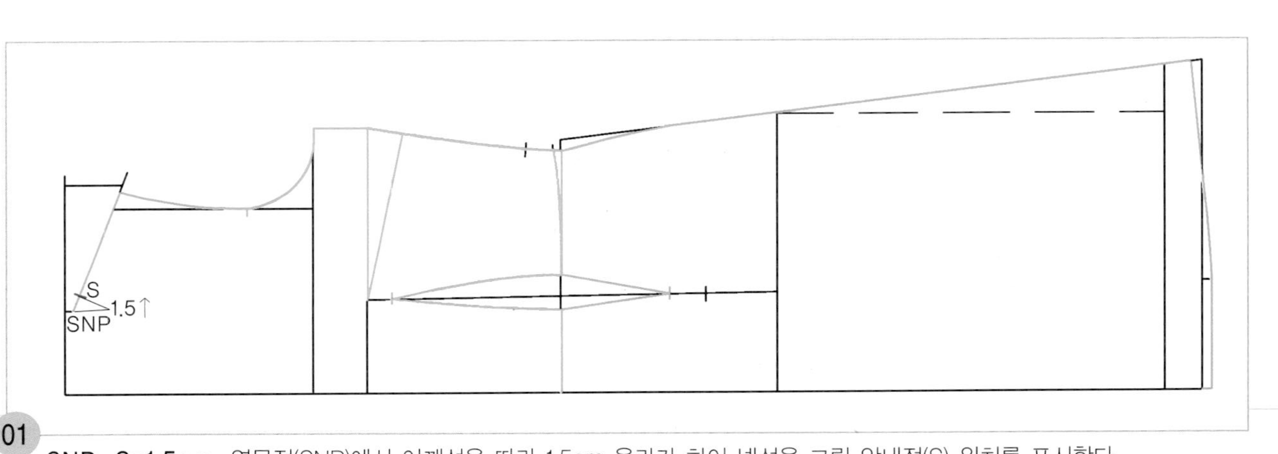

01 **SNP~S=1.5cm** 옆목점(SNP)에서 어깨선을 따라 1.5cm 올라가 하이 넥선을 그릴 안내점(S) 위치를 표시한다.

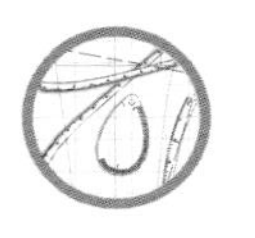

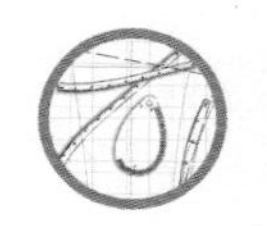

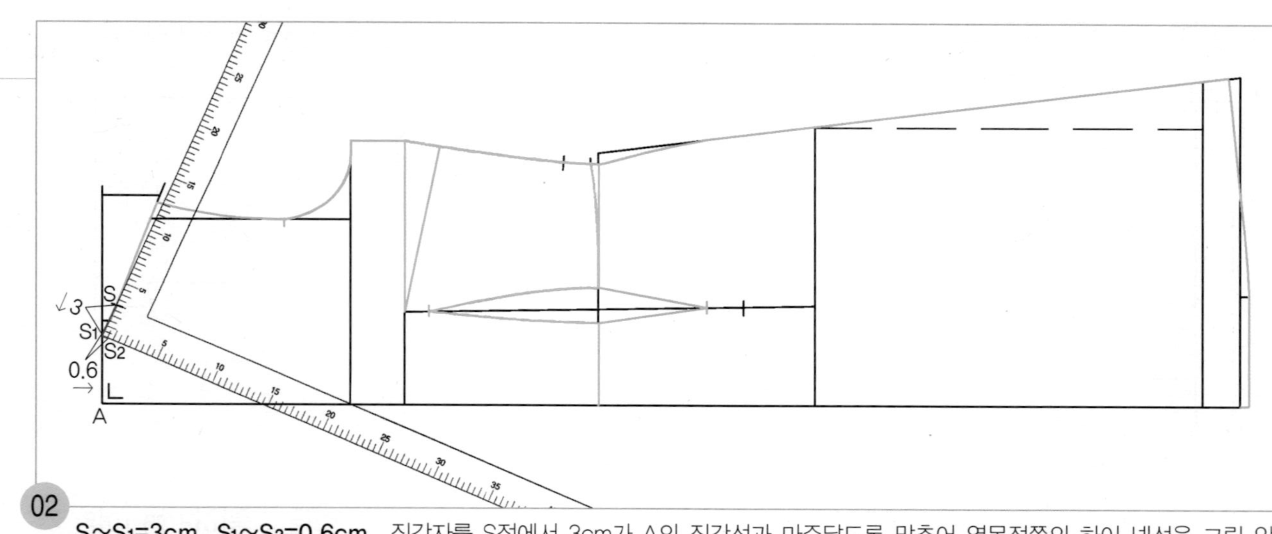

02

$S \sim S_1$=3cm, $S_1 \sim S_2$=0.6cm 직각자를 S점에서 3cm가 A의 직각선과 마주닿도록 맞추어 옆목점쪽의 하이 넥선을 그릴 안내점(S_1)을 정한 다음, S점에서 S_1점까지 옆목점쪽 하이 넥선을 그리고, S_1점에서 직각으로 0.6cm 옆목점쪽 하이 넥선(S_2)을 그린다.

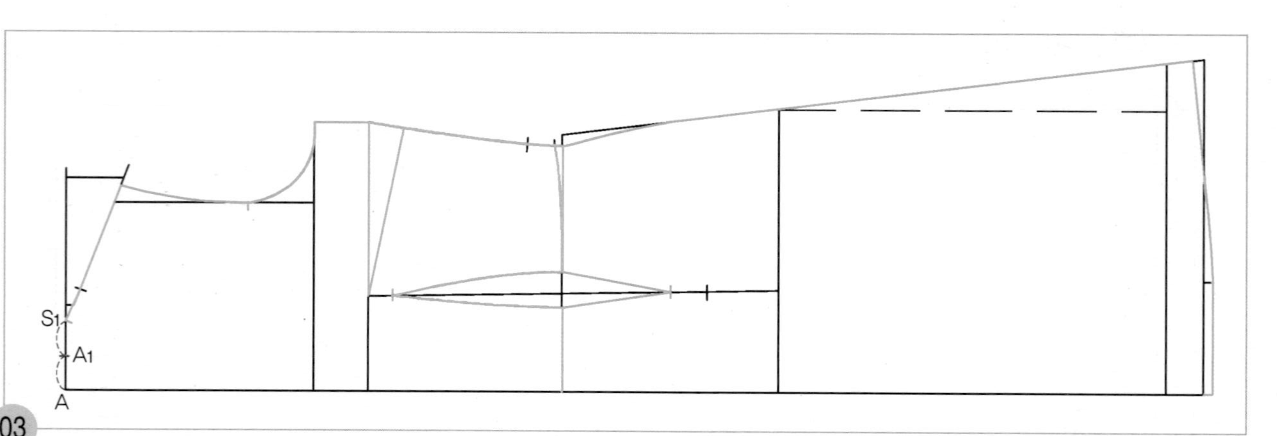

03

A점에서 S_1점까지를 2등분하여 1/2 위치에 하이 넥선을 그릴 안내점(A_1) 위치를 표시한다.

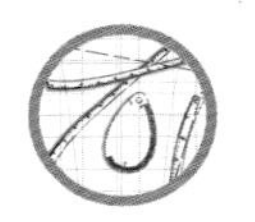

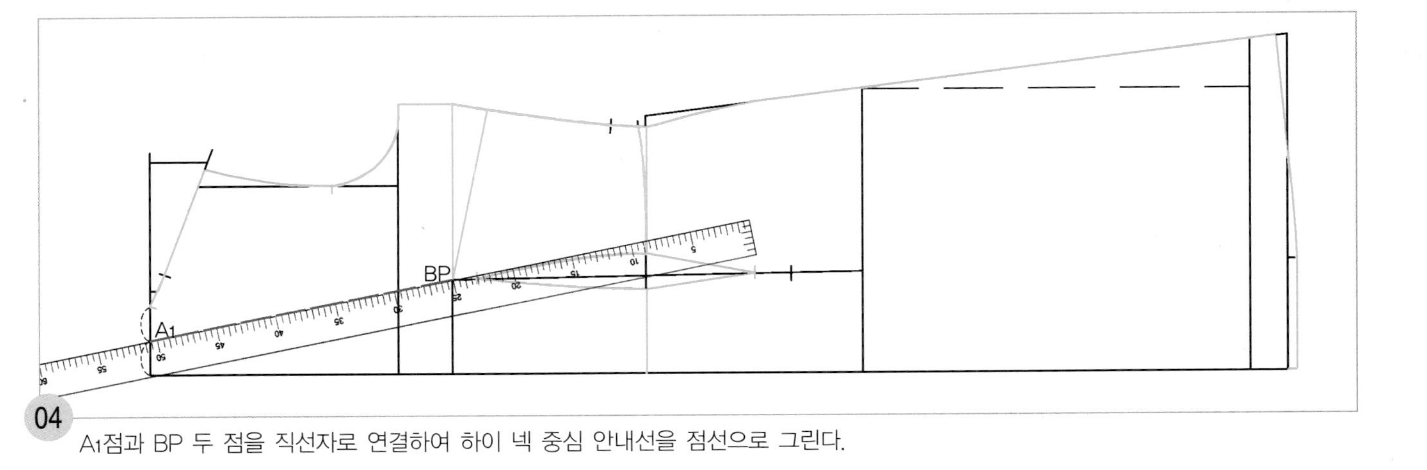

04

A1점과 BP 두 점을 직선자로 연결하여 하이 넥 중심 안내선을 점선으로 그린다.

2↑
A
FNP
$\frac{B°}{6}=\frac{B}{12}$ →

05

A~FNP=B°/6=B/12 직각자를 A점에서 앞중심선을 따라 B°/6=B/12 치수 만큼 나가 맞추고 앞목점(FNP) 위치를 정한 다음, 직각으로 2cm 하이 넥선을 그릴 안내선을 올려 그린다.

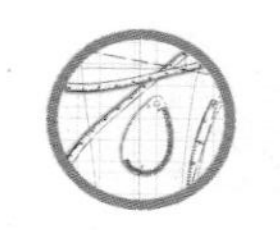

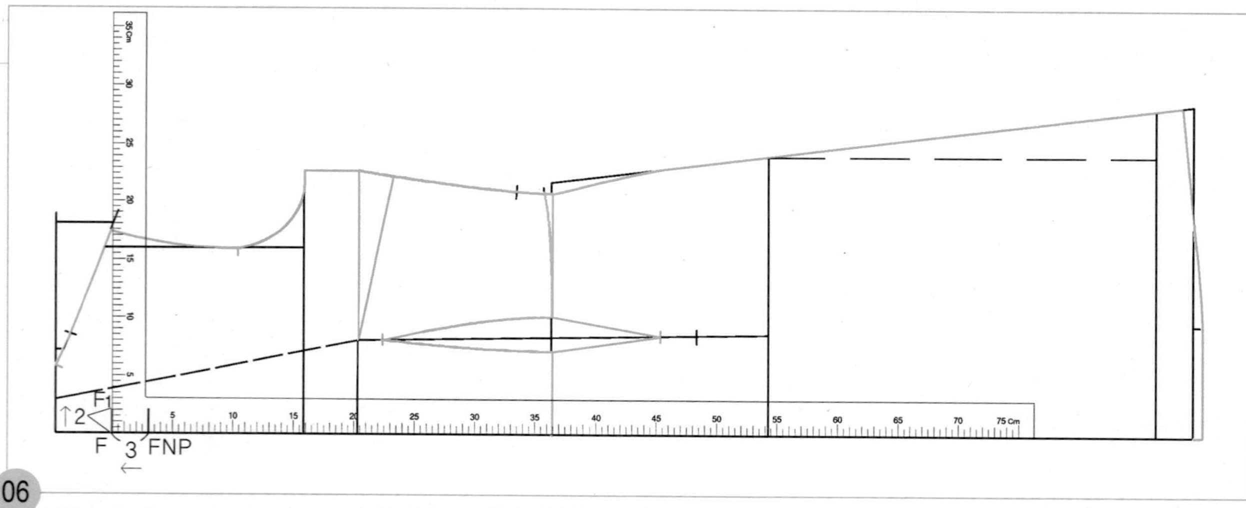

06 **FNP~F=3cm, $F \sim F_1$=2cm** 직각자를 FNP에서 왼쪽으로 3cm 나가 맞추고 하이 넥 앞목점(F) 위치를 정한 다음, 직각으로 2cm 앞 하이 넥선(F_1)을 올려 그린다.

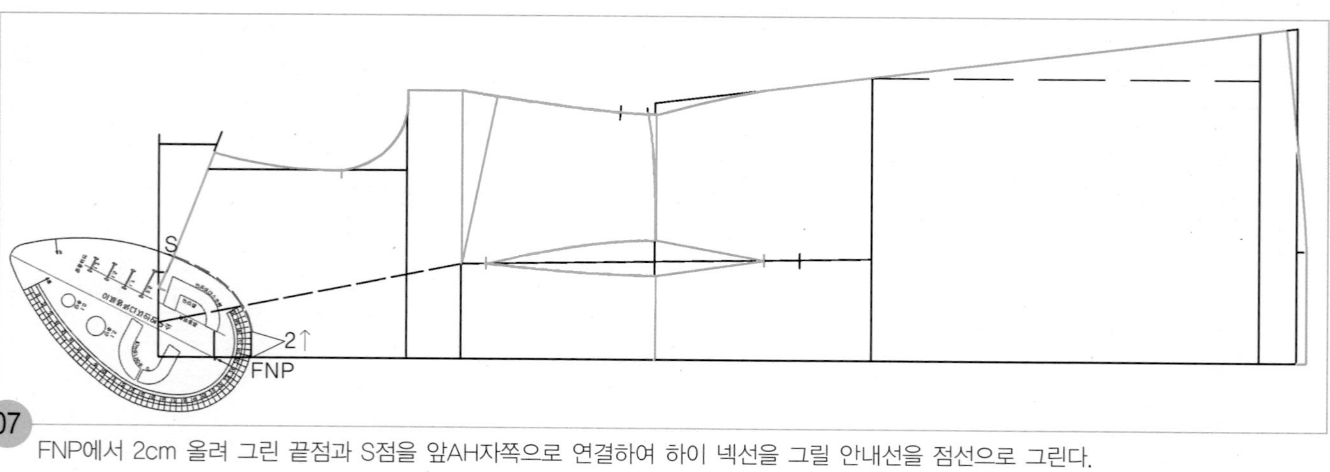

07 FNP에서 2cm 올려 그린 끝점과 S점을 앞AH자쪽으로 연결하여 하이 넥선을 그릴 안내선을 점선으로 그린다.

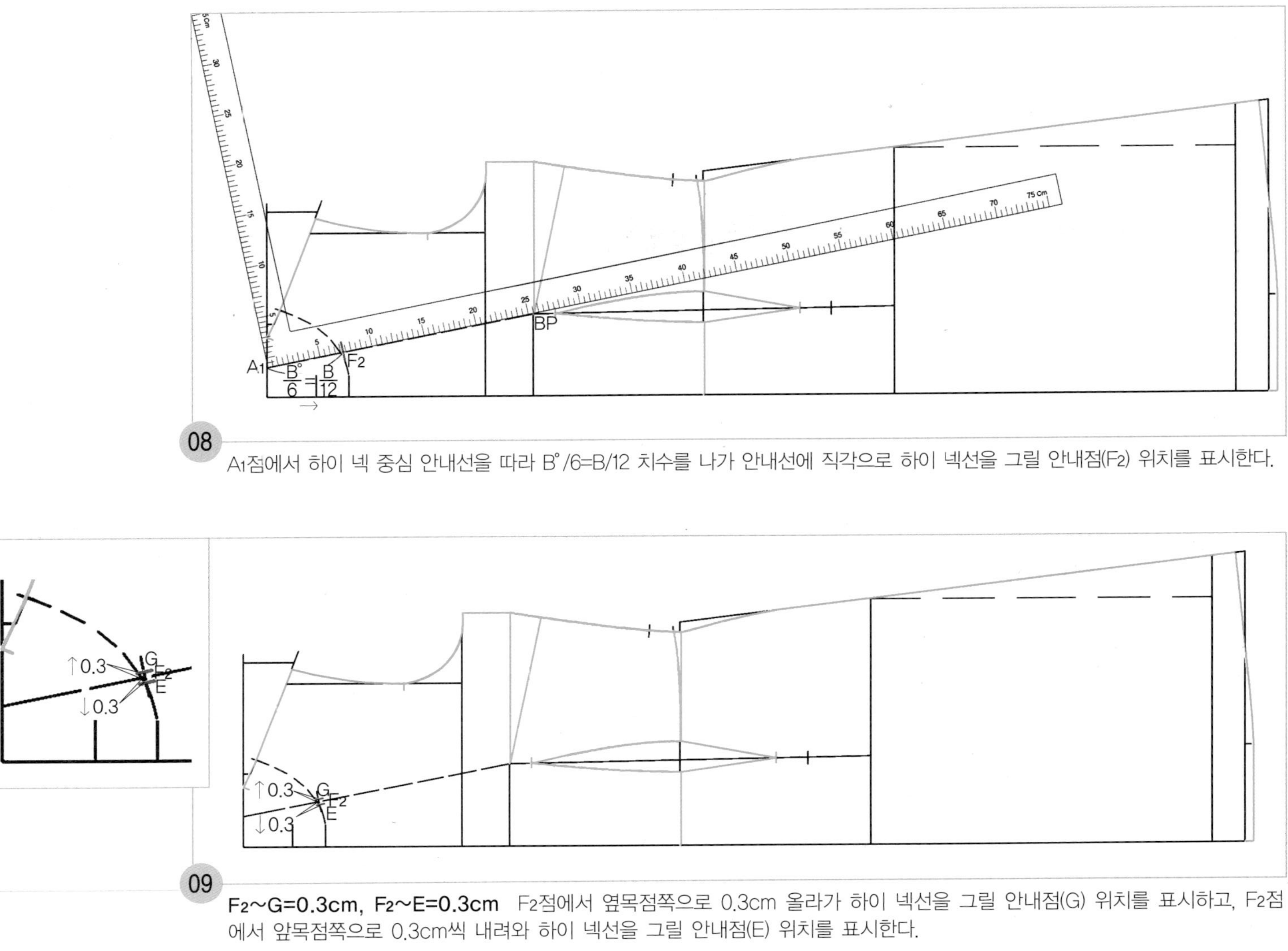

08 A1점에서 하이 넥 중심 안내선을 따라 B°/6=B/12 치수를 나가 안내선에 직각으로 하이 넥선을 그릴 안내점(F2) 위치를 표시한다.

09 **F2~G=0.3cm, F2~E=0.3cm** F2점에서 옆목점쪽으로 0.3cm 올라가 하이 넥선을 그릴 안내점(G) 위치를 표시하고, F2점에서 앞목점쪽으로 0.3cm씩 내려와 하이 넥선을 그릴 안내점(E) 위치를 표시한다.

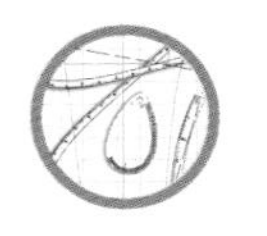

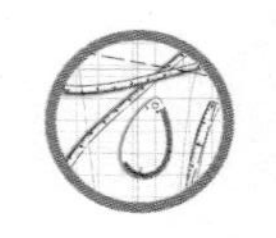

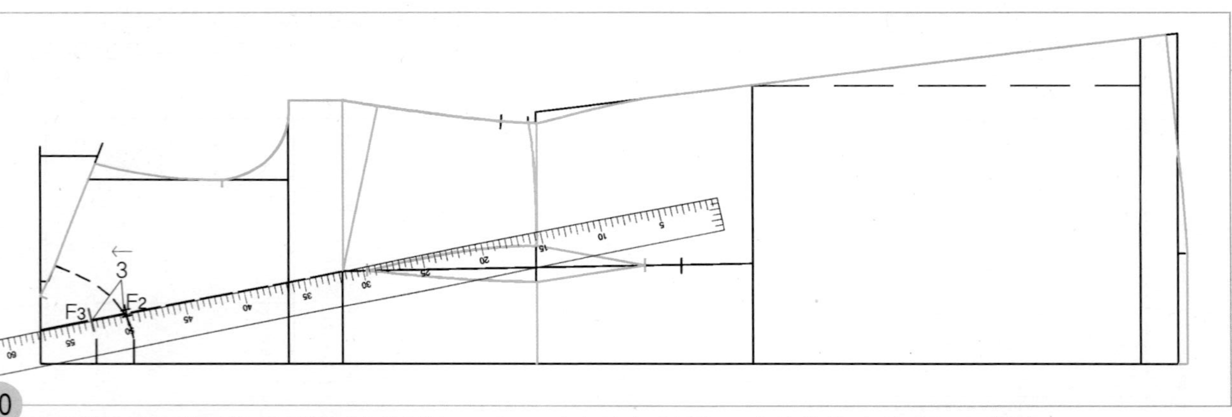

10 F_2점에서 하이 넥 중심 안내선을 따라 왼쪽으로 3cm 나가 하이 넥선을 그릴 안내점(F_3) 위치를 표시한다.

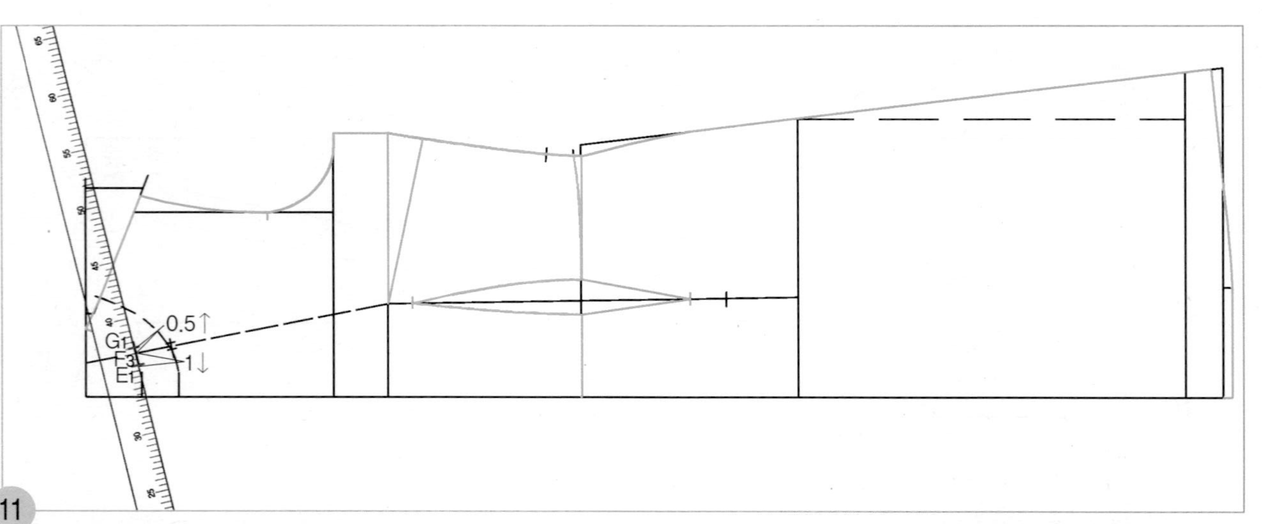

11 **F_3~G_1=0.5cm, F_3~E_1=1cm** F_3점에서 옆목점쪽으로 0.5cm 올라가 하이 넥선을 그릴 안내점(G_1) 위치를 표시하고, F_3점에서 앞목점쪽으로 1cm씩 내려와 하이 넥선을 그릴 안내점(E_1) 위치를 표시한다.

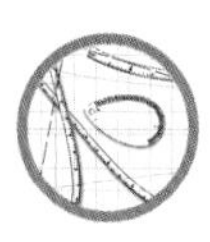

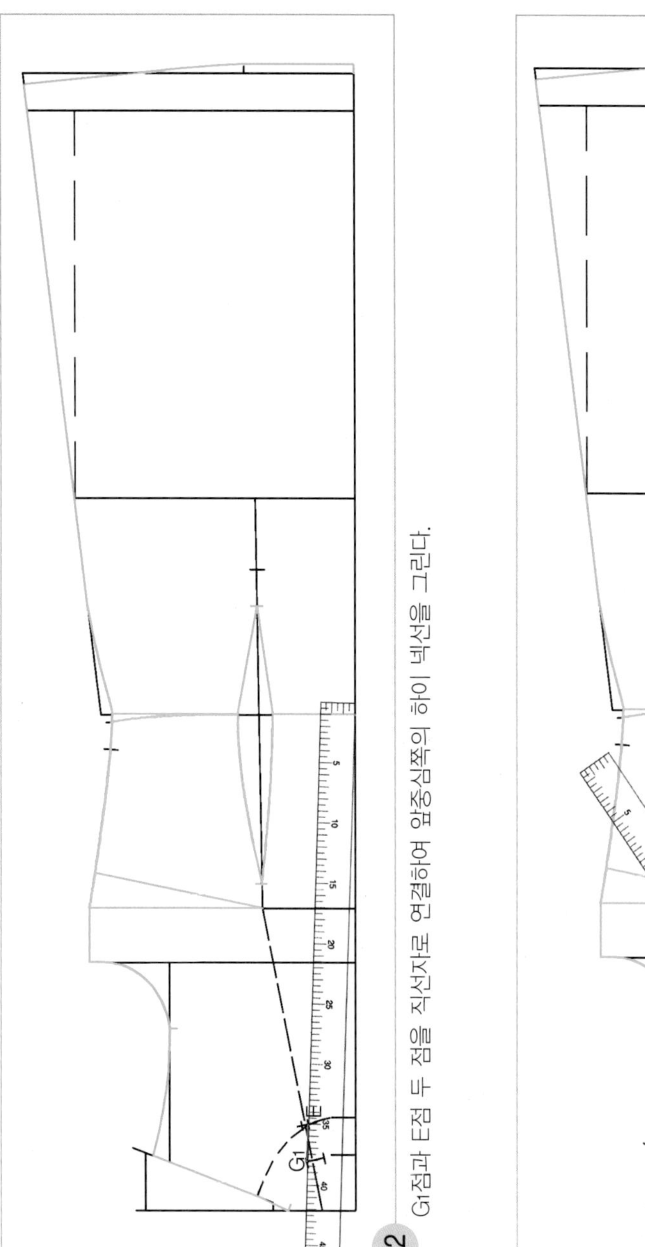

12 G1점과 E점 두 점을 직선자로 연결하여 앞중심쪽의 하이 넥선을 그린다.

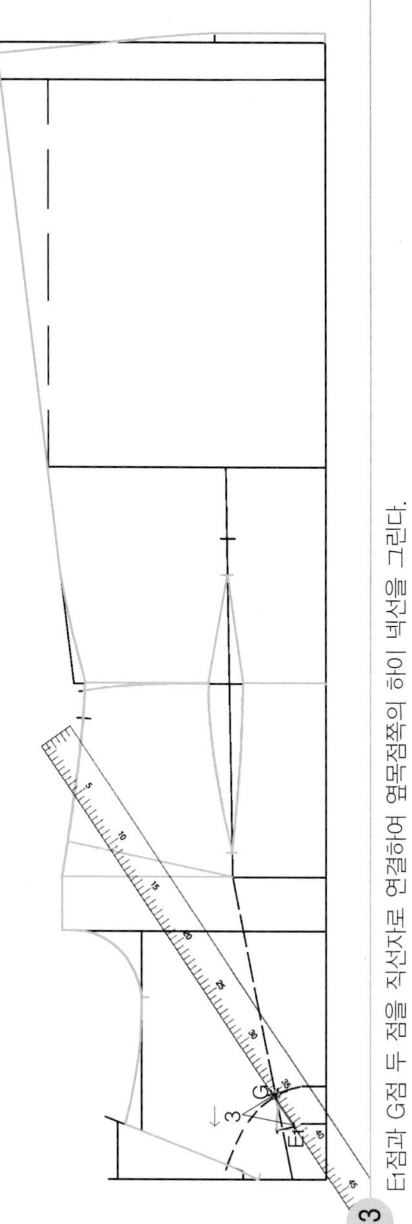

13 E1점과 G점 두 점을 직선자로 연결하여 옆목점쪽의 하이 넥선을 그린다.

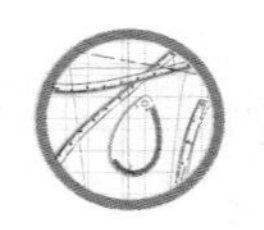

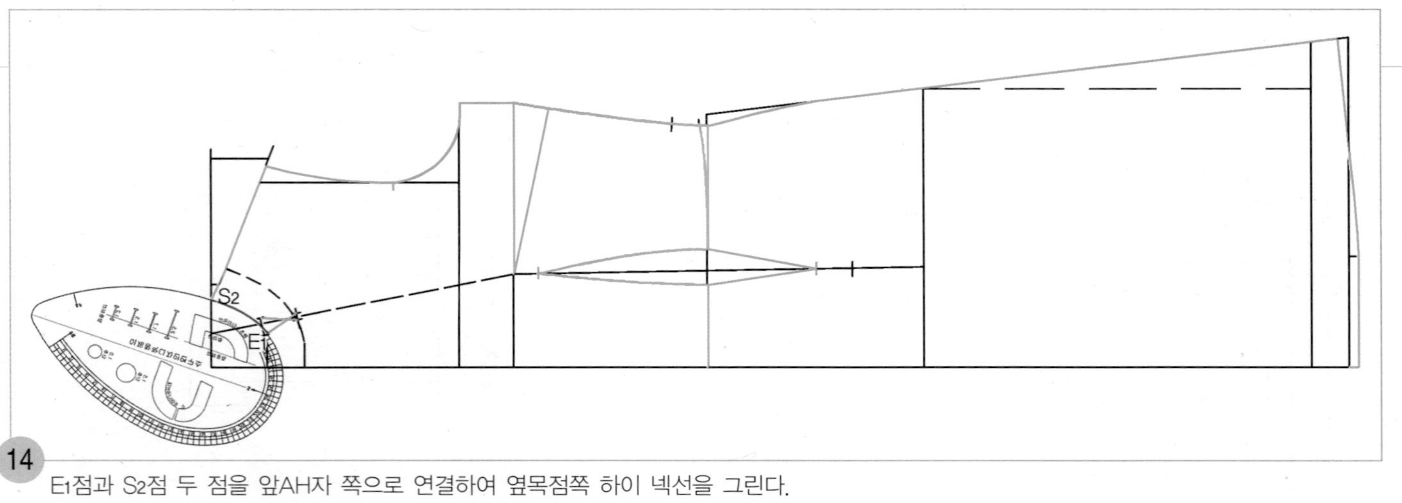

14 E_1점과 S_2점 두 점을 앞AH자 쪽으로 연결하여 옆목점쪽 하이 넥선을 그린다.

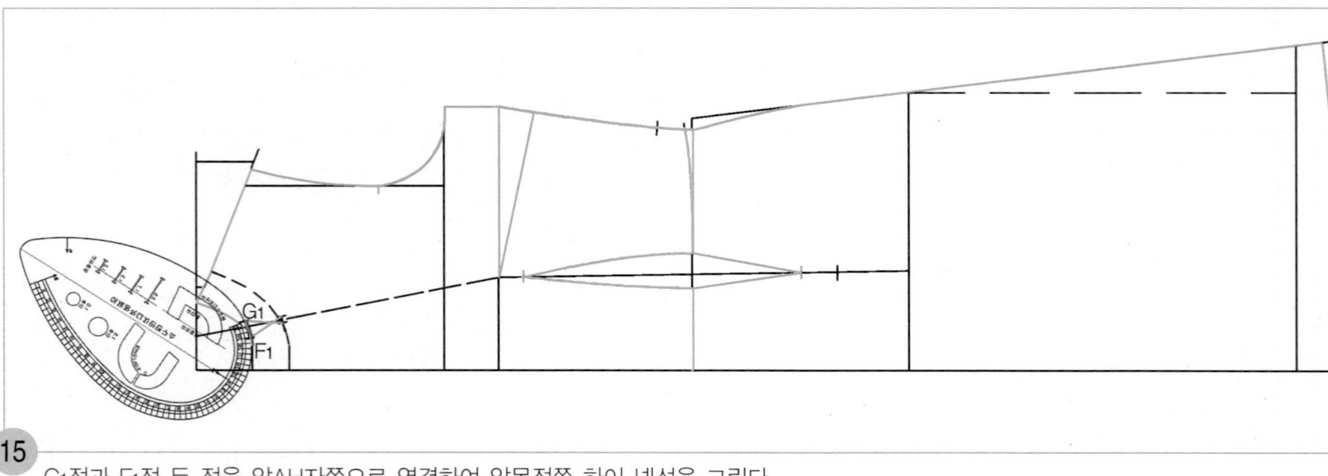

15 G_1점과 F_1점 두 점을 앞AH자쪽으로 연결하여 앞목점쪽 하이 넥선을 그린다.

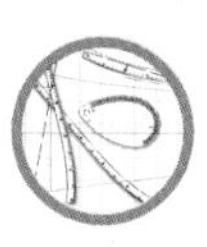

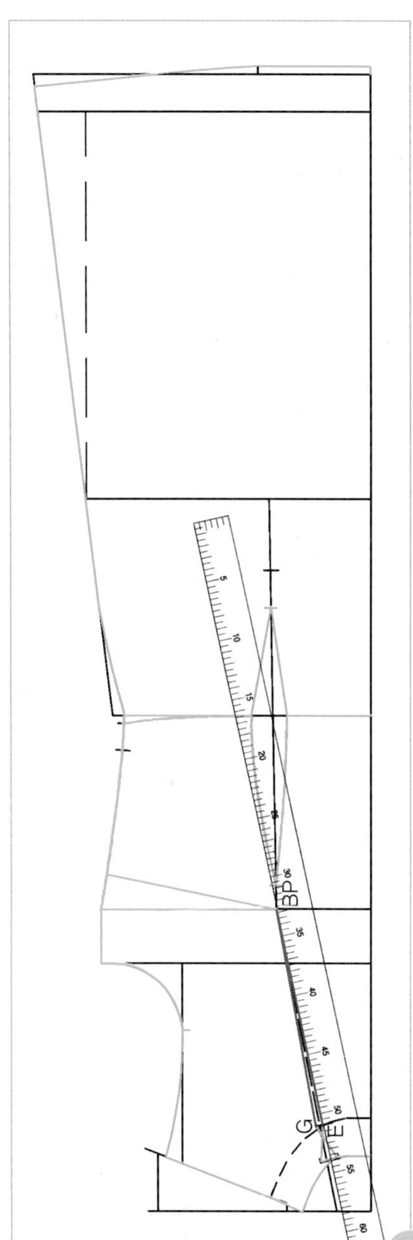

16 G점과 BP, E점과 BP 두 점을 각각 직선자로 연결하여 하이 넥 다트선을 그린다.

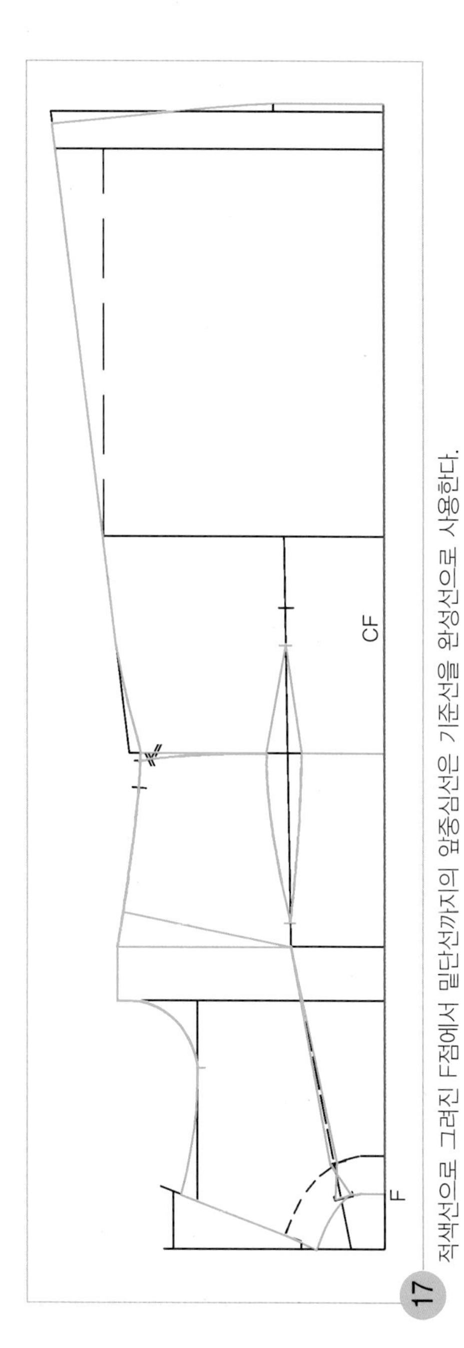

17 적색선으로 그려진 F점에서 밑단선까지의 앞중심선은 기준선을 완성선으로 사용한다.

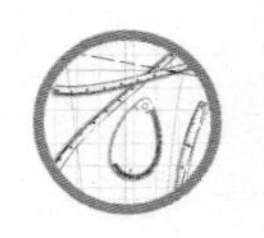

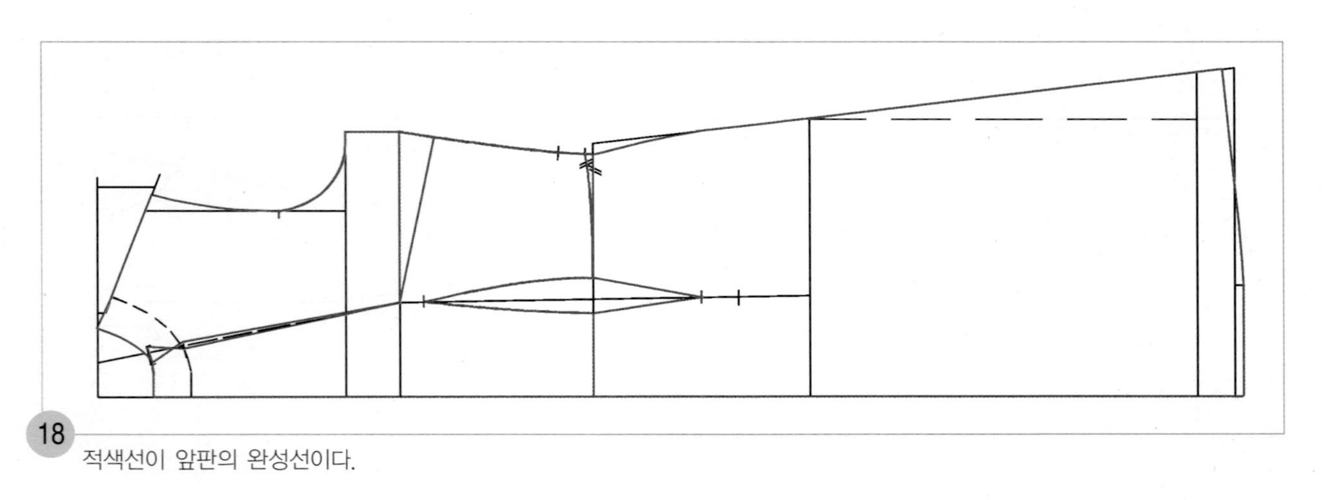

18 적색선이 앞판의 완성선이다.

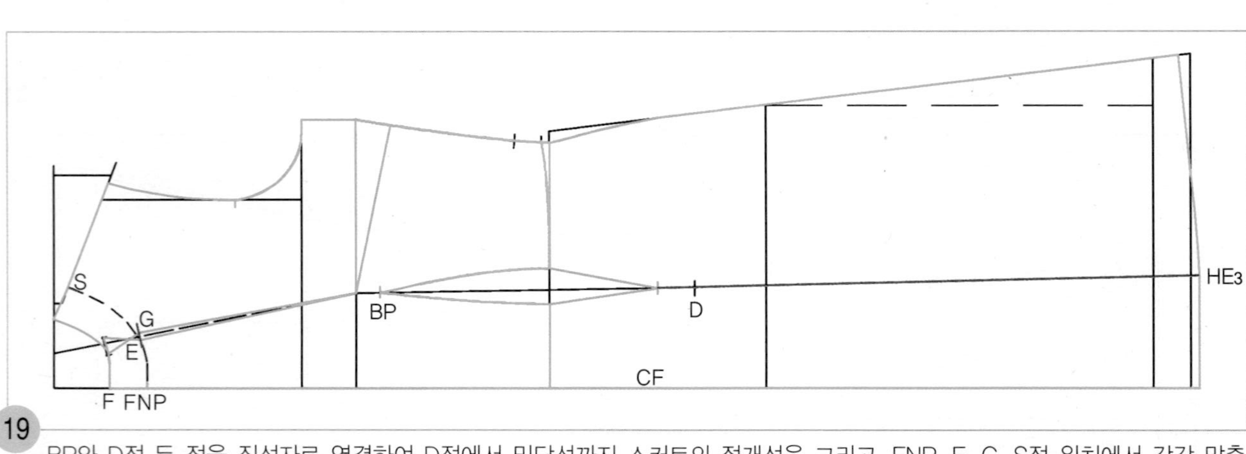

19 BP와 D점 두 점을 직선자로 연결하여 D점에서 밑단선까지 스커트의 절개선을 그리고, FNP, E, G, S점 위치에서 각각 맞춤 표시를 넣어둔다.

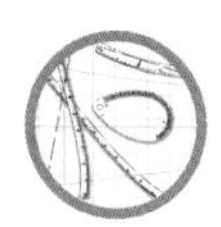

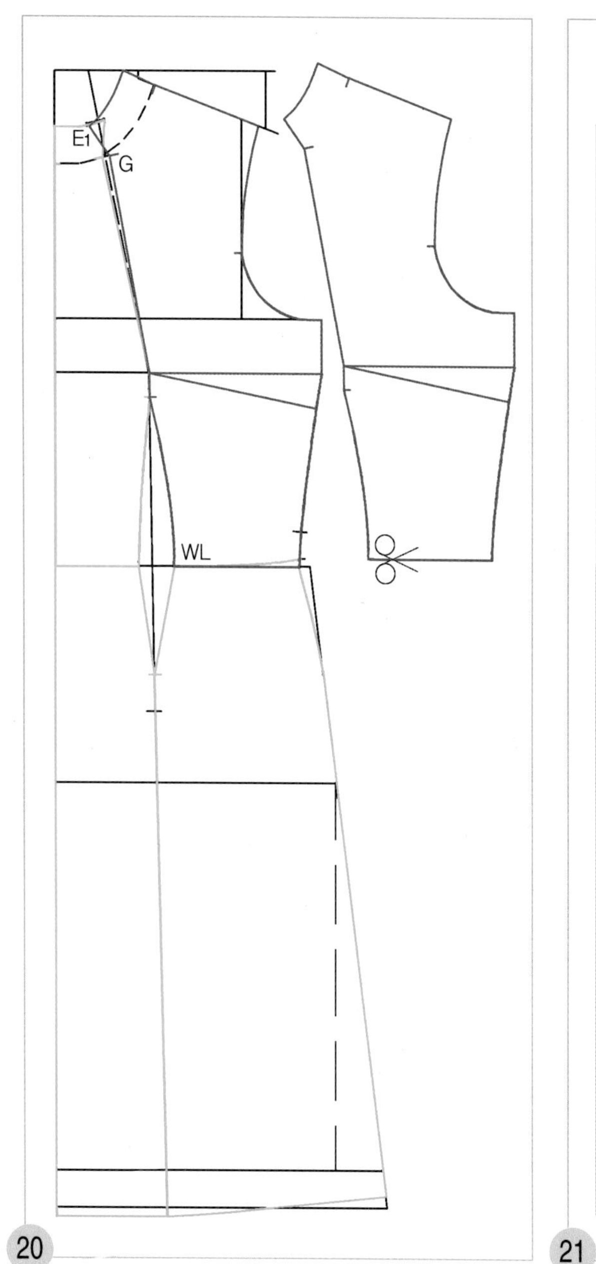

20

적색선으로 그려진 E1점에서 G점 위쪽의 앞옆몸판 선을 새 패턴지에 옮겨 그린 다음, 새 패턴지에 옮겨그린 완성선을 따라 오려내고 원래의 패턴 위에 맞추어 얹어 패턴에 차이가 없는지 확인한다.

앞 옆선쪽 몸판

앞 중심쪽 몸판

다트 접음

앞 스커트

21

20에서 새 패턴지에 옮겨 그리고 오려낸 패턴의 가슴 다트를 접어 허리선 위쪽 옆몸판을 완성하고, 청색선으로 표시된 앞중심쪽 몸판의 완성선을 따라 오려내어 스커트와 분리한다.

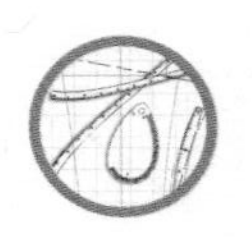

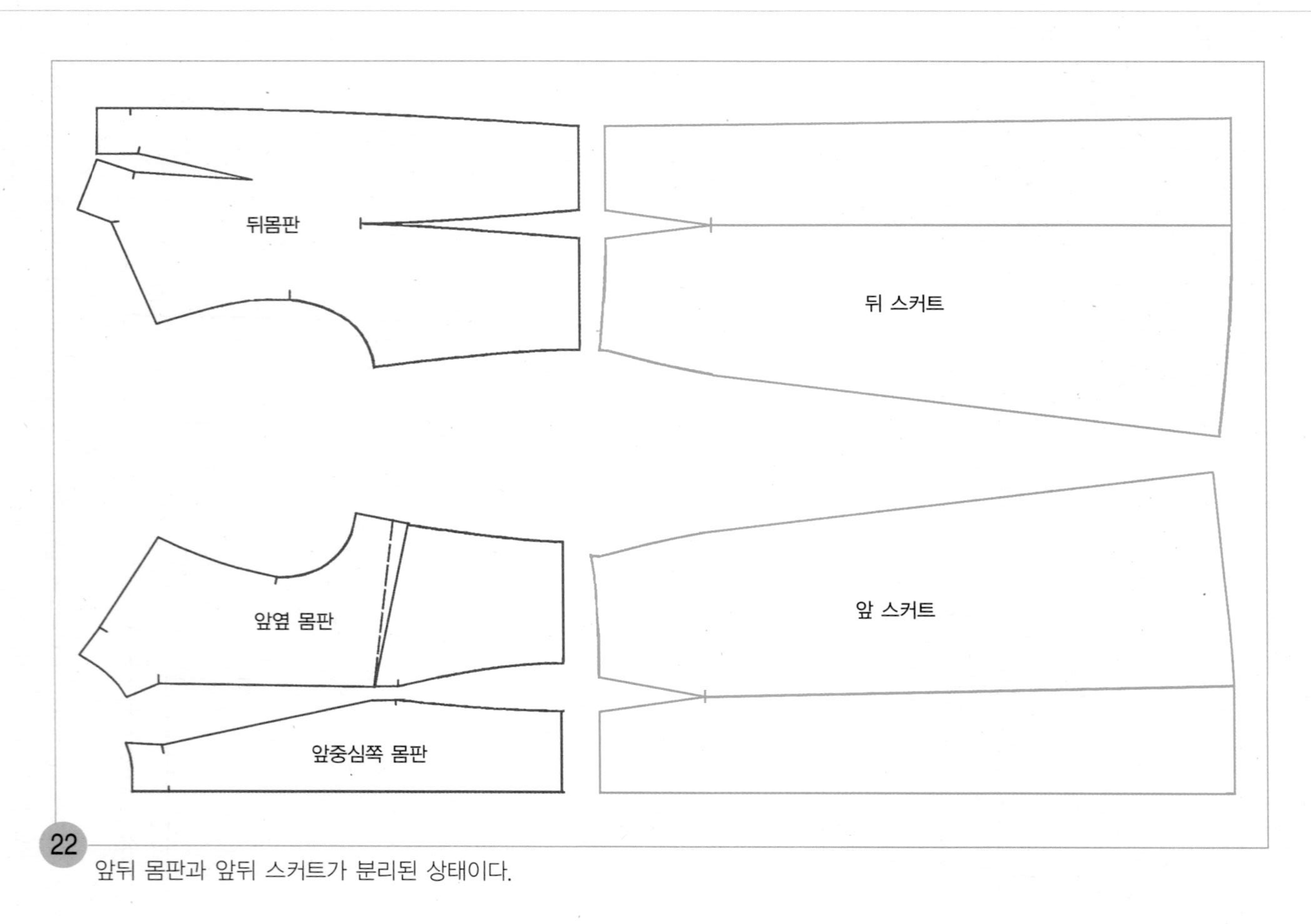

22 앞뒤 몸판과 앞뒤 스커트가 분리된 상태이다.

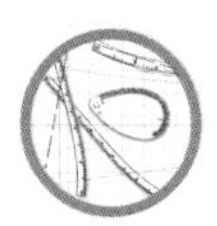

3. 안단선을 그린다.

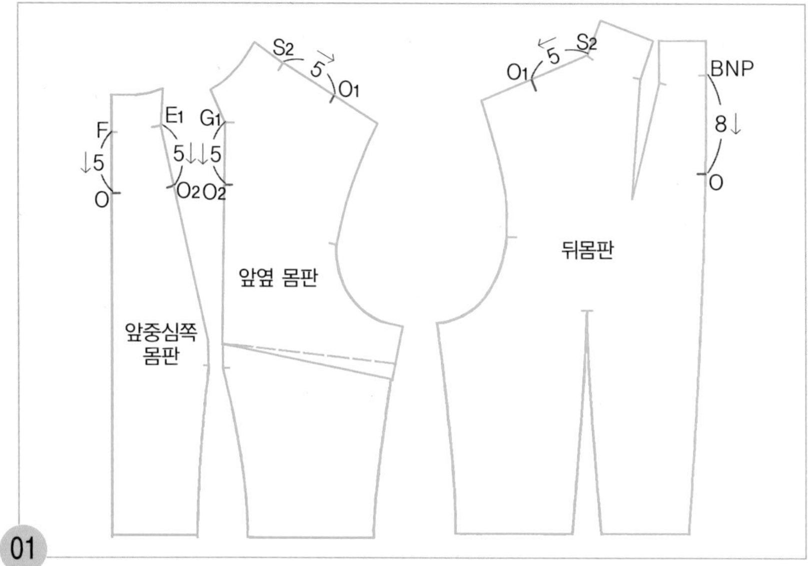

01

F~O, E1~O2, G1~O2, S2~O1=5cm, BNP~O=8cm

앞중심쪽 몸판의 F점과 E1점, 앞옆선쪽 몸판의 G1점에서 각각 5cm씩 내려와 안단선을 그릴 안내점(O, O2) 위치를 표시하고, 앞옆선쪽 몸판의 S2점과 뒤몸판의 S2점에서 각각 어깨선을 따라 5cm씩 나가 안단선을 그릴 안내점(O1) 위치를 표시한 다음, 뒤몸판의 BNP에서 뒤중심선을 따라 8cm 내려와 안단선을 그릴 안내점(O) 위치를 각각 표시한다.

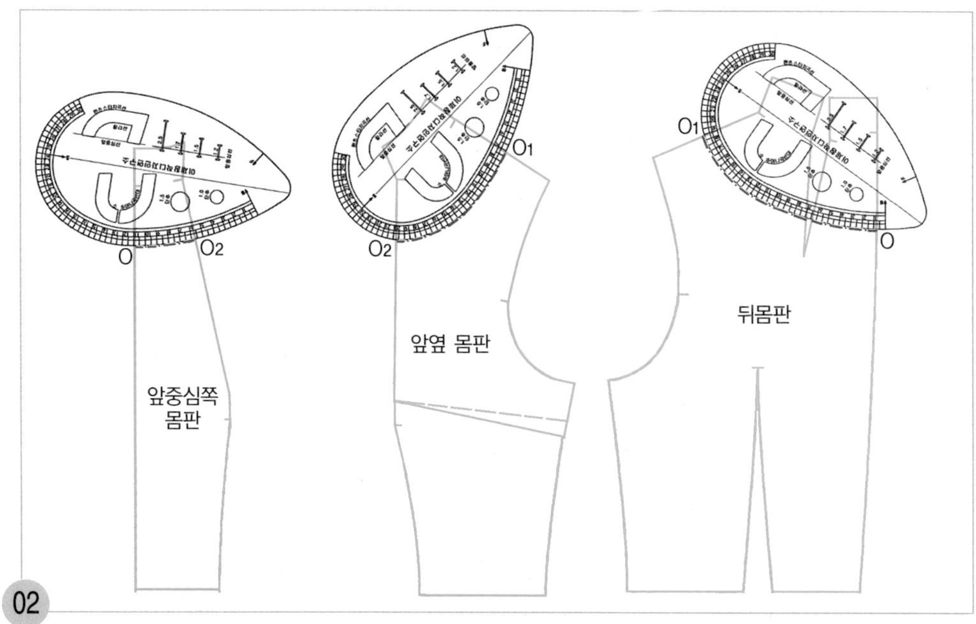

02

01>에서 표시해둔 안내점을 각각 그림과 같이 AH자로 연결하여 안단선을 그린다.

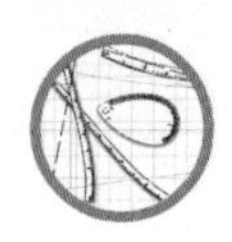

4. 패턴을 분리하여 앞뒤 스커트를 절개한다.

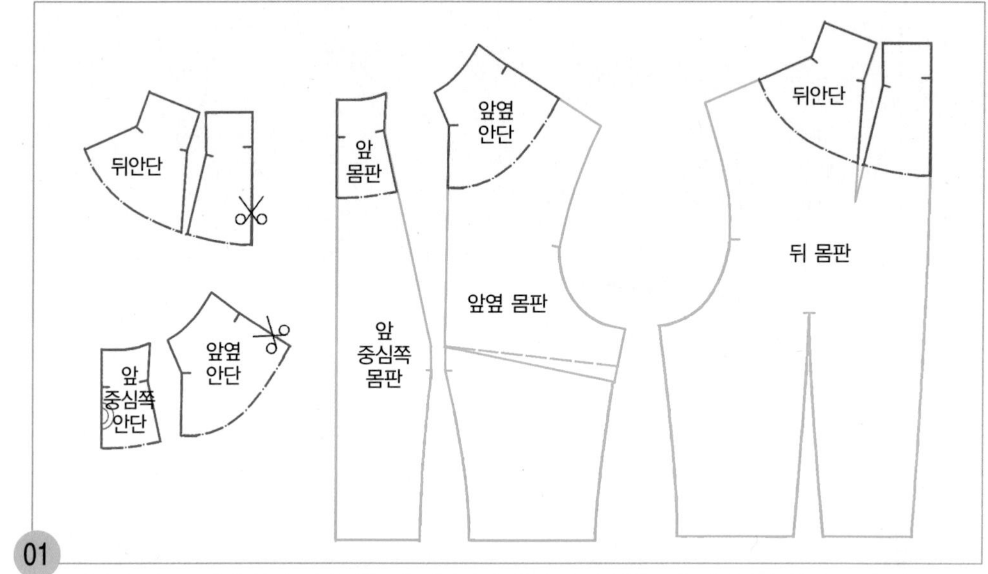

01

적색선으로 표시된 앞뒤 안단선을 새 패턴지에 옮겨 그린 다음, 새 패턴지에 옮겨 그린 앞뒤 안단의 완성선을 따라 오려내고 원래의 패턴 위에 맞추어 얹어 패턴에 차이가 없는지 확인한다.

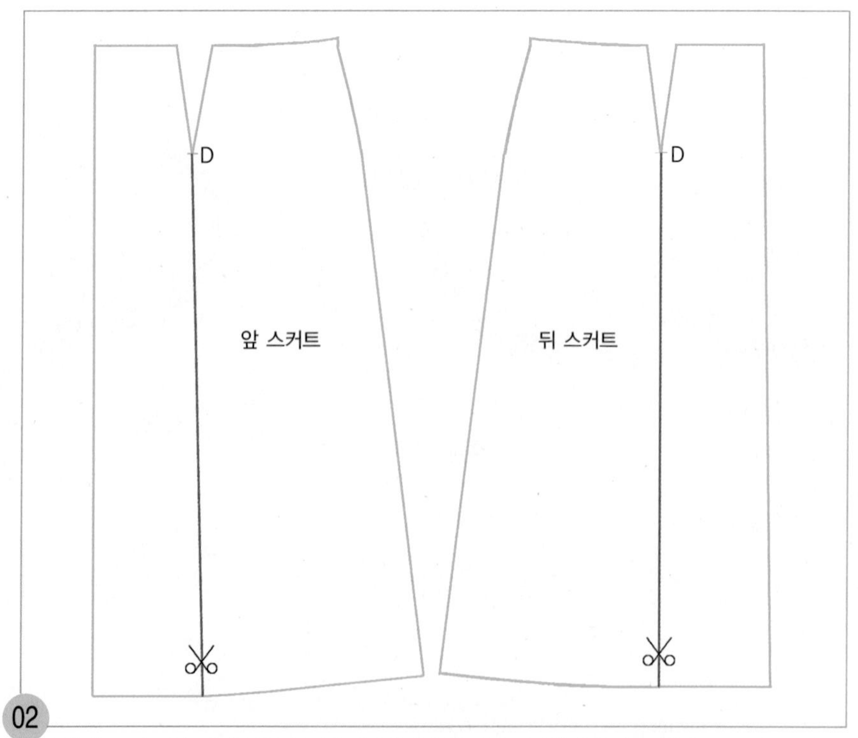

02

앞뒤 스커트의 절개선을 밑단선 쪽에서부터 다트 끝점(D)까지 오린다.

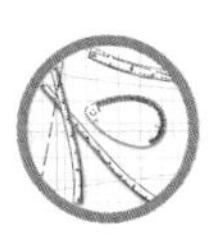

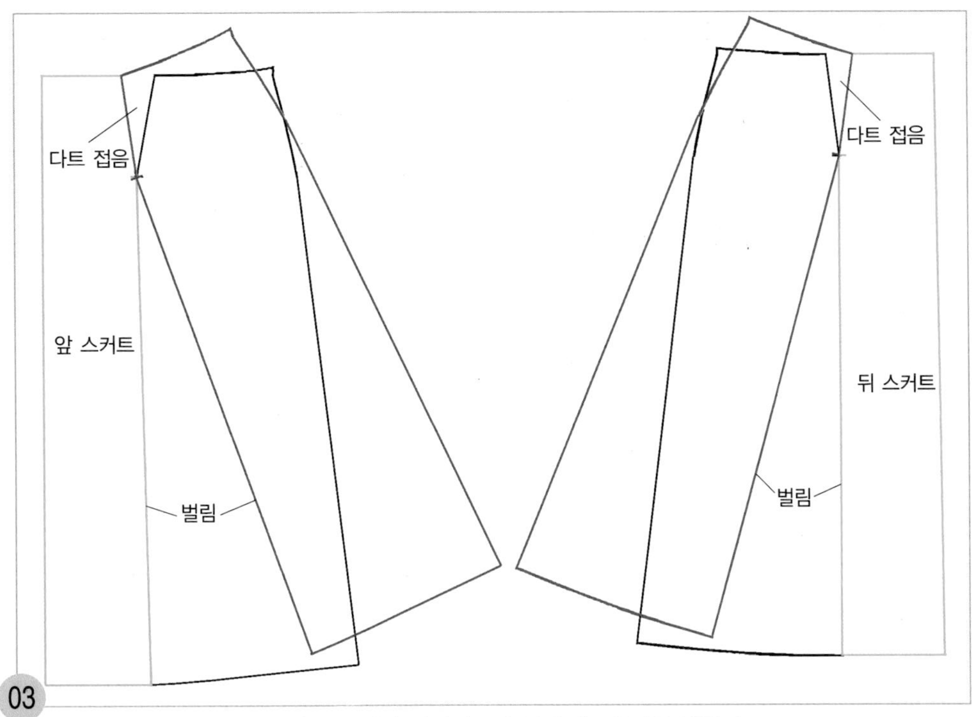

03

앞뒤 스커트의 허리선쪽 다트를 접어 밑단선쪽이 벌어지는 양만큼 벌린다.

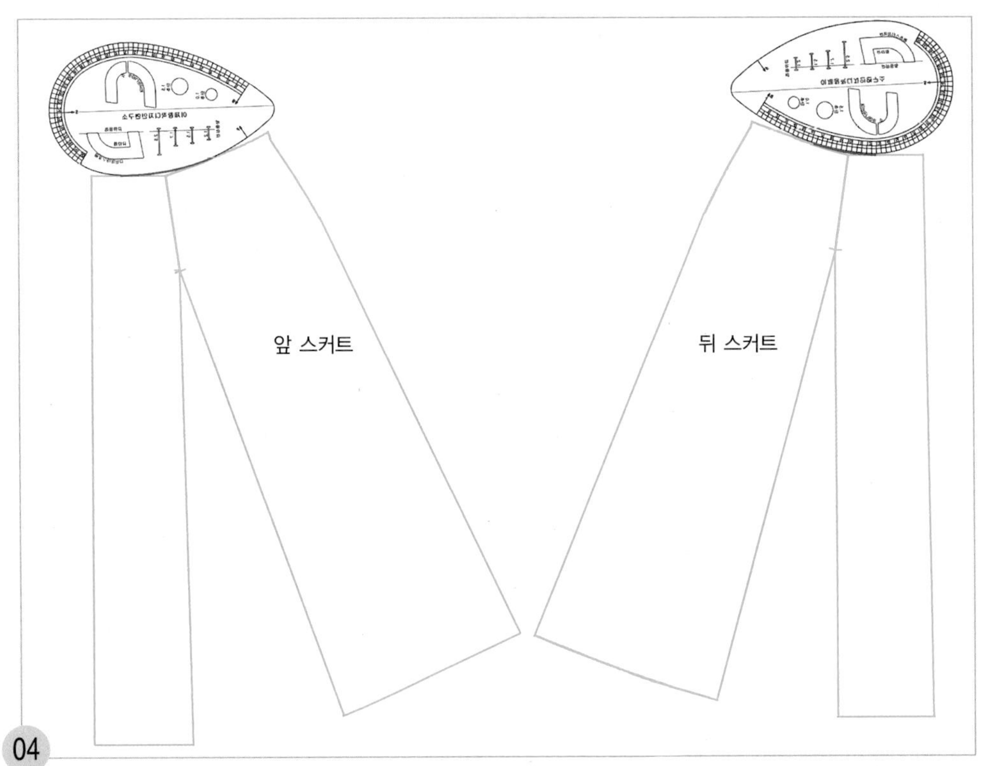

04

다트를 접은 허리 솔기선이 각지지 않도록 AH자로 연결하여 허리 솔기선을 자연스런 곡선으로 수정한다.

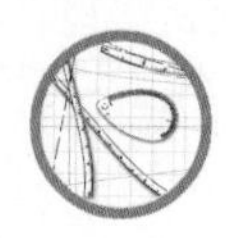

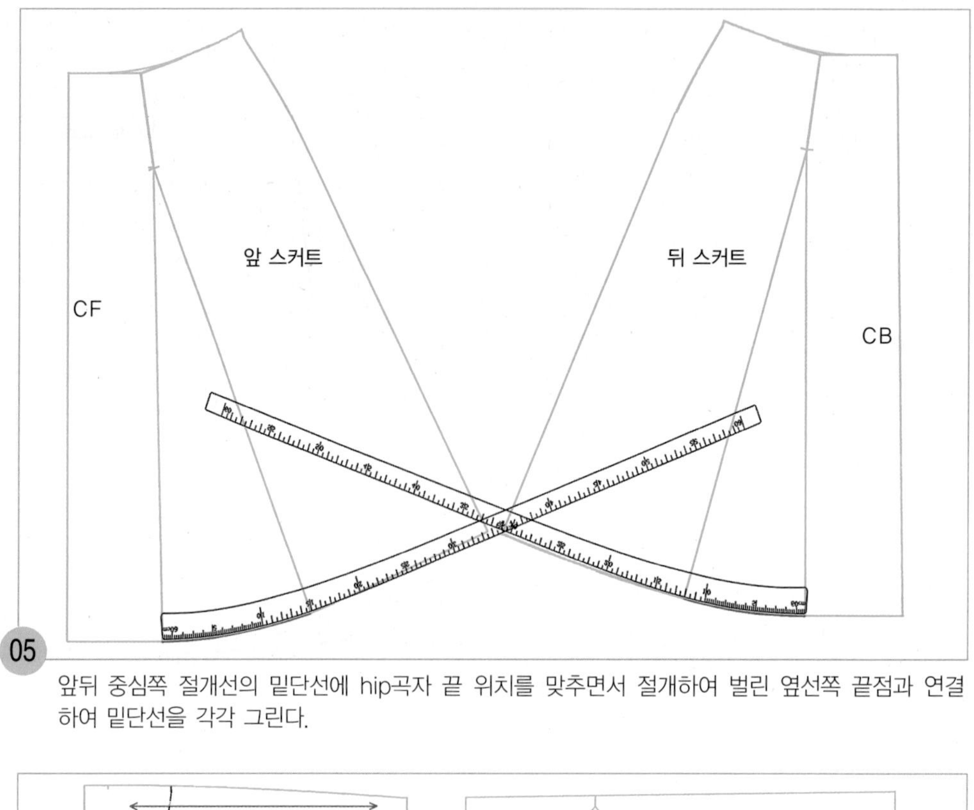

05

앞뒤 중심쪽 절개선의 밑단선에 hip곡자 끝 위치를 맞추면서 절개하여 벌린 옆선쪽 끝점과 연결하여 밑단선을 각각 그린다.

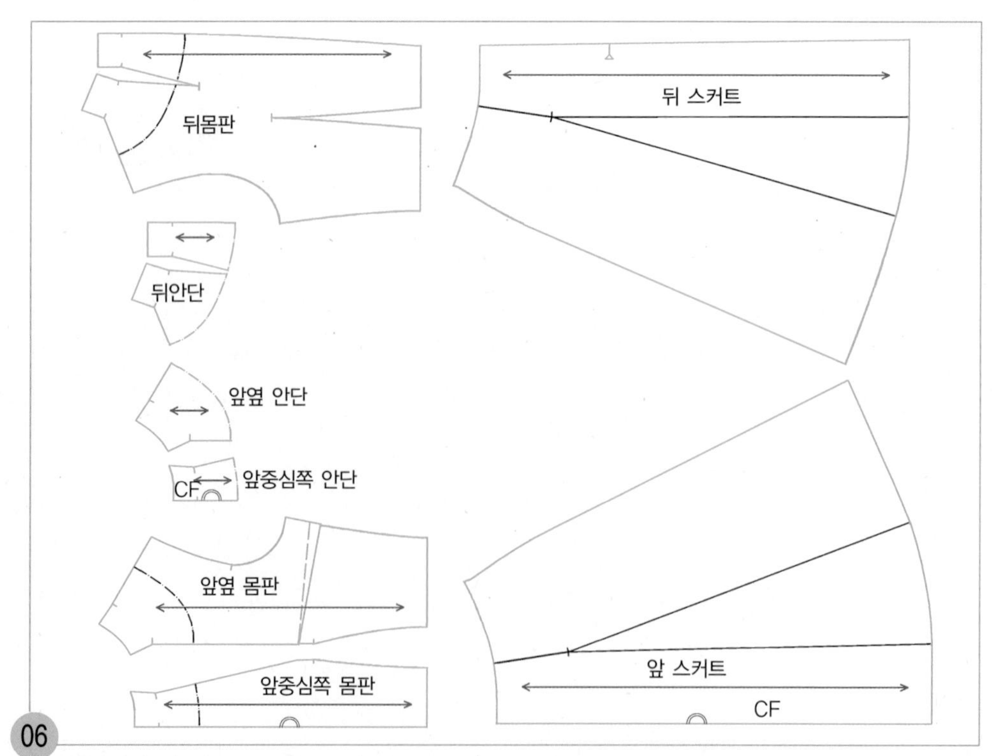

06

청색선이 각 패턴이 분리된 상태이다. 앞중심쪽 몸판과 안단, 앞 스커트의 앞중심선에 골선 표시를 넣고 각 패턴에 수평으로 식서방향 표시를 넣어둔다.

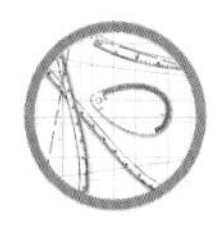

소매 제도하기

1. 소매밑선을 그린다.

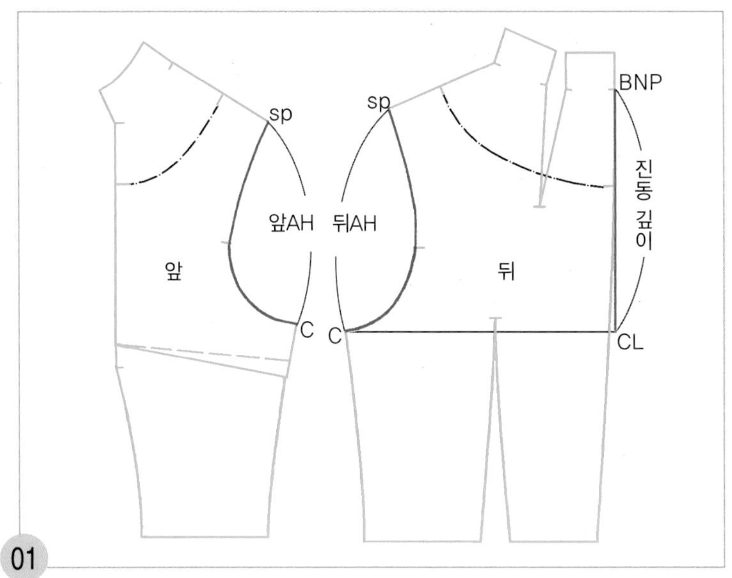

01

SP~C=앞뒤 진동둘레선(AH)

SP점에서 C점의 앞뒤 진동둘레선(AH) 길이를 각각 재고, 뒤판의 BNP에서 CL점까지의 진동 깊이 길이를 재어둔다.

주 뒤AH 치수–앞AH 치수=1.8cm 내외가 가장 이상적 치수이다. 즉 뒤AH 치수가 앞AH치수 보다 1.8cm 정도 더 길어야 하며 허용 치수는 ±0.2cm까지이다.

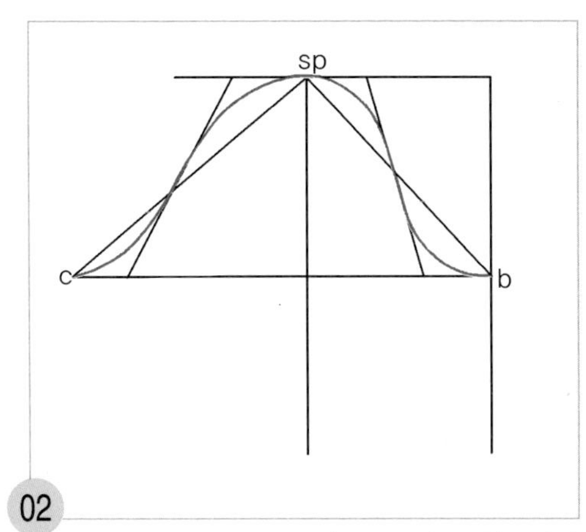

02

p.332의 01~p.335의 04까지를 참조하여 같은 방법으로 소매산 곡선을 그린다.

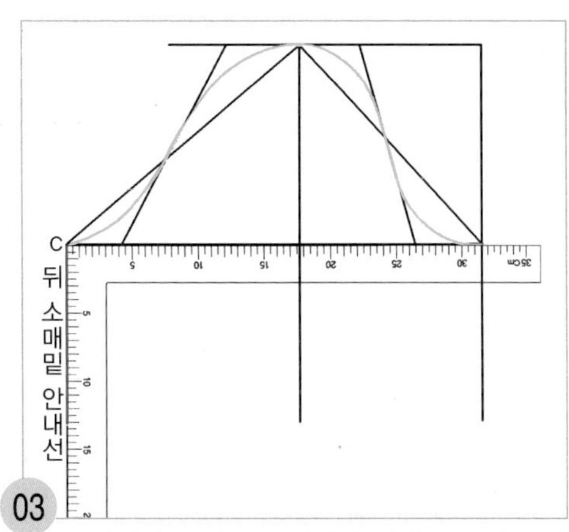

03

C점에서 소매폭 안내선에 직각으로 뒤 소매밑 안내선을 내려 그린다.

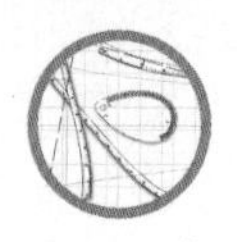

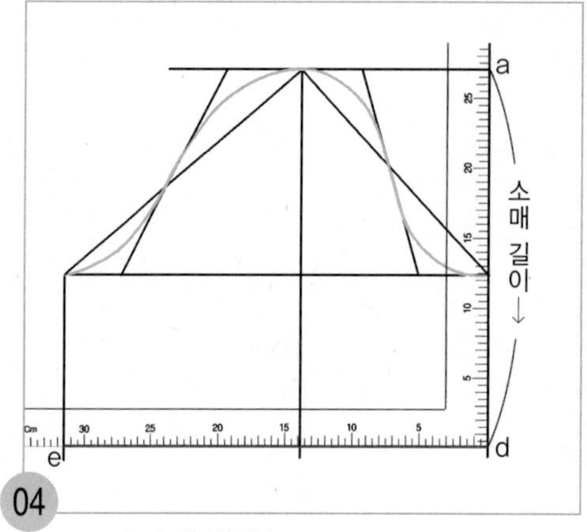

a~d=소매 길이

직각자를 a점에서 소매 길이 치수 만큼 내려 맞추고 앞소매단(d) 위치를 정한 다음, d점에서 직각으로 뒤 소매밑 안내선(e)까지 소매단선을 그린다.

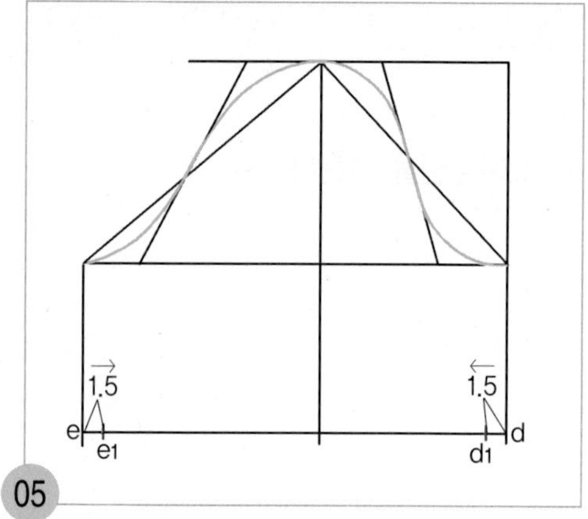

d~d1, e~e1=1.5cm

d점과 e점에서 각각 1.5cm씩 들어가 소매단 폭 끝점(d1, e1) 위치를 각각 표시한다.

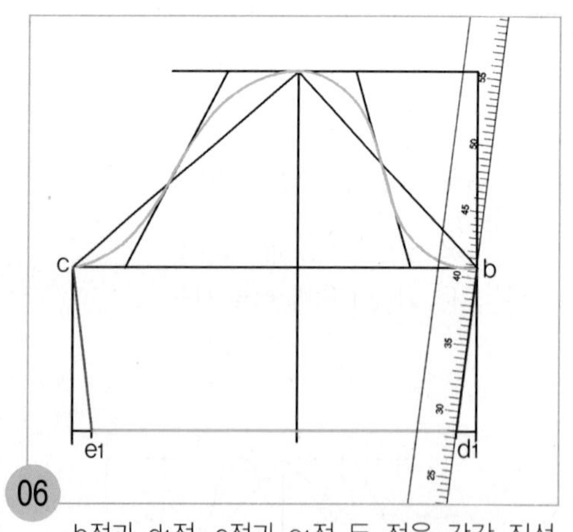

b점과 d1점, c점과 e1점 두 점을 각각 직선자로 연결하여 소매밑 완성선을 그린다.

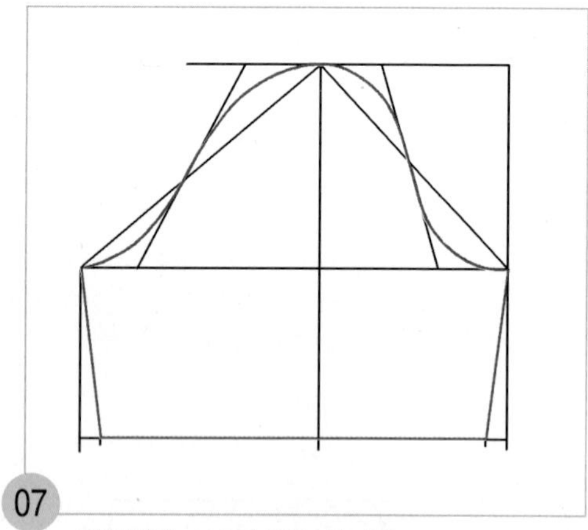

적색선이 소매의 완성선이다.

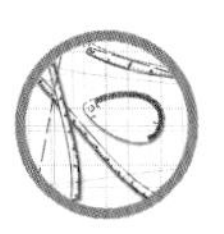

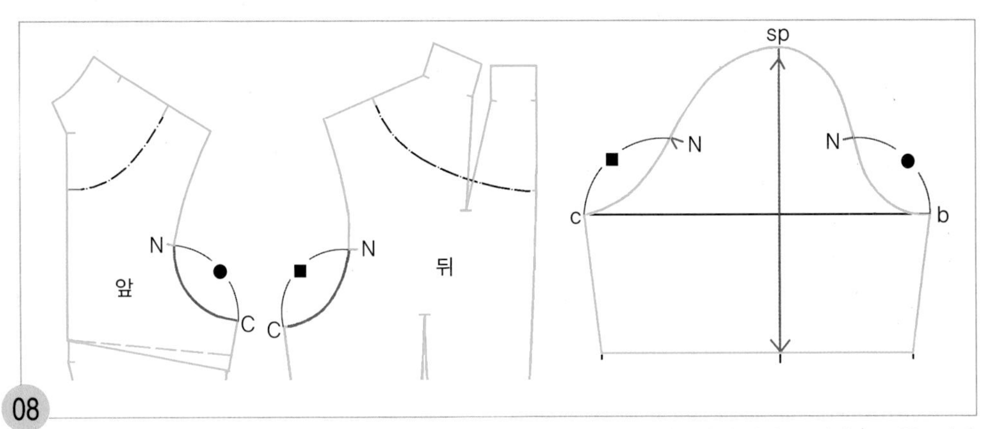

08

앞판의 N점에서 C점까지의 진동둘레선 길이(●)를 재어, 앞소매폭점(b)에서 소매산 곡선을 따라 올라가 앞소매맞춤점(N) 위치를 표시하고, 뒤판의 N점에서 C점까지의 진동둘레선 길이(■)를 재어, 뒤소매폭점(c)에서 소매산 곡선을 따라 올라가 뒤소매맞춤점(N) 위치를 표시한 다음, 소매 중심선을 식서방향으로 표시한다.

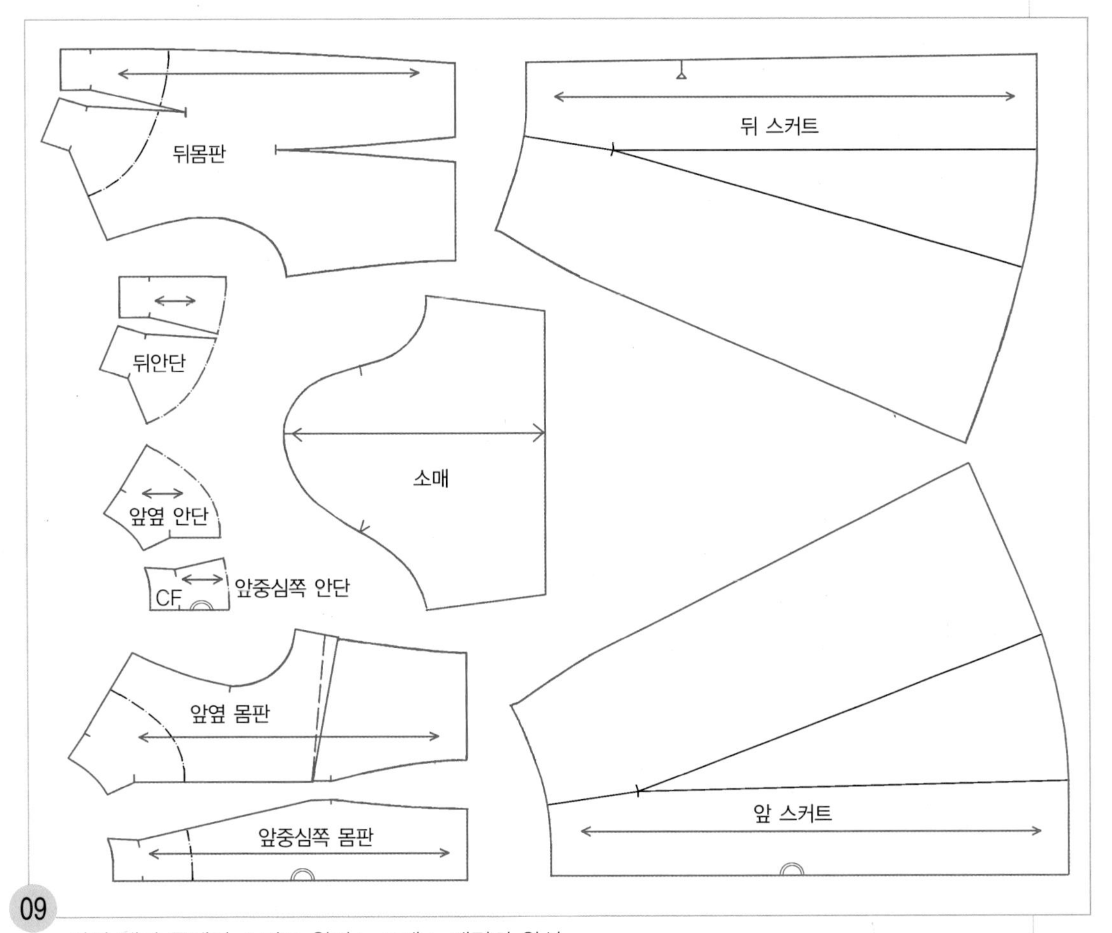

09

하이 넥과 플레어 스커트 원피스 드레스 패턴의 완성.

Jung hye min

정 혜 민

- 일본 동경 문화여자대학교 가정학부 복장학과 졸업
- 일본 동경 문화여자대학 대학원 가정학연구과(피복학 석사)
- 일본 동경 문화여자대학 대학원 가정학연구과(피복환경학 박사)
- 경북대학교 사범대학 가정교육과 강사
- 성균관대학교 일반대학원 의상학과 강사
- 동양대학교 패션디자인학과 학과장 역임
- 동양대학교 패션디자인학과 조교수
- 현, 이제창작디자인연구소 소장

– 저서 : 「패션디자인과 색채」, 「텍스타일의 기초 지식」, 「봉제기법의 기초 」
「어린이 옷 만들기」, 「팬츠 만들기」, 「스커트 만들기」, 「팬츠 제도법」
「스커트 제도법」, 「재킷 제도법」, 「블라우스 제도법」, 「재킷 만들기」

Lim byung yeul

임 병 렬

- 서울 교남양장점 패션실장 역임(1961)
- 하이패션 클립 설립(1963)
- 관인 세기복장학원 설립,
원장역임(1971~1982)
- 사단법인 한국학원 총연합회 서울복장교육협회 부회장 역임(1974)
- 노동부 양장직종 심사위원 국가기술검정위원(1971~1978)
- 국제기능올림픽 한국위원회 전국경기대회 양장직종 심사장(1982)
- 국제장애인기능올림픽대회 양장직종 국제심사위원(제4회 호주대회)
- 국제장애인기능올림픽대회 한국선수 인솔단(제1회, 제3회)
- (주)쉬크리 패션 생산 상무이사(1989~현재)
- 사단법인 한국의류기술진흥협회 부회장 역임, 현 고문

– 상훈 : 제2회 국제기능올림픽대회 선수지도공로 부문 보건사회부장관상(1985), 석탑 산업훈장(1995), 제5회 국제장애인기능올림픽대회 종합우승 선수지도 부문 노동부장관상(2000)

– 저서 : 「팬츠 만들기」, 「스커트 만들기」, 「팬츠 제도법」, 「스커트 제도법」,
「재킷 제도법」, 「블라우스 제도법」, 「재킷 만들기」

Lee Kwang Hoon

이 광 훈

- 홍익대학교 미술대학 섬유염색 전공 졸업
- 홍익대학교 미술대학원 섬유염색 전공 수료
- 홍익대학교 산업미술대학원 의상디자인 전공 수료
- 이훈 부띠끄 디자이너로 운영
- 홍익대학교 산업미술대학원, 중앙대학교, 건국대학교 강사 역임
- 현, 한서대학교 의상디자인학과 교수
한국패션일러스트레이션협회 초대 회장 역임, 현 고문
(사)한국패션문화협회 이사
(사)한국의류기술진흥협회 자문위원

– 저서 : 「패션일러스트레이션으로 보는 크리에이티브 디자인의 발상방법」
「재킷 제도법」, 「블라우스 제도법」, 「재킷 만들기」

– 전시 : 패션일러스트레이션 및 Art to wear에 관한 30여 회의 전시 참여